21世纪高等教育土木工程系列规划教材

FLAC 3D实用教程

第2版

彭文斌　编著

机 械 工 业 出 版 社

本书在保持第 1 版编写特点的基础上，系统、详细地介绍了美国 ITSACA咨询集团公司数值分析软件 FLAC 3D 6.0 的基本功能、使用方法及应用开发技术。

本书共有 15 章，主要内容包括：概述、FLAC 3D 分析问题的基本流程、FLAC 3D 基础知识、用户界面交互操作、实体建模技术、FISH 语言与程序、本构模型、材料参数、边界条件、初始条件、结构单元、求解、绘图输出、分界面及应用实例。

本书结构严谨，内容翔实，通俗易懂，配有大量插图，使读者能够迅速、准确、深入地理解 FLAC 3D 的功能和技术，快速掌握数值分析技术。本书例题源程序和项目文件可登录机械工业出版社教育服务网（www. cmpedu. com）下载。

本书可作为高等院校土木、交通、采矿、地质、水利、环境、石油、力学等专业的高年级本科生和研究生的教学用书，也可作为上述相关专业工程技术人员的参考书。

图书在版编目（CIP）数据

FLAC 3D 实用教程/彭文斌编著. —2 版. —北京：机械工业出版社，2019.11（2021.6 重印）

21 世纪高等教育土木工程系列规划教材

ISBN 978-7-111-63971-8

Ⅰ.①F… Ⅱ.①彭… Ⅲ.①土木工程—数值计算—应用软件—高等学校—教材 Ⅳ.①TU17

中国版本图书馆 CIP 数据核字（2019）第 224730 号

机械工业出版社（北京市百万庄大街 22 号 邮政编码 100037）

策划编辑：马军平 责任编辑：马军平 李 帅

责任校对：杜雨霏 封面设计：张 静

责任印制：常天培

北京虎彩文化传播有限公司印刷

2021 年 6 月第 2 版第 2 次印刷

184mm×260mm ·26.5 印张·762 千字

标准书号：ISBN 978-7-111-63971-8

定价：98.00 元

电话服务	网络服务
客服电话：010-88361066	机 工 官 网：www. cmpbook. com
010-88379833	机 工 官 博：weibo. com/cmp1952
010-68326294	金 书 网：www. golden-book. com
封底无防伪标均为盗版	机工教育服务网：www. cmpedu. com

前 言

三维快速拉格朗日法是一种基于三维显式有限差分法的数值分析方法，它可以模拟岩土或其他材料的三维力学特性。三维快速拉格朗日分析将计算区域划分为若干四面体单元，每个单元体在给定的边界条件下遵循指定的线性或非线性本构关系，如果单元应力使得材料屈服或产生塑性流动，则单元网格可以随着材料的变形而变形。三维快速拉格朗日分析采用了显式有限差分格式来求解场的控制微分方程，并应用了混合单元离散模型，可以准确地模拟材料的屈服、塑性流动、软化直至大变形，尤其在材料的弹塑性分析、大变形分析以及模拟施工过程等领域有其独有的优点。

FLAC 3D 是美国 ITSACA 咨询集团公司开发的三维快速拉格朗日分析程序。该程序能较好地模拟地质材料在达到强度极限或屈服极限时产生的破坏或塑性流动的力学特性，特别适用于分析渐进破坏失稳及模拟大变形。它包含空单元模型及 18 种弹塑性材料本构模型，有静力、动力、蠕变、渗流、温度等计算模式，各种模式之间可以互相耦合，可以模拟多种结构形式，如岩体、土体或其他材料实体，可以模拟梁、锚、桩、壳及人工结构，如支护、衬砌、锚索、土工格栅、摩擦桩、板桩、分界面单元等，还可以模拟复杂的岩土工程力学问题。

本书第 1 版自 2007 年出版以来，作为市场上的第一本 FLAC 3D 的入门级教材受到了广大读者的好评。第 2 版在保留易学风格的基础上，以 FLAC 3D 6.0 版本为依据，由浅入深地讲解 FLAC 3D 的用法。对于例题和程序大部分有注释。如果您是一位初学者，可以先跳过带有“*”号的章节，这不会影响您对后面内容的理解。

由于作者水平有限，书中难免存在疏漏之处，敬请读者批评指正。

作 者

目　录

概　　述　第1章

学习目的

了解FLAC 3D的基本原理、用途及其与其他类似软件的差别，了解FLAC 3D的发展历史，认识FLAC 3D的用户界面及使用流程。

1.1　基本介绍

FLAC是快速拉格朗日差分分析（Fast Lagrangian Analysis of Continua）的缩写，渊源于流体动力学，最早由Willkins用于固体力学领域。FLAC 3D程序自美国ITASCA咨询集团公司推出后，已成为目前岩土力学计算中的重要数值计算程序之一。该程序是FLAC二维计算程序在三维空间的扩展，用于模拟三维土体、岩体或其他材料体的力学特性，尤其是达到屈服极限时的塑性流变特性，广泛应用于边坡稳定性评价、支护设计及评价、地下洞室、施工设计（开挖、填筑等）、河谷演化进程再现、拱坝稳定分析、隧道工程、矿山工程等领域。

FLAC 3D包含了命令行输入（CLI）和图形用户（GUI）界面两种，通过布局中的控制台窗格（Console Pane）命令行可以实现所有功能，许多功能（不是全部）也可在图形用户界面中操作，一些操作（如绘图、拉伸和砌块等）在GUI界面中相对容易，而其他则在CLI界面中更有效。

1.2　FLAC 3D的特点

1.2.1　基本特点

1. 包含多种材料本构模型

1）空单元模型。

2）3种弹性模型：各向同性模型、正交各向异性模型和横向各向同性模型。

3）15种塑性模型：Drucker-Prager模型、摩尔-库仑模型、多节理模型、横向同性多节理模型、应变硬化/软化模型、双线性应变硬化/软化多节理模型、D-Y模型、修正的剑桥模型、霍克-布朗模型、霍克-布朗-PAC模型、C-Y模型、简化C-Y模型、塑性硬化模型、膨胀模型和摩尔-库仑拉裂模型。

每个单元体可以有不同的材料模型或参数，材料属性参数可以梯度渐变统计分布。

2. 可以模拟多种结构形式

1）对于通常的岩体、土体或其他实体，用八节点六面体单元模拟。

2）FLAC 3D提供了一个叫分界面（或滑动面）的模型，允许两个及两个以上网格平面滑移和分离，从而模拟断层、节理或摩擦边界。

3）FLAC 3D 包含有隧道衬砌、桩、板桩、锚索、锚杆和土工织物等结构单元，可用于模拟岩土工程中的人工结构。

3. 有多种边界条件

边界方位可以任意变化，边界条件可以是速度边界或应力边界，单元内部可以给定初始应力，节点可以给定初始位移和速度等，还可以给定地下水位以计算有效应力，所有给定量都可以具有空间梯度分布。

1.2.2 可选功能

四种可选功能模块，需另外购买。

（1）动力分析　用户可以直接输入加速度、速度或应力波作为系统的边界条件或初始条件。动力计算可以与渗流问题相耦合。

（2）热力分析　该功能可以模拟材料中的瞬态热传导及温度应力。热力分析可以耦合到孔隙压力计算中，也可单独计算。

（3）蠕变分析　有9种蠕变本构模型可供选择，用于模拟材料的应力-应变-时间关系，分别为Maxwell 模型、Burgers 模型、Power 模型、WIPP 模型、Burgers-Mohr 模型、Power-Mohr 模型、Power-Ubiqitous 模型、WIPP-Drucker 模型和 WIPP-Salt 模型。

（4）C ++ 插件功能　用户可以自定义新的材料本构模型和 FISH 语言新的内部函数，借助于Microsoft Visual C ++ 10.0 版本编译成动态链接库（*.dll）文件加载即可。

1.2.3 多模式耦合分析

默认情况下 FLAC 3D 的计算模式为静态力学分析，但也可进行传热分析或地下水流分析，还可在两者之间进行相互作用的分析，即力与地下水流耦合分析、力与热传送耦合分析、热力与地下水流耦合分析。

1.2.4 FLAC 3D 6.0 版本的新特点

FLAC 3D 6.0 包含许多改进，5.0 版本及以前的程序文件不能执行，也不能还原以前老版本保存的文件。

1. 网格生成

（1）砌块。新增称为“Building Blocks”（砌块）的交互构建网格工具，类似于“Extruder Pane”（拉伸窗格）的3D版。它支持从 CAD 或其他软件导入的几何面作为背景数据，能捕捉面、线、点，用鼠标拖放面或线上的控制点，任意转换所选定的对象，包括平移、旋转和缩放。单元体上的每条边可离散和分布，且自动传播与保持连通。“Blocks”（块）就是单元体的倍数器，能自动绑定边界条件，块可以分离、隐藏、复制和粘贴。

（2）导入第三方网格文件。支持 ANSYS、ABAQUS 网格文件格式，可以直接导入。

（3）八叉树致密网格。过去用八叉树致密网格沿断层创建分界面非常困难，现在 zone separate by-face 和 zone attach by-face 这两个命令使得沿断层的分界面可以完全分离和可靠连接，zone validate 命令可以检验是否已正确连接。

2. 交互建模

新增称为“Model Pane”（模型窗格）交互管理模型的窗格，能对其单元体或其面进行操作。模型状态的变化以标准 FLAC 3D 命令格式存储在“State Record”（状态记录）中，也可以程序文件形式保存，便于以后重新生成模型或交互生成新模型。

3. 结构单元

现在构建结构单元的命令特别有效，增加的许多选项使生成支护构件特别容易。预拉应力锚索（杆）可直接用命令完成而无须进行 FISH 编程。用命令从网格文件或 CAD 交换文件直接生成一维的锚索、桩、梁构件和二维的壳、衬砌、格栅构件。可以分离单元体面并在单元体面之间安装衬砌构件。根据衬砌节点还能自动安装锚索构件。在模型窗格中能选择复杂的曲面来安装结构单元。

4. 本构模型

除对现有本构进行改进外，增加了 6 个新的本构模型：针对土体的 Plastic-Hardening 模型和 Cap-Yield 模型，针对湿膨胀的 Swell 模型，各向异性弹性与弱联结破坏的 Ubiquitous-Anisotropic 模型，针对裂缝因动态荷载张力开闭而破坏的 Mohr-Coulomb-Tension 模型，结合摩尔-库仑、节理、幂律的 Power-Mohr-Ubiquitous 模型。用户可以通过 Visual Studio C ++ 定义自己的本构模型，创建自己的本构模型比以往更容易。软件所提供的所有内置本构模型的源代码可作为用户修改和扩展的基础。

5. 命令与脚本

为保持一致和清晰变更了命令语法，所有命令都试图符合 “名词-动词-选项-修饰语-范围”（Noun-Verb-Option-Modifiers-Range）的标准模式。为便于记录及理解，最好把单字（词）全写出来，但仍然允许使用缩写字。

FISH 语言规定了一个新的内在命名约定，极大地提高了函数名的清晰度，并允许编辑器在输入时自动突出正确或不正确的内部名称。对于老版，本程序文件，编辑器会自动弹出对话窗口询问转换与否，对于不能自动转换的命令行会标注出来，需要手工更改。

FISH 语言也增加了许多新数据类型，如 Boolean、Tensor、Matrix 和 Map。

新增了一个更强的内置编辑器，可以使用行号、代码折叠、改进搜索和改进语法高亮等特性。

6. PFC 模块

一个兼容的 PFC 版本运行时可以直接加载到 FLAC 3D，允许直接耦合粒子和单元体或结构单元，已建立初步的直接耦合支持。

7. 交互式帮助

（1）屏幕帮助。一个集中了所有内容的帮助文件（ *. chm）可以显示在屏幕上，允许用户快速搜索及浏览内容，可重复浏览和复制示例。

（2）内联帮助。通过按〈Ctrl + Space〉组合键，激活内联帮助提醒可用的选项，从而交互输入命令。任何时候按〈F1〉键激活鼠标所在的命令（或关键字）在帮助文件中的关联参考。

1.2.5 FLAC 3D 内嵌 FISH 语言

FISH 是内嵌编程语言，使用户对程序操作进行全方位的强有力控制。组成 FLAC 3D 模型的数据类型在求解之前、之中和之后都可进行调整处理。这意味着 FISH 不仅可以创建定制的模型，还可定制其结果。

1.2.6 与有限元比较

1. FLAC 3D 的优点

1）FLAC 3D 采用了混合离散方法来模拟材料的屈服或塑性流动特性，这种方法比有限元方法中通常采用的降阶积分更为合理。

2）FLAC 3D 利用动态的运动方程进行求解（即使问题本质上是静力问题也是如此），这使得FLAC 3D 能模拟动态问题，如振动、失稳和大变形等。

3）FLAC 3D 采用显式方法进行求解，对显式法来说，非线性本构关系与线性本构关系并无算法上的差别，对于已知的应变增量，可很方便地求出应力增量，并得到平衡力，就同实际中的物理过程一样，可跟踪系统的演化过程。而且，它没有必要存储刚度矩阵，这就意味着，采用中等容量的内存可以求解多单元结构模拟大变形问题，几乎并不比小变形问题多消耗更多的计算时间，因为没有任何刚度矩阵要被修改。

4）FLAC 3D 简单、稳定、强壮性在于可以处理任何本构模型，而不要求求解法，其他有限元程序则可能对不同的本构模型有不同的求解技术。

5）FLAC 3D 采用增量法，即位移与应力没有直接关系，且随时改变，材料属性参数也可随时改变而不影响当前的应力状态。

2. FLAC 3D 的缺陷

1）对于线性问题，FLAC 3D 要比相应的有限元花费更多的计算时间，因而用 FLAC 3D 来模拟非线性问题、大变形问题或动态问题时更有效。

2）FLAC 3D 的收敛速度取决于系统的最大固有周期与最小固有周期的比值，这使得它在模拟某些问题时效率非常低，如单元体尺寸或材料弹性模量相差很大的情况。

1.2.7　FLAC 3D 具有强大的前后处理功能

FLAC 3D 用户可以利用模型窗格、砌块和 FISH 语言中的任何一种工具建模或生成复杂的网格单元体。

FLAC 3D 包含大量的绘图工具，可用于绘制任意变量在任意空间位置上的剖面图、等值线图和矢量图，并提供了高分辨率视频的三维图形渲染。

1.3　用户界面

和其他的数值分析程序一样，FLAC 3D 可以用交互的方式，从键盘输入各种命令，也可以写成命令（集）文件，类似于批处理，由文件来驱动。FLAC 3D 尤其具有强大的交互建立网格单元体、设置模型参数、边界条件等能力。为方便读者的学习和应用，先简单熟悉一下图形用户界面和通用菜单栏还是很有必要的，详细操作则见第4章。

默认的“Wide”式布局图形用户界面如图1-1所示，主要包括通用菜单栏、动态工具栏、项目窗格、视图窗格、控制台窗格和控制面板6个部分。

通用菜单栏包含了 FLAC 3D 部分的公用命令或函数，采用下拉菜单结构。先简单介绍几个需要了解的主要菜单。

（1）文件（File）菜单。文件菜单除尾部退出（Quit）功能外，其他用隔离线分成3个组，如图1-2所示。第一组命令涉及项目文件操作，包括New Project...（新建项目）、Open Project...（打开项目）、Save Project...（保存项目）、Save Project As...（备份项目）；第二组是对项目中相关的条目操作，包括Add New Data File...（项目中新建空白命令文件）、Add New Plot...（新建绘图视图）、Open into Project...（打开文件放入项目中）、Save All Items...（保存项目中的所有条目）；第三组是对网格输入输出（Grid）和活动窗口的操作，此处为动态菜单，对应活动窗格内容的名称或标签，如果活动窗格是项目则此处为空白。

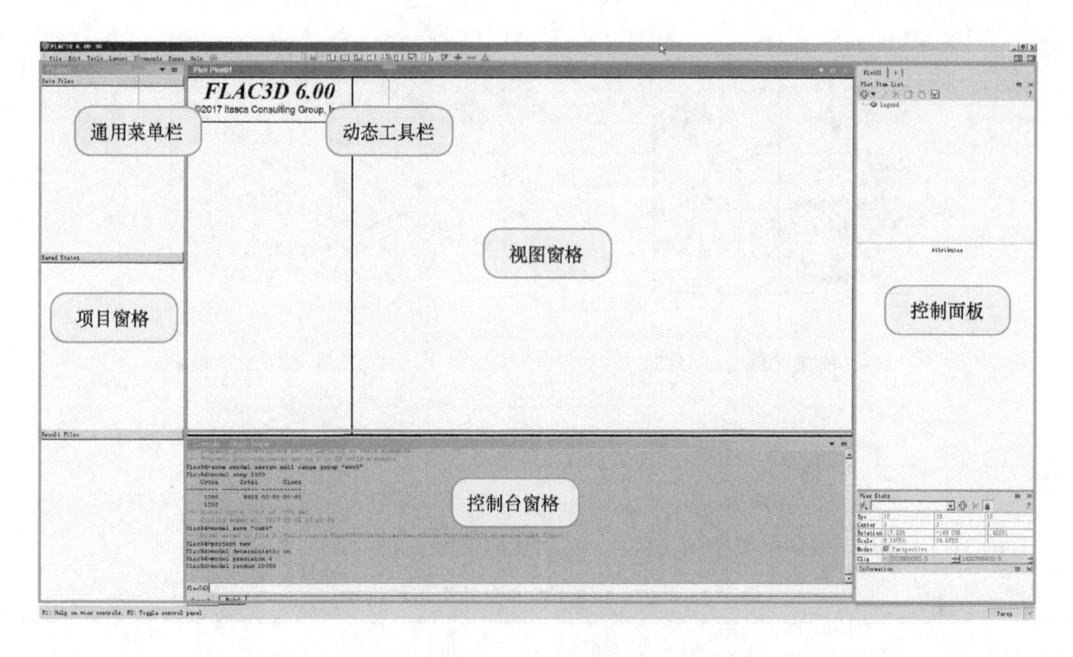

图 1-1 “Wide”式布局图形用户界面

（2）布局（Layout）菜单。主程序窗口有 6 种窗格（Pane）和 1 种面板（Panel）等控件与用户交互，每种控件的显示、位置和大小等参数组成布局。布局菜单用隔离线分成两个组，如图 1-3 所示。第一组为Save Layout...（保存布局）、Restore Layout...（恢复布局）命令；第二组为Horizontal（平式）、Vertical（立式）、Single（简式）、Wide（宽式）、Project（项目式）命令。

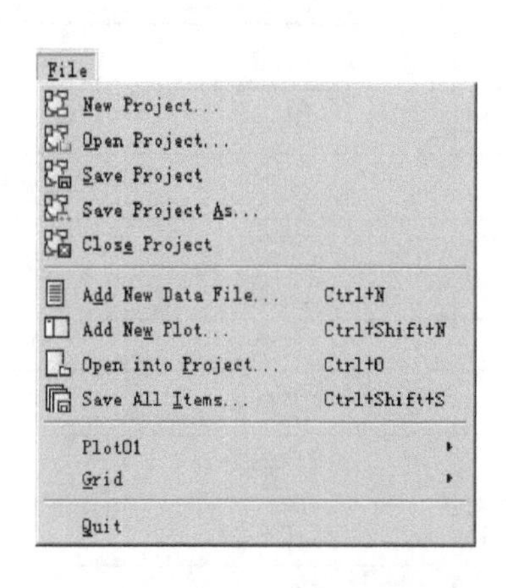

图 1-2 文件（File）菜单

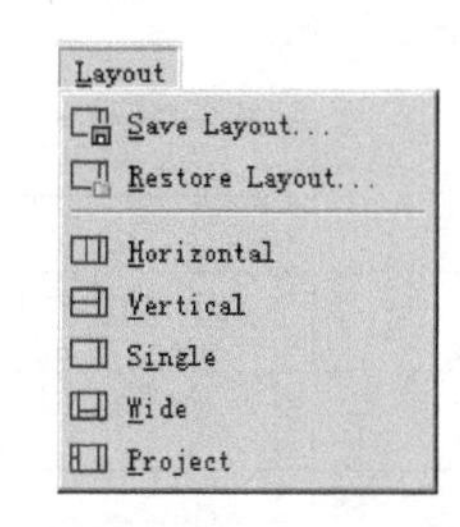

图 1-3 布局（Layout）菜单

（3）窗格（Panes）菜单。该菜单包括 6 种基本窗格命令，即1 Console（控制台）、2 Project（项目）、3 State Record（状态记录）、4 Extrusion on（拉伸）、5 Building Blocks（砌块）、6 Model（模型），以及7 IPython Console（Python 编程窗格命令），如图 1-4 所示。

（4）工具（Tools）菜单，如图 1-5 所示。

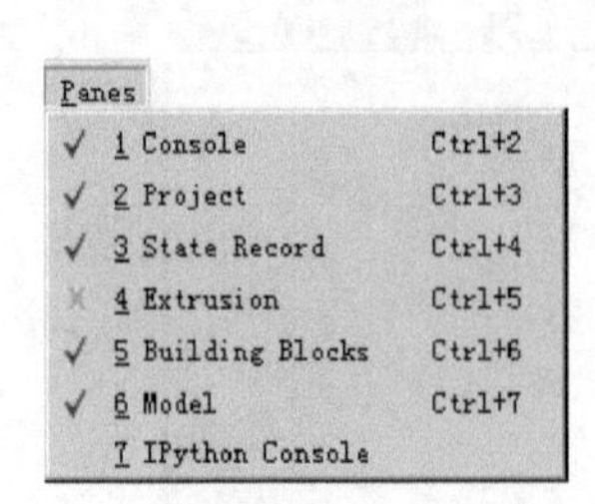

1-4　窗格（Panes）菜单

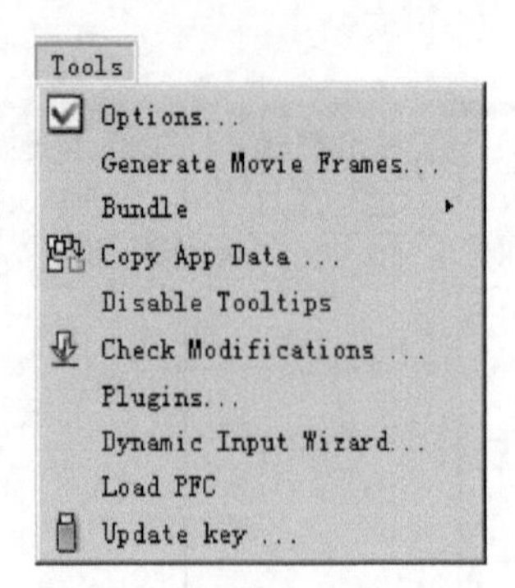

图 1-5　工具（Tools）菜单

1.4　文件格式

FLAC 3D 使用或产生多种类型的文件格式，如表 1-1 所示。

表 1-1　FLAC 3D 中的文件类型和格式

文件类型	文件扩展名	文件格式	说明
数据文件	*. f3dat；*. dat	ASCⅡ	
FISH 文件	*. f3fis；*. fis	ASCⅡ	
保存文件	*. f3sav；*. sav	二进制	
日志文件	*. log	ASCⅡ	
历史文件	*. his	ASCⅡ	
表文件	*. tab	ASCⅡ	
项目文件	*. f3prj	二进制	
结果文件	*. f3result	二进制	
几何文件	*. dxf；*. stl；*. geom	二进制	其他软件生成
网格文件	*. f3grid	二进制	
	*. lis	二进制	Ansys 文件
	*. inp	二进制	Abaqus 文件
绑定文件	*. bdl	二进制	
视图文件	*. f3plt	二进制	
图形文件	*. bmp；*. imf；*. pcx；*. jpg；*. ps	二进制	
配置文件	*. ini	ASCⅡ	

1.5　分析计算步骤

FLAC 3D 分析计算流程如图 1-6 所示。要完成工程实践中的案例分析，还需要更多的前处理和后处理。

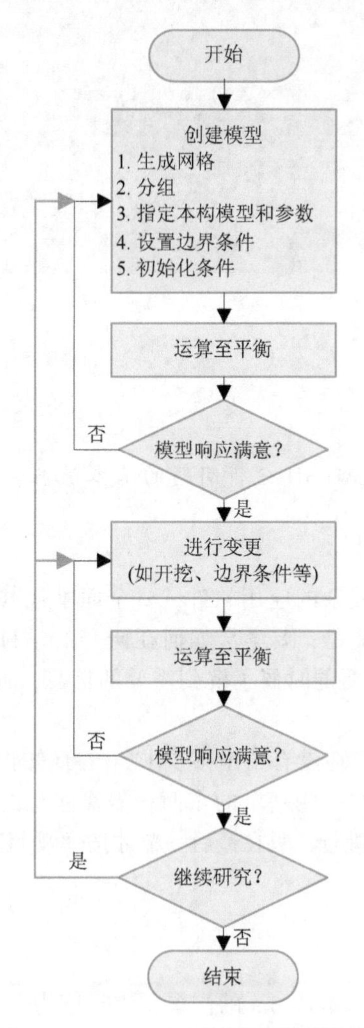

图 1-6 **FLAC 3D 项目分析计算流程**

第2章 FLAC 3D分析问题的基本流程

学习目的

通过一个样例，先行了解 FLAC 3D 分析问题的基本流程，探索性地尝试对 FLAC 3D 进行操作。

FLAC 3D 是一个十分庞大而复杂的应用软件，要全面掌握并应用它是非常困难的。事实上，也没有必要全面掌握它。最重要的是，要学会如何在研究的学科中应用 FLAC 3D，如何让 FLAC 3D 为分析和设计服务，如何在需要的时候了解到需要的信息，而不是学习了一大堆 FLAC 3D 知识，却不懂得应用。

本章将通过一个简单的样例，在没有给出多少 FLAC 3D 知识的情况下，引领读者慢慢前行，意欲使读者体会过程，探索底层的一些基本的东西。需要注意的是，本章一开始并没有按 FLAC 3D 6.0 推荐的“项目”编程方法进行，只在最后一节才按“项目”思路进行简单编程求解。

2.1 问题的提出

在任意一土体中开挖一个 2m × 4m × 3m 的沟渠，进行应力、应变场分析，其大致几何模型如图 2-1 所示。

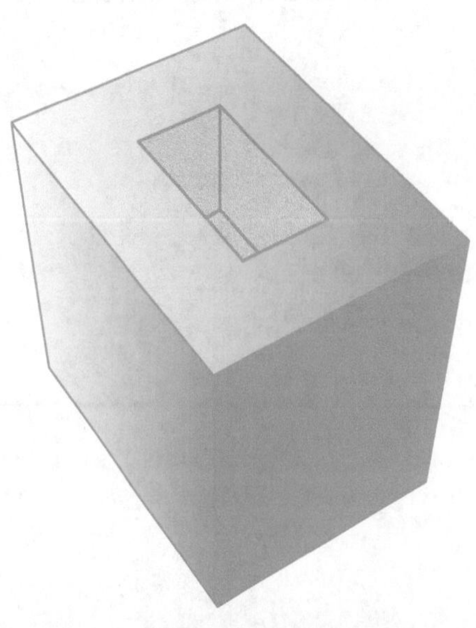

图 2-1 土体中开挖沟渠几何模型

2.2　创建初始几何模型网格

2.2.1　准备工作

1. 启动 FLAC 3D

正确安装后，第一次启动 FLAC 3D 时，会弹出一启动选项对话框让用户选择，如图 2-2 所示，本次选择 “Cancel” 按钮退出对话框而进入程序界面。

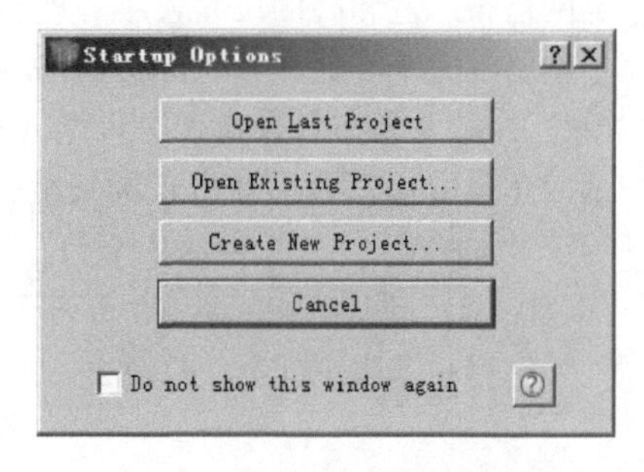

图 2-2　**FLAC 3D 启动选项**

2. 初始布局

FLAC 3D 6.0 用户界面多样，加之用户可以自定义界面，使其更加错综复杂。为叙述方便，统一操作，规定一下用户界面就显得很有必要。为此用鼠标在通用菜单栏上操作：“Layout”→“Wide”，结果大致如图 1-1 所示。

3. 模型空间重置

在创建几何结构之前，我们不要忘记在控制台窗格里的 FLAC 3D 的提示符下先输入命令：

```
FLAC 3D > model new
```

MODEL NEW 命令是在不退出 FLAC 3D 而开始一个新的分析计算任务，清空原来模型空间的所有对象，也就是系统重置。养成在计算程序中第一行写上 model new 命令的习惯是有好处的。在此，有必要解释下这一行 FLAC 3D 命令的句法，model 为主语，是名词，new 为谓语，是动词，也是所谓的第一关键字，切记没有主语的命令是无效的！如果用对象编程的方法来解释，则 model 为对象，new 为这个对象的方法，即创建一个新的模型空间。控制台窗格中会有图 2-3 所示的回应。

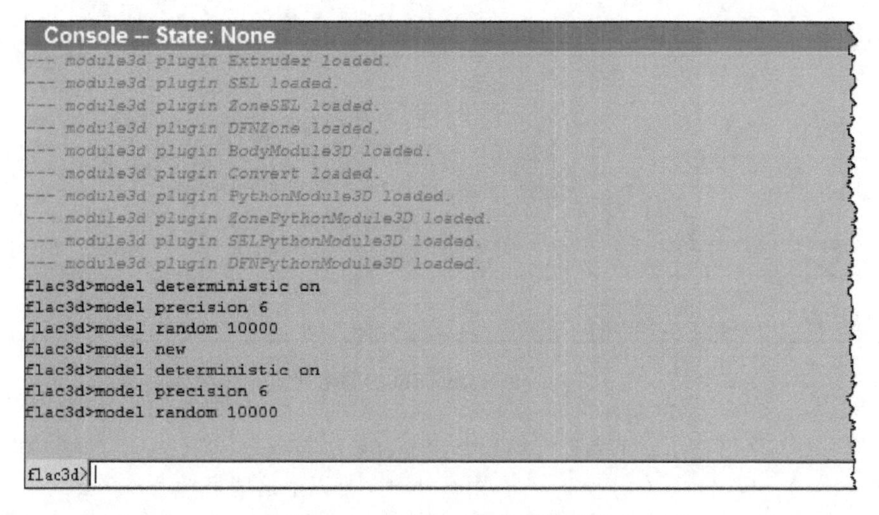

图 2-3　**model new 命令后的回应**

2.2.2　创建几何模型网格

接着输入命令：

```
FLAC 3D > zone create brick size 6,8,8
```

该命令将在模型空间中创建一个拉格朗日有限体积网格，它是由许多基本的单元体（zone）组成的，网格的形状为矩形体，是由“brick”参数指定的。单元体的数量由命令“size 6，8，8”指定，意思是网格的第一条基准边6个单元体、第二条基准边8个单元体和第三条基准边8个单元体，请注意不要被英文单词“size”的中文意思所误导，实际上是指单元体的数量。

大家有没有发现问题？这一行命令没有指定这个长方体在三维空间的位置和方位，也没有指定网格长、宽和高的尺寸大小。严格说来，这一行命令是不完全的，但是，它是有默认值的。对于网格的大小是这样默认的，网格的第一角点到第二角点（第一条基准边）的长度等于6个长度单位（m），第一角点到第三角点（第二条基准边）的长度等于8个长度单位（m），第一角点到第四角点（第三条基准边）的长度等于8个长度单位（m），也就是这3条基准边的边长默认分别等于“size 6，8，8”中的3个数。对于网格的位置与方向是这样默认的，第一角点通过原点坐标（0，0，0），网格第一、第二和第三条基准边正交，分别与x轴、y轴和z轴三轴同轴。

解释一下这一行命令的句法，zone为主语，create为谓语，brick为选项，size 6，8，8为修饰语。

2.2.3 观察网格

屏幕上视图窗格范围内观察到网格了么？如果没有，在视图窗格的左下角看有没有叫“Model”的选项卡，如果有这个窗格则单击这个窗格，否则用鼠标在通用菜单栏上操作：“Panes”→“6 Model”。

单击“Model”窗格，按键盘上小写字母“i”键，然后按字母“r”键，键盘上的按键操作以后统一描述为按〈i〉或按〈r〉。整个视图窗格大致如图2-4所示。

图2-4 **6m×8m×8m的网格视图**

现在可以观察这个网格了，试着按〈x〉、〈y〉和〈z〉，按〈←〉、〈→〉、〈↑〉和〈↓〉，按〈Home〉和〈End〉，按〈r〉、〈m〉和〈i〉，用〈Shist〉与以上这些字母组合。尝试用鼠标滚动中间滚轮，按右键拖动，按住右键再按左键拖动，用〈Shift〉与它们组合等。好了，多多练习，慢慢体会吧。

2.2.4 网格分组

一般来说，将来会对多个局部范围的对象进行某些不同的操作，如果先将这些不同对象根据其某些属性进行分类和编组，编程的思路和结构就清晰明了了。当然，需要时在程序语句中直接指定范围也是可以的，但程序结构会显得不明晰且凌乱。本例题将来需要对网格的五个外表面对象分别进行操作，还要开挖一个2m×4m×5m的沟渠，为此分别输入如下命令：

```
FLAC 3D > zone face skin↙
FLAC 3D > zone group '沟渠' slot '开挖' &↙
          range position (2,2,5) (4,6,8)↙
```

第一行命令自动对模型空间中的网格表面进行分类（slot）和编组（group），门类的名称默认为“skin”，面与面之间的转折角超过45°就重新编组，本例题的网格6个面互相正交垂直分成6个组，组的名称默认分别为“West”“East”“North”“South”“Top”和“Bottom”。

第二行和第三行命令实际上是一个命令，由于命令太长无法在一行输完，要转到下一行继续输入，“&”符号就是续行的意思。group指示编组，且组的名字为“沟渠”。这里注意一下，控制台命令行支持汉字字符串，但内嵌文本编辑器不能很好地支持汉字字符串，建议读者最好输入英文字串。输入字符串时一定注意半角的双（或单）引号。把“沟渠”编到门类“开挖”中，由slot关键字完成。由range关键字引出范围短语指定“沟渠”组的限制范围，“position（2,2,5）（4,6,8）”中的（2,2,5）表示限定空间的下限角的坐标，（4,6,8）表示限定空间的上限角的坐标。或者说，在区间$x=[2,4]$，$y=[2,6]$，$z=[5,8]$的范围内。

zone为主语，group“沟渠”为第一关键字及选项，slot“开挖”为第二关键字及选项，range及后面部分统称为范围短语。

2.3 定义本构模型及参数

2.3.1 定义本构模型

这个样例中，我们对网格中的所有区域均定义为摩尔-库仑弹塑性模型（Mohr-Coulomb elastic-plastic model）。返回到FLAC 3D提示符下，输入如下命令：

```
FLAC 3D > zone cmodel assign mohr - coulomb↙
```

zone cmodel表示对单元体的本构模型进行操作，assign分配本构模型，mohr-coulomb指摩尔-库仑模型。

2.3.2 定义本构模型的材料属性参数

不同的本构模型，需要定义不同的材料属性参数，对于摩尔-库仑模型，用以下命令定义它的材料属性参数：

```
FLAC 3D > zone property bulk =1e8 shear =0.3e8 friction =35↙
FLAC 3D > zone property cohesion =1e10 tension =1e10↙
```

property关键字定义本构模型的材料属性参数；bulk为体积模量，值为100MPa；shear为切变模量，值为30MPa；friction为内摩擦角，值为35°；cohesion为黏聚力，值为10000MPa；tension为抗拉强度，值为10000MPa。cohesion和tension两值较大，主要是防止在初始加载时就达到塑性极限。

2.4　加载及边界条件

1. 加载

该例在土体外部不施加任何力，土体所受的仅仅是其自身的重力，为此需要设置模拟条件，即重力加速度，输入如下命令：

```
FLAC 3D > model gravity = (0,0, -9.81)↙
```

为了开挖沟渠，还需要初始化模型中网格的密度，输入如下命令：

```
FLAC 3D > zone initialize density =1000↙
```

initialize 初始化网格的相关值，density 为网格质量密度 1000kg/m^3。

补充说明一下，FLAC 3D 是无视命令行中的“ = ( ),” 符号的，之所以输入这些符号，主要是格式化编程命令，便于读者理解。

2. 边界条件

接下来，我们设置边界条件，输入如下命令：

```
FLAC 3D > zone face apply velocity-normal 0 &↙
          range group 'West' or 'East'↙
FLAC 3D > zone face apply velocity-normal 0 &↙
          range group'North' or 'South'↙
FLAC 3D > zone face apply velocity-normal 0 &↙
          range group'Bottom'↙
```

这 6 行三条命令的作用是对网格外表 6 个面中的 5 个面进行固定，即位移为 0。这三条命令只是范围短语中的范围不同，注意这三条命令不要合并成一条命令，有关说明见相关 FLAC 3D 文档。其中，第一条命令的意思是，在称为“West” 和 “East”两个组内，与表面相关的所有网格点施加面法向速度为 0，推理位移也将为 0，起到固定边界的作用。其他行命令依此类推。

2.5　求解

1. 监控变量

大家知道，数值分析软件都是用迭代方法来进行计算的，在迭代过程监控一些变量或参数的变化，用来判断分析是否正确，模型是否与实际相符，计算是否收敛，是否与已有结论一致等。

本例题监控两个参数，一个是点 (4,4,8) 在 z 轴方向的位移迭代变化，另一个是模型中最大不平衡力，如果最大不平衡力很小，说明记录的位移变成常数，达到平衡状态。命令如下：

```
FLAC 3D > history interval 5↙
FLAC 3D > model history mechanical unbalanced-maximum↙
FLAC 3D > zone history displacement-z position = (4,4,8)↙
```

第一行命令，是对采样间隔进行设置，默认值等于 10，即每迭代 10 次就记录一次相关值，本例为 5 次。

第二行命令，采样记录最大不平衡力。

第三行命令，采样记录网格点 (4,4,8) 在 z 轴方向的位移。

2. 求解

到此，模型初始化的平衡状态已准备就绪。FLAC 3D 采用显式的时间步动态求解，网格动能衰竭时，就是我们所求的静态解。我们设置最大不平衡力为 50N，当采样的不平衡力小于此值时，求解过程终止。命令如下：

```
FLAC 3D > model solve unbalanced-maximum = 50 ↙
```

求解至最大不平衡力达到 50N 为止。

对我们的模型，计算终止在 351 步。

2.6　结果分析

分析的目的是得出结论，做出判断。

FLAC 3D 6.0 版对于以前强大的用命令驱动的绘图输出功能进行了封装，但使用手册中并无详细说明，用户只能通过视图窗格和控制面板的交互操作来达到绘图输出的目的，FLAC 3D 鼓励人机交互绘图输出。不过，可以从绘图窗格导出命令流，反推绘图输出命令及属性参数，本书部分章节的例题便是如此。

2.6.1　绘图显示监控变量

1. 最大不平衡力采样记录

现在，我们在视图窗格中创建一个新的选项卡，选项卡的名称叫“最大不平衡力”，输入如下命令来完成：

```
FLAC 3D > plot create '最大不平衡力' ↙
```

这样，在视图窗格多了一个叫“最大不平衡力”的选项卡，单击该选项卡，在右边控制面板上部单击“Build Plot”按钮（➕），会弹出一个对话框，如图 2-5 所示，双击“History Chart”。

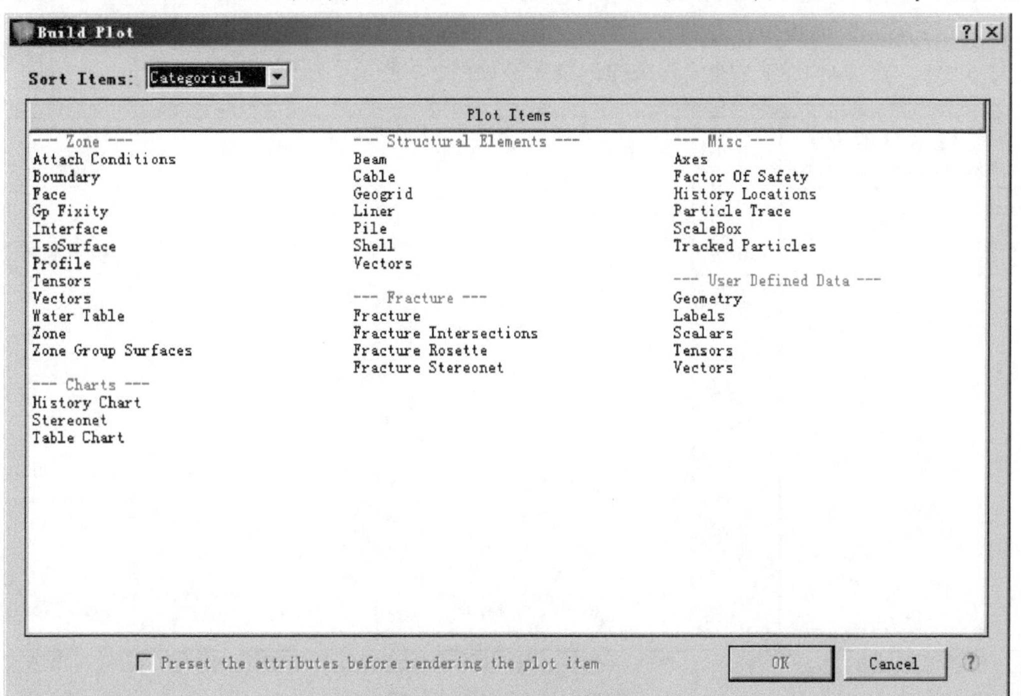

图 2-5　**Build Plot 对话框**

在 “Attributes” 面板中，看到有两个历史记录，单击 “mechanical unbalanced-maximum limit” 标签左边的加号（➕），最大不平衡力采样记录大致如图 2-6 所示。

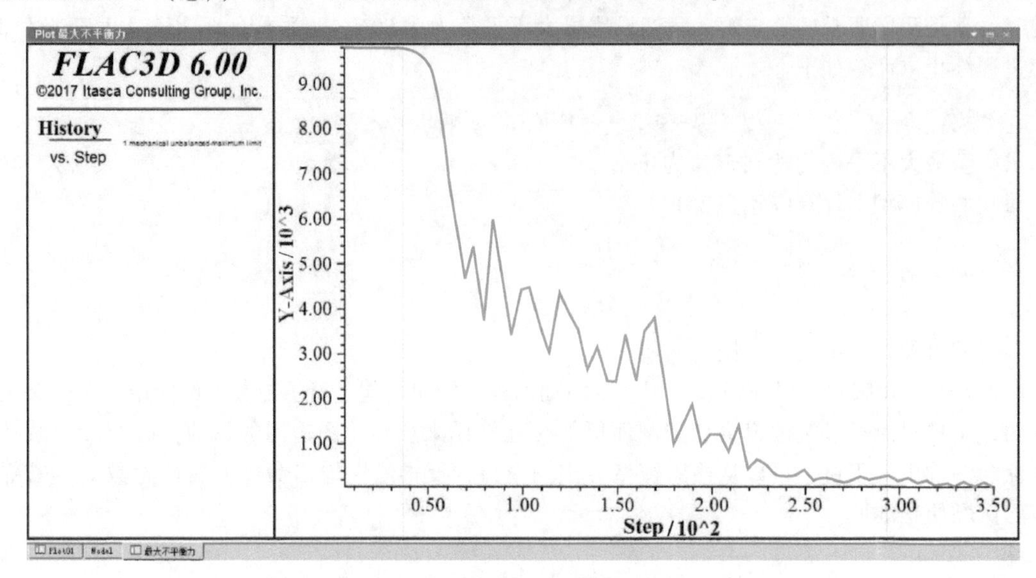

图 2-6　最大不平衡力采样记录

2. 点（4,4,8）z 轴位移采样记录

在命令提示符处输入如下命令：

```
FLAC 3D > plot create '点位移'↙
```

视图窗格多了一个叫 “点位移” 的选项卡，单击该选项卡，在右边控制面板上部单击 “Build Plot” 按钮（➕），双击 “History Chart”。

在 “Attributes” 面板中，看到有两个历史记录，单击 “Z Displacement at（4,4,8）” 标签左边的加号（➕）。点（4,4,8）z 轴位移采样记录大致如图 2-7 所示。

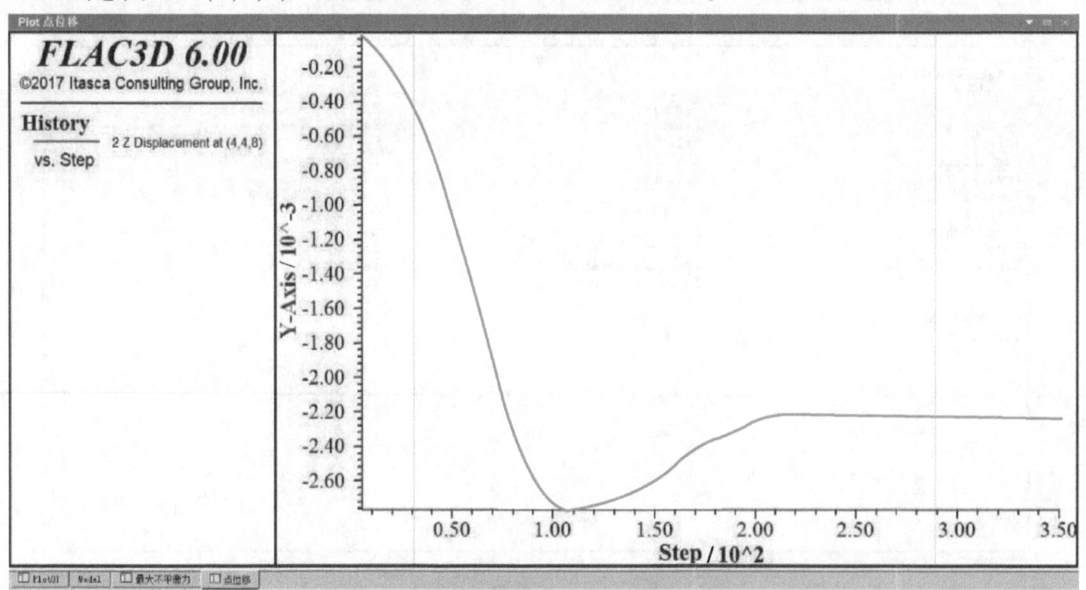

图 2-7　点（4,4,8）z 轴位移采样记录

2.6.2　等值线图

有很多等值线图，如位移、速度、压力、应力、温度等。

1. 位移等值线图

在命令提示符处输入如下命令：

```
FLAC 3D > plot create '位移等值线'↙
```

在右边控制面板上部单击“Build Plot”按钮（➕），双击“Zone”。单击“位移等值线”选项卡，再先按〈i〉、后按〈r〉。

为了看到位移等值线图，在“Attributes”面板中，选择“Color By”属性为“Contour”，“Value”属性为“Displacement”，“Component”属性为“Magnitude”，“Contour”→“Ramp”属性选择灰度，“Polygons”→“Outline”属性不勾选。以上这些流程可参考图2-8所示。位移等值线如图2-9所示。

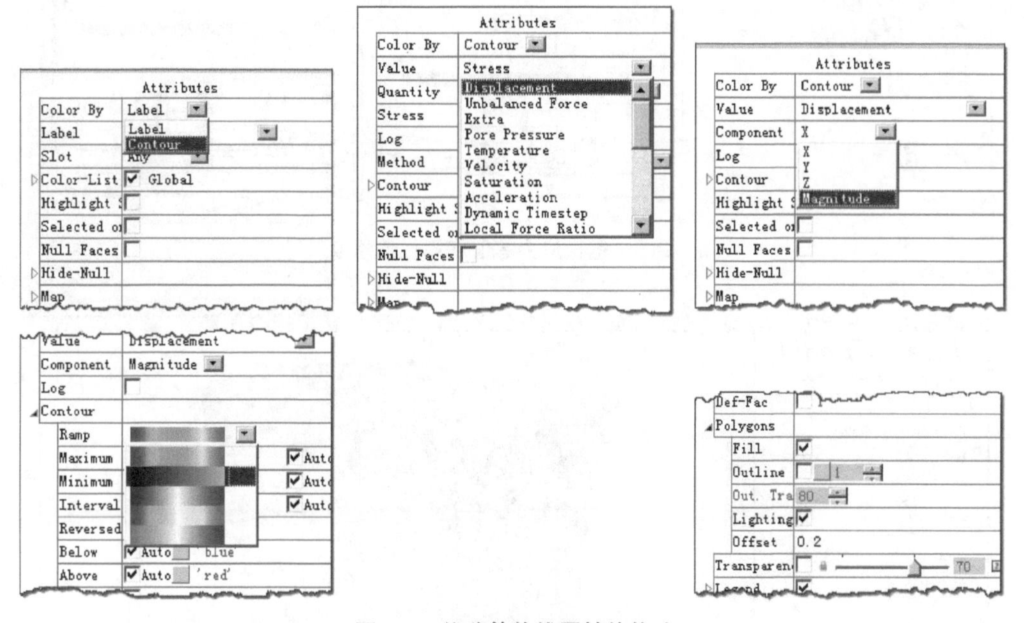

图2-8　位移等值线属性值修改

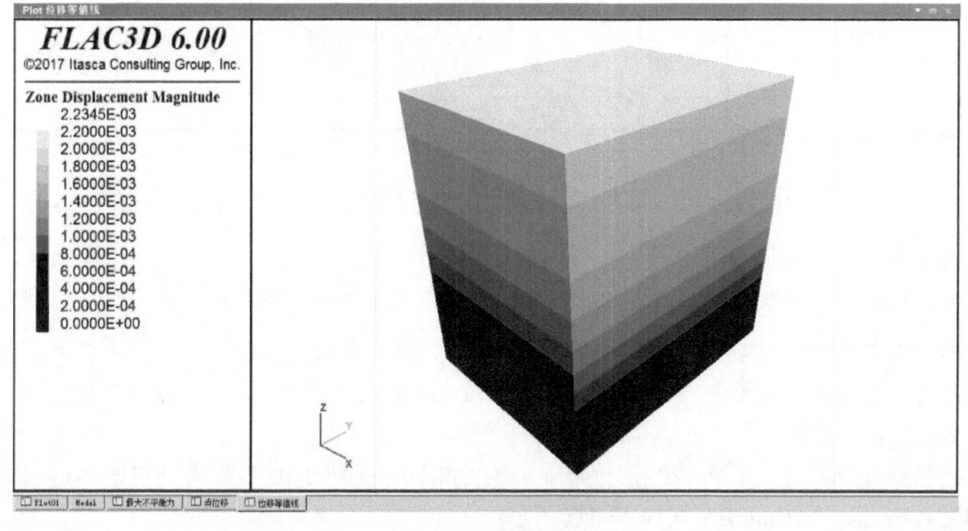

图2-9　位移等值线

2. 应力等值线图

在命令提示符处输入如下命令：

```
FLAC 3D > plot create '垂直应力'↙
```

在右边控制面板上部单击“Build Plot”按钮（✚），双击“Zone”。单击“垂直应力”选项卡，再先按〈i〉、后按〈r〉。

为绘制垂直应力（σ_{zz}）等值线图，在“Attributes”面板中，选择“Color By”属性为“Contour”，“Value”属性为“Stress”，“Quantity”属性为“ZZ”。以上这些流程可参考图 2-10 所示。垂直应力等值线如图 2-11 所示。

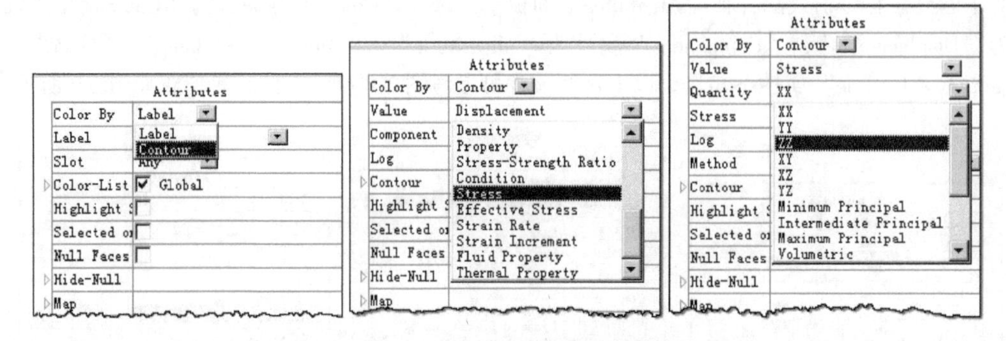

图 2-10　垂直应力等值线属性值修改

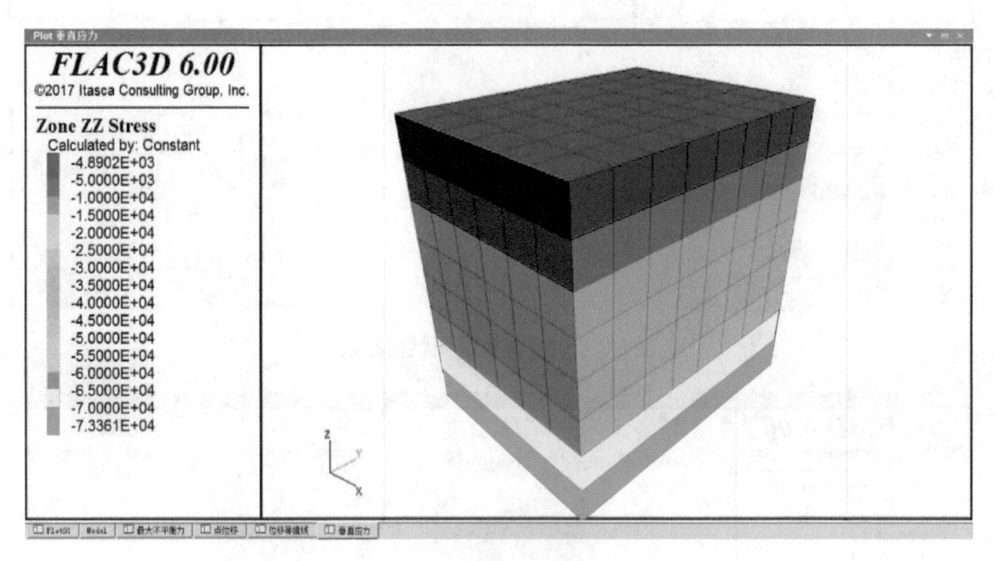

图 2-11　垂直应力等值线

3. 任意剖面上的等值线图

有时，我们需要三维空间任意剖面上的等值线图，在命令提示符处输入如下命令：

```
FLAC 3D > plot create '任意剖面'↙
```

在右边控制面板上部单击“Build Plot”按钮（✚），双击“Zone”。单击“任意剖面”选项卡，再先按〈i〉、后按〈r〉。

为绘制垂直应力（σ_{zz}）等值线图，与上一绘图相同，按图 2-10 步骤得到与图 2-11 相同的输出，但“Polygons”→“Outline”属性不勾选。

为得到一个剖面，这个剖面就是通过点（3,4,4）的 *yz* 平面，在右边控制面板上部双击“Zone ZZ Stress”使其展开，单击“Cutting tool”左边的眼形符号（👁），在“Attributes”面板中，设置图 2-12a 所示的属性设置。这里“Cutting tool”是剖切工具的意思；Dip 是指剖面倾角，即剖面与 *xy* 平面的夹角，向下为正；DD 是指剖面的倾向，北为 0°，顺时针方向为正，即东为 90°，其他参数在此不做解释，请自行参阅本书相关章节。

在右边控制面板上部单击“Build Plot”按钮（➕），双击“Zone”。在“Attributes”面板中，选择“Color By”属性为“Label”，“Label”属性为“Model”，“Polygons”→“Fill”属性不勾选，“Legend”属性不勾选，如图 2-12b 所示。

在右边控制面板上部双击“Zone Model”使其展开，单击“Clip Box”左边的眼形符号（👁），在“Attributes”面板中，设置图 2-12c 所示的属性设置。这里“Clip Box”是裁剪箱的意思，即箱子外面都不显示，注意“Radius”属性后面是 3 个参数，这 3 个输入框相隔很近，*x* 轴被限制为 -3 ~ +3。

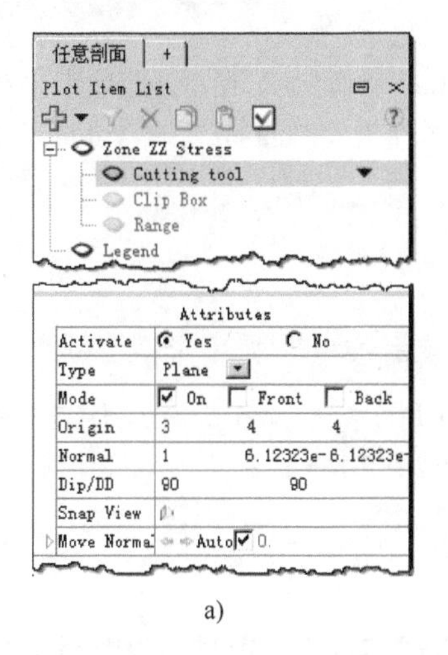

a)

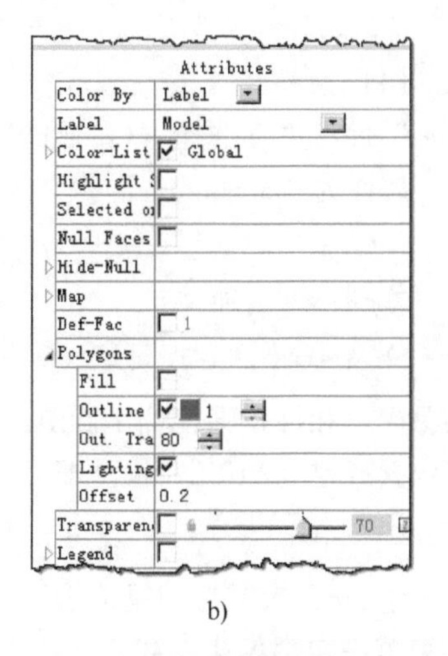

b)

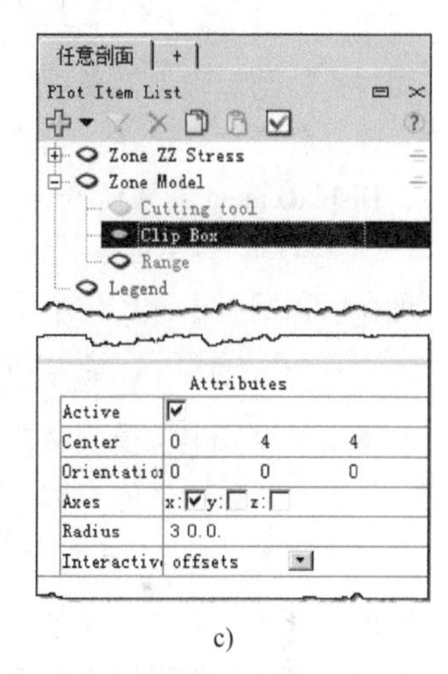

c)

图 2-12　属性参数设置

一个复杂的任意 *yz* 垂直剖面及框线网格输出如图 2-13 所示。

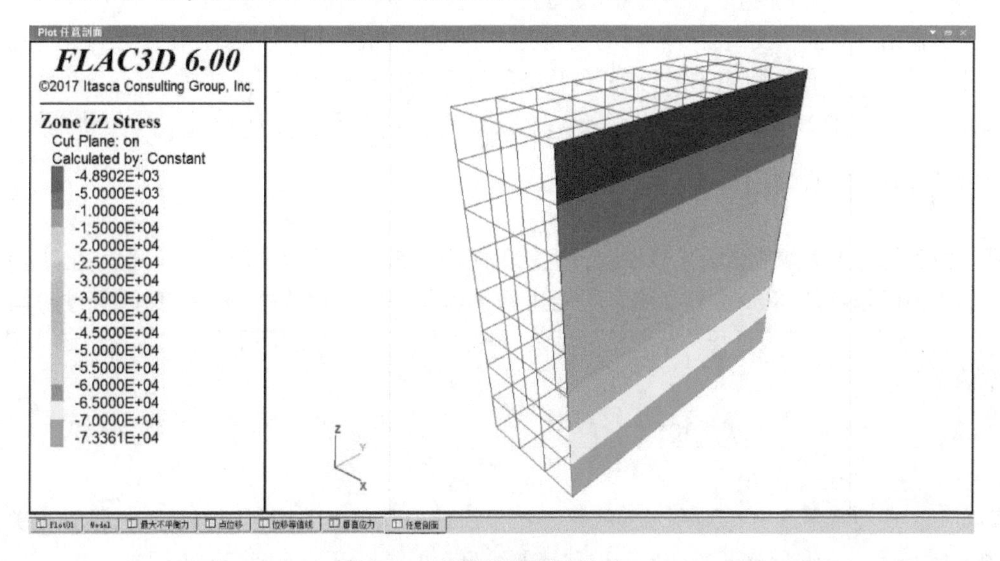

图 2-13　任意剖面垂直应力 σ_{zz}

2.7 完成开挖沟渠工作

1. 保存状态

最好是现在保存系统状态，便于将来恢复，FLAC 3D 推荐随时保存 Model 状态这一方法，主要是避免重复计算耗费大量时间，也能好好研究有关参数的设置。在 FLAC 3D 命令提示符行输入如下命令：

```
FLAC 3D > model save 'Trench'↙
```

保存 Model 空间所有对象、变量及其他状态信息到名为“Trench”的文件中，默认的文件扩展名为“. f3sav”。

同时，新建视图“开挖”，输入如下命令：

```
FLAC 3D > plot create '开挖'↙
```

在右边控制面板上部单击“Build Plot”按钮（➕），双击“Zone”。单击“开挖”选项卡，再先按〈i〉、后按〈r〉。在“Attributes”面板中，选择“Color By”属性为“Contour”，“Value”属性为“Displacement”，“Component”属性为“Magnitude”。

2. 开挖沟渠

现在，我们可以开挖沟渠了，首先输入如下命令：

```
FLAC 3D > zone property cohesion =1e3 tension =1e3↙
```

这将重新设置本构模型材料的黏聚力和抗拉强度为 1000Pa，这与实际情况相吻合。为了完成开挖，只需把开挖网格的本构模型设置成空（NULL）模型即可，命令如下：

```
FLAC 3D > zone cmodel assign null range group '沟渠'↙
```

发现“开挖”视图上的变化了吗？range 及其后面是范围短语。

因黏聚力小和沟渠壁无支护，垮落一定会发生，我们分析的是现实过程，把材料设置成大变形是合理的，输入命令如下：

```
FLAC 3D > model largestrain on↙
```

因绘图输出的原因，我们需要看到的仅是开挖的位移变化，而不是从加载重力到开挖的整个位移变化，所以，系统中所有网格节点的位移全部清零，输入命令如下：

```
FLAC 3D > zone gridpoint initialize displacement = (0,0,0)↙
```

发现“开挖”视图上的变化了吗？

3. 求解

我们故意把黏聚力取小，易导致错误，也就不能用 2. 5 节中的带参数最大不平衡力的 solve 关键字了，因为模拟计算将永远不收敛而不能达到平衡状态。取而代之的是，我们通过时间步数（或者说迭代次数）来模拟过程，从而绘制垮落时的结果，这也就是所谓的显式求解。输入带 step 关键字的命令：

```
FLAC 3D > model step 2000↙
```

4. 显示开挖的位移变化

事实上，现在视图“开挖”所示的就是开挖以后的位移等值线图，用剖切工具设置相关属性后如图 2-14 所示，一些网格开始变形，位移等值线显示的是因开挖而沉降的范围。

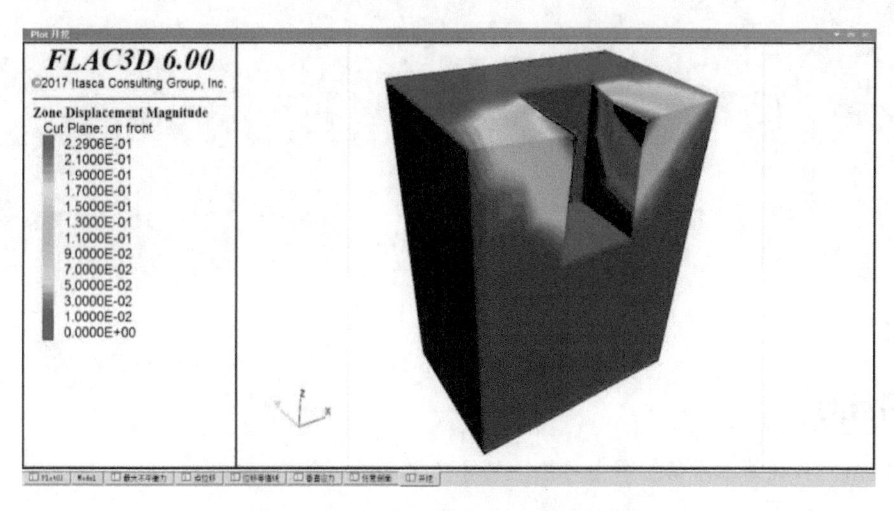

图 2-14 开挖后 2000 次迭代的位移等值线

2.8 项目式操作

本节按 FLAC 3D 6.0 推荐的“项目”方式来完成上面的第一个例题。若在上面几节中，控制台窗格输入命令操作不成功，则也可以转到“项目”方式进行。不过，本节仅就“项目”方式的流程及调试方法略做介绍，绘图输出及效果还得参考前面几节。

1. 准备工作

（1）启动 FLAC 3D。正确安装后，第一次启动 FLAC 3D 时，会弹出一启动选项对话框让用户选择，如图 2-2 所示，本次选择创建新项目“Create New Project...”按钮，在弹出对话框中输入新项目的文件名称：“Test1”，并注意新文件放置的路径或文件夹，然后单击“OK”按钮进入主程序界面。到此，将在指定路径及文件夹中生成项目文件：Test1. f3prj。

（2）初始布局。用鼠标在通用菜单栏上操作：“Layout”→“Wide”，结果大致如图 1-1 所示。

（3）项目增加新的命令文件。用鼠标在通用菜单栏上操作：“File”→“Add New Data File...”，在弹出的对话框中输入新命令文件名称：“Chap2-1”，然后单击“OK”按钮退出，这样在当前文件夹中新建一命令文件：“Chap2-1. f3dat”，视图窗格中也出现名为“Chap2-1”的空白新选项卡，项目窗格命令文件列表框中也增加了一新命令文件：“Chap2-1. f3dat”。

2. 输入命令，执行命令

单击视图窗格“Chap2-1”选项卡，在命令文件中第一行输入命令：“model new”，然后单击动态工具栏中的执行命令（●）按钮。观察控制台窗格命令反馈文本框。

单击视图窗格“Chap2-1”选项卡，在命令文件中第二行输入命令：“zone create brick size 6,8,8”，然后单击动态工具栏中的执行命令（●）按钮。按照 2. 2. 3 节的方法观察网格。

如此按照 2. 2. 4 ~ 2. 7 节的命令，依次输入到视图窗格“Chap2-1”选项卡命令文件的尾行，并依次单击执行命令（●）按钮执行，参照 2. 2 ~ 2. 7 节相关操作依次绘图输出，属性参数设置这里不重复。由于文本编辑器不能很好地支持汉字字符串，需要进行一定的变通才行。

3. 保存项目

随时单击通用菜单栏：“File”→“Save Project...”来保存项目文件。

执行完所有命令后，试着单击项目窗格状态文件列表框中的“Trench”和“Final”，会发生什么变化？

第3章 FLAC 3D基础知识

学习目的

了解 FLAC 3D 的基本术语、命令句法、符号约定和单位等。

3.1 FLAC 3D 的基本术语

FLAC 3D 使用的术语与一般的差分或有限单元分析程序是一致的，图 3-1 所示为一个 FLAC 3D 模型，以下为 FLAC 3D 基本术语的定义。

Model：模型，是由用户模拟物理问题而创建的 FLAC 3D 模型。

Zone：有限差分单元体，是分析现象（如应力、应变）变化的最小几何体。它有不同的形状，如长方体、楔体、锥体、四面体等，由它组成 FLAC 3D 模型。

Gridpoint：网格格点，或简称格点，是连接有限差分单元体的角点。每个多面单元体根据形状可能有 5～8 个格点，一个单元体由每个格点的 x、y、z 坐标精确定位。节点（Nodal Point 或 Node）为结构单元而保留。

Finite volume grid：有限体积网格，也叫 Mesh，是横跨一个或多个单元体分析物理的区域。它可以确定模型中所有状态变量的存储位置，格点存储所有向量（如力、速度、位移），而所有标量（应力、材料属性参数）存储在单元体的质心位置。

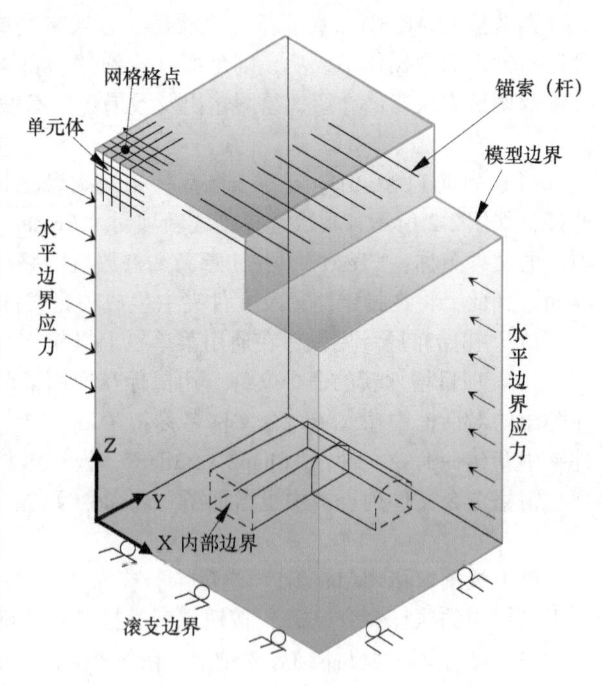

图 3-1 一个 FLAC 3D 模型

Model boundary：模型边界，就是网格的外部四周。网格内的孔也是模型边界，称为内部边界。

Boundary condition：边界条件。一个边界条件规定沿模型边界的约束或控制条件，如力学问题施加的力、地下水流问题的非渗透、热交换问题的隔热等。

Initial condition：初始条件，是指模型中所有变量初始值。

Constitutive model：本构模型，用于模拟单元体的变形或强度的特性。本构模型和材料属性参数可分配给单个的单元体。

Null zone：空单元体。网格中的单元体表现为空洞或无物质存在。

Sub-grid：子网格。网格可以由子网格组成，常用来创建不同形状的区域，如水库坝子网格放在地基子网格之上。

Attached faces：绑定面，是子网格被绑定和连接在一起的面，绑定面一定要共面和接触，但每个面上的格点并不要匹配，不同单元体密度的子网格可以绑定。

Interface：分界面，是在计算过程中可以分离（如滑动或张开）的子网格之间的连接。一个分界面可以代表一个物理隔断，如断层、接触面或两种不同材料之间的交界面。

Range：范围，用于描述三维空间范围。

Range element：范围元素。任何范围都至少有一个元素，或由许多元素组成，或许多元素的并集、交集和反集。

Group：组。由唯一命名的一组单元体，用来限制命令的范围。

ID number：ID号。模型中一个元素用ID号识别，分界面、格点、单元体、参考点、历史和表等模型元素有ID号，梁、索、桩、壳、衬砌和土工格栅等结构实体同样如此。

Names：名称。对某些类型的模型元素对象（如历史、表或接口）指派一个明确的简称，以方便将来操作。

Structural element：结构单元。在FLAC 3D中提供了两种类型的结构单元，两节点和三节点，常用来模拟土体或岩体中交互作用的结构支护。

Step：步。因为FLAC 3D是显式码，指解决问题所需要的计算步数。

Static solution：静态解。当模型中动能变化率接近可忽略值时到静态或稳态解。

Unbalance force：不平衡力。

Dynamic solution：动态解。

Large strain/small：大变形/小变形。默认情况为小变形模式，即使计算的位移变化较大，格点坐标不变。在大变形模式，每一步都根据计算的位移来更新格点坐标。

Project：项目。项目或项目文件，包括所需的程序文件、数据文件、模型文件和其他输入输出文件的相关信息。

Primitive：原始形状，指FLAC 3D内建的有限差分单元体的原始形状。

Element：元素或单元。

Mesh：网格。

Console：控制。

Console pane：控制台窗格。窗格下部分为用户直接输入命令。上部分则为响应信息及输出。

Command prompt：命令提示符。用户逐字逐行输入命令。

3.2　拉格朗日有限体积网格

拉格朗日有限体积网格覆盖了所要分析的整个物理区域，最小的网格可能只包含1个单元体，但大多数问题是由数百、数千或数百万个单元体的网格来定义的。

单元体是一个具有8个顶点、6个四边形面的六面体，还有4种少于8点6面、退化的其他类型单元体。

网格由全局x、y和z坐标定义，所有的格点和单元体重心由其（x,y,z）位置向量定义。每个格点和单元体由其ID号识别，并由此对其管理。简单的三维网格如图3-2所示。

有多种执行方式生成与现实物理对象外形相同的网格，如直接在命令行调用原型库生成、用户通过交互界面的拉伸工具生成、用户通过交互界面的砌块工具生成和众多第三方专用程序生成等。

图 3-2　**1000 个单元体的网格**

3.3　命令构成

FLAC 3D 6.0 版本更改了命令句法，使其与 C++ 语法一致，用户尤其要注意其子结构的灵活性，这对无编程经验用户具有一定难度。

3.3.1　命令句法

1. 句法

FLAC 3D 命令大小写一样，所有命令都是由一个主语（名词/对象）和第一关键字（动词/动作）组成。根据命令，后面可跟零个、一个或多个选项，零个、一个或多个修饰语（改变效果），以及一个范围（限制效果），命令格式如下：

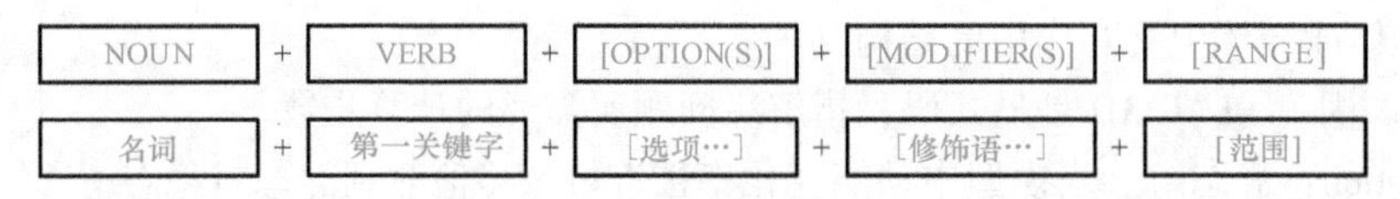

命令在命令提示符或程序文件中逐字输入，命令可以简略到最初的几个字母，本书中凡是命令格式的蓝色粗体表示最低必需字符。[ ] 表示可选的参数，不用在命令中输入，关键字（可选项或必须项）后跟省略号（...）表示任意数量这样的参数可以跟随。命令、关键字、数字可以用数个空格隔开，也可以用英文半角括号、逗号和等于号隔开，英文半角分号为注释符，由分号开始及行末均为注释，FLAC 3D 在执行时忽略。命令行可输入任意多个字符，程序文件中可用和符号（&）或省略号（...）作为续行符。

2. 变量类型与印刷约定

基本的变量类型有 5 种：逻辑型（bool）、整型（int）、浮点型（flt）、向量型（vec）和字符型（str）。还有 3 种特殊类型：数值型（num）、任意型（any）和符号型（sym）。这 8 种变量类型符号约定及详细说明见表 3-1。本书正文的印刷约定见表 3-2。

表 3-1　**变量类型符号约定**

序号	符号	类型	说　明
1	***b***	bool	变量为逻辑型，有 6 个有效值：on、off、true、false、yes 和 no。有多个同类型变量时一般编号表达为 $\boldsymbol{b}_1$、$\boldsymbol{b}_2$、$\boldsymbol{b}_3$ 等
2	***i***	int	变量为整型，不含小数点的数值，可正可负。有多个同类型变量时一般编号表达为 $\boldsymbol{i}_1$、$\boldsymbol{i}_2$、$\boldsymbol{i}_3$ 等，特殊情况表达为 $\boldsymbol{i}_{max}$、$\boldsymbol{i}_{low}$、$\boldsymbol{i}_{up}$ 等
3	***f***	flt	变量为浮点型，由数字 0～9、小数点和正负号构成，采用科学制 e 指数形式表达。有多个同类型变量时一般编号表达为 $\boldsymbol{f}_1$、$\boldsymbol{f}_2$、$\boldsymbol{f}_3$ 等，特殊情况表达为 $\boldsymbol{i}_x$、$\boldsymbol{i}_y$、$\boldsymbol{i}_z$ 等
4	***v***	vec	变量为向量型，指具有大小和方向的量，FLAC 3D 均为三维向量。有多个同类型变量时一般编号表达为 $\boldsymbol{v}_1$、$\boldsymbol{v}_2$、$\boldsymbol{v}_3$ 等，特殊情况表达为 $\boldsymbol{v}_{max}$、$\boldsymbol{v}_{low}$、$\boldsymbol{v}_{up}$ 等

（续）

序号	符号	类型	说　明
5	***s***	str	变量为字符型，由字母、数字、汉字和某些符号等组成。有多个同类型变量时一般编号表达为 s_1、s_2、s_3 等
6	***n***	num	变量为数值型，包含整型和浮点型。有多个同类型变量时一般编号表达为 n_1、n_2、n_3 等
7	***a***	any	变量为任意型（除符号型外）
8	***sym***	sym	FISH 符号，它可以是 FISH 变量或 FISH 函数

表 3-2　**本书正文印刷约定**

字　型	用　于
bold	FLAC 3D 命令或关键字
I NITIAL CAPS	菜单或按钮
var	变量定义
PRESS ME	按钮
〈A〉	输入字母 A 键
〈Shift + A〉	按组合键〈Shift〉和〈A〉

3.3.2　具有范围和组的命令

FLAC 3D 命令按自然顺序处理执行。默认情况下，命令对所有对象进行操作，如 model new 命令对所有的对象，zone initialize 命令对所有的单元体。对同一对象后面的命令操作重写或覆盖先期的命令操作。为使命令仅对一部分对象有效，使用 range（范围）关键字及 group（组）关键字。

1. RANGE（范围）

range 关键字提供了将命令的操作限制到目标对象子集的方法。子集是由范围元素定义的，一个范围由任意数量的范围元素组成，称为范围短语，默认情况下，最终结果为所有范围元素的交集，范围短语必定是在命令的尾部。

范围元素分为几何范围元素和属性范围元素两大类。几何范围元素指空间区域，每个被考虑的对象都有一个代表点（通常是质心，称为对象位置）是否在指定的位置区间内。属性范围元素是基于对象中保存的一些元数据进行过滤，属性范围元素最常见的是 group（组）元素。FLAC 3D 的范围短语元素见表 3-3。

表 3-3　**RANGE 短语元素**

RANGE 关键字	说　明
前置关键字	紧跟 range 关键字之后，任何范围元素之前
union	并集，默认时为交集
use-hidden	包括范围元素内隐藏的对象，默认时从不选中隐藏的对象
selected	只考虑已选对象
deselected	只考虑未选对象
后置关键字	标准修饰符，必须在完全描述了范围元素之后

（续）

RANGE 关键字	说　明
by 关键字	通过对象层次寻求应选择的对象。有时需要指定应该考虑哪种类型的对象，单元体数据类型为 zone-face、zone-gridpoint 或 zone，结构件数据类型为 structure-node、structure-link 或 structure-element，几何数据类型为 geometry-node、geometry-edge、geometry-polygon 或 geometry-set，DFN 数据类型为 dfn、dfn-fracture、dfn-intersection 或 dfn-intersection-set
not	反选范围元素的对象
extent	要求对象的整个区域位于范围元素内，而不仅是质心位置。并非所有范围元素都支持
annulus 关键字	球环的范围。支持 extent 关键字
center $\boldsymbol{v}$	定义球环的球心坐标$\boldsymbol{v}$。默认为原点（0,0,0）
radius f_1 f_2	内径为f_1和外径为f_2之间的球环。默认全部为 0.0，若$f_1 > f_2$则无空间可选
component-id i_1 [i_2]	组件对象 CID 号。对于大多数对象，这与 id 范围元素相同，即它根据创建时在内部分配给对象的 ID 号选择对象。对于像结构单元这样的对象类型 ID 号，可以引用用户定义的数字来标识对象集合，在这种情况下，组件 CID 范围元素引用单个对象的内部唯一 CID 号
cmodel s	具有与 s 匹配的本构模型名称的范围
cylinder 关键字	圆柱或圆环柱的范围。支持 extent 关键字
end-1 $\boldsymbol{v}_1$	指定圆柱开始端面的圆心坐标$\boldsymbol{v}_1$，默认为（0,0,0）
end-2 $\boldsymbol{v}_2$	指定圆柱结束端面的圆心坐标$\boldsymbol{v}_2$，默认为（0,0,0）
radius f_{r1} [f_{r2}]	指定圆柱半径为f_{r1}，若指定了f_{r2}，则圆环柱的半径从f_{r1}到f_{r2}
dfn s 关键字	名称为 s 的 dfn、距离为 f 的范围内。支持 extent 关键字
aperture b	用孔径 b 作为距离进行计算
distance f	指定离孔缝的距离 f
name s_1	指定附加的名称为 s_1 的 dfn 也纳入
ellipse 关键字	椭圆柱体的范围
origin $\boldsymbol{v}$	生成一个被截断的椭圆锥体，由圆锥体的顶点$\boldsymbol{v}$和关键字 vertices 4 顶点所给出的矩形内接椭圆组成
vertices $\boldsymbol{v}_1$ $\boldsymbol{v}_2$ $\boldsymbol{v}_3$ $\boldsymbol{v}_4$	椭圆内接于$\boldsymbol{v}_1$、$\boldsymbol{v}_2$、$\boldsymbol{v}_3$、$\boldsymbol{v}_4$组成的平面矩形，沿平面法向两端无限拉伸而成的椭圆形柱体
extra i f_1 [关键字]	对象的附加变量（索引号为 i）值的范围，假定值为整数或实数。若无后续关键字，则在 $1.19\times10^{-7}\times f_1$之内的值，若$f_1$为 0.0，则在 1.19×10^{-7}之内
f_2	变量值在f_1和f_2之间
tolerance f	范围元素在附加变量值$f\times f_1$之内选取，若f_1为 0.0，则在f之内
extra-list i i_1	选择与附加变量索引号表匹配的对象。假定为整数类型，任意多个索引号可以跟随，也不必排序，系统会有效搜索并优化
fish s	调用用户自定义的范围元素函数 s
geometry-distance s 关键字	选择在名称为 s 几何集中定义的点、边和多边形的一定距离内的对象。支持 extent 关键字
gap f	定义对象的最大距离 f。默认值为 0.0
set s_1	将额外的几何集 s_1 增加到过滤器中

（续）

RANGE 关键字			说明
geometry-space s 关键字			名称为 s 几何集里的多边形位置相关的范围。指定方向向量，并从该方向的位置发出射线，计算射线与几何多边形相交的次数，以给定的计数值选择对象
	count 关键字		根据相交计数选择
		i	选择相交 i 次的对象。用于复杂曲面集中选择确定区域
		even	选择偶数相交次数的对象。若多边形组成完全封闭的体，则将选择体外的对象
		odd	选择奇数相交次数的对象。若多边形组成完全封闭的体，则将选择体内的对象
	direction $\boldsymbol{v}$		指定射线投影的方向。默认为（0,0,1）
	inside		拓扑闭合的体内
	set s_1		将额外的几何集 s_1 增加到过滤器中
group s 关键字			选择组名为 s 的关联对象
	and s_1		选择既在组 s 中又在组 s_1 中的对象，s 和 s_1 必定在不同的门类（slot）中。不可以与下面的 or 关键字和 slot 关键字联用，但自己可连用多次
	matches i		指定对象参与的层次（如格点连接面，面又连接单元体）
	only		选择仅只属于指定组名的对象
	or s_1		选择组 s 中或又在组 s_1 中的对象。不可以与 and 关键字和 only 关键字联用。“门类名 = 组名” 此处可用
	slot s_1		选择门类名 s_1 的组名 s 中的对象。默认为所有类中含组名 s 的对象
id i_1 [i_u]			id 识别号在 $i_1 \sim i_u$ 之间的所有对象。若无 i_u，则 $i_u = i_1$
id-list i_1...			选择表中指定的 i_1 等 id 识别号对象。id 识别号不必排序，系统会有效搜索并优化
interface s_1...			选择与 s_1 等分界面名匹配的对联对象。常用来选择分界面的面、节点及其结构元素，也常用于选择绑定或连接于分界面的单元体、单元体面和格点
named-range s			在当前范围短语中插入由模型命名范围名为 s 作为一个范围元素
orientation 关键字			选择空间中指定方位（或方向）的对象。方位可以用倾角和倾向指定，也可以用法向量来表示。目前，仅用于选择单元体、单元体面和格点对象。单元体面由其面法线向量选择。如果选择了单元体的任何一个面，则单元体被选择。如果选择单元体面，则连接其面的格点也将被选择
	dip f		指定倾角为 f。方位定义为这个倾角平面的法向量
	dip-direction f		指定倾向为 f。方位定义为这个倾向平面的法向量
	normal $\boldsymbol{v}$		将方位指定为向量 $\boldsymbol{v}$
	tolerance f		指定方位的容差。默认值为 2°
plane 关键字			无限平面的区域。平面由原点、倾角和倾向或法向量定义。这是一个接受extra关键字的几何元素
	above		平面上半空间范围内
	below		平面下半空间范围内
	dip-direction f		平面的倾向为 f，以正 y 轴方向为基准（0°），顺时针方向为正
	dip f		平面的倾角为 f，以 xy 平面为基准（0°），负 z 轴方向为正
	distance f		离平面两面 f 距离区域内
	normal $\boldsymbol{v}$		平面的单位法向量为 $\boldsymbol{v}$
	origin $\boldsymbol{v}$		通过平面的一点为 $\boldsymbol{v}$

（续）

RANGE 关键字	说　　明
polygon 关键字	多边形柱体的范围。定义一组空间平面多边形顶点，沿平面法向两端无限拉伸而成的多边形柱体
origin $\boldsymbol{v}$	给定该关键字，则生成一个被截断的多边形锥体，由$\boldsymbol{v}$指定锥顶点
vertices $\boldsymbol{v}_1$...	由$\boldsymbol{v}_1$等组成平面多边形。沿平面法向两端无限拉伸形成一个多边形柱体
position $\boldsymbol{v}_1$ [关键字]	由下限角点$\boldsymbol{v}_1$和上限角点$\boldsymbol{v}_u$组成一个箱体范围，支持 extent 关键字
$\boldsymbol{v}_u$	指定由$\boldsymbol{v}_1$和$\boldsymbol{v}_u$组成的箱体范围
tolerance f	在没有给出$\boldsymbol{v}_u$时指定，此时，箱体下限角点为$\boldsymbol{v}_1$-(f,f,f)，上限角点为$\boldsymbol{v}_1 + (f, f, f) \times v_1$
position-x f_1 [关键字]	指定 x 轴范围。f_1后面无关键字时，值为 $1.19\times10^{-7}\times f_1$，若 $f_1=0.0$，则值为 1.19×10^{-7}。支持 extent 关键字
f_2	x 轴在区间$[f_1, f_2]$范围内
tolerance f	若给定该关键字，则按容差选择，容差为 $1.19\times10^{-7}\times f_1$。若 $f_1=0.0$，则容差为 1.19×10^{-7}
position-y f_1 [关键字]	指定 y 轴范围。f_1后面无关键字时，值为 $1.19\times10^{-7}\times f_1$，若 $f_1=0.0$，则值为 1.19×10^{-7}。支持 extent 关键字
f_2	y 轴在区间$[f_1, f_2]$范围内
tolerance f	若给定该关键字，则按容差选择，容差为 $1.19\times10^{-7}\times f_1$。若 $f_1=0.0$，则容差为 1.19×10^{-7}
position-z f_1 [关键字]	指定 z 轴范围。f_1后面无关键字时，值为 $1.19\times10^{-7}\times f_1$，若 $f_1=0.0$，则值为 1.19×10^{-7}。支持 extent 关键字
f_2	z 轴在区间 $[f_1, f_2]$ 范围内
tolerance f	若给定该关键字，则按容差选择，容差为 $1.19\times10^{-7}\times f_1$。若 $f_1=0.0$，则容差为 1.19×10^{-7}
project-range s	以项目命名的范围名 s 作为范围元素。该 s 是用户交互时由项目创建生成
rectangle 关键字	矩形柱体的范围。由 4 个向量定义一个平面矩形，沿平面法向两端无限拉伸成矩形柱体
origin $\boldsymbol{v}$	如果给定该关键字，则生成一个被截断的矩形锥体，由$\boldsymbol{v}$指定锥顶点
vertices $\boldsymbol{v}_1$...	由$\boldsymbol{v}_1$等组成平面矩形。沿矩形平面法向两端无限拉伸形成一个矩形柱体
seed $\boldsymbol{v}_{source}$ $\boldsymbol{v}_{dir}$ 关键字	从源点$\boldsymbol{v}_{source}$朝方向点$\boldsymbol{v}_{dir}$发出一射线，找到第一个与射线相交的可见单元体面，该单元体面指定的属性就作为确定范围内对象的选择标准
cmodel	根据与射线相交单元体面上的所属本构模型来选择对象
group [slot s]	根据与射线相交单元体面上的所属组来选择对象。若指定选项 slot，则要与类名 s 匹配
uniform	选择所有对象
sphere [关键字]	球体的范围。支持 extent 关键字
center $\boldsymbol{v}$	指定球体中心坐标为$\boldsymbol{v}$。默认为（0,0,0）
radius f	指定球体半径为 f。默认为 0.0
state s [关键字]	根据单元体本构模型的状态指标选择对象。s 与本构模型返回的任何状态名匹配，绑定于被选对象的任何格点和单元体面也将被选择

（续）

RANGE 关键字	说 明
any	任一四面体有 *s* 状态则当作匹配
average	至少 50% 以上的四面体有 *s* 状态则当作匹配。也是默认状态
structure-type［关键字］	选择特定类型的结构单元。被选结构件任何被关联的结构节点或连接也被选择
any	任一结构单元
beam	梁结构单元
cable	锚索结构单元
geogrid	土工格栅结构单元
liner	衬砌结构单元
pile	桩结构类
shell	任一结构单元
surface 关键字	选择非空（Null）单元体面。默认为力学模型的单元体面（无任何关键字时）
fluid	选择流体模型的非空（Null）单元体面
mechanical	选择力学模型的非空（Null）单元体面
or	只要一个为空（Null）则均为空
thermal	选择热力学模型的非空（Null）单元体面

2. GROUP（组）和 SLOT（门类）

组是模型空间中部分对象集，对其组名的操作等同于对这部分对象集进行操作。为适应工程项目的复杂性，对组又进行了分类，并称之为 SLOT，本书意译为“门类”，这样对部分对象集的操作更加方便灵活，门类的默认名为 Default。

在一个模型空间中，可以指定任意数量的组名，最多可以使用 128 个不同的门类名。在同一门类名下，一个对象只能属于一个组，若重置则属于最后的这个组，但可以同时属于不同门类名下的组。

可以通过命令列表浏览整个模型空间中所有的门类和组，也可创建新的空的门类名和组名，见表 3-4。对于组中的对象集交由不同数据类型（ZONE、DATA、GEOMETRY 等）中的 GROUP 关键字来进行赋值。

GROUP（组）和 RANGE（范围）有相似之处，但有关键的区别。一个 RANGE 适合空间或值的范围，根据模型的行为，它可能在不同的时间返回不同的结果。一个 GROUP 总是一组特定对象的集合，除非用命令显式进行改变。

表 3-4 **GROUP 命令**

GROUP 关键字	说明
create *s*	创建新组，其名为 *s*，组内无对象或成员
list	列表显示所有的组名和门类名
rename s_{old} s_{new}	重命组名 s_{old} 为 s_{new}
slot 关键字	
create *s*	创建名为 *s* 新的空门类
rename s_{old} s_{new}	重命门类名 s_{old} 为 s_{new}

3.3.3　赋值修饰语

当对属性、初始条件或向单元体施加力时，可对初值执行算术调整（add、multiply），或在空间中修改成线性分布（gradient、vary）。

1. ADD（加法）

在初值上加上指定值。若同时使用 gradient 或 vary 时，渐变施加在指定值上。

2. MULTIPLY（乘法）

初值乘以指定倍数因子。若同时使用 gradient 或 vary 时，渐变施加在倍数因子上。

3. GRADIENT（梯度渐变）

根据对象空间位置按指定的梯度值进行线性变化的方法。命令格式为

$$\text{gradient } \boldsymbol{v} \text{ [origin } \boldsymbol{v}_{\text{o}} \text{]}$$

新值的计算公式为

$$\text{新值} = \text{现有值} + \boldsymbol{v}(\boldsymbol{v}_{\text{p}} - \boldsymbol{v}_{\text{o}})$$

式中，$\boldsymbol{v}$ 为梯度值，向量；$\boldsymbol{v}_{\text{p}}$为对象位置，向量；$\boldsymbol{v}_{\text{o}}$为计算原点，向量，默认为（0,0,0）。

考虑如下命令：

```
zone apply force-y 1.0 gradient (2,4,3) origin (1,2,3)...
   range pos-y 1 10
```

在范围 $y=[1,10]$ 区间内的所有单元体之上施加 y 方向的梯度渐变力，新值的计算式为：

$$1+2\times(x-1)+4\times(y-2)+3\times(z-3)$$

4. VARY（终值渐变）

根据对象空间位置与指定范围的 x 轴宽、y 轴宽和 z 轴宽按线性变化到指定终值的方法。新值的计算公式为

$$\text{新值} = \text{现值} + \left[\frac{(\boldsymbol{p}-\boldsymbol{l})}{(\boldsymbol{u}-\boldsymbol{l})}\right]\boldsymbol{v}$$

式中，$\boldsymbol{l}$ 为范围的向量下界；$\boldsymbol{u}$ 为范围的向量上界；$\boldsymbol{v}$ 为变化向量；$\boldsymbol{p}$ 为对象的向量位置。

考虑如下命令：

```
zone apply force-y 1.0 vary (2,4,3) range pos-y 1 10
```

质心在 $y=[1,10]$ 区间内的所有单元体之上施加 y 方向的终值渐变力，新值的计算式为：

$$1+x\times0+(y-1)/(10-1)\times4+z\times0$$

3.3.4　力学系统约定

1. 符号约定

FLAC 3D 使用下面的力学符号约定，在进行数据输入和结果评估时必须牢记于心。

Direct Stress：正应力。正值表示拉应力，负值表示压应力。

Shear stress：剪应力。正负符号规定：正面上的剪应力分量以沿坐标轴正方向为正，沿坐标轴负方向为负；负面上的剪应力分量以沿坐标轴负方向为正，沿坐标轴正方向为负。图 3-3 所有剪应力分量均为正。

Direct Strain：正应变。正值应变说明拉伸，负值应变说明压缩。

Shear strain：切应变。

Pressure：压力。垂直压向面的力为正值，反之为负，图 3-4 说明了这种约定。

Pore Pressure：孔隙压力。压缩时孔隙压力为正，反之为负。

DIP、DIP Direction：倾角、倾向。FLAC 3D 全局采用右手笛卡儿坐标系统，x 轴朝东，y 轴朝

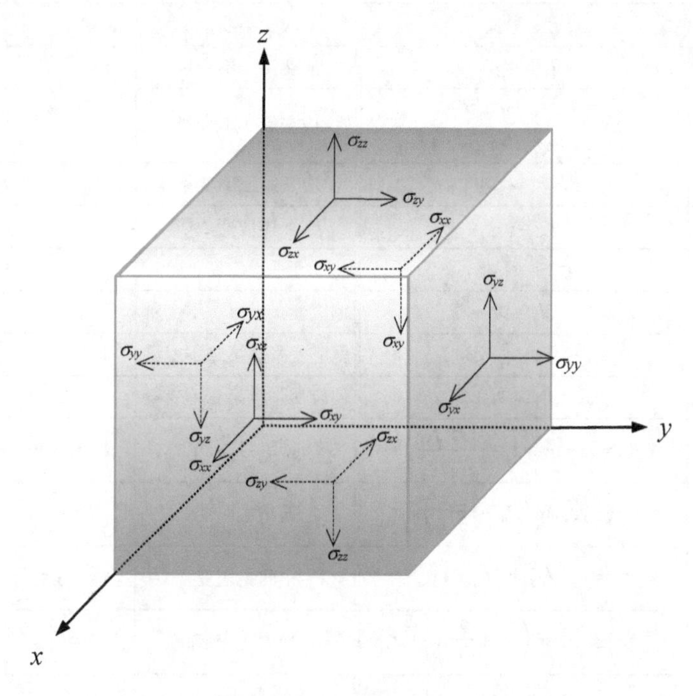

图3-3 正应力

北，z轴面向自己。方位角从y轴正北方向开始测量（计0°），顺时针为正。倾角则从水平面往下测量为正。

Vector Quantities：向量，如力、位移和速度在x轴、y轴和z轴方向的分量。

对于应力符号的约定有多种，请读者随时记住：FLAC 3D中正值表示拉应力，负值表示压应力，默认情况下，主应力$\sigma_1 \leqslant \sigma_2 \leqslant \sigma_3$。

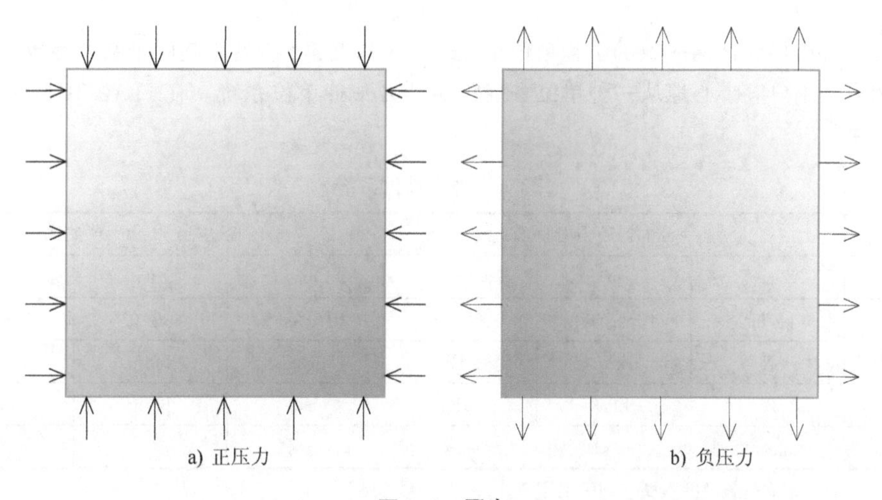

图3-4 压力

2. 应力、应变不变量

假定s_{ij}是σ_{ij}的应力偏张量、e_{ij}是ε_{ij}的应变偏张量，则应力、应变不变量见表3-5。

表 3-5　应力、应变不变量

应力不变量	定　义	应变不变量	定　义
应力第一不变量	$I_1=\sigma_{kk}$	应变第一不变量	$I_1'=\varepsilon_{kk}$
应力第二不变量	$I_2=\sigma_{xx}\sigma_{yy}+\sigma_{yy}\sigma_{zz}+\sigma_{zz}\sigma_{xx}-\tau_{xy}^2-\tau_{yz}^2-\tau_{zx}^2$	应变第 2 不变量	$I_2'=\varepsilon_{xx}\varepsilon_{yy}+\varepsilon_{yy}\varepsilon_{zz}+\varepsilon_{zz}\varepsilon_{xx}-\gamma_{xy}^2-\gamma_{yz}^2-\gamma_{zx}^2$
应力第三不变量	$I_3=\lvert\sigma_{ij}\rvert$	应变第三不变量	$I_3'=\lvert\varepsilon_{ij}\rvert$
体应力	$\sigma_V=\sigma_{kk}$	体应变	$\varepsilon_V=\varepsilon_{kk}$
平均应力	$\sigma_m=\sigma_{kk}/3$	平均应变	$\varepsilon_m=\varepsilon_{kk}/3$
偏应力张量第一不变量	$J_1=0$	偏应变张量第一不变量	$J_1'=0$
偏应力张量第二不变量	$J_2=(s_{ij}s_{ij})/2$	偏应变张量第二不变量	$J_2'=(e_{ij}e_{ij})/2$
偏应力张量第三不变量	$J_3=(s_{ij}s_{ik}s_{ki})/3$	偏应变张量第三不变量	$J_3'=(e_{ij}e_{ik}e_{ki})/3$
应力 Loge 角	$\theta_\sigma=\frac{1}{3}\arcsin\left(-\frac{3\sqrt{3}}{2}\frac{J_3}{J_2^{1.5}}\right)$	应变 Loge 角	$\theta_\varepsilon=\frac{1}{3}\arcsin\left(-\frac{3\sqrt{3}}{2}\frac{J_3'}{J_2'^{1.5}}\right)$
最小主应力	$\sigma_1=\frac{2}{\sqrt{3}}\sqrt{J_2}\sin\left(\theta_\sigma-\frac{2}{3}\pi\right)+\sigma_m$	最小主应变	$\varepsilon_1=\frac{2}{\sqrt{3}}\sqrt{J_2'}\sin\left(\theta_\varepsilon-\frac{2}{3}\pi\right)+\varepsilon_m$
中间主应力	$\sigma_2=\frac{2}{\sqrt{3}}\sqrt{J_2}\sin(\theta_\sigma)+\sigma_m$	中间主应变	$\varepsilon_2=\frac{2}{\sqrt{3}}\sqrt{J_2'}\sin(\theta_\varepsilon)+\sigma_\varepsilon$
最大主应力	$\sigma_3=\frac{2}{\sqrt{3}}\sqrt{J_2}\sin\left(\theta_\sigma+\frac{2}{3}\pi\right)+\sigma_m$	最大主应变	$\varepsilon_3=\frac{2}{\sqrt{3}}\sqrt{J_2'}\sin\left(\theta_\varepsilon+\frac{2}{3}\pi\right)+\varepsilon_m$
等效应力	$\sigma_{eq}=\sqrt{3J_2}$	等效应变	$\varepsilon_{eq}=\sqrt{3J_2'}$
等效偏应力张量	$q=\sqrt{3J_2}$	等效偏应变张量	$\gamma=\sqrt{3J_2'}$
八面体应力	$\sigma_{oct}=\sqrt{\frac{2}{3}J_2}$	八面体应变	$\varepsilon_{oct}=\sqrt{\frac{2}{3}J_2'}$
最大剪应力	$\tau_{max}=(\sigma_3-\sigma_1)/2$	最大剪应变	$\gamma_{max}=(\varepsilon_3-\varepsilon_1)/2$
法向应力	$\sigma_{norm}=\sqrt{\sigma_{ji}\sigma_{ij}}$	法向应变	$\varepsilon_{norm}=\sqrt{\varepsilon_{ji}\varepsilon_{ij}}$
应力总量	$\sigma_{tm}=\sqrt{\sigma_1^2+\sigma_2^2+\sigma_3^2}=\sqrt{I_1^2/3+2J_2}$	应变总量	$\varepsilon_{tm}=\sqrt{\varepsilon_1^2+\varepsilon_2^2+\varepsilon_3^2}=\sqrt{I_1'^2/3+2J_2'}$

3. 单位系统

FLAC 3D 可以接受任何一致的工程单位集，表 3-6 和表 3-7 所列就是两个基本参数一致的工程单位集的例子。用户应小心地从一种单位系统转换到另一种单位系统。在 FLAC 3D 中除了角度外无须任何转换。

表 3-6　力学单位系统

名　称	国际单位				英制单位	
长度	m	m	m	cm	ft	in
密度	kg/m^3	$10^3kg/m^3$	$10^6kg/m^3$	$10^6g/cm^3$	$slug/ft^3$	$snail/in^3$
力	N	kN	MN	Mdynes	lbf/ft^2	lbf
应力	Pa	kPa	MPa	bar	lbf/ft^2	psi
重力	m/s^2	m/s^2	m/s^2	cm/s^2	ft/s^2	in/s^2

注：1 bar = 10^6 dynes/cm^2 = 10^5 N/m^2 = 10^5 Pa；
1atm = 1.013 bars = 14.7 psi = 2116lbf/ft^2 = 1.01325 × 10^5 Pa；
1 slug = 1lbf · s^2/ft = 14.59 kg；
1 snail = 1lbf · s^2/in = 12slug；
1 gravity = 9.81 m/s^2 = 981 cm/s^2 = 32.17 ft/s^2。

表3-7 地下水流单位系统

名　称	国际单位		英制单位	
水体积模量	Pa	bar	lbf/ft^2	psi
水密度	kg/m^3	$10^3 kg/m^3$	$slug/ft^3$	$snail/in^3$
渗透系数	$m^3 \cdot s/kg$	$10^{-6} cm^3 \cdot s/g$	$ft^3 \cdot s/slug$	$in^3 \cdot s/snail$
渗透率	m^2	cm^2	ft^2	in^2
导水率	m/s	cm/s	ft/s	in/s

注：渗透系数≡渗透率(cm^2) $\times 9.9\times 10^{-2}$≡导水率(cm/s) $\times 1.02\times 10^{-6}$。

第4章 用户界面交互操作

学习目的

了解用户界面的基本元素，熟悉各控件的基本功能，掌握其交互操作方法。

像大多数计算软件一样，FLAC 3D 6.0 版的用户界面已经变得相当灵活与复杂，初次接触（或低版本）的用户会感到无从下手、一脸茫然。其实，只要了解、熟悉、掌握用户界面的基本元素、控件和操作方法，不管界面变得如何眼花缭乱，用户总是可以找回到自己熟悉和习惯的界面。

4.1 基本介绍

4.1.1 窗格

1. 基本知识

FLAC 3D 用户界面核心是由窗格组成的。窗格类似主程序窗口中的子窗口，有自己的标题栏及状态控件（隐藏、关闭等）。同一个矩形区域有多个窗格堆叠时则以选项卡集的形式出现。在选项卡集中，活动选项卡的标题/内容显示在窗格的标题栏中，每个窗格的选项卡位于选项卡集的左下角。

用户界面有控制台窗格、项目窗格、状态记录窗格、编辑器窗格、视图窗格和列表窗格 6 种基本类型，每种窗格类型执行不同的功能，在程序中提供一个连贯的功能或一组功能。

控制台、项目和状态记录三种窗格是唯一的，即只有一个实例。因此，这些窗格的显示状态是通过通用菜单栏的Panes（窗格）菜单进行访问的。而编辑器、列表和视图三种窗格是随时创建并打开，可以有多个实例。这些窗格的显示状态是通过通用菜单栏的Documents（文档）菜单进行访问的。

窗格可以最小化、最大化、隐藏、调整或关闭，也可以浮动或停靠，还可以组成预置的布局，窗格的任何组合都可以堆叠成一个选项卡集。

控制面板是用户界面中的矩形区域，可以隐藏，但不能从程序中删除。激活的窗格会动态响应控制面板任何操作或变化，因而更像工具栏而不是窗格。它被称为不同功能组的控件集分成多个部分，根据激活窗格的类型提供不同的控件集，规定一种窗格至少提供一个控件集。

2. 窗格操控

每个窗格都有标题栏，标题栏的左上角通常带有某种名称或标记，它指示包含窗格的文件或项的名称，紧邻名称出现星号（*）显示内容未保存的状态。拖放窗格的标题栏可以达到浮动或停靠的目的。标题栏的右上角提供了与窗格一起使用的隐藏（▣）、最大化（▣）、还原（▣）、窗格菜单（▼）和关闭（☒）等控件。

当然，对窗格控件的操作只对活动窗格有效，例如，对包含 6 个窗格选项卡集的活动的编辑器窗格执行关闭动作，它只会关闭当前编辑器窗格，选项卡集还保留剩余的5个选项卡。

文档菜单提供了当前打开文档的列表，并前缀了一个序号数，当其可见时，每个项在其左旁有一个复选标记，当其隐藏时，没有复选标记，如图4-1a所示。不管有无复选标记，从列表中选择一个项，将使其成为当前活动窗格（若已被隐藏，当然先使其可见）。在任何情况下，都不会有关闭或隐藏窗格的项，关闭和隐藏可以操控标题栏右边的相关控件，通过窗格的快捷菜单也可达到同样目的，如图4-1b所示。

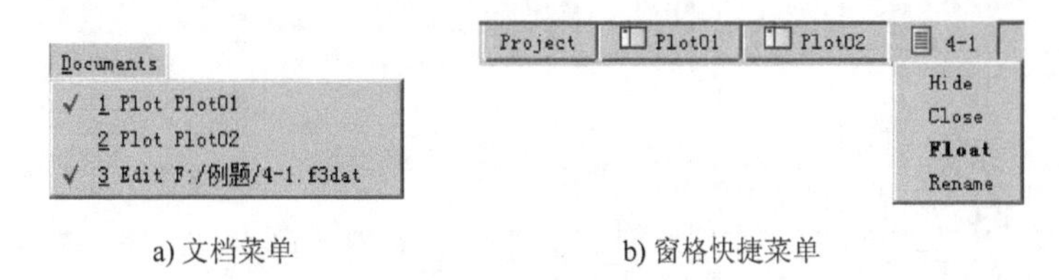

a) 文档菜单　　b) 窗格快捷菜单

图4-1　文档菜单与窗格快捷菜单

控制台、项目和状态记录菜单项总是顺序出现在窗格菜单上，且前缀了一个序号数，当其可见时，一个项在其左旁有一个复选标记，当其隐藏时，没有复选标记，当关闭时，会显示一个“×”符，如图4-2所示。在任何情况下，都不会有关闭或隐藏窗格的项，关闭和隐藏可以操控标题栏右边的相关控件，或窗格的快捷菜单也可达到同样目的。

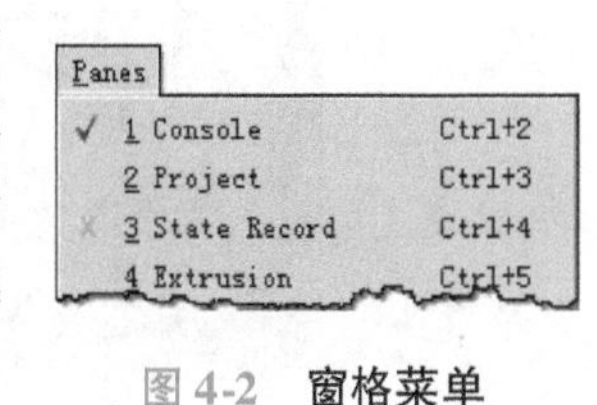

图4-2　窗格菜单

全局的窗格快捷键盘命令见表4-1，随时可用。

表4-1　窗格快捷键

快 捷 键	命　令	功　能
Ctrl +1	控制面板	控制面板开关（隐藏或显示）
Ctrl +2	控制台	显示控制台窗格，并变为当前活动窗格
Ctrl +3	项目	显示项目窗格，并变为当前活动窗格
Ctrl +4	状态记录	显示状态记录窗格，并变为当前活动窗格

3. 窗格类型

FLAC 3D中使用了6种不同类型的窗格，这里仅做简单介绍，在本章其他节中分别介绍每种窗格的使用和特性。

(1) 项目窗格。项目窗格包含与项目相关联的文件（命令、Fish程序等）列表。它动态跟踪项目状态，向用户显示各文件当前状态（如已保存、未保存、断开链接等），如图4-3所示。只能从窗格菜单打开项目窗格，根据需要也可隐藏。

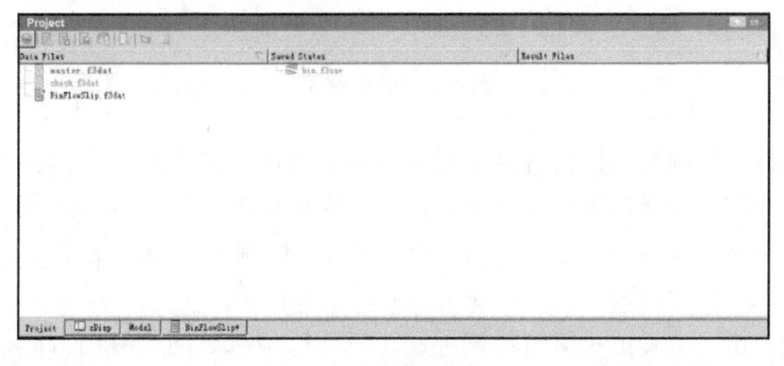

图4-3　项目窗格

(2) 编辑器窗格。编辑器窗格可以编辑数据文件、Fish 程序文件和任何文本文件，如图 4-4 所示。能同时打开多个文件，还可以高亮或彩色显示 FLAC 3D 命令语法，标题栏中显示加载的文件名。可以在选项对话框中设置编辑器的默认属性和行为（如字体、字体大小、背景等）。

```
Edit BinFlowSlip.f3dat
1  model new
2  model title "Real interface - slip and separation only"
3  fish automatic-create off
4  ; Create Material Zones
5  zone create brick size 5 5 5 ...
6          point 0 (0,0,0) point 1 (3,0,0) point 2 (0,3,0) point 3 (0,0,5) ...
7          point 4 (3,3,0) point 5 (0,5,5) point 6 (5,0,5) point 7 (5,5,5)
8  zone create brick size 5 5 5 point 0 (0,0,5) edge 5.0
9  zone group 'Material'
10 ; Create Bin Zones
11 zone create brick size 1 5 5 ...
12         point 0 (3,0,0) point 1 add (3,0,0) point 2 add (0,3,0) ...
13         point 3 add (2,0,5) point 4 add (3,6,0) point 5 add (2,5,5) ...
14         point 6 add (3,0,5) point 7 add (3,6,5) group 'Bin1'
15 zone create brick size 1 5 5 ...
16         point 0 (5,0,5) point 1 add (1,0,0) point 2 add (0,5,0) ...
17         point 3 add (0,0,5) point 4 add (1,6,0) point 5 add (0,5,5) ...
18         point 6 add (1,0,5) point 7 add (1,6,5) group 'Bin1'
19 zone create brick size 5 1 5 ...
20         point 0 (0,3,0) point 1 add (3,0,0) point 2 add (0,3,0) ...
21         point 3 add (0,2,5) point 4 add (6,3,0) point 5 add (0,3,5) ...
22         point 6 add (5,2,5) point 7 add (6,3,5) group 'Bin2'
23 zone create brick size 5 1 5 ...
24         point 0 (0,5,5) point 1 add (5,0,0) point 2 add (0,1,0) ...
25         point 3 add (0,0,5) point 4 add (6,1,0) point 5 add (0,1,5) ...
26         point 6 add (5,0,5) point 7 add (6,1,5) group 'Bin2'
27 ; Assign models to groups
28 zone cmodel assign mohr-coulomb range group 'Material'
29 zone cmodel assign elastic range group 'Bin1' or 'Bin2' or 'Bin3' or 'Bin4'
30 ; Separate zones, and create two interfaces
31 zone separate by-face new-side group 'Interface' range group 'Material' group 'Bin1' or 'Bin2'
master*   BinFlowSlip
```

图 4-4 编辑器窗格

(3) 视图窗格。视图窗格就是单个模型的可视化（如绘图输出），视图窗格数量没有限制，借助于控制面板，轻易完成用户绘图输出要求，如图 4-5 所示。

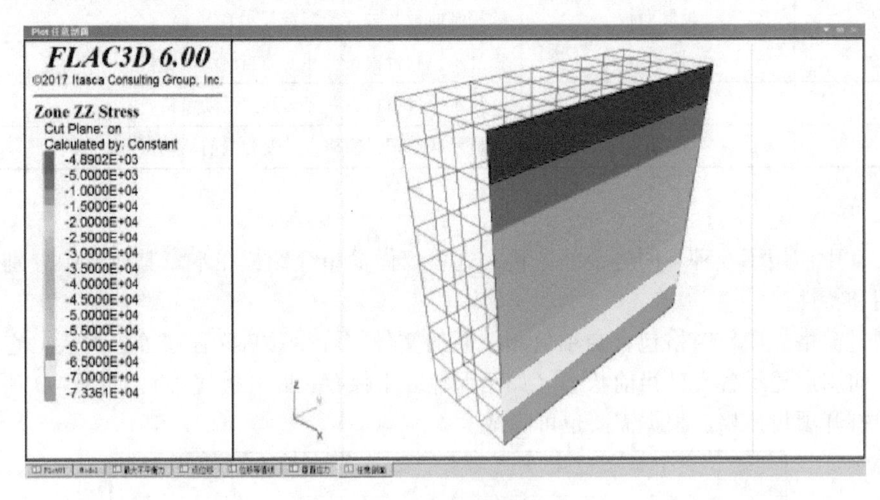

图 4-5 视图窗格

(4) 控制台窗格。控制台窗格包含命令提示符及其输出，只有一个实例，当从提示符或命令文件输入和处理命令时，控制台窗格在提示符的上方显示输出消息，如图 4-6 所示。输出的文本颜色指示不同的输出类型（正常、信息、警告和错误等）。控制台窗格中的默认属性和行为（如字体、背景、颜色和文本换行规则等）可以在选项对话框中设置。

(5) 状态记录窗格。状态记录窗格提供了创建当前模型状态的所有输入的报告。它有两种模式，输入记录模式显示了抵达当前状态的所有命令，输入文件模式显示了抵达当前状态过程中被

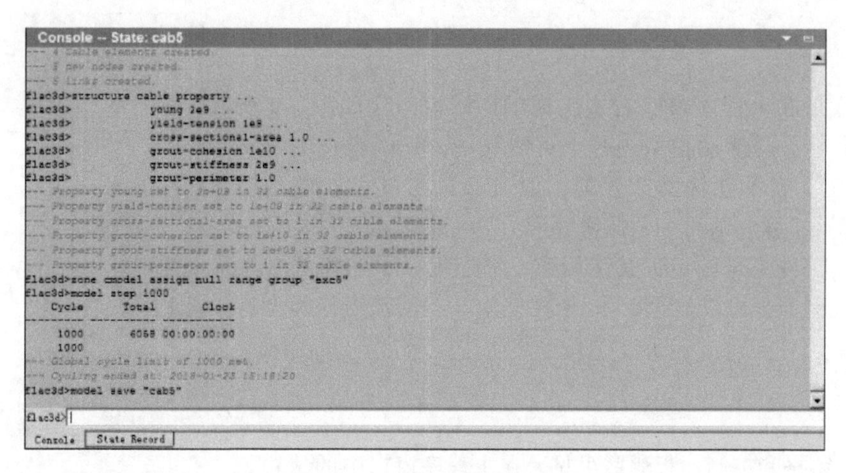

图 4-6 控制台窗格

调用、打开或以其他方式使用的任何文件的列表，如图 4-7 所示。

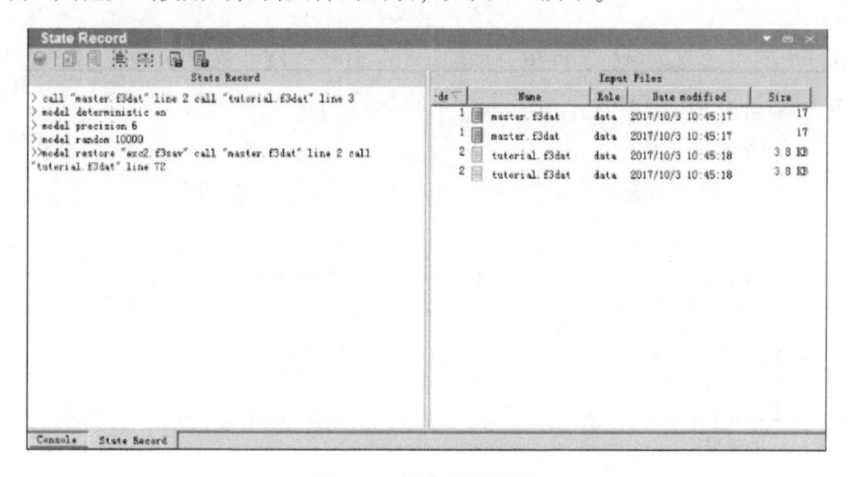

图 4-7 状态记录窗格

（6）列表窗格。每当输入一个列表命令时，就会自动创建一个列表窗格，它将生成超过一定数量行的文本输出，列表窗格的数量没有限制，生成列表的列表命令也是标题栏的标题和选项卡的标签，如图 4-8 所示。可以在选项对话框中设置列表窗格的默认属性和行为。

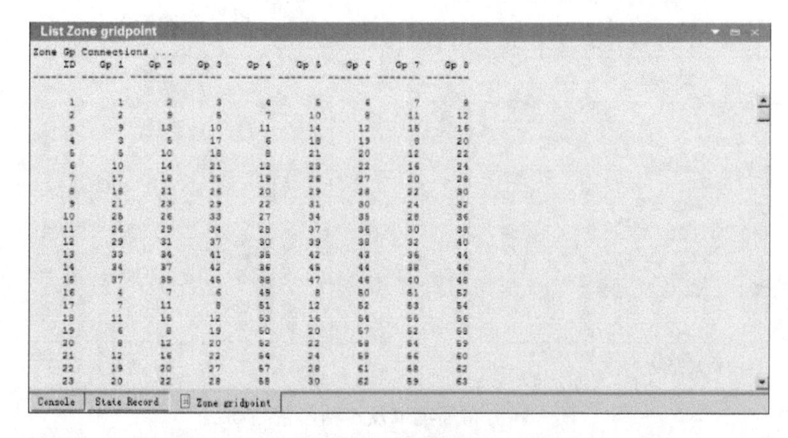

List Zone gridpoint

Zone Gp Connections ...

ID	Gp 1	Gp 2	Gp 3	Gp 4	Gp 5	Gp 6	Gp 7	Gp 8
1	1	2	3	4	5	6	7	8
2	2	9	6	7	10	8	11	12
3	9	13	10	11	14	12	15	16
4	3	5	17	6	18	19	8	20
5	5	10	18	8	21	20	12	22
6	10	14	21	12	23	22	16	24
7	17	18	25	19	26	27	20	28
8	18	21	26	20	29	28	22	30
9	21	23	29	22	31	30	24	32
10	25	26	33	27	34	35	28	36
11	26	29	34	28	37	36	30	38
12	29	31	37	30	39	38	32	40
13	33	34	41	35	42	43	36	44
14	34	37	42	36	45	44	38	46
15	37	39	45	38	47	46	40	48
16	4	7	6	49	8	50	51	52
17	7	11	8	51	12	52	53	54
18	11	15	12	53	16	54	55	56
19	6	8	19	50	20	57	52	58
20	8	12	20	52	22	58	54	59
21	12	16	22	54	24	59	56	60
22	19	20	27	57	28	61	58	62
23	20	22	28	58	30	62	59	63

Console　State Record　Zone gridpoint

图 4-8 列表窗格

4.1.2　控制面板

控制面板是在主程序窗口右边出现的矩形区域，如图 4-9 所示。类似工具栏，与活动窗格进行上下文联动，其内容也由活动窗格类型决定。它不能浮动或停靠，但可通过工具栏右端按钮 ( ) 进行隐藏。紧邻的另一个按钮 ( ) 为控制面板控件集开关的下拉菜单。控件集是一组工具或函数，它们提供了在窗格中工作的工具，控制面板可以显示 0 ~ n 个控件集（与活动窗格类型有关）。

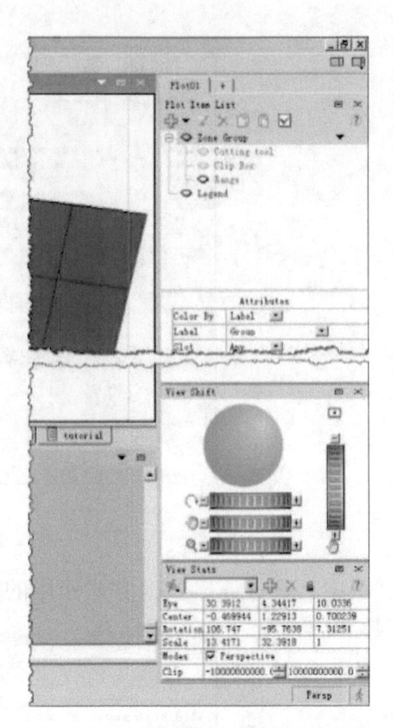

图 4-9　控制面板窗格

4.1.3　布局

6 种基本窗格和控制面板哪些可见、在主程序窗口中的位置怎样分配、尺寸大小及如何组成窗格选项卡集等就构成了布局。布局随当前项目关闭而保存。系统有预置的布局。用户创建的布局也可保存和使用。

通用菜单栏上的布局菜单项分为两组，如图 4-10a 所示，第一组为保存布局和恢复布局两个命令，第二组为系统预置的 5 个布局，如图 4-10b ~ f 所示。

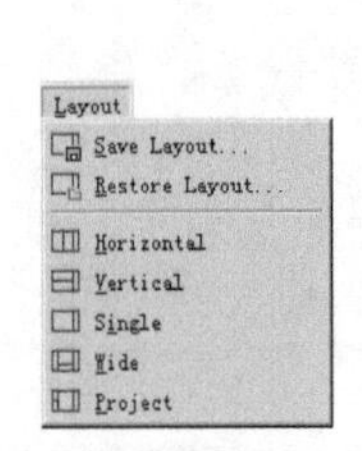

a) 布局菜单

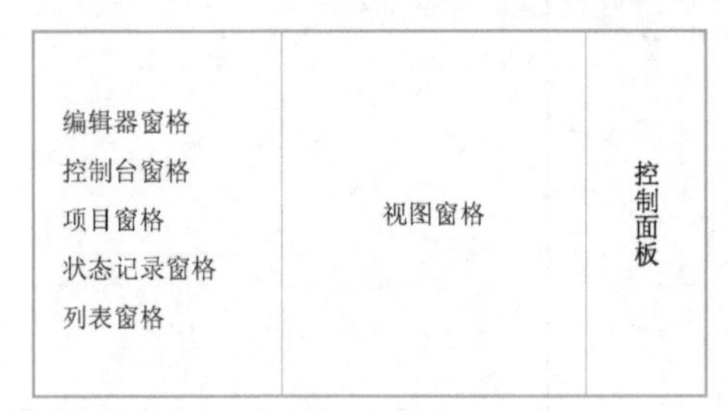

b) 平式布局

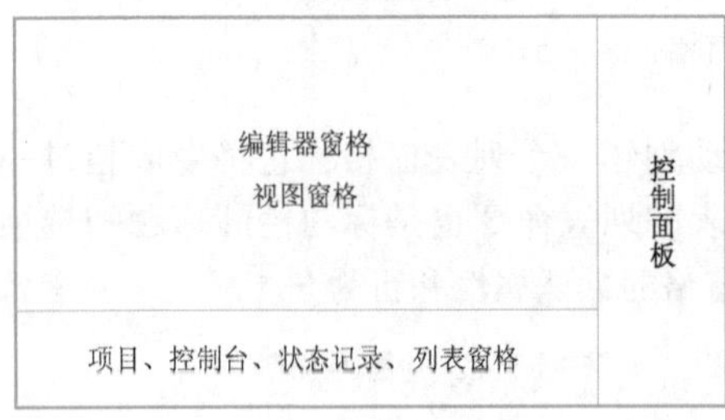

c) 立式布局

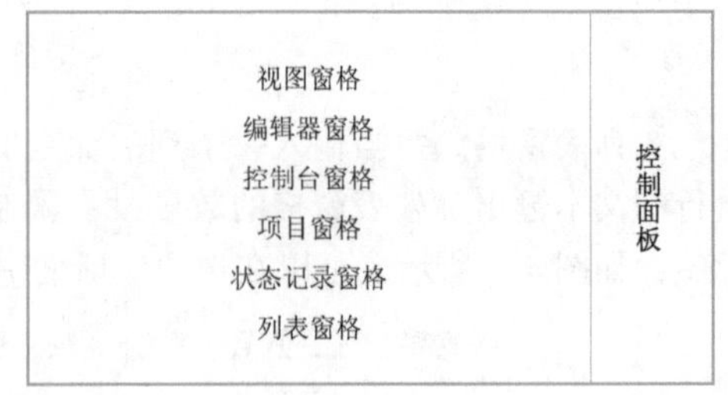

d) 简式布局

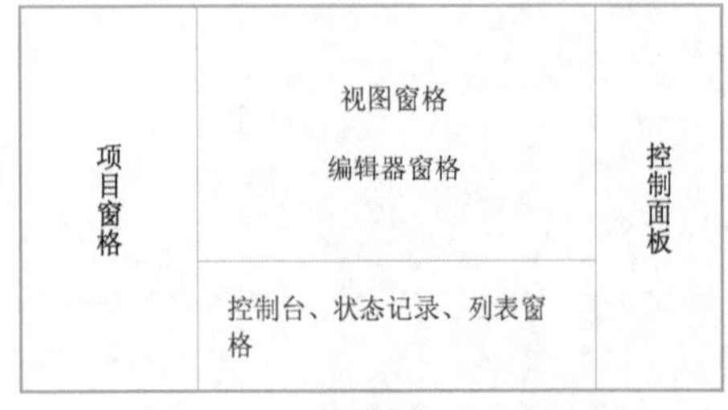

e) 宽式布局

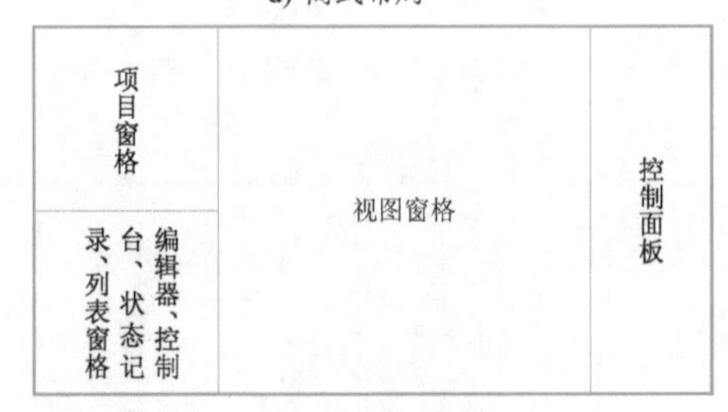

f) 项目式布局

图 4-10　布局菜单及 5 种预置布局

4.1.4 停靠与浮动

停靠是把任意一个窗格移动到主程序窗口中新位置，并与其他窗格或界面元素对齐的过程。拖住窗格的标题栏，在主程序窗口中移动时，系统会动态根据移动位置智能地显示高亮蓝色停靠区域，若合适，则松开鼠标左键就把窗格停靠在新的位置了。高亮蓝色区域要么通过改变其他界面元素尺寸腾挪出适当空间而来，要么直接与现有窗格合并成窗格选项卡集。

浮动就是把已停靠的窗格分离出来，并在主程序窗口外重新定位，独立于任何界面元素。拖动窗格时，出现蓝色高亮区域表明可停靠，若无则可浮动。想要把窗格停靠在某窗格的左、右、上、下时，可拖动窗格尝试在其左、右、上、下移动。如果想要把窗格停靠在某窗格的前面并组合成选项卡集的话，则可拖动窗格覆盖其上尝试移动。

窗格停靠后，可能需要调整窗格的大小，请将鼠标精确地放置在两个窗格之间的边缘处，当鼠标光标变为一个水平或垂直调整光标时，单击并拖动边缘到所需的新位置。

窗格浮动后，可以在横向、纵向或对角处调整其大小。为此，将鼠标分别放置在窗格的上、下、左、右边框或拐角处，待变成调整光标时，拖放到需要位置即可。

4.1.5 其他界面元素

1. 通用菜单栏

FLAC 3D 中的通用菜单栏包含 7 个菜单，中英文对照如图 4-11 所示。其中文件、编辑、布局、文档和窗格菜单在其他章节有相关描述，其余的两个菜单提供了一些实用工具或其他杂项功能的能力。

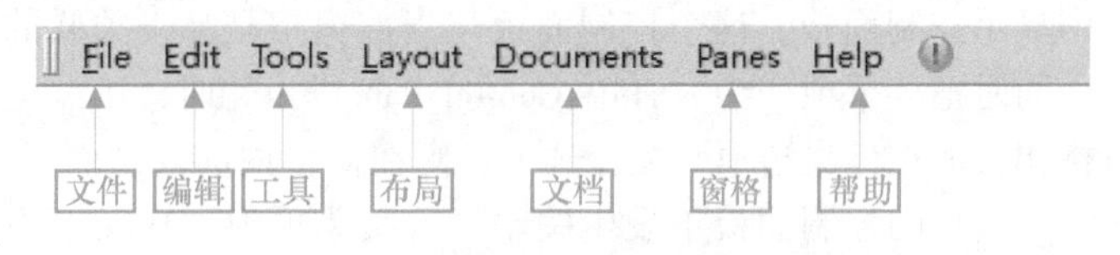

图 4-11 通用菜单栏及中英文对照

帮助菜单提供了 5 个菜单项，中英文对照如图 4-12 所示。工具菜单提供了 10 个菜单项，中英文对照如图 4-13 所示。

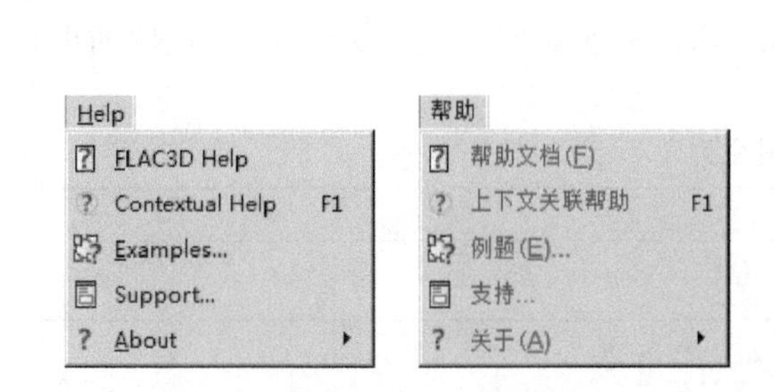

图 4-12 帮助菜单及中英文对照

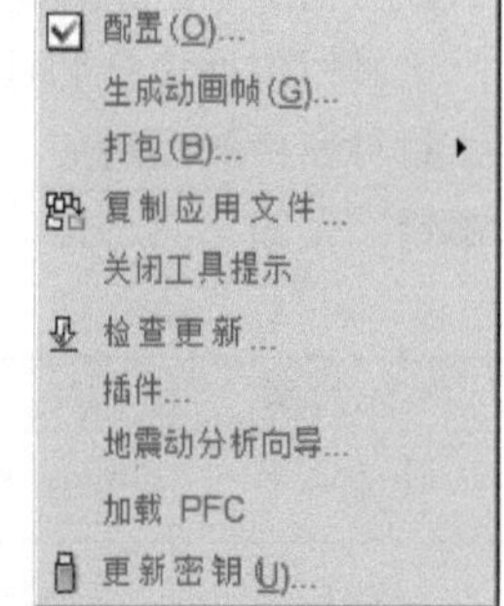

图 4-13 工具菜单及中英文对照

2. 窗格菜单

每个窗格的标题栏右边都提供了一个倒三角（▼）按钮式下拉菜单，无论窗格类型如何，无论当前停靠还是浮动，都有常见命令出现在此下拉菜单上，以用于处理窗格的命令或选项，如图 4-14 所示。

停靠窗格下拉菜单共分两组三个菜单项，如图 4-14a 所示。浮动窗格下拉菜单共分三组，前两组三个菜单项与停靠窗格类似或相对应，而第三组的第一个菜单项如图 4-14b 所示，而被截去的菜单项则与当前窗格的类型有关，菜单项数不确定。

（1）显示或隐藏窗格工具栏。窗格（停靠或浮动）下拉菜单的第一个菜单项是一条切换命令。若菜单项为“Show Toolbar”，表示单击后将在当前窗格内显示工具栏，同时把菜单项变为“Hide Toolbar”；若菜单项为“Hide Toolbar”，表示单击后将在当前窗格内隐藏工具栏，同时把菜单项变为“Show Toolbar”。窗格中出现的工具栏与主程序窗口通用菜单栏相邻的动态工具栏相同，可以使用任一工具栏的任何按钮，功能相同。

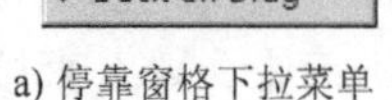

a) 停靠窗格下拉菜单

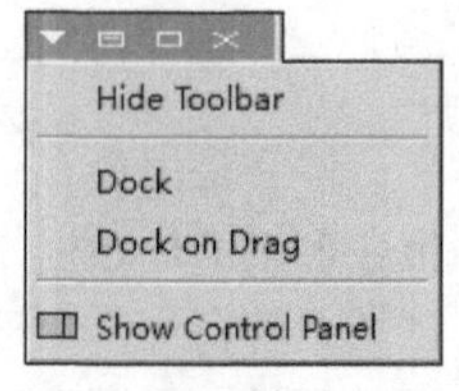

b) 浮动窗格下拉菜单

图 4-14 窗格按钮下拉菜单

（2）最大浮动与停靠。窗格下拉菜单的第二个菜单项也是一条切换命令。若菜单项为“Float Maximized”（一定是停靠窗格），表示单击后将使窗格浮动，并占用所有可用的屏幕区域，需要时可以调整大小和重新定位，同时把菜单项变为“Dock”，窗格菜单也将增加与控制面板有关的第三组菜单项；若菜单项为“Dock”（一定是浮动窗格），表示单击后将浮动窗格还原到先前的停靠位置，同时把菜单项变为“Float Maximized”，并减去第三组菜单项。

（3）停靠选项。窗格下拉菜单的第三个菜单项是一条选项开关。选中后，将提供正常的停靠行为；关闭时，将禁用停靠，允许窗格直接在主程序窗口前方浮动。

（4）显示或隐藏控制面板。如果是浮动窗格，窗格菜单将增加第三组包含有与控制面板相关的扩展菜单项。第三组第一个菜单项也是一条切换开关。若菜单项为“Show Control Panel”，表示单击后将在当前窗格内显示控制面板，这个控制面板与当前窗格是唯一关联的，不会以任何方式与其他窗格进行交互，同时把菜单项变为“Hide Control Panel”，此时，第三组其余菜单项全部为控制面板的与当前窗格相关的控件集选项开关，选中，则在窗格内的控制面板中相应控件集可见，否则为不可见，与主程序窗口的控制面板不发生关联。若菜单项为“Hide Control Panel”，表示单击后将在当前窗格内隐藏控制面板，同时把菜单项变为“Show Control Panel”，此时，第三组其余菜单项全部为控制面板的与当前窗格相关的控件集名称，不能选中，但单击时会开关主程序窗口控制面板控件集的可见性。

3. 工具栏

默认情况下，工具栏出现在通用菜单栏的右边，显示在其上的工具取决于当前活动窗格的类型。工具栏包括窗格和控制面板两个工具集，窗格工具集在其左，控制面板工具集在其右。

每种窗格类型对应工具的功能与作用在本章相关节进一步说明，作为参考，这里仅罗列出 6 种窗格类型的工具栏样式，见表 4-2。

表 4-2 工具栏列表

窗格类型	工 具 栏
控制台	
项目	
状态记录	
编辑器	
视图	
列表	

控制面板工具的第一个按钮（）为显示或隐藏控制面板的开关，单击一次为开，再单击一次为关。

控制面板工具的第二个按钮（）为下拉菜单，菜单项列出当前活动窗格的控制面板可用控件集，选中为可见，关闭为不可见。各种类型窗格的控制面板可用控件集如图4-15所示，要注意的是除了6种基本类型窗格外，尚有模型、拉伸和砌块等窗格，也一并列出。

图4-15 各种类型窗格控制面板控件集菜单项

4. 标题栏

FLAC 3D主程序窗口及每个窗格都有一个标题栏，也就是说，必定有一个标题或标签来指示窗口的内容。对于主程序窗口，最小化、最大化/还原和关闭三个按钮出现在标题栏的右边；对于窗格，隐藏（）、最大化（）/还原（）和关闭（）三个按钮出现在标题栏的右边，同时还会出现窗格下拉菜单按钮（）。

有时标题栏会出现星号（*），提醒用户窗口或窗格里内容已发生改变，注意保存。

5. 状态栏

主程序窗口底部有一行状态栏。主要是显示当前活动窗格鼠标的状态信息或工具提示信息，个别窗格在其右边也提供有限的选项或轮换开关。

4.1.6 快捷键

快捷键命令与当前活动窗格的类型有关，下面列出了全局快捷键命令，见表4-3。

表4-3 全局快捷键

快 捷 键	命 令	说 明
Ctrl + O	Open into Project...	通过文件对话框打开文件放入当前项目
Ctrl + Shift + S	Save All	保存当前项目中所有的文件
Ctrl + S	Save Current Item	保存当前活动文件
Ctrl + Alt + S	Save Current Item As...	另存当前活动文件为
Ctrl + W	Close Current Item	关闭当前活动文件
Ctrl + P	Print Current Item...	打印当前活动文件
Ctrl + C	Copy	复制
Ctrl + 1	Control Panel	开关控制面板
Ctrl + 2	Console	激活控制台窗格（如果隐藏则先显示）
Ctrl + 3	Project	激活项目窗格（如果隐藏则先显示）
Ctrl + 4	State Record	激活状态记录窗格（如果隐藏则先显示）

4.2 项目及文件（项目窗格）

对于版本4或更早的用户，项目文件代表了建模运行组织方式的重大转变。项目文件是一个独立的二进制文件，它记录或追踪源命令文件（如 *. f3dat、 *. dat、 *. f3fis 等）、状态文件（*. sav、*. f3sav）和结果文件（*. f3result），系统称这些文件为“items”。与项目相关的所有源文件名及相对路径都一起存储到项目文件中，并在项目窗格中可视化地显示所有资源及跟踪信息。

只要进入 FLAC 3D 系统，就必定打开了一个项目，要么是按用户要求的新建项目，要么是以前保存的项目，要么是系统默认的临时（temp）项目（在用户取消启动选项对话框时）。不推荐，但在无项目时还是可以完成计算工作的。

FLAC 3D 自动将项目文件的位置作为当前工作目录，这使得保存项目更容易，并将项目的项保持在一起，而无须使用显式路径或发出指令来设置当前文件夹。

增加项（文件）到项目中有三种方式，一是用户手动加入（如通用菜单栏文件菜单的打开文件）；二是直接创建增加（如通用菜单栏文件菜单的新建文件、控制台命令行输入保存模型状态或模型结果的命令）；三是程序执行过程中自动增加。类似地，相应可以使项（文件）移除出项目。

强调一下，由于项目文件仅只是记录各项的文件名和路径或追踪其变化情况，而不是把源文件的内容嵌入项目文件中，因此，如果在项目之外、用别的程序对源文件进行移动、删除和重命名等操作的话，会导致项目与它所跟踪的项（文件）之间断开联系。还有值得提醒的是，项目文件对于某种类型文件只使用而不记录和跟踪（如网格文件、*. dxf 文件等）。

一个项目可以被收集到一个称为包的单一文件中，该文件包含项目文件、所有命令文件、所有模型状态记录文件和创建模型过程使用过的任何文件。通过“Tool”菜单中的“Pack”和“Unpack”命令进行打包和解包，从而在用户之间传输。

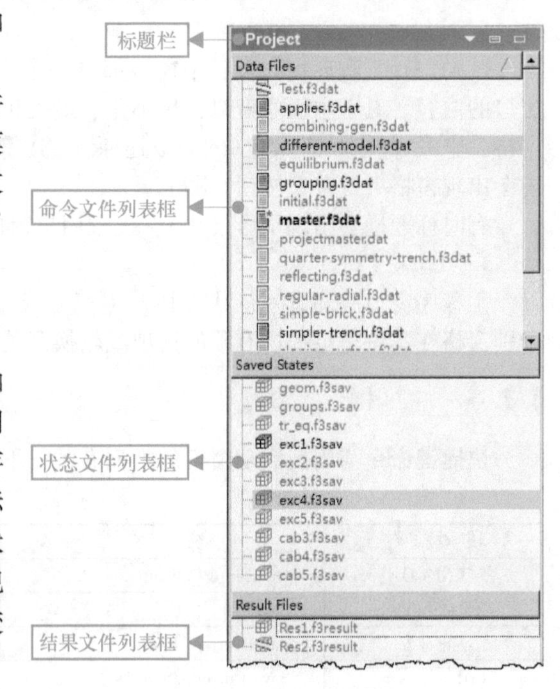

图 4-16　**项目窗格**

4. 2. 1　窗格

项目窗格对项目提供了一个可视化的表示，如图 4-16 所示。主要由三个列表框组成，第一个列表框为命令文件组，第二个列表框为模型状态保存文件组，第三个列表框为模型结果文件组。当鼠标移动到项（文件）时会有工具提示出其路径和状态，每个项（文件）的左侧有一图例，以此可视化项（文件）的状态，项（文件）左侧图例的变化所表达的状态见表 4-4。

有关如何使用项目窗格标题栏上右边提供的控件请参见 4. 1. 1 节。

表 4-4　**项目窗格图例**

图　标	状　态	说　明
	Save & Open	已打开，且已保存
	Unsaved & Open	已打开，已改变、没保存
	Closed	已关闭
	Broken	已失联

单击一个关闭的命令文件时，将在编辑器窗格中打开此文件，并使其成为当前活动窗格；单

击一个打开的命令文件时，将使打开此文件的窗格成为当前活动窗格；单击一个关闭的模型状态保存文件时，将恢复此文件保存的模型状态，并强制关闭当前的模型状态或模型结果，如果当前模型状态文件未保存，则出现对话框提示用户；单击一个关闭的模型结果文件时，将恢复此文件保存的模型结果，并强制关闭当前的模型结果或模型状态，如果当前模型状态文件未保存，则出现对话框提示用户。记住，FLAC 3D 只能表达一个模型状态或结果，因此第二个列表框和第三个列表框里的文件合起来始终只有一个文件被打开，其他文件全部关闭。

右击三个列表框里的项（文件）会出现快捷菜单，其菜单项和中文简单说明如图 4-17 所示。

a）命令文件　　b）状态文件　　c）结果文件

图 4-17　项目窗格快捷菜单

4.2.2　文件菜单及操作

对于项目文件及其项的操作都是通过通用菜单栏的“文件”菜单进行的，如图 4-18 所示，“文件”菜单的菜单项分成四组，每组之间用分隔符分隔。

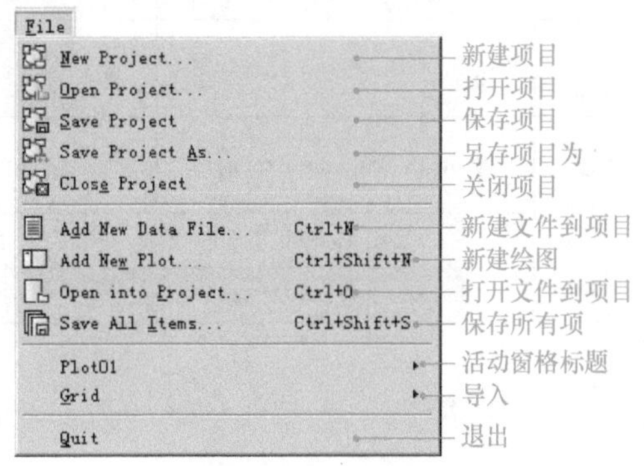

图 4-18　文件菜单

第一组 5 个菜单项专门涉及项目，“新建项目”“打开项目”和“关闭项目”命令将按预期进行，“保存项目”命令保存当前的项目文件和当前打开的所有项（文件），“另存项目为”命令将保存一份当前项目文件的备份。

第二组命令适用于项目文件里的项（文件）。“新建文件到项目”打开一个对话框来命名和定位要包含在项目中的新命令文件，并在编辑器窗格中打开空白的新文件。“新建绘图”命令调用一个小对话框，允许用户命名新空白绘图，它将在一个新的视图窗格中打开。“打开文件到项目”命令调用“打开到项目”对话框，该对话框可用于向项目中引入几乎任何类型的文件。“保存所有项”命令将保存当前打开的程序中的任何项；如果没有预先命名/保存，则将为每个需要新文件名的项显示一个“保存类型”作为对话框。

第三组包括两行。“Plot01”此处为动态菜单，对应当前活动窗格的名称或标签，如果活动窗格是项目则此处为空白（---），还有下级菜单。“Grid”命令导入文件到模型中，还有下级菜单。

最后为系统的“退出”命令。

4.2.3　工具栏

当项目窗格为当前活动窗口时，主程序界面会出现项目窗格的动态工具栏，如图 4-19 所示，通过选择项目窗格标题栏控件（▼）的“Show Toolbar”命令，也在窗格内显示相同的工具栏，工具栏按钮功能说明见表 4-5。通过工具栏右边按钮（▭）开关控制面板的显示，以及按钮（▭）选择其控件集的开关。

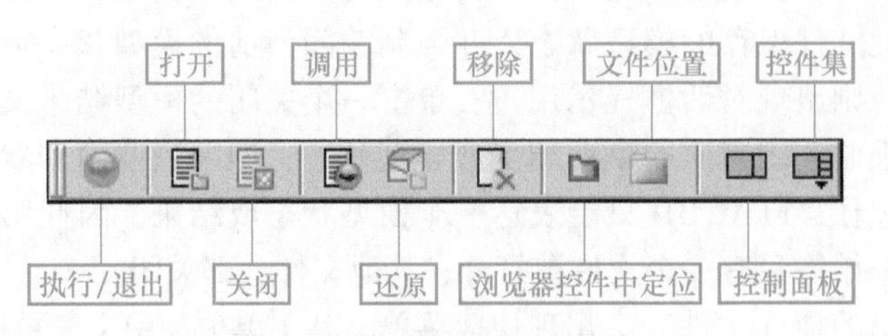

图 4-19　**项目窗格工具栏**

表 4-5　**项目窗格工具栏按钮功能说明**

图标	命　令		说　明
	英　文	中　文	
	Execute/Stop Toggle	执行/退出	执行或退出
	Open in Editor	打开	编辑器窗格中打开文件，并使其为活动窗格
	Close	关闭	关闭编辑文件的窗格
	Call	调用	编辑器窗格中打开文件，并执行
	Restore	还原	还原模型状态
	Remove from Project	移除	移除出项目，永久切断和项目之间的连接，如果原已打开则关闭
	Show in File Browser Control Set	浏览器控件中定位	若控制面板已打开、文件浏览器控件可见，则定位所选文件，但并不激活控制面板
	Show in Windows Explorer	文件位置	激活操作系统的资源管理器程序，打开所选文件的文件夹并定位
	Show/Hide Control Panel	控制面板	开关控制面板
	Show/Hide Control Sets	控件集	控制面板控件集选择菜单

4.2.4　快捷键

表 4-6 列出了 FLAC 3D 中用于项目和项目相关的快捷键，如果在命令标签后面出现省略号，则表示会出现一个对话框，所有这些命令都是全局的，而不仅仅是项目窗格。

表 4-6　**项目窗格快捷键**

快　捷　键	命　　令	说　　明
Ctrl + O	Open into Project...	通过文件对话框打开文件放入项目中
Ctrl + S	Save Current Item	保存当前活动窗格的文件
Ctrl + Shift + S	Save All	保存当前项目中所有已打开的文件
Ctrl + Alt + S	Save Current Item As...	备份当前活动窗格文件为一新文件，并增加到项目中，关闭原文件，打开新文件
Ctrl + W	Close Current Item	关闭当前活动窗格
Ctrl + P	Print Current Item...	打印当前活动窗格
Ctrl + 3	Show the Project Pane	显示项目窗格，并成为当前活动窗格，只能通过项目窗格的标题栏控件（ ）来隐藏

4.3 命令处理（控制台窗格）

尽管图形用户界面简化了大部分命令的直接输入，但 FLAC 3D 主程序本身仍然是一个命令处理程序，控制台是其命令处理的核心，可以在命令行提示符（FLAC 3D >）处一行一行交互地输入命令，窗格也会根据需要对命令处理的结果进行反馈。单击通用菜单栏的“Panes”→“Console”命令显示窗格。

4.3.1 窗格

如图 4-6 所示，控制台窗格界面由标题栏、反馈信息文本框（只读）和命令行组成。通过选择窗格标题栏控件按钮（▼）下拉菜单的“Show Toolbar”命令在窗格内显示工具栏，浮动窗格时，通过工具栏右边按钮（▭）开关控制面板在窗格内的显示，以及按钮（▭）选择其控件集的开关，其界面如图 4-20 所示。

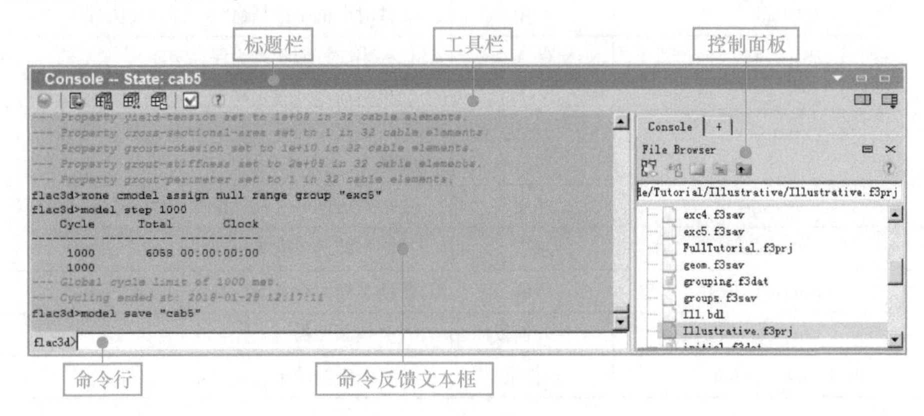

图 4-20 **控制台窗格**

命令行提示符处可以输入 FLAC 3D 的所有命令，用户输入一个命令执行一个命令，交互持续进行，一个命令超过一行字符长度时，用续行符告知系统。也可在命令行提示符处调用预先保存的命令文件来连续执行命令。命令行可以粘贴命令，上下箭头可用于手动滚动逐行显示之前发出的指令。输入命令时，快捷键〈Ctrl + Space〉提供内联输入提示以实现简单的动态输入，这与 Windows 中文操作系统中英文输入法切换的快捷键相冲突，必须修改中英文输入法切换键才能有效。

读者应该意识到任何命令都可能影响程序状态、项目状态和模型状态，用 Program log on 命令设置日志文件是比较好的习惯，出现问题也好追踪索源。

窗格的文本框为输出部分，它响应命令和提供进程状态信息，并显示处理命令时发生的任何警告、错误和输出。文本框文本的字体、背景、颜色和文本换行规则等可通过单击通用菜单栏的“Tools”→“Options”命令，在选项对话框中设置，如图 4-21 所示。单击文本框的文字可快速选择一

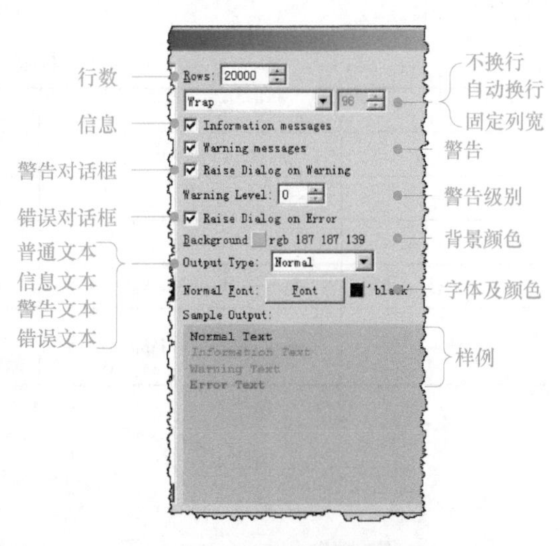

图 4-21 **控制台输出选项**

行，快捷菜单的“Select All”命令可选择整个文本框的内容。

4.3.2 工具栏

当控制台窗格为当前活动窗口时，主程序界面会出现控制台窗格的动态工具栏，如图4-22所示，通过选择控制台窗格标题栏控件（▼）的“Show Toolbar”命令，也在窗格内显示相同的工具栏，工具栏按钮功能说明见表4-7。

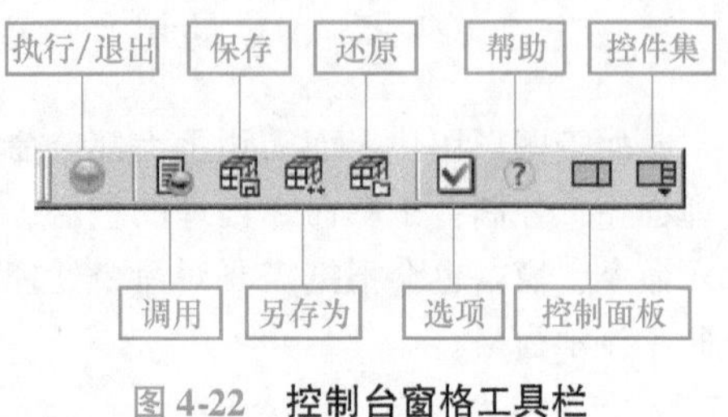

图4-22 控制台窗格工具栏

表4-7 控制台窗格工具栏按钮功能说明

图标	命令		说明
	英文	中文	
	Execute/Stop toggle	执行/退出	执行或退出
	Call	调用	文件对话框中选择命令文件，并执行
	Save State	保存	保存当前模型状态为保存文件
	Save As	另存为	如果当前模型状态关联着一个现有保存文件，则打开一个对话框来保存当前模型状态到一新文件；否则将保存文件
	Restore	还原	文件对话框中选择一保存文件，还原其模型状态
	Options	选项	控制台的选项配置
	Command Help	帮助	帮助文档中有关当前命令行命令的条目
	Show/Hide Control Panel	控制面板	开关控制面板
	Show/Hide Control Sets	控件集	控制面板控件集选择菜单

4.3.3 快捷键

表4-8总结了FLAC 3D中用于控制台和控制台相关命令的击键命令，如果在命令标签后面出现省略号，则指示使用命令时会出现一个对话框，除了箭头键之外，命令是全局的，而不仅仅是控制台窗格。

表4-8 控制台窗格快捷键说明

快捷键	命令	说明
Ctrl + O	Open into Project...	通过文件对话框打开文件放入项目中
Ctrl + S	Save	保存当前模型状态为一保存文件
Ctrl + Alt + S	Save As	保存当前模型状态为一新文件
↑ ↓	Re-type Previous/Next	命令行翻阅输入记录（限于100条）
Ctrl + 2	Display Console Pane	显示控制台窗格，并成为当前活动窗格，只能通过控制台窗格的标题栏控件（▭）来隐藏

4.4 模型状态跟踪（状态记录窗格）

状态记录窗格记录了所有输入的命令及调用、打开过的文件。单击通用菜单栏的“Panes”→

“State Record”命令显示窗格。

4.4.1　窗格

如图 4-23 所示，状态记录窗格界面由标题栏、状态记录列表框和输入文件列表框组成。通过选择窗格标题栏控件按钮（▼）下拉菜单的“Show Toolbar”或“Hide Toolbar”命令在窗格内显示或隐藏工具栏，通过（动态）工具栏右边按钮（◫）开关控制面板的显示，以及按钮（◫）选择其控件集的显示。

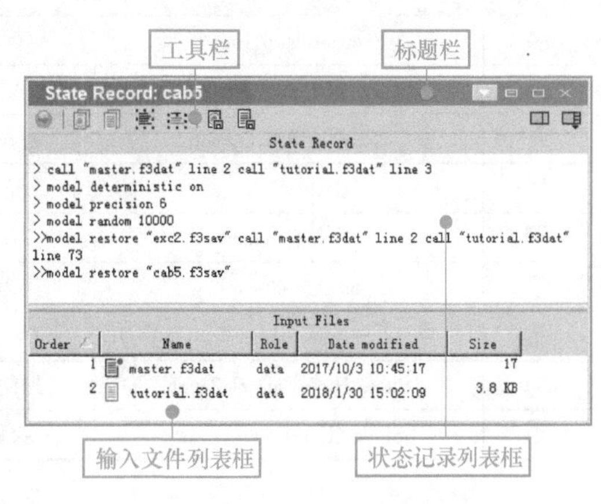

图 4-23　**状态记录窗格**

状态记录列表框显示的是到模型目前状态执行过的命令。请记住，此列表框不延伸用 Call 调用的命令文件之内，如 1000 行命令的文件，在该视图中只显示单行 Call 命令。可以使用工具栏或快捷菜单上可用的工具复制或保存此列表框的内容为记录文件或命令文件。

输入文件列表框为调用文件或导入文件的列表清单，初始按照调用的顺序显示文件，一个文件显示 6 个属性，分别为序号、文件名、类型、修改日期和大小，单击列标题按升序或降序重新排列顺序。输入文件名左侧的图例表示文件的状态信息，图例说明见表 4-9。

表 4-9　**输入文件图例**

图　标	状　态	说　明
	Open & Unchanged	已打开，无变化
	Open & Changed	已打开，已改变
	Closed	已关闭
	Closed & Changed	已关闭、已变化
	LinkBroken	已失联

4.4.2　工具栏和快捷菜单

当状态记录窗格为当前活动窗口时，主程序界面会出现状态记录窗格的动态工具栏，如图 4-24 所示，通过选择状态记录窗格标题栏控件（▼）的“Show Toolbar”命令，也在窗格内显示相同的工具栏，工具栏按钮功能说明见表 4-10。当鼠标在状态记录列表框中时，右击弹出快捷菜单，其功能与图标与工具完全相同，如图 4-25 所示。

图 4-24　**状态记录工具栏**

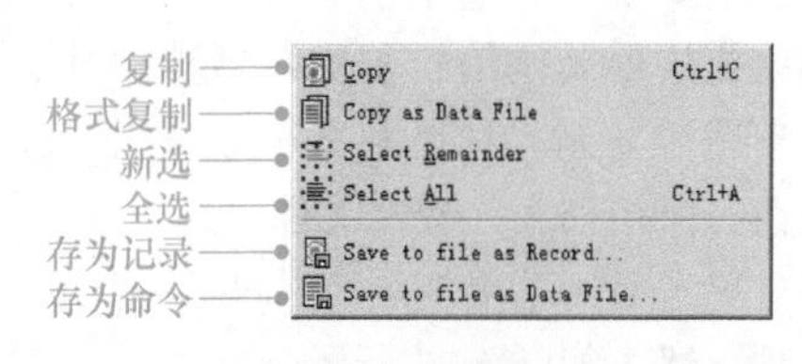

图 4-25　**快捷菜单**

表 4-10　状态记录工具栏按钮功能说明

图标	命令		说明
	英文	中文	
	Execute/Stop Toggle	执行/退出	执行或退出
	Copy in Record Format	复制	复制选中内容的全部到剪切板
	Copy in Data Format	格式复制	按命令行输入格式复制选中内容到剪切板
	Select All	全选	选中全部内容
	Selec Tremaind	新选	选择上次复制命令后新输入的记录行
	Save as Record	存为记录	选中全部内容存为记录文件
	Save as Data File	存为命令	选中全部内容按输入格式存为命令文件
	Show/Hide Control Panel	控制面板	开关控制面板
	Show/Hide Control Sets	控件集	控制面板控件集选择菜单

4.5　信息（列表窗格）

正常情况下，控制台窗格负责命令的有关响应信息显示，但当诸如 List 命令生成数千上万行的文本输出时就显得不合适了，此时将自动创建一个列表窗格，以供用户单独查看。每遇到这种情况就会自动创建一个列表窗格，可能会有多个列表窗格，也会浪费系统资源使其响应变慢。因此，规定创建列表窗格的最小行数值，如果未达到此值，则将列表命令的输出发送到控制台窗格显示，其最小行数值可以在系统选项对话框的“Listings”部分中设置。出现在列表窗格标题栏（或选项卡）上的标签是使用列表命令提供的关键字，如果多次输入相同的列表命令，则生成的每个列表窗格将具有相同的标签。

4.5.1　窗格

如图 4-26 所示，列表窗格界面由标题栏和一个列表框组成。通过选择窗格标题栏控件按钮（▼）下拉菜单的“Show Toolbar”或“Hide Toolbar”命令在窗格内显示或隐藏工具栏，通过（动态）工具栏右边按钮（■）开关控制面板的显示，以及按钮（■）选择其控件集的显示。

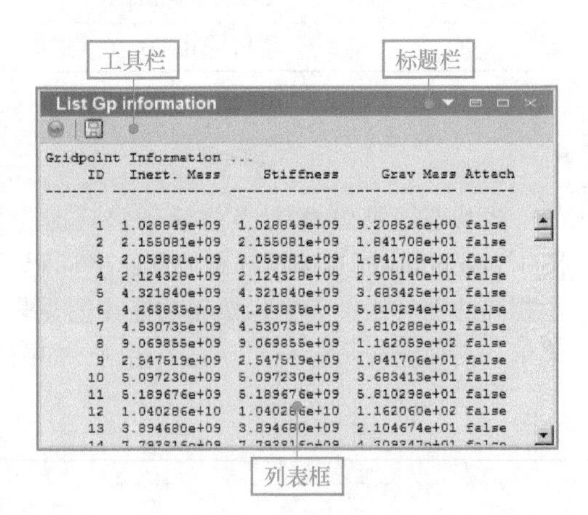

图 4-26　列表窗格

列表框显示的信息分上下两部分。上部分是表头，含列标题，固定不动。下部分是数据，用滚轮或滚动条进行查看。

列表窗格本身就是为程序输出信息的静态显示而设计的，不要希望与它有太多的交互。选取数据后，可以直接拖放到其他编辑器窗口或窗格中，右击也有快捷菜单用作复制、选择和选项设置等，工具栏只有一个按钮，保存列表为文本文件。

通过单击通用菜单栏的“Tools”→“Options”命令，在对话框中点击“Listing”可对列表窗格进行选项设置，如图 4-27 所示。

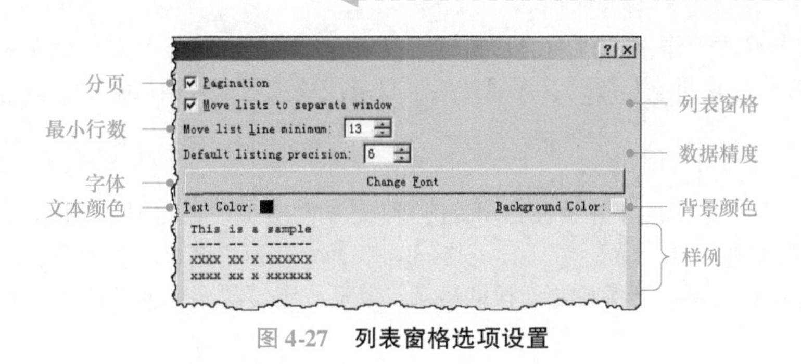

图4-27 列表窗格选项设置

4.5.2 工具栏和快捷菜单

当列表窗格为当前活动窗口时，主程序界面会出现列表窗格的动态工具栏，如图4-28所示，通过选择列表窗格标题栏控件（）的“Show Toolbar”命令，也在窗格内显示相同的工具栏，工具栏按钮功能说明见表4-11。当鼠标在列表框中时，右击弹出快捷菜单，如图4-29所示。

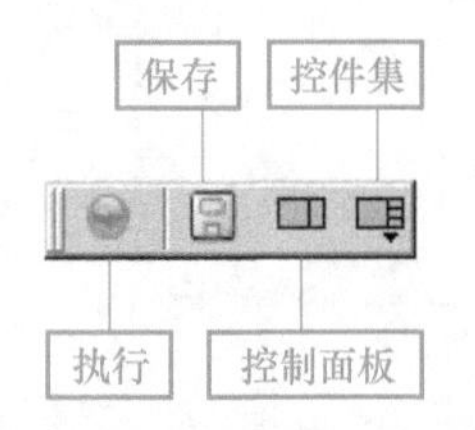

图4-28 列表窗格工具栏

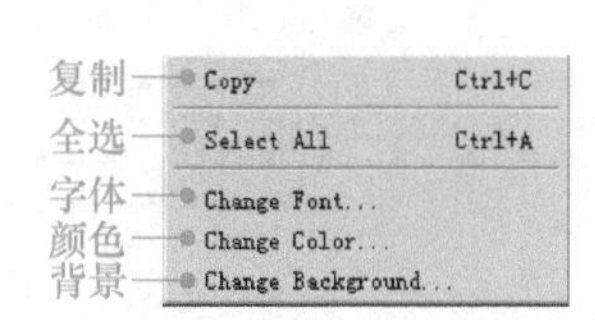

图4-29 列表窗格快捷菜单

表4-11 列表窗格工具栏按钮功能说明

图标	命令		说明
	英文	中文	
	Execute/Stop toggle	执行/退出	执行或退出
	Save	保存	保存列表内容为文本文件
	Show/Hide Control Panel	控制面板	开关控制面板
	Show/Hide Control Sets	控件集	控制面板控件集选择菜单

4.5.3 快捷键

表4-12总结了FLAC 3D中用于控制台和控制台相关命令的击键命令，如果在命令标签后面出现省略号，则指示使用命令时会出现一个对话框，除了箭头键之外，命令是全局的，而不仅仅是控制台窗格。

表4-12 列表窗格快捷键

快捷键	命令	说明
Ctrl + Alt + S	Save As	保存列表窗格的列表为一文本文件
Ctrl + W	Close Current Item	关闭当前列表窗格，列表数据丢失
Ctrl + C	Copy	复制选择数据

4.6 数据文件（编辑器窗格）

编辑器窗格提供了编辑基于文本的命令文件和FISH程序的能力，虽然用户可以选择其他文本编辑器进行创建与修改工作，但 FLAC 3D 编辑器窗格有外部编辑器不具备的优势：自动语法颜色编码；多行 FISH 程序块折叠与展开；无缝连接项目集成环境而随时调试程序。

4.6.1　窗格

如图 4-30 所示，编辑器窗格界面由标题栏和文本框组成。通过选择窗格标题栏控件按钮（▾）下拉菜单的"Show Toolbar"或"Hide Toolbar"命令在窗格内显示或隐藏工具栏，通过（动态）工具栏右边按钮（▭）开关控制面板的显示，以及按钮（▭）选择其控件集的显示。

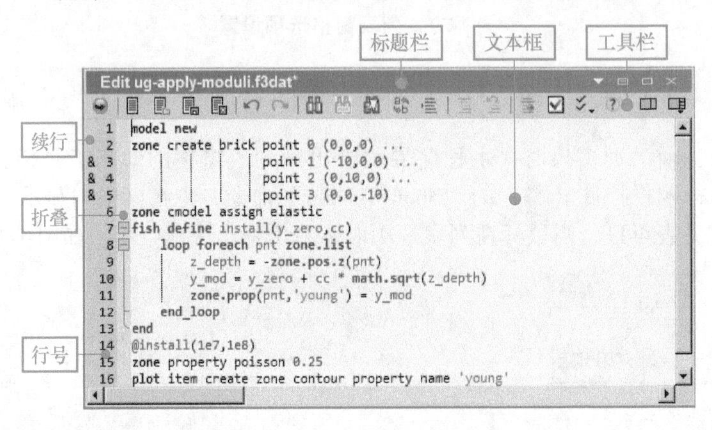

图 4-30　**编辑器窗格**

编辑器窗格是与命令或程序文件一起工作而设计的，其实只限于文本显示，而文本的编辑则主要是由编辑菜单、工具栏、快捷菜单和快捷键完成。

通过单击通用菜单栏的"Tools"→"Options"命令，在对话框中单击"Editor"可对编辑器窗格进行选项设置，如图 4-31 所示。

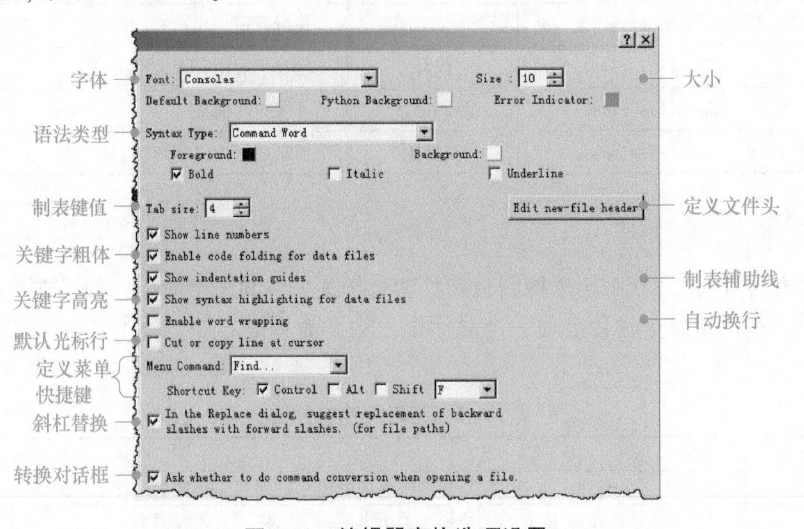

图 4-31　**编辑器窗格选项设置**

4.6.2　编辑菜单和快捷菜单

1. 编辑菜单

当编辑器为当前活动窗格时，主程序窗口菜单栏上的"Edit"编辑菜单如图 4-32 所示，这些命令根据当前上下文启用或禁用，每个命令的功能说明见表 4-13。

表 4-13　编辑菜单功能说明

图标	命令		说明
	英文	中文	
	Undo	撤销	撤销上次操作
	Redo	重复	重复上次操作
	Cut	剪切	删除选取到剪切板
	Copy	复制	复制选取到剪切板
	Paste	粘贴	粘贴剪切板内容
	Select All	全选	选取文本框所有内容
	Information...	输入提示	快速关联查询关键字
	Find...	查找	打开查找对话框
	Find Selection	查找选取	查找下一处选取内容
	Find Next	查找下一处	查找下一处上次内容
	Replace...	替换	打开替换对话框
	Go to Line...	定位行	打开定位行对话框，输入行号
	Go to Token...	定位标界	打开定位标界对话框，输入当前行的标界序号
	Block comment	注释	对选取内容加注释符号，超过一行再注行头
	Block uncomment	取消注释	取消选取内容注释符号，超过一行再取消行头
	Auto-format File	自动格式化	自动对文本框内容全部格式化
	Command Conversion...	命令转换	对旧版本命令文件转换成新版命令文件

2. 快捷菜单

当右击编辑器窗格时会弹出快捷菜单，如图 4-33 所示，与编辑菜单命令几乎相同，这些命令根据当前上下文启用或禁用，每个命令的功能说明见表 4-14。

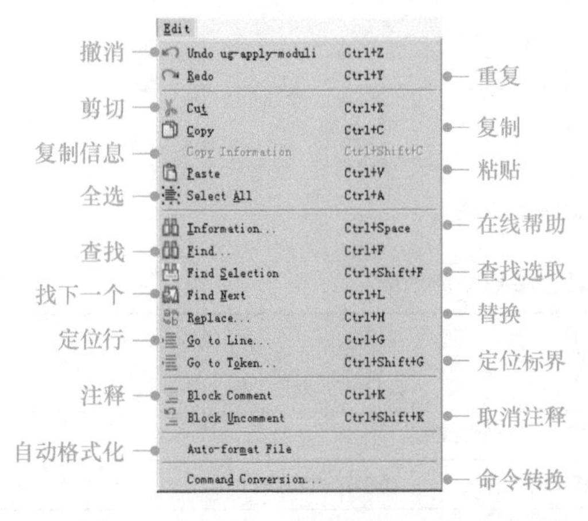

图 4-32　编辑菜单

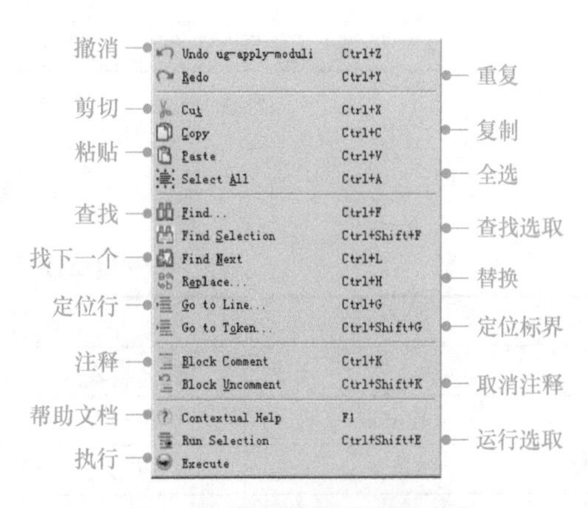

图 4-33　编辑器窗格快捷菜单

表 4-14 编辑器窗格快捷菜单功能说明

图标	命令		说明
	英文	中文	
	Undo	撤销	撤销上次操作
	Redo	重复	重复上次操作
	Cut	剪切	删除选取到剪切板
	Copy	复制	复制选取到剪切板
	Paste	粘贴	粘贴剪切板内容
	Select All	全选	选取文本框所有内容
	Find...	查找	打开查找对话框
	Find Selection	查找选取	查找下一处选取内容
	Find Next	查找下一处	查找下一处上次内容
	Replace...	替换	打开替换对话框
	Go to Line...	定位行	打开定位行对话框，输入行号
	Go to Token...	定位标界	打开定位标界对话框，输入当前行的标界序号
	Block comment	注释	对选取内容加注释符号，超过一行再注行头
	Block uncomment	取消注释	取消选取内容注释符号，超过一行再取消行头
	Contextual Help	帮助文档	关联帮助文档上下文
	Run Selection	运行选取	运行选取的命令文本
	Execute	执行	执行当前命令文件

4.6.3 工具栏

当编辑器窗格为当前活动窗口时，主程序界面会出现编辑器窗格的动态工具栏，如图 4-34 所示，通过选择窗格标题栏控件（）的“Show Toolbar”命令，也在窗格内显示相同的工具栏，工具栏按钮功能说明见表 4-15。通过工具栏右边按钮（）开关控制面板的显示，以及按钮（）选择其控件集的开关。

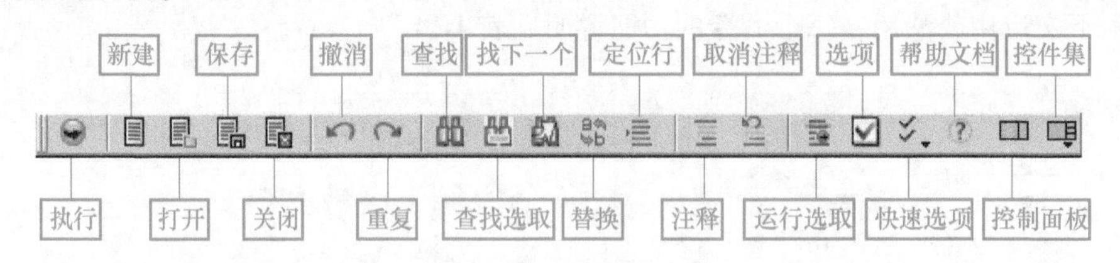

图 4-34 编辑器窗格工具栏

表 4-15 编辑器窗格工具栏按钮功能说明

图标	命令		说明
	英文	中文	
	Execute	执行	执行当前命令文件
	New...	新建	新建命令文件，并在新编辑器窗格打开
	Open...	打开	打开指定文件

（续）

图标	命令		说明
	英文	中文	
	Save...	保存	保存当前命令文件
	Close	关闭	关闭当前命令文件及窗格
	Undo	撤销	撤销上次操作
	Redo	重复	重复上次操作
	Find...	查找	打开查找对话框
	Find Selection	查找选取	查找下一处选取内容
	Find Next	查找下一处	查找下一处上次内容
	Replace...	替换	打开替换对话框
	Go to Line...	定位行	打开定位行对话框，输入行号
	Block comment	注释	对选取内容加注释符号，超过一行再注行头
	Block uncomment	取消注释	取消选取内容注释符号，超过一行再取消行头
	Run Selection	运行选取	运行选取的命令文本
	Editor Options...	选项	打开编辑器选项对话框
	Local Options	快速选项	下拉菜单快速开关本地选项
	Contextual Help	帮助文档	关联帮助文档上下文
	Show/Hide Control Panel	控制面板	开关控制面板
	Show/Hide Control Sets	控件集	控制面板控件集选择菜单

4.6.4　输入提示

像控制台窗格命令行输入命令一样，通过〈Ctrl + Space〉快捷键可快速查询光标处命令相关联的关键字或 FISH 语言函数及语法，实现了简单的动态关联输入，对于那些对关键字不熟练、讨厌键盘输入的人来说还是省了不少事。如果是在空行按〈Ctrl + Space〉，则弹出提示窗口显示二十来个最上层的命令，如图 4-35 所示。

把光标移到需要的命令或关键字行，按回车键或双击表示选取，接着进行下一级的关联提示，如此嵌套提示下去，按〈F1〉还可显示帮助文档的上下文帮助，按〈Esc > 取消提示窗口。

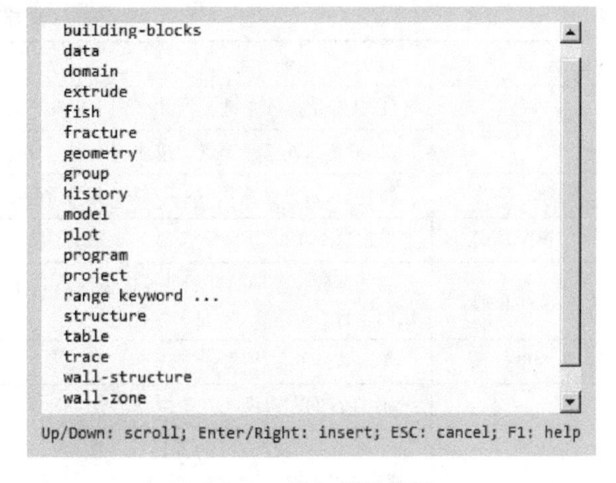

图 4-35　**输入提示窗口**

4.6.5　快捷键

表 4-16 总结了 FLAC 3D 中用于编辑器窗格的快捷键命令，如果在命令标签后面出现省略号，则表示会出现一个对话框，所有命令都是根据当前上下文启用或禁用。

表4-16　编辑器快捷键说明

快 捷 键	命 令	说 明
Ctrl + Z	Undo	撤销上次操作
Ctrl + Y	Redo	重复上次操作
Ctrl + X	Cut	删除选取到剪切板
Ctrl + C	Copy	复制选取到剪切板
Ctrl + V	Paste	粘贴剪切板内容
Ctrl + A	Select All	选取文本框所有内容
Ctrl + F	Find...	打开查找对话框
Ctrl + Shift + F	Find Selection	查找下一处选取内容
Ctrl + L	Find Next	查找下一处上次内容
Ctrl + H	Replace...	打开替换对话框
Ctrl + G	Go To Line...	打开定位行对话框，输入行号
Ctrl + Shift + G	Go To Token...	打开定位标界对话框，输入当前行的标界序号
Ctrl + K	Block comment	对选取内容加注释符号，超过一行再注行头
Ctrl + Shift + K	Block uncomment	取消选取内容注释符号，超过一行再取消行头
Ctrl + E	Execute	执行当前命令文件
Ctrl + Shift + E	Run selection	运行选取的命令文本

4.6.6　文本选择

编辑器中选择文本的方法有很多，见表4-17。

表4-17　文本选择方法

选 取 目 标	操 作 方 法
任何长度	① 从开始点按左键，拖动（向上或向下）到结束点释放鼠标
	② 将光标置于起始点，按住〈Shift〉，单击结束点
单个字符	按住〈Shift〉，再按〈→〉一次取一个字符，或再按〈←〉反向运行
单个单词	双击这个单词
多个单词	将光标放在单词的开始处，按住〈Ctrl + Shift〉，再按一次〈→〉选择右向一个单词，或再按〈←〉反向运行
单行	单击该行的左边缘
多行	① 在行的左边缘处，按左键不放，向下或向上拖放想要的行数
	② 将光标放在该行的开始处，按住〈Shift〉，再按〈↓〉一次向下一行，或再按〈↑〉一次向上一行
选择所有	指向任意行的左边缘，按〈Ctrl〉并单击
列	① 按住〈Alt〉，任意角点按住左键不放，拖动到对角点释放
	② 光标放在任意角点，按住〈Alt + Shift〉，单击对角点
	③ 光标放在任意角点，然后按〈Alt + Shift〉，再操作四个方向键来延长选择

4.7 绘图输出（视图窗格）

视图窗格用于绘图输出，通用菜单栏的“File”→“Add New Plot...”命令则创建一个新的视图，视图中绘制的“Plot Item”（绘图条目）则由控制面板中的条目控件集来构建，可能有多个视图窗格，视图的名称显示在视图窗格的标题栏或选项卡的标签上。

4.7.1 窗格

如图4-36所示，视图窗格界面由标题栏和绘图区组成。通过选择窗格标题栏控件按钮（▼）下拉菜单的“Show Toolbar”或“Hide Toolbar”命令在窗格内显示或隐藏工具栏，通过（动态）工具栏右边按钮（▭）开关控制面板的显示，以及按钮（▭）选择其控件集的显示。

任何情况下，右键总是可以对视图进行管理（如旋转、缩放、平移和其他等），新建视图时，默认为选择模式，此时，左键用来选择绘图条目，并对其相对视图移动和大小的改变。

通过单击通用菜单栏的“Tools”→“Options”命令，在对话框中单击“Plots”可对视图窗格进行选项设置，如图4-37所示。

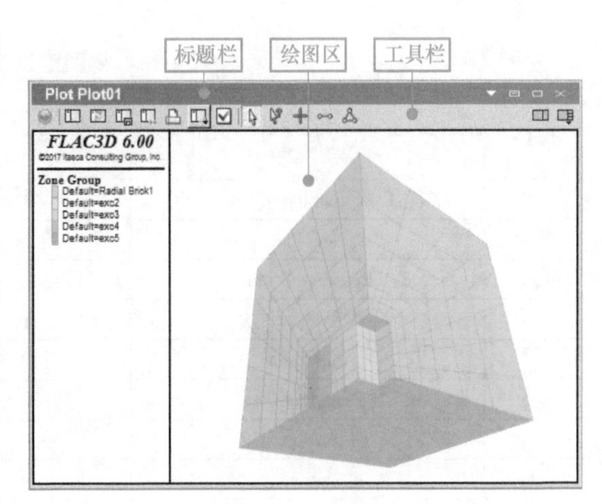

图4-36 **视图窗格**

图4-37 **视图窗格选项设置**

4.7.2 工具栏和快捷菜单

1. 工具栏

当视图窗格为当前活动窗口时，主程序界面会出现视图窗格的动态工具栏，如图4-38所示，通过选择窗格标题栏控件（▼）的“Show Toolbar”命令，也在窗格内显示相同的工具栏，工具栏按钮功能说明见表 4-18。通过工具栏右边按钮（ ）开关控制面板的显示，以及按钮（ ）选择其控件集的开关。

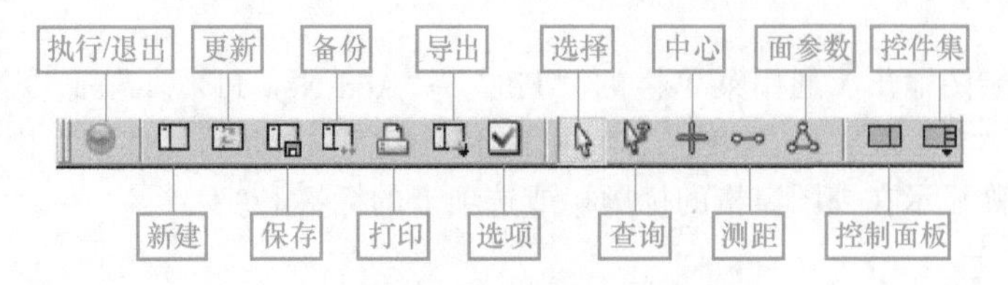

图 4-38　**视图窗格工具栏**

表 4-18　**视图窗格工具栏按钮功能说明**

图标	命令		说明
	英文	中文	
	Execute/Stop Toggle	执行/退出	执行或退出
	New Plot	新建	新建一视图并成为当前活动窗格
	Regenerate Plot	更新	更新当前视图数据，并重画
	Save...	保存	保存当前视图为 *. f3plt 文件
	Copy plot	备份	复制当前视图，并成为当前活动窗格
	Print Plot...	打印	打开打印对话框，并打印
	Export	导出	弹出下拉菜单选择文件类型后输出
	Options	选项	显示全局选项设置对话框
	Select	选择	鼠标左键拾取任一绘图条目而激活
	Query	查询	查询单击对象的信息
	Center	中心	使单击点为当前视图的中心点
	Measure Distance	测距	测量两次单击点之间的距离
	Define Plane	面参数	三次单击组成一个平面，显示相关参数
	Show/Hide Control Panel	控制面板	开关控制面板
	Show/Hide Control Sets	控件集	控制面板控件集选择菜单

2. 快捷菜单

视图窗格的绘图区快捷菜单如图 4-39 所示。

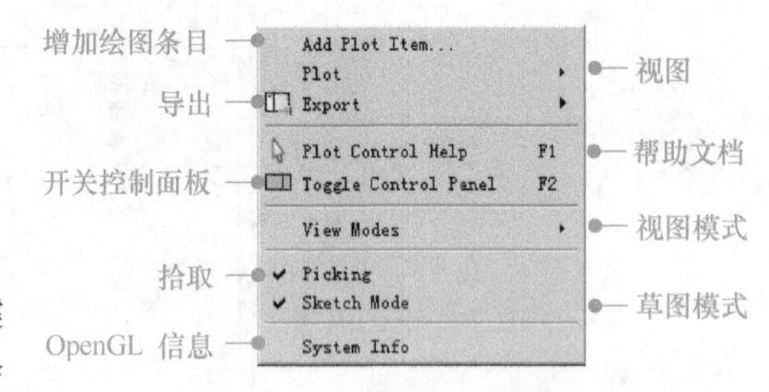

图 4-39　**视图窗格快捷菜单**

4.7.3　快捷键与视图快速变换

1. 快捷键

表 4-19 总结了用于视图窗格关于文件的快捷键命令，如果在命令标签后面出现省略号，则表示会出现一个对话框，所有命令都是根据当前上下文启用或禁用。

表 4-19　**视图窗格涉及文件快捷键**

快捷键	命令	说明
Ctrl + O	Open Item...	打开文件对话框，可以选择视图保存文件进入项目
Ctrl + Alt + S	Save as...	保存当前视图为一个视图文件
Ctrl + W	Close	关闭当前活动窗格
Ctrl + P	Print	打印当前活动窗格视图

2. 视图快速变换

对于视图变换可用纯键盘操作，也可用右键操作，还可两者组合，视图变换快捷键见表 4-20，鼠标与键盘组合变换见表 4-21。

表 4-20 视图变换快捷键

快 捷 键	动 作	说 明
F5	Regenerate view	更新视图
R	Zoom to model extent	尽可能大的显示
Shift + R	Reset to default view	重置到默认视图
X	Face + X direction	面朝向与 x 轴正向相同
Shift + X	Face – X direction	面朝向与 x 轴负向相同
Y	Face + Y direction	面朝向与 y 轴正向相同
Shift + Y	Face – Y direction	面朝向与 y 轴负向相同
Z	Face + Z direction	面朝向与 z 轴正向相同
Shift + Z	Face – Z direction	面朝向与 z 轴负向相同
P	Toggle perspective mode	正交投影和透视投影之间切换
↑ ↓ ← →	Pan（up, down, left, right）	上下左右平移
Shift + ↑ ↓ ← →	Rotate about model center	围绕模型中心旋转
Shift + Alt + ↑ ↓ ← →	Rotate direction eye is viewing	旋转观察者的视角
Home	Move +	放大
End	Move –	缩小
Shift + End/Home	Rotate/roll up direction	屏幕平面内左旋或右旋
I	Reset to isometric view	重置到等轴测图（东南）
Shift + I	Reset to near – isometric view	重置到近等轴测图（东南）
M	Zoom in	放大
Shift + M	Zoom out	缩小

表 4-21 鼠标和键盘组合

鼠标和键盘	动 作	说 明
右键	Rotate about model center	围绕模型中心旋转
Shift + 右键	Pan	平移
右键 + 左键	Pan	平移，先按右键不放，再按左键
滚轮向上/下	Zoom + / –	放大/缩小
Ctrl + 右键向上移	Zoom +	放大
Ctrl + 右键向下移	Zoom –	缩小
Shift + Ctrl + 右键	Rotate/roll up direction	屏幕平面内左旋或右旋
Alt + 右键	Rotate eye	旋转观察者的视角
Alt + 滚轮向上/下	Move eye + / –	放大/缩小
Ctrl + Alt + 右键向上移	Move eye +	放大
Ctrl + Alt + 右键向下移	Move eye –	缩小

4.7.4　绘图条目构建及其控件

简单地说，构建一个绘图分两步，首先在视图窗格中增加绘图条目，其次，对绘图条目外观的精练细化（如剖面、裁剪、过滤等）。这些工作都是通过控制面板及其控件实现的，在此不详述，请参阅第 4 章 4.9.4 节和第 13 章 13.3 节等内容。

4.8　模型窗格

模型窗格是用于显示当前模型的用户交互界面，有选择、显示、隐藏和分组对象的工具，还有设定数据类型的工具（如致密单元体、安装结构单元等）。单击通用菜单栏的“Panes”→“Model”命令显示窗格。

操作模型时，大多数动作都会自动转换成命令发送到控制台窗格。可用模型窗格选择一组对象，然后切换到控制台窗格手动输入主要命令，结尾处键入“range selected”即可，这样更有效。

4.8.1　窗格

如图 4-40 所示，模型窗格界面由标题栏和建模区组成。通过选择窗格标题栏控件按钮（ ）下拉菜单的“Show Toolbar”或“Hide Toolbar”命令在窗格内显示或隐藏工具栏，通过（动态）工具栏右边按钮（ ）开关控制面板的显示，以及按钮（ ）选择其控件集的显示。

通过单击通用菜单栏的“Tools”→“Options”命令，在对话框中单击“Model Pane”可对模型窗格进行选项设置，如图 4-41 所示。

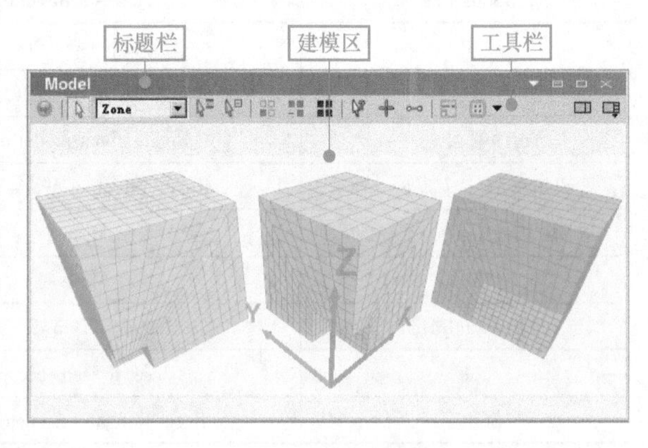

图 4-40　**模型窗格**

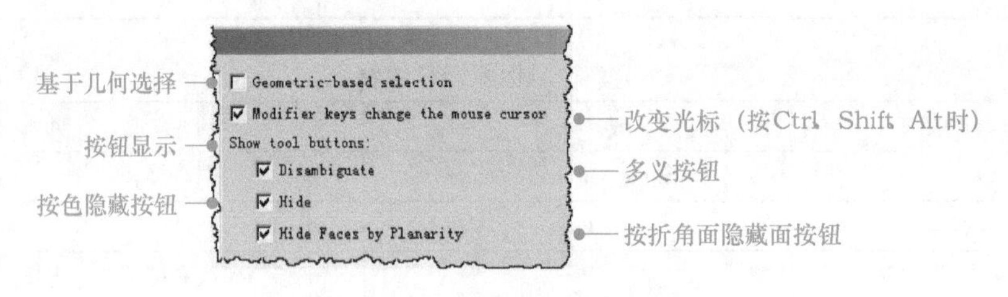

图 4-41　**模型窗格选项设置**

4.8.2　工具栏和快捷菜单

1. 工具栏

当模型窗格为当前活动窗口时，主程序界面会出现模型窗格的动态工具栏，根据数据类型会有不同的工具按钮，如图 4-42 所示，通过选择窗格标题栏控件（ ）的“Show Toolbar”命令，也在窗格内显示相同的工具栏，工具栏按钮功能说明如表 4-22 所示。通过工具栏右边按钮（ ）开关控制面板的显示，以及按钮（ ）选择其控件集的开关。

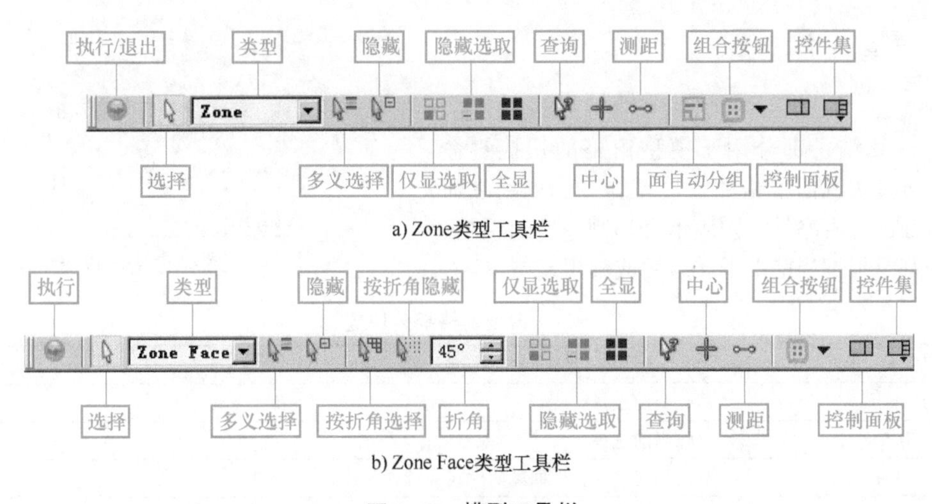

图 4-42　**模型工具栏**

表 4-22　**模型窗格工具栏按钮功能说明**

图标	命　令		说　明
	英　文	中　文	
	Execute/Stop Toggle	执行/退出	执行或退出
	Selection Mode	选择	默认按颜色选择单元体
Zone Zone Face	Data Type	类型	目前为 Zone 和 Zone Face 两种类型
	Disambiguate	多义选择	弹出列表框，选择什么组进行选择或隐藏
	Hide Mode	隐藏	隐藏单击的选取
	Select by Plane	按折角选择	面与面的折角在折角微调框数值之内全部选取
	Hide by Plane	按折角隐藏	面与面的折角在折角微调框数值之内全部隐藏
45°	Break Angle	折角	折角微调框，定义选择与隐藏的折角
	Show Only Selected	仅显选取	隐藏没有选择的对象
	Hide Selection	隐藏选取	隐藏已经选取的对象
	Show All	全选	当前类型对象全部显示
	Show Details	查询	显示单击对象的详细信息
	Center	中心	使单击点为当前视图的中心点
	Measure Distance	测距	测量两次单击点之间的距离
	Skin	面自动分组	自动分组及组名到面
	Combo Button	组合按钮	左边为上次选用按钮，单击右边为一下拉按钮，选取为当前按钮。第一个按钮为选择对象分组，第二个按钮为致密单元体，第三个按钮为创建二维结构单元
	Show/Hide Control Panel	控制面板	开关控制面板
	Show/Hide Control Sets	控件集	控制面板控件集选择菜单

2. 快捷菜单

模型窗格区快捷菜单如图 4-43 所示。

4.8.3　选择与快捷键

1. 快捷键

表 4-23 总结了部分用于模型窗格的快捷键命令，其余可参考视图窗格的快捷键命令，如果在命令标签后面出现省略号，则表示会出现一个对话框，所有命令都是根据当前上下文启用或禁用。

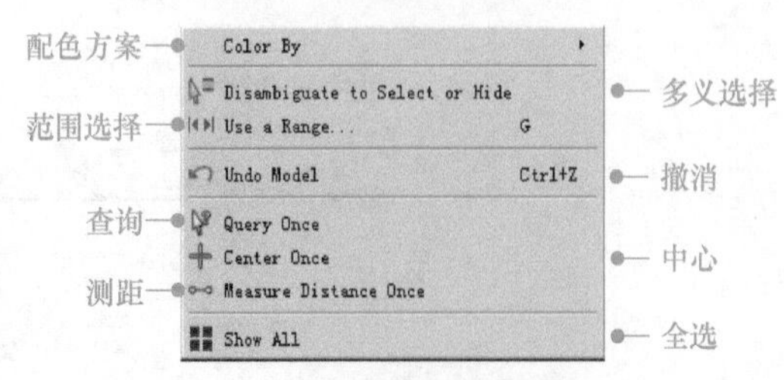

图 4-43　**模型窗格区快捷菜单**

表 4-23　**模型窗格部分快捷键**

快　捷　键	功　　能
Backspace	清除当前选择
Delete	删除当前选择
Esc	取消当前模式，返回默认模式（选择模式）
A	显示全部当前类型的对象（单元体或面）
D	对光标下的对象进行多义选择
G	显示范围对话框
H	对光标下的对象按颜色选取隐藏
Ctrl + K	自动分组及组名到面
Shift + L	隐藏选择
Ctrl + Shift + L	隐藏没有选择的对象
Ctrl + Alt + L	尽可能大的显示选取
O	使鼠标回到选择模式
Alt + O	下拉组合按钮
Shift + O	执行组合按钮
S	对光标下的面对象按折角选取
Ctrl + S	对光标下的面对象按折角进行加或减的选取
Shift + S	对光标下的面对象按折角选取隐藏

2. 鼠标单击选择

在选择模式时，功能键与鼠标单击组合成许多功能，见表 4-24。

表 4-24　**功能键与鼠标组合**

功能键与鼠标	功　　能
单击	按颜色选择单击对象（默认）
Shift + 单击	按颜色隐藏单击对象
Ctrl + 单击	切换按颜色选择/取消单击对象，即单击对象一次选取，单击对象第二次取消选取，还可累加多个对象
Alt + 单击	选择单个单击对象（1 个单元体或面）
Shift + Alt + 单击	隐藏单个单击对象
Ctrl + Alt + 单击	切换单个选择/取消单击对象，可累加多个单一对象
Ctrl + Alt + Shift + 单击	多义选择
Shift + 框选	隐藏投影与方框相交的对象
Ctrl + 右击	弹出下拉菜单以选择当前显示数据类型
Alt + 滚轮	第一人称导航模式

4.9　控制面板

控制面板是 FLAC 3D 交互界面最重要的组成之一，所有生成的对象都是通过它改变外观、设置属性或增加绘图条目等。通过动态工具栏右边按钮（ ）开关控制面板的显示，总是固定在界面的右侧位置，不能浮动，随后通过动态工具栏右边按钮（ ）选择其控件集的显示或隐藏。

4.9.1　界面

如图 4-44 所示，控制面板由选项卡和控件集的控件组成。

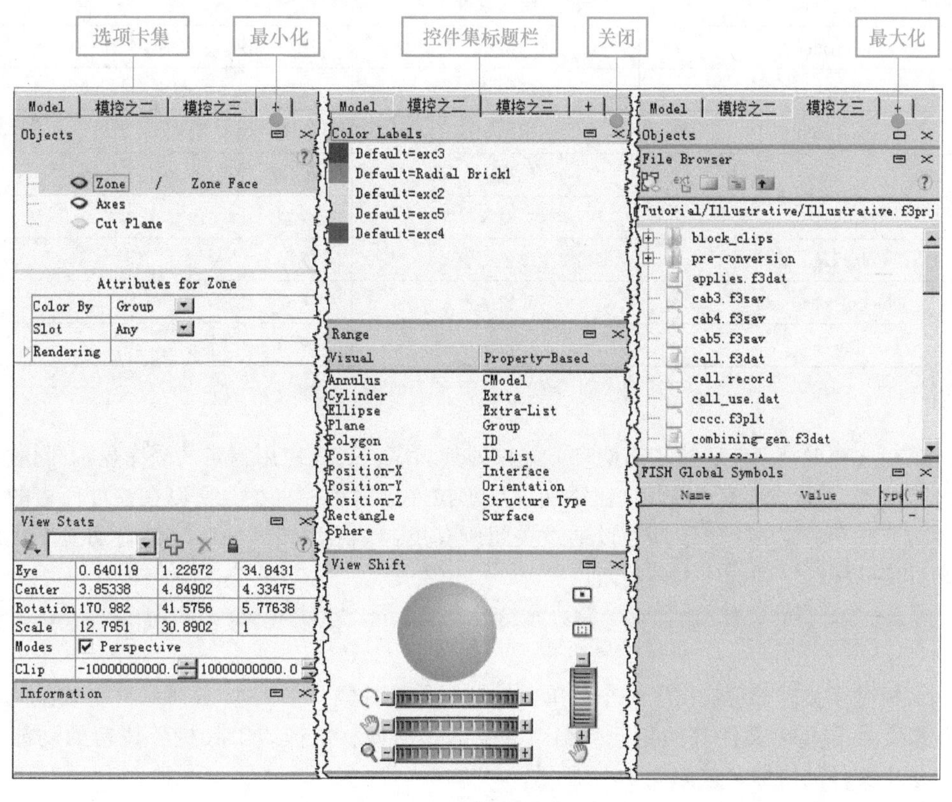

图 4-44　**控制面板**

1. 控制面板选项卡

FLAC 3D 除了 6 种基本类型的窗格外，还有模型、拉伸和砌块三种，每种窗格均只有一个工具栏，安置了有限的主要功能按钮，大量其他功能都放在控制面板里，结果是控制面板包含了大量的控件，控制面板按选项卡方式布局，以节约有限的屏幕平面空间。初始情况下，控制面板只有（必须有）一张选项卡，并且这第一张选项卡的标签名由系统根据窗格类型或标题名给定，用户不能更改，其余交由用户定制。也就是说，控制面板上有几个选项卡由用户确定，可通过第一张选项卡右侧加号（+）来增加新选项卡。最简洁的控制面板是只有一张初始选项卡，里面一个控件也没有。每种窗格类型或不同的控制面板初始标签名都由不同的用户配置。

2. 控件集

系统把控制面板的控件按功能、对象、范围等全部分成了 11 组，也就是 11 个控件集，见表 4-25。每张选项卡显示什么控件集由用户定制，可通过动态工具栏右边按钮（ ）选择相关控件集显示或隐藏。两张选项卡之间可以有相同的控件集。每个控件集有一个标题栏，标题栏右端有切换按钮（▭/▭）来实现在控制面板中的最大化和最小化，也可单击关闭按钮（×）来关闭其显示。

表4-25　**控制面板的所有控件集**

控件集名称		用于窗格
英　文	中　文	
File Browser	文件浏览器	全部
FISH Global Symbols	FISH全局符号	全部
Plot Items	绘图条目	视图
Information	信息	视图、模型、拉伸、砌块
View Stats	视图状态	视图、模型、砌块
View Shift	视图变换	视图、模型、拉伸、砌块
View	视图	砌块、拉伸
Objects	对象	模型
Color Labels	颜色标签	模型
Object Properties	对象属性	拉伸、砌块
Range	范围	模型

3. 控件集位置

控件集在选项卡中只能竖排，有两种方式排列其顺序：一是使用指定的顺序显示/隐藏控制设置按钮（▣）来显示，由于使用此按钮添加了用于控件显示的控件集，所以在控件面板的底部添加了控件集，一个特定的上下顺序可以通过关闭所有集合，然后按所需顺序进行切换来排序；二是拖放控件集的标题栏到选项卡内的新位置。

4.9.2　文件管理

控制面板对于文件管理提供了一个简单文件浏览器控件集，如图4-45所示。主要是便于项目文件、记录文件和几何文件等的打开、编辑和导入，简便、快捷。工具栏各按钮的功能作用见表4-26，选中文件的快捷菜单如图4-46所示。

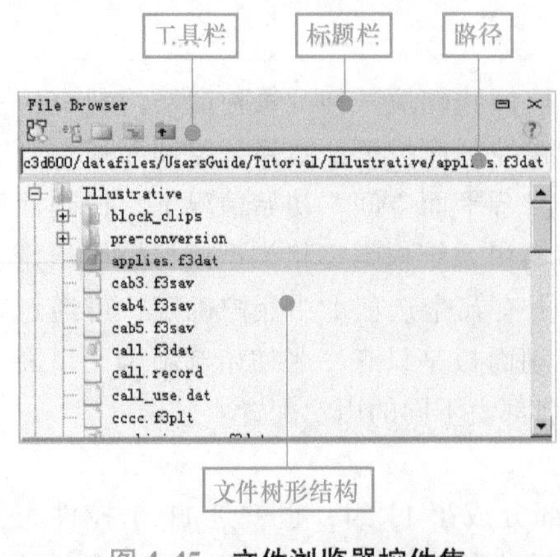

图4-45　**文件浏览器控件集**

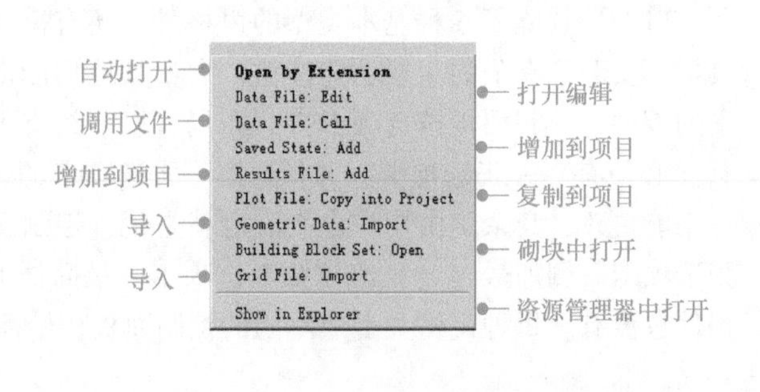

图4-46　**文件快捷菜单**

表 4-26　**文件浏览器控件集工具栏按钮功能说明**

图标	命　令		说　明
	英　文	中　文	
	Show Project	显示项目	定位项目文件
	Open by Extension	自动打开	根据扩展名自动打开文件
	Show in Explorer	资源管理器中显示	打开资源管理器，定位文件
	Set Folder Level	变为当前文件夹	使选择的目录变为当前目录
	Move up One Folder	上级文件夹	移动到上级目录
?	Help	帮助	帮助文件上下文关联

4.9.3　全局 FISH 变量及函数

全局 FISH 符号控件集仅提供了全部变量及函数的只读显示，如图 4-47 所示。共有 4 列，列标题分别为名、值、数据类型和符号类型，列标题快捷菜单可开关后两列的显示，前两列快捷菜单可复制内容到剪切板。

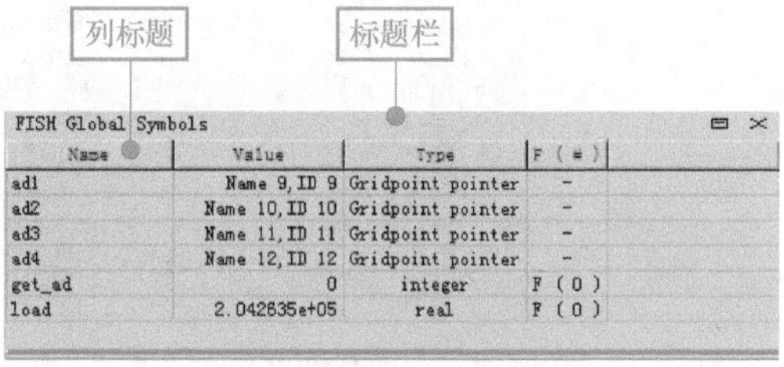

图 4-47　**全局 FISH 符号**

4.9.4　绘图条目

绘图条目控件集由标题栏、工具栏、条目区和属性区组成，如图 4-48 所示。属性区随选择的条目而变化，工具栏各按钮的功能说明见表 4-27，不同的条目有不同的快捷菜单，不再列举。有加号（⊞）的条目说明还有子项，可单击展开，单击减号（⊟）折叠。同样可以单击图标（ / ）开关条目或子项的可见性。蓝色的“Legend”条目表示不能删除。属性区的三角符号（▷/◢）也表示是折叠和展开状态。

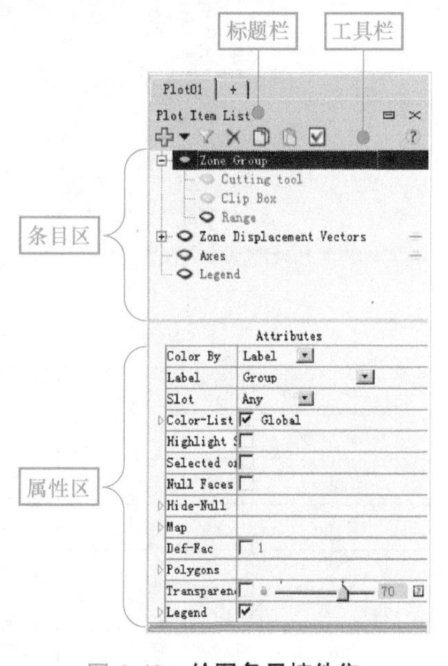

图 4-48　**绘图条目控件集**

1. 剖切工具

通常说，如果对网格切出一个平面出来，我们就称为剖面或切面。不过，剖切工具不但能剖一个平面，它还能剖出两个互交的平面或三个互交的平面。

先单击加号（⊞）使条目变成展开状态（⊟），再单击“Cutting tool”左侧图标（ ）使其变成激活状态（ ），如图 4-49 所示。单个剖面的属性参数说明见表 4-28，两个或三个互交剖面属性参数设置据此类推，不再说明。

表 4-27　**绘图条目控件集工具栏按钮功能说明**

图标	命　令		说　明
	英　文	中　文	
	Built Plot	构建条目	增加绘图条目，单击加号从构造器中选择，单击三角号从已选单中选择
	Built Range	构建范围	选择范围元素，构建范围短语

（续）

图标	命令		说明
	英文	中文	
	Delete	删除	删除绘图条目
	Copy	复制	复制选择条目
	Paste	粘贴	粘贴剪切板的条目
	View Setting	选项	视图选项设置
	Help	帮助	帮助文件上下文关联

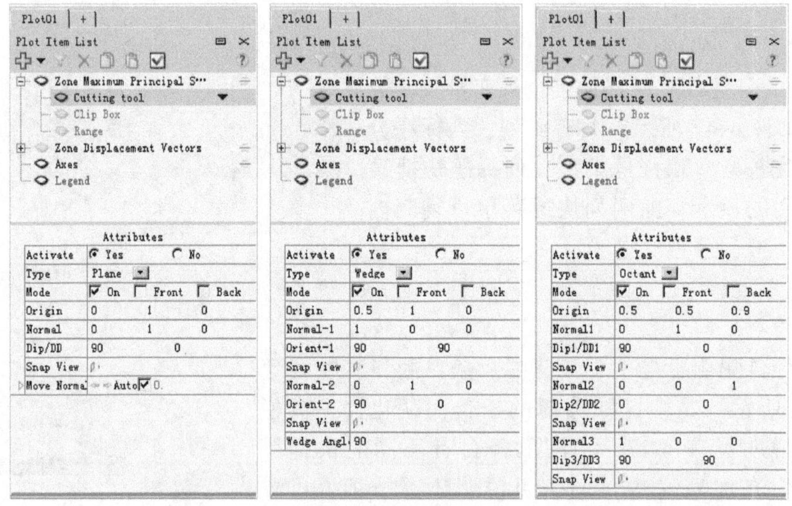

a) 单个剖面属性　　b) 两个互交剖面属性　　c) 三个互交剖面属性

图 4-49　**剖切工具及属性**

表 4-28　**剖切工具属性参数说明**

属性名		说明
英文	中文	
Activate	激活	“Yes”为激活，“No”为无
Type	类型	“Plane”“Wedge”和“Octant”三种，即单剖面、两互交剖面和三互交剖面
Mode	模式	“On”“Front”和“Back”三个复选框，单选“On”表示只显示切面，单选“Front”或“Black”表示只显示剖面的前面或后面，三个选项可以组合
Origin	原点	定义剖面的坐标原点
Normal	法向	定义剖面的法向方向，与“Dip/DD”属性相互影响
Dip/DD	倾角/倾向	定义剖面的倾角和倾向，与“Normal”属性相互影响
Snap View	捕捉视图	捕捉剖面的正反两面与屏幕垂直
Move Normal	自移法向	允许法向自动移动

也可以在绘图区交互定义剖切面，绘图区有一方框（□）表示剖面原点，红色线段表示剖面的法向，具体操作方法见表 4-29。

表 4-29 剖切工具交互操作

目　的	操　作
自由定位	移动鼠标靠近剖面原点（■），光标由指向形（☝）变成手掌形（✋）时，拖放原点（■）到任何位置
沿法向移动	先按〈Ctrl〉键不放，再左键按住原点（■），可沿法向来回移动
三维旋转	只要光标是指向形（☝），任意处按住左键拖动就是三维旋转剖面
二维旋转	只要光标是指向形（☝），先按〈Ctrl〉键不放，任意处按住左键拖动就是以屏幕为二维平面旋转剖面（或理解为绕屏幕法向轴）
改变夹角	移动鼠标到有红色法向线段的剖面，任意处按住左键拖动即可（仅两剖面）

2. 裁剪

所谓裁剪就是将图形按指定的尺寸范围以外部分裁剪掉，只保留尺寸范围以内的部分。为此，先单击加号（⊞）使条目变成展开状态（⊟），再单击“Clip Box”左侧图标（⬭）使其变成激活状态（⬭），如图 4-50 所示。其属性参数说明见表 4-30。

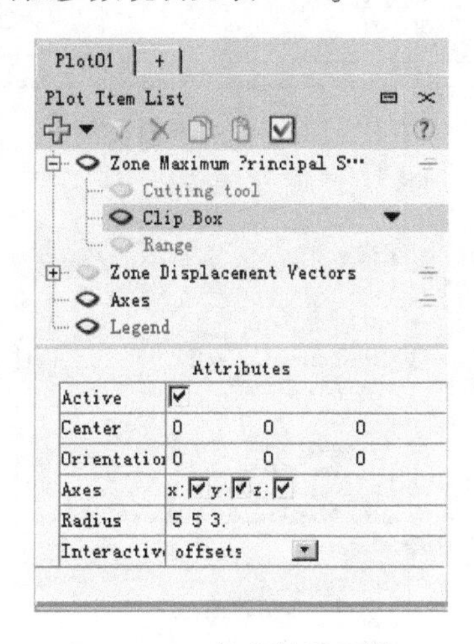

图 4-50 裁剪箱及属性

表 4-30 裁剪箱属性参数说明

属性名		说　明
英　文	中　文	
Active	激活	“Yes”为激活，“No”为无
Center	中心点	设置裁剪箱的中心坐标，三个字段依次输入 x 轴、y 轴和 z 轴坐标
Orientation	方位	设置裁剪箱的方位，三个字段依次输入倾角、倾向和滚动角
Axes	坐标轴	三个复选框，选取的坐标轴表示此尺寸范围有效，若不选，表示此方向不裁剪
Radius	半径	设置裁剪箱三个边长的一半，三个字段依次输入 x 轴、y 轴和 z 轴方向的半径
Interactive	交互方式	交互时，用户定义裁剪箱半径的表达方式，有“offsets”“radius”和“orientation”三种方式

3. 范围

一个绘图条目如果施加了范围限制，则表示只显示范围之内的单元体，范围是由多个范围元素组成的范围短语，范围命令可参考 3.3.2 节，此处操作应该等同于命令的 RANGE 关键字。

为了增加范围元素，先单击控件集工具栏漏斗符（ ），在图 4-51 所示对话框中选择范围元素，构建范围短语，关闭对话框后，再单击“Range”左侧图标（ ）使其变成激活状态（ ），如图 4-52 所示。其属性参数说明见表 4-31。

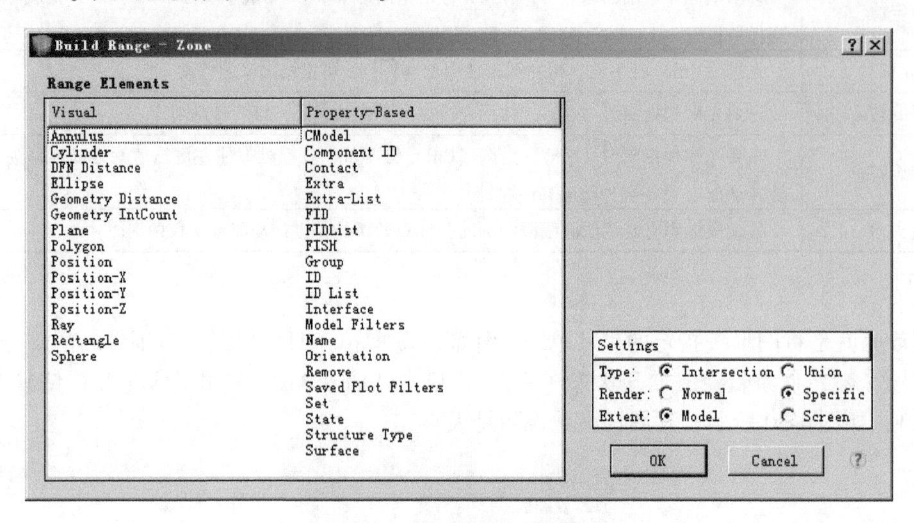

图 4-51　范围元素对话框

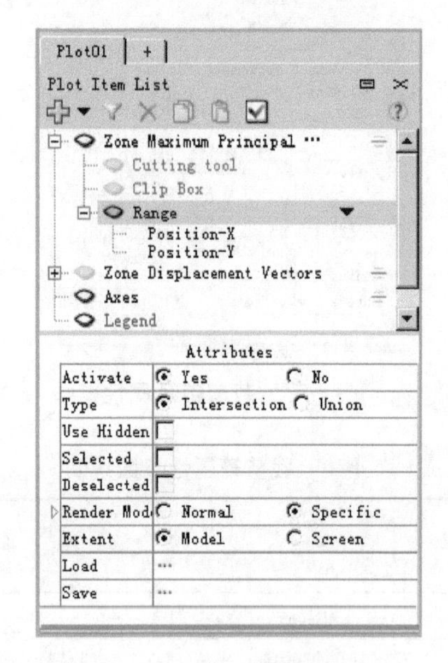

图 4-52　范围属性

表 4-31　范围属性参数说明

属性名		说明
英文	中文	
Activate	激活	“Yes”为激活，“No”为无
Type	类型	两个单选钮，元素之间是“交集”还是“联合”
Use Hidden	含隐藏	单选框，如果选上，则包括隐藏对象
Selected	含选取	单选框，如果选上，则包括选取对象，即便对象已隐藏

（续）

属性名		说　明
英　文	中　文	
Deselected	反选	单选框，如果选上，则反选对象
Render Mode	渲染模式	两个单选钮，“正常”和“特别”，“特别”指把范围外的对象透明渲染
Extent	扩展方式	两个单选钮，“模型”和“屏幕”，指增加范围元素时，根据选项尺寸自动扩展计算
Load	加载	单击调用文件对话框，加载原来保存的范围短语文件
Save	保存	单击调用文件对话框，保存当前范围短语为文件

4. 绘图条目

有关条目及其属性的描述请参阅第13章13.3节，在此略过。

4.9.5 视图变换

视图变换控件集提供交互式控件来操纵视图窗格中的绘图显示。如图4-53所示，滚球和旋钮控件不分左键还是右键，其他按钮只能左键单击，有关详细操作见表4-32。

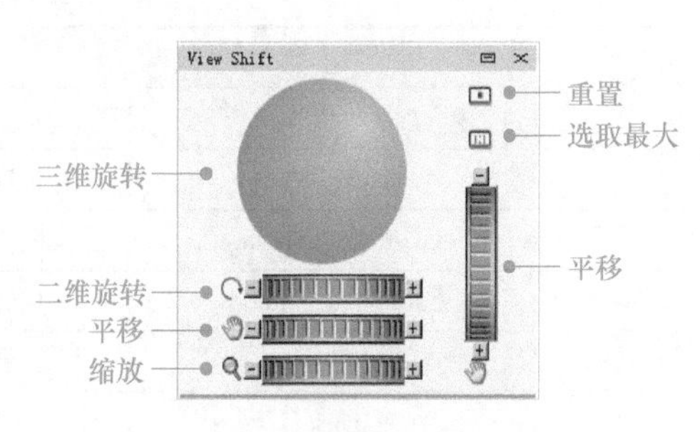

图4-53 视图变换控件集

表4-32 视图变换控件交互操作

控件	目的		操　作	说　明
	英　文	中　文		
	Rotate	自由旋转	拖放	视图以中心点为原点旋转
	Eye Rotate	旋眼	Alt + 拖放	旋转观察者眼睛查看（以观察者眼睛为原点旋转）
	Pan	平移	Shift + 拖放	任意方向平移
	Move Closer	拉近	Ctrl + 拖放	拉近
	Roll	滚动	Shift + Ctrl + 拖放	屏幕二维平面内旋转
	Forword	推远	Ctrl + Alt + 拖放	推远
	Roll	滚动	拖放	屏幕二维平面内旋转
	Pan	平移	拖放	左右平移，也可单击⊟或⊞
	Rotate L/R	左右旋转	Ctrl + 拖放	在二维水平面内左右旋转，也可单击⊟或⊞
	Zoom	缩放	拖放	缩放大小，也可单击⊟或⊞
	Pan	平移	拖放	上下平移，也可单击⊟或⊞
	Rotate U/D	上下旋转	Ctrl + 拖放	在垂直于屏幕的二维垂直面内上下旋转，也可单击⊟或⊞
	Reset	重置	单击	重置视图
	to Selected	选取最大	单击	选取放大至最大

4.9.6 视图状态

视图状态控件集由标题栏、工具栏和其他视图属性控件组成，如图4-54所示，为当前视图进行放大、旋转等操作提供了读/写控制，还能保存或加载视图设置。工具栏各按钮的功能说明见表4-33，其他属性参数说明见表4-34。

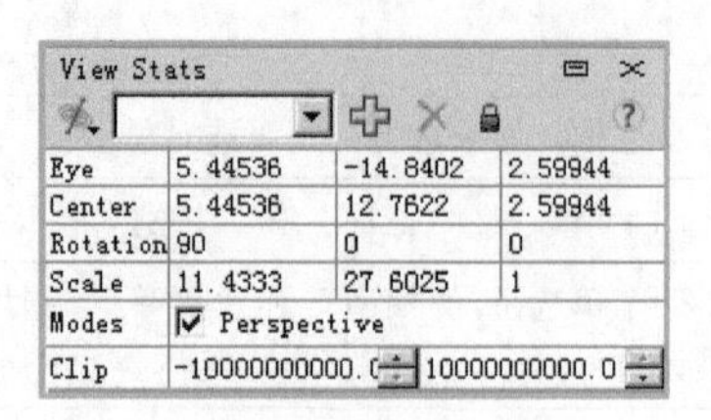

图 4-54　视图状态控件集

表 4-33　视图状态控件集工具栏按钮功能说明

图标	命令		说明
	英文	中文	
	Standard View	标准视图	下拉按钮，轴正负向六视图，一个等轴测视图等
	Saved View Settings	视图设置文件	已保存的视图设置文件
	Save View Settings	保存文件	保存当前视图设置
	Delete	删除	删除视图设置文件
	Lock	锁	开关当前视图变换
	Help	帮助	帮助文件上下文关联

表 4-34　工具栏其他属性参数说明

属性名		说明
英文	中文	
Eye	眼睛	设置眼睛在模型空间中的坐标，三个字段分别输入 x、y 和 z 轴值
Center	中心	设置视图中心点坐标，三个字段分别输入 x、y 和 z 轴值
Rotation	旋转	三个字段分别设置视图倾角、倾向和屏幕平面旋转值
Scale	比例	三个字段分别设置半径、距离和放大倍数，半径是指视图中心点至边缘，距离是眼睛距离，放大倍数是指从左到右
Modes	模式	单选框，选上则为透视投影，不选则为平行投影
Clip	裁剪	两个字段分别设置前、后裁剪平面的距离

实体建模技术 第5章

学习目的

熟练掌握FLAC 3D建立网格的命令、参数及13种基本网格的形状，能建立复杂的实体模型。掌握拉伸工具和砌块工具的使用方法，学会组合基本网格，以模拟真实的模型。

FLAC 3D提供了多种生成网格的方法，可以用命令直接创建原型库网格，或借助于内建的、人机交互的“拉伸”工具和“砌块”工具建立网格，还可以导入ANSYS、ABAQUS等软件的几何（或网格）文件建立网格。

5.1 直接生成网格

5.1.1 网格原型库

在FLAC 3D中，有一个网格原型库，提供了13种最基本的原始网格形状，它们的基本形状及参数见表5-1，每种网格的详细图解如图5-1～图5-13所示。

表5-1 FLAC 3D网格库原始形状及相关参数

形状	网格名字	关键字	参考点数	基准边数	内嵌维数	填充
	块体	brick	8	3	0	×
	圆柱形	cylinder	6	3	0	×
	内嵌交叉圆柱矩形	cylindrical-intersection	14	5	7	√
	内嵌圆柱环形	cylindrical-shell	10	4	4	√

（续）

形　状	网格名字	关 键 字	参考点数	基准边数	内嵌维数	填充
	退化矩形	degenerate-brick	7	3	0	×
	锥形	pyramid	5	3	0	×
	内嵌矩形径向渐变矩形	radial-brick	15	4	3	√
	内嵌圆柱径向渐变矩形	radial-cylinder	12	4	4	√
	内嵌矩形巷道径向渐变矩形	radial-tunnel	14	4	4	√
	四面形	tetrahedron	4	3	0	×
	内嵌交叉巷道矩形	tunnel-intersection	17	5	7	√
	均匀楔形	uniform-wedge	6	3	0	×
	楔形	wedge	6	3	0	×

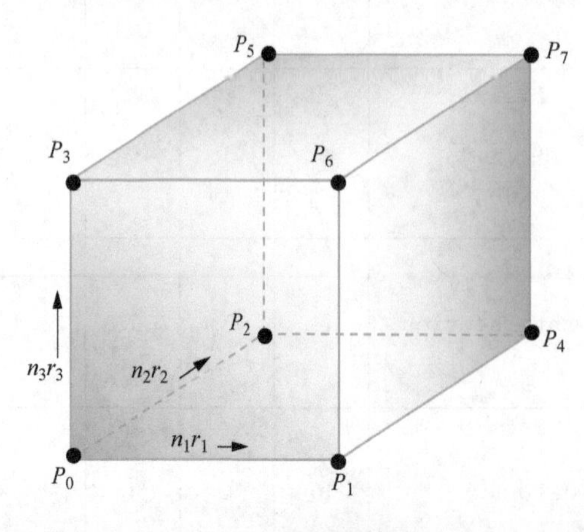

图 5-1　矩形网格

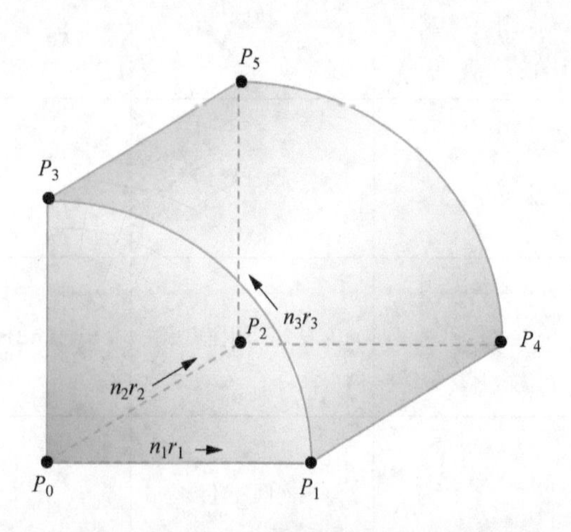

图 5-2　圆柱形网格

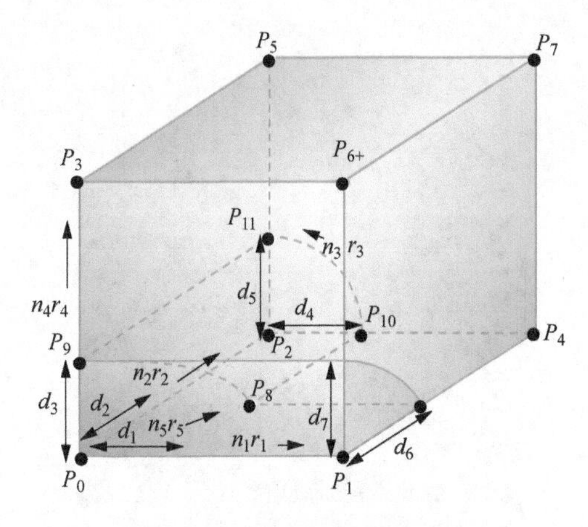

图 5-3　内嵌交叉圆柱矩形网格

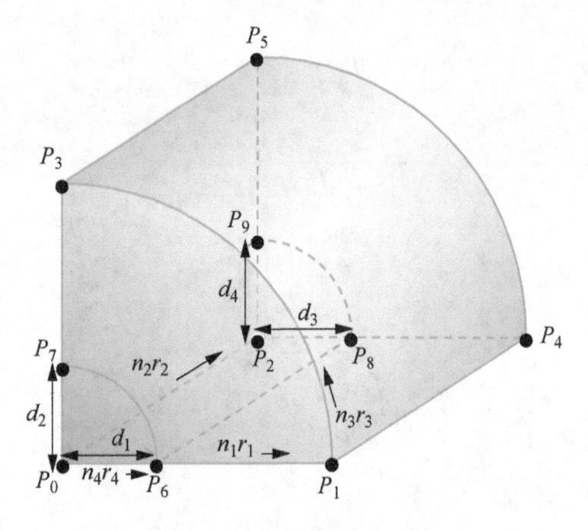

图 5-4　内嵌圆柱环形网格

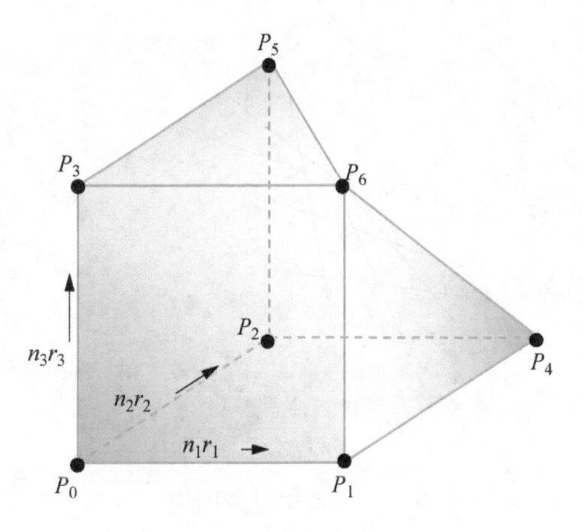

图 5-5　退化矩形网格

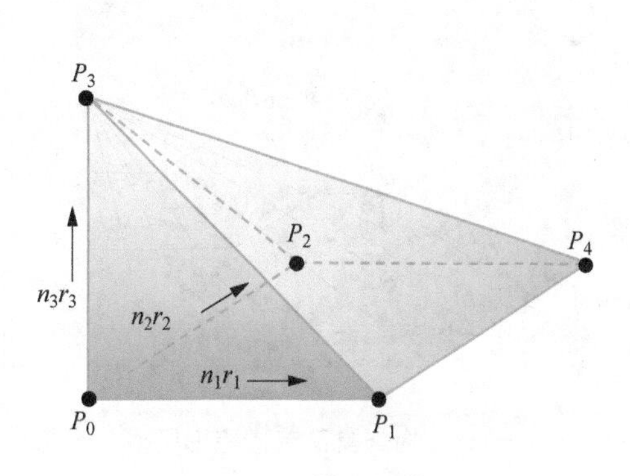

图 5-6　锥形网格

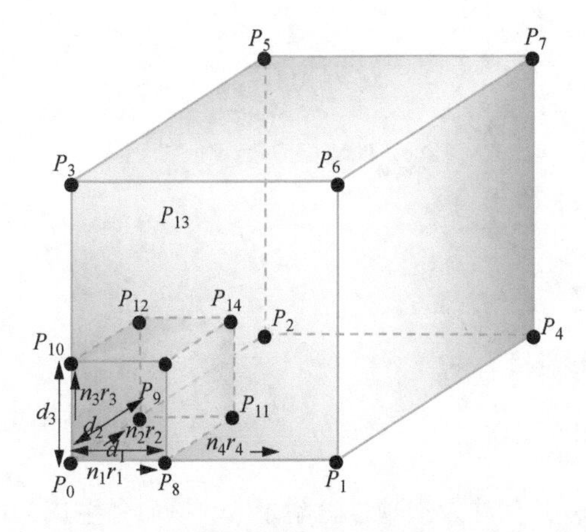

图 5-7　内嵌矩形径向渐变矩形网格

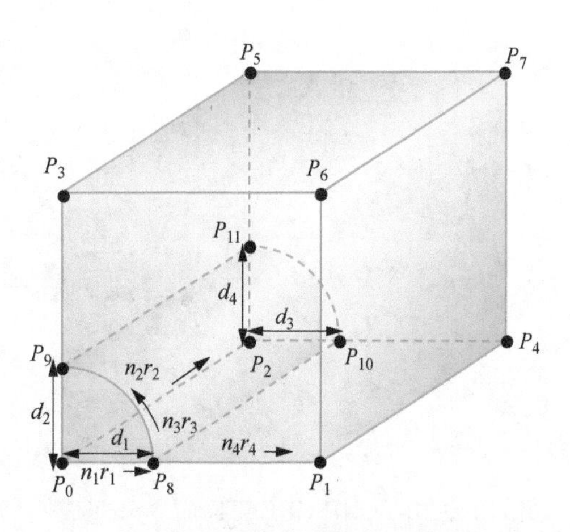

图 5-8　内嵌圆柱径向渐变矩形网格

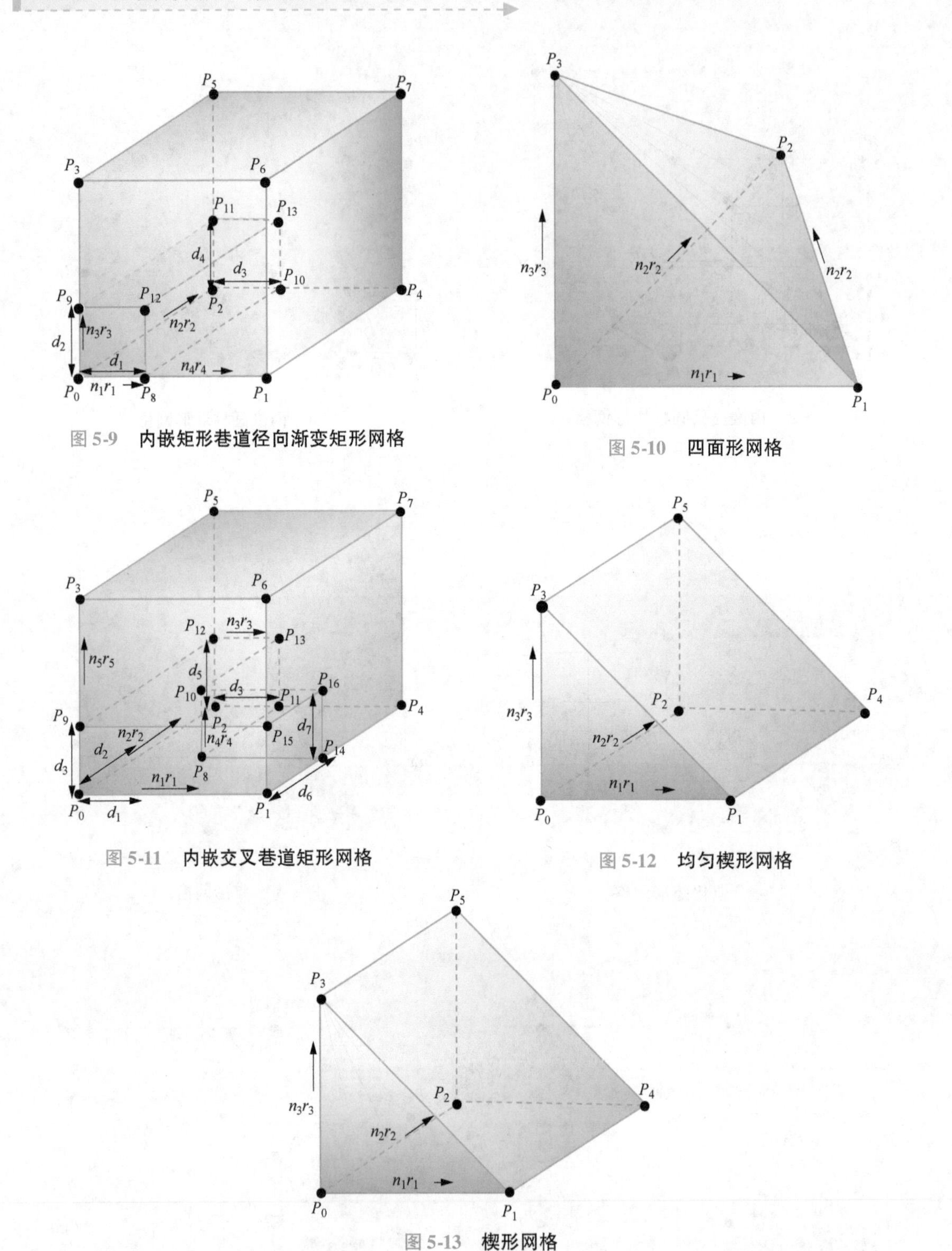

图 5-9　内嵌矩形巷道径向渐变矩形网格

图 5-10　四面形网格

图 5-11　内嵌交叉巷道矩形网格

图 5-12　均匀楔形网格

图 5-13　楔形网格

5.1.2　命令生成

实际上，由 ZONE CREATE 命令来完成网格生成，其句法及选项参见附录 A。该命令生成的网格不但定义网格中单元体的数量，还定义网格的形状，以与实际问题的几何体相匹配。该命令既可以生成简单的、规则的网格，也可以变形成任意的、复杂的三维几何网格。

1. 简单的原型网格

例题 5-1 利用默认值生成矩形网格。

```
model new ;系统重置
zone create brick ;生成默认值的矩形网格
;生成参照物
zone create brick point 0 = ( -1, -1, -1) &
                  size = (30,26,1)
```

利用默认值生成矩形网格时，point0 坐标值默认为（0,0,0），网格基准边的单元体数 size 默认值均为 10，网格基准边的长度默认为 size 的值，这里均为 10 个单位（m）。30m×26m×1m 的矩形网格作为例子的参照物而生成。

单击视图窗格中的“Plot01”选项卡，在右边控制面板上部单击“Build Plot”按钮（➕），对话框中双击“Zone”。单击“Plot01”选项卡，先按〈i〉后按〈r〉。此时应该看见网格了。

例题 5-2 利用 4 个点的坐标来生成矩形网格。

```
zone create brick point 0 = (12,0,0) &
                  point 1 = (20,2,0) &
                  point 2 = (12,8,0) &
                  point 3 = (12,0,10) &
                  size = (8,8,10)
;上面的命令可简写为(不推荐):
;z crea b p 0 12 0 0 p 1 20 2 0 p 2 12 8 0 p 3 12 0 10 s 8 8 10
```

网格每边的长度分别为 point 0-point 1、point 0-point 2 和 point 0-point 3 的距离，网格基准边的单元体数 size 分别为 8、8 和 10。注意，续行符“&”或“...”与前一个符号要空一格。

例题 5-3 利用 edge 来确定边长生成矩形网格。

```
zone create brick point 0 = (22,0,0) &
                  edge 6 &
                  size = (10,6,8)
```

网格基准边的长度都是 6m，网格基准边的单元体数分别为 10、6 和 8。

例题 5-4 利用参数 ratio 来确定单元体几何变化率生成矩形网格。

```
zone create brick point 0 = (0,12,0) point 1 = (10,12,0) &
                  edge = 6 &
                  size = (10,6,6) &
                  ratio = (2,1.5,1.1)
```

网格第一条基准边的长度是 10m，剩余两边的长度都是 6m，x、y、z 三个轴方向的单元体几何变化率分别是 2、1.5 和 1.1。

例题 5-5 利用 add（相对坐标）来生成矩形网格。

```
zone create brick point 0 = add (12,12,0) &
                  point 1 = add (8,0,0) &
                  point 2 = add (0,8,0) &
                  point 3 = add (0,0,10) &
                  size = (8,8,10)
```

point1、point 2 和 point 3 三个点的坐标均是相对于 point 0 点的坐标。

例题 5-6　利用 8 个点的坐标来生成网格。

```
zone create brick point 0 = (22,12,0)  point 1 = (28,11,0) &
                  Point 2 = (23,22,1)  point 3 = (22,14,10) &
                  point 4 = (29,20,0.5) point 5 = (24,25,8) &
                  point 6 = (29,15,10) point 7 = (28,22,14) &
                  size = (8,8,10)
```

这个不规则的网格 12 条边的长度为 8 个点两两之间的距离，网格基准边的单元体数 size 分别为 8、8 和 10。

以上例题的命令流可以在控制台窗格的命令提示符处一行一行输入执行，也可在通用菜单栏中选择 “File”→“Add New Data File...” 来新建空白程序文件，输入命令流，在动态工具栏上可随时按下 “Execute” 按钮（ ）来执行程序。以上 6 个例题执行后绘图输出如图 5-14 所示，请仔细观察网格边长、单元体数与命令参数的对应关系。

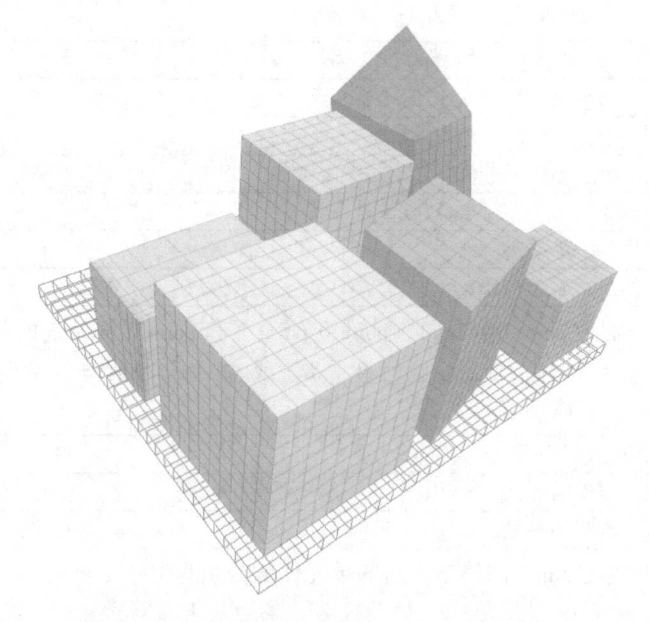

图 5-14　例题 5-1 ~ 例题 5-6 生成的网格

例题 5-7　7 个简单的原型网格。

```
;系统重置
model new
;矩形网格
zone create brick (point 0) = (0,0, -0.1) &
                   (point 1) = add (34,0,0) &
                   (point 2) = add (0,22,0) &
                   (point 3) = add (0,0,0.1) &
                   size = (34,22,1)
;退化矩形网格
zone create degenerate-brick ;默认参数
;锥形网格
```

```
zone create pyramid (point 0) = (12,0,0) ;其他默认
;四面形网格
zone create tetrahedron (point 0) = (24,0,0) ;其他默认
;圆柱形网格
zone create cylinder (point 0) = (0,12,0) ;其他默认
;楔形网格
zone create wedge (point 0) = (12,12,0) ;其他默认
;均匀楔形网格
zone create uniform-wedge (point 0) = (24,12,0) ;其他默认
```

再次说明：系统会无视（或省略）半角符号“=( ),”的输入，这里主要是让读者明白一下格式，加强印象。

单击视图窗格中的“Plot01”选项卡，在右边控制面板上部单击“Build Plot”按钮（+），对话框中双击“Zone”。单击“Plot01”选项卡，先按〈i〉后按〈r〉。在控件集中设置相关属性，输出效果大致如图5-15所示。强调一下，以后有关图形输出的人机操作不再叙述，可参阅第2章和第13章相关说明。

图5-15 7个简单的原型网格

2. 复杂的原型网格

例题5-8 利用默认值生成内嵌矩形径向渐变矩形网格。

```
model new ;系统重置
zone create radial-brick ;生成默认值的内嵌矩形径向渐变矩形网格
```

内嵌矩形的尺寸默认是外边长的20%。

例题5-9 利用 **dimension** 来确定内嵌矩形径向渐变矩形网格。

```
zone create radial-brick &
                (point 0) = (12, -10,0) &
                edge = 10 &
                dimension = (2,4,3) &
                size = (5,7,6,8)
```

内部矩形巷道边长分别是2m、4m和3m，相对应的单元体数size是5、7和6，径向辐射单元体数为8，可参考图5-7。

例题5-10 利用fill来确定内嵌矩形径向渐变矩形网格。

```
zone create radial-brick &
                    (point 0) = (24, -20,0) &
                    edge =10 &
                    dimension = (3,6,4) &
                    size = (6,12,8,7) &
                    Fill group 'inner'
```

内部矩形巷道填满单元体，边长分别是3m、6m和4m，巷道单元体数size是6、12和8，径向辐射单元体数是7。

在视图窗格单击“Plot01”选项卡，在“Plot01”上，先按〈i〉后按〈r〉。

为显示网格，在“Attributes”面板中，选择“Color By”属性为“Label”，“Label”属性为“Group”。

为在模型空间中显示坐标轴，在右边控制面板上部单击“Build Plot”按钮（✚），双击“Axes”，在“Position”属性右边3个框中分别输入原点坐标为0、-20和0，使“Size”属性值为10，使“Font”→“Size”属性值为6。

为在模型空间中显示三维刻度，在右边控制面板上部单击“Build Plot”按钮（✚），双击“Scale Box”，在“Attributes”面板中，使“Box”属性不勾选，使“Major grid”属性不勾选，使“Arrows”属性不勾选，使“Minor grid”→“Scale”→“Auto”属性不勾选→“Interval =”属性为1，使“Labels”勾选→“Exponent”勾选→“Auto”不勾选→“Value”为0，使“Range”→“Auto”属性不勾选，使“Range”→“Margin =”属性值为0，使“Range”→“Min”属性右边3个框中值分别为0、-20和0，使“Range”→“Max”属性右边3个框中值分别为34、10和10。

例题5-8～例题5-10的命令流执行的效果如图5-16所示。例题5-11 6个复杂原型网格生成结果如图5-17所示。

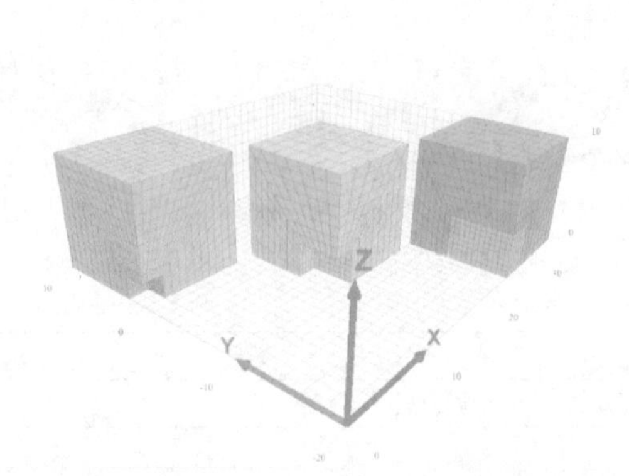

图5-16 例题5-8～例题5-10生成的基本网格

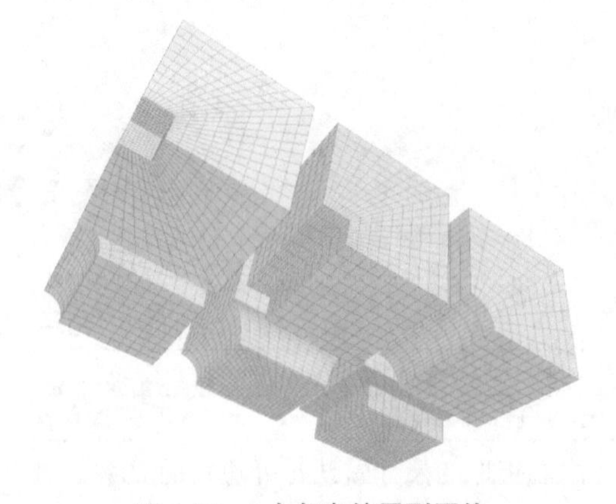

图5-17 6个复杂的原型网格

例题5-11 6个复杂的原型网格。

```
;系统重置
model new
; 内嵌矩形径向渐变矩形网格
```

```
zone create radial-brick ;默认参数
; 内嵌矩形巷道径向渐变矩形网格
zone create radial-tunnel (point 0) = (12,0,0) ;其他默认
; 内嵌圆柱径向渐变矩形网格
zone create radial-cylinder (point 0) = (24,0,0) ;其他默认
; 内嵌圆柱环形网格
zone create cylindrical-shell (point 0) = (0,12,0) ;其他默认
; 内嵌交叉圆柱矩形网格;其他默认
zone create cylindrical-intersection (point 0) = (12,12,0)
; 内嵌交叉巷道矩形网格
zone create tunnel-intersection (point 0) = (24,12,0);其他默认
```

5.1.3　组合生成

1. 组合基本网格

许多真实的模型是可以通过简单组合几个基本网格原型就能实现的，下面以建立一个矿山圆拱巷道模型为例，学习基本网格原型的组合技术。

巷道宽4m，巷道墙高1.8m，通过平行内嵌圆柱径向渐变矩形网格（参考图5-8）与内嵌矩形巷道径向渐变矩形网格（参考图5-9）的组合就能完成，命令见例题5-12。

例题5-12　矿山圆拱巷道网格。

```
;;文件名:5 -12 . f3dat
model new ;系统重置
;;内嵌圆柱径向渐变矩形网格
zone create radial-cylinder point 0 (0 00)...
    point 1 (50 0 0) point 2 (0 100 0)  point 3 (0 0 50)...
    dimension 10 10 10 10 size 4 25 6 14 ratio 1 1 1 1.2
;;内嵌矩形巷道径向渐变矩形网格
zone create radial-tunnel point 0 (0 0 0)...
    point 1 (0 0 -50) point 2 (0 100 0) point 3 (50 0 0)...
    dimension 9 10 9 10 size 4 25 4 14 ratio 1 1 1 1.2
;;镜像网格
zone reflect normal  -1 0 0 origin 0 0 0
```

网格大小为50m×100m×50m，是通过网格角点坐标point 0、point 1、point 2、point 3来确定的，圆拱半径、巷道宽度及墙高是通过参数dimension来确定的。注意，内嵌矩形巷道径向渐变矩形网格是旋转了90°，ratio参数可以有效地减少单元体的个数。zone copy命令可以复制单元体到新的位置（参阅附录A），zone reflect命令可以镜像任何网格格点（参阅附录A），本例采用镜像方法，对称平面由法向量与通过点确定。镜像之前和之后的网格分别如图5-18a、b所示。

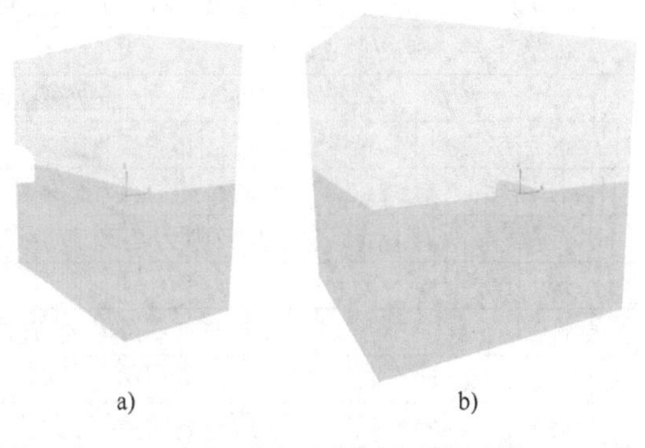

图5-18　矿山巷道网格

2. 绑定连接毗邻的网格

在生成相邻的两个网格时，有诸多问题需要注意。多个网格的边必需形成连续性。FLAC 3D

的 zone create 命令也会检查相邻边界格点是否在容差 1×10^{-7} 范围内，若是，则融合为一个格点。用户有责任保证相邻边界格点的匹配，例如，相邻网格有相同的单元体数和一致的单元体几何变化率。

若边界格点不匹配的话，则可用 zone gridpoint merge 命令来融合这些格点。

zone attach 命令可以绑定具有不同单元体大小的网格，有一定的限制，相邻单元体大小相差有一定的范围，最好是成整数倍（如 2、3、4 倍）。推荐在理想弹性材料模型下试算一下，观察其位移和压力在相邻边界的连续完整性，也许会要调整单元体几何变化率 ratio，也许不连续性很小或在无关紧要的区域，对计算并无大的影响。

例题 5-13 演示了单元体密度不同而不用 zone attach 命令、单元体密度不同用 zone attach 命令和单元体密度相同无需用 zone attach 命令三种情况下的效果。

例题 5-13　zone attach 命令效果。

```
;;文件名:5-13.f3dat
model new ;系统重置
;;首先,单元体大小不同,不用 zone attach 命令情况
;;创建网格为 4m×4m×2m,单元体大小为 1m×1m×1m 的矩形网格
zone create brick size 4 4 2 point 0 = (0,0,0)...
    point 1 = (4,0,0)  point 2 = (0,4,0)  point 3 = (0,0,2)
;;创建网格为 4m×4m×2m,单元体大小为 0.5m×0.5m×0.5m 的矩形网格
zone create brick size 8 8 4  point 0 = (0,0,2)...
    point 1 = (4,0,2)  point 2 = (0,4,2)  point 3 = (0,0,4)
;;指定为各向同性弹性本构材料模型,参阅第 7 章
zone cmodel assign elastic
;;指定模型材料属性参数,参阅第 8 章,体积模量:8GPa,切变模量:5GPa
zone property bulk 8e9 shear 5e9
;;边界条件,参阅第 9 章
;固支,固定 z=0 平面不动
zone gridpoint fix velocity-z range position-z 0
zone gridpoint fix velocity-x... ;固定 x=0,x=4 两平面不动
    range union position-x 0 position-x 4
zone gridpoint fix velocity-y... ;固定 y=0,y=4 两平面不动
    range union position-y 0 position-y 4
;;初始条件,参阅第 10 章
;在 z=4 顶面一角处(四分之一面)施加压应力:1MPa
zone face apply stress-zz -1e6...
    range position-z 4 position-x 0,2 position-y 0,2
;;求解时,采样记录最大不平衡力的轨迹,参阅第 12 章 12.3.3 节
model history mechanical unbalanced-maximum
model save '5-13-initial' ;保存此时的模型状态到文件
model solve ;求解至平衡,参阅第 12 章
model save '5-13-a' ;保存模型状态到文件
;;其次,单元体大小不同,用 zone attach 命令情况
model restore '5-13-initial' ;恢复初始模型状态文件
zone attach by-face range position-z 2 ;z=2 面连接一起
```

```
model solve ;求解至平衡,参阅第 12 章
model save '5-13-b' ;保存模型状态到文件
;;最后,网格为 4m×4m×4m,单元体大小为 0.5m×0.5m×0.5m 的矩形网格
model new
zone create brick size 8 8 8 point 0 = (0,0,0)...
   point 1 = (4,0,0)  point 2 = (0,4,0)  point 3 = (0,0,4)
;;与上面相同的本构模型、材料属性参数、边界条件和初始条件
zone cmodel assign elastic
zone property bulk 8e9 shear 5e9
zone gridpoint fix velocity-z range position-z 0
zone gridpoint fix velocity-x &
   range union position-x 0 position-x 4
zone gridpoint fix velocity-y &
   range union position-y 0 position-y 4
zone face apply stress-zz -1e6...
   range position-z 4 position-x 0,2 position-y 0,2
model history mechanical unbalanced-maximum
model solve ;求解至平衡,参阅第 12 章
model save '5-13-c' ;保存模型状态到文件
```

打开项目 5-13. f3prj 文件，单击项目窗格的命令文件列表框中的 5-13. f3dat 命令文件，单击动态工具栏执行命令（）按钮，然后依次单击项目窗格的状态文件列表框的 5-13-a. f3sav、5-13-b. f3sav 和 5-13-c. f3sav 的三个保存文件，会得到不同情况时四方体网格 z 方向的位移等值线图，如图 5-19、图 5-20 和图 5-21 所示。

从图 5-19 看出，没有 zone attach 连接时，相邻网格的位移等值线就极不连续，而 zone attach 时，图 5-20 中的位移等值线连续，且与图 5-21 中一个网格的位移等值线没什么差别。

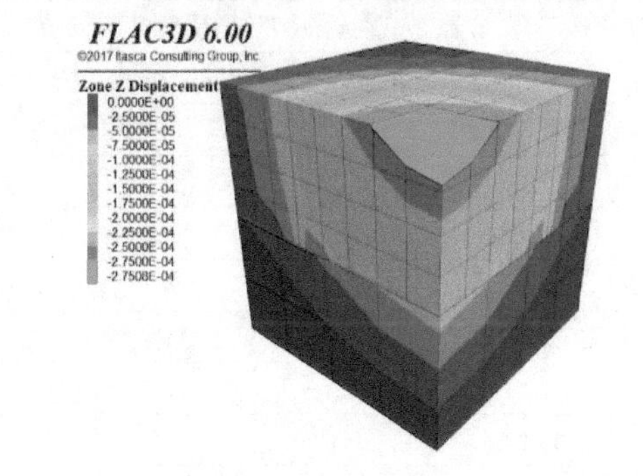

图 5-19　**无 zone attach 的两个网格位移等值线**

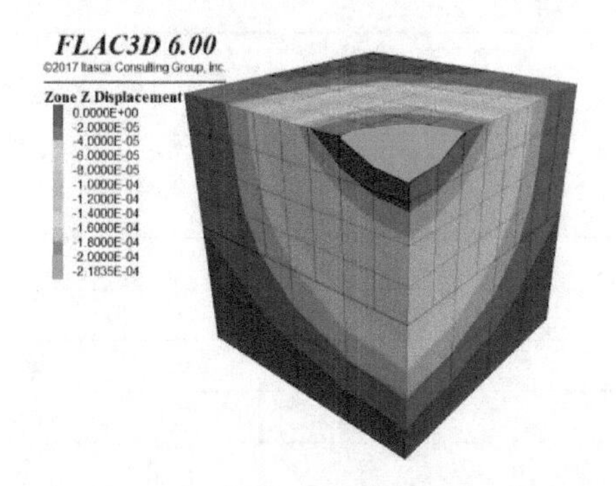

图 5-20　**zone attach 两个网格的位移等值线**

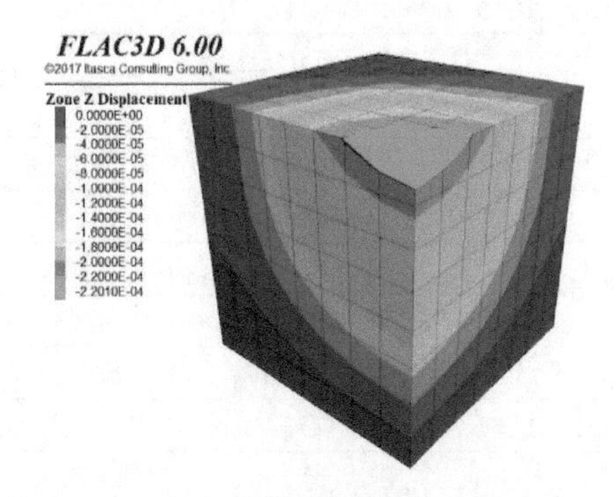

图 5-21　**一个网格位移等值线**

3. 简化复杂网格为原型库网格

建立任何网格都要从两个方面考虑：一是重要区域精确解所需要的单元体密度；二是网格边

界定位对结果的影响。应力、应变变化大的区域往往单元体密度大。

作为例子，我们考虑一个有 3 条平行的圆形隧道的网格，中间的隧道为辅助隧道，半径为 3m，已开挖并进行了支护，而两边的隧道为主隧道，半径为 4m，没有开挖，我们要求解的就是开挖主隧道后的情况。

首先，根据对称性，用一个垂直对称面把网格分成一半，即只需要建半个辅助隧道和一边的主隧道网格。然后，自然想到用 radcylinder 网格来建立隧道，复杂的情况是，辅助隧道和主隧道有不同的尺寸，却有相同的隧道底部标高，考虑隧道长 50m，围绕隧道的网格的建立见例题 5-14。

例题 5-14　两个相同底部标高隧道的网格。

```
;;文件名:5 -14 . f3dat
model new ;系统重置
;; 主隧道,有关内嵌圆柱径向渐变矩形网格参阅图 5-8 和附录 A
zone create radial-cylinder...
    point 0 (15,0,0)  point 1 (23,0,0)...
    point 2 (15,50,0) point 3 (15,0,8)...
    size 4 10 6 4dimension 4 4 4 4...
    ratio 1 1 1 1 fill group 'main'
zone reflect normal 1,0,0 origin 15,0,0 ;以 y -z 平面镜像网格
zone reflect normal 0,0,1 origin 0,0,0 ;以 x -y 平面镜像网格
;;辅助隧道,有关内嵌圆柱径向渐变矩形网格参阅图 5-8 和附录 A
;首先要计算辅助隧道和主隧道落差 1m 时,内嵌圆柱圆弧段端点坐标
;中括号"[ ]"为内联符,表示内嵌 FISH 表达式,参阅第 6 章
[angle =math. atan(1.0/7.0)] ;先计算小弧段的角度,7 为宽度
[x_coord =3.0 * math. cos(angle)] ;x 坐标
[z_coord = - (1.0 -3.0 * math. sin(angle))] ;z 坐标
;前导符@ 表示后面为 FISH 变量或函数,参阅第 6 章
zone create radial-cylinder...
    point 0 (0, 0, -1) point 1 (7,0,0)...
    point 2 (0,50, -1) point 3 (0,0,8)...
    point 4 (7,50,0)  point 5 (0,50,8)...
    point 6 (7,0,8)  point 7 (7,50,8)...
    point 8 (@ x_coord,0,@ z_coord) point 9 (0,0,2)...
    point 10 (@ x_coord,50,@ z_coord) point 11 (0,50,2)...
    size 3 10 6 4dimension 3 3 3 3 ratio 1 1 1 1
;注意与内嵌圆柱径向渐变矩形网格原型库不同,在 xz 平面内旋转了 90°
zone create radial-cylinder...
    point 0 (0, 0, -1) point 1 (0,0, -8)
    point 2 (0,50, -1) point 3 (7,0,0)...
    point 4 (0,50, -8) point 5 (7,50, 0)...
    point 6 (7,0, -8) point 7 (7,50, -8)...
    point 8 (0,0, -4) point 9 (@ x_coord,0,@ z_coord)...
    point 10 (0,50, -4) point 11 (@ x_coord,50,@ z_coord)...
    size 3 10 6 4 dimension 3 3 3 3 ratio 1 1 1 1
model save '5-14-a' ;保存模型状态文件
```

```
;;壳结构单元支护辅助隧道，参阅第 11 章 11.5 节
structure shell create by-face...
    range cylinder end-1 (0,0, -1) end-2 (0,50, -1) radius 3
model save '5-14-b' ;保存模型状态文件
;; 主、辅隧道外围网格
zone create radial-tunnel...
    point  0 ( 7, 0, 0) point  1 (50, 0, 0)...
    point  2 ( 7,50, 0) point  3 (15, 0,50)...
    point  4 (50,50, 0) point  5 (15,50,50)...
    point  6 (50, 0,50) point  7 (50,50,50)...
    point  8 (23, 0, 0) point  9 ( 7, 0, 8)...
    point 10 (23,50, 0) point 11 ( 7,50, 8)...
    size 6 10 3 10 ratio 1 1 1 1.1
zone create brick...
    point 0 ( 0, 0, 8) point 1 ( 7, 0, 8)...
    point 2 ( 0,50, 8) point 3 ( 0, 0,50)...
    point 4 ( 7,50, 8) point 5 ( 0,50,50)...
    point 6 (15, 0,50) point 7 (15,50,50)...
    size 3 10 10 ratio 1 1 1.1
;以通过点(0,0,0),x-y 平面镜像网格
zone reflect normal (0,0, -1) origin (0,0,0)...
    range position-x 0 23 position-y 0 50 position-z 8 50
zone reflect normal (0,0, -1) origin (0,0,0)...
    range position-x 23 50 position-y 0 50 position-z 0 50
model save '5-14-c' ;保存模型状态到文件
```

首先产生主隧道的四分之一，然后用垂直平面和水平面进行镜像而完成。由于辅助隧道要与主隧道具有相同的底部标高，因此，镜像 reflect 不能建立辅助隧道，要进行必要的调整，采用内联符号“[ ]”直接用 FISH 三角函数表达式计算定位点的 x、z 坐标值，这样确信边界网格点匹配，如图 5-22 所示。

对于这个模型，主隧道尚未开挖，而辅助隧道已进行了开挖并支护，可以用 structure shell 命令来完成这种支护情况，如图 5-23 所示。

最后，生成主、辅隧道的外围网格，外围网格尺寸是内部的 10 倍左右即可，如图 5-24 所示。

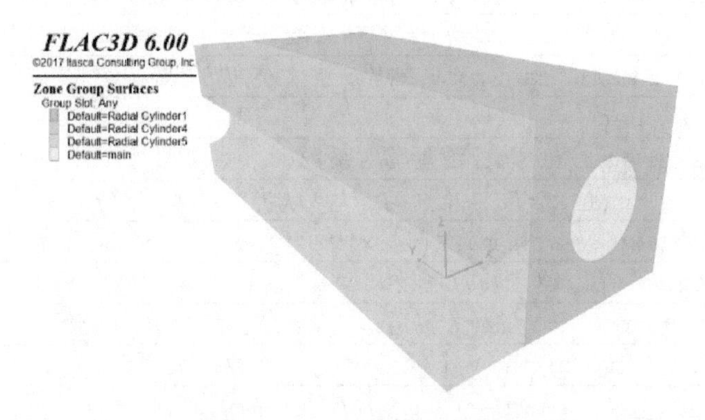

图 5-22　主、辅隧道内部网格

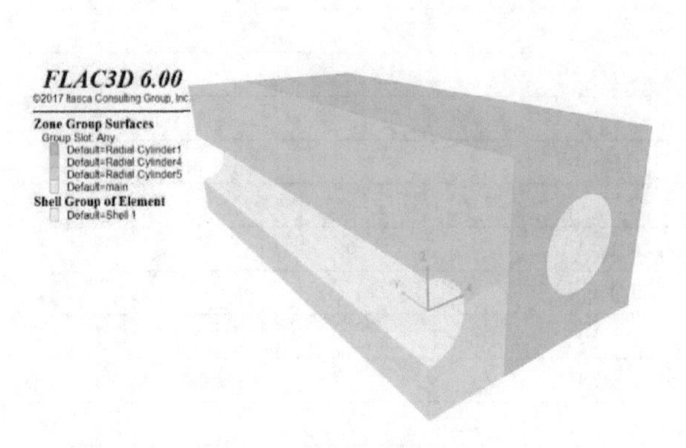

图 5-23　辅助隧道支护

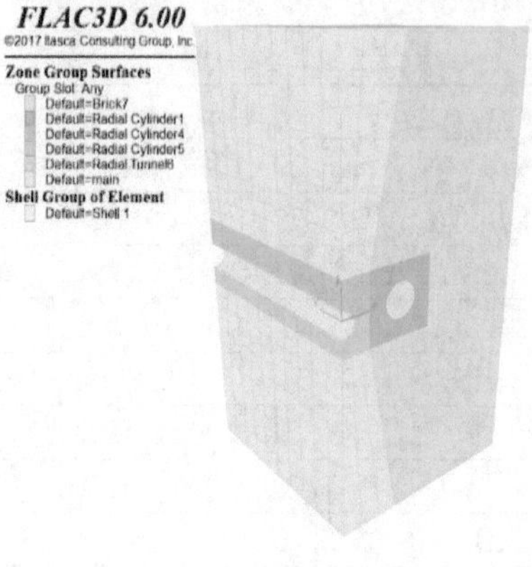

图 5-24　主、辅隧道全部网格

4. 用 FISH 语言生成网格

FISH 语言可以用来生成网格原型库中没有的形状，也可以通过修改原型库的几何特性得到不一样的几何形状。在例题 5-15 中，我们通过原型库中的“内嵌矩形径向渐变矩形”网格修改成一个“内嵌球形洞室径向渐变矩形”网格。有关 FISH 语言请参阅第 6 章。

例题 5-15　内嵌球形洞室径向渐变矩形网格。

```
;;文件名:5-15.f3dat
model new ;系统重置
;;用内联符号设置两个 FISH 全局变量
[rad =4.0];设置球形半径
[len =10.0];设置箱体边长
;@ 为前导符, @ len 表示把变量 len 值替换到此位置
;创建内嵌矩形巷道径向渐变矩形网格
zone create radial-brick edge @ len size 6,6,6,10...
    ratio 1.0 1.0 1.0 1.2 dimension @ rad @ rad @ rad
model save '5-15-a' ;保存模型状态到文件
;;定义 FISH 函数
fish define make_sphere
    ;遍历网格点指针,重置格点坐标
    ;假设:len > rad
    loop foreach local gp gp.list ;局部循环变量 gp(指针)
        local p - gp.pos(gp);得到 gp 坐标 p(x,y,z)
        local dist =math.mag(p) ;求得 p 点大小,即距球心距离
        if dist >0 then
            local k =rad/dist ;设置临时系数
            local a =p * k ;按 P 点径向,计算球半径处 A 点坐标
            local maxp =math.max(p->x,p->y,p->z);求最大轴值
            k =len/maxp ;设置临时系数
            local b =p * k ;按最大轴值,求得箱体边缘处 B 点坐标
            local u =(maxp-rad)/(len-rad) ;计算插值系数
            gp.pos(gp) =a +(b-a) * u ;径向线性插值
        end_if
```

```
    end_loop
end
@ make_sphere ;执行FISH函数
model save '5-15-b' ;保存模型状态到文件
```

为了用radial-brick原型库生成我们的网格雏形，首先定义箱体内球体半径和箱体的边长，然后用zone create命令生成内嵌矩形巷道径向渐变矩形网格，如图5-25所示。FISH函数make_sphere循环遍历所有网格点，从球心到箱体边界按径向线线性插值重新映射它们的坐标，如图5-26所示。部分读者对这个函数可能感到烦琐而令人费解，其实只要注意三点即可。一是按球坐标去理解空间的点 p；二是把空间点与球心的长度分为两段，第一段为固定长度，也就是球的半径rad，但在径向上必须求出 A 点坐标，第二段就是线性插值计算；三是向量的加/减就是各分量的加/减，向量与常数相乘就是各分量与各常数相乘。

图5-25　初始内嵌矩形洞室径向渐变矩形网格

图5-26　内嵌球形洞室径向渐变矩形网格

5. 致密网格

有时需要把现有网格点的密度增加，或部分范围内的网格点密度增加，zone densify命令可以完成这样的工作，参阅附录A。需要注意的是，致密后的网格丢失了材料、应力及其他状态信息。

例题5-16中列举了三种致密网格情况，打开项目文件5-16. f3dat，执行主程序后，分别保存了6个状态文件，双击项目窗格中状态文件列表框的各文件，可以观察到各状态的情况。

例题5-16　致密网格。

```
;;文件名:5 -16 . f3dat
model new ;系统重置
zone create wedge size 4 4 4 ;创建楔形网格
model save '5-16-a' ;保存模型状态到文件
zone densify segments 2 ;把各方向网格数细分为2
model save '5-16-b' ;保存模型状态到文件
;
model new ;再次系统重置
zone create brick size 4 4 4 ;创建矩形网格
model save '5-16-c' ;保存模型状态到文件
zone densify local maximum-length (0.5,0.5,0.4)...
    range position-z 2 4 ;细分边长 x≤0 .5m, y≤0 .5m, z≤0 .5m
zone attach by-face ;连接面
model save '5-16-d' ;保存模型状态到文件
```

```
;
model new ;又一次系统重置
zone create brick size 10 10 10 ;创建矩形网格
;;创建几何集 A
geometry set 'setA' polygon create...
    by-positions (0,0,1) ( 5,0, 1) ( 5,10, 1) (0,10,1)
geometry set 'setA' polygon create...
    by-positions (5,0,1) (10,0, 5) (10,10, 5) (5,10,1)
;;创建几何集 B
geometry set 'setB' polygon create...
    by-positions (0,0,5) ( 5,0, 5) ( 5,10, 5) (0,10,5)
geometry set 'setB' polygon create...
    by-positions (5,0,5) (10,0,10) (10,10,10) (5,10,5)
model save '5-16-e' ;保存模型状态到文件
zone densify segments 2 range geometry-space 'setA'...
    set 'setB' count 1 ;几何集 A,B 之间致密细分为 2
zone attach by-face ;连接面
model save '5-16-f' ;保存模型状态到文件
```

首先创建 4m×4m×4m 楔形网格，致密成 8×8×8 网格，如图 5-27 所示。其次创建 4m×4m×4m 矩形网格，在 $z=2\sim4$m 范围内，把网格边长致密成 x 方向≤0. 5m，y 方向≤0. 5m，z 方向≤0. 4m，实际上，上部分致密成 8×8×6 网格，如图 5-28 所示。最后创建 10m×10m×10m 矩形网格，借助于创建的两个几何集 A 和 B，致密两几何集之间的网格数为原来的两倍，如图 5-29 所示。

图 5-27　**致密楔形网格**

图 5-28　**致密矩形网格**

图 5-29　**借助几何集致密网格**

6. 八分叉致密网格

有时需要在非常不规则的边界上表达材料性质的变化，但精确的边界表面构成并不重要，如矿体、地质构造等。通常会用 zone densify 命令致密化几何集表面所在的区域，并且结合使用 repeat 关键字和 range geometry-distance 范围元素创建八分叉网格。所谓八分叉（又称八叉树）就是把一个单元体每边分成两段，就变成八个单元体，如此循环下去。命令见例题 5-17。

例题 5-17　八分叉网格。

```
;;文件名:5 -17 . f3dat
model new ;系统重置
```

```
;;创建尺寸为10m×10m×10m的一个单元体的矩形网格
zone create brick edge 10 size 1 1 1
;;创建两个交叉空心圆柱体的几何集Cylinder,参阅用户手册
geometry set 'Cylinder' generate cylinder...
    base 6.25, -0.5,5 axis 0,1,0 cap false false...
    radius 2 height 11
geometry set 'Cylinder' generate cylinder...
    base 3.75, -0.5,5 axis 0,1,0 cap false false...
    radius 2 height 11
model save '5-17-a' ;保存模型状态到文件
;;八分叉致密几何集Cylinder表面区域
zone densify segments 2 gradient-limit...
    maximum-length 0.1 repeat...
    range geometry-distance 'Cylinder' gap 0.0 extent
model save '5-17-b' ;保存模型状态到文件
```

对于zone densify命令的每个关键字的理解是非常重要的：①segments关键字指示单元体每1段变成2段，从而1个单元体变成8个单元体；②gradient-limit关键字表示相邻单元体的大小要实现渐变，意味着致密单元体范围的扩大；③maximum-length关键字与repeat关键字组合表示递归嵌套致密直到单元体边长≤0.1m为止；④repeat关键字表示递归嵌套致密直到不大于maximum-length值；⑤range geometry-distance关键字表示范围为与几何集“Cylinder”表面的距离gap；⑥extent关键字表示范围延展至与几何集“Cylinder”表面的单元体所有空间，而不是单元体重心，此时，gap=0。若无此关键字，则gap不变，为零。

致密之前如图5-30所示，致密后如图5-31所示。

图5-30 八分叉致密前

图5-31 八分叉致密后

7. 地形与分层

FLAC 3D提供zone generate from-topography命令，以从现有网格表面和具有地形特征几何集之间生成网格。例题5-18演示了从现有网格拉伸出地形表面网格的5种情况。

例题5-18 拉伸地形网格。

```
;;文件名:5-18.f3dat
;;第1种情况
model new ;系统重置
geometry import 'surface1.stl' ;从当前路径导入几何文件
;;创建尺寸为15km×12km×2km的50×40×5个单元体的矩形网格
```

```
zone create brick size 50 40 5 point 0 (0, 0, -4000)...
    point 1 (15000,0, -4000) point 2 (0,12000, -4000)...
    point 3 (0,0, -2000) group 'Layer1' ;group 表示分配组名
model save '5-18-1a' ;保存模型状态到文件
;;拉伸现有网格到几何集 surface1 面,等分 8 段 8 层,并分配组名
zone generate from-topography geometry-set 'surface1'...
    segments 8 group 'Layer2'
model save '5-18-1b' ;保存模型状态到文件
;;第 2 种情况
model new ;系统重置
geometry import 'surface1. stl' ;从当前路径导入几何文件
;;创建尺寸为 15 km ×12 km ×2 km 的 50 ×40 ×5 个单元体的矩形网格
zone create brick size 50 40 5  point 0 (0,0, -4000)...
    point 1 (15000,0, -4000)  point 2 (0,12000, -4000)...
    point 3 (0,0, -2000)  group 'Layer1' ;分配组名
model save '5-18-2a' ;保存模型状态到文件
;;拉伸现有网格到几何集"surface1"面,等变比 8 段 8 层,并分配组名
zone generate from-topography geometry-set 'surface1'...
    segments 8 ratio 0.6 group 'Layer2'... ;
    face-group 'Surface' ;为新建地形面分配组名
model save '5-18-2b' ;保存模型状态到文件
;;第 3 种情况
model new ;系统重置
geometry import 'surface1. stl' ;从当前路径导入几何文件
;;创建尺寸为 15 km ×12 km ×2 km 的 50 ×40 ×5 个单元体的矩形网格
zone create brick size 50 40 5 point 0 (0,0, -4000)...
    point 1 (15000,0, -4000) point 2 (0,12000, -4000)...
    point 3 (0,0, -2000) group 'Layer1'
model save '5-18-3a' ;保存模型状态到文件
;;拉伸部分网格到几何集"surface1"面,等变比 8 段 8 层,并分配组名
zone generate from-topography geometry-set 'surface1'...
    segments 8 ratio 0.6 group 'Layer2'... ;分配组名
    range position-x 0 5000 position-y 0 5000 ;指定拉伸范围
model save '5-18-3b' ;保存模型状态到文件
;;第 4 种情况
model new ;系统重置
geometry import 'surface1. stl' ;从当前路径导入几何文件
;;创建尺寸为 25 km ×22 km ×2 km 的 50 ×40 ×5 个单元体的矩形网格
zone create brick size 50 40 5 point 0 ( -10000, -10000, -4000)...
    point 1 ( 15000, -10000, -4000) point 2 ( -10000, 12000, -4000)...
    point 3 ( -10000, -10000, -2000) group 'Layer1'
model save '5-18-4a' ;保存模型状态到文件
;;拉伸现有网格到几何集 surface1 面,等变比 8 段 8 层,并分配组名
```

```
zone generate from-topography geometry-set 'surface1'...
    segments 8 ratio 0.6 group 'Layer2' ;分配组名
model save '5-18-4b' ;保存模型状态到文件
;;第5种情况
model new ;系统重置
geometry import 'surface1.stl' ;从当前路径导入几何文件
;;创建尺寸为15km×12km×2km的50×40×5个单元体的矩形网格
zone create brick size 50 40 5 point 0 (0,0,-4000)...
    point 1 (15000,0,-4000) point 2 (0,12000,-4000)...
    point 3 (0,0,-2000) group 'Layer1'
geometry select 'surface2' ;创建新的几何集:surface2
;在新几何集中创建4条边的多边形
geometry polygon create by-positions (-500,-250,3000)...
    (15500,-250,3000) (15500,12500,3000) (-500,12500,3000)
model save '5-18-5a' ;保存模型状态到文件
;;拉伸现有网格到几何集surface1面,等变比8段8层,并分配组名
zone generate from-topography geometry-set 'surface1'...
    segments 8 ratio 0.8 group 'Layer2'... ;分配组名
    face-group 'Surface' ;为新建地形面分配组名
;;拉伸范围内网格到几何集'surface2'面,等变比8段8层,并分配组名
zone generate from-topography geometry-set 'surface2'...
    segments 8 ratio 1.2 group 'Layer3'... ;分配组名
    range group 'Surface' ;指定范围为面的组名
model save '5-18-5b' ;保存模型状态到文件
```

为了创建符合地形表面的网格，必须指定几何集，创建几何集最简单的方法是通过几何导入命令。

在使用生成地形 zone generate from-topography 命令之前，必须存在初始网格，且仅选择满足以下三个条件的单元体面：①单元体面必须在范围内；②所有面必定是网格表面上，任何网格内部单元体面将被忽略；③单元体面外法线向量与拉伸方向（默认为 z 轴）的交角必须小于89.427°。

第1种情况，首先从 stl 格式文件 surface1. stl 中导入几何数据，并将其放入名为 surface1 的几何集中（默认时，几何集名与导入文件名相同），然后创建一个具有组名“Layer1”的网格，如图5-32所示。若投影到 x-y 平面，则几何集将完全覆盖网格，沿 z 轴方向拉伸网格时，网格表面的格点都将与几何集产生交点。接下来添加 zone generate from-topography 命令，命令中，指定了“surface1”几何集，没有指定拉伸方向，默认为（0，0，1），段数 segment 指定为8，即拉伸路径上生成8层单元体，新创建的单元体指定组名“Layer2”，拉伸效果如图5-33所示。在这个命令中没

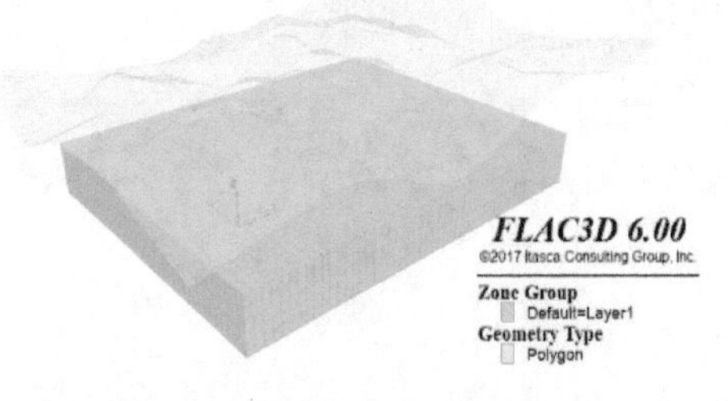

图5-32 现有网格和几何集

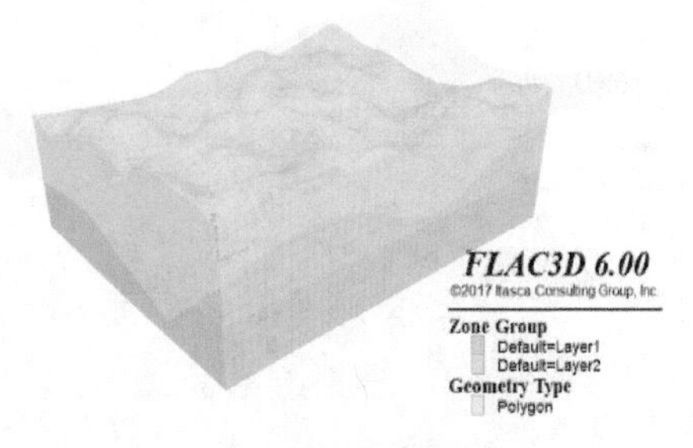

图5-33 拉伸网格到几何集

有为面（单元体面）指定范围，即所有单元体面都在拉伸范围内，第二条规定忽略内部单元体面，只剩下网格6个外表面，但4个侧面的法向量与路径方向垂直，大于89.427°被忽略，同理，底面的法向量与路径相反为180°也被忽略，所以，现有网格只有其顶部表面上的所有单元体面被拉伸到几何集。

第2种情况比第1种情况多了两个新关键字。第一个是设置ratio为0.6，意即越接近地形的单元体越小，路径上8个段segments，每段的长度按系数0.6变化。第二个是设置face-group为“Surface”，意即为拉伸的单元体面分配面组名，以便将来引用。最终结果如图5-34所示。

第3种情况是把拉伸的范围限制在$0 \leqslant x \leqslant 5000$和$0 \leqslant y \leqslant 5000$内，再次强调的是，拉伸的是范围内单元体的面，结果如图5-35所示。

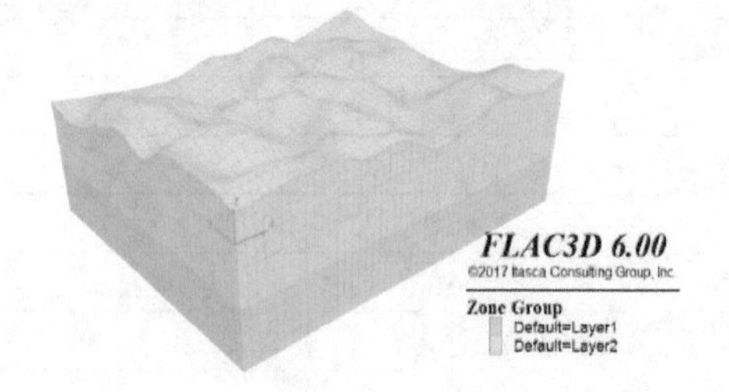

图5-34 **拉伸网格到几何集**（ratio = 0.6）

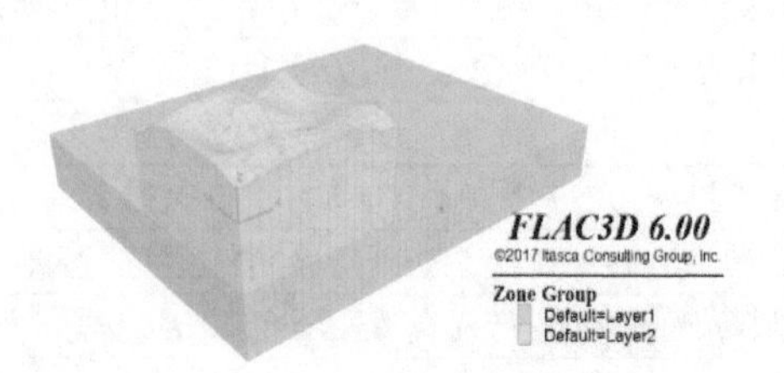

图5-35 **拉伸部分网格到几何集**

第4种情况，有时几何集地形表面可能不完全覆盖所选择现有单元体面在路径方向上的投影面积，如图5-36所示，超出几何集范围的处理效果如图5-37所示。

图5-36 **现有网格和几何集**（几何集不完全覆盖）

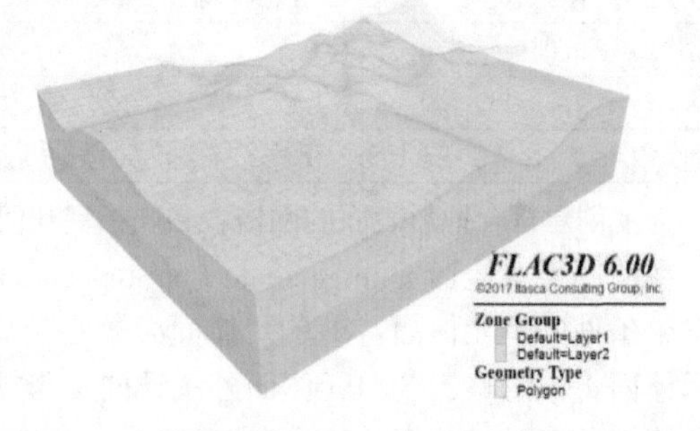

图5-37 **拉伸网格到几何集**（几何集不完全覆盖）

第5种情况，单元体面可以多次拉伸到不同的几何集。如图5-38所示，模型中有一个导入地形文件的几何集surface1，和另一个用几何命令生成的四边形几何集surface2，对单元体沿z方向两次拉伸后的结果如图5-39所示。

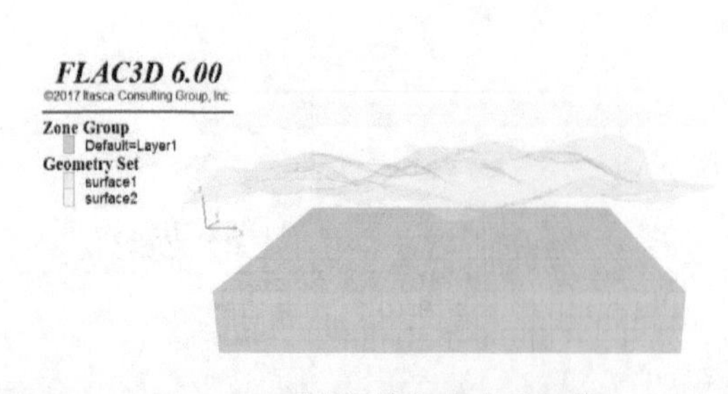

图5-38 **现有网格和多个几何集**

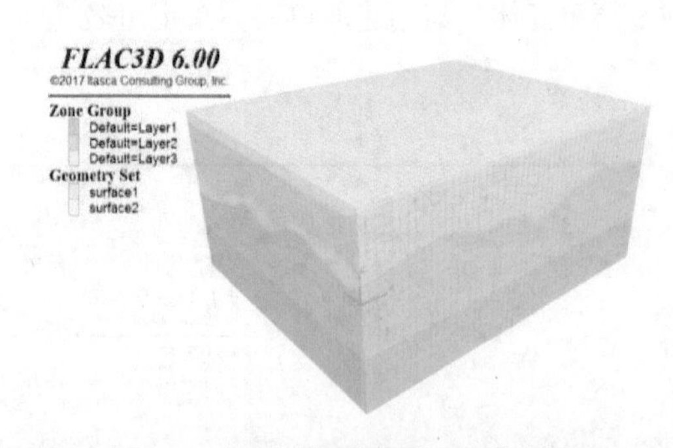

图5-39 **多次拉伸网格到不同的几何集**

5.2　拉伸工具

FLAC 3D 内建了一个简单的拉伸工具，用来创建模型空间的三维网格。在拉伸窗格的构建视图状态下绘制（或导入）二维图形，并块化和单元体化，在拉伸窗格的拉伸视图下设置相关参数和单元体化，之后可发送到模型空间生成单元体，或发送到砌块工具中继续编辑修改。

系统只允许一个拉伸窗格，但可有多个拉伸的集合，而且不能直接保存为文件，但用户的每一个有效操作在控制台窗格中自动转换成命令，用户在状态记录窗格中可把操作命令流保存为“ * . f3dat” 文件，以便将来重建。

5.2.1　界面

1. 拉伸窗格

通过选择通用菜单栏的“Panes”→“4 Extrusion” 调出拉伸窗格，如图 5-40 所示。

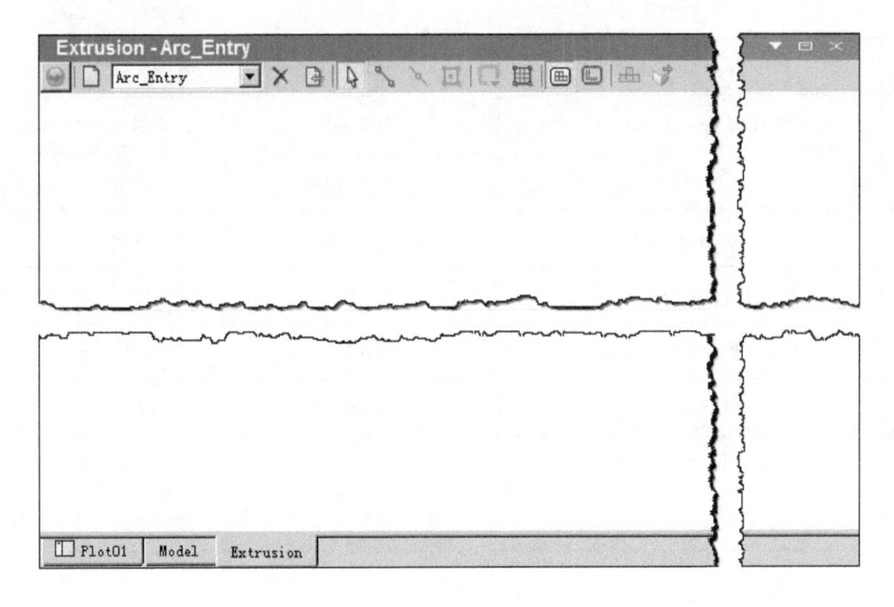

图 5-40　**拉伸窗格**

2. 工具栏

动态工具栏显示拉伸工具按钮，每个按钮的功能与作用如图 5-41 所示，在拉伸窗格的右上角按倒三角（▼）也可在拉伸窗格显示拉伸工具栏，每个按钮的功能与作用见表 5-2。

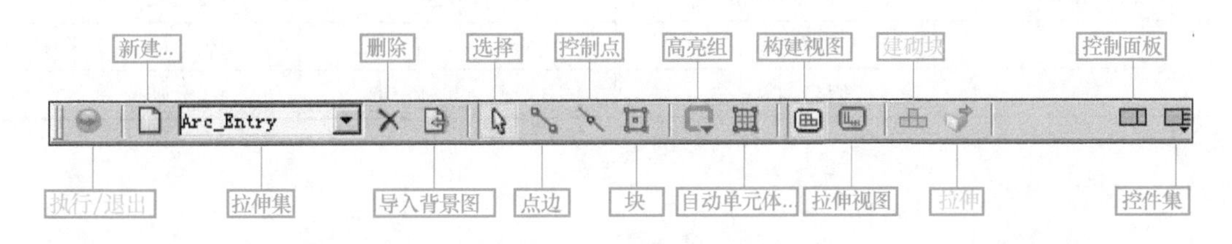

图 5-41　**拉伸工具栏**

表 5-2　拉伸工具栏按钮功能与作用

图标	命令		说明
	英文	中文	
	Execute/Stop Toggle	执行/退出	执行或退出
	New Extrusion...	新建	弹出新建对话框
Arc_Entry	Extrusions	拉伸集	拉伸集列表框
	Delete Extrusion	删除	删除拉伸集
	Import Background Image...	导入背景图	打开选择文件对话框
	Selection Tool	选择	选择工具
	Point-edge Tool	点边	画边工具
	Control point Tool	控制点	增加控制点工具
	Blocking Tool	块	建块工具
	Highlight Groups	高亮组	高亮组
	Autozone...	自动单元体	打开自动单元体对话框
	Construction View	构建视图	平面构图
	Extrusion View	拉伸视图	纵向构图，即拉伸构图
	Create Building Blocks...	建砌块	导出到砌块窗格
	Extrude	拉伸	最终成图
	Show/Hide Control Panel	控制面板	开关控制面板
	Show/Hide Control Sets	控件集	控制面板控件集选择菜单

3. 视图操控

主要的快捷键及鼠标操作见表 5-3，快捷菜单将在实例中介绍。

表 5-3　主要快捷键及鼠标操作

快捷键或鼠标	功能	快捷键或鼠标	功能
〈Ctrl + R〉	重置视图	鼠标滚轮	缩放
〈Ctrl + Alt + L〉	缩放到选区	右键拖拽	选择模式时为平移
〈Esc〉	取消操作	〈Shift〉+ 右键拖拽	非选择模式时为平移
空格	点坐标对话框	〈Ctrl〉+ 鼠标左击	叠加选择

5.2.2　工作流程

图 5-42 是用拉伸工具创建网格的一个完整的流程图，图中右边为相对应使用的工具按钮或菜单。

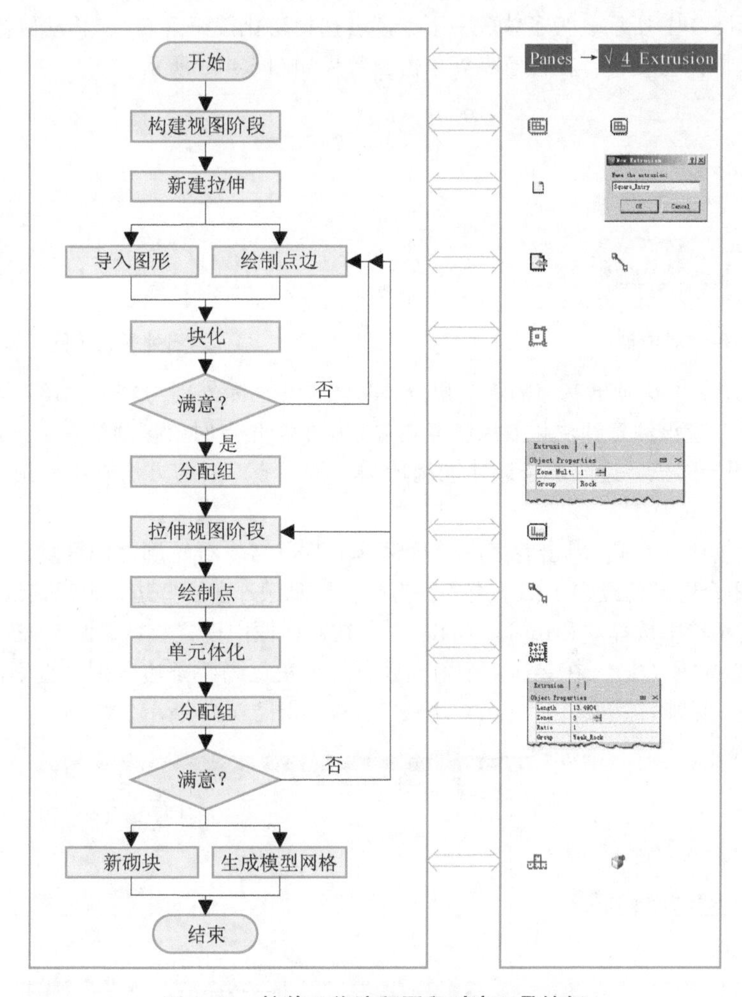

图 5-42　**拉伸工作流程图和对应工具按钮**

5.2.3　拉伸实例

1. 方形巷道

为使读者快速上手，先用一个非常简单的实例。在 40m × 40m × 40m 岩石中央准备掘进一条断面为 4m × 4m 的矩形巷道，准备工作及操作步骤如下：

1）通用菜单栏使 “Panes”→“3 State Record” 勾选，或按〈Ctrl + 4〉。

2）控制台窗格命令提示符处输入 “model new”，回车。

3）通用菜单栏使 “Panes”→“4 Extrusion” 勾选，或按〈Ctrl + 5〉。

4）如果有对话框弹出，请输入拉伸名称：“Square_ Entry”，再单击 “OK” 按钮，如图 5-43 所示。否则，工具栏上选新建（ ）钮，在对话框中输入拉伸名称。

5）为了画 40m × 40m 矩形，先画 4 个角点。确保工具栏的构建视图按钮（ ）是按下状态。单击选择按钮（ ），按空格键，在坐标对话框 中输入 “0，0” 后回车，再按空格键；在坐标对话框中输入 “40，0” 后回车，如此重复操作，分别输入点坐标 “0，40” 和 “40，40”，按〈Ctrl + r〉后，视图应该如图 5-44a 所示。右击选择相应菜单项操作，可达到相同目的。

6）选择点边按钮（ ），鼠标移动前面画的第 1 个节点上，节点变色时单击，鼠标移到前面画的第 2 个节点上，节点变色时单击，此时，在第 1 节点和第 2 节点画出来一条边。如此重复画出其余3条边，如图5-44b所示。为了体验一下，读者选择块化按钮（），移动鼠标至4条边之内，此时，4条边的范围内会变色，在任意点处单击，效果如图5-44c所示。

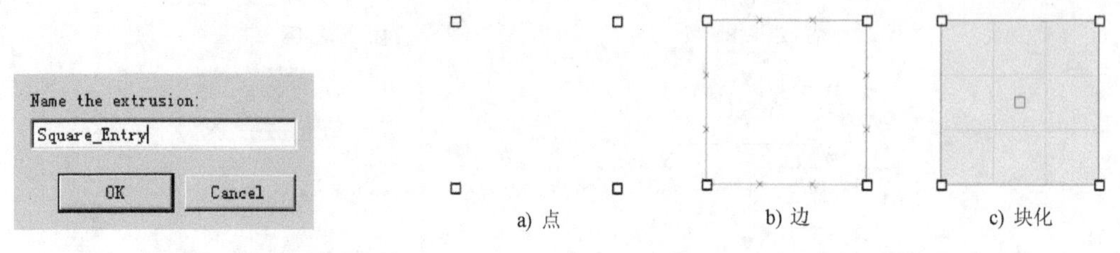

图5-43　新拉伸对话框

图5-44　岩石外轮廓范围

7）按照5）中的方法画出巷道的4个角点，4个角点坐标分别为“18，18”“22，18”“18，22”和“22，22”。应该注意到块化效果已经在输入第1个角点时就自动消失了，这是由块特性所控制的，只能由闭合的三条边或四条边才能组成块。按照6）中的方法画出巷道4条边，结果如图5-47a所示。

8）选择块化按钮（），单击巷道内，然后单击巷道与岩石轮廓之间区域，会弹出一个错误框，这是因为这闭合区域已经多于四条边了，为此，需要额外多画些边，退出错误框。

9）单击右键菜单中选择“Extrusion Options”，在对话框中设置参数。图5-45主要是设置角度捕捉值。选择点边按钮（），在巷道4个角点处，每个角点画两条边分别垂直于两轮廓边，为正交于外轮廓线，画边线时需要按住〈Ctrl〉不放，结果如图5-47b所示。

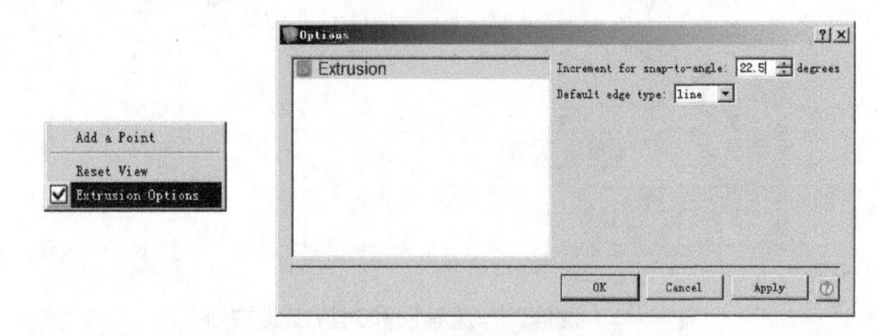

图5-45　拉伸选项

10）选择块化按钮（），在由4条边组成的9个闭合区域点选一次，则生成9个块，如图5-47c所示。从图中可以看出，每个块都自动生成了3行3列共9个单元体网格，这不符合实际情况，需要调整。先自动调整，选择自动单元体按钮（），按图5-46所示对话框设置参数，单

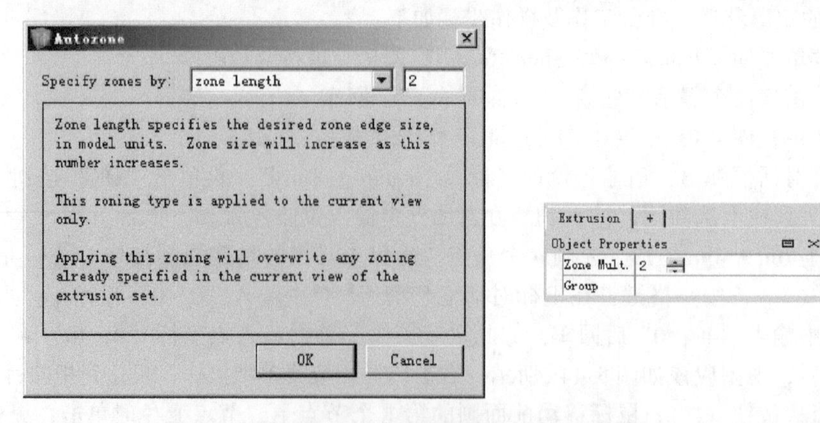

图5-46　自动单元体对话框与块属性设置

击“OK”按钮退出，意思是全部为2m×2m的单元体。需要对巷道的单元体数加密一下，变成1m×1m，只能手动调整，确定选择状态，选取巷道中心处的块点，在控制面板上部设置属性“Zone Mult.”为2，如图5-46所示，结果如图5-47d所示。

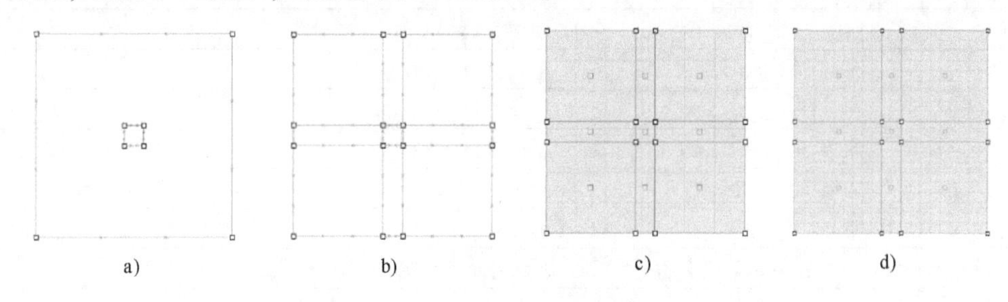

图5-47　矩形巷道构建过程

11）确认选择状态，选取巷道中心处的块点，在控制面板上部设置组属性“Group”为“Entry”，同样方法，选取其余8个块，设置组名为“Rock”。

12）选择拉伸视图按钮（）进入拉伸阶段。按空格键，坐标对话框中输入“15”后回车，再按空格键，坐标对话框中输入“25”后回车。选择自动单元体按钮（），按图5-46所示对话框设置参数，单击“OK”按钮退出。选取中间10m长的边，设置“Zones”属性为10，“Group”属性为“Weak_Rock”，同时选取其余两边，设置“Group”属性为“Rock”。结果如图5-48所示。

13）选择拉伸按钮（），自动拉伸成网格放入模型空间中，选取视图窗格中“Plot01”视图，通过一些设置，效果大致如图5-49所示。

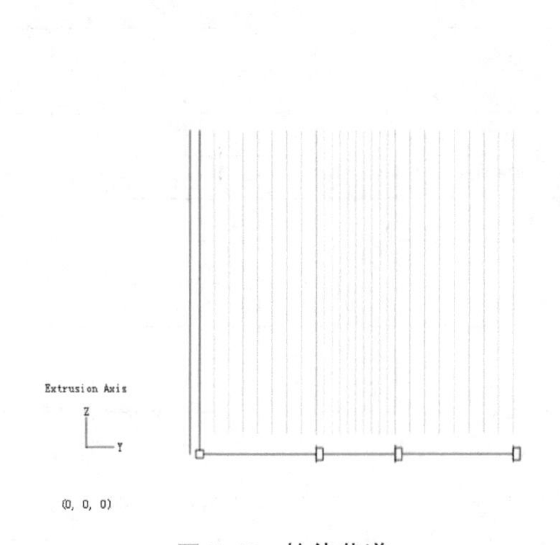

图5-48　拉伸巷道

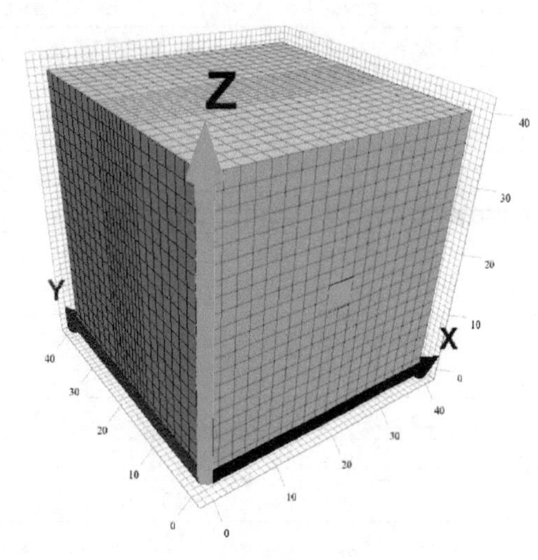

图5-49　矩形巷道拉伸网格

14）单击控制台窗格的“State Record”选项卡，选择保存到命令文件按钮（），对话框中输入文件名为“Square_ Entry_ Extrusion. f3dat”，单击“OK”按钮完成。命令流见例题5-19。

例题5-19　简单矩形巷道拉伸网格。

```
;文件名:Square_Entry_Extrusion.f3dat
;
extrude set select 'Square_Entry'
extrude point create (0,0) tolerance-merge 0
```

```
extrude point create (40,0) tolerance-merge 0
extrude point create (0,40) tolerance-merge 0.17034259
extrude point create (40,40) tolerance-merge 0.17034259
extrude edge createbypointid 1 2 type simple
extrude edge createbypointid 2 4 type simple
extrude edge createbypointid 4 3 type simple
extrude edge createbypointid 3 1 type simple
extrude point create (18,18) tolerance-merge 0.38896279
extrude point create (22,18) tolerance-merge 0.38896279
extrude point create (18,22) tolerance-merge 0.38896279
extrude point create (22,22) tolerance-merge 0.38896279
extrude edge createbypointid 5 6 type simple
extrude edge createbypointid 6 8 type simple
extrude edge createbypointid 8 7 type simple
extrude edge createbypointid 7 5 type simple
extrude edge id 3 split (22,40)
extrude edge createbypointid 8 9 type simple
extrude edge id 10 split (18,40)
extrude edge createbypointid 7 10 type simple
extrude edge id 2 split (40,22)
extrude edge createbypointid 8 11 type simple
extrude edge id 4 split (3.552714e-15,22)
extrude edge createbypointid 7 12 type simple
extrude edge id 13 split (40,18)
extrude edge createbypointid 6 13 type simple
extrude edge id 16 split (0,18)
extrude edge createbypointid 5 14 type simple
extrude edge id 1 split (18,3.552714e-15)
extrude edge createbypointid 5 15 type simple
extrude edge id 22 split (22,0)
extrude edge createbypointid 6 16 type simple
extrude block create at (9.865,30.926)
extrude block create at (19.73,31.0043)
extrude block create at (31.0826,29.6733)
extrude block create at (30.926,20.1215)
extrude block create at (19.6517,19.5734)
extrude block create at (14.7192,20.5129)
extrude block create at (13.6231,12.2138)
extrude block create at (18.8688,12.7619)
extrude block create at (30.2996,11.4309)
extrude set automatic-zone direction construction edge 2
extrude block multiplier 2  range id-list  5
extrude block group 'Entry' slot 'Construction' &
```

```
            range id-list 5
extrude block group 'Rock' slot 'Construction'&
            range id-list 3 7 4 6 1 2 8 9
extrude segment index 1 length 40
extrude segment add position 15
extrude segment add position 25
extrude set automatic-zone direction extrusion edge 2
extrude segment index 2 size 1
extrude segment index 2 size 10
extrude segment index 2 group 'Weak_Rock' slot 'Extrusion'
extrude segment index 3 group 'Rock' slot 'Extrusion'
extrude segment index 1 group 'Rock' slot 'Extrusion'
zone generate from-extruder
```

2. 半圆拱巷道

在40m×40m×40m岩石中央准备掘进一条巷宽8m、墙高4m和圆弧半径4m的半圆拱巷道，准备工作及操作步骤如下：

1）选新建按钮（），在对话框中输入拉伸名称“Arc_ Entry”后单击“OK”按钮。分别输入“0，0”“40，0”“40，40”“0，40”并回车；再分别输入“16，16”“24，16”“24，20”“16，20”并回车。选点边按钮（），把8个节点连接成一个外四边形和内四边形，选择内四边形最上一条边，在控制面板上部选择属性“Edge Type”为“arc”。

2）选控制点按钮（），在内四边形的最上边的中部单击，然后在控制面板上部修改属性“Position”为“20，24”。为了使巷道圆弧光滑，在其内再建一个更小的四边形，直接分别输入“18，18”“22，18”“18，20”“22，20”并回车，用点边按钮连接成边，用同样的方法使最上一条边变成半圆弧，控制点坐标为“20，22”。结果应该如图5-50a所示。

3）在两圆弧控制点处再增加两节点，直接分别输入“20，22”“20，24”并回车；然后用点边按钮连接成边，选自动单元体按钮，设置单元体长度为2m；然后选取图5-50b所示的边，并在控制面板上部修改属性“Zones”为8。

4）选块化按钮（），块化各个四边形后应如图5-50c所示，巷道内部所有块分配组名为“Entry”，其余分配组名为“Rock”。选择拉伸视图按钮（）进入拉伸阶段，直接输入“40”回车；选择自动单元体按钮，设置单元体长度为2m；选拉伸按钮（），自动拉伸成网格放入模型空间中。选取视图窗格中“Plot01”视图，通过一些设置，效果如图5-51所示。

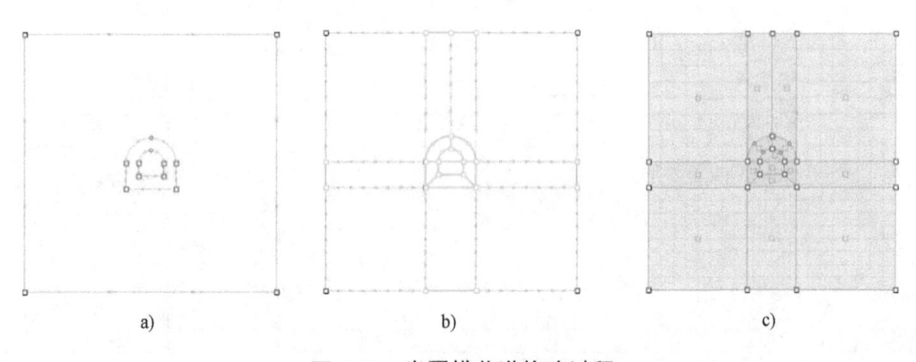

图5-50　半圆拱巷道构建过程

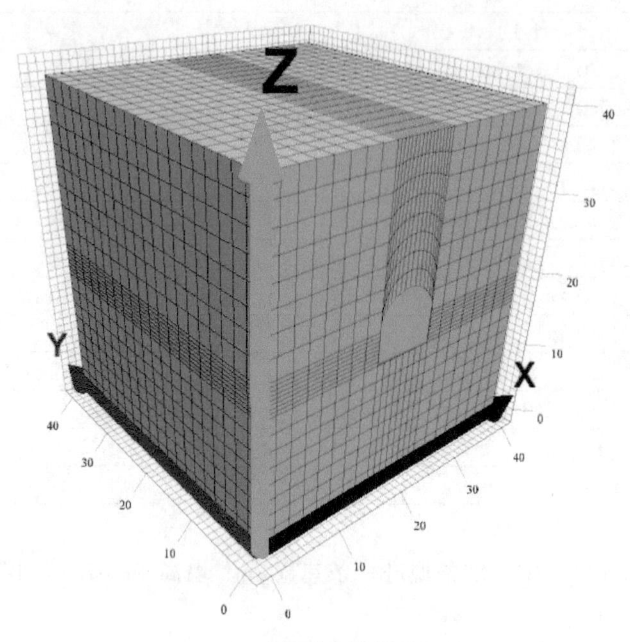

图 5-51　半圆拱巷道拉伸网格

5.3　砌块工具

FLAC 3D 6.0 版增加了一个内建的砌块工具，以加强三维建模。毕竟一个强大的三维建模工具有助于 FLAC 3D 应用推广，该工具能否担当此任，有待用户评价。

5.3.1　界面

1. 砌块窗格

通过选择通用菜单栏的“Panes”→“5 Building Block”调出砌块窗格，砌块窗格及控件集如图 5-52 所示。

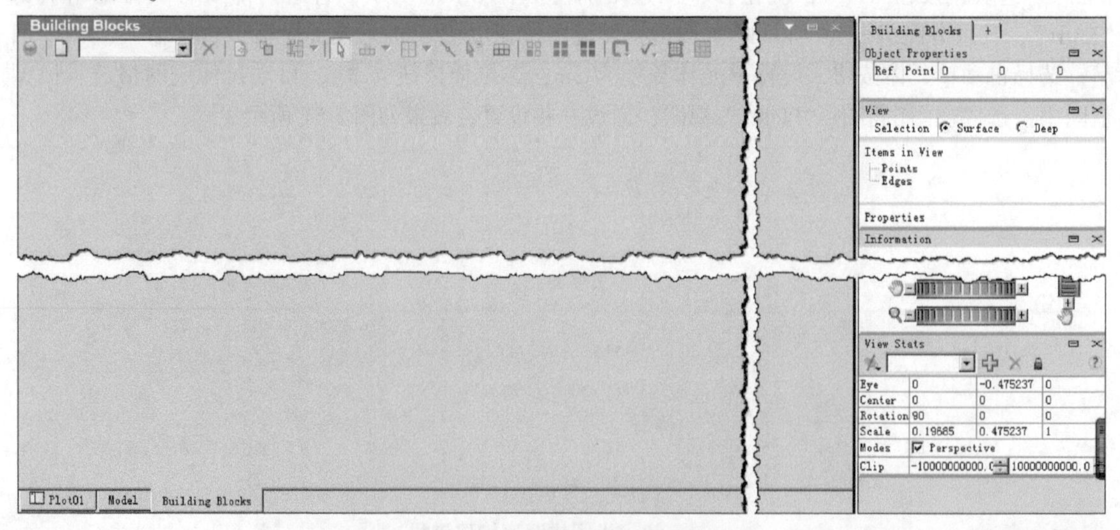

图 5-52　砌块窗格及控件集

2. 工具栏

动态工具栏显示砌块工具按钮如图5-53所示，每个按钮的功能与作用见表5-4，在砌块窗格的右上角按倒三角（▼）亦可在砌块窗格显示砌块工具栏。

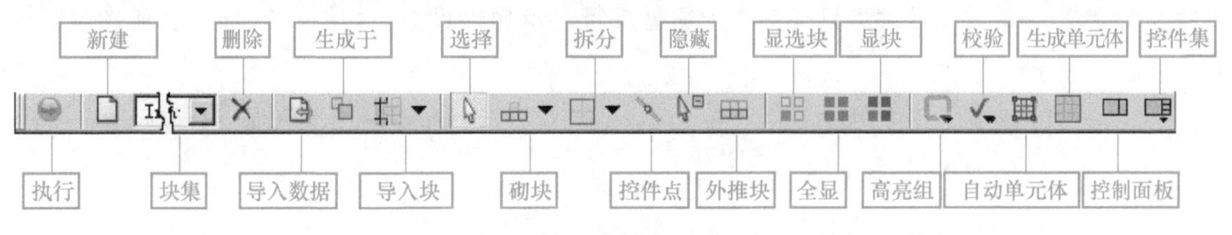

图5-53 砌块工具栏

表5-4 砌块按钮的功能与作用

按钮图标	命令或模式		功 能
	英 文	中 文	
	Execute/Stop Toggle	执行	执行或停止程序
	Add a New Set...	新建	新建一个块集
Intersetion_En	Sets of Blocks	块集	块集列表，显示当前块集名
	Delete the Current Set	删除	删除当前块集
	Import Geometric Data...	导入数据	导入几何数据集，如＊.DXF、＊.STL、＊.GEOM等文件
	Generate from Geometry...	生成于	在导入几何数据文件后，用于生成块或单元体
	Import Blocks...	导入块	导入已经保存的块集文件
	Selection Mode	选择	选择和操作对象，默认模式
	Add Blocks Mode	砌块	在已有块上增加新块
	Split Blocks Mode	拆分	拆分块为多个块
	Control Point Mode	控制点	增加控制点和操作控制点
	Hide Blocks Mode	隐藏	此模式下，单击块来隐藏
	Add a Layer of Blocks to Selected Faces...	外推块	选择一个或多个面后，单击此按钮来增加一层块，对话框要求输入层厚
	Show Only Selected Blocks	显选块	选择一个或多个块后，单击此按钮来隐藏其他非选块
	Show All Blocks	全显	使所有块显示
	Show Bad Blocks	显块	如果有任何无效块时，此按钮激活，单击后隐藏全部有效的块
	Highlight Groups	高亮组	在给点、边、面和块分配组名后，这个按钮菜单用绿色高亮你选择的组
	Validate	校验	这个按钮菜单帮你确认有效性
	Autozone...	自动单元体	弹出选项对话框，按设置自动划分单元体
	Generate Zones	生成单元体	创建单元体，并在模型窗格和绘图窗格中示出
	Show/Hide Control Panel	控制面板	隐藏或显示控制面板
	Show/Hide Control Sets	控件集	这个是下推列表控件集可选项

3. 控件集

控制面板中的两个控件集是特定于砌块窗格的，一个是对象属性控件集，另一个是视图控件集。砌块中分别有点、控制点、边、面和块 5 种类型对象，这 5 种类型对象属性如图 5-54 所示，属性说明见表 5-5。视图控件集只有三个子项需进行显示属性设置，如图 5-55 所示，属性说明见表 5-6。

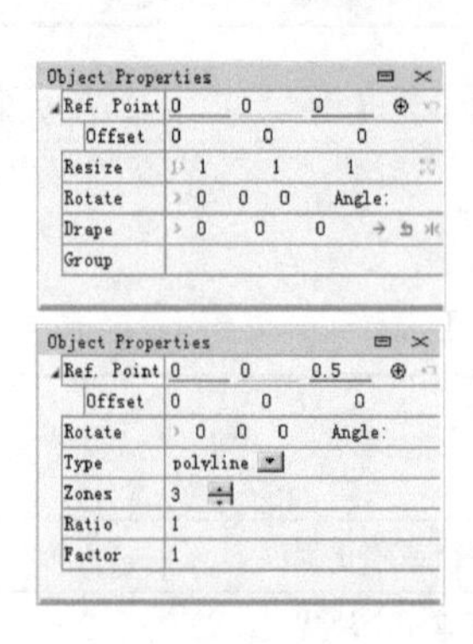

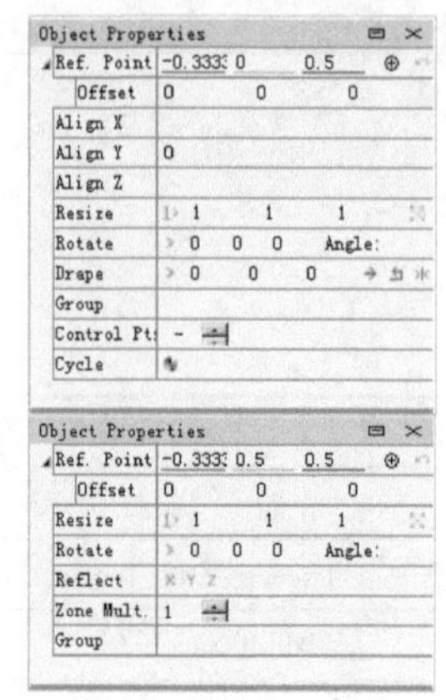

a) 点、控制点对象属性　　b) 边对象属性　　c) 面、块对象属性

图 5-54　对象属性控件集中五种对象属性

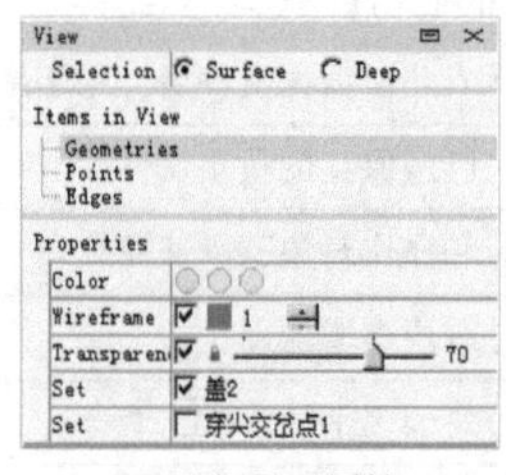

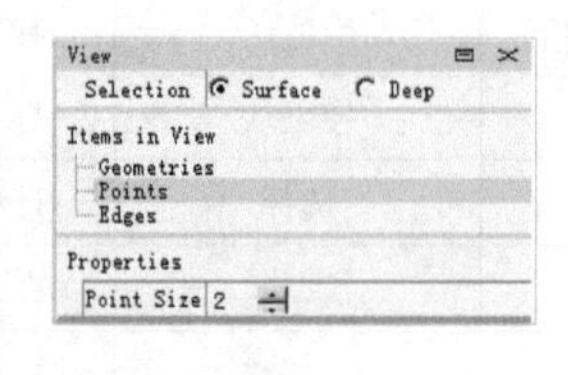

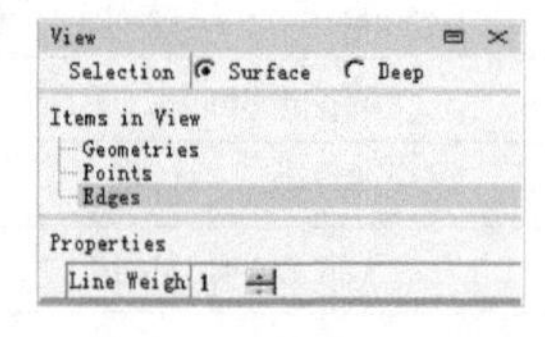

a) 几何显示属性　　b) 点显示属性　　c) 边显示属性

图 5-55　视图控件集中三种子项显示属性

表 5-5　对象属性控件集属性说明

属　性		说　明
英　文	中　文	
Ref. Point	参考点	在红、绿和蓝 3 个字段分别输入参考点精确的 x、y 和 z 坐标值
Offset	偏移	3 个字段输入相对于现有 x、y 和 z 坐标的偏移值
Align X	对齐 X	所有点沿 x 轴到指定值
Align Y	对齐 Y	所有点沿 y 轴到指定值
Align Z	对齐 Z	所有点沿 y 轴到指定值
Resize	调整大小	3 个编辑框代表 3 个轴向，默认为 1
Rotate	旋转	先要指定旋转的轴，可依次在三个数字字段输入 x、y 和 z 轴的量来确定旋转轴，若有参考边作为旋转轴的话，选边点大于号（ ）会自动计算填入，然后在角度处输入旋转的角度值
Group	组	分配组名

（续）

属性		说明
英文	中文	
Type	类型	在圆弧、多段线和样条曲线三种类型中选择
Zones	单元体数	设置选择边单元体个数
Ratio	比率	设置选择边下一个单元体长度与上一个单元体长度之比
Factor	因子	设置选择边最后一个单元体长度与第一个单元体长度之比
Control Pts	控制点	设置控制点数
Cycle	循环	在三种三角面形式循环△ △ △中选择
Reflect	反射	选定的块或多个块与未选的无关连时才启用该控件。反射使选定的块成为沿选定轴的镜像。单击 x、y 或 z 轴按钮以使块被反射
ZoneMult.	倍增	单元体数成倍增加
Drape	悬垂至	一个几何数据集被加载到砌块工具时，每当选择一个或多个点、边或面时，就会出现此控制。引起点按指定的矢量方向移动直到它们遇到几何数据集的第一个多边形

表5-6　**视图控件集属性说明**

属性		说明
英文	中文	
Selection	选择方式	单选项，在“Surface”和“Deep”之间切换
Geometries	几何集	若导入几何集才出现此项
Points	点	视图中的点
Edges	边	视图中的边
Color	颜色	指定几何集的显示颜色，限定了三种颜色按钮
Wireframe	线框	有一个选项，确定视图中是否画几何集线框，若画，则后面的字段和微调按钮指定线框的粗细
Transparency	透明选项	有一透明选项，若选，则后面滑块调节透明度
Set	集	有一选项，若选，则显示导入的几何集。导入了几个就有几行
Point Size	点大小	在字段中输入或微调按钮调节点在视图的显示大小
Line Weight	线宽	在字段中输入或微调按钮调节边在视图的显示粗细

4. 快捷菜单

鼠标快捷菜单有很多，根据右击的对象不同或上次操作等情况会弹出不同的快捷菜单，把所有在快捷菜单中出现的菜单项汇集起来有35项，见表5-7。

表5-7　**快捷菜单项**

序号	菜单项		说明	菜单
	英文	中文		
1	Relocate Handle To...	移动句柄	显示仅移动句柄的对话框（不移动当前选择的对象）	句柄控件
2	Reset Location	复位	将句柄复位到默认位置	句柄控件
3	Resizable Handle	调整句柄大小	调整句柄大小	句柄控件

（续）

序号	菜单项		说　明	菜　单
	英　文	中　文		
4	Quick Reference	快速参考	快速参考有关句柄的部分	句柄控件
5	Show Rotation Controls	显示旋转	显示旋转控件	句柄控件
6	Hide Rotation Controls	隐藏旋转	隐藏旋转控件	句柄控件
7	Show Scaling Controls	显示缩放	显示缩放控件	句柄控件
8	Hide Scaling Controls	隐藏缩放	隐藏缩放控件	句柄控件
9	Show In-Plane Translation Controls	显示平面转换	显示平面转换控件	句柄控件
10	Hide In-Plane Translation Controls	隐藏平面转换	隐藏平面转换控件	句柄控件
11	Edit Properties	编辑属性	编辑属性	句柄控件
12	Select Face	选面	取消选择块而选择面	选择块
13	Select Blocks in Group	从组选块	使可见并选择块	有组块
14	Hide Block	隐藏块	隐藏块	块
15	Hide Blocks	隐藏块	隐藏全部选择块	选择块
16	Hide Blocks in Group	从组隐藏块	隐藏全部块	有组块
17	Hide Blocks With No Group	隐藏无组块	隐藏全部块	无组块
18	Cycle Degenerate Corner	循环退化角	循环变换三角面的角点	三角面
19	Select Block	选块	选择块	未选面
20	Select Blocks From Faces	从面选块	从已选面中选择块	多选面
21	Show Hidden Block	显示隐藏块	使隐藏块可见	隐藏块的面
22	Show Hidden Blocks	显示隐藏块	使选择面隐藏块可见	选择面之一
23	Show Hidden Group	显示隐藏组	显示所有块	有组块的面
24	Show Blocks With No Group	显示非组块	显示无组块	无组块的面
25	Spline	样条曲线	转换边为样条曲线边	选择边
26	Polyline	多段线	转换边为多段线边	选择边
27	Arc	圆弧	转换边为圆弧边	选择边
28	Add a Block	砌块	用鼠标在已有块上砌块	未选
29	Add a Free Block	砌自由块	显示对话框增加自由块	未选
30	Split a Block	拆分块	拆分已有块	未选
31	Add Control Points	增加控制点	使鼠标进入控制点模式	未选
32	Make Straight Edge（s）	使成为直线边界	移除所有控制点	选择边
33	Delete Block（s）	删除块	删除全部确认块	选择块或面
34	Duplicate as Geometry...	备份为几何	显示一个对话框，便于将选定的块复制到几何数据集	选择块
35	Remove Geometric Set	移除几何集	显示导入的几何数据集的菜单；选择一个从块集中删除它	块、几何或未选

5.3.2 砌块

单击“Panes”→“5 Building Block”调出砌块窗格，在砌块窗格中任意处单击，弹出新块集对话框，如图5-56所示，输入新的块集名称，勾选初始块选项，单击“OK”按钮，砌块窗格出现一个下角点坐标为（0,0,0）的立方单位块，默认每条边划分三个单元体。

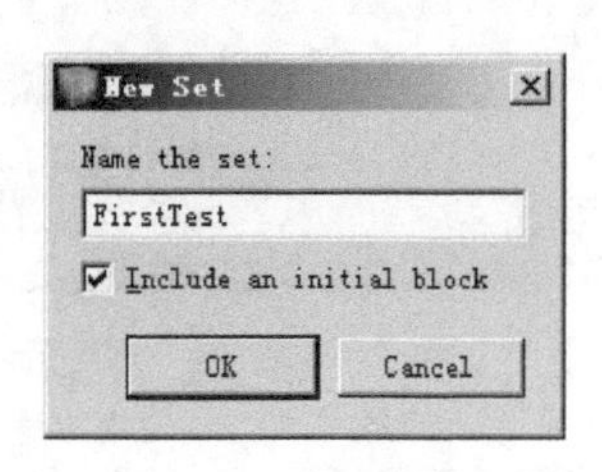

图5-56 新建块集

此后，可借助于砌块工具（）增加更多的块，也可用外推工具（）一次推出许多块，还可以用快捷菜单创建独立的块。

1. 砌块工具

单击砌块工具（）后，用鼠标单击想要在其上增加块的面，绿色的块框线出现，如果合适，再次单击面，增加新块得到确认，其过程如图5-57所示。

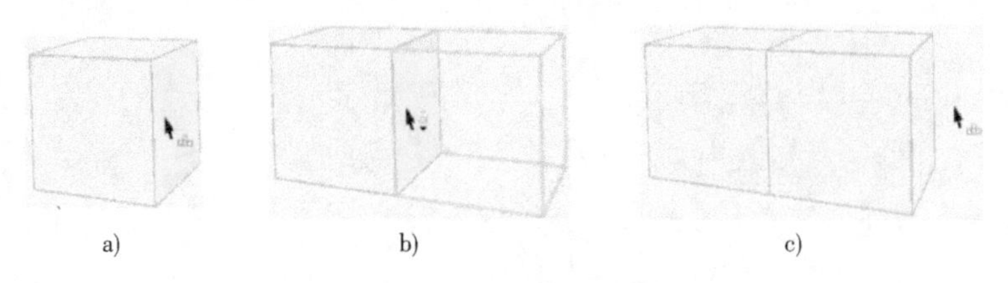

a) b) c)

图5-57 砌块过程

在第一次单击面，鼠标在选择面上移动时，光标形状变成，用滚轮滚动时，绿色块框形状也发生变化，用滚轮上下滚动可以遍历选择面生成的块形状，光标也从 ⟷ ⟷ ⟷ 之间变化，若有红色框线出现说明将是无效几何体，整个过程如图5-58所示。

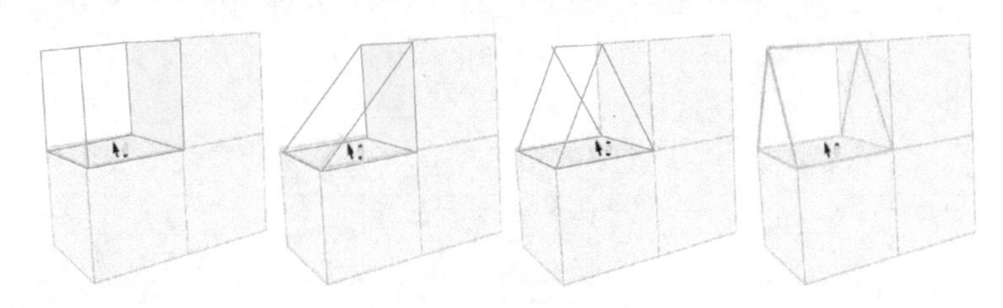

图5-58 滚轮遍历过程

砌块工具有两个参数设置，如图5-59所示。一个是容差设置，决定两个点被认为在同一位置之前的距离，还决定某物体上的一个点被认为相交于另一物体之前的距离。另一个是张开角设置，决定块的开度，如果张开角是110°，则不会出现图5-60中的块的形状。

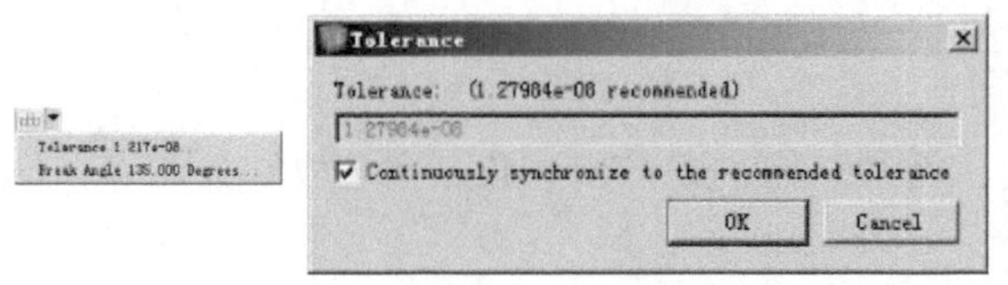

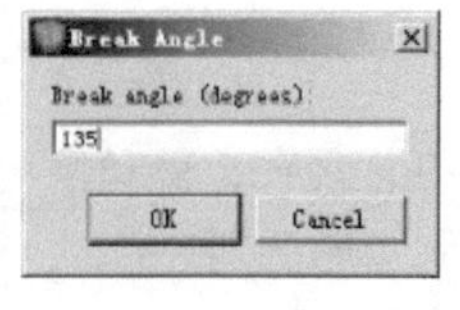

图5-59 砌块工具参数设置

2. 新建自由块

当处于默认选择模式（）时，用表5-7第29快捷菜单项可以创建一个自由的块，弹出的对话框如图5-61所示。既可创建6面体块，也可创建5面体块，还可创建4面体块。分别创建1单位块，位置略作调整，效果如图5-62所示。

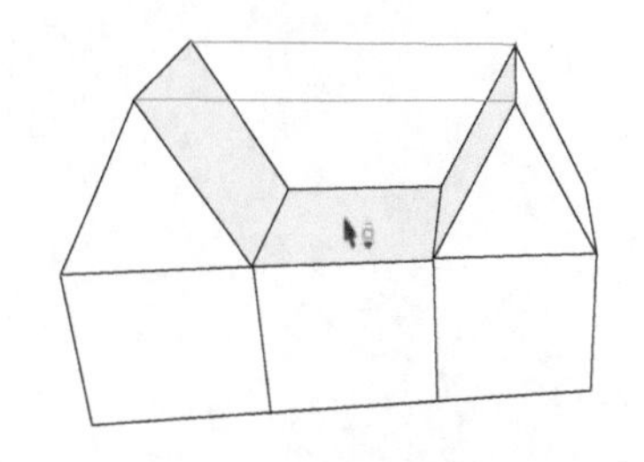

图5-60 块的张开角

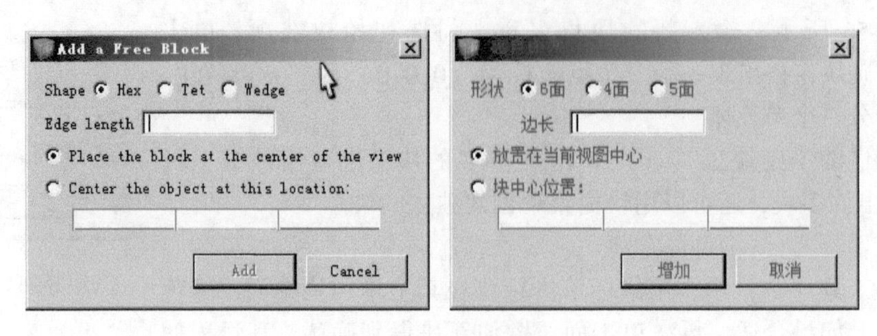

图 5-61　**砌自由块**

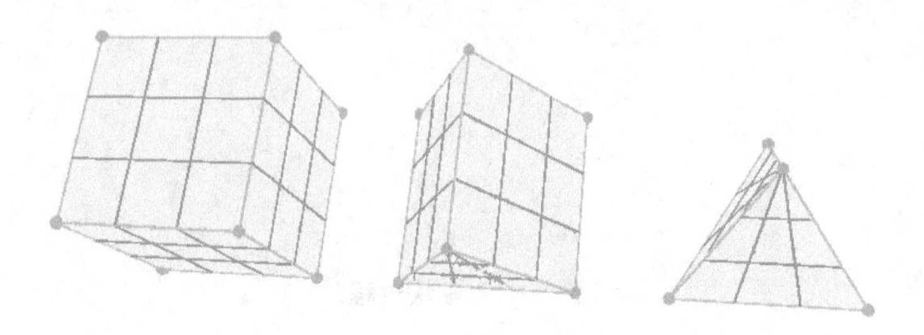

图 5-62　**三种自由块**

3. 外推块

为增加一层块，先选取面，然后单击外推块工具（▦），在弹出的对话框中输入外推距离，如图 5-63 所示。

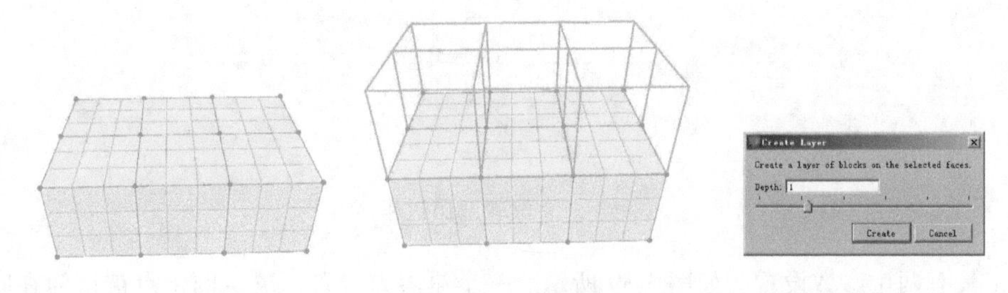

图 5-63　**外推块**

5.3.3　编辑与修改

1. 对象选择

砌块工具中总共有 5 种对象可供选择，它们是体点、边、面、块和控制点，如图 5-64 所示，注意体点与控制点的区别。

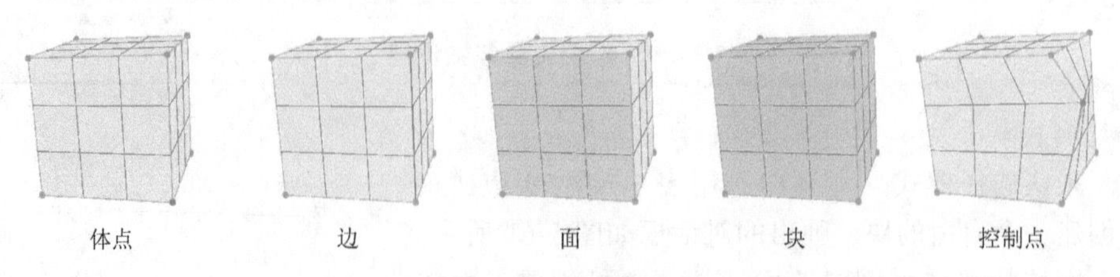

图 5-64　**5 种对象**

单击为选取对象，按住〈Ctrl〉不放再单击为增加选取对象或减去对象。第一次选取的对象为

“种子”对象，后续选取多个对象时只能为相同类型的对象。借助于框选或〈Ctrl〉+框选可以同时选取多个对象。

在选取面后，可以直接按〈B〉快速选取块，也可通过快捷菜单选取块。

2. 对象操作

（1）直接操作。任何时候对一个没有选取的点、边或控制点按住鼠标拖放就可以对其（平行于屏幕的平面内）进行自由移动。当还未释放鼠标左键之前就按右键则取消此次操作。

（2）句柄操作。当选择一个对象时，会出现一组坐标轴和控件。如图5-65所示，轴和相关控件统称为句柄。可以拖放任一轴或控件执行相应操作，也可单击任一轴或控件，在弹出框中输入相应精确值。

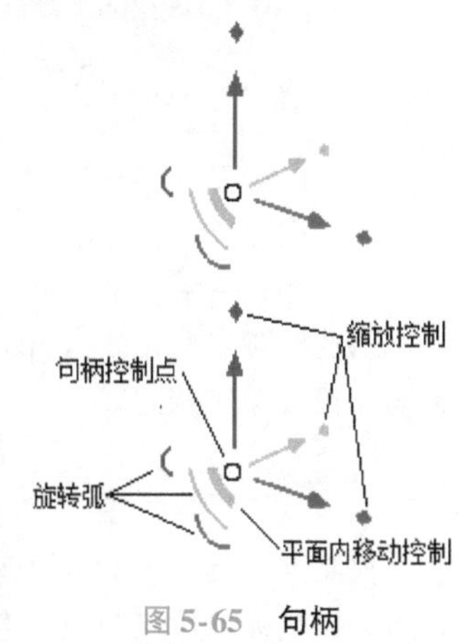

图5-65 句柄

1）坐标轴。单击一个轴，弹出编辑字段，可以输入新位置或偏移位置。句柄将按指定的数量移动，如图5-66所示。可以用鼠标拖动轴移动，按〈Esc〉或右击取消。按〈Shift〉不放，用鼠标拖动轴移动，可以捕捉经过的体点、控制点、几何数据点或投影几何数据的多边形。按〈Alt〉不放，用鼠标拖动轴移动，可以移动句柄点而不移动选择对象。

2）旋转弧。拖动旋转弧，围绕选定颜色的对应轴以交互方式旋转，如图5-67所示。单击旋转弧，将显示一个编辑字段，可以在其中输入旋转的正负度数。圆圈上的箭头表示正旋转的方向。

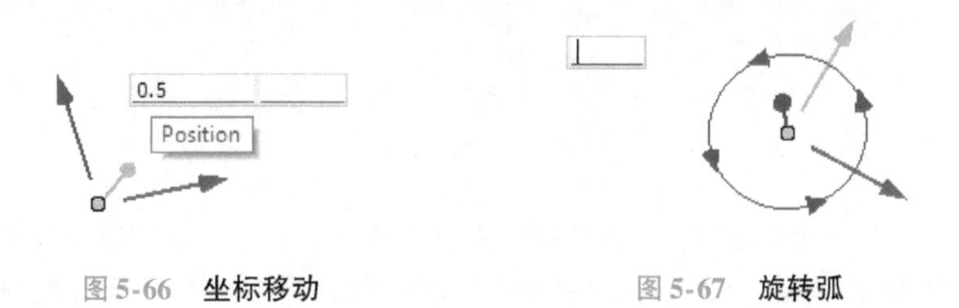

图5-66 坐标移动

图5-67 旋转弧

3）缩放控制。拖动缩放控件，控件的对应轴方向以交互方式调整大小，若按〈Shift〉不放，拖动缩放控件，将以三维方式缩放大小，如图5-68所示。单击缩放控件，将显示一个编辑字段，可以在其中输入缩放值，直接回车将是一维缩放，按〈Shift〉不放，再按回车将切换为三维缩放。

4）平面移动控制。拖动平面移动控件将移动所选对象，但限制在垂直的颜色轴的平面内，如图5-69所示。

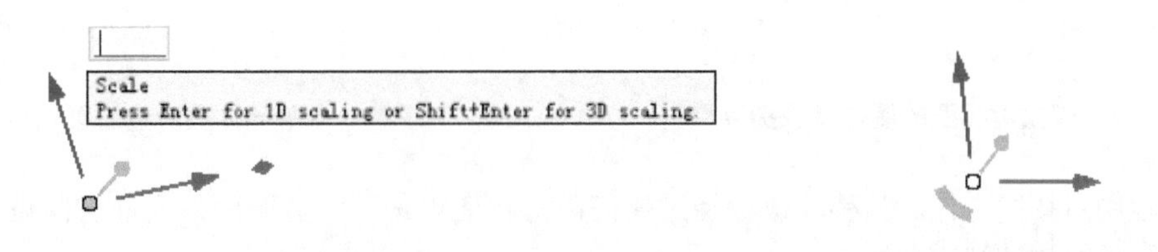

图5-68 缩放控制

图5-69 平面移动控制

（3）点—点移动。选取要移动的一个或多个对象，按〈Shift〉不放，移动鼠标，单击高亮的点作为第一点，此时，光标由（ ）变成（ ），移动鼠标将有一红色橡皮筋拖动，单击高亮的点作为第二点。所选对象将按照第一点到第二点的方向和距离进行移动，如图5-70所示。

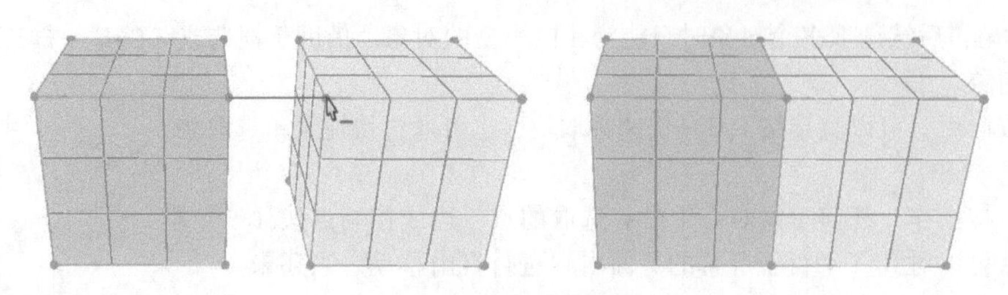

图 5-70 **点到点移动**

3. 属性编辑与修改

当选取对象后，按〈Space〉或〈Ctrl + Space〉，将弹出属性对话框，其操作与控制面板的对象属性控件操作相同。

5.3.4 控制点与边形状

控制点工具（ ）是用来改变边的形状的，当使用该工具单击一条边时，一个控制点被增加到边，用鼠标拖放控制点，会改变边的形状。

砌块工具提供了多段线、圆弧和样条曲线等三种类型的边，如图 5-71 所示。

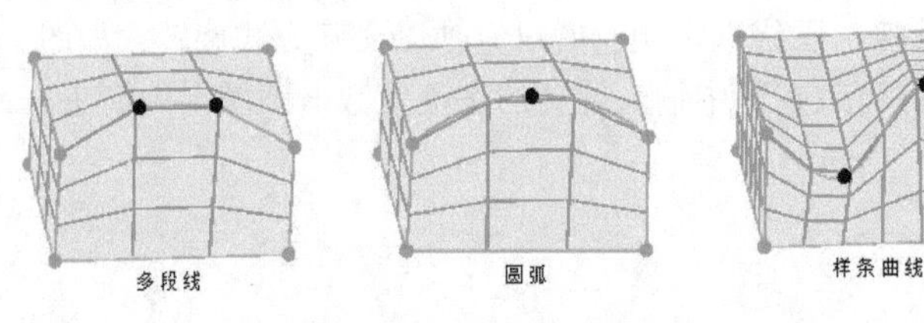

图 5-71 **边的类型**

选取边后，可以在控制面板的对象属性控件修改边的形状类型，也可用快捷菜单修改边的类型。在快捷菜单中通过“Make Straight Edge（s）”还可以一次全部移除所有控制点，如图 5-72 所示。

当是圆弧边或是样条曲线边时，会看到绘制单元体线与曲线边的不重合，这种差异可以通过增加单元体的数目来弥补，如图 5-73 所示。

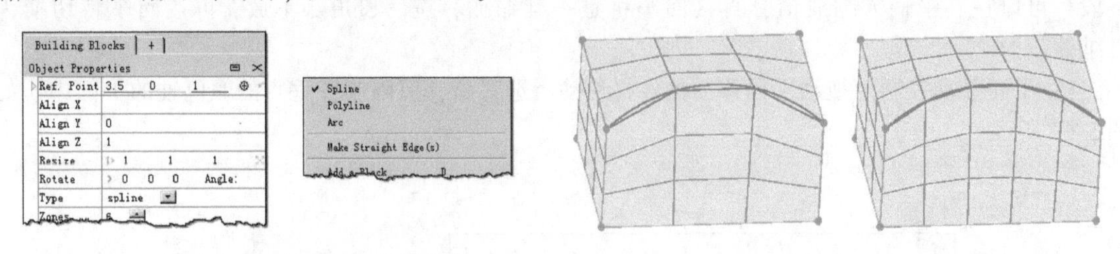

图 5-72 **修改边类型的属性及快捷菜单**　　图 5-73 **单元体数对边的影响**

当在控制点模式工作时，移动鼠标经过任何面都将变得透明。透明的面允许访问位于单元体的控制点，也允许访问边和体点。

5.3.5 几何数据集协同工作

1. 点到点捕捉与移动

导入几何数据集（*. dxf、*. stl 或 *. deom 几何文件）后，可以用点到点捕捉使块与数据集的几何特征相一致，对块、面、边或体点都可以使用这种点到点捕捉与移动技术。对块的操作步骤与效果如图 5-74 所示，对面的操作步骤与效果如图 5-75 所示，对体点的操作则更简便，可以不用先选择体点，而直接按〈Shift〉+ 单击体点就可以了。

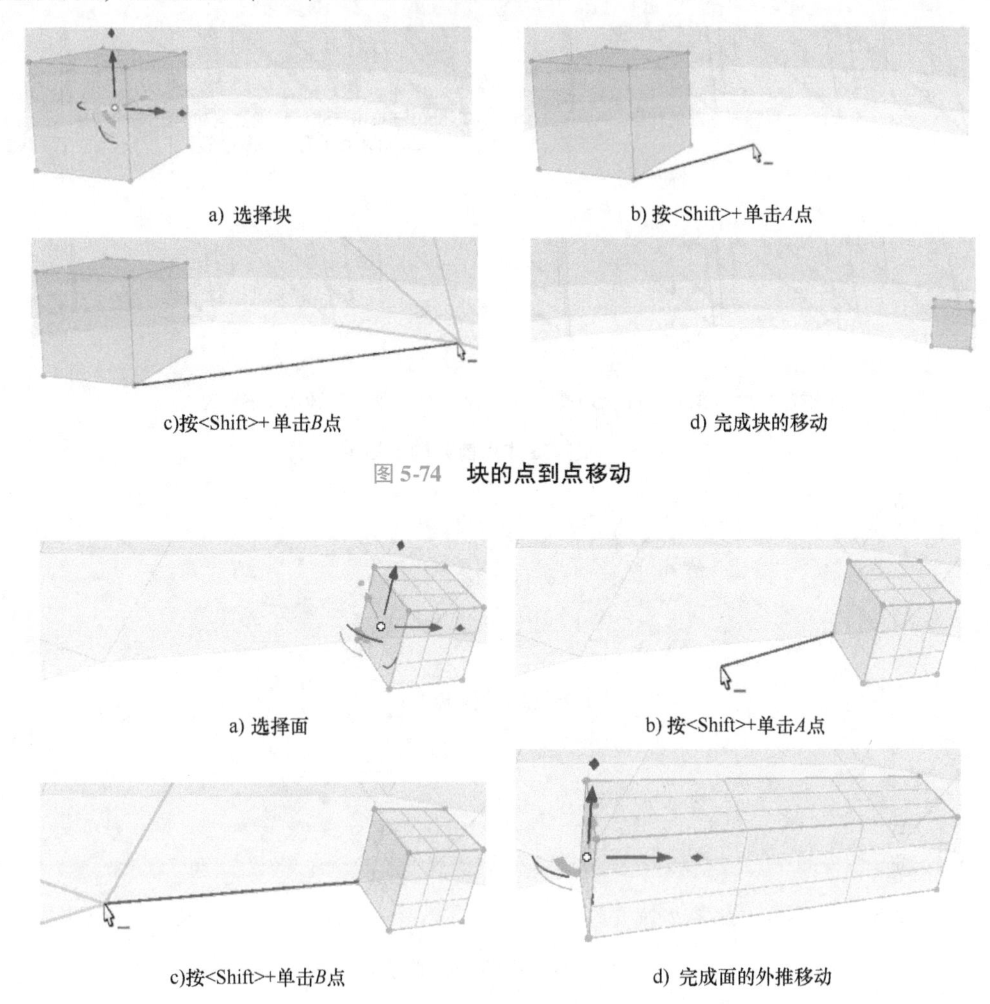

a) 选择块　b) 按<Shift>+单击A点

c)按<Shift>+单击B点　d) 完成块的移动

图 5-74　**块的点到点移动**

a) 选择面　b) 按<Shift>+单击A点

c)按<Shift>+单击B点　d) 完成面的外推移动

图 5-75　**面的点到点移动**

当一个块在一个几何图形集里面时，想要把一些体点拉向多边形，你可以旋转模型，使得多边形介于你本人与体点之间，则可以把这些体点拉向多边形的位置上，具体操作如图 5-76 所示。当按〈Shift〉+ 单击 A 点时，会出现几种光标形式（、、或），它们分别表示 A 点前方无多边形、一个多边形、两个多边形或多个多边形，有两个以上多边形时，可以用滚轮选择。

2. 一维捕捉

一维捕捉技术同样适用于几何数据集，即使所选择对象仅沿指定轴向捕捉位置，详细举例如图 5-77 所示。

3. 悬垂

当想要一个块完全适配几何数据集的某个曲面时，可以用悬垂（drape）命令，这个命令将按指定的方向移动体点和控制点直到遇到一个多边形。几何集合必须有多边形，而不仅仅是直线，在使用悬垂命令之前，最好添加足够的块和控制点以获得所需的分辨率。在控制台窗格的命令提示符处输入如下命令：

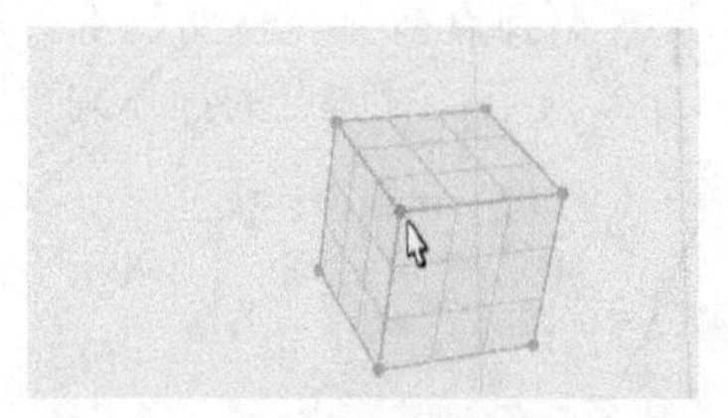

a) 选择要移动的体点

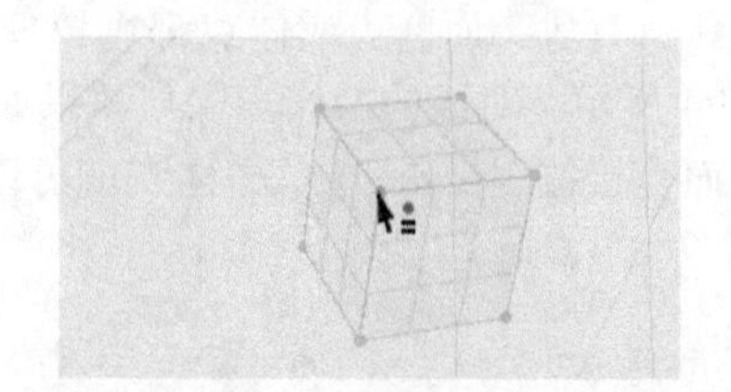

b) 按<Shift>+单击 *A* 点，出现红点和两横线，表示 *A* 点前有两个多边形

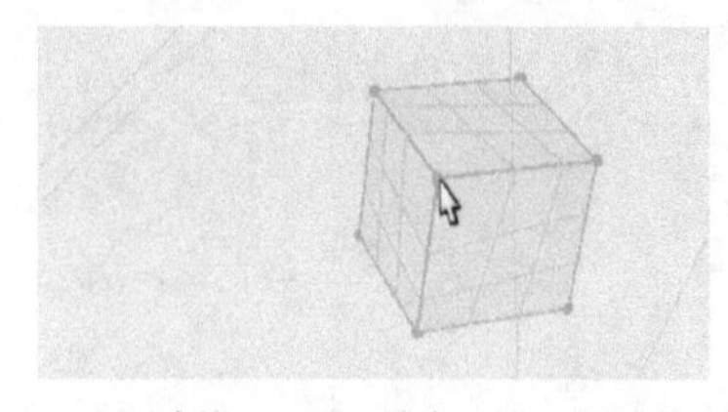

c) 再次按 <Shift>+单击 *A* 点，使对齐

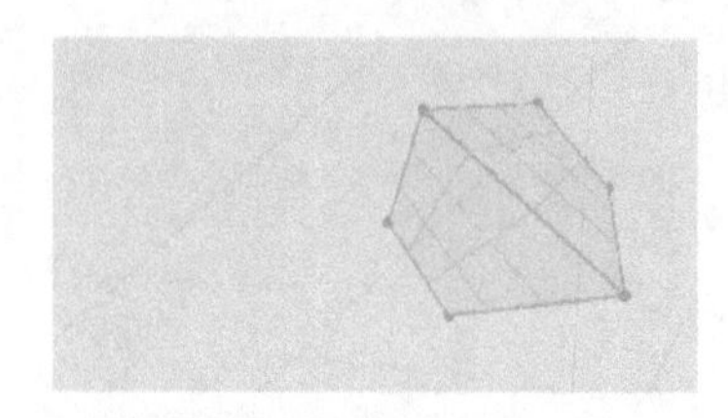

d) 旋转模型，可见体点的新位置

图 5-76　**捕捉体点前方的多边形**

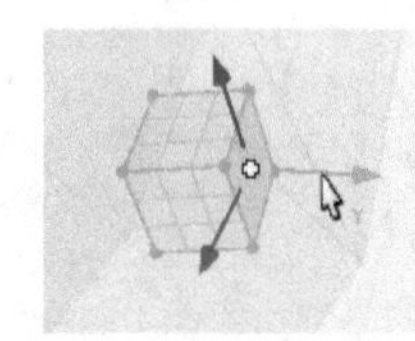

a) 选择面，用鼠标按住某轴

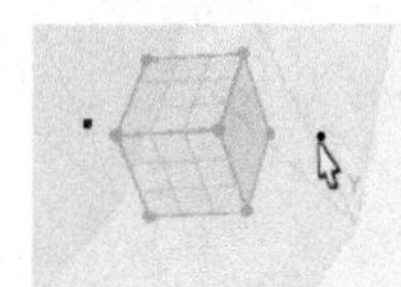

b) +Shift 键，显示轴向与各多边形的交点

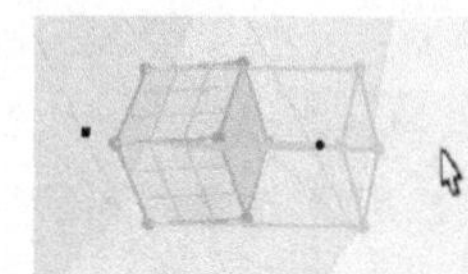

c) 移动鼠标，自动捕捉高亮交点后释放

图 5-77　**面的一维捕捉**

```
FLAC 3D > building-block point drape direction (0,0,1) & ↙
              range position-z 14 16 ↙
```

这命令的意思是 *z* 轴在 14 至 16 范围之内的体点按矢量（0,0,1）方向悬垂到圆形顶盖的多边形，结果如图 5-78 所示。

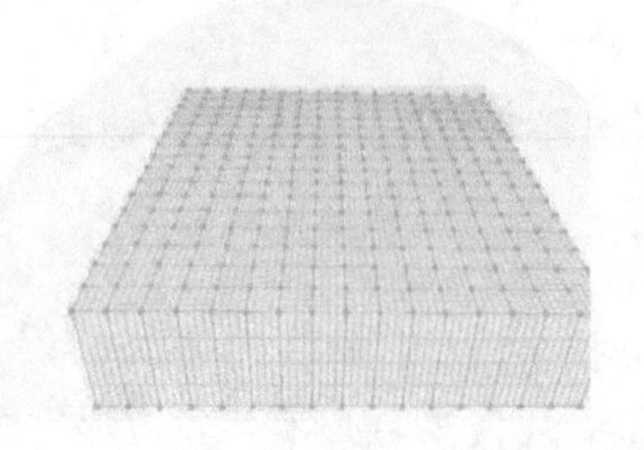

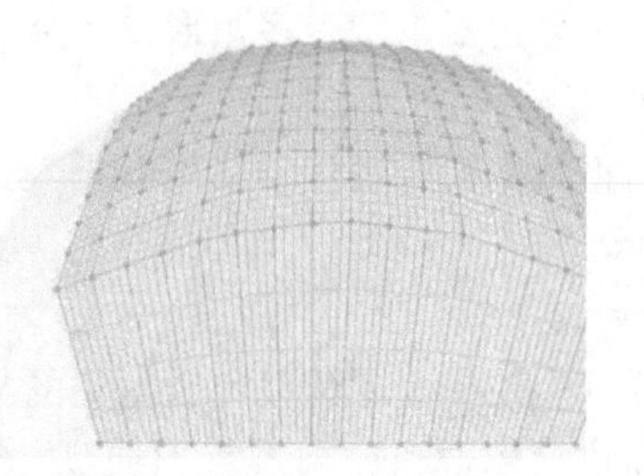

图 5-78　**块悬垂到半圆顶盖多边形**

可以在控制面板的对象属性控件中完成相同的功能，首先必须要选择一条与悬垂方向一致的边，单击“Drape”属性右侧的“ > ”符以复制选择边矢量值到右侧3个编辑字段，然后选择想要移动的点、边或面，单击“Drape”属性右侧的“→”“⤶”或“⋊”进行不同方式的移动。

由于块不能悬垂到块，但可以先把块备份成几何数据集，再来悬垂。

5.3.6　拆分块

拆分块工具（⊞）用来把一个块拆分成两个块或多个块。单击工具进入拆分模式后，在同一个面内，可以单击一个点，移动鼠标单击另一个点，从而把一个块拆分成两个块，如图5-79所示；或单击一个点，移动鼠标单击另一条边，同样把一个块拆分成两个块，如图5-80所示；或单击一条边，移动鼠标单击另一条边，同样把一个块拆分成两个块，如图5-81所示；也可在一个面内任意位置单击，可以把一个块拆分成多个块，如图5-82所示。

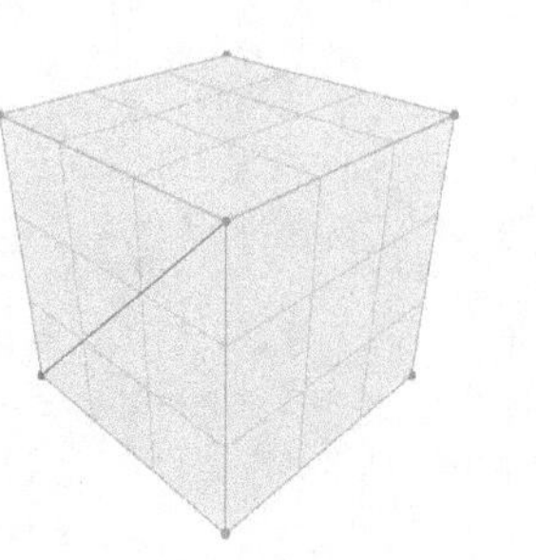
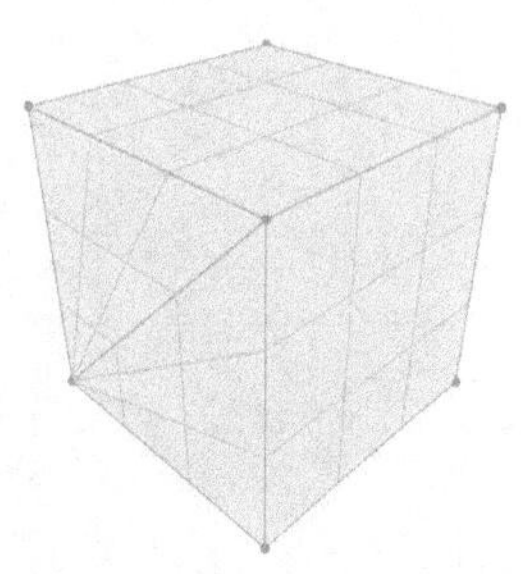

图5-79　**点到点拆分**

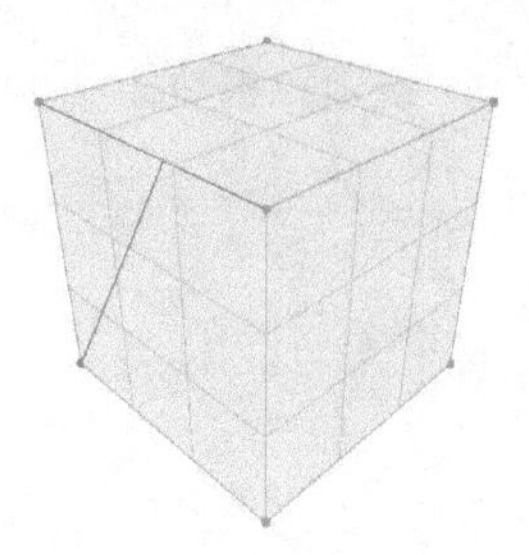
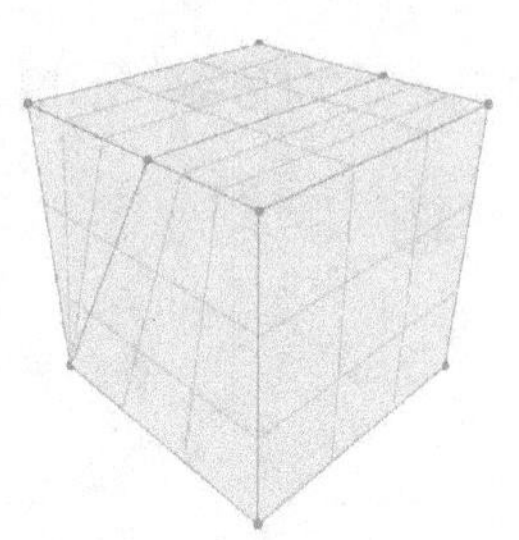
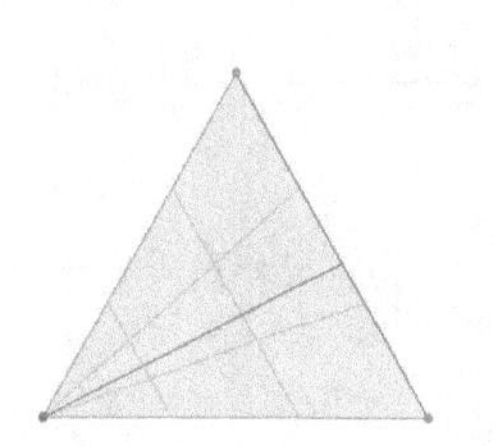
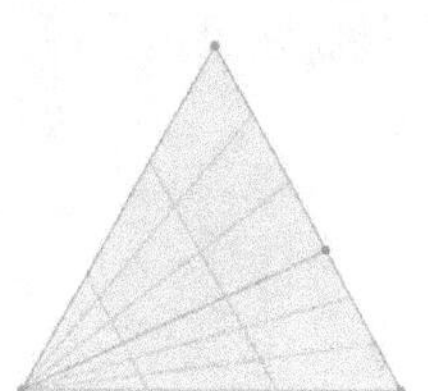

图5-80　**点到边拆分**

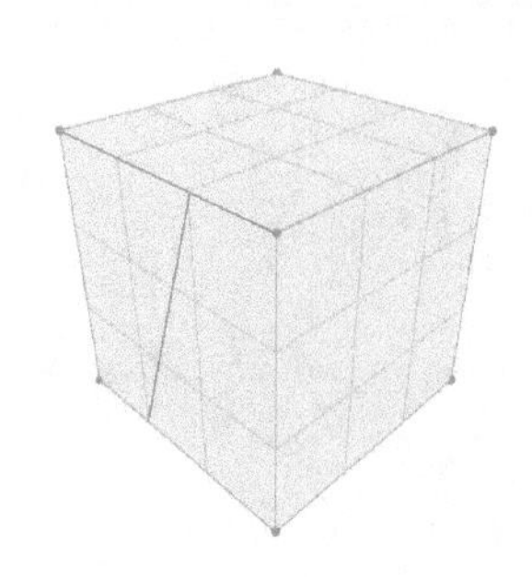
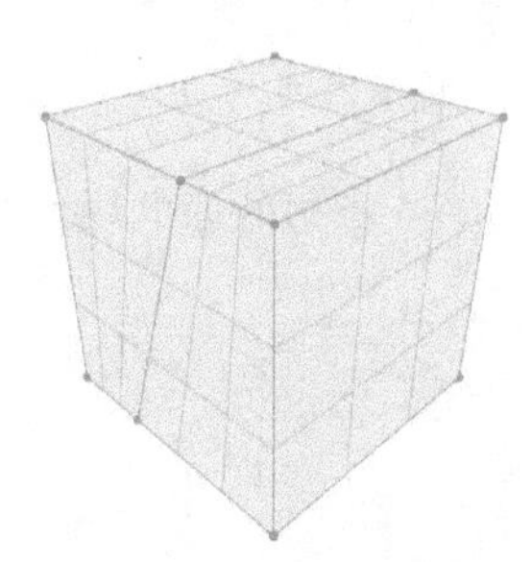
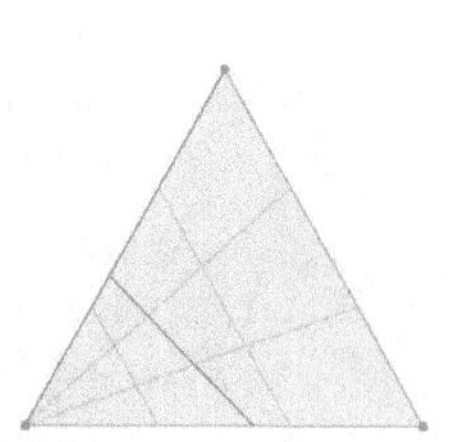
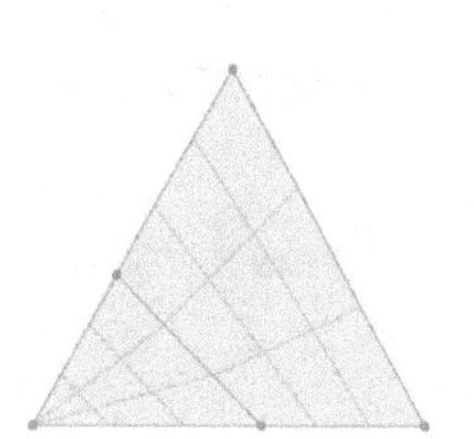

图5-81　**边到边拆分**

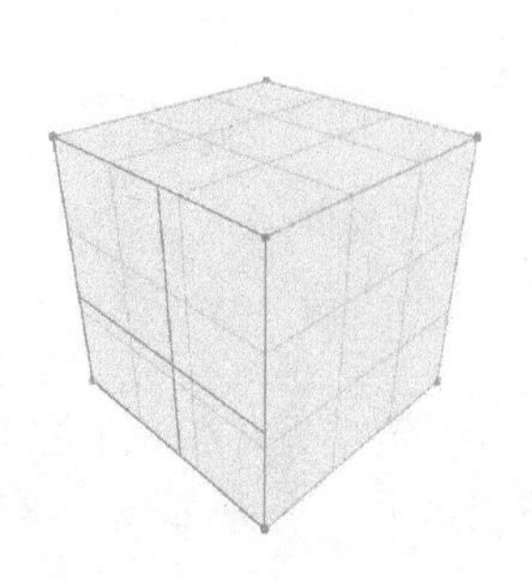
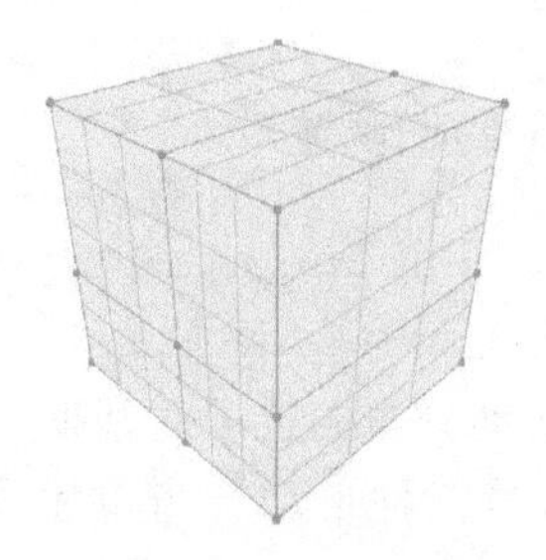
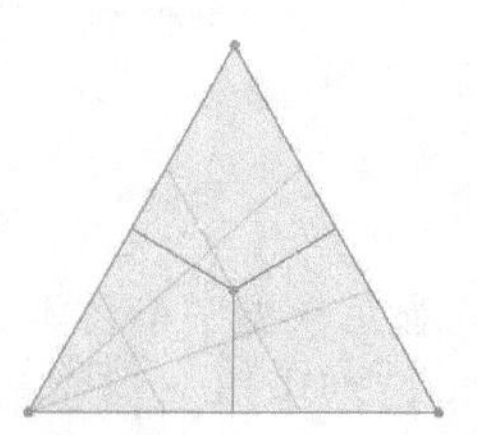
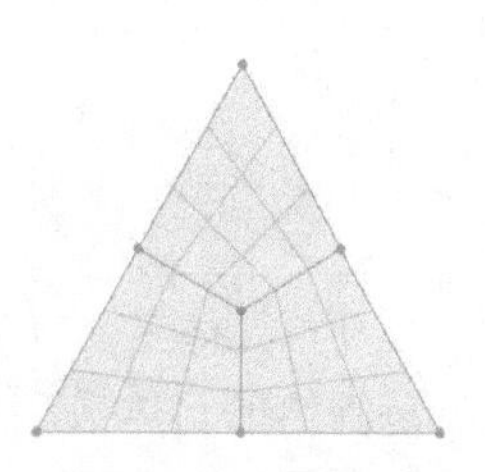

图5-82　**面拆分**

把一个块拆分后，其相邻的块也会发生连锁拆分，如果结果为不理想，可以通过通用主菜单的“编辑”菜单项的拆分按两种方式进行，如图5-83所示。单击拆分块工具（▣▾）的倒三角，选择三角止住或三角传播，两种方式的效果如图5-84所示。

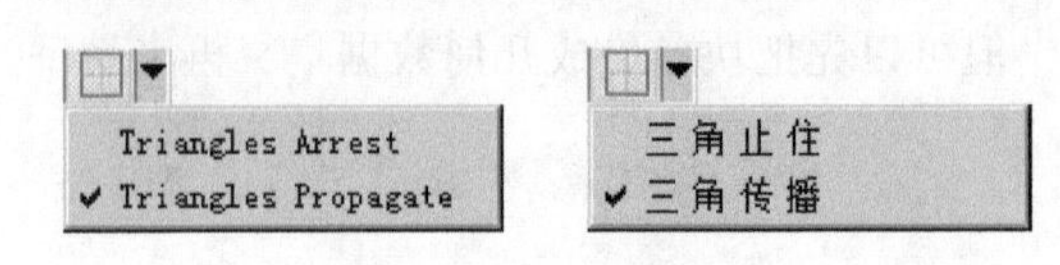

图5-83　**拆分设置**

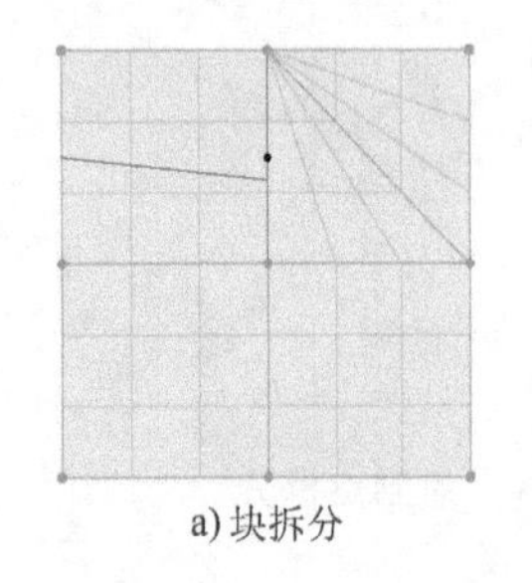

a) 块拆分

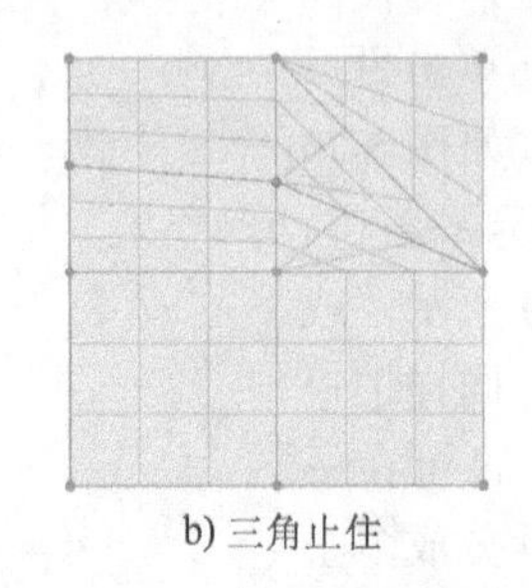

b) 三角止住

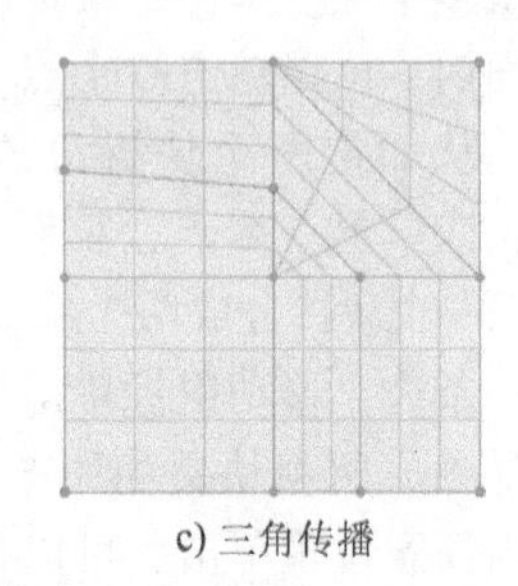

c) 三角传播

图5-84　**两种传播方式**

当设置为三角传播时，拆分的位置决定了朝哪个方向传播，如图5-85所示，拆分点边的下部时，传播将在里边传播，反之，沿外边传播。

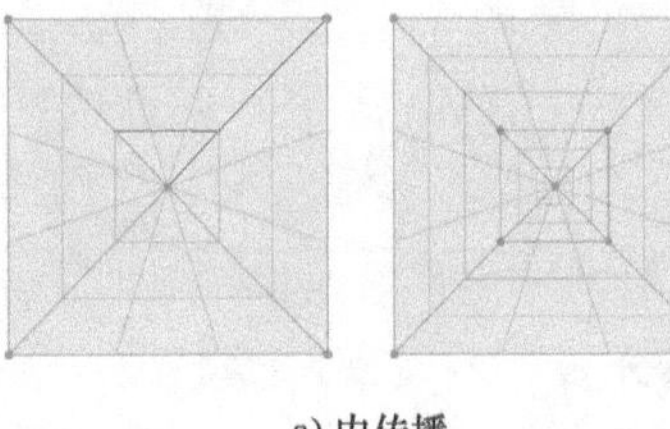

a) 内传播

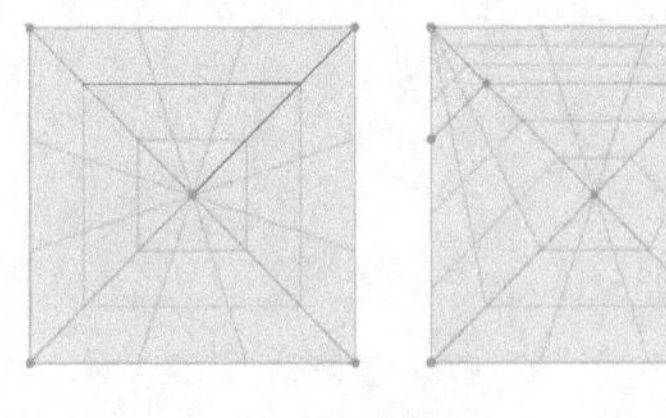

b) 外传播

图5-85　**传播方向**

五面体块不能进行点到边的拆分，不能拆分有5条边的面的块，如图5-86所示。

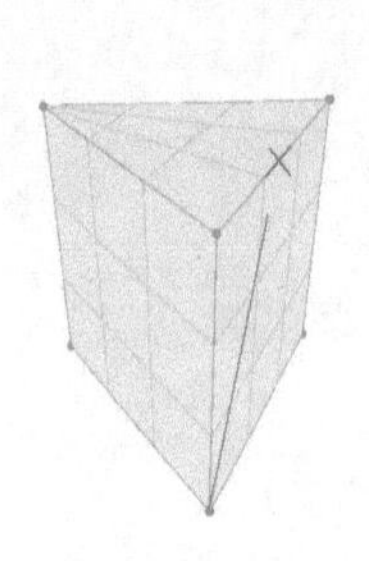

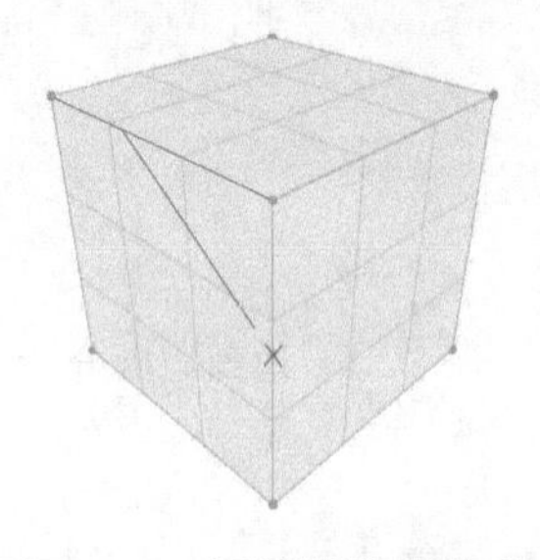

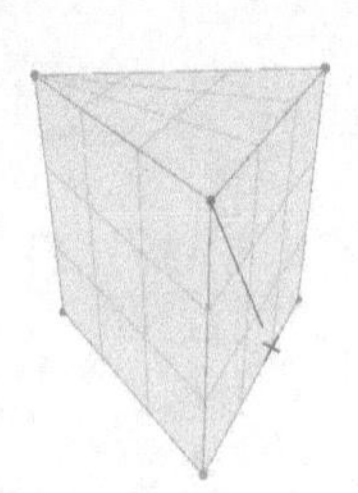

图5-86　**不能拆分块情况**

5.3.7　自动单元体

自动单元体工具（▦）显示模型中单元体自动分布的选项对话框，有指定单元体长度、指定模型范围的单元体数和指定模型中单元体总数量三种自动分布单元体的方式，分别如图5-87、图5-88和图5-89所示。

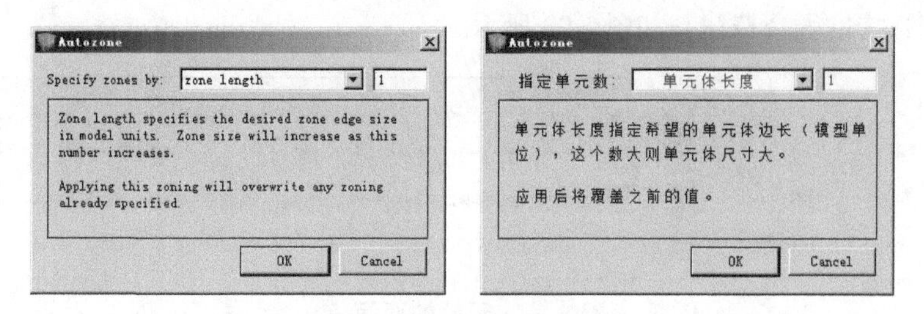

图 5-87　**指定单元体长度**

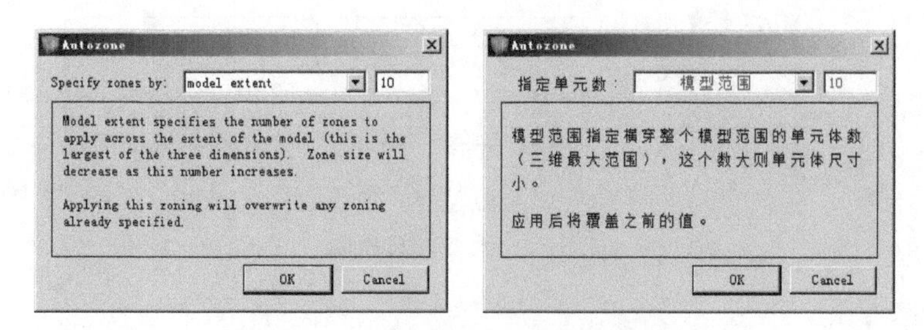

图 5-88　**指定模型范围单元体数**

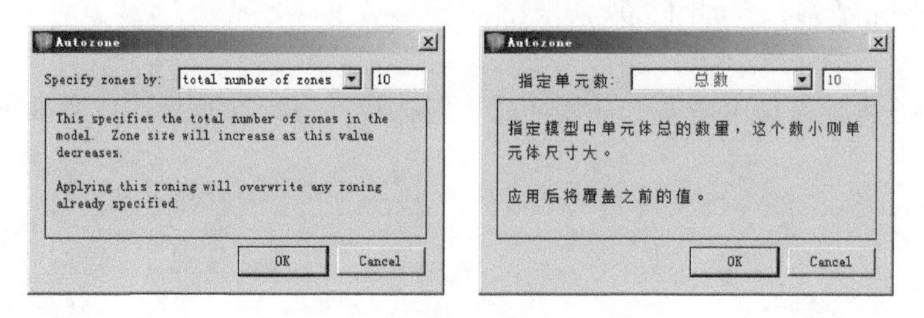

图 5-89　**指定模型中单元体总数**

5.3.8　有效性

校验按钮（✓）菜单用来验证模型中块的有效性状态，有校验、显示面和六面体化三个菜单命令，如图 5-90 所示。

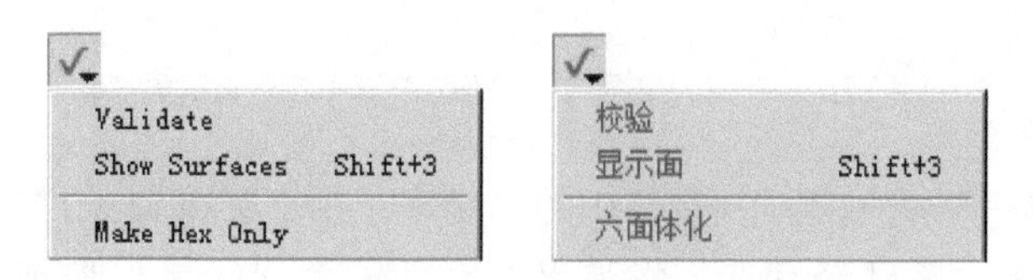

图 5-90　**校验按钮菜单**

1. 校验

校验命令用于查找整个模型空间无效的块，若有，则无效块用红色显示，且激活显示无效块工具（▦）。如果将鼠标悬停在无效块上，查看控制面板的信息控件，可以发现一个块被认为是“坏”的或无效的原因。

如果两个面的角度大于等于 180°则称之为无效的两面角，可以手动调整为有效的二面角，如图 5-91 所示。

在某些情况下，三角面可能变成无效的。要修复它，可以尝试选择所涉及的三角面之一，并单击对象属性控件中的循环按钮，如图 5-92 所示。

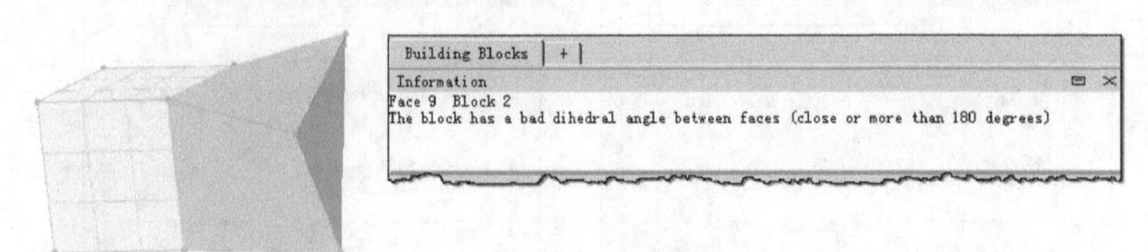

图 5-91　无效的两面角

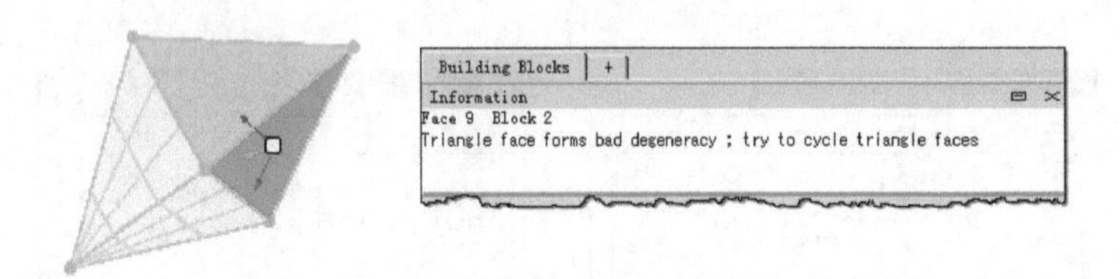

图 5-92　无效的三角面

2. 显示面

显示面命令可改变外部面的显示方式，使内部的面显示明显。可以使用右键和滚轮来操作视图，左键将恢复到正常显示，如图 5-93 所示。

3. 六面体化

六面体化命令将使模型中所有拆分成的非六面体块变成六面体块，以改善单元体质量，如图 5-94 所示。

图 5-93　显示面

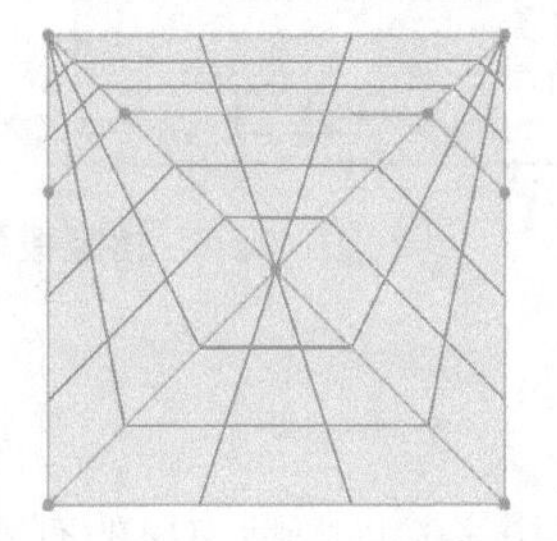

图 5-94　六面体化

5.3.9　生成单元体

生成单元体工具（▦）将创建砌块窗格中的单元体，并输送到 FLAC 3D 的模型窗格和绘图窗格，如果模型窗格的单元体已经存在，将弹出一对话框，询问是保留或删除原有单元体，如图 5-95 所示。

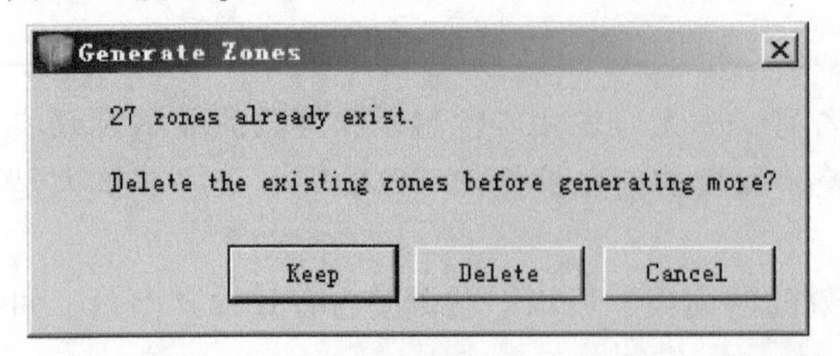

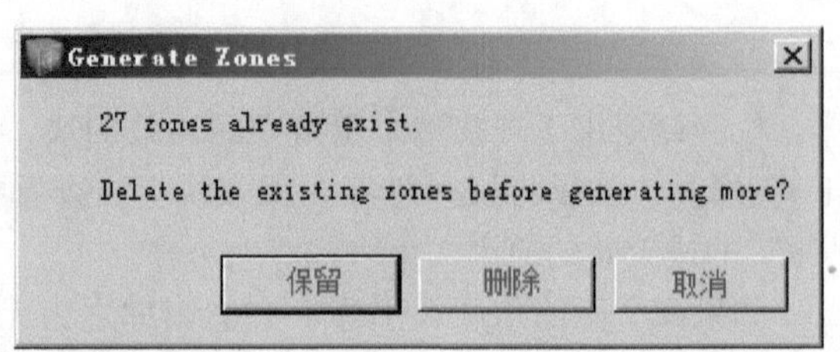

图 5-95　生成单元体询问对话框

5.3.10　快捷键参考

砌块工具具有的快捷键操作见表 5-8，砌块窗格的其他快捷操作与绘图窗格相同，见表 4-18 ~ 表 4-20。

表 5-8　砌块工具快捷键

键　盘	功　能	键　盘	功　能
空格、Ctrl + 空格	弹出选择集的属性编辑框	B	据面选择转换为块选择
Backspace	清除当前选择	C	进入控制点模式
Tab	焦点移到对象属性控件的坐标编辑字段	Ctrl + Shift + C	复制信息控件的文字，并弹出小窗口显示
Enter	接受当前块	Ctrl + C	复制选择块到剪切板
↑、←、Page Up	向上滚动	D	砌块模式
↓、→、Page Down	向下滚动	F_1	显示帮助
Delete	删除块或控制点	Shift + L	隐藏选择块
Alt + 单击	重新定位句柄点，但不移动选定对象	Ctrl + Alt + L	最大缩放到选择
Alt + 滚轮	第一人称导航模式	Ctrl + Shift + L	仅显示且最大缩放到选择
Ctrl、Shift	改变选择行为	P	切换平行投影与透视投影
Shift	改变句柄行为，在拆分块模式下，显示目标捕捉	W	在几何数据集中切换线框能见度
Shift + 单击	进行点到点移动或捕捉	T	拆分模式
Shift + 3	显示外部面开关	Ctrl + V	粘贴块
Esc	取消当前模式或操作	S	切换面选择与深度选择
A	显示所有块	Ctrl + X	剪切选择块
Ctrl + A	选择全部当前种子类型	Ctrl + Z	撤销上次命令

第 6 章 FISH语言与程序

学习目的

掌握 FLAC 3D 内嵌的 FISH 程序语言的规则及语句，熟练运用其变量与函数。

6.1 介绍

FISH 是 FLAC 3D 内嵌的程序语言，允许用户交互操作模型，自定义新的变量和函数，扩大了 FLAC 3D 的应用及用户自有的特色。例如，打印输出新的变量；新型的网格；自动伺服控制；材料属性参数的非常规分布及参数的自动研究等。

FISH 语言可能非常简单，也许从未编过程序的人也能编出简单的函数，但也会非常复杂。作为程序的编写，尽量编写函数再调用，由少到多，由简单到复杂。FISH 不像其他编译器，它很少进行错误检查，故在正式应用之前要进行一些简单的数据测试。

FISH 程序是简单的 FLAC 3D 命令文件，以 DEFINE 打头为 FISH 函数的开始，以 END 为 FISH 函数的结尾。函数定义的顺序并不重要，只要它们在使用之前都被定义。

6.2 FISH 语言规则、变量和函数

1. 程序行

一个有效的 FISH 代码程序行必须是下列形式之一：

1）以语句开始，如 IF、LOOP 等。

2）含有一个或多个用户自定义函数，如“fun_1”“fun_2 fun_3”等。

3）由一个赋值语句组成等。

4）通过 COMMAND—ENDCOMMAND 语句嵌入的 FLAC 3D 命令。

5）空行或以分号开始的行。

FISH 变量名、函数名和语句必须拼写齐全，对字母大小写不敏感，不允许嵌入空格，不能像 FLAC 3D 命令那样可以截尾；允许用连续三点“...”续行，空格用于分隔变量、关键字等；分号后面的任何字符都被忽略。

2. 保留名

变量名或函数名不能以数字开头，名字中不能含有以下的任何字符：

. , * / + - ^ = < > # ( ) [ ] @ ; ' "

用户定义的名称可以是任意长度的，但由于行长度限制，它们在打印和绘图标题时可能会被截断。一般来说，名称可以任意选择，但不能与 FISH 语句或预定义变量或函数相同。

3. 变量范围

默认情况下，变量和函数名是全局的，只要是 FISH 有效声明，任何地方或时间修改变量的值

就立即起作用，包括 FLAC 3D 中前导标识符（@）和内联符号（[ ]）。如果变量声明为局部（local），函数执行完毕就不可用了。若禁用 FISH 变量自动创建选项（fish automatic-create off），则必须用全局关键字（global）声明所有全局变量。所有全局变量的值也通过保存命令保存，并通过还原命令恢复。

4. 函数的结构、赋值和调用

在 FISH 语言中仅仅只有一个对象可以执行，那就是函数。函数以 DEFINE 开始，END 结束。END 相当于返回控制到调用者。例题 6-1 显示了函数的结构及函数的部分使用。

例题 6-1　函数结构。

```
;;文件名:6-1.f3fis
fish define fun1
   local var1 =2 * 3
   fun1 =var1 +var2
end
```

函数执行时，fun1 的值被更改，变量 var1 是局部计算的，变量 var2 没有显式地赋值，则默认值为零（整数）。可以用以下方式之一调用 fun1 函数：

1）函数内部可以作为一个符号。

2）FISH 中可以作为一个赋值变量。

3）命令行@ fun1 可以作为命令执行。

4）内联符［fun1］可以执行函数并返回值。

5）命令行可作为符号替代。

6）作为 LIST、HISTORY 的参数。

函数的定义与使用见例题 6-2。

例题 6-2　函数结构与使用。

```
;;文件名:6 -2 . f3dat
model new
fish define fun1
   fun1 =2.0
end
[fun1]
fish define fun2 (arg1,arg2)
      fun2 =arg1 * arg2
end
list @ fun2 (@ fun1,6.0) @ fun1
[fun2 ([fun1],6.0)]
```

函数可以嵌套调用任何多级，但不允许递归调用，即不能自己调用自己。变量和函数之间的区别是函数总是在名称被提及时执行，而变量只是传递其当前值。

5. 数据类型

FISH 变量有多种类型，见表 6-1。

表 6-1 数据类型

序号	数据类型	中文	序号	数据类型	中文
1	Int	整数	7	Boolean	布尔
2	Float	浮点	8	Map	集合
3	String	字符串	9	Matrix	矩阵
4	Pointer	指针	10	Tensor	张量
5	Array	数组	11	Construct	结构
6	Vector	向量			

6. 运算符

像大多数语言一样，FISH 语言有算术运算符和关系运算符，见表 6-2。

表 6-2 运算符

算术	符号	^	/	*	-	+	
	功能	幂	除	乘	减	加	
关系	符号	=	#	>	<	>=	<=
	功能	等于	不等于	大于	小于	大于等于	小于等于

算术运算符按表 6-2 从左至右优先顺序执行，若有疑虑则应使用括号进行说明。如果两个操作数中有任何一个是浮点，则结果是浮点，而两个操作数都是整型时，则结果为整型，这点尤其要注意，如 5/2 结果为 2，5/6 结果为 0。

6.3 语句

6.3.1 说明语句

1. 函数声明及参数

(1) 声明。函数体在使用之前，必须先进行定义，格式如下：

DEFINE 函数名 [(*arg*1, *arg*2, ...)]

⋮

END

格式中的“函数名”为英文名字，*arg*1 为形式参数（简称形参）

(2) 参数传递。函数有时需要调用者传递一些数据过来，因此，规定由函数声明时明确需不需要或需要几个。定义形参的格式如下：

ARGUMENT *形参名*

argument 定义实际上是一个临时局部变量，一定要在其他语句之前给出。对函数定义、调用及参数传递见例题 6-2。

2. 变量范围及类型

(1) 局部变量。声明局部变量的格式如下：

LOCAL *变量名*[= *表达式*]

变量声明时就初始化为零值。

(2) 全局变量。声明全局变量的格式如下：

GLOBAL *变量名[=表达式]*

3. 时步函数

若要 FLAC 3D 每个时步自动执行一个函数，只需在该函数出现如下声明即可：

WHILESTEPPING

4. 字符串

字符串最常用的用法是输出信息，当然也可接受输入的字符串，是计算机最基本的 I/O。字符串只能在控制台窗格命令行输入，命令行上方输出。字符串一般用半角单引号或双引号作定界符。一些特殊符号和控制见表 6-3。例题 6-3 是字符串的应用。

表 6-3　**特殊符号和控制**

字符名称	单引号	双引号	退格符	制表符	回车符	换行符
表达方式	\'	\"	\b	\t	\r	\n

例题 6-3　显示字符串。

```
;;文件名:6-3.f3dat
model new ;系统重置
Fish define in_def
    xx=io.in(msg+'('+'default:'+string(default)+'):')
    if type(xx)=3
        in_def=default
    else
        in_def=xx
    endif
end
fish define moduli_data
    default=1.0e9
    msg='Input Young`s modulus '
    y_mod=in_def
    default=0.25
    msg='Input Poisson`s ratio '
    p_ratio=in_def
    if p_ratio=0.5 then
        io.out(' Bulk mod is undefined at Poisson`s ratio=0.5')
        io.out(' Select a different value --')
        p_ratio=in_def
    endif
    s_mod=y_mod/(2.0 * (1.0+p_ratio))
    b_mod=y_mod/(3.0 * (1.0 -2.0 * p_ratio))
end
@ moduli_data
list @ y_mod @ p_ratio
list @ s_mod @ b_mod
```

5. 结构声明与实例化

结构与 C 或 C++ 语言中的概念相同，但具体操作略有差异。先用如下格式声明或定义一个结构：

STRUCT *结构名 成员名*1［*成员名*2，...］

然后，对结构进行实例化用如下格式：

construct *结构名结构变量名*1［*结构变量名*2，...］

例题6-4说明结构的声明与实例化，注意成员的赋值与引用。

例题6-4　结构变量。

```
;;文件名:6-4.f3dat
model new ;系统重置
fish define test1
    struct wb_struct mem1 mem2 mem3
    construct wb_struct mary1
    mary1->mem1 ='Hello! '
    mary1->mem2 =1
    mary1->mem3 =2
end
[test1]
[mary1->mem1]
[mary1->mem2]
[mary1->mem3]
fish define test2
    construct wb_struct john1(1,'Fun',2)
    construct wb_struct john2(1,'Fun',2)
    If  john1=john2
        test2=true
    else
        test2=false
    endif
end
[test2]
[john1->mem1]
[john1->mem1='Change! ']
[john1->mem1]
```

6. 数组

数组声明用如下格式：

ARRAY *数组名*(*数*$_1$［, *数*$_2$, ...］)

"*数*$_1$"表示一维数组的下标量，是正整数，"*数*$_2$"表示二维数组的下标量，以此类推。数组使用见例题6-5。

例题6-5　数组变量。

```
;;文件名:6-5.f3dat
model new ;系统重置
model random 10001
;随机数填满数组
```

```
fish define afill
    array var(4,3)
    loop local m (1,array.size(var,1))
      loop local n (1,array.size(var,2))
        var(m,n)=math.random.uniform
      endloop
    end_loop
end
;显示数组内容
fish define ashow
    loop local m (1,array.size(var,1))
      local hed='  '
      local msg='  '+string(m)
      loop local n (1,array.size(var,2))
        hed=hed+'                    '+string(n)
        msg=msg+'  '+string(var(m,n),8,' ',8,'e')
      endloop
      if m=1
        io.out(hed)
      end_if
      io.out(msg)
    end_loop
end
@ afill
@ ashow
```

7. 矩阵

矩阵变量定义只能采用赋值的方式进行，有如下格式：

矩阵名 = MATRIX(***a*** [, ***i***])

格式中 ***a*** 为任意类型（见表3-1），***i*** 为整型。矩阵使用见例题6-6。

例题6-6　矩阵变量。

```
;;文件名:6-6.f3dat
model new ;系统重置
;矩阵功能测试
fish define setup
    alan=matrix(4,4)
    alan(1,3)=6
    alan(2,1)=2.2
     alan(3,4)=6.6
    alan(4,2)=math.pi
end
@ setup
[alan(4,2)]
```

```
fish define setup2
    alan = matrix.transpose(alan)
end
@ setup2
[alan(2,4)]

fish define sum_tests
    herp = matrix(2,2)
    derp = matrix(2,2)
    serp = matrix(2,2)
     herp(1,1) = 6
     herp(1,2) = -1
    herp(2,1) = -3
     herp(2,2) = 2
    derp(1,1) = 4
    derp(1,2) = 3
    derp(2,1) = -7
     derp(2,2) = 0
    klerp = herp + derp
    werp = herp-derp
    serp = herp * derp
end
@ sum_tests
[klerp(1,1)]
[werp(1,1)]
[serp(1,1)]

fish define test
     local first = vector(2,4,3)
    local second = vector(8,1,5)
    local prod = math.outer.product(first, second)
     output = array.convert(prod);
end
@ test
[output(1,1)]
```

8. 向量

向量变量定义只能采用赋值的方式进行，有如下格式：

向量名 = VECTOR(n_1[, n_2, [n_3]])

如果提供了一个参数 n_1，它必须是一个 2 × 1 或 3 × 1 的数组或矩阵。如果提供了 n_2或 n_3参数，则创建一个二维或三维向量。例题 6-6 中就有向量的使用。

9. 张量

支持 3 × 3 对称张量，张量在计算主轴和应力时是有用的。张量可加或相乘，乘的结果是一个矩阵，可以由矩阵创建，也可转换为数组。张量变量定义只能采用赋值的方式进行，有如下格式：

张量名 = TENSOR(a[, n_2] [,n_3] [,n_4] [,n_5] [,n_6])

例题6-7说明了张量的用法。

例题6-7 张量。

```
;;文件名:6-7.f3dat
model new ;系统重置
fish define setup
  notch =tensor(2,3,4,1,6,5)
end
@ setup
[notch(1,2)]
[notch(2,1)]

fish define setup
    jeb_ =tensor(8,8,3,7,3,5)
    c418 =tensor(3,1,4,1,5,9)
    array output(2,9)
end
@ setup

fish define tests
    local newMat =jeb_ +c418

    output(1,1) =comp.xx(newMat)
    output(1,2) =comp.yy(newMat)
    output(1,3) =comp.zz(newMat)
    output(1,4) =comp.xy(newMat)
    output(1,5) =comp.xz(newMat)
    output(1,6) =comp.yz(newMat)

    ; 为数组 output 的空值赋值
    output(1,7) =matrix.det(jeb_)
    output(1,8) =matrix.det(c418)
    output(1,9) =matrix.det(newMat)

    ;newMat 是一个矩阵
    newMat =jeb_ * c418
    output(2,1) =newMat(1,1)
    output(2,2) =newMat(1,2)
    output(2,3) =newMat(1,3)
    output(2,4) =newMat(2,1)
    output(2,5) =newMat(2,2)
    output(2,6) =newMat(2,3)
    output(2,4) =newMat(3,1)
```

```
    output(2,5)=newMat(3,2)
    output(2,6)=newMat(3,3)
end
@ tests
```

10. 集合

集合用于保存具有映射关系的数据，因此集合保存着两种值，一种用于保存 *key*，另一种用来保存 *value*，并且 *key* 不允许重复，可以动态改变大小。只能采用赋值的方式进行定义，有如下格式：

集合名 = MAP(key_1 , val_1 [, key_2 , val_2...])

key 可以是整数、实数或字符，*val* 可以是任何型，使用 loop foreach 结构可以遍历整个集合。例题 6-8 说明了集合的用法。

例题 **6-8** 集合。

```
;;文件名:6 -8 . f3dat
model new ;系统重置
fish define testBreak
    loop local i (1,2)
        testmap =map('first',1,'second',2,'third',3)
        sum =0
        loop foreach local v testmap
            sum =sum +v
        endloop
    endloop
end
@ testBreak
[sum]

fish define test1
    local temp =map('hello',1,'world',2)
    test1 =temp('hello') +temp('world')
end
[test1]

fish define test2
    testmap =map('first',1,'second',2,'third',3)
    map. remove(testmap,'first')
    map. add(testmap,'fourth',4)
    testmap('second') =8
    ; values are now fourth- >4, second- >8, third- >3
    local output =0
    loop foreach ntestmap
        output =output +n
```

```
    endloop
    test2 = output
end
[test2]

fish define test3
    ; 测试 keys
    testmap = map('yet',1,'another',4,'test',9,'m',16)
    testkeys = map.keys(testmap)
    test3 = testkeys(3)

    ; 检查 has
    if (map.has(testmap,'wrongkey'))
      hascheck = 909
    else if (map.has(testmap,'another'))
      hascheck = testmap['another']
    endif
end
[test3]
[hascheck]
```

6.3.2 循环语句

有四种循环结构，它们的格式如下：

LOOP [*local*] *中间变量（数值表达式1，数值表达式2）*

⋮

ENDLOOP

LOOP WHILE *条件表达式*

⋮

ENDLOOP

LOOP FOR *初始表达式，条件表达式，修改表达式*

⋮

ENDLOOP

LOOP FOREACH [*local*] *中间变量 表达式1*

⋮

ENDLOOP

第一种循环格式中间变量的初始值为表达式1，每循环一次增加整数1，直到中间变量大于表达式2值后立即退出循环，实际循环次数为表达式2值减去表达式1值后，再整除以1的结果。根据实际测试，该循环格式其实更灵活，中间变量可以为任意正负实数，办法就是在表达式2后加实数值表达式或实数，如：loop local y (1.125, 16.876, 2.25)。第二、三种循环格式为C或C++语言中标准的While循环和For循环语句，第四种循环格式是专门为遍历数组和MAP集合而特别新增的，例题6-9演示了这三种格式的用法。

例题 **6-9**　循环语句。

```
;;文件名:6-9.f3dat
model new ;系统重置
fish define sum10(n)
    local s=0
    loop local i (1,n)
        s+=i
    endloop
    sum10=s
end
[s=sum10(10)]
list @ s

fish define sum_even(n)
    local s=0
    local i=0
    loop while i <=n
        s+=i
        i+=2
    endloop
    sum_even=s
end
[s2=sum_even(10)]
list @ s2

fish define sum_odd(n)
    local s=0
    loop for (local i=1, i <=n, i+=2)
        s+=i
    endloop
    sum_odd=s
end
[s_odd=sum_odd(10)]
list @ s_odd

fish define test
    testmap=map('first',1,'second',2,'third',3)
    sum=0
    loop foreach local vtestmap
        sum=sum+v
    endloop
end
@ test
[sum]
```

6.3.3　条件语句

条件语句的格式如下：

IF *条件表达式 1* [THEN]

⋮

[ELSE IF *条件表达式 2* [THEN]

⋮]

[ELSE

⋮]

ENDIF

else if 结构可以省略，也可以多次重复，else 也可以省略，它们的用法见例题 6-10 和例题 6-11。

例题 6-10　条件语句。

```
;;文件名:6-10.f3dat
model new ;系统重置
fish define age(n)
    if n<15 then
        age='Juvenile'
    else if n<36 then
        age='Youth'
    else if n<55 then
        age='Middle age'
    else if n<100 then
        age='Old age'
    else
        age='Longevity'
    endif
end
list @ age(10),@ age(20),@ age(40),@ age(70),@ age(150)
```

6.3.4　选择语句

选择语句的格式如下：

CASEOF *表达式*

⋮

CASE i_1

⋮

CASE i_2

⋮

ENDCASE

相当于 C 语言的 switch 语句，例题 6-11 展示了其用法。

例题 6-11　选择语句。

```
;;文件名:6-11.f3dat
model new ;系统重置
```

```
fish define dis_menu
    io.out('Please Choose the Course:')
    io.out('  1.  C          ……')
    io.out('  2.  C++        ……')
    io.out('  3.  Java       ……')
    io.out('  4.  VB         ……')
    io.out('  5.  AutoCAD    ……')
    io.out('  6.  Mining     ……')
end

fish define acept_res
    local i=0
    loop while i<=1
        dis_menu
        local res=io.in('Choose number(1-6)')
        if type(res)=1 then ;是否是整数
            if res <=6 then ;是否是1-6
                i=2                    ;跳出循环
            else
                io.out('  Choose 1-6!!! ')
            endif
        else
            io.out('  Choose Error!!! ')
        endif
    endloop
    acept_res=res
end

fish define dis_result(num)
    caseof num
        io.out('  Choose Error!!! ')
    case 1
        io.out('  C Language')
    case 2
        io.out('  C++Language')
    case 3
        io.out('  Java Language')
    case 4
        io.out('  Visual Basic')
    case 5
        io.out('  Computer Aid Design')
    case 6
        io.out('  Mining Technology')
```

```
    endcase
end
@ dis_result(@ acept_res)
```

6.3.5　段标、转向和退出语句

1. 段标和转向语句

FISH 中没有 GO TO 语句，段标语句与转向语句配合使用起到 GO TO 语句的部分作用，永远只能向下转向，在 SECTION...ENDSECTION 之间遇到 EXIT SECTION 语句就转向到 ENDSECTION 处（相当于标签）。段标语句不能嵌套和交叉。它们的格式如下：

SECTION
⋮
[EXIT SECTION]
⋮
[EXIT SECTION]
⋮
ENDSECTION

2. 退出语句

EXIT 表示无条件跳转到当前函数的结尾时需要用退出此语句，EXIT LOOP 表示无条件跳转到循环的结尾时需要用退出循环语句。

6.3.6　命令语句

命令语句的格式如下：

COMMAND
⋮
ENDCOMMAND

提示此段内全部为 FLAC 3D 命令，当然也可以是 FISH 函数名，不允许递归调用。

6.4　与 FLAC 3D 的关联

6.4.1　执行 FISH 函数

通常情况下，FISH 操作与 FLAC 3D 操作是相互独立的，FISH 语句不能当作 FLAC 3D 命令使用，同样，FLAC 3D 命令不能直接作为 FISH 语句使用。然而，在很多方面两个系统还是直接相互作用的。如用前导标识符（@）或内联符（[ ]）直接使用 FISH 符号、作为一个 history 变量、迭代中自动执行和用函数控制 FLAC 3D 执行等。

6.4.2　FISH 回调函数

FLAC 3D 中有事件触发机制，当某时某个事件发生时，会自动执行某个子程序，callback 就是把 FISH 函数安装到事件触发器上，命令格式如下：

FISH CALLBACK ADD/REMOVE *函数名 时步序列点*

该命令设置或移除一个函数到时步序列点上，时步序列点与时步事件见表6-4（用 list c-s 命令显示）。一个时步序列点可以设置多个函数，包括相同的函数，同一个函数在同一个时步序列点安

装了几次就要移除几次。model solve 命令也可以安装。安装回调函数见例题6-12，主要是让读者观察效果。

表6-4　时步序列点、时步事件对应关系

时步点	时 步 事 件	时步点	时 步 事 件
-10	校验数据结构/大应变更新	60.5	单元体绑定力
-9.5	若大应变，结构单元动力开始	61	单元体网格运动方程
-5	校验完/循环开始，在计时之前	61.05	运动之后，速度传递附加条件之前
-2	若大应变，结构单元到单元体	61.1	单元体传递速度
-1	若大应变，单元体动力关键时步计算	61.15	结构单元运动方程
0	确定时步	61.2	增加耦合温度
5	校验和时步之后，每个循环开始	*61.5	刚计算完所有力学
10	运动方程（或热体更新）	*61.9	在热力计算之前
15	进程间的体耦合	62	单元体热力计算
20	递增时间	*62.1	在热力计算之后
30	单元格空间更新	70	热力计算
35	增/减接触	*70.9	在流力计算之前
39	格点力置零/循环中累积的格点力置零/格点力置零，应力计算之前	*71.09	流动之后，应力更新之前
40	力-位移定律（或热力更新）	*71.11	流力计算结束之时
41	更新单元体应力，执行本构模型/据位移增量更新单元体应力	*71.19	计算循环计算，粒子跟踪之前
41.15	初始结构单元力为零/初始化结构单元的力	80	流力计算
41.16	计算内部结构单元力/结构单元计算单元力	81	单元体流力计算
41.17	对节点施力，计算连接力，传递力至对象/结构单元分布力到节点	81.1	单元体流/力耦合计算
42	累积定量	81.2	单元体流体粒子跟踪
45	过程间耦合	100	计算单元体求解的值
55	力计算后，运动之前	101	计算结构单元求解的值
60	第二运动方程后		

注：带*星号的时步点为软件样例库中所定义，与软件帮助文档有关内容不一致。

例题6-12　使用回调函数。

```
;;文件名:6-13.f3dat
model new ;系统重置
zone create brick size 1 1 1        ;创建拉格朗日有限体积网格
zone cmodel assign elastic          ;定义为弹性模型
zone property shear 300 bulk 300        ;设置模型参数切变模量及弹性模量
;初始化格点
fish define ini_coord(xc,zc)
    loop foreach localpnt gp.list
        gp.extra(pnt,1)=math.sqrt((gp.pos.x(pnt)-xc)^2...
```

```
        + (gp.pos.z(pnt) - zc)^2)
      gp.extra(pnt,2) = math.atan2((gp.pos.x(pnt) - xc),...
        (zc-gp.pos.z(pnt)))
   endloop
   globalxcen = xc
   globalzcen = zc
end
@ ini_coord(0,0)
;定义回调函数:rotate。绕 y 轴旋转
fish define rotation
   global tt              ;设置全局变量tt
   global delta_t
   global freq
   global amplitude
   tt = tt + delta_t
   global theta = 0.5 * amplitude *...
      (1.0-math.cos(2 * math.pi * freq * tt))
   loop foreach localpnt gp.list
      local length = gp.extra(pnt,1)
      local angle = gp.extra(pnt,2)
      local xt = xcen + length * math.sin...
         (angle + theta * math.degrad)
      local zt = zcen-length * math.cos...
         (angle + theta * math.degrad)
      gp.vel.x(pnt) = xt - gp.pos.x(pnt)
      gp.vel.z(pnt) = zt - gp.pos.z(pnt)
   endloop
end
fish callback add @ rotation 39.0       ; 调用函数
zone gridpoint fix velocity       ;网格固定位移
zone initialize stress-xx 1       ;初始化 xx 向应力
fish set @ freq = 1 @ delta_t = 1e - 3 @ amplitude = 30
model largestrain on        ;设置为大变形模型
history interval 2       ;设置采样间隔
fish history tt       ;采样 tt
fish history theta
zone history stress-xx position (1,1,1)       ;采样(1,1,1)点 xx 向应力
zone history stress-yy position (1,1,1)
zone history stress-zz position (1,1,1)
zone geometry-update 1
plot create 'Zones'      ;在视图窗格创建 Zones 选项卡
```

```
plot item create axes active on position (0,0,0) size 0.5
plot item create zone active on contour velocity
model step 1000       ;显式求解,设置时间步
plot create 'History'      ;在视图窗格创建 History 选项卡
plot item create chart-history history 3...
    history 4 history 5 vs 1
```

6.4.3　FISH 命令

在控制台命令行可以直接执行的 FISH 命令见表 6-5。

表 6-5　**FISH 命令**

FISH 关键字	说　明
automatic-create *b*	自动设置 FISH 变量范围。若为 true，表示发现未声明范围的变量时全部自动声明为 global 变量，否则，所有变量都必须使用 local 和 global 关键字声明。默认为 true。强烈推荐复杂项目设置为 off
boolean-convert *b*	*b* 若为 true，表达式中整数、浮点数、指针和索引值自动转换为布尔值，默认为 true
callback 关键字	添加或移除 FISH 回调函数
add *sf* 关键字	添加 FISH 回调函数 *sf*
f [关键字]	每个时步点 *f* 调用 FISH 回调函数，下面的关键字可以用来减少调用频率
interval *i*	若指定，则每 *i* 个时间步调用一次
process 关键字	若指定，则特定活动进程才调用 FISH 回调函数
creep	指定只在蠕变力学过程才调用函数
dynamic	指定只在动态力学过程才调用函数
fluid	指定只在流体力学过程才调用函数
mechanical	指定只在静力学过程才调用函数
thermal	指定只在热力过程才调用函数
event *s*	发生事件名 *s* 时调用 FISH 回调函数
remove *sf* [关键字]	移除 FISH 回调函数 *sf*，若无后续关键字，一发现就移除
f [关键字]	移除指定时步点 *f* 的回调函数，若有多次添加则仅移除一次
event *s*	移除指定事件名 *s* 的回调函数
create *s a*	创建 FISH 变量名为 *s*，赋值为 *a*。这个命令是为方便而存在的，一般来说，使用内联符号更灵活可靠，如[global fred = vector(1,2,3)]
debug *s* 关键字	在调试模式下启动 FISH 函数 *s*
break 关键字	以多种方式设置和清除断点。在伪代码对象中设置断点，并在执行对象之前使 FISH 停止，并提供调试提示
clear	清除所有断点
code [*i*] *b*	设置或清除伪代码对象 ID 号为 *i* 中的一个断点。若没指定，则为当前伪代码对象
fish *b*	设置或清除第一个伪代码对象中的断点
line [*i*] on/off	设置或清除从当前源文件中的第 *i* 行的第一个伪代码对象中的断点。若没指定，则为当前伪代码对象

（续）

FISH 关键字	说　明
codeinto	执行单个伪代码对象，若在该对象中进行函数调用，则在该函数的开始处停止执行
codeover	执行单个伪代码对象，若在该对象中进行函数调用，则不会停止执行
codeto *i*	执行直到 ID 为 *i* 的伪代码对象即将被执行。若该对象永不达到，则原始函数调用将结束，调试模式也将结束。
lineinto	执行源自当前源代码行的所有伪代码对象，并在下一个伪代码对象起源于下一行时停止。如果进行函数调用，调试器停止在该函数的入口
lineover	执行源自当前源代码行的所有伪代码对象，并在下一个伪代码对象来自下一行时停止。若进行函数调用，则不会停止。
lineto *i*	执行直到源于 *i* 行的当前源文件的代码为止。如果从未到达该行，则原始函数调用将结束，调试也将结束。
list 关键字	
call	输出当前调用堆栈。例如，如果函数 fred 调用函数 george，并且在 george 中停止执行，调用堆栈将读取 fred、george
code [i_1] [i_2]	若 i_1 和 i_2 无，则输出将在下一个执行的伪代码对象；若有 i_1，则输出 ID 为 i_1 伪代码对象；若全有，则输出从 i_1 到 i_2
fish	输出 fish 符号语句的当前值，无须@引导符，但也接受。如果符号是一个函数，它将不被执行；但其结果将被使用。
register	输出寄存器的当前内容
source [i_1] [i_2]	输出源文件中的行。若指定 i_1 和 i_2，则输出从 i_1 到 i_2 行
stack	输出堆栈的当前内容
run	继续执行直到断点或函数结束为止
define *s* ⋮ end	用于定义新的 FISH 函数，直到遇到 end 结束，函数将被命名为 *s*
history [name *s*] *sym*	创建一个 FISH 变量为 *sym* 的采样记录，记录名称指定为 *s* 以供以后参考。如果未指定 *s*，将根据内部分配的 ID 号自动生成名称
integer-convert *b*	对于使用索引类型的基于 FORTRAN 语言代码，指示是否允许将整数类型自动转换为索引。默认值和强推荐值是 false，但这会破坏一些遗留代码
list 关键字	显示相关内容
arrays	列出已创建 FISH 数组
basic	列出全局 FISH 变量
callbacks	列出已添加的回调函数
callback-list	列出已注册的回调事件。如 solve_ complete 事件是一个注册的回调事件
code [*s*]	列出生成的所有函数的伪代码，若指定 *s*，则仅列指定函数
contents : sum: '*s*'	以结构化的方式列出类型的内容
intrinsics [*s*]	列出 FISH 内建的和用户定义的函数，若指定 *s*，则只列出名称中含有指定 *s* 字符串的函数
memory-items	列出已分配所有内存对象
structures	列出已定义结构单元，含成员名称和值
symbols	列出所有变量

（续）

FISH 关键字		说　明
	results active *b*	设置是否将鱼类信息存储在结果文件中，默认为 off
	set *sym a*	赋 *sym* 变量的值为 *a*。为方便而存，若用内联符更灵活可靠，如［fred =5］
	trace [name *s*] *sym*	创建一个 FISH 变量 *sym* 粒子轨迹，为以后方便可指定名称 *s*，否则将使用内部分配的 ID 号自动生成名称

6.5　程序命令

FLAC 3D 提供了一个称为“Program”的命令/对象，这是控制和配置程序执行的一组命令，影响当前程序状态，不受模型或项目状态的影响。

在调用这组命令时，可以省略先导词“Program”，如“call...”等同于“Program call...”。这组命令如表 6-6 所示。

表 6-6　**Program 命令及参数**

PROGRAM 关键字			说　明
	call *s* 关键字...		调用处理命令文件，若文件名 *s* 没指定扩展名，则默认为 *. dat 或 *. f3dat；任何指令都可放命令文件中，一个命令文件中可以调用另一个命令文件，嵌套级数无限制，但不能递归调用对方
		call *s* 关键字...	使用两个或多个 call 关键字允许在一行上调用多个文件，从最后一个到第一个出现的顺序进行处理调用命令文件
		line *i*	指定处理命令从调用文件 *i* 行开始，若已超过文件总行数则立即返回，不能与 label 同时使用
		label s_1	指定处理命令从调用文件标签 s_1 行下行开始，在行的开头使用冒号“:”作为标签指示符，若不存在指定的标签，则示错，不能与 line 同时使用
		suppress	禁止调用信息显示
	continue		程序暂停后继续执行处理
	iustomer-title-1 *s*		设置客户信息的第一行，默认在图例的左下角
	iustomer-title-2 *s*		设置客户信息的第二行，默认在图例的左下角
	directory 关键字		设置工作目录，默认为当前项目文件的位置
		custom *s*	工作目录设置为 *s*
		engine	将工作目录设置为主模块位置（dll）
		executable	将工作目录设置为可执行目录或应用程序目录
		input	将工作目录设置为当前输入数据文件位置
		project	将工作目录设置为当前项目目录的位置，默认
	echo		回应开关
		b	默认为 on，每个命令将显示在控制台中
		suppress	不显示输入命令文件和 FISH 命令
	echo-line *s*		强制输出 *s* 到控制台
	exit		关闭应用程序，与 quit 和 stop 同义
	list		列表程序信息

（续）

PROGRAM关键字	说明
cycle-sequence	列出保留的时步点对应的时步事件，参考表6-4
directory	列出当前工作目录和应用程序目录
key-information	略
information	列出通用程序设置和状态，包括客户标题和目标线程使用数
memory	列出已使用内存量
module	列出加载的模块（*.dll）
plugins	列出加载的插件（*.dll）
principal 关键字	列出给定主值和方向应力张量的六个分量，略
security	搜索有效许可证书，并报告
serial	显示序列号
version	显示程序有关版本信息
load 关键字	加载多种模块，略
log *b* [关键字]	日志文件开关
append	追加已存在日志文件尾部，默认
truncate	覆盖已存在日志文件
log-file *s* [关键字]	指定日志文件名 *s*
append	追加日志文件尾部，默认
truncate	覆盖日志文件
mail [关键字]	撰写并发送邮件，其他略
notice *b*	通知状态开关，默认为 on
pagination *b*	分页状态开关，默认为 on
pause [关键字]	暂停执行程序，可以在控制台交互输入命令，当键入 continue 后继续执行程序
key	暂停执行程序，按任何键恢复执行（除非按〈Shift + Esc〉）
time *f*	暂停执行程序 *f* 秒后继续执行程序
playback *s*	回放记录文件 *s*
quit	关闭程序
return	返回程序控制
stop	关闭程序
system 关键字	执行系统 Dos 命令
threads [关键字]	设置线程数
automatic	自动使用操作系统报告的线程数
i	使用 *i* 个处理器
undo [*i*]	撤销上个命令，或 *i* 行命令
warning *b*	警告开关，默认为 on

本构模型 第7章

学习目的

了解 FLAC 3D 基本的 19 种本构模型及每种模型所需要的材料属性参数，熟练掌握每种模型的关键字。

7.1 定义模型命令

FLAC 3D 6.0 版本提供了基本的 19 种本构模型，被分成空、弹性和塑性 3 个组。基本情况见表 7-1。

表 7-1 基本的本构模型

组名	模型名	描述
空	空（Null）	空模型
弹性模型	各向同性弹性（Elastic）	均匀的、各向同性的连续体，线性应力应变行为
	横向同性弹性（Anisotropic）	成层状、弹性各向异性（如板岩）
	正交各向异性弹性（Orthotropic Elastic）	正交各向异性材料
塑性模型	德鲁克-普拉格（Drucker-Prager）	有限应用，低摩擦角的软黏土
	摩尔-库仑（Mohr-Coulomb）	松散胶结的颗粒材料；土壤、岩石、混凝土
	节理（Ubiquitous-Joint）	强度表现为各向异性的层状材料（如板石）
	横向同性多节理（Anisotropic-Elasticity Ubiquitous-Joint）	把横向同性模型与多节理模型综合起来一并考虑
	应变软化/硬化（Strain-Softening/Hardening Mohr-Coulomb）	塑性屈服开始后，黏聚力、摩擦、膨胀和抗拉强度可能软化或硬化
	双线性应变硬化/软化多节理（Bilinear Strain-Hardening/Softening Ubiquitous-Joint）	表现为非线性硬化或软化的层状材料
	D-Y（Double-Yield）	不可逆压缩为胶结的颗粒状材料
	修正剑桥（Modified Cam-Clay）	渐进硬化/软化弹塑性模型
	霍克-布朗（Hoke-Brown）	源于 Hoek 对完整脆性岩石研究结果和 Brown 对节理岩体模型的研究成果
	霍克-布朗-PAC（Hoke-Brown-PAC）	相对于霍克-布朗模型而言，破坏面采用塑性流动法则，它随围压的变化而变化
	C-Y（Cap-Yield）	提供了土壤非线性行为的综合表征
	简化 C-Y（Simplified SCap-Yield）	提供了一个简化的 Duncan-Chang 模型
	塑性硬化（Plastic-Hardening）	具有剪切和体积硬化的弹塑性模型
	膨胀（Swell）	基于非伴生的剪切与张力的流动规律的摩尔-库仑模型
	摩尔-库仑拉裂（Mohr-Coulomb Tension Crack）	是一个扩展的摩尔-库仑本构模型，认为拉伸塑性应变是可逆的，并防止产生压缩正常应力（垂直于裂纹）之前关闭裂纹

在 FLAC 3D 中，定义材料的本构模型都在 ZONE 命令中，力学模型、流体模型和热力模型命令格式分别如下：

ZONE CMODEL 关键字

ZONE FLUID CMODEL 关键字

ZONE THERMAL CMODEL 关键字

以上命令指定、加载和获取单元体的本构模型信息，指定本构模型时可以是 19 种中的任一种，购买全部可选件后为 38 种。指定本构模型命令的详细参数可参阅附录 A 有关命令。

7.2 正确选择本构模型

分析问题应该首先从最简单的材料模型开始，大多数情况下，应该先使用各向同性弹性模型，这种模型运行得最快，只需要两个材料属性参数，即体积模量和切变模量（见表 8-1），它提供了对 FLAC 3D 网格应力-应变的简单观察，指明应力集中的位置，以便对网格单元体大小或疏密进行定义。

在采用所选模型解决真实问题之前进行一下测试是非常有帮助的，测试的结果可以与已知的真实物理材料的结果进行比较。

下面以一个简单的模型测试为例进行说明。它是可缩性矿柱分析的问题，先产生摩尔-库仑模型测试模型，见例题 7-1，以便与应变硬化/软化模型进行比对。

例题 7-1 摩尔-库仑材料压缩测试。

```
;;文件名:7-1.f3dat
model new ;系统重置
zone create cylinder point 0 = (0,0,0) point 1 = (1,0,0)...
    point 2 = (0,2,0) point 3 = (0,0,1)...
    size = (4,5,4) ;先建 1/4 圆柱网格
zone reflect normal = (1,0,0) ;以 y-z 平面镜像网格
zone reflect normal = (0,0,1) ;以 x-y 平面镜像网格
;;指定本构模型及材料属性参数
zone cmodel assign mohr-coulomb
zone property bulk 1.19e10 shear 1.1e10
zone property cohesion 2.72e5 friction 44 tension 2e5
;;边界条件,固定 y=0,2 处 x,y,z 方向位移
zone gridpoint fix  velocity range position-y 0
zone gridpoint fix  velocity range position-y 2
;;初始化条件
zone gridpoint initialize velocity-y 1e-7...
    range position-y  -0.1 0.1
zone gridpoint initialize velocity-y  -1e-7...
    range position-y 1.9 2.1
zone gridpoint initialize pore-pressure 1e5 ;考虑孔隙水压力
;;采样记录坐标(0,0,0)处节点 y 方向位移
zone history displacement-y position (0,0,0) label 'disp'
;;采样记录坐标(0,1,0)和(1,1,0)处单元体 yy 方向应力
```

```
zone history stress quantity yy position (0,1,0) label '1s'
zone history stress quantity yy position (1,1,0) label '2s'
;;求解 3000 步
model step 3000
```

该例题中圆柱形网格如图 7-1 所示，网格中心和外边缘两个单元体的应力与位移对比如图 7-2 所示，它是在用户界面交互操作完成的。

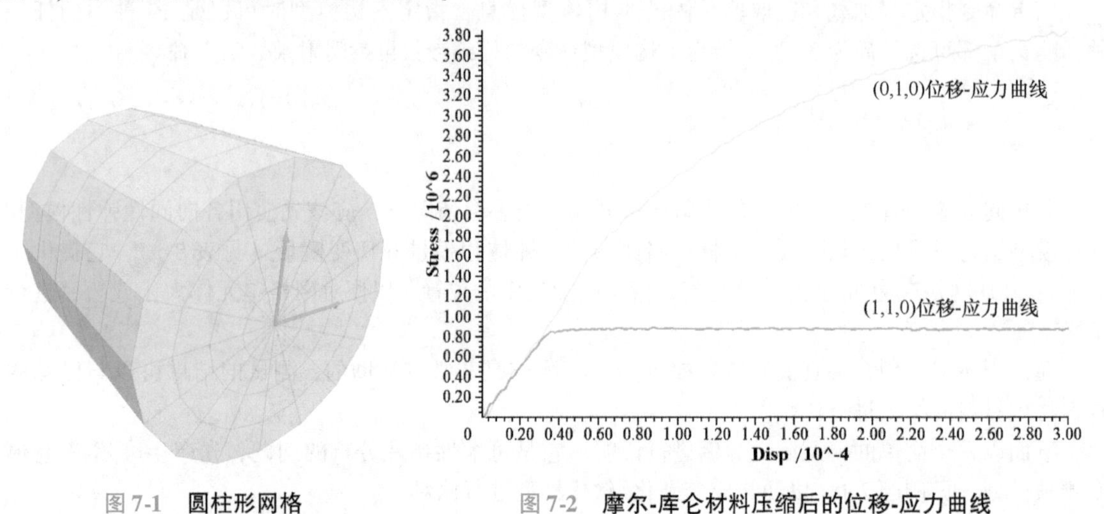

图 7-1　圆柱形网格

图 7-2　摩尔-库仑材料压缩后的位移-应力曲线

例题 7-2　应变硬化/软化模型测试。

```
;;文件名:7 -2 . f3dat
model new ;系统重置
zone create cylinder point 0 = (0,0,0) point 1 = (1,0,0)...
                    point 2 = (0,2,0) point 3 = (0,0,1)...
                    size = (4,5,4) ;先建 1/4 圆柱网格
zone reflect normal = (1,0,0)       ;以 y -z 平面镜像网格
zone reflect normal = (0,0,1)       ;以 x -y 平面镜像网格
;;指定本构模型及材料属性参数
zone cmodel assign strain-softening ; 应变硬化/软化模型
zone property bulk 1.19e10 shear 1.1e10
zone property cohesion 2.72e5 friction 44 tension 2e5
;;表'coh':塑性切应变 -黏聚力;表'fric':塑性切应变 -摩擦角
zone property table-cohesion 'coh' table-friction 'fric'
Table 'coh' add (0,2.75e5) (1e -4,2e5)  (2e -4,1.5e5) (3e -4,1.03e5) (1,1.03e5)
table 'fric' add (0,44) (1e -4,42)  (2e -4,40) (3e -4,38) (1,38)
;;边界条件,固定 y =0,2 处 x,y,z 方向位移
zone gridpoint fix  velocity range position-y 0
zone gridpoint fix  velocity range position-y 2
;;初始化条件
zone gridpoint initialize velocity-y 1e -7...
    range position-y  -0.1 0.1
```

```
zone gridpoint initialize velocity-y -1e-7...
    range position-y 1.9 2.1
;;不考虑孔隙压力,若考虑,两模型结果反差更大
;zone gridpoint initialize pore-pressure 1e5
;;采样记录坐标(0,0,0)处节点 y 方向位移
zone history displacement-y position (0,0,0) label 'disp'
;;采样记录坐标(0,1,0)和(1,1,0)处单元体 yy 方向应力
zone history stress quantity yy position (0,1,0) label '1s'
zone history stress quantity yy position (1,1,0) label '2s'
;;求解 3000 步
model step 3000
```

例题 7-2 通过逐渐减小黏聚力和逐渐减小内摩擦角来对材料进行软化。比较图 7-2 和图 7-3 发现，两种模型有不同的反应，初始破坏相同，但后破坏行为却明显不同。对于应变硬化/软化模型，需要更多的数据，并对每一个细节仔细考虑。

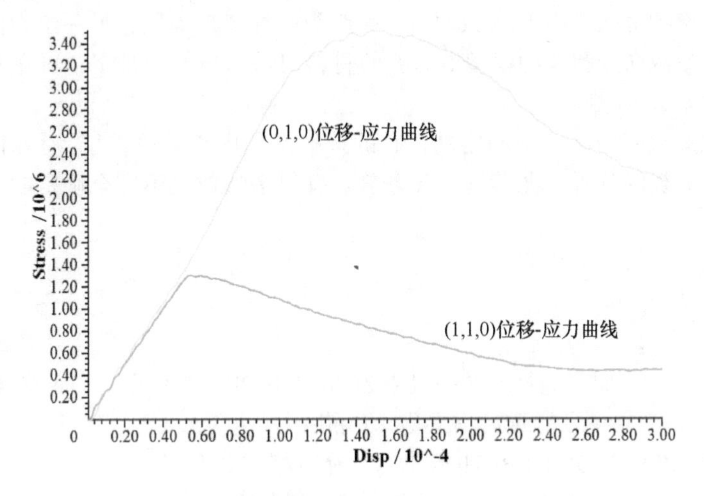

图 7-3 应变硬化/软化材料压缩后的位移-应力曲线

材料参数　第8章

学习目的

了解FLAC 3D每种本构模型所需要的各种材料属性参数，熟练掌握每种材料属性参数的含义及关键字。

在FLAC 3D中需要的材料属性参数两组，一组为弹性变形参数，另一组为强度参数。本章先介绍定义材料属性参数命令和各种模型所需要的材料属性参数及关键字，再介绍在给定模型下选择合适的材料属性参数的原则。

由于材料属性参数库的高度不确定性，它的选择是最困难的一件事，我们要牢记在心的是，完成一个有限数据系统的分析（尤其是岩石力学）有很多参数是不完全确定的，有些参数是可以通过实验室得到。

8.1 命令格式及参数

在FLAC 3D中，定义材料属性参数一般用ZONE PROPERTY命令，命令格式如下：

ZONE　PROPERTY 参数1　*值*1　[参数2　*值*2...] [RANGE...]

也可以用ZONE PROPERTY-DISTRIBUTION命令，命令格式如下：

ZONE　PROPERTY-DISTRIBUTION 参数　*值*　关键字 [RANGE...]

第一个命令格式允许在单个命令中指定多个属性参数，便于在不同范围内指定相同属性参数的单元体。第二个命令格式只能一次指定一个属性参数，但有选项关键字，允许属性参数值在空间中自动变化。在关键字中有加、乘、梯度渐变和终值渐变等，参阅附录A的zone property-distribution命令。

尽管定义本构模型与设置材料属性参数分两个命令、两步来实现，但还是要成对或配套出现，且必须先行定义本构模型。

不同的本构模型需要不同的材料属性参数，基本本构模型的材料属性参数如表8-1～表8-18所示，大部分选购的模型材料属性参数见表8-19～表8-29。

表8-1　各向同性弹性模型（Elastic）材料属性参数

序号	参　数	值类型	说　明
1	bulk	*f*	体积模量，K
2	shear	*f*	剪切模量，G
1'	poisson	*f*	泊松比，ν
2'	young	*f*	杨氏模量，E

注：要么用K和G定义，要么用E和ν定义。选择后者时，必须先给出E。

表 8-2 横向同性弹性模型（Anisotropic）材料属性参数

序号	参 数	值类型	说 明
1	dip	*f*	同性平面的倾角（°）
2	dip-direction	*f*	同性平面的倾向（°）
3	normal	*v*	同性平面法线方向，(n_x,n_y,n_z)
4	normal-x	*f*	法向 x 分量，n_x
5	normal-y	*f*	法向 y 分量，n_y
6	normal-z	*f*	法向 z 分量，n_z
7	poisson-normal	*f*	沿同性平面法向施力时的泊松比，$\nu'=\nu'_{13}=\nu'_{23}$
8	poisson-plane	*f*	沿同性平面施力时的泊松比，$\nu=\nu_{12}$
9	shear-normal	*f*	平行于同性平面的剪切模量，$G'=G'_{13}=G'_{23}$
10	young-plane	*f*	同性平面的弹性模量，$E=E_1=E_2$
11	young-normal	*f*	同性平面法向弹性模量，$E'=E_3$

表 8-3 正交各向异性弹性模型（Orthotropic）材料属性参数

序号	参 数	值类型	说 明
1	dip	*f*	轴 1′-2′所定义平面的倾角（°）
2	dip-direction	*f*	轴 1′-2′所定义平面的倾向（°）
3	normal	*v*	对称平面的法线方向，(n_x,n_y,n_z)
4	normal-x	*f*	由轴 2′-3′所定义平面的单位法向向量 x 方向的分量，n_x
5	normal-y	*f*	由轴 1′-3′所定义平面的单位法向向量 y 方向的分量，n_y
6	normal-z	*f*	由轴 1′-2′所定义平面的单位法向向量 z 方向的分量，n_z
7	poisson-12	*f*	轴 2′方向施力，轴 1′方向变形的泊松比，ν_{12}
8	poisson-13	*f*	轴 3′方向施力，轴 1′方向变形的泊松比，ν_{13}
9	poisson-23	*f*	轴 3′方向施力，轴 2′方向变形的泊松比，ν_{23}
10	shear-12	*f*	平行于轴 1′-2′平面的剪切模量，G_{12}
11	shear-13	*f*	平行于轴 1′-3′平面的剪切模量，G_{13}
12	shear-23	*f*	平行于轴 2′-3′平面的剪切模量，G_{23}
13	young-1	*f*	轴 1′方向的弹性模量，E_1
14	young-2	*f*	轴 2′方向的弹性模量，E_2
15	young-3	*f*	轴 3′方向的弹性模量，E_3

表 8-4 D-P 弹塑性模型（Drucker-Prager）材料属性参数

序号	参 数	值类型	说 明
1	bulk	*f*	体积模量，K
2	cohesion-drucker	*f*	材料属性参数，k_φ
3	dilation-drucker	*f*	材料属性参数，q_Ψ
4	friction-drucker	*f*	材料属性参数，q_φ。默认为 0.0
5	poisson	*f*	泊松比，ν
6	shear	*f*	剪切模量，G
7	tension	*f*	抗拉强度，σ_t
8	young	*f*	弹性模量，E

表 8-5 摩尔-库仑弹塑性模型（Mohr-Coulomb）材料属性参数

序号	参 数	值类型	说 明
1	bulk	*f*	体积模量，K
2	cohesion	*f*	黏聚力，c
3	dilation	*f*	剪胀角，ψ
4	friction	*f*	内摩擦角，ϕ
5	poisson	*f*	泊松比，ν
6	shear	*f*	剪切模量，G
7	tension	*f*	抗拉强度，σ_t
8	young	*f*	弹性模量，E
9	flag-brittle*	*b*	如果为真，拉伸破坏后抗拉强度置为零，默认为假

注：1. 要么用 K 和 G 定义，要么用 E 和 v 定义，若是后者，则须先给出 E。

2. 抗拉强度 $\sigma_t = \min(\sigma_t, c/\tan\phi)$。

3. 带*的为高级参数，有一默认值，简单应用时不用考虑它。

表 8-6 节理弹塑性模型（Ubiquitous-Joint）材料属性参数

序号	参 数	值类型	说 明
1	bulk	*f*	体积模量，K
2	cohesion	*f*	黏聚力，c
3	dilation	*f*	剪胀角，ψ。默认为 0.0
4	dip	*f*	节理平面的倾角（°）
5	dip-direction	*f*	节理平面的倾向（°）
6	friction	*f*	摩擦角，ϕ
7	poisson	*f*	泊松比，ν
8	shear	*f*	剪切模量，G
9	tension	*f*	抗拉强度，σ_t，默认为 0.0
10	young	*f*	弹性模量，E
11	joint-cohesion	*f*	节理的黏聚力，c_j
12	joint-dilation	*f*	节理的剪胀角，Ψ_j，默认为 0.0
13	joint-friction	*f*	节理的内摩擦角，ϕ_j
14	joint-tension	*f*	节理抗拉强度，σ_{tj}，默认为 0.0
15	normal	*v*	节理平面的法线方向，(n_x, n_y, n_z)
16	normal-x	*f*	节理平面的单位法向向量 x 方向的分量，n_x
17	normal-y	*f*	节理平面的单位法向向量 y 方向的分量，n_y
18	normal-z	*f*	节理平面的单位法向向量 z 方向的分量，n_z
19	flag-brittle	*b*	如果为真，拉伸破坏后抗拉强度置为零，默认为假

注：1. 要么用 K 和 G 定义，要么用 E 和 v 定义，若是后者，则须先给出 E。

2. 定义节理平面有三种方法，一是倾向和倾角，二是法线向量，三是 3 个单位法向分量。

3. 抗拉强度 $\sigma_t = \min(\sigma_t, c/\tan\phi)$。

4. 节理抗拉强度 $\sigma_{tj} = \min(\sigma_t, c_j/\tan\phi_j)$。

5. 带*的为高级参数，有一默认值，简单应用时不用考虑它。

表8-7 节理-横向同性弹塑性模型（Ubiquitous-Anisotropic）材料属性参数

序号	参数	值类型	说明
1	dip	*f*	节理（同性）平面的倾角（°）
2	dip-direction	*f*	节理（同性）平面的倾向（°）
3	joint-cohesion	*f*	节理的黏聚力，c_j
4	joint-dilation	*f*	节理的剪胀角，Ψ_j，默认为0.0
5	joint-friction	*f*	节理的内摩擦角，ϕ_j
6	joint-tension	*f*	节理的抗拉强度，σ_{tj}，默认为0.0
7	normal	*v*	节理（同性）平面的法线方向，(n_x, n_y, n_z)
8	normal-x	*f*	节理（同性）平面的单位法向向量x方向的分量，n_x
9	normal-y	*f*	节理（同性）平面的单位法向向量y方向的分量，n_y
10	normal-z	*f*	节理（同性）平面的单位法向向量z方向的分量，n_z
11	poisson-normal	*f*	沿节理（同性）平面法向施力时的泊松比，$\nu' = \nu_{13} = \nu_{23}$
12	poisson-plane	*f*	沿节理（同性）平面施力时的泊松比，$\nu = \nu_{12}$
13	shear-normal	*f*	平行同性平面的弹性模量，$G' = G_{13} = G_{23}$
14	young-plane	*f*	同性平面的弹性模量，$E = E_1 = E_2$
15	young-normal	*f*	同性平面的法向弹性模量，$E' = E_3$

注：1. 要么用K和G定义，要么用E和ν定义，若是后者，则须先给出E。

2. 定义节理平面有三种方法，一是倾向和倾角，二是法线向量，三是3个单位法向向量的分量。

3. 抗拉强度$\sigma_t = \min(\sigma_t, c/\tan\phi)$。

4. 节理抗拉强度$\sigma_{tj} = \min(\sigma_t, c_j/\tan\phi_j)$。

表8-8 应变软化/硬化弹塑性模型材料属性参数

序号	参数	值类型	说明
1	bulk	*f*	体积模量，K
2	cohesion	*f*	黏聚力，c
3	dilation	*f*	剪胀角，ψ，默认为0.0
4	dip	*f*	节理平面的倾角（°）
5	dip-direction	*f*	节理平面的倾向（°）
6	friction	*f*	摩擦角，ϕ
7	poisson	*f*	泊松比，ν
8	shear	*f*	切变模量，G
9	tension	*f*	抗拉强度，σ_t，默认为0.0
10	young	*f*	弹性模量，E
11	flag-brittle*	*b*	如果为真，拉伸破坏后抗拉强度置为零，默认为假
12	table-cohesion*	*i*	塑性剪切应变-黏聚力表号
13	table-dilation*	*i*	塑性剪切应变-剪胀角表号
14	table-friction*	*i*	塑性剪切应变-摩擦角表号
15	table-tension*	*i*	塑性拉应变-抗拉强度表号
16	strain-shear-plastic	*f*	累积塑性切应变，只读
17	strain-tension-plastic	*f*	累积塑性拉应变，只读

注：1. 要么用K和G定义，要么用E和ν定义，若是后者，则须先给出E。

2. 抗拉强度$\sigma_t = \min(\sigma_t, c/\tan\phi)$。

3. 带*的为高级参数，有一默认值，简单应用时不用考虑它。

表 8-9 双线性应变软化/硬化节理弹塑性模型材料属性参数

序号	参 数	值类型	说 明
1	bulk	*f*	体积模量，K
2	cohesion	*f*	黏聚力，$c = c_1$
3	cohesion-2	*f*	内聚力，$c = c_2$
4	dilation	*f*	剪胀角，$\psi = \psi_1$，默认为0.0
5	dilation-2	*f*	剪胀角，ψ_2，默认为0.0
6	dip	*f*	节理平面的倾角（°）
7	dip-direction	*f*	节理平面的倾向（°）
8	friction	*f*	摩擦角，$\phi = \phi_1$
9	friction-2	*f*	摩擦角，ϕ_2
10	poisson	*f*	泊松比，ν
11	shear	*f*	切变模量，G
12	tension	*f*	抗拉强度，σ_t，默认为0.0
13	young	*f*	弹性模量，E
14	joint-cohesion	*f*	节理的黏聚力，$c_j = c_{j1}$
15	joint-cohesion-2	*f*	节理的黏聚力，c_{j2}
16	joint-dilation	*f*	节理的剪胀角，$\psi_j = \psi_{j1}$，默认为0.0
17	joint-dilation-2	*f*	节理的剪胀角，ψ_{j2}，默认为0.0
18	joint-friction	*f*	节理的摩擦角，$\phi_\varphi = \phi_{\varphi 1}$
19	joint-friction-2	*f*	节理的摩擦角，$\phi_{\varphi 2}$
20	joint-tension	*f*	节理的抗拉强度，σ_{tj}，默认为0.0
21	normal	*v*	节理平面的法线方向，(n_x, n_y, n_z)
22	normal-x	*f*	节理平面的单位法向向量 x 方向的分量，n_x
23	normal-y	*f*	节理平面的单位法向向量 y 方向的分量，n_y
24	normal-z	*f*	节理平面的单位法向向量 z 方向的分量，n_z
25	flag-bilinear*	*i*	=0，线性阵列，默认；=1，双线性阵列
26	flag-bilinear-joint*	*i*	=0，为线性节理，默认；=1，为双线性节理
27	flag-brittle*	*b*	如果为真，拉伸破坏后抗拉强度置为零，默认为假
28	table-cohesion*	*i*	塑性剪切应变-黏聚力 c_1 表号，默认为0
29	table-cohesion-2*	*i*	塑性剪切应变-黏聚力 c_2 表号，默认为0
30	table-dilation*	*i*	塑性剪切应变-剪胀角 ψ_1 表号，默认为0
31	table-dilation-2*	*i*	塑性剪切应变-剪胀角 ψ_2 表号，默认为0
32	table-friction*	*i*	塑性剪切应变-摩擦角 ϕ_1 表号，默认为0
33	table-friction-2*	*i*	塑性剪切应变-摩擦角 ϕ_2 表号，默认为0
34	table-joint-cohesion*	*i*	节理塑性剪切应变-节理黏聚力 c_{j1} 表号，默认为0
35	table-joint-cohesion-2*	*i*	节理塑性剪切应变-节理黏聚力 c_{j2} 表号，默认为0
36	table-joint-dilation*	*i*	节理塑性剪切应变-节理剪胀角 ψ_{j1} 表号，默认为0
37	table-joint-dilation-2*	*i*	节理塑性剪切应变-剪节理胀角 ψ_{j2} 表号，默认为0

（续）

序号	参　　数	值类型	说　　明
38	table-joint-friction*	*i*	节理塑性剪切应变-节理摩擦角 ϕ_{j1} 表号，默认为0
39	table-joint-friction-2*	*i*	节理塑性剪切应变-节理摩擦角 ϕ_{j2} 表号，默认为0
40	table-joint-tension*	*i*	节理塑性拉应变-节理抗拉强度 σ_{tj} 表号，默认为0
41	strain-shear-plastic	*f*	累积塑性剪切应变，只读
42	strain-shear-plastic-joint	*f*	累积节理塑性剪切应变，只读
43	strain-tension-plastic	*f*	累积塑性拉应变，只读
44	strain-tension-plastic-joint	*f*	累积节理塑性拉应变，只读

注：1. 要么用 K 和 G 定义，要么用 E 和 ν 定义，若是后者，则须先给出 E。

2. 定义节理平面有三种方法，一是倾向和倾角，二是法线向量，三是3个单位法向分量。

3. 抗拉强度 $\sigma_t=\min(\sigma_t, c/\tan\phi)$；

4. 节理抗拉强度 $\sigma_{tj}=\min(\sigma_t, c_j/\tan\phi_j)$；

5. 带*的为高级参数，有一默认值，简单应用时不用考虑它。

表8-10　**D-Y弹塑性模型（Double-Yield）材料属性参数**

序号	参　　数	值类型	说　　明
1	bulk-maximum	*f*	最大体积模量，K_{max}
2	cohesion	*f*	黏聚力，c
3	dilation	*f*	剪胀角，ψ，默认为0.0
4	multiplier	*f*	当前塑性帽盖模量与弹性体积模量和剪切模量的倍数，R，默认为5.0
5	pressure-cap	*f*	帽盖压力，p_c
6	shear-maximum	*f*	最大切变模量，G_{max}
7	tension	*f*	抗拉强度，σ_t，默认为0.0
8	flag-brittle*	*b*	如果为真，拉伸破坏后抗拉强度置为零，默认为假
9	table-cohesion*	*i*	塑性切应变-黏聚力表号，默认为0
10	table-dilation*	*i*	塑性切应变-剪胀角表号，默认为0
11	table-friction*	*i*	塑性切应变-摩擦角表号，默认为0
12	table-pressure-cap*	*i*	塑性体应变-帽盖压力表号，默认为0，若不指定，模型模量保持恒定，$K=K_{max}$，$G=G_{max}$，任何时候 K_{max} 和 G_{max} 都是模量的上限
13	table-tension*	*i*	塑性拉应变-抗拉强度表号，默认为0
14	bulk	*f*	体积模量，K，只读
15	poisson	*f*	泊松比，ν，只读
16	shear	*f*	剪切模量，G，只读
17	strain-shear-plastic	*f*	累积塑性剪切应变，只读
18	strain-tension-plastic	*f*	累积塑性拉应变，只读
19	strain-volumetric-plastic	*f*	累积塑性体应变，只读
20	young	*f*	弹性模量，E，只读

注：1. 抗拉强度 $\sigma_t=\min(\sigma_t, k_\phi/q_\psi)$。

2. 带*的为高级参数，有一默认值，简单应用时不用考虑它。

表 8-11　修正剑桥弹塑性模型（Modified-Cam-Clay）材料属性参数

序号	参　　数	值类型	说　　明
1	bulk-maximum	*f*	最大体积模量，K_{max}
2	kappa	*f*	弹性膨胀线斜率，k
3	lambda	*f*	常态固结线斜率，λ
4	poisson	*f*	泊松比，ν
5	pressure-reference	*f*	基准压力，p_1
6	pressure-effective	*f*	平均有效压力，p
7	pressure-preconsolidation	*f*	预固结压力，p_{c0}
8	ratio-critical-state	*f*	临界应力比，$M=q/p$
9	shear	*f*	切变模量，G
10	specific-volume-reference	*f*	常固结线性基准压力下的比容，v_λ
11	bulk	*f*	当前弹性体积模量，K，只读
12	specific-volume	*f*	当前比容，v，只读
13	strain-volumetric-total	*f*	累积总体积应变，只读
14	stress-deviatoric	*f*	当前偏应力，q，只读

注：1. 若当前体积模量 $K>K_{max}$，则出现错误消息，并将建议增加 K_{max}。

2. 在泊松比 ν 和切变模量 G 之间只需要输入一个。若没指定泊松比 ν，且指定一个非零切变模量 G，则切变模量 G 保持不变，泊松比 ν 将随着体积模量 K 的变化而变化；若给出一个非零泊松比 ν，那么切变模量 G 将随着体积模量 K 变化而变化。

表 8-12　霍克-布朗弹塑性模型（Hoek-Brown）材料属性参数

序号	参　　数	值类型	说　　明
1	bulk	*f*	体积模量，K
2	constant-a	*f*	霍克-布朗参数，a
3	constant-dilation	*f*	剪胀角，ψ_c，只在 flag-dilation =0 时才需要，默认为 0.0
4	constant-mb	*f*	霍克-布朗参数，m_b
5	constant-s	*f*	霍克-布朗参数，s
6	constant-sci	*f*	霍克-布朗参数，σ_{ci}
7	current-a	*f*	当前 a_c 值
8	current-mb	*f*	当前 $m_{b,c}$ 值
9	current-s	*f*	当前 s_c 值
10	current-sci	*f*	当前 $\sigma_{ci,c}$ 值
11	poisson	*f*	泊松比，ν
12	shear	*f*	切变模量，G
13	tension	*f*	抗拉强度，σ_t，默认为 0.0
14	young	*f*	弹性模量，E
15	flag-brittle*	*b*	如果为真，拉伸破坏后抗拉强度置为零，默认为假
16	length-calibration*	*f*	校准长度以计算单元体大小，默认为 0.0，这意味不校准长度计算单元体大小
17	flag-dilation*	*f*	=0，需通过 constant-dilation 指定剪胀角 ψ_c，默认；= -1，需指定相关的塑性流动，$\psi_c=\phi_c$；=k，其中 k 为摩擦角的份额，$\psi_c=k\phi_c$

（续）

序号	参　　数	值类型	说　　明
18	flag-evolution*	*i*	=0，最小主（压）应力方向塑性应变演化参数集，默认；=1，塑性切变演化参数集
19	flag-fos*	*i*	=0，剪切强度控制求解的 model factor-of-safety，默认；=1，无侧限抗压强度求解的 model factor-of-safety
20	table-a*	*i*	与 a 演化参数相关表号，默认为0
21	table-m*	*i*	与 m_b 演化参数相关表号，默认为0
22	table-multiplier*	*i*	与 σ_3 倍数相关表号，默认为0
23	table-s*	*i*	与 s 演化参数相关表号，默认为0
24	table-sci*	*i*	与 σ_{ci} 演化参数相关表号，默认为0
25	table-tension*	*i*	与 σ_t 拉应变相关表号，默认为0
26	cohesion	*f*	当前的黏聚力，c_c，只读
27	dilation	*f*	当前的剪胀角，ψ_c，从不大于当前摩擦角，只读
28	friction	*f*	当前的摩擦角，ϕ_c，只读
29	strain-plastic	*f*	若 flag-evolution = 0，则当前的最小（压）主应力方向塑性应变；若 flag-evolution = 1，则当前的最小（压）主应力方向塑性切变。只读

注：1. 要么用 K 和 G 定义，要么用 E 和 ν 定义，若是后者，则须先给出 E。

2. 抗拉强度 $\sigma_t = \min(\sigma_t, c/\tan\phi)$。

3. 对于 a、m_b、s 和 σ_{sci} 参数有两组。第一组常量组，第一时间分派后，随后一直不变。第二组为当前组，自动初始化为常量设置相同的值，但可以使用 table 或 FISH 函数更新这些参数。

4. 带*的为高级参数，有一默认值，简单应用时不用考虑它。

表 8-13　**霍克-布朗-PAC 弹塑性模型**（Hoek-Brown-PAC）**材料属性参数**

序号	参　　数	值类型	说　　明
1	bulk	*f*	体积模量，K
2	constant-a	*f*	霍克-布朗参数，a
3	constant-mb	*f*	霍克-布朗参数，m_b
4	constant-s	*f*	霍克-布朗参数，s
5	constant-sci	*f*	霍克-布朗参数，σ_{ci}
6	poisson	*f*	泊松比，ν
7	shear	*f*	切变模量，G
8	stress-confining-prescribed	*f*	霍克-布朗参数，σ_3^{cv}
9	young	*f*	弹性模量，E
10	table-a*	*i*	从 a 到 e_3^p 相关表号，默认为0
11	table-m*	*i*	与 m_b 到 e_3^p 相关表号，默认为0
12	table-multiplier*	*i*	与 σ_3 倍数相关表号，默认为0
13	table-s*	*i*	与 s 到 e_3^p 相关表号，默认为0
14	table-sci*	*i*	与 σ_{ci} 到 e_3^p 相关表号，默认为0
15	strain-3-plastic	*f*	累积最小主（压）应力 e_3^p 方向塑性变形，只读
16	number-iteration	*i*	迭代次数，只读

注：1. 要么用 K 和 G 定义，要么用 E 和 ν 定义，若是后者，则须先给出 E。

2. 带*的为高级参数，有一默认值，简单应用时不用考虑它。

表 8-14　**C-Y 弹塑性模型（Cap-Yield）材料属性参数**

序号	参　数	值类型	说　明
1	cohesion	*f*	终黏聚力，c，默认为 0.0
2	dilation	*f*	终剪胀角，ψ_f，默认为 0.0
3	friction	*f*	终摩擦角，ϕ_f，若指定角度值小于 0.1°，则将限制 0.1°
4	friction-mobilized	*f*	动摩擦角，ϕ_m，初始化不低于 ϕ_m^{nc}
5	pressure-cap	*f*	帽盖压力，p_c
6	pressure-initial	*f*	初始平均有效应力，p_{ini}，没指定 pressure-cap 时
7	pressure-reference	*f*	参考压力，p_{ref}，应指定非零值
8	poisson	*f*	当前泊松比，ν，默认为 0.2
9	shear-reference	*f*	无量纲的剪切模量参考值，G_{ref}，应指定非零值
10	tension	*f*	抗拉强度，σ_t，默认为 0.0
11	alpha*	*f*	帽盖屈服面无量纲参数，α，默认为 1.0
12	beta*	*f*	无量纲校准系数，β，默认为 1.0
13	dilation-mobilized*	*f*	动剪胀角，ψ_m，除非 table-dilation≠0，否则只读
14	exponent*	*f*	与压力相关的指数，m，默认为 0.5，上限为 0.99
15	failure-ratio*	*f*	失效率，R_f，默认为 0.9
16	flag-brittle*	*b*	如果为真，拉伸破坏后抗拉强度置为零，默认为假
17	flag-cap*	*i*	=0，无帽盖，弹性模量是平均有效应力的函数，应指定 pressure-initial 值，默认；=1，有帽盖，弹性模量是帽盖压力的函数
18	flag-dilation*	*i*	=0，用内建 Rowe 剪胀角规则，默认；=1，$\psi_m \equiv \psi_f$；=2，应指定 ϕ_{cv} 值，通过公式计算 ψ_m
19	flag-shear*	*i*	=0，用内建剪切硬化规则，默认；=1，$\phi_m = \phi_f$
20	friction-0*	*f*	初始化动摩擦角，ϕ_0，默认时，若 e_{ps} 初始化为 0.0，则 $\phi_0 = \phi_m$；否则，$\phi_0 = 0$
21	friction-critical*	*f*	常数 ϕ_{cv}，由公式计算，若 flag-dilation=2 则必须指定
22	over-consolidation-ratio*	*f*	超固结比，OCR，默认为 1.0
23	multiplier*	*f*	当前塑性帽盖模量与弹性体积模量和剪切模量的倍数，R，默认时，有帽盖为 5.0，无帽盖为 0.0
24	shear-maximum*	*f*	最大切变模量，G_{max}^e，默认时按 $10G_{ini}^e$ 计算，其中 G_{ini}^e 是第一次计算的 G^e
25	shear-minimum*	*f*	最小切变模量，G_{min}^e，默认时按 $0.1G_{ini}^e$ 计算，其中 G_{ini}^e 是第一次计算的 G^e
26	strain-shear-plastic*	*f*	累积塑性剪切应变，γ^p
27	strain-tensile-plastic*	*f*	累积塑性拉应变，e^{pt}
28	strain-volumetric-plastic*	*f*	累积塑性体积应变，e^p
29	table-pressure-cap*	*i*	塑性体应变-帽盖压力表号，默认为 0
30	table-cohesion*	*i*	塑性剪切应变-黏聚力表号，默认为 0
31	table-dilation*	*i*	塑性剪切应变-动剪胀角表号，默认为 0
32	table-friction*	*i*	塑性切变-动内摩擦角表号，默认为 0

（续）

序号	参　数	值类型	说　明
33	table-tension*	*i*	塑性拉应变-拉伸强度表号，默认为0
34	void-initial*	*f*	初始化孔隙率，$\hat{e}_{ini}$，默认为1.0
35	void-maximum*	*f*	允许最大孔隙，$\hat{e}_{max}$，默认为999.0
36	bulk	*f*	当前体积模量，K，只读
37	pressure-effective-cy	*f*	平均有效应力，p，只读
38	shear	*f*	当前剪切模量，只读
39	stress-deviatoric-cy	*f*	偏应力，q，只读
40	void	*f*	当前孔隙率，$\hat{e}$，只读
41	young	*f*	当前弹性模量，E，只读

注：1. 抗拉强度 $\sigma_t = \min(\sigma_t, c/\tan\phi)$。
2. p_c 和 p_{ini} 必须指定一个。
3. 有关孔隙率的参数 $\hat{e}_{ini}$ 和 $\hat{e}_{max}$，只在剪胀角为零时才用。
4. 带*的为高级参数，有一默认值，简单应用时不用考虑它。

表 8-15 **简化 C-Y 弹塑性模型（Cap-Yield Simplified）材料属性参数**

序号	参　数	值类型	说　明
1	bulk-reference	*f*	无量纲体积模量参考值，K_{ref}
2	cohesion	*f*	终黏聚力，c
3	dilation	*f*	终剪胀角，ψ_f
4	friction	*f*	终摩擦角，ϕ_f
5	friction-mobilized	*f*	动摩擦角，ϕ_m，初始化不低于 ϕ_m^{nc}
6	poisson	*f*	当前泊松比，ν
7	pressure-initial	*f*	初始平均有效应力，p_m，由命令或 FISH 初始化
8	pressure-reference	*f*	参考压力，p_{ref}，应指定非零值
9	shear-reference	*f*	无量纲剪切模量参考值，G_{ref}
10	tension	*f*	抗拉强度，σ_t，默认为0.0
11	young-reference	*f*	无量纲弹性模量参考值，E_{ref}
12	dilation-mobilized*	*f*	当前动剪胀角，ψ_m，除非 table-dilation≠0，否则只读
13	flag-brittle*	*b*	如果为真，拉伸破坏后抗拉强度置为零，默认为假
14	flag-dilation*	*i*	=0，动剪胀角 ψ_m 等于输入值或 dilation 或 table-dilation 中塑性切变的函数；=1，动剪胀角 ψ_m，以 Rowe 应力剪胀理论为特征，默认；=2，若 $\phi_m < \phi_{cv}$，则动剪胀角 $\psi_m = 0$，若 $\phi_m \geqslant \phi_{cv}$，则 $\psi_m = \psi_f$
15	exponent-bulk*	*f*	体积模量指数，m，默认为0.5
16	exponent-shear*	*f*	切变模量指数，n，默认为0.5
17	friction-0*	*f*	初始化动摩擦角，ϕ_0，默认时，若 strain-shear-plastic 初始化为0.0，则 $\phi_0 = \phi_m$；否则，$\phi_0 = 0.0$
18	friction-critical*	*f*	常数 ϕ_{cv}，由 flag-dilation 值而定
19	strain-shear-plastic*	*f*	累积塑性剪切应变，e^{ps}
20	strain-tensile-plastic*	*f*	累积塑性拉应变，e^{pt}，默认为0.0

（续）

序号	参　　数	值类型	说　　明
21	failure-ratio*	*f*	失效率，R_f，默认为0.9
22	table-cohesion*	*i*	塑性剪切应变-黏聚力表号，默认为0
23	table-dilation*	*i*	塑性剪切应变-动剪胀角表号，默认为0
24	table-tension*	*i*	塑性拉应变-抗拉强度表号，默认为0
25	bulk	*f*	当前体积模量，K^e，只读
26	shear	*f*	当前剪切模量，G^e，只读
27	young	*f*	当前弹性模量，E，只读

注：1. 要么用 K 和 G 定义，要么用 E 和 v 定义，若是后者，则须先给出 E。

2. 抗拉强度 $\sigma_t = \min(\sigma_t, c/\tan\phi)$。

3. 带*的为高级参数，有一默认值，简单应用时不用考虑它。

表8-16　塑性硬化模型（Plastic-Hardening）材料属性参数

序号	参　　数	值类型	说　　明
1	cohesion	*f*	终黏聚力，c，默认和截止值为 $10^{-5}p_{ref}$
2	dilation	*f*	终剪胀角，ψ，默认为0.0
3	exponent	*f*	弹性模量指数，$0 \leq m < 1$
4	friction	*f*	终摩擦角，ϕ，默认和截止值为0.001°
5	stress-1-effective	*f*	初始化最小有效主应力，σ_1^{ini}
6	stress-2-effective	*f*	初始化第二有效主应力，σ_2^{ini}
7	stress-3-effective	*f*	初始化最大有效主应力，σ_3^{ini}
8	pressure-reference	*f*	参考压力，p_{ref}，应指定非零值，最常用的参考压力是标准大气压力，1atm或100kPa
9	stiffness-50-reference	*f*	割线刚度，E_{50}^{ref}，须指定非零值
10	stiffness-oedometer-reference*	*f*	切线刚度，E_{oed}^{ref}，默认时 $E_{oed}^{ref} = E_{50}^{ref}$，$E_{oed}^{ref}$ 没指定时 E_{50}^{ref} 必须指定
11	stiffness-ur-reference*	*f*	卸/装刚度，E_{ur}^{ref}，必须大于 $2E_{50}^{ref}$，默认时 $E_{ur}^{ref} = 4E_{50}^{ref}$
12	coefficient-normally-consolidation*	*f*	固结系数，K_{nc}，不少于 $\nu/(1-\nu)$，一般为0.5~0.7，默认时 $K_{nc} = 1 - \sin\phi$
13	constant-alpha*	*f*	帽盖屈服面无量纲参数，α，内部初始化
14	factor-contraction*	*f*	收缩系数，F_c，0.0~0.25，默认为0.0
15	flag-initialization*	*f*	初始化标志，若为1，内部变量将重新计算，默认为0.0
16	over-consolidation-ratio*	*f*	超固结比，OCR，对于正常固结土，值为1.0，默认为100，表示明显的无帽盖剪切塑性硬化模型
17	poisson*	*f*	当前泊松比，v，默认为0.2
18	stiffness-cap-hardening*	*f*	帽盖硬化刚度，H_c，内部计算
19	failure-ratio*	*f*	失效率，R_f，默认为0.9
20	tension*	*f*	抗拉强度，σ_t，默认为0.0
21	void-initial*	*f*	初始化孔隙率，e_{ini}，默认为1.0

（续）

序号	参　数	值类型	说　明
22	void-maximum*	*f*	允许最大孔隙，$\hat{e}_{max}$，默认为999.0
23	bulk	*f*	当前卸/装体积模量，K^e，只读
24	shear	*f*	当前卸/装剪切模量，G^e，只读
25	plastic-hardening-shear	*f*	累积剪切塑性硬化参数，γ^p，只读
26	plastic-hardening-volume	*f*	累积体积塑性硬化参数，ε_v^p，只读
27	pressure-cap	*f*	帽盖压力，R_c，只读
28	void	*f*	当前孔隙率，e，只读

注：1. 抗拉强度 $\sigma_t=\min(\sigma_t,k_\phi/q_\psi)$。

2. 参数 σ_1^{ini}、σ_2^{ini} 和 σ_3^{ini} 初次必须通过命令或FISH指定值，负值表明压应力。

3. 可能拒绝某些参数组合，一个或多个参数超限；内部参数不能正确确定；数值不稳定。

4. 若用户指定 α 和 H_c，则系统不完成自动计算。

5. 带*的为高级参数，有一默认值，简单应用时不用考虑它。

表8-17　膨胀弹塑性模型（Swell）材料属性参数

序号	参　数	值类型	说　明
1	bulk	*f*	体积模量，K
2	cohesion	*f*	黏聚力，c
3	constant-a-1	*f*	膨胀参数，a_1
4	constant-a-3	*f*	膨胀参数，a_3
5	constant-c-1	*f*	膨胀参数，c_1
6	constant-c-3	*f*	膨胀参数，c_3
7	constant-m-1	*f*	膨胀参数，m_1
8	constant-m-3	*f*	膨胀参数，m_3
9	dilation	*f*	剪胀角，ψ，默认为0.0
10	dip	*f*	局部膨胀平面的倾角（°）
11	dip-direction	*f*	局部膨胀平面的倾向（°）
12	friction	*f*	内摩擦角，ϕ
13	normal	*v*	局部膨胀平面法向量，(n_x,n_y,n_z)
14	normal-x	*f*	局部膨胀平面法向向量 x 方向的分量，n_x
15	normal-y	*f*	局部膨胀平面法向向量 y 方向的分量，n_y
16	normal-z	*f*	局部膨胀平面法向向量 z 方向的分量，n_z
17	poisson	*f*	泊松比，ν
18	pressure-reference	*f*	大气压力，p_a
19	shear	*f*	剪切模量，G
20	tension	*f*	抗拉强度，σ_t，默认为0.0
21	young	*f*	弹性模量，E
22	flag-swell*	*i*	应用膨胀函数标志：=1，对数函数，默认；=2，线性函数
23	flag-brittle*	*b*	如果为真，拉伸破坏后抗拉强度置为零，默认为假
24	number-start*	*i*	开始膨胀变形的步数，默认为1

（续）

序号	参　　数	值类型	说　　明
25	count-swell	*i*	膨胀变形开始后的步数，开始时被置零，只读
26	stress-local-vertical	*f*	膨胀初局部总垂直应力，当模型材料属性参数发生变化时，将被恢复到零，只读
27	stress-swell-xx	*f*	膨胀应力 *xx* 分量，只读
28	stress-swell-yy	*f*	膨胀应力 *yy* 分量，只读
29	stress-swell-zz	*f*	膨胀应力 *zz* 分量，只读
30	stress-swell-xy	*f*	膨胀应力 *xy* 分量，只读
31	stress-swell-xz	*f*	膨胀应力 *xz* 分量，只读
32	stress-swell-yz	*f*	膨胀应力 *yz* 分量，只读

注：1. 局部膨胀平面是各向同性的。

2. 要么用 K 和 G 定义，要么用 E 和 ν 定义，若是后者，则须先给出 E。

3. 抗拉强度 $\sigma_t = \min(\sigma_t, k_\phi/q_\psi)$。

4. 带*的为高级参数，有一默认值，简单应用时不用考虑它。

表 8-18　摩尔-库仑拉裂弹塑性模型（Mohr-Coulomb-Tension）材料属性参数

序号	参　　数	值类型	说　　明
1	bulk	*f*	体积模量，K
2	cohesion	*f*	黏聚力，c
3	dilation	*f*	剪胀角，ψ，默认为 0.0
4	friction	*f*	内摩擦角，ϕ
5	poisson	*f*	泊松比，ν
6	shear	*f*	剪切模量，G
7	tension	*f*	抗拉强度，σ_t，默认为 0.0
8	young	*f*	弹性模量，E
9	flag-brittle*	*b*	如果为真，拉伸破坏后抗拉强度置为零，默认为假
10	normal-1	*v*	拉裂平面 1 法向量，$(n_{1,x}, n_{1,y}, n_{1,z})$，只读
11	normal-2	*v*	拉裂平面 2 法向量，$(n_{2,x}, n_{2,y}, n_{2,z})$，只读
12	normal-3	*v*	拉裂平面 3 法向量，$(n_{3,x}, n_{3,y}, n_{3,z})$，只读
13	number-cracks	*i*	拉裂数，只读
14	strain-tension-plastic-1	*f*	n_1 向量方向累积拉变形，只读
15	strain-tension-plastic-2	*f*	n_2 向量方向累积拉变形，只读
16	strain-tension-plastic-3	*f*	n_3 向量方向累积拉变形，只读

注：1. 要么用 K 和 G 定义，要么用 E 和 ν 定义，若是后者，则须先给出 E。

2. 抗拉强度 $\sigma_t = \min(\sigma_t, k_\phi/q_\psi)$。

3. 带*的为高级参数，有一默认值，简单应用时不用考虑它。

表 8-19　动力学模型（Finn）（动选）材料属性参数

序号	参　　数	值类型	说　　明
1	bulk	*f*	体积模量，K
2	cohesion	*f*	黏聚力，c

（续）

序号	参　数	值类型	说　明
3	constant-1	*f*	常量，c_1
4	constant-2	*f*	常量，c_2
5	constant-3	*f*	常量，c_3
6	constant-4	*f*	常量，c_4
7	dilation	*f*	剪胀角，ψ，默认为0.0
8	flag-switch	*i*	公式开关：=0，用Martin等人公式；=1，用Byrne公式
9	friction	*f*	内摩擦角，ϕ
10	poisson	*f*	泊松比，ν
11	shear	*f*	剪切模量，G
12	tension	*f*	抗拉强度，σ_t，默认为0.0
13	young	*f*	弹性模量，E
14	number-latency	*i*	反向之间的最小时间步数，默认为0
15	flag-brittle*	*b*	如果为真，拉伸破坏后抗拉强度置为零，默认为假
16	table-cohesion*	*i*	塑性剪切应变-黏聚力表号
17	table-dilation*	*i*	塑性剪切应变-剪胀角表号
18	table-friction*	*i*	塑性剪切应变-摩擦角表号
19	table-tension*	*i*	塑性拉应变-抗拉强度表号
20	number-count	*i*	剪切应变反转次数（半周期），只读
21	strain-shear-plastic	*f*	累积塑性切应变，只读
22	strain-tensile-plastic	*f*	累积塑性拉应变，只读
23	strain-volumetric-irrecoverable	*f*	累积体应变，ε_{vd}，只读

注：1. 要么用K和G定义，要么用E和ν定义，若是后者，则须先给出E。

2. 抗拉强度$\sigma_t=\min(\sigma_t,k_\phi/q_\psi)$。

3. 带*的为高级参数，有一默认值，简单应用时不用考虑它。

表8-20 **水化修正的D-Y弹塑性模型**（Hydration-Drucker-Prager）（热选）**材料属性参数**

序号	参　数	值类型	说　明
1	bulk-reference	*f*	体积模量，K
2	constant-a	*f*	材料属性参数，α
3	constant-c	*f*	材料属性参数，c
4	hydration-minimum	*f*	最小水化等级，α_0
5	hydration-difference-minimum	*f*	最小差，$(\alpha-\alpha_0)_{min}$
6	poisson	*f*	泊松比，ν
7	shear-reference	*f*	$\alpha=1$时，参考切变模量，G_{cte}
8	young-reference	*f*	$\alpha=1$时，参考杨氏模量，E_{cte}
9	tension-reference	*f*	$\alpha=1$时，参考抗拉强度，f_{cte}
10	bulk	*f*	体积模量，K，只读
11	cohesion-drucker	*f*	D-P材料属性参数，k_φ，只读

（续）

序号	参　　数	值类型	说　　明
12	compression	f	极限抗压强度，σ_c，只读
13	dilation-drucker	f	D-P 材料属性参数，q_ψ，只读
14	friction-drucker	f	D-P 材料属性参数，q_φ，只读
15	shear	f	剪切模量，G，只读
16	tension	f	抗拉强度，σ_t，只读
17	young	f	弹性模量，E，只读

注：1. 要么用 K_{cte} 和 G_{cte} 定义，要么用 E_{cte} 和 v 定义，若是后者，则须先给出 E_{cte}。

2. 抗拉强度 $\sigma_t = \min[\sigma(\alpha), k_\phi(\alpha)/q_\psi(\alpha)]$。

表 8-21　麦斯威尔黏弹性模型（Maxwell）（蠕选）材料属性参数

序号	参　　数	值类型	说　　明
1	bulk	f	体积模量，K
2	poisson	f	泊松比，ν
3	shear	f	剪切模量，G
4	young	f	弹性模量，E
5	viscosity	f	动态黏度，η

注：要么用 K 和 G 定义，要么用 E 和 v 定义，若是后者，则须先给出 E。

表 8-22　伯格斯黏弹性模型（Burgers）（蠕选）材料属性参数

序号	参　　数	值类型	说　　明
1	bulk	f	体积模量，K
2	shear-kelvin	f	开尔文切变模量，G^K
3	shear-maxwell	f	麦斯威尔切变模量，G^M
4	viscosity-kelvin	f	开尔文黏度，η^K
5	viscosity-maxwell	f	麦斯威尔黏度，η^M
6	strain-kelvin-xx	f	开尔文应变，e_{xx}^K
7	strain-kelvin-yy	f	开尔文应变，e_{yy}^K
8	strain-kelvin-zz	f	开尔文应变，e_{zz}^K
9	strain-kelvin-xy	f	开尔文应变，e_{xy}^K
10	strain-kelvin-xz	f	开尔文应变，e_{xz}^K
11	strain-kelvin-yz	f	开尔文应变，e_{yz}^K

注：若初始化模型使应力变化，则开尔文应变 e_{ij}^K 不兼容，如何调整见该软件的用户手册和 FISH 函数。

表 8-23　幂律模型（Power）（蠕选）材料属性参数

序号	参　　数	值类型	说　　明
1	bulk	f	体积模量，K
2	constant-1	f	幂律常数，A_1
3	constant-2	f	幂律常数，A_2
4	exponent-1	f	幂律指数，n_1

（续）

序号	参　数	值类型	说　明
5	exponent-2	*f*	幂律指数，n_2
6	poisson	*f*	泊松比，ν
7	shear	*f*	剪切模量，G
8	stress-reference-1	*f*	参考应力 1，σ_1^{ref}
9	stress-reference-2	*f*	参考应力 2，σ_2^{ref}
10	young	*f*	弹性模量，E

注：要么用 K 和 G 定义，要么用 E 和 ν 定义，若是后者，则须先给出 E。

表 8-24　**WIPP 蠕变模型（Wipp）（蠕选）材料属性参数**

序号	参　数	值类型	说　明
1	activation-energy	*f*	活化能，Q
2	bulk	*f*	体积模量，K
3	constant-a	*f*	常数，A
4	constant-b	*f*	常数，B
5	constant-d	*f*	常数，D
6	constant-gas	*f*	气体常数，R
7	creep-rate-critica	*f*	临界稳态蠕变率，$\dot{\varepsilon}_{ss}^*$
8	exponent	*f*	幂指数，n
9	poisson	*f*	泊松比，ν
10	shear	*f*	剪切模量，G
11	temperature	*f*	单元体温度，T
12	young	*f*	弹性模量，E
13	creep-strain-primary	*f*	累积蠕变应变，ε_s，只读
14	creep-rate-primary	*f*	累积蠕变应变率，$\dot{\varepsilon}_s$，只读

注：要么用 K 和 G 定义，要么用 E 和 ν 定义，若是后者，则须先给出 E。

表 8-25　**伯格斯-摩尔-库仑黏塑性组合模型（Burgers-Mohr）（蠕选）材料属性参数**

序号	参　数	值类型	说　明
1	bulk	*f*	体积模量，K
2	cohesion	*f*	黏聚力，c
3	dilation	*f*	剪胀角，ψ
4	friction	*f*	内摩擦角，ϕ
5	shear-kelvin	*f*	开尔文剪切模量，G^K
6	shear-maxwell	*f*	麦斯威尔切变模量，G^M
7	strain-kelvin-xx	*f*	开尔文应变，e_{xx}^K
8	strain-kelvin-yy	*f*	开尔文应变，e_{yy}^K
9	strain-kelvin-zz	*f*	开尔文应变，e_{zz}^K
10	strain-kelvin-xy	*f*	开尔文应变，e_{xy}^K

（续）

序号	参　数	值类型	说　明
11	strain-kelvin-xz	f	开尔文应变，e_{xz}^{K}
12	strain-kelvin-yz	f	开尔文应变，e_{yz}^{K}
13	tension	f	抗拉强度，σ_t，默认为 0.0
14	viscosity-kelvin	f	开尔文黏度，η^{K}
15	viscosity-maxwell	f	麦斯威尔黏度，η^{M}
16	strain-shear-plastic	f	累积塑性剪切应变，只读
17	strain-tensile-plastic	f	累积塑性拉应变，只读

注：1. 要么用 K 和 G 定义，要么用 E 和 ν 定义，若是后者，则须先给出 E。

2. 抗拉强度 $\sigma_t = \min(\sigma_t, c/\tan\phi)$。

3. 若初始化模型使应力变化，则开尔文应变 e_{ij}^{K} 不兼容，如何调整见该软件的用户手册和 FISH 函数。

表 8-26　幂律-摩尔-库仑黏塑性组合模型（Power-Mohr）（蠕选）材料属性参数

序号	参　数	值类型	说　明
1	bulk	f	体积模量，K
2	cohesion	f	黏聚力，c
3	constant-1	f	幂律常数，A_1
4	constant-2	f	幂律常数，A_2
5	dilation	f	剪胀角，ψ
6	exponent-1	f	幂律指数，n_1
7	exponent-2	f	幂律指数，n_2
8	friction	f	内摩擦角，ϕ
9	poisson	f	泊松比，ν
10	shear	f	剪切模量，G
11	stress-reference-1	f	参考应力 1，σ_1^{ref}
12	stress-reference-2	f	参考应力 2，σ_2^{ref}
13	tension	f	抗拉强度，σ_t，默认为 0.0
14	young	f	弹性模量，E
15	flag-brittle*	b	如果为真，拉伸破坏后抗拉强度置为零，默认为假

注：1. 要么用 K 和 G 定义，要么用 E 和 ν 定义，若是后者，则须先给出 E。

2. 带*的为高级参数，有一默认值，简单应用时不用考虑它。

表 8-27　幂律-节理黏塑性组合模型（Power-Ubiquitous）（蠕选）材料属性参数

序号	参　数	值类型	说　明
1	bulk	f	体积模量，K
2	cohesion	f	黏聚力，c
3	constant-1	f	幂律常数，A_1
4	constant-2	f	幂律常数，A_2
5	dilation	f	剪胀角，ψ
6	exponent-1	f	幂律指数，n_1

（续）

序号	参　　数	值类型	说　　明
7	exponent-2	*f*	幂律指数，n_2
8	friction	*f*	内摩擦角，ϕ
9	dip	*f*	节理平面的倾角（°）
10	dip-direction	*f*	节理平面的倾向（°）
11	joint-cohesion	*f*	节理的黏聚力，c_j
12	joint-dilation	*f*	节理的剪胀角，Ψ_j，默认为0.0
13	joint-friction	*f*	节理的内摩擦角，ϕ_j
14	joint-tension	*f*	节理的抗拉强度，σ_{tj}，默认为0.0
15	normal	*v*	节理平面的法向量，(n_x, n_y, n_z)
16	normal-x	*f*	节理平面的单位法向向量 x 方向的分量，n_x
17	normal-y	*f*	节理平面的单位法向向量 y 方向的分量，n_y
18	normal-z	*f*	节理平面的单位法向向量 z 方向的分量，n_z
19	poisson	*f*	泊松比，ν
20	shear	*f*	剪切模量，G
21	stress-reference-1	*f*	参考应力1，σ_1^{ref}
22	stress-reference-2	*f*	参考应力2，σ_2^{ref}
23	tension	*f*	抗拉强度，σ_t，默认为0.0
24	young	*f*	弹性模量，E
25	flag-brittle*	*b*	如果为真，拉伸破坏后抗拉强度置为零，默认为假

注：1. 要么用 K 和 G 定义，要么用 E 和 ν 定义，若是后者，则须先给出 E。

2. 定义节理平面有三种方法，一是倾向和倾角，二是法线向量，三是3个单位法向分量。

3. 抗拉强度 $\sigma_t = \min(\sigma_t, c/\tan\phi)$。

4. 带*的为高级参数，有一默认值，简单应用时不用考虑它。

表8-28 **WIPP-德鲁克-普拉格黏弹塑性模型（Wipp-Drucker）（蠕选）材料属性参数**

序号	参　　数	值类型	说　　明
1	activation-energy	*f*	活化能，Q
2	bulk	*f*	体积模量，K
3	cohesion-drucker	*f*	材料属性参数，k_φ
4	constant-a	*f*	常数，A
5	constant-b	*f*	常数，B
6	constant-d	*f*	常数，D
7	constant-gas	*f*	气体常数，R
8	creep-rate-critica	*f*	临界稳态蠕变率，$\dot{\varepsilon}_{ss}^*$
9	dilation-drucker	*f*	材料属性参数，q_ψ
10	exponent	*f*	WIPP幂指数，n
11	friction-drucker	*f*	材料属性参数，q_φ
12	temperature	*f*	单元体温度，T

（续）

序号	参　　数	值类型	说　　明
13	poisson	*f*	泊松比，ν
14	shear	*f*	剪切模量，G
15	tension	*f*	抗拉强度，σ_t，默认为0.0
16	young	*f*	弹性模量，E
17	creep-strain-primary	*f*	累积蠕变应变，ε_s，只读
18	creep-rate-primary	*f*	累积蠕变应变率，$\dot{\varepsilon}_s$，只读
19	strain-shear-plastic	*f*	累积塑性剪切应变，只读
20	strain-tension-plastic	*f*	累积塑性拉应变，只读

注：1. 要么用 K 和 G 定义，要么用 E 和 ν 定义，若是后者，则须先给出 E。

2. 抗拉强度 $\sigma_t = \min(\sigma_t, k_\phi/q_\phi)$。

表 8-29　破碎盐岩 WIPP 黏塑性模型（Wipp-Salt）（蠕选）材料属性参数

序号	参　　数	值类型	说　　明
1	activation-energy	*f*	活化能，Q
2	bulk	*f*	体积模量，K
3	bulk-final	*f*	最终压实盐岩的体积模量，K_f
4	constant-a	*f*	常数，A
5	constant-b	*f*	常数，B
6	constant-d	*f*	常数，D
7	constant-gas	*f*	气体常数，R
8	compaction-0	*f*	压实参数，B_0
9	compaction-1	*f*	压实参数，B_1
10	compaction-2	*f*	压实参数，B_2
11	creep-rate-critica	*f*	临界稳态蠕变率，$\dot{\varepsilon}_{ss}^*$
12	density-final	*f*	最终压实盐岩的密度，ρ_f
13	density-salt	*f*	盐密度，ρ
14	exponent	*f*	幂指数，n
15	poisson	*f*	泊松比，ν
16	shear	*f*	剪切模量 G
17	shear-final	*f*	最终压实盐岩的切变模量，G_f
18	temperature	*f*	单元体温度，T
19	young	*f*	弹性模量，E
20	compaction-bulk	*f*	蠕变压实参数，K，只读
21	compaction-shear	*f*	蠕变压实参数，G，只读
22	density-fractional	*f*	当前碎盐密度，F_d，只读

注：要么用 K 和 G 定义，要么用 E 和 ν 定义，若是后者，则须先给出 E。

8.2　材料变形参数

除正交各向异性弹性模型和横向同性弹性模型外，FLAC 3D 其他模型在弹性范围内都有两个弹性常量来进行描述，即体积模量（K）和剪切模量（G）。在FLAC 3D中，常用常量K和G，而不用弹性模量（E）和泊松比（ν）。它们之间的关系如下：

$$K=\frac{E}{3(1-2\nu)},\ G=\frac{E}{2(1+\nu)}$$

$$E=\frac{9KG}{3K+G},\ \nu=\frac{3K-2G}{2(3K+G)}$$

式中，当泊松比ν接近0.5时就不可盲目用了，否则，K就非常大，解题收敛十分慢。表8-30为部分岩石的弹性常数，表8-31为部分土壤的弹性常数。

表8-30 部分岩石的弹性常数

名　称	干密度/(kg/m³)	弹性模量 E/MPa	泊松比 ν	体积模量 K/GPa	剪切模量 G/GPa
砂岩		19.3	0.38	26.8	7.0
粉砂岩		26.3	0.22	15.6	10.8
石灰岩	2090	28.5	0.29	22.6	11.1
页岩	2210~2570	11.1	0.29	8.8	4.3
大理岩	2700	55.8	0.25	37.2	22.3
花岗岩		73.8	0.22	43.9	30.2

表8-31 土壤的弹性常数

名　称	干密度/(kg/m³)	弹性模量 E/MPa	泊松比 ν
松散均匀砂	1470	10~26	0.2~0.4
致密均匀砂	1840	34~69	0.3~0.45
松散含颗粒粉砂	1630		
致密含颗粒粉砂	1940		0.2~0.4
硬黏土	1730	6~14	0.2~0.5
软黏土	1170~1490	2~3	0.15~0.25
黄土	1380		
有机软黏土	610~820		
冰砾泥	2150		

对于横向同性的弹性模型需要5个弹性参数：E_1，E_3，ν_{12}，ν_{13}，G_{13}。而正交各向异性的弹性模型需要9个弹性参数：E_1，E_2，E_3，ν_{12}，ν_{13}，ν_{23}，G_{12}，G_{13}，G_{23}。横向同性模型一般都是与均匀节理岩石或层状岩石有关，表8-32为横向同性岩石的弹性参数。

表8-32 横向同性岩石的弹性参数

名　称	E_x/GPa	E_y/GPa	ν_{yx}	ν_{zx}	G_{xy}/GPa
粉砂岩	43.0	40.0	0.28	0.17	17.0
砂岩	15.7	9.6	0.28	0.21	5.2
石灰岩	39.8	36.0	0.18	0.25	14.5
花岗岩	66.8	49.5	0.17	0.21	25.3
大理岩	68.6	50.2	0.06	0.22	26.6
砂页岩	10.7	5.2	0.20	0.41	1.2

8.3 材料强度参数

岩石的黏聚力、摩擦角和抗拉强度的典型值见表 8-33，土壤样本的黏聚力和摩擦角值见表 8-34。

表 8-33　岩石强度参数

名　称	内摩擦角/°	黏聚力/MPa	抗拉强度/MPa
砂岩（Berea）	27.8	27.2	1.17
粉砂岩（Siltstone）	32.1	34.7	—
页岩（Shale）	14.4	38.4	—
石英石（Sioux）	48.0	70.6	—
石灰岩（Indiana）	42.0	6.72	1.58
花岗岩（Stone Mountain）	51.0	55.1	—
试验场玄武岩（Nevada）	31.0	66.2	13.1

表 8-34　土壤强度参数

名　称	黏聚力/kPa	内摩擦角/°	
		峰　值	残留值
砾石	—	34	32
砂砾石	—	35	32
含泥粉砂砾石	1.0	35	32
粉砂砾	3.0	28	22
细砂	—	32	30
粗砂	—	34	30
级配良好砂	—	33	32
低塑粉土	2.0	28	25
中-高塑粉土	3.0	25	22
低塑黏土	6.0	24	20
中塑黏土	8.0	20	10
高塑黏土	10.0	17	6
有机粉土或黏土	7.0	20	15

德鲁克-普拉格模型强度参数可以通过黏聚力和内摩擦角得到，例如，假设德鲁克-普拉格破坏在摩尔-库仑范围内，则德鲁克-普拉格参数 q_ϕ 和 k_ϕ 与 ϕ、c 有如下关系式：

$$q_\phi = \frac{6}{\sqrt{3}(3-\sin\phi)}$$

$$k_\phi = \frac{6}{\sqrt{3}(3-\sin\phi)}c\cos\phi$$

8.4 后破坏参数

在许多工程领域中，特别是采矿工程，材料刚破坏时的反应是设计中需重点考虑的因素。很明显，必须模拟这种后破坏行为，在 FLAC 3D 中，后破坏行为的反应定义为剪切膨胀、剪切硬化/软化、体积硬化/软化和抗拉软化四种类型。

摩尔-库仑模型、节理模型、应变软化节理模型可以模拟剪切膨胀，应变软化模型、节理模型可以模拟剪切硬化/软化，修正剑桥模型可以模拟体积硬化/软化，应变软化模型、节理模型可以模拟抗拉软化。

8.4.1 剪切膨胀

膨胀角 ψ 用来表现膨胀特征，它与体积变化和剪切应变的比率有关，由三轴试验或剪切箱试验得到，由三轴试验得到的理想膨胀角关系如图 8-1 所示，由轴应变-体积应变图中可以得到膨胀角。

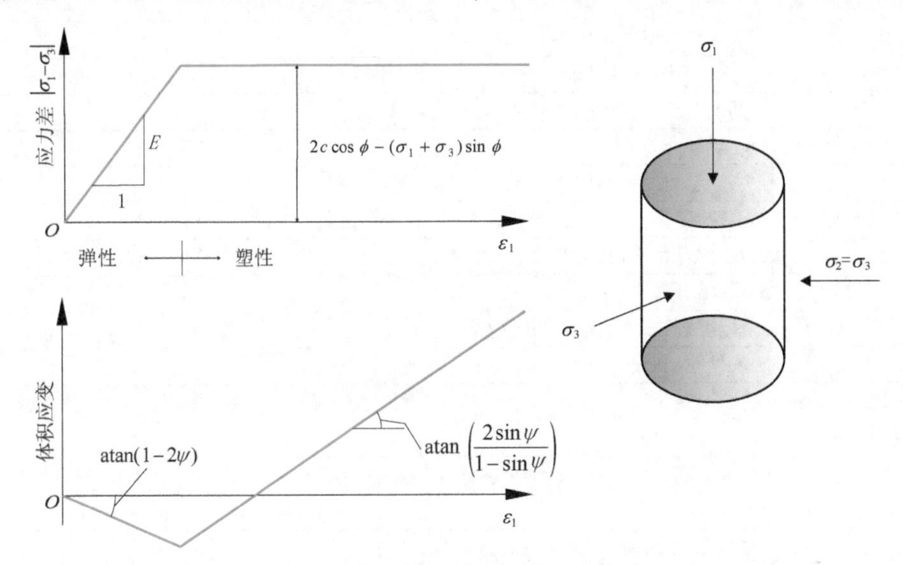

图 8-1 三轴试验中理想的膨胀角关系

对于土壤、岩石和混凝土，膨胀角小于摩擦角，Vermeer 和 de Borst（1984）报告的 ψ 值见表 8-35。

表 8-35 部分材料膨胀角典型值

名 称	膨胀角/°	名 称	膨胀角/°
致密砂	15	大理岩	12～20
松散砂	<10	混凝土	12
普通固结黏土	0		

8.4.2 剪切硬化/软化

材料硬化或软化是在塑性屈服开始后的一个渐变过程，材料变得越来越无弹性，直到碎裂而致破坏。对每一特定的分析，必须校准硬化和软化的参数，这些参数是通过三轴试验值后算出来的，通常是迭代过程，研究者发现硬化和软化的表达式。有关此方面的压缩试验见例题 7-2。

数字测试条件可能影响剪切硬化和软化的特性，因此，单元体大小和网格形状对模型的计算是很重要的，例题 8-1 单轴压缩试验剪切软化材料的应用，在包含细密单元体的样件的顶底部施加慢速压力，软化反响在图 8-2 位移-应力中显示，剪切波及区域分别从图 8-3 和图 8-4 中观察到，塑性区是一个放射螺旋结构的漏斗形状。

例题 8-1　应变软化材料的单轴试验。

```
;;文件名:8 -1 . f3dat
model new ;系统重置
zone create cylinder point 0 = (0,0,0) point 1 = (1,0,0)...
                    point 2 = (0,4,0) point 3 = (0,0,1)...
                    size = (12,30,12) ;先建 1/4 圆柱网格
zone reflect normal = (1,0,0)       ;以 y -z 平面镜像网格
zone reflect normal = (0,0,1)       ;以 x -y 平面镜像网格
;;指定本构模型及材料属性参数
zone cmodel assign strain-softening ; 应变硬化/软化模型
zone property bulk 2e8 shear 1e8
zone property cohesion 2e6 friction 45 tension 1e6 dilation 10
;;表'coh'、'fric'和'dil':塑性切应变-黏聚力、摩擦角和剪胀角
zone property table-cohesion 'coh'...
          table-friction 'fric' table-dilation 'dil'
table 'coh' add (0,2e6) (0.05,1e6) (0.1,5e5) (1,5e5)
table 'fric' add (0,45) (0.05,42) (0.1,40) (1,40)
table 'dil'  add  (0,10) (0.05,3)  (0.1,0)
;;边界条件,固定 y = 0,4 处 x,y,z 方向位移
zone gridpoint fix   velocity range position-y 0
zone gridpoint fix   velocity range position-y 4
;;初始化条件
zone gridpoint initialize velocity-y  2.5e -5...
      range position-y  -0.1 0.1
zone gridpoint initialize velocity-y -2.5e -5...
      range position-y 3.9 4.1
;;定义 Y0Stress 函数,计算 y = 0 平面的应力
fish define Y0Stress
    local str = 0
    loop foreach local pnt gp.list( ) ;遍历格点
       if gp.pos.y(pnt) < 0.1 then
          str = str + gp.force.unbal.y(pnt) ; Σy = 0 格点力
       endif
    endloop
    Y0Stress = str/math.pi ;应力 = 力/面积,圆柱体半径为 1
end
history interval 1 ;设置采样记录间隔
zone history  displacement-y position (0,0,0);记录 y 位移
fish history  @ Y0Stress ;记录 FISH 函数变量
zone history  displacement-x position (1,1,0) ;记录 x 位移
model step 5000      ;计算 5000 步
model save 'Beforeplzones' ;保存模型状态到文件
;;绘图输出位移-应力曲线(由交互操作输出而来)
plot create 'Disp-Stress'     ;创建 Disp -Stress 选项卡
plot clear
```

```
plot item create chart-history active on...
    history '2' name '-2 Y0Stress (FISH)'...
    style line reversed-x off reversed-y on...
    vs '1' reversed off axis-x label '(0,0,0)Disp'...
    axis-y label 'Stress'
;;绘图输出剪切应变率等直线(由交互操作输出而来)
plot create 'SSRate'
plot clear
plot item create zone active on...
    contour stress-strength-ratio  log off...
    method average
;;定义ShowPlasticZones 函数,以对单元体分组
fish define ShowPlasticZones
    loop foreach local zp zone.list()
        if zone.prop(zp,'strain-shear-plastic') > 0.2
            ;把累积塑性剪切应变>0.2 的单元体分派组名为'MPlastic'
            zone.group(zp) = 'MPlastic'
        else
            zone.group(zp) = 'Other'
        endif
    endloop
end
@ ShowPlasticZones
;;绘图输出塑性剪切应变>0.2 的单元体(由交互操作输出而来)
plot create 'PlasticZone'
plot clear
plot item create zone active on...
    label group slot 'Any'...
    range group 'Any=MPlastic' slot 'Any'
```

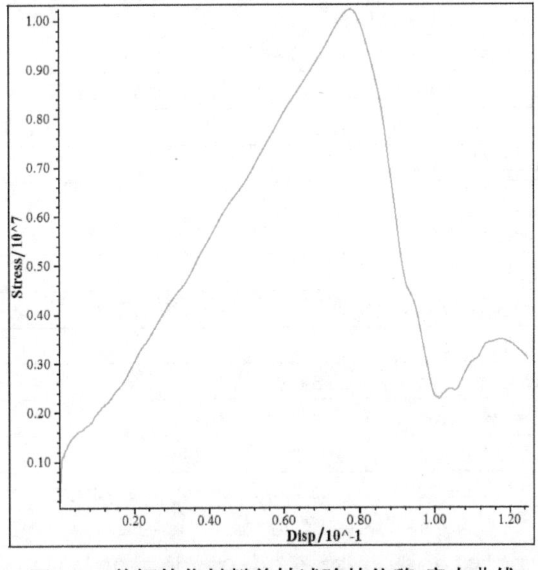

图 8-2 剪切软化材料单轴试验的位移-应力曲线

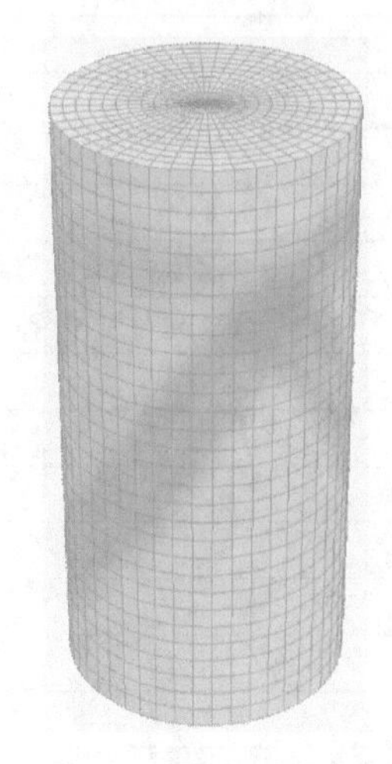

图 8-3　剪切应变率等值线

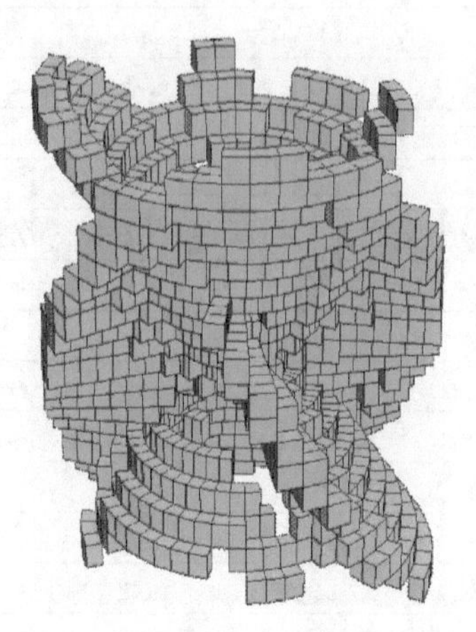

图 8-4　塑性剪切应变 >0.2 屈服区域的单元体

8.4.3　体积硬化/软化

体积硬化关系到不可逆压缩，增加同向压力可以引起体积永久减小，在胶结的砂、砾石和固结的黏土中，这种现象最常见。

可以用 D-Y 模型和修正剑桥模型来模拟体积硬化/软化，D-Y 模型假设硬化取决于塑性体积应变，而修正剑桥模型则把硬化作为剪切应变和体积应变的函数处理。

关于体积硬化的修正剑桥模型的简单练习如例题 8-2 及图 8-5 ~ 图 8-7 所示。

例题 8-2　修正剑桥模型练习。

```
;;文件名:8 -2 . f3dat
;;修正剑桥模型各向同性压缩试验例题
model new ;系统重置
zone create brick size 1 1 1
;;指定本构模型及材料属性参数
zone cmodel assign modified-cam-clay ;修正剑桥模型
zone property shear 250.0 bulk-maximum 10000.0
zone property ratio-critical-state 1.02 lambda 0.2
zone property kappa 0.05 pressure-preconsolidation 5.0
zone property pressure-reference 1.0
zone property specific-volume-reference 3.32
;;边界、初始化条件
zone gridpoint fix velocity
zone initialize stress xx -5.0 yy -5.0 zz -5.0
;;定义 camclay_ini_p 函数,初始化平均有效压力和预固结压力
fish define camclay_ini_p
    loop foreach local p_z zone.list()
        local mean_p = -(zone.stress.xx(p_z)...
                +zone.stress.yy(p_z)...
                +zone.stress.zz(p_z))/3.0 - zone.pp(p_z)
        zone.prop(p_z,'pressure-effective') =mean_p
        zone.prop(p_z,'pressure-preconsolidation') =mean_p
```

```
    endloop
end
@ camclay_ini_p
;;定义 path 函数,计算采样记录变量
fish define path
    local p_z = zone.head
    sp = zone.prop(p_z,'pressure-effective');获平均有效压力
    sq = zone.prop(p_z,'stress-deviatoric') ; 获当前偏应力
    if sp = 0 then
        sp = 1
    endif
    lnp = math.ln(sp) ;计算对数压力
    svol = zone.prop(p_z,'specific-volume') ;获得比容值
    mk = zone.prop(p_z,'bulk') ;获得体积模量
    mg = zone.prop(p_z,'shear') ;获得剪切模量
    cpc = zone.prop(p_z,'pressure-preconsolidation');预固力
end
;;定义 trip 函数,加载卸载试验
fish define trip
    loop i (1,5)
        command
            zone gridpoint initialize velocity-x...
                -0.5e-4 range position-x 1.0
            zone gridpoint initialize velocity-y...
                -0.5e-4 range position-y 1.0
            zone gridpoint initialize velocity-z...
                -0.5e-4 range position-z 1.0
            model step 300
            zone gridpoint initialize velocity...
                (-.1,-.1,-.1) multiply
            model step 1000
            zone gridpoint initialize velocity...
                (-1.,-1.,-1.) multiply
            model step 1000
        end command
    endloop
end
;;采样记录
history interval 20
zone history unbalanced-force
fish history @ path
fish history @ sp
fish history @ lnp
fish history @ sq
fish history @ svol
```

```
fish history @ mk
fish history @ mg
zone history displacement-z position 0 0 1
;;试验
@ trip
model save 'camiso
;;绘图输出压力-z 轴压位移曲线(由交互操作输出而来)
plot create 'Pressure-ZDisp'
plot clear
plot item create chart-history active on...
    history '3' vs '9' reversed on...
    begin 0 end 0 skip 0...
    axis-x  label 'Zaxis-Disp'  ...
    axis-y  label 'Pressure'
;;绘图输出比容-对数压力曲线(由交互操作输出而来)
plot create 'SV-Ln(P)'
plot clear
plot item create chart-history active on...
    history '6' vs '4' reversed off...
    axis-x label 'Ln(Pressure)'  ...
    axis-y label 'Specific Volume'
;;绘图输出体积、剪切模量-z 轴压位移曲线(由交互操作输出而来)
plot create 'Tulk Shear-ZDisp'
plot clear
plot item create chart-history active on...
    history '8'...
    history '7'...
    vs '9' reversed on begin 0 end 0 skip 0...
    axis-x minimum 0 maximum auto  ...
        label 'Zaxis-Disp'  ...
    axis-y log off minimum 0 maximum auto  ...
        label 'Tulk Shear'
```

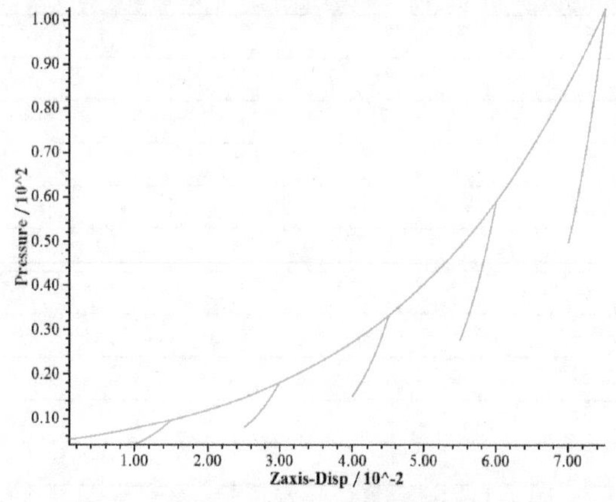

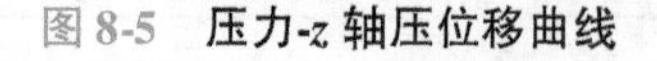
图 8-5　压力-z 轴压位移曲线

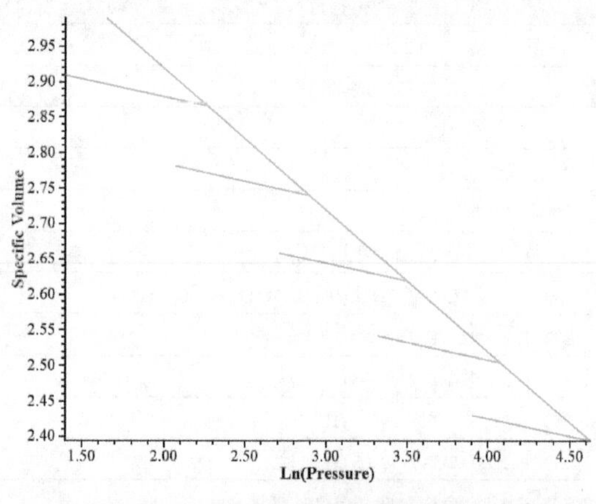

图 8-6　比容-对数压力曲线

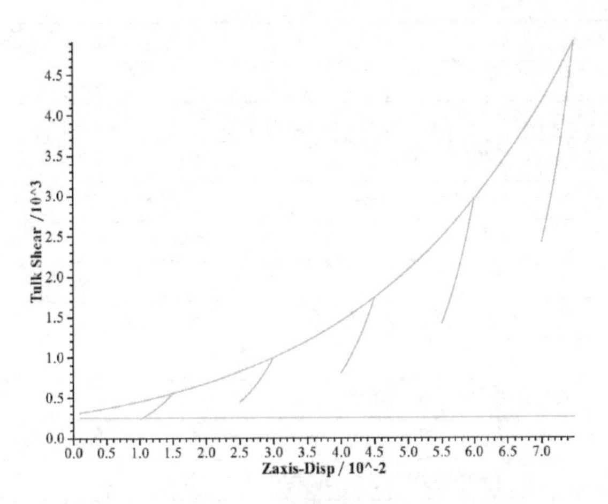

图 8-7 体积、剪切模量-z 轴压位移曲线

8.4.4 抗拉软化

抗拉破坏开始时，材料的抗拉强度跌至零，在 FLAC 3D 中由塑性抗拉应变控制抗拉强度下降或抗拉软化的速度，这在应变硬化/软化模型中可以通过 TABLE 命令或 FISH 函数得以控制。

现以简单试验来说明抗拉软化现象，在圆柱试样两端施加恒定速度使其分离，程序如例题 8-3 所示。轴向应力与轴向位移的关系如图 8-8 所示，径向位移与轴向位移的关系如图 8-9 所示，从图 8-8看出，平均轴向应力在 x 轴中心就下降到零，此时，从图 8-9 看出，径向位移由原来的收缩变为膨胀，说明抗拉软化发生。

例题 8-3 抗拉软化材料的抗拉试验。

```
;;文件名:8 -3 . f3dat
model new ;系统重置
zone create cylinder point 0 = (0,0,0) point 1 = (1,0,0)...
                     point 2 = (0,2,0) point 3 = (0,0,1)...
                     size = (4,5,4) ;先建 1/4 圆柱网格
zone reflect normal = (1,0,0)       ;以 y -z 平面镜像网格
zone reflect normal = (0,0,1)       ;以 x -y 平面镜像网格
;;指定本构模型及材料属性参数
zone cmodel assign strain-softening ; 应变硬化/软化模型
zone property bulk 1.19e10 shear 1.1e10
zone property cohesion 2.72e5 friction 44 tension 2e5
;;表' ten ':抗拉强度
zone property table-tension 'ten'
table 'ten' add (0,2e5) (2e -5,0)
;;边界条件,固定 y =0,2 处 x,y,z 方向位移
zone gridpoint fix velocity range position-y 0
zone gridpoint fix velocity range position-y 2
;;初始化条件
zone gridpoint initialize velocity-y  -1e -8 range position-y 0
zone gridpoint initialize velocity-y   1e -8 range position-y 2
;;定义 Y0Stress 函数,计算 y =0 平面的应力
```

```
fish define Y0Stress
    local str =0
    loop foreach localpnt gp.list( ) ;遍历格点
        if gp.pos.y(pnt) <0.1 then
            str =str +gp.force.unbal.y(pnt) ; Σy =0 格点力
        endif
    endloop
    Y0Stress =str/math.pi ;应力 =力/面积,圆柱体半径为 1
end
history interval 1 ;设置采样记录间隔
zone history  displacement-y position (0,0,0);记录 y 位移
fish history  @ Y0Stress ;记录 FISH 函数变量
zone history  displacement-x position (1,1,0) ;记录 x 位移
model step1500   ;计算 1500 步
;;绘图输出轴向应力-轴向位移曲线(由交互操作输出而来)
plot create 'Strss-Disp'
plot clear
plot item create chart-history active on...
    history '2'  vs '1' reversed on...
    begin 0 end 0 skip 0...
    axis-x label 'Axial Displacement'...
    axis-y label 'Axial Stress'
;;绘图输出径向位移-轴向位移曲线(由交互操作输出而来)
plot create 'Radial-Axial'
plot clear
plot item create chart-history active on...
    history '3' vs '1' reversed on...
    begin 0 end 0 skip 0...
    axis-x label 'Axial Displacement'  ...
    axis-y label 'Radial Displacement'
```

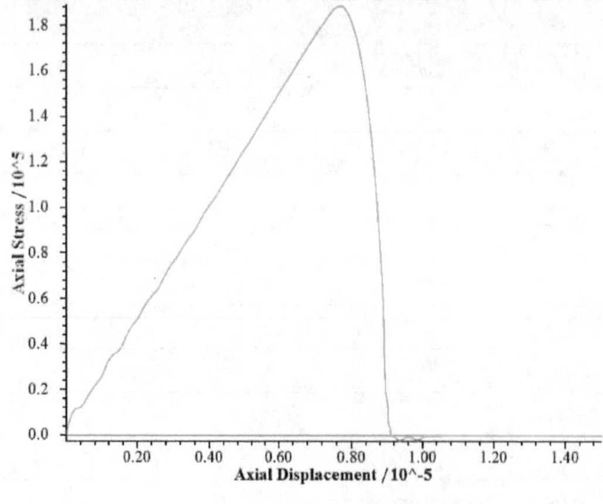

图 8-8　轴向应力-轴向位移曲线

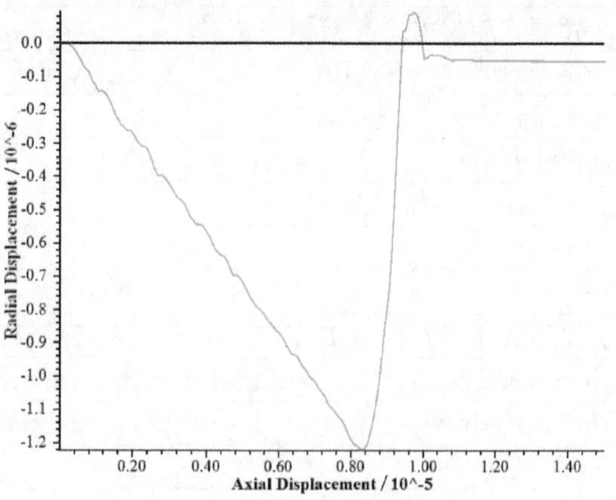

图 8-9　径向位移-轴向位移曲线

边界条件 第9章

学习目的

了解FLAC 3D边界条件的命令及关键字，掌握各种边界条件的设定方法及原则。

边界分两类：真实边界和人为边界。真实边界存在于模型中真实物理对象，如隧道面或地面，而人为边界是不真实存在的，但为了封闭单元体不得不假定。

施加于边界的力学条件有两大类：指定位移和指定应力。

9.1 命令格式

1. 表面边界条件

命令格式如下：

ZONE FACE APPLY 关键字 [RANGE...]

该命令对模型网格外表的面及相关格点施加力学、流体和热边界条件，也是最为常用的边界条件命令，相关的关键字及选项参阅附录A的zone face apply命令。

2. 单元体边界条件

命令格式如下：

ZONE APPLY 关键字 [RANGE...]

该命令创建或修改对单元体施加条件，常用来设置如体力、流体和热源等与容积相关的边界条件，相关的关键字及选项参阅附录A的zone apply命令。

3. 网格点边界条件

直接对格点设置边界条件的命令格式如下：

ZONE GRIDPOINT FIX 关键字 [RANGE...]

该命令对范围内的格点施加位移或速度条件。如果要求位移不变，最适合的速度是初始化为零，而求解开始时速度默认值就是零。相关的关键字及选项参阅附录A的zone gridpoint fix命令。

4. 移除边界条件

有几个移除边界条件的命令，它们的命令格式如下：

ZONE FACE APPLY-REMOVE [关键字] [RANGE...]

ZONE APPLY-REMOVE [关键字] [RANGE...]

ZONE GRIDPOINT FREE 关键字 [RANGE...]

ZONE GRIDPOINT FORCE-REACTION [关键字] [RANGE...]

相关的关键字及选项参阅附录A的zone face apply-remove、zone apply-remove、zone gridpoint free和zone gridpoint force-reaction命令。

9.2　应力边界

默认时，FLAC 3D 网格边界不受应力和任何约束，借助于 zone face apply 命令，可以对任何边界或部分边界施加力或应力，用 stress-xx、stress-yy、stress-zz、stress-xy 等关键字来指定应力张量的单个分量，例如：

```
zone face apply stress-zz -1e5range position-z 0
zone face apply stress-xz -.5e5 range position-z 0
```

上面命令的意思是：凡重心落在 $z=0$ 内的单元体边界面施加 σ_{zz} 和 σ_{xz} 应力分量。

应力既可以在全局 x、y、z 轴方向施加，也可以在局部边界面的法向和切向施加，关键字 stress-normal 施加法向应力到一个面，而关键字 stress-dip 和 stress-strike 施加切变应力到面，stress-dip 是局部面坐标倾向方向施加的应力分量，stress-strike 是局部面坐标走向方向施加的应力分量。符合右手准则的局部面坐标系统如图 9-1 所示。注意全局坐标应力和局部坐标应力不能施加在相同的面。

借助于 zone gridpoint fix 命令也可以对网格施加单个的力，此时，不计边界面的面积，指定的力简单地施加到给定格点。

所施加的力（或施加的应力换算的力）可以通过“Zone Vector”项在视图窗格中绘图输出。作为例子，对一个边界平面施加法向应力条件，该平面倾角 60°、倾向 270°，程序如例题 9-1 所示，绘图输出结果如图 9-2 所示。

值得注意的是，程序中施加边界应力的范围短语中，描述斜平面的经过点本应该是原点 (0,0,0)，如此的话，会施加不了边界应力，只好变成了程序中的点（0.1,0,0），也可变成点 (0.01,0,0）等，结果一样。但逻辑上有点说不过去，为此，借助于 zone face skin 命令先给网格外表面自动分配组名，然后对表面施加边界应力即可，省掉了斜平面非逻辑的数学描述，注释的两行命令读者自行调试。

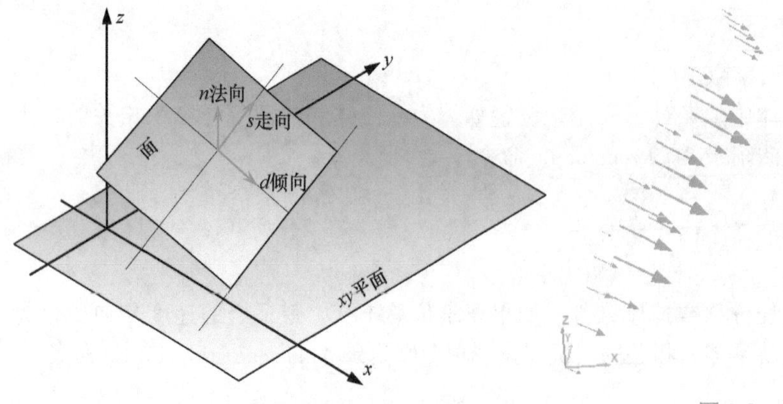

图 9-1　***d-s-n*** **面局部坐标**

图 9-2　**法向施加应力结果**

例题 9-1　对一个倾斜边界施加法向应力。

```
;;文件名:9-1.f3dat
model new ;系统重置
zone create brick  point 0 (0,0,0) point 1 (4,0,0)...
                   point 2 (0,4,0) point 3 (2,0,3.464)...
```

```
                  size (4,4,4) ; 具有60°斜面的六面体
; zone face skin;自动对网格外表面指派组名
;;指定本构模型及材料属性参数
zone cmodel assign elastic ; 各向同性弹性模型
zone property bulk 1e8 shear.3e8
;;边界条件
zone face apply stress-normal -1e6 range plane...
          dip 60 dip-direction 270 origin 0.1,0,0 above
;可以用下行命令替换上一行,前提是先执行 zone face skin 命令
; zone face apply stress-normal -1e6 range group 'West'
model step 0
;;绘制边界力图(由交互操作输出而来)
plot create 'Force Arrow'
plot clear
plot item create zone-vector active on...
   value force-applied color 'blue'...
   arrow active on size (30,20) body 30  ...
   scale target 0.05 value 8e-07
plot item create zone active on...
   label group slot 'Any'...
   polygons fill off outline active on...
   color rgb 222 222 255
```

9.2.1 施加渐变应力

zone face apply 命令可以使用可选关键字 gradient 在指定范围内施加线性变化的应力或力，其值是与全局坐标系统原点（0,0,0）的距离成线性变化的，参数 gradient v 向量中的 g_x、g_y和 g_z分别为 x、y 和 z 轴方向的变化梯度，其关系式如下：

$$S = S^{(0)} + g_x \cdot x + g_y \cdot y + g_z \cdot z$$

例题 9-2 说明了这种特点，结果如图 9-3 所示。

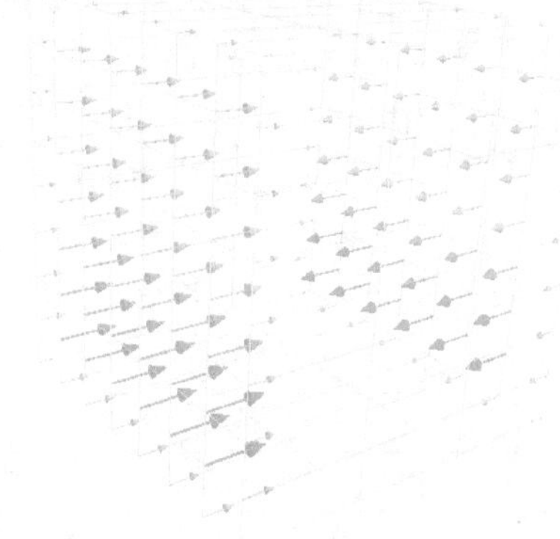

图 9-3　用渐变施加的力

通常，应用渐变应力来重现重力引起的应力随深度增加的影响，但要注意确保这种应用与用 zone initialize-stresses 命令指定的应力梯度的一致性。

例题 9-2　渐变应力。

```
;;文件名:9-2.f3dat
model new ;系统重置
zone create brick point 0 (0,0,-100) point 1 (100,0,-100)...
              point 2 (0,100,-100) point 3 (0,0,0)...
              size (3,7,8)
;;指定本构模型及材料属性参数
zone cmodel assign elastic ; 各向同性弹性模型
```

```
zone property bulk 1e8 shear.3e8
;;边界条件
zone face apply stress-xx -10e6 gradient (0,0,1e5)...
            range position-z -100 0
model step 0
;;绘制边界力图(由交互操作输出而来)
plot create 'Force Arrow'
plot clear
plot item create zone-vector active on...
    value force-applied color 'blue'...
    arrow active on size (30,20) body 30  ...
    scale target 0.05 value 5e-09
plot item create zone active on...
    label group slot 'Any'...
    polygons fill off outline active on...
    color rgb 222 222 255
```

9.2.2　改变边界应力

在 FLAC 3D 的模拟过程中需要对施加的应力进行变更（如地基荷载改变），为了实现突然变更已施加的应力，简单地再一次使用 zone face apply 命令即可，此时，模型更新相应已存储的应力，重复使用 zone face apply 将简单地把新值替换旧值，有时在更新边界应力之前，需用 zone face apply-remove 命令移除边界条件。

许多情况下可能需要逐渐改变边界应力，通常需要尽量减少对系统的冲击，尤其是与路径相关的计算。zone face apply 命令就有逐步增加或减少边界条件的选项，非常简单明了。例如，为了在保持准平衡时递增应用的压力，可以使用 ramp 选项作为 servo 的关键字，如例题 9-3 所示（省略了绘图输出）。最终边界应力如图 9-4 所示，经过 38461 步逐步达到指定的过程，如图 9-5 所示。servo 关键字及其各种选项是改变应用边界值随时间变化的唯一方法。

例题 9-3　用伺服机制逐步加压。

```
;;文件名:9 -3 . f3dat
model new ;系统重置
zone create brick size 6 6 6
zone face skin ;自动对网格外表面指派组名
;;指定本构模型及材料属性参数
zone cmodel assign elastic ;各向同性弹性模型
zone property bulk 1e8 shear 7e7
;;边界条件
zone face apply velocity-normal 0 range group 'West'
zone face apply stress-xx -1e5 servo ramp...
            range group 'East' position-z 0,2
zone history stress-xx position 6,0,0 ;采样记录应力变化
model solve ;求解至平衡
```

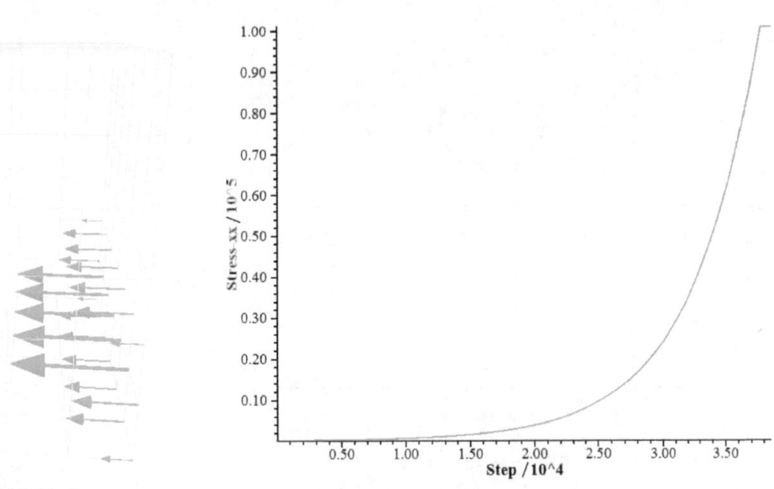

图 9-4　逐步加压的最终力

图 9-5　逐步加压过程曲线

可以使用 FISH 函数或表作为乘数改变边界值，每个计算步都会查询表或者调用函数，应用边界的值将乘以返回值。因此，1 的返回没有效果，返回值为 0 将有效地消除边界（在应力边界的情况下）。例题 9-4 是一个使用正弦函数值作返回值的简单 FISH 函数来改变所施加应力变化，点 (6,0,0) 应力变化如图 9-6 所示。

例题 9-4　用 FISH 函数改变应力边界。

```
;;文件名:9 -4 . f3dat
model new ;系统重置
zone create brick size 6 6 6
zone face skin ;自动对网格外表面指派组名
;;指定本构模型及材料属性参数
zone cmodel assign elastic ; 各向同性弹性模型
zone property bulk 1e8 shear 7e7
;;定义 apply 函数
fish define apply
    apply =math. sin(global. step * 0.001);乘 6283 正好一个周期
end
;;边界条件
zone face apply velocity-normal 0 range group 'West'
zone face apply stress-xx -1e5 fish @ apply...
            range group 'East' position-z 0,2
zone history stress-xx position 6,0,0 ;采样记录应力变化
model step 6283 ;与 0 . 001 相乘正好是正弦的一个周期
```

例题 9-5 的程序创建一个简单的表，用于逐步将应力边界从零开始斜升，注意，对于表必须指定用作 x 轴参考的时间值。在这种情况下，指定动力学时间，此时表中乘数值将由总步数作为参考值计算出来，为便于理解，读者可自行改变表的两对数据或增加多对数据。应力边界的过程如图 9-7 所示。

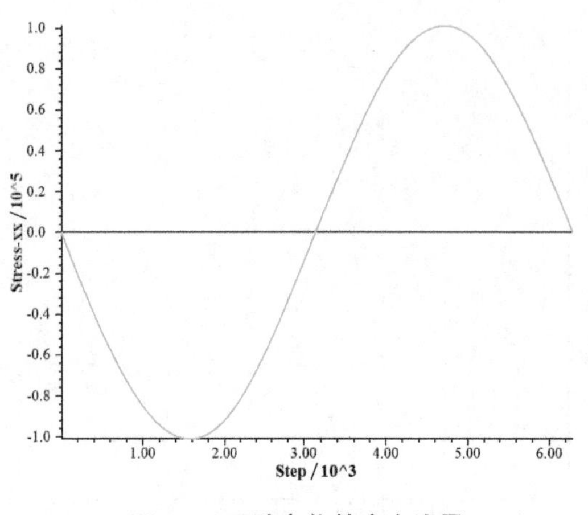

图9-6 正弦变化的应力边界

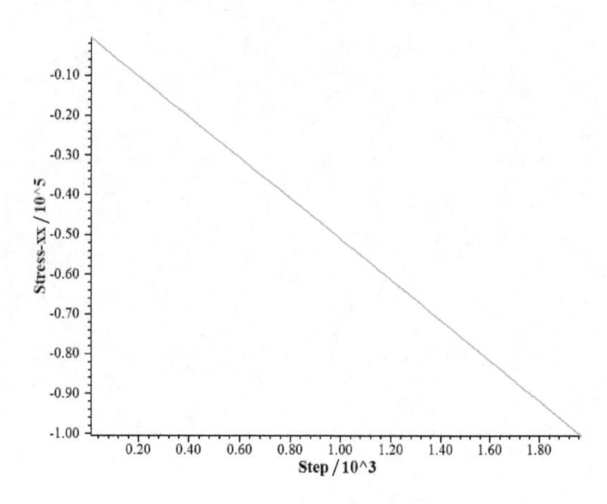

图9-7 逐步加压过程

例题9-5 用TABLE改变应力边界。

```
;;文件名:9 -5 . f3dat
model new ;系统重置
model configure dynamic ;打开动力学分析模式
zone create brick size 6 6 6 ;建模
zone face skin ;自动对网格外表面指派组名
;;指定本构模型及材料属性参数
zone cmodel assign elastic ; 各向同性弹性模型
zone property bulk 1e8 shear 7e7 density 1000
;;边界条件
zone face apply velocity-normal 0 range group 'West'
table 'ra' add (0,0) (1,1)
zone face apply stress-xx -1e5 table 'ra' time dynamic...
      range group 'East' position-z 0,2
zone history stress-xx position 6,0,0
model solve time-total 1
```

地下工程通常要进行开挖工作，由于FLAC 3D靠物理现象来告知静态收敛路径，模型的突然变化具有准惯性效应，可能会人为夸大损害。为减轻这种现象，一是逐步开挖，二是逐步增加或减小应力边界，这样开挖区去除的效果就不会那么突然了。为此，FLAC 3D特意提供了zone relax excavate命令，这个命令通过逐渐减小单元体的应力、刚度和密度直到对模型产生效果才进入下步工作，最终被设置为“空”本构模型。

默认情况下，zone relax命令使用伺服机制自动维持准平衡，有数个选项来精准控制开挖影响。例题9-6创建一个简单的圆形隧道，有瞬时开挖，又有缓慢开挖，它们的效果分别如图9-8和图9-9所示。注意，当逐步开挖时，达到平衡的步数实际上要小一些，这很正常。对开挖周围单元体的状态标志检查表明，逐步开挖不仅有较少的损伤，而且完全无拉伸破坏。

例题9-6 圆形隧道。

```
;;文件名:9 -6 . f3dat
model new ;系统重置
;;建隧道模型
```

```
zone create radial-cylinder...
          point 0 0 0 0 point 1 add 18 0 0...
          point 2 add 0 8 0 point 3 add 0 0 18...
          dim 1.75 1.75 1.75 1.75 ratio 1.0.83 1.0 1.2...
          size 6 6 6 15 fill group 'exc'
zone create radial-cylinder...
          point 0 0 8 0 point 1 add 18 0 0...
          point 2 add 0 8 0 point 3 add 0 0 18...
          dim 1.75 1.75 1.75 1.75 ratio 1.0 1.2 1.0 1.2...
          size 6 6 6 15 fill
zone face skin ;自动对网格外表面指派组名
;;指定本构模型及材料属性参数
zone cmodel assign mohr-coulomb ;摩尔 -库仑模型
zone property bulk 33.33e9 shear 25e9
zone property fric 45 cohesion 15e6 ten 5e6
;;边界条件
zone face apply velocity-normal 0 range group 'West' or 'East'
zone face apply velocity-normal 0 range group 'South' or 'North'
zone face apply velocity-normal 0 range group 'Bottom' or 'Top'
;;初始化条件
zone initialize stress xx -65e6 yy -65e6 zz -65e6
model solve ;求解至平衡
model save 'initial' ;保存模型状态到文件
;;瞬时开挖
zone delete range group 'exc'
model solve ;再次求解至平衡
model save 'instant' ;保存模型状态到文件
;; 逐步开挖
model restore 'initial'
zone relax excavate range group 'exc'
model solve ;再次求解至平衡
```

图 9-8 瞬时开挖隧道的塑性状态

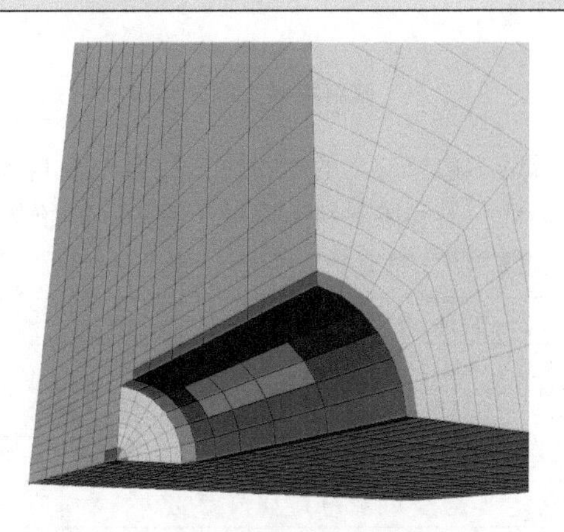

图 9-9 逐步开挖隧道的塑性状态

9.2.3　警告与建议

FLAC 3D 中，可能对无位移约束的边界施加应力（不像其他有限单元程序需要某种约束），物体将像真实世界那样反应，例如，如果应力边界不平衡，则物体将移动，例题9-7说明了这种效果。从图9-10和图9-11可以看出，施加的σ_{xx}应力引起物体上的水平力，由于物体是倾斜的，这种力的运动导致物体自旋。

例题9-7　自旋的不平衡网格。

```
;;文件名:9-7.f3dat
model new ;系统重置
zone create brick size 6,6,6 point 1 (6,0,-1);建模
;;指定本构模型及材料属性参数
zone cmodel assign elastic ; 各向同性弹性模型
zone property bulk 8e9 shear 5e9
;;边界条件
zone face apply stress-xx -2e6 range position-x 0
zone face apply stress-xx -2e6 range position-x 6
model step 500 ;求解500步
```

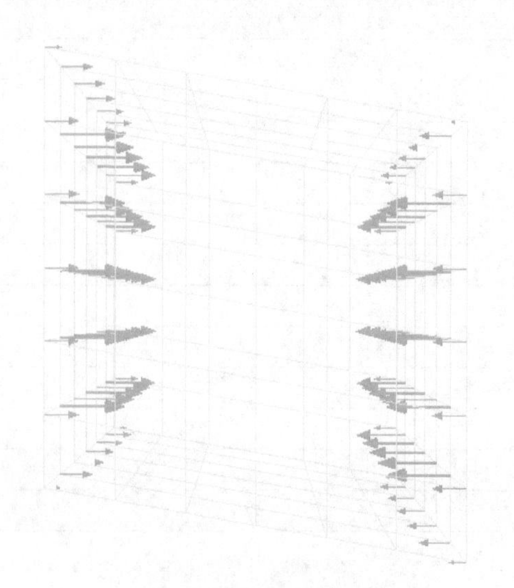

图9-10　倾斜物体上施加水平力

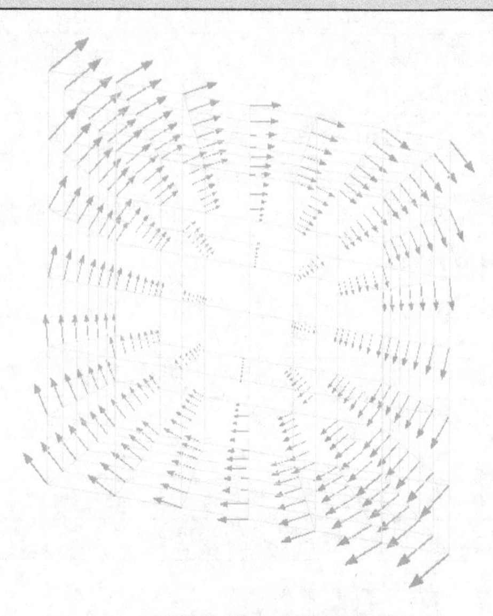

图9-11　倾斜物体的力导致旋转位移

承受了边界应力的材料被开挖后也出现类似的现象，但更隐蔽，物体在重力作用下初始化后是平衡的，但移除材料后降低了重力，则物体开始向上运动，例题9-8就是这种情况。

例题9-8　移除材料后的隆起。

```
;;文件名:9-8.f3dat
model new ;系统重置
zone create brick size 5,5,5 ;建模
zone face skin ;自动对网格外表面指派组名
;;指定本构模型及材料属性参数
zone cmodel assign elastic ; 各向同性弹性模型
```

```
zone property bulk 8e9 shear 5e9 density 1000
;;边界条件
zone face apply velocity-normal 0 range group 'West' or 'East'
zone face apply velocity-normal 0 range group 'North' or 'South'
zone face apply stress-normal -5e4 range group 'Bottom'
;;初始化条件
model gravity 10
zone initialize-stresses
model solve ;求解到平衡
;;开挖部分单元体
zone cmodel assign null range position (1,1,3) (4,4,5)
model step 100 ;不再平衡
```

隆起情况如图9-12所示，该例题所遭遇的困难可以采用固定底部边界来解决，而不是用应力来支撑它。

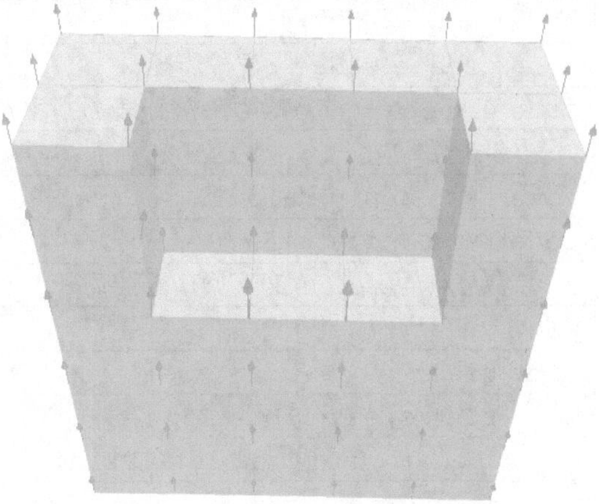

图9-12　**移除材料后物体的隆起**

9.3　位移边界

FLA C 3D中不能直接控制位移。为了对边界施加给定位移，就需要指定边界对给定步数的速度，如果希望位移为 D，则步数 N 与速度 v 的关系为：$N = D/v$，实践中，为对系统的影响最小，v 应小而 N 应大。可以使用 zone face apply、zone gridpoint fix 和 zone gridpoint initialize 命令来指定速度（也可以渐变）。

9.3.1　局部坐标和速度边界

施加速度条件总是涉及格点，即便是用表面边界条件命令（如 zone face apply velocity-local 等），所选单元体面关联的角点（格点）就都选定。既可以根据全局坐标系统施加（用关键字 velocity-x、velocity-y 和 velocity-z），也可以根据局部坐标系统施加（用关键字 velocity-dip、velocity-strike 和 velocity-normal）。局部坐标由格点的法向量定义，格点的法线方向是交汇于格点的所有面的平均法线向量，格点 d-s-n 坐标系统符合右手法则，如图9-13所示。对某一格点所施加的速度坐标系统要相同，要么全局坐标，要么局部坐标。

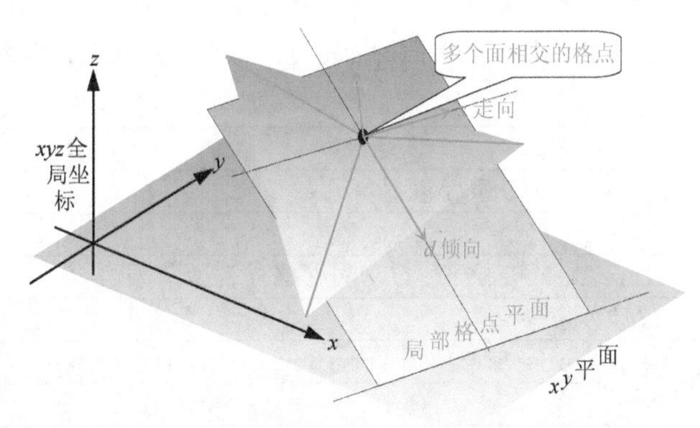

图9-13　***d-s-n*** **格点局部坐标**

每个格点都有它自己的局部坐标系统，可用 zone gridpoint system 命令指定。如果需要，zone face apply 命令将重写这些值，如果一个格点施加了多个速度约束，它会自动地选择适当的自由度或旋转，若不能则以新条件替代老条件，这意味着没有必要提前在倾斜或不规则的边界上建立一个兼容的局部坐标系统。例题 9-9 是用单个命令分别将边界约束于楔形块的例子，效果如图 9-14 所示。从图中可以看出，斜面上的都自动约束于法向上，两面的共格点也已自动约束，但要注意的是，两面的共格点并没有约束住，读者自行分别调试只有一个约束条件的结果，以及把两个约束条件顺序颠倒一下的结果。

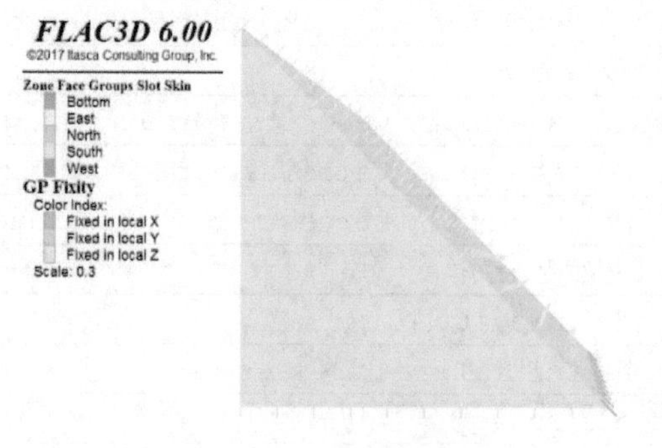

图 9-14 格点固定

例题 9-9 格点固定。

```
;;文件名:9-9.f3dat
model new ;系统重置
zone create wedge ;建楔形模
zone face skin ;自动对网格外表面指派组名
;;边界条件
zone face apply velocity-normal 0 range group 'Bottom'
zone face apply velocity-normal 0 range group 'East'
;;绘制格点固定图(由交互操作输出而来)
plot create 'Wedge'
plot clear
plot item create zone active on...
   label group-face slot 'Skin'
plot item create gridpoint-fix active on...
   scale target 0.02 value 0.3
```

9.3.2 多面共格点的速度边界

格点的法线方向是交汇于格点的所有面的平均法线向量，这意味着，选择多个面时必须注意其平均法线向量的结果。例题 9-10 用一个命令一次对 5 个面施加边界位移，结果如图 9-15 所示。从图可以看出，凡多面的固定方向都在对角线上，因为那是平均法线方向。

例题 9-10 一个命令施加多面共格点位移。

```
;;文件名:9-10.f3dat
model new ;系统重置
zone create brick ;建模
zone face skin ;自动对网格外表面指派组名
;;边界条件
zone face apply velocity-normal 0 range group 'North'...
         or 'South' or 'East' or 'West' or 'Bottom'
;;绘制格点固定图(由交互操作输出而来)
plot create 'Vel1'
plot item create zone active on...
   label group slot 'Skin'
```

```
plot item creategridpoint-fix active on...
    scale target 0.02 value 0.3
```

如果把例题9-10中的一个边界条件命令拆分成三个，程序如例题9-11所示，结果如图9-16所示。一个命令中包括“West”和“East”或“South”和“North”是可以接受的，因为它们没有共边或共格点。

例题9-11 多个命令施加多面共格点位移。

```
;;文件名:9-11.f3dat
model new ;系统重置
zone create brick ;建模
zone face skin ;自动对网格外表面指派组名
;;边界条件
zone face apply velocity-normal 0 range group 'North' or 'South'
zone face apply velocity-normal 0 range group 'East' or 'West'
zone face apply velocity-normal 0 range group 'Bottom'
;;绘制格点固定图(由交互操作输出而来)
plot create 'Vel2'
plot item create zone active on...
    label group slot 'Skin'
plot item create gridpoint-fix active on...
    scale target 0.02 value 0.3
```

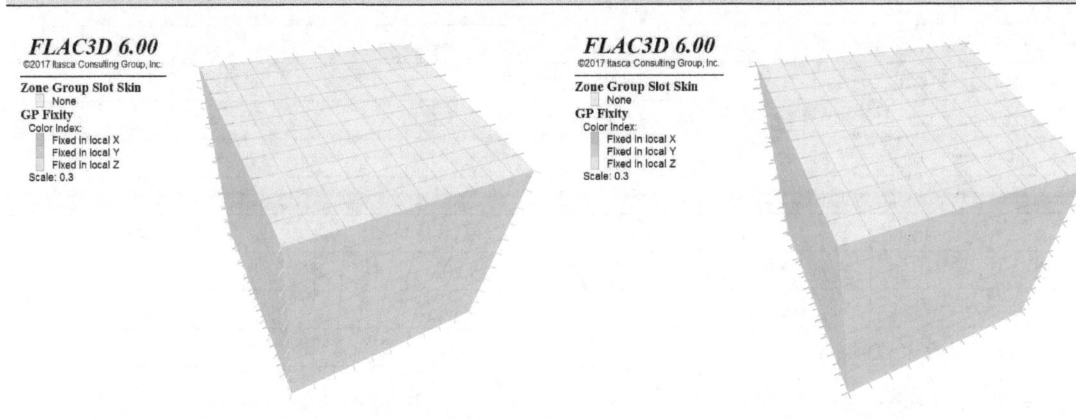

图9-15 一个命令多面共格点速度方向

图9-16 多个命令多面共格点速度方向

9.3.3 面和格点

还可以用zone gridpoint fix命令对格点施加位移边界，下面的两个命令等效，都对组名“East”表面所连接的格点施加（1e-5,0,0）速度。。

```
zone gridpoint fix velocity (1e-5,0,0) range group 'East'
zone face apply velocity (1e-5,0,0) range group 'East'
```

正常情况下，首选用zone face apply命令，因为使用了格点的局部坐标及固定不变性，且在多个约束之间能自动调节。但是该命令只能施加在外表面的格点上，而zone gridpoint fix命令可施加到模型中的任何格点上。

9.3.4 非均匀速度

如果需要不均匀的速度，则可以使用 gradient 关键字，对于更复杂的速度分布，或过程中的速度改变，则将需要编写 FISH 函数。例题 9-12 就是这样的例子，其速度如图 9-17 所示。

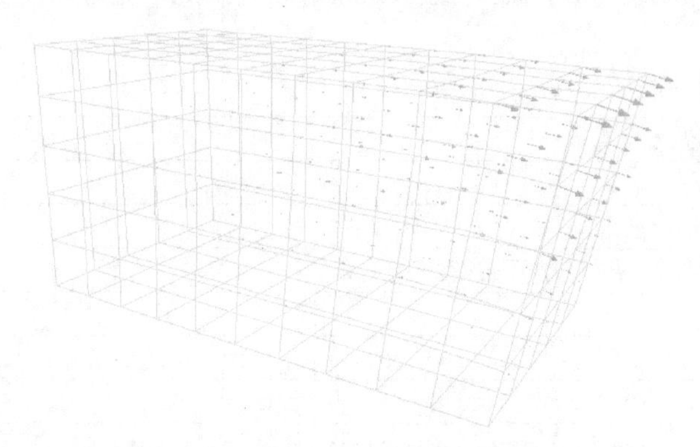

图 9-17 挡土墙的位移速度图

例题 9-12 旋转的挡土墙。

```
;;文件名:9 -12 . f3dat
model new ;系统重置
zone create brick size 10 5 5 ;建模
zone face skin ;自动对网格外表面指派组名
;;指定本构模型及材料属性参数
zone cmodel assign elastic ; 各向同性弹性模型
zone property shear 1e8 bulk 2e8
;;定义 apply 函数
fish define apply(gph,dum)
    local x =  1e-3 * gp.pos.z(gph)/5.0
    local z = -1e-3 * (gp.pos.x(gph) -10.0)/5.0
    apply = vector(x,0,z)
end
;;边界条件
zone face apply velocity 0,0,0 range group 'West' or 'Bottom'
zone face apply velocity (1,1,1)...
    fish-local @ apply range group 'East'
model largestrain on ;大变形模式
model step 1000 ;计算 1000 步
;;绘制位移速度图(由交互操作输出而来)
plot create 'Rotate'
plot clear
plot item create zone active on...
    label group slot 'Any'...
    polygons fill off outline active on...
    color rgb 222 222 255
```

```
plot item create zone-vector active on...
    value velocity...
    arrow active on size (30,20) body 30 quality 30...
    color 'blue' scale target 0.05 value 500
```

9.4 确定边界类型

1. 应力边界与位移边界

有时，对一个材料表面施加何种边界条件是很困难的，例如，模拟实验室的三轴实验，究竟把加压盘看作是应力边界，还是处理成刚性的位移边界？通常，与受载体相比十分坚硬（如20倍硬），则处理成刚性边界，反之，施载体比受载体软（如施载体的硬度只有受载体的1/20），则模拟成应力控制边界。很明显，作用于物体表面的流体压力属于后者，土地基受载为刚性边界。大家要知道，刚性试验机要比软试验机更稳定。

2. 人工边界

人工边界分成两大类：对称平面和剖断面。

（1）对称平面。有时，可能会利用系统关于一个面（或多个面）对称的优点，例如，如果在一个垂直平面的两边所有的东西都是对称的，则那平面的水平位移就会为零。因而，可以把对称面作为一个边界，并用 zone face apply velocity-normal 0 命令把所有格点固定住，而 y、z 轴速度分量不为零，不应固定。类似情况可以应用到任意对称平面。

（2）剖断面。模拟无限长（如地下隧道）或很大的对象时，由于计算机内存和时间的限制，不可能用单元体覆盖整个对象，从中剖出感兴趣的、不影响结果的部分，并设置人为边界，我们知道如何确定剖出的位置和计算的位移、应力可能会出现什么错误是很有帮助的。

当选择人造边界的位置时应考虑如下几点：

1）定边界会引起对应力和位移的低估，而应力边界恰恰相反。

2）两种类型的边界条件“包括”真实的解答，因此，用它们做两次计算，两次结果的平均值可能就是合理的真实结果的评估。

3）对弹性体来说，边界位置的影响更大，因为出现塑性特性时，位移和应力被更加限制。

总之，最好的方法是：在详细分析计算之前，用不同的边界位置运算几次模型，评估潜在的影响。

初始条件 第10章

学习目的

了解 FLAC 3D 初始条件的命令及关键字，掌握设置初始条件的方法及原则。

在土木工程或采矿工程开始开挖和构造之前，都有一个初始应力状态。FLAC 3D 中，通过设置初始条件来模拟这种初始状态，理想情况下，初始状态的信息来自大面积测定，当没有现成资料时，模型在尽可能合理条件范围执行。

地表下均匀的土层或岩层，垂直应力通常等于 $g\rho z$。这里，g 是重力加速度，ρ 是材料密度，z 是离地表的深度。可是，原始的水平应力却难以估计。有一个共同的看法就是水平应力与垂直应力有一个“自然”比例：$\nu/(1-\nu)$，这里 ν 是泊松比。这个公式源自一种假设，即被限制了横向运动的弹性体突然加载重力。这条件永远也无法应用于实际，因为有多次的构造运动、材料破坏、表土搬移及局部应力集中（如断层）等。当然，倘若材料有足够的、详细的历史记录材料，也许能数字化模拟整个过程来达到初始条件状态，但这常常是不可行的。典型的妥协办法是：在网格上施加系列应力，然后运行，直到获得平衡为止。由此可见，在任意给定的系统中有一个平衡状态是多么重要！

10.1 命令格式

有三个初始化命令，其命令格式如下：

```
ZONE  INITIALIZE  关键字  [RANGE...]
ZONE  GRIDPOINT  INITIALIZE  关键字  [RANGE...]
ZONE  INITIALIZE-STRESSES  关键字  [RANGE...]
```

第一个命令在给定范围内对单元体初始化一个变量，如果没指定范围，则施加到整个模型，相关的关键字及选项参阅附录 A 的 zone initialize 命令。

第二个命令在给定范围内对格点初始化一个变量，如果没指定范围，则施加到整个模型，相关的关键字及选项参阅附录 A 的 zone gridpoint initialize 命令。

第三个命令根据给定范围内单元体的密度和重力来初始化单元体应力，相关的关键字及选项参阅附录 A 的 zone initialize-stresses 命令。

10.2 无重力均匀应力

对于一个地下深部开挖的工作，会忽略其顶部至底部的地心引力的差异，这种差异与其作用在岩体上的应力相比太小，model gravity 命令被省略，重力加速度默认设置为 0，用 zone initialize

命令施加初始应力，例如：

```
zone initialize stress-xx -5e6
zone initialize stress-yy -1e7
zone initialize stress-zz -5e6
```

将σ_{xx}、σ_{yy}和σ_{zz}设置成压缩应力，分别为-5×10^6、-1×10^7和-5×10^6，贯穿整个网格。若应力被限制在一个子网格，则要用到范围短语。在均匀应力场合，还可以用一句命令完成整个应力的初始化，下面的例句与上面三行完全等效：

```
zone initialize stress xx -5e6 yy -1e7 zz -5e6
```

zone initialize 命令设置所有应力到给定值，但并不保证应力保持平衡。至少有两个方面的问题，第一，给定应力可能违反了分配到网格非线性模型的屈服标准。这种情况下，在循环之后，立即发生塑性流动，给定应力会重新分布。可以给出试验性的一步，并用相关命令检查反应。第二，网格边界指定的应力可能不等于给定的初始应力，此时一旦执行循环命令，格点就开始移动。同样，可以用绘图输出速度等命令来检查这种情况的发生。例题 10-1 显示了初始应力和边界应力平衡的一组命令。

例题 10-1　平衡的初始应力和边界应力。

```
;;文件名:10 -1 . f3dat
model new ;系统重置
zone create brick size 6 6 6 ;建模
zone face skin ;自动对网格外表面指派组名
;;指定本构模型及材料属性参数
zone cmodel assign elastic ; 各向同性弹性模型
zone property shear 1e8 bulk 2e8
;;初始条件
zone initialize stress xx = -5e6 yy = -1e7 zz = -2e7
;;边界条件
zone face apply stress -xx = -5e6 range group 'East' or 'West'
Zone face apply stress -yy = -1e7 range group 'North' or 'South'
zone face apply stress -zz = -2e7 range group 'Top' or 'Bottom'
```

10.3 渐变应力

10.3.1 均质材料

接近地面时，则不能忽略随深度变化的应力，用 model gravity 命令来通知 FLAC 3D 对网格进行重力加速度操作。重要的是要明白 model gravity 命令并不直接引起应力的出现，而是简单地引起“体力”作用在格点上，这些体力相当于格点周围材料的重量，如果没初始应力，这种力将引起材料移动，直到与单元体应力产生的反作用力平衡为止。事实上，给出适当的边界条件，模型将产生自己的重应力以与施加的重力一致，但需要数百步才能达到所需平衡，效率低下。初始内部应力最好是既能平衡又能重力渐变。

zone initialize-stresses 命令将自动初始化重力引起的应力场，必须首先给出 model gravity 命令，并指定全体单元体的密度。不管网格几何形状如何，zone initialize-stresses 命令能计算初始应力，它是通过发现影响重力加载变化和跟踪重力作用下单元体位移来进行工作的。

重力梯度初始渐变应力状态的例句如下：

```
zone initialize-stresses ratio 0.5
zone face apply stress-normal [-1000*10*10*0.5]...
      gradient (0,0,[1000*10*0.5])...
      range group 'North' or 'East' or 'South' or 'West'
```

关键字 ratio 是指水平应力与垂直应力的倍数系数，一般 $\sigma_{xx}=\sigma_{yy}$。注意，若使用应力边界条件，则需要与 zone initialize-stresses 命令计算的应力相一致。此时，FISH 的内联符号“[ ]”使荷载及渐变计算简单而清晰，水平最大压应力等于高度×密度×重力加速度×ratio，渐变梯度等于高度×重力加速度×ratio。这是一个 10m×10m×10m 简单的均质材料箱体模型，顶面为自由面。若不用 zone initialize-stresses 命令，则可以用 zone initialize 命令替代：

```
zone initialize stress-xx [-1000*10*10*0.5]...
       gradient (0,0,[1000*10*0.5])
zone initialize stress-yy [-1000*10*10*0.5]...
       gradient (0,0,[1000*10*0.5])
zone initialize stress-zz [-1000*10*10]...
       gradient (0,0,[1000*10])
```

完整的程序如例题 10-2 所示，垂直（*zz* 方向）应力等值线如图 10-1 所示。

例题 **10-2** 重力渐变的初始应力状态。

```
;;文件名:10-2.f3dat
model new ;系统重置
zone create brick size 4 4 10...
      point 0 (0,0,0) point 1 (10,0,0)...
      point 2 (0,10,0) point 3 (0,0,10);建模
zone face skin ;自动对网格外表面指派组名
;;指定本构模型及材料属性参数
zone cmodel assign elastic ; 各向同性弹性模型
zone prop density 1000 bulk 3e8 shear 2e8
model gravity 10 ;重力加速度默认在-z方向
;;初始条件
zone initialize-stresses ratio 0.5 ;也可用下面替代
;zone initialize stress-xx [-1000*10*10*0.5]...
         ;gradient (0,0,[1000*10*0.5])
;zone initialize stress-yy [-1000*10*10*0.5]...
         ;gradient (0,0,[1000*10*0.5])
;zone initialize stress-zz [-1000*10*10]...
         ;gradient (0,0,[1000*10])
;;边界条件,应力边界一定要与初始条件一致
zone face apply stress-normal [-1000*10*10*0.5]...
      gradient (0,0,[1000*10*0.5])...
      range group 'North' or 'East' or 'South' or 'West'
zone face apply velocity-normal 0 range group 'Bottom'
model solve ;求解至平衡
```

```
;;绘制 zz 应力等值图(由交互操作输出而来)
plot create 'Stress-zz'
plot clear
plot item create zone active on...
      contour stress quantity zz  ...
        method average null  ...
        minimum automatic maximum automatic interval 50...
      polygons fill on outline active off
```

在例题10-2中，水平应力是垂直应力的1/2，水平渐变同样是垂直渐变的1/2，在摩尔-库仑模型中可以设成任何值也不违背屈服准则。读者可自行执行一步，输出速度图看一看，内部应力与边界应力匹配的任何错误都会在一个或多个边界显示出移动，小的、混乱的速度可能被忽略，一步之后，不平衡力将十分小，但是不精确地为零，这是一个完美误差。

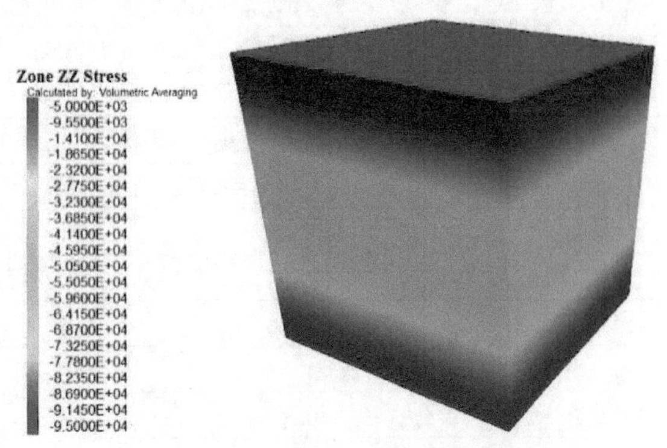

图10-1 绘制zz方向应力等值线

值得注意的是，用gradient关键字与单元体重心关联所指定的渐变应力，尽管施加的σ_{zz}应力是从-10.0×10^4Pa到0，但单元体实际的应力却是从-9.5×10^4Pa到-5×10^3Pa，从边界到单元体重心要进行插值分配，因此边界应力并不是精确地等于边界单元体应力。读者可改变其他插值计算方法分别为“Inv. Distance Weighting”“Polynomial Extrapolation”和“Constant”，看一看有什么不同，单元体中保存的实际应力值是由“Constant”方法计算的。

10.3.2 非均质材料

材料密度不同时，要给出初始应力就更困难，zone initialize-stresses命令就是为此而生。考虑一个上表面为人工边界的自由面（考虑其上附加$-1000\times100\times10$Pa的压应力）、下表面固定、四周滚支的多层材料系统，材料密度分布见表10-1。非均质材料中的渐变初始应力如例题10-3所示和图10-2所示。

表10-1 材料密度分布

深度/m	0~10	10~15	15~25
密度/(kg/m^3)	1600	2000	2200

例题10-3 非均质材料中的渐变初始应力。

```
;;文件名:10-3.f3dat
model new ;系统重置
zone create brick size 4 4 10...
      point 0 (0, 0,0) point 1 (20,0, 0)...
      point 2 (0,20,0) point 3 ( 0,0,25) ;建模
zone face skin ;自动对网格外表面指派组名
;;指定本构模型及材料属性参数
```

```
zone cmodel assign elastic ;各向同性弹性模型
zone property bulk 5e9 shear 3e9
zone initialize density 1600 range position-z  0 10
zone initialize density 2000 range position-z 10 15
zone initialize density 2200 range position-z 15 25
;;边界条件,应力边界一定要与初始条件一致
zone face apply velocity-normal 0 range group 'East' or 'West'
zone face apply velocity-normal 0 range group 'North' or 'South'
zone face apply velocity-normal 0 range group 'Bottom'
zone face apply stress-normal -1e6 range group 'Top'
;;初始条件
model gravity 10 ;重力加速度默认在 - z 方向
zone initialize-stresses ratio 0.25 0.5 overburden -1e6
model solve ;求解至平衡
;;绘制密度图和 zz 应力等值图(由交互操作输出而来)
plot create 'Stress-zz'
plot clear
plot item create zone active on...
    contour stress quantity zz...
    polygons fill on outline active on
plot create 'Density'
plot clear
plot item create zone active on...
    label density...
    color-list global on clear  ...
        label "1.600e+03" color rgb 128 128 255...
        label "2.000e+03" color rgb 192 192 255...
        label "2.200e+03" color rgb 222 222 255...
    polygons fill on outline active on
```

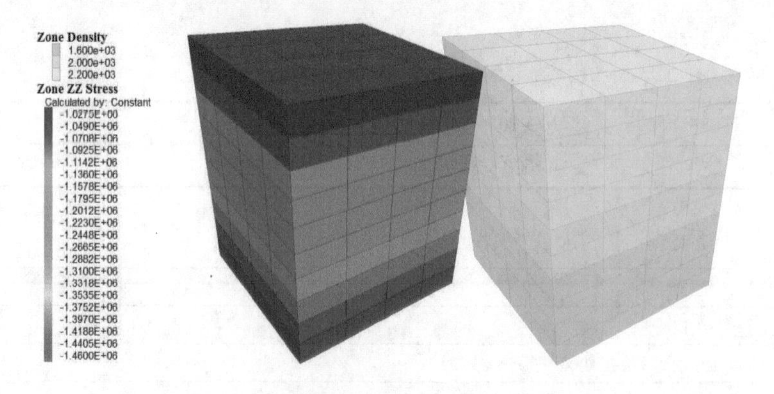

图 10-2 非均质材料密度及渐变初始 zz 应力

若不使用 zone initialize-stresses 命令，则每种材料分界面上的应力必须经手工计算，该例题是一个简单、易处理的层状材料，用 zone initialize 命令渐变计算 σ_{zz}，梯度值由重力梯度而引起的各

层之间的变化即可。在这个例子中，还有一个覆盖层施加 -1×10^6 Pa 的压应力添加到顶面，水平应力系数 σ_{xx} 方向为0.25和 σ_{zz} 方向为0.5。

在更复杂的情况下，若 zone initialize-stresses 命令不适合，则需要使用 FISH 函数从已知材料属性分布计算初始近似应力值。

10.4 非均匀网格初始应力

内在不规则的网格应该不改变应力初始化的方式，可还是必须进行某些细微的调整，如果网格不规则，力就不会完全平衡。例如，等待“开挖”的隧道网格就是这样，如例题10-4所示。

例题10-4 不规则网格初始应力状态。

```
;;文件名:10-4.f3dat
model new ;系统重置
zone create radial-cylinder size 3 8 4 5 fill...
        point 0 (0,0,0) point 1 (10,0,0)...
        point 2 (0,10,0) point 3 (0,0,10);建模
zone face skin ;自动对网格外表面指派组名
;;指定本构模型及材料属性参数
zone cmodel assign elastic ; 各向同性弹性模型
zone property shear 3e8 bulk 5e8 density 2500
;;边界条件,应力边界一定要与初始条件一致
zone face apply velocity-normal 0 range group 'East' or 'West'
zone face apply velocity-normal 0 range group 'North' or 'South'
zone face apply velocity-normal 0 range group 'Bottom'
;;初始条件
model gravity 10 ;重力加速度默认在-z方向
zone initialize-stresses
;model step 1
model solve
```

模型只计算一步时，不平衡力系数是 3.53×10^{-3}，自动求解193步后，不平衡力系数是 9.86×10^{-6}，最终的应力和位移如图10-3所示。

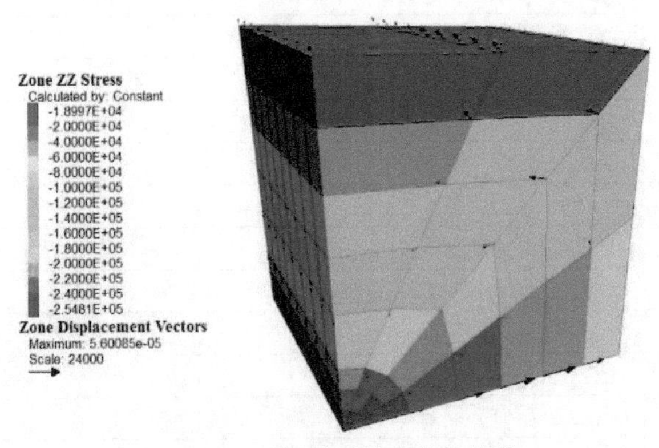

图10-3 调整后的应力与位移

当表面有不规则几何形状则引起更复杂的情况，例题10-5说明有正弦波不规则地表山脉的情

况，初始化结果如图10-4所示，求解平衡后如图10-5所示。

例题10-5 不规则表面初始应力状态。

```
;;文件名:10-5.f3dat
model new ;系统重置
;;定义 FISH 函数
fish define mountain_sin_wave
  argument v0   ;向量,左下角点坐标
  argument x_s ;x 轴长度
  argument y_s ;y 轴长度
  argument z_s ;z 轴长度
  argument x_n ;x 轴单元体个数
  argument y_n ;y 轴单元体个数
  argument z_n ;z 轴单元体个数
  argument w_l ;波长(一个周期)
  argument w_h ;波高
  argument w0   ;起点位置,范围 0~1(周期)
  local lk=2*math.pi/w_l ;周期系数
  loop local k (1,z_n)
    loop local j (1,y_n)
      loop local i (1,x_n)
        local  dx1=x_s/x_n * (i-1)
        global x1=comp.x(v0)+dx1
        local  dx2=dx1+x_s/x_n
        global x2=comp.x(v0)+dx2
        local  dy1=y_s/y_n * (j-1)
        global y1=comp.y(v0)+dy1
        local  dy2=dy1+y_s/y_n
        global y2=comp.y(v0)+dy2
        ;计算一个单元体8个点的z标高,与基点、波长和波高相关
        global z1=comp.z(v0)+(k-1)*...
          (z_s+w_h*math.sin(lk*(w0*w_l+...
          math.sqrt(dx1^2+dy1^2))))/z_n
        global z2=comp.z(v0)+(k-1)*...
          (z_s+w_h*math.sin(lk*(w0*w_l+...
          math.sqrt(dx2^2+dy1^2))))/z_n
        global z3=comp.z(v0)+(k-1)*...
          (z_s+w_h*math.sin(lk*(w0*w_l+...
          math.sqrt(dx1^2+dy2^2))))/z_n
        global z4=comp.z(v0)+(k-1)*...
          (z_s+w_h*math.sin(lk*(w0*w_l+...
          math.sqrt(dx2^2+dy2^2))))/z_n
        global z5=comp.z(v0)+k*...
          (z_s+w_h*math.sin(lk*(w0*w_l+...
          math.sqrt(dx1^2+dy1^2))))/z_n
```

```
            global z6 = comp.z(v0) + k*...
              (z_s + w_h*math.sin(lk*(w0*w_l +...
                math.sqrt(dx2^2 + dy1^2))))/z_n
            global z7 = comp.z(v0) + k*...
              (z_s + w_h*math.sin(lk*(w0*w_l +...
                math.sqrt(dx1^2 + dy2^2))))/z_n
            global z8 = comp.z(v0) + k*...
              (z_s + w_h*math.sin(lk*(w0*w_l +...
                math.sqrt(dx2^2 + dy2^2))))/z_n
            command
              zone create brick p 0 @x1,@y1,@z1 p 1 @x2,@y1,@z2...
                p 2 @x1,@y2,@z3 p 3 @x1,@y1,@z5 p 4 @x2,@y2,@z4...
                p 5 @x1,@y2,@z7 p 6 @x2,@y1,@z6 p 7 @x2,@y2,@z8...
                size 1 1 1
            endcommand
          endloop
        endloop
      endloop
end
[pt = vector(0,0,0)]
@mountain_sin_wave(@pt,200.,200.,100.,30,30,15,400.,50.,0.25)
zone face skin ;自动对网格外表面指派组名
;;指定本构模型及材料属性参数
zone cmodel assign elastic ;各向同性弹性模型
zone property bulk 3e8 shear 2e8 density 2000
;;边界条件,应力边界一定要与初始条件一致
zone face apply velocity-normal 0 range group 'East' or 'West'
zone face apply velocity-normal 0 range group 'North' or 'South'
zone face apply velocity-normal 0 range group 'Bottom'
;;初始条件
model gravity 10 ;重力加速度默认在 -z 方向
zone initialize-stresses ratio 0.5
;model solve elastic
```

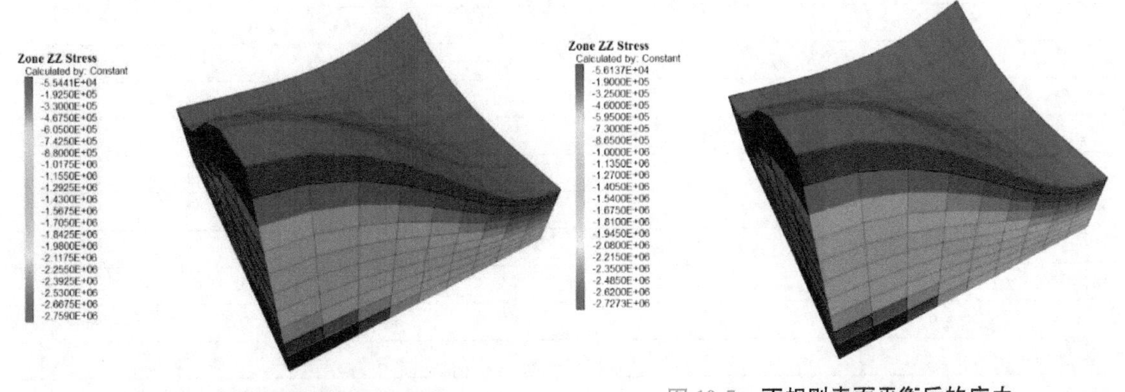

图 10-4 不规则表面的初始应力

图 10-5 不规则表面平衡后的应力

用 zone initialize-stresses 命令初始化应力分布后，非常接近实际平衡点。如果水平应力系数设为0，则在初始化后只需500多步即可达到完全平衡。然而，在这样的表面形貌中，有一个有限的应力系数，问题就出现了。底部附近的水平应力比一般在斜坡附近时过高，这可能需要一些时间来达到平衡，也可能导致不现实的位移甚至破坏地表斜坡。

没有简单方法得到更接近平衡的初始应力。然而，有很多不同的方法可以帮助我们：

1）在不同的高度或区域使用带不同侧应力系数的 zone initialize-stresses 命令。

2）弹性求解模型。

3）在达到初始平衡后重置位移为零（任何情况下都是很好的做法）。

4）允许塑性流动发生，从而消除应力集中，然后重新分配本构模型来重置状态变量。

可能还有许多其他可能的方案，特别是对于非线性、路径依赖的材料。

10.5　非均匀网格的压实

使用一个不均匀网格，在重力下模拟平衡时，有时会获得一个莫明其妙的结果。当使用摩尔-库仑或其他非线性本构模型时，即便边界是直的，自由表面是平的，最终的应力状态会和位移图形不一致。例题10-6就是这种情况，图10-6显示了位移向量和垂直应力等值线图。

例题 10-6　不均匀网格的不均匀应力初始化。

```
;;文件名:10 -6 . f3dat
model new ;系统重置
zone create brick size 8 6 10 ratio 1.2 1 1
zone face skin ;自动对网格外表面指派组名
;;指定本构模型及材料属性参数
zone cmodel assign mohr-coulomb ; 摩尔 -库仑模型
zone property bulk 2e8 shear 1e8 friction 30 density 2000
;;边界条件,应力边界一定要与初始条件一致
zone face apply velocity-normal 0 range group 'East' or 'West'
zone face apply velocity-normal 0 range group 'North' or 'South'
zone face apply velocity-normal 0 range group 'Bottom'
;;初始条件
model gravity 10 ;重力加速度默认在 - z 方向
model save 'initial'
;;下面行会产生不均匀图形
model solve
model save 'nonuniform'
;;下面行直接设置初始化应力
model restore 'initial'
zone initialize-stresses ratio 0.75
model solve
model save 'direct'
;;下面行是弹性初始化的
model restore 'initial'
model solve elastic
model save 'uniform'
```

由于垂直的四面是滚动支承边界，四边的下降速度应相同，然而 $x=0$ 附近网格更细，FLAC 3D 试图使所有单元体的局部时间步保持相等，因此，为了补偿单元体尺寸小，它就增加 $x=0$ 边界附近格点的惯性质量，这些格点的加速度就会比 $x=8$ 边界附近的格点更小。这对线性材料的最终状态是毫无影响的，但对依赖路径的材料就引起了不一致性。对于没有黏聚力的摩尔-库仑材料的情形就类似于砂子从高处掉进容器里面，又期待砂子最终状态始终如一，实际上，由于不能立即建立约束应力发生了大量的塑性流。即使有均匀的网格，这种方法也不是最好的，因为水平应力取决于动力学过程。

最好的解决办法是使用侧应力系数为 0.75 的 zone initialize-stresses 命令，后面的 model solve 只有一步就结束了。

如果由于某种原因，希望使用 FLAC 3D 来计算最终状态，则可以使用 elastic 选项的 model solve 命令，这使得模型在不允许塑性破坏（人为提高抗拉强度和内摩擦力）的情况下达到平衡，然后重新恢复原始材料属性参数而使模型保持在平衡状态，如图 10-7 所示。

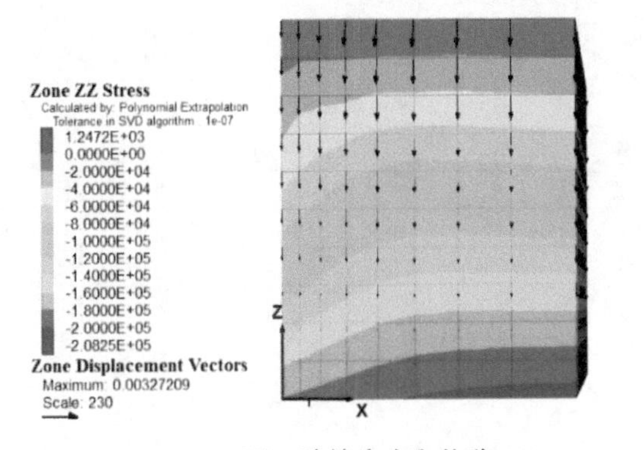

图 10-6　不一致的应力和位移

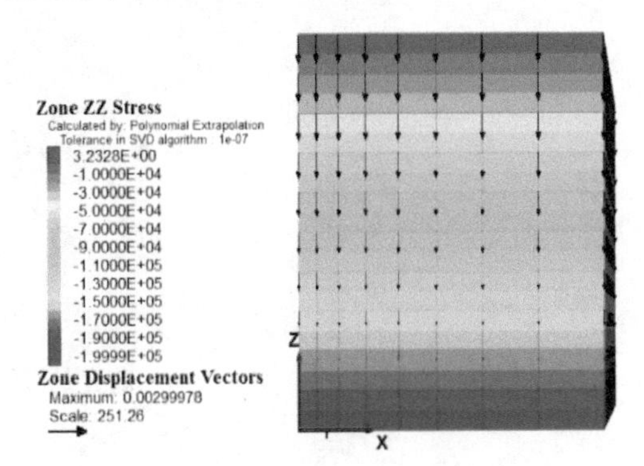

图 10-7　一致的应力和位移

10.6　模型改变后的初始应力

可能有这样一种情况，在达到期望的应力分布过程中使用一种模型，但在后续求解中改用另一种模型。如果一种模型被另一种非空模型替代，受影响的单元体区域的应力都被保留，如例题 10-7所示。

例题 10-7　模型改变后的初始应力。

```
;;文件名:10-7.f3dat
model new ;系统重置
zone create brick size 5 5 5
zone face skin ;自动对网格外表面指派组名
zone group 'Switch' range position (0,0,0) (2,5,2)
;;指定本构模型及材料属性参数
zone cmodel assign elastic ; 各向同性弹性模型
zone property shear 2e8 bulk 3e8 density 2000
;;边界条件
zone face apply velocity-normal 0 range group 'Bottom'
;;初始条件
model gravity 10 ;重力加速度默认在 -z 方向
```

```
zone initialize-stresses
model solve
;;重新指定本构模型及材料属性参数
zone cmodel assign mohr-coulomb range group 'Switch'
zone property shear 2e8 bulk 3e8 friction 35...
     range group 'Switch'
model step 1000
```

运行到这里，由初始的各向同性弹性模型所产生的应力会一直存在，并当作新的摩尔-库仑模型包含了该区域的初始应力，如图 10-8 所示。

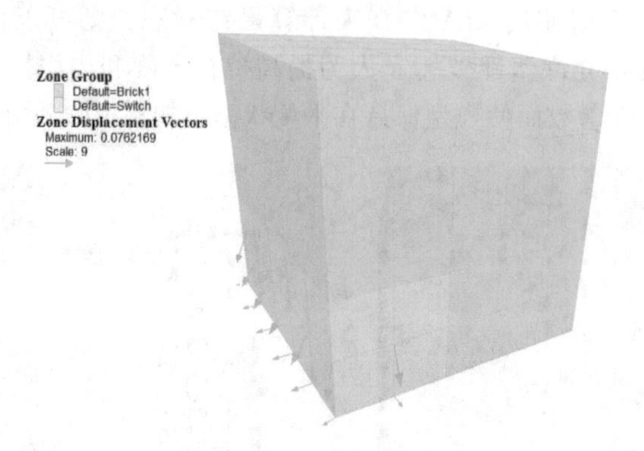

图 10-8　改变的模型区和破坏引起的位移

10.7　速度初始化

前述内容讨论应力的初始化，通常内部格点的速度无须明显地设置，默认值就为零。如果在边界指定了速度条件，那一定是为了初始化对系统的影响最小。例题 10-8 模拟三轴试验刚性压板，速度可以初始化实现整个样本的初始线性渐变，如图 10-9 所示。

例题 10-8　三轴试验的渐变速度。

```
;;文件名:10 -8 . f3dat
model new ;系统重置
zone create cylinder point 0 (0,0,0) point 1 (1,0,0)...
                 point 2 (0,2,0) point 3 (0,0,1)...
                 size 4 5 4
zone reflect normal = (1,0,0)      ;以 y -z 平面镜像网格
zone reflect normal = (0,0,1)      ;以 x -y 平面镜像网格
zone face skin ;自动对网格外表面指派组名
;;指定本构模型及材料属性参数
zone cmodel assign mohr-coulomb ; 摩尔 -库仑模型
zone property bulk 1.19e10 shear 1.1e10
zone property cohesion 2.72e5 friction 44 tension 2e5
;;边界条件
zone face apply velocity-normal -1e-4 range group 'North'
```

```
zone face apply velocity-normal 0 range group 'South'
zone face apply stress-normal -1e5 range group 'East'
;;初始条件,速度初始化,以求圆滑反应
zone gridpoint initialize velocity-y 0 gradient (0,-1e-4,0)
```

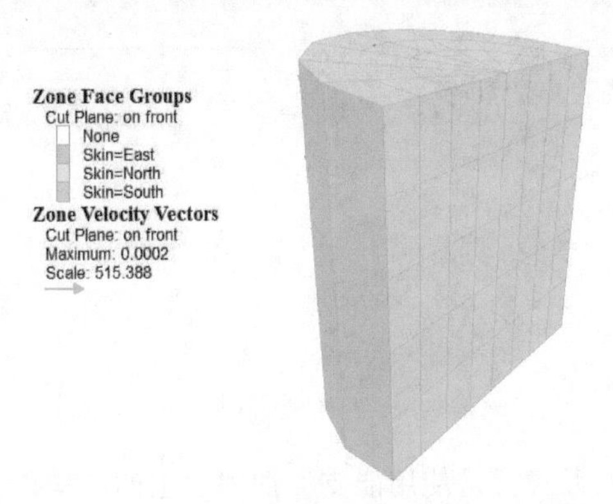

图 10-9 简单三轴试验试件的速度初始化

若不初始化线性速度，则加速时将引起最初的振动和负速度，以及内部格点的后续运动也将不受控制。

第11章 结构单元*

了解功能强大的结构单元。

土工分析与设计最重要的方式就是使用能支撑加固岩土的结构件，FLAC 3D 拥有不同材料和材料属性参数各异的结构单元来模拟真实的结构件，它们是梁（Beam）结构单元、锚索（Cable）结构单元、桩（Pile）结构单元、壳（Shells）结构单元、土工格栅（Geogrid）结构单元和衬砌（Liner）结构单元6种。

结构单元的身份识别与其他模块不同，单个的结构单元由唯一组件 CID 号标识，而一组结构单元则由 ID 号标识，单个的结构节点或连接也由各自的唯一组件 CID 号标识，节点集合或连接集合则由 ID 号标识。

对于6种结构单元各自的力学特性、响应量、相关命令及实例将在各小节描述，几个共同通用的命令和 FISH 函数分别列于表 11-1 和表 11-2。

表 11-1　结构单元通用命令

STRUCTURE 关键字		说　明
damping 关键字		设置结构单元阻尼方案
	combined-local	联合阻尼方案
	local	局部阻尼方案
	none	无阻尼
	rayleigh f_1 f_2	瑞利阻尼，刚度比例常数 $f_1=\beta$，质量比例常数为 $f_2=\alpha$
list information		列出有关结构单元设置的一般信息，如安全系数、质量缩放设置、阻尼方案、连接容差、大应变滑动设置、结构单元数量、节点数量和连接数量等
results 关键字		控制导出哪些值到结果文件中
	active ***b***	结构单元导出，默认为 on
	displacements ***b***	节点位移向量导出，默认为 on
	extra ***b***	所有单元、节点和连接的附加变量导出
	forces ***b***	节点的力导出，包括还原值，默认为 on
	groups ***b***	单元、节点和连接的组信息导出
	links ***b***	连接的全部信息导出，包括模型及参数
	properties ***b***	单元属性参数导出
	velocities ***b***	节点的速度矢量导出

（续）

STRUCTURE 关键字	说　明
safety-factor f	设置安全系数，它是稳定求解结构单元所需时间步的倍数因子，实际时间步将是结构单元、单元体或其他模式（如流力、热力和蠕变等）时间步的最小值。静态模式时，安全系数最终是 f 的一半，动力模式时，安全系数最终是 f，默认为 1.0
scale-rotational-mass [b]	转动自由度质量缩放，仅适用于动态分析。若为 off，则用一个球体来计算单元节点的转动质量，即所谓的全动力模式。若为 on，则基于转动刚度对转动质量进行缩放，即所谓的部分动力模式

表 11-2　**结构单元通用 FISH 函数**

函　数		说　明
i_{ndex} = struct.connectivity(p,i_d) ‖ 得到单元节点组件 CID 的索引号		
返回值	i_{ndex}	节点索引号，若无则为 0
参数	p	单元指针
	i_d	组件 CID 号
i = struct.delete(p) ‖ 删除结构单元		
返回值	i	返回 0，同时删除任何未连接的节点和与之关联的任何连接，p 将为 null
参数	p	单元指针
f = struct.density(p) ‖ 得到结构单元密度 struct.density(p) = f ‖ 设置结构单元密度		
返回值	f	结构单元密度
赋值	f	结构单元密度
参数	p	单元指针
a = struct.extra(p[,i]) ‖ 得到结构单元附加变量（索引号为 i）的值 struct.extra(p[,i]) = a ‖ 设置结构单元附加变量（索引号为 i）的值		
返回值	a	指定索引号的变量值
赋值	a	指定索引号的变量值
参数	p	单元指针
	i	索引号，1～128，默认为 1
p = struct.find（i） ‖ 得到组件 CID 的结构单元指针		
返回值	p	结构单元指针
参数	i	组件 CID 号
s = struct.group(p[,s_{lot}]) ‖ 得到结构单元在门类 s_{lot} 中的组名 struct.group(p[,s_{lot}]) = s ‖ 设置结构单元在门类 s_{lot} 中的组名		
返回值	s	门类 s_{lot} 中的组名，若无则为 none
赋值	s	门类 s_{lot} 中的组名
参数	p	单元指针
	s_{lot}	门类名
b = struct.group.remove（p，s） ‖ 移除结构单元所有门类中的组名 s		
返回值	b	移除成功为 true，若无发现组则为 false
参数	p	单元指针
	s	组名

（续）

函数		说明
p = struct.head ‖ 得到结构单元表中第一个结构单元的指针		
返回值	p	单元指针
i = struct.id(p) ‖ 得到结构单元 ID 号		
返回值	i	结构单元 ID 号，注意与 CID 的区别
参数	p	单元指针
i = struct.id.component(p) ‖ 得到结构单元组件 CID 号		
返回值	i	结构单元组件 CID 号，注意与 ID 的区别
参数	p	单元指针
b = struct.isgroup(p,s[,s_{lot}]) ‖ 查找结构单元中的组名 s		
返回值	b	单元中发现有组名 s 则为 true，否则为 false
参数	p	单元指针
	s	组名
	s_{lot}	门类名，若指定，仅从指定门类中查验组名
l = struct.list( ) ‖ 得到模型中所有结构单元表		
返回值	l	所有结构单元表指针，主要用于 Loop ForEach 循环语句
m = struct.local.system(p[[,i_{dir}],i_{dof}]) ‖ 得到结构单元局部坐标系统		
返回值	m	3×3 数组，若指定第一选项，则为向量，若两项全指定，则为实数
参数	p	单元指针
	i_{dir}	局部坐标的三个自由度方向，1～3
	i_{dof}	自由度方向向量的分量，1～3
b = struct.mark(p) ‖ 得到结构单元标记 struct.mark(p) = b ‖ 设置结构单元标记		
返回值	b	布尔标记，命令或求解期间
赋值	b	布尔标记，命令或求解期间进行设置
参数	p	单元指针
i = struct.maxid( ) ‖ 得到模型中任一结构单元的最大组件 CID 号		
返回值	i	任一结构单元的最大组件 CID 号
f = struct.mech.convergence( ) ‖ 得到模型中所有结构节点的最大收敛值		
返回值	f	所有结构节点的最大收敛值
f = struct.mech.ratio.avg( ) ‖ 得到模型中所有结构节点的平均收敛比		
返回值	f	所有结构节点的平均收敛比
f = struct.mech.ratio.local( ) ‖ 得到模型中所有结构节点的最大局部收敛比		
返回值	f	所有结构节点的最大局部收敛比
f = struct.mech.ratio.max( ) ‖ 得到模型中所有结构节点的最大不平衡力与平均荷载的比值		
返回值	f	所有结构节点的最大不平衡力与平均荷载的比值
p = struct.near($\boldsymbol{v}$) ‖ 得到质心最接近点向量 $\boldsymbol{v}$ 的任何结构单元指针		
返回值	p	结构单元指针，若无，则为 null
参数	$\boldsymbol{v}$	模型空间中的一点

（续）

函数		说明
p_{next} = struct.next(p) ‖ 得到下一个结构单元指针		
返回值	p_{next}	下一个结构单元指针
参数	p	单元指针
n_{ode} = struct.node(p,i) ‖ 得到结构单元指定节点号的指针		
返回值	n_{ode}	节点指针
参数	p	单元指针
	i	结构单元的节点索引号，梁、锚和桩为1～2；壳、土工栅格和衬砌为1～3
i = struct.num( ) ‖ 得到模型中结构单元的总数		
返回值	i	结构单元的总数
$\boldsymbol{v}$ = struct.pos(p[,i]) ‖ 得到结构单元的位置		
返回值	$\boldsymbol{v}$	结构单元的位置向量（质心），若指定i，则为实数
参数	p	单元指针
	i	位置向量的分量，1～3
f = struct.pos.x(p) ‖ 得到结构单元位置的x方向分量		
返回值	f	结构单元位置（质心）的x方向分量
参数	p	单元指针
f = struct.pos.y(p) ‖ 得到结构单元位置的y方向分量		
返回值	f	结构单元位置（质心）的y方向分量
参数	p	单元指针
f = struct.pos.z(p) ‖ 得到结构单元位置的z方向分量		
返回值	f	结构单元位置（质心）的z方向分量
参数	p	单元指针
f = struct.therm.expansion(p) ‖ 得到结构单元的热膨胀系数 struct.therm.expansion(p) = f ‖ 设置结构单元的热膨胀系数		
返回值	f	结构单元的热膨胀系数
赋值	f	结构单元的热膨胀系数
参数	p	单元指针
s = struct.type(p) ‖ 得到结构单元的类型名		
返回值	s	结构单元的类型名，为{Beam,Cable,Pile,Shell,Geogrid,Liner}中的一种
参数	p	单元指针
i = struct.typeid( ) ‖ 得到唯一确定对象类型的标识号		
返回值	i	唯一确定对象类型的标识号，将返回1283545601，表示通用结构单元。可以用type.pointer.id（p）函数得到具体单元类型标识号，Beam为1283545608、Cable为1376516851、Pile为1283545868、Shell为1283545603、Geogrid为1283545605和Liner为1283545607

11.1 结构单元节点

11.1.1 力学性能

结构单元节点有6个自由度，3个平移分量和3个转动分量，与结构单元相连全部集中在节点。有全局坐标系统和局部坐标系统与节点相关联。全局坐标系统用来指定一般的速度和位移边界条件、节点位置和施加的荷载，在整个模拟过程中不能改变全局坐标系统。局部坐标系统用来指定如何控制节点与网格交互作用等绑定条件，也就是解决在局部方向上的运动方程。

求解步开始时会根据节点类型自动设置节点局部坐标系统的方向，对于梁和壳，局部坐标系统与全局坐标系统对齐。对于锚索和桩，局部坐标系统是这样定位的：与所有索或桩构件连接节点的平均轴向方向作为 x 轴；y 和 z 轴在横截面内任意定位，如图 11-1 所示。对于土工格栅和衬砌，局部坐标系统是这样定位的：与所有格栅或衬砌构件连接节点的平均法线方向作为 z 轴；x 和 y 轴在切向平面内任意定位，如图 11-2 所示。

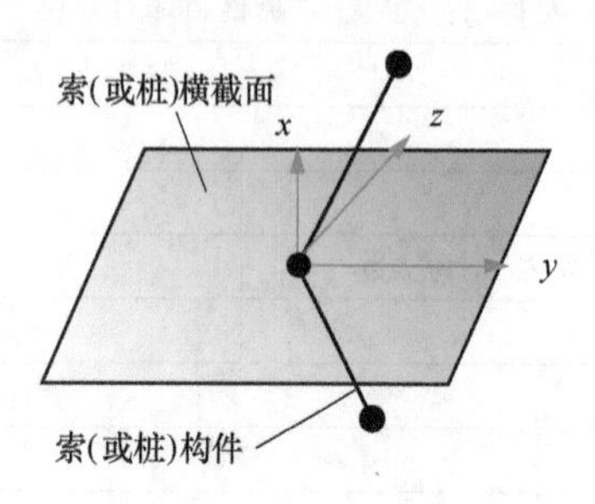

图 11-1　索或桩节点局部坐标系统

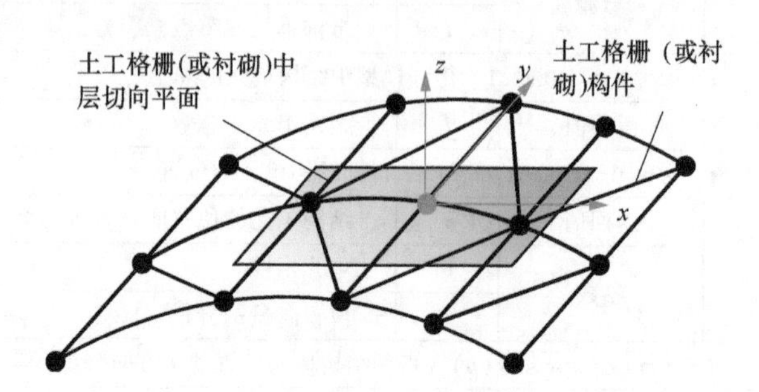

图 11-2　土工格栅或衬砌节点局部坐标系统

11.1.2　响应量

节点响应量包括位移、速度、位置和不平衡力。这些量可以用全局或局部坐标系表示，也可以通过 FISH 函数访问、显示、采样记录和绘图输出。

11.1.3　命令及函数

对节点操作的命令见表 11-3，对节点进行操作的 FISH 函数见表 11-4。

表 11-3　节点操作命令

STRUCTURE NODE 关键字	说　明
apply 关键字 [rang...]	为范围内的所有节点设置点荷载
force **v** [关键字]	加载向量**v** 力
add	追加到节点现有向量中
multiply	乘以现有向量
force-edge **v** [add]	向量**v** 作为单位长度的力施加到范围内节点的所有边。若有 add 选项则追加到节点中
moment **v** [关键字]	施加力矩向量**v**
add	追加到节点现有向量中
multiply	乘以现有向量
remove 关键字	移除所施加的力或力矩
force	移除节点上的任何力
moment	移除节点上的任何力矩
system 关键字	设置坐标系，默认为全局
local	局部坐标
global	全局坐标

（续）

STRUCTURE NODE 关键字		说明
create *v* [group s_1 [slot s_2]]		在位置*v*创建一个节点。单独创建的节点可用于 by-nodeids 形式的命令。默认门类为 default
damping-local *f* [rang...]		设置范围节点的局部阻尼系数为*f*，默认为0.8
delete [rang...]		删除范围内节点，连接到结构件的节点则不能删除
fix 关键字 [rang...]		为范围内节点施加约束条件，以防这些值发生变化
	rotation	固定3个转动自由度的速度不变（局部坐标）
	rotation-x	固定 x 轴转动速度不变（局部坐标）
	rotation-y	固定 y 轴转动速度不变（局部坐标）
	rotation-z	固定 z 轴转动速度不变（局部坐标）
	system-local	阻止因使用节点而自动更新局部坐标系统，默认为自由
	velocity	固定3个平移自由度的速度不变（局部坐标）
	velocity-x	固定 x 轴平移速度不变（局部坐标）
	velocity-y	固定 y 轴平移速度不变（局部坐标）
	velocity-z	固定 z 轴平移速度不变（局部坐标）
free 关键字 [rang...]		为范围内节点解除约束条件
	rotation	释放3个转动自由度的速度限制（局部坐标）
	rotation-x	释放 x 轴转动速度限制（局部坐标）
	rotation-y	释放 y 轴转动速度限制（局部坐标）
	rotation-z	释放 z 轴转动速度限制（局部坐标）
	system-local	允许因使用节点而自动更新局部坐标系统，默认
	velocity	释放3个平移自由度的速度限制（局部坐标）
	velocity-x	释放 x 轴平移速度限制（局部坐标）
	velocity-y	释放 y 轴平移速度限制（局部坐标）
	velocity-z	释放 z 轴平移速度限制（局部坐标）
group s_1 关键字 [rang...]		为范围内节点创建组名 s_1
	slot s_2	若指定，则把组 s_1 归属到门类 s_2 中，默认为 default
	remove	把范围内节点移除出 s_1 组，若没指定 s_2，则移除出所有门类中的 s_1 组
hide [关键字] [rang...]		隐藏或显示范围内节点
	b	若为 on 则隐藏，若为 off 则显示
	undo	撤销上次 hide 操作，最多12次
history [name *s*] 关键字		采样记录节点位移、速度、位置和不平衡力等响应量。若指定 name，则可供以后参考引用，否则，自动分配 ID 号
	displacement-x [关键字块]	x 方向平动位移（全局或局部坐标）
	displacement-y [关键字块]	y 方向平动位移（全局或局部坐标）
	displacement-z [关键字块]	z 方向平动位移（全局或局部坐标）
	displacement-rotational-x [关键字块]	x 方向转动位移（全局或局部坐标）

（续）

STRUCTURE NODE 关键字			说　明
	displacement-rotational-y [关键字块]		
			y 方向转动位移（全局或局部坐标）
	displacement-rotational-z [关键字块]		
			z 方向转动位移（全局或局部坐标）
	force-x [关键字块]		x 方向不平衡力（全局或局部坐标）
	force-y [关键字块]		y 方向不平衡力（全局或局部坐标）
	force-z [关键字块]		z 方向不平衡力（全局或局部坐标）
	moment-x [关键字块]		x 方向不平衡力矩（全局或局部坐标）
	moment-y [关键字块]		y 方向不平衡力矩（全局或局部坐标）
	moment-z [关键字块]		z 方向不平衡力矩（全局或局部坐标）
	position-x [关键字块]		x 坐标位置（全局坐标）
	position-y [关键字块]		y 坐标位置（全局坐标）
	position-z [关键字块]		z 坐标位置（全局坐标）
	velocity-x [关键字块]		x 方向平移速度（全局或局部坐标）
	velocity-y [关键字块]		y 方向平移速度（全局或局部坐标）
	velocity-z [关键字块]		z 方向平移速度（全局或局部坐标）
	velocity-rotational-x [关键字块]		
			x 方向转动速度（全局或局部坐标）
	velocity-rotational-y [关键字块]		
			y 方向转动速度（全局或局部坐标）
	velocity-rotational-z [关键字块]		
			z 方向转动速度（全局或局部坐标）
	关键字块：		
		component-**id** *i*	指定节点标识 CID 号，不再指定关键字 position
		local	指定节点局部坐标系统，默认为全局坐标系
		position ***v***	指定最接近坐标位置点***v***的节点，不再指定关键字 component-id
initialize 关键字 [rang...]			初始化范围内节点的响应值
	displacement ***v*** [关键字块]		平动位移***v***
	displacement-x ***f*** [关键字块]		x 方向平动位移***f***
	displacement-y ***f*** [关键字块]		y 方向平动位移***f***
	displacement-z ***f*** [关键字块]		z 方向平动位移***f***
	displacement-rotational ***v*** [关键字块]		
			转动位移***v***
	displacement-rotational-x ***f*** [关键字块]		
			x 方向转动位移***f***
	displacement-rotational-y ***f*** [关键字块]		
			y 方向转动位移***f***

（续）

STRUCTURE NODE 关键字	说 明
displacement-rotational-z *f* [关键字块]	
	z 方向转动位移 *f*
position ***v*** [关键字块]	节点位置***v***（全局坐标）
position-x *f* [关键字块]	节点 x 坐标为 *f*（全局坐标）
position-y *f* [关键字块]	节点 y 坐标为 *f*（全局坐标）
position-z *f* [关键字块]	节点 z 坐标为 *f*（全局坐标）
ratio-target *f* [关键字块]	设置局部力比系数，默认为 1.0×10^{-4}
velocity ***v*** [关键字块]	平移速度***v***
velocity-x *f* [关键字块]	x 方向平移速度 *f*
velocity-y *f* [关键字块]	y 方向平移速度 *f*
velocity-z *f* [关键字块]	z 方向平移速度 *f*
velocity-rotational-x *f* [关键字块]	
	x 方向转动速度 *f*
velocity-rotational-y *f* [关键字块]	
	y 方向转动速度 *f*
velocity-rotational-z *f* [关键字块]	
	z 方向转动速度 *f*
关键字块：	
add ***v***	原有值不变，加上指定值
multiply *f*	原有值乘上指定值
local	指定在局部坐标进行（但对位置响应量无效）
gradient ***v***	指定范围内每个节点的值为：$v_f = v_0 + v_x x + v_y y + v_z z$
join [关键字] [rang...]	创建节点到节点的连接，目标节点上已存在的连接不修改
group *s* [slot s_1]	为创建的连接指定组 *s* 或门类 s_1
range-target 关键字...	再指定一个范围短语里的节点
side *i*	指定创建连接为 *i* 序结构单元，仅用于 embedded 关键字的衬砌单元，默认为 1
list 关键字 [rang...]	列出范围内节点信息
apply [关键字]	列出节点上荷载值
force	节点上施加的力（局部坐标），为默认
moment	节点上施加的力矩（局部坐标）
connectivity	列出每个节点及与之相连的结构单元组件 CID 号
damping-local	节点的局部阻尼系数
displacement [关键字]	列出节点的平动位移和转动（角）位移
global	显示值为全局坐标系统
local	显示值为局部坐标系统，为默认
fixity	列出节点速度固定值（局部坐标）

（续）

STRUCTURE NODE 关键字			说　明
	unbalanced-force		列出节点不平衡力和力矩（局部坐标）
	link		列出连接到节点的所有连接的组件 CID 号
	mass		列出节点的平动量和转动（角）量（局部坐标）
	position [关键字]		列出节点位置
		current	节点的当前位置
		reference	节点的参考位置
	stiffness		列出节点的平移刚度和转动刚度（局部坐标）
	system-local		显示节点所使用的局部坐标系方向
	system-surface		显示表面坐标系方向，仅用于壳类结构单元
	velocity [关键字]		列出平动速度和转动（角）速度
		global	全局坐标值
		local	局部坐标值，为默认
select [关键字] [rang...]			选择或不选择节点
	b		on = 选择，默认；off = 不选择
	new		意味 on，选择范围内的节点，自动选择不在范围内的节点
	undo		撤销上次操作，默认 12 次
system-local 关键字 [rang...]			设置节点局部坐标系统方向
	x *v*		指定局部坐标 x 轴方向
	y *v*		指定局部坐标 y 轴方向
	z *v*		指定局部坐标 z 轴方向

表 11-4　节点操作的 FISH 函数

函　数		说　明
m = struct. node. acc. global(***p***[,***i***]) ‖ 得到全局坐标系表达的节点加速度		
返回值	***m***	若没指定参数 ***i*** 则返回所有自由度的加速度矩阵，若指定参数 ***i*** 则返回第 ***i*** 自由度的加速度
参数	***p***	节点指针
	i	自由度，***i*** ∈ {1,2,3,4,5,6}，默认为 1
m = struct. node. acc. local(***p***[,***i***]) ‖ 得到局部坐标系表达的节点加速度		
返回值	***m***	若没指定参数 ***i*** 则返回所有自由度的加速度矩阵，若指定参数 ***i*** 则返回第 ***i*** 自由度的加速度
参数	***p***	节点指针
	i	自由度，***i*** ∈ {1,2,3,4,5,6}，默认为 1
m = struct. node. apply(***p***[,***i***]) ‖ 得到当前坐标系施加节点的力 struct. node. apply(***p***[,***i***]) = ***m*** ‖ 设置当前坐标系施加节点的力		
返回值	***m***	若没指定参数 ***i*** 则返回所有自由度的力矩阵，若指定参数 ***i*** 则返回第 ***i*** 自由度的力
赋值	***m***	若不指定参数 ***i*** 则施加所有自由度的力矩阵，若指定参数 ***i*** 则施加第 ***i*** 自由度的力
参数	***p***	节点指针
	i	自由度，***i*** ∈ {1,2,3,4,5,6}，默认为 1

（续）

函数		说明
b = struct.node.apply.local(*p* [, *i*]) ‖ 得到施加节点力的是否是局部坐标系		
返回值	*b*	真假值
参数	*p*	节点指针
	i	自由度，$i \in \{1,2,3,4,5,6\}$，默认为1
f = struct.node.convergence(*p*) ‖ 返回格点收敛值，定义为当前局部力之比		
返回值	*f*	格点收敛值
参数	*p*	节点指针
f = struct.node.damp.local(*p*) ‖ 得到节点的局部阻尼系数 struct.node.damp.local(*p*) = *f* ‖ 设置节点的局部阻尼系数		
返回值	*f*	节点的局部阻尼系数
赋值	*f*	节点的局部阻尼系数
参数	*p*	节点指针
m = struct.node.disp.global(*p*[,*i*]) ‖ 得到全局坐标系的节点位移		
返回值	*m*	若不指定参数 *i* 则施加所有自由度的位移矩阵，若指定参数 *i* 则施加第 *i* 自由度的位移
参数	*p*	节点指针
	i	自由度，$i \in \{1,2,3,4,5,6\}$，默认为1
m = struct.node.disp.local(*p*[,*i*]) ‖ 得到局部坐标系的节点位移		
返回值	*m*	若不指定参数 *i* 则施加所有自由度的位移矩阵，若指定参数 *i* 则施加第 *i* 自由度的位移
参数	*p*	节点指针
	i	自由度，$i \in \{1,2,3,4,5,6\}$，默认为1
a = struct.node.extra(*p*[,*i*]) ‖ 得到节点 *p* 第 *i* 个附加变量数组 struct.node.extra(*p*[,*i*]) = *a* ‖ 设置节点 *p* 第 *i* 个附加变量数组		
返回值	*a*	节点 *p* 第 *i* 附加变量值
赋值	*a*	赋值给节点 *p* 第 *i* 附加变量值
参数	*p*	节点指针
	i	附加变量索引序号，1～128，若不指定则默认为1
p = struct.node.find (*i*) ‖ 获得内部CID号为 *i* 的节点指针		
返回值	*p*	CID号为 *i* 的节点指针
参数	*i*	节点CID号
i_2 = struct.node.fix (*p*, i_1) ‖ 获得节点 *p* 局部坐标系自由度 i_1 的速度固定标识符		
返回值	i_2	整型数，$i_2 \in \{1,2,3\}$，分别表示自由、固定速度、从属目标速度
参数	*p*	节点指针
	i_1	自由度，$i_1 \in \{1,2,3,4,5,6\}$
b = struct.node.fix.local(*p*) ‖ 获得局部坐标系统的固定性布尔标志 struct.node.fix.local(*p*) = *b* ‖ 设置局部坐标系统的固定性布尔标志		
返回值	*b*	布尔标识，true为固定局部坐标系统，false为否
赋值	*b*	true为固定局部坐标系统，false为否
参数	*p*	节点指针

（续）

函数		说明
m = struct.node.force.unbal.global(p[,i]) ‖ 获得全局坐标表达的节点不平衡力		
返回值	m	若没指定参数 i 则返回所有自由度的不平衡力矩阵，若指定参数 i 则返回第 i 自由度的不平衡力
参数	p	节点指针
	i	自由度，$i \in \{1,2,3,4,5,6\}$，默认为 1
m = struct.node.force.unbal.local(p[,i]) ‖ 获得局部坐标表达的节点不平衡力		
返回值	m	若没指定参数 i 则返回所有自由度的不平衡力矩阵，若指定参数 i 则返回第 i 自由度的不平衡力
参数	p	节点指针
	i	自由度，$i \in \{1,2,3,4,5,6\}$，默认为 1
s_g = struct.node.group（p [,s_{slot}]） ‖ 获得节点的组名 struct.node.group（p[,s_{slot}]）= s_g ‖ 设置节点的组名		
返回值	s_g	节点 p 在门类 s_{slot} 中的组名
赋值	s_g	门类 s_{slot} 中设置组名 s_g
参数	p	节点指针
	s_{slot}	门类名，若不指定，则为 default
b = struct.node.group.remove（p，s） ‖ 删除所有门类中的组名 s		
返回值	b	true 表示已删除节点组名，false 表示没发现组
参数	p	节点指针
	s	删除组的名称
p = struct.node.head ‖ 获得全部节点的第一个节点指针（不推荐使用）		
返回值	p	节点指针
i = struct.node.id(p) ‖ 获得节点 ID 号（指结构单元、节点和连接的集合或整体的编号）		
返回值	i	节点 ID 号，不是唯一的。只有组件 CID 是唯一的
参数	p	节点指针
i = struct.node.id.component(p) ‖ 获得节点唯一 CID 号，不能与 ID 号混淆		
返回值	i	节点唯一的 CID 号
参数	p	节点指针
b = struct.node.isgroup（p，s_g [，s_{slot}]） ‖ 检查与节点关联的组名是否是 s_g		
返回值	b	true 表示发现匹配，false 表示无
参数	p	节点指针
	s_g	检查的组名
	s_{slot}	门类名，若不指定，默认为 default
p_1 = struct.node.link(p[,i]) ‖ 获取与节点 p 相关联的连接指针 p_1		
返回值	p_1	连接指针，若无连接则 null
参数	p	节点指针
	i	自由度，$i \in \{1,2,3,4,5,6\}$，默认为 1
p = struct.node.list ‖ 获得模型中所有节点的表的指针，主要用于 Loop ForEach 循环语句		
返回值	p	所有节点的表的指针

（续）

函数		说明
b = struct.node.mark(p) ‖ 获取节点标记符 struct.node.mark(p) = b ‖ 设置节点标记符		
返回值	b	true 表示标记符为开，false 表示标记符为关
赋值	b	true 表示标记符为开，false 表示标记符为关
参数	p	节点指针
f = struct.node.mass.added(p[,i]) ‖ 获取节点局部坐标的附加平动量或转动量 struct.node.mass.added(p[,i]) = f ‖ 设置节点局部坐标的附加平动量或转动量		
返回值	f	指定自由度下的附加量
赋值	f	指定自由度下的附加量
参数	p	节点指针
	i	自由度，$i \in \{1,2,3,4,5,6\}$，默认为 1
f = struct.node.mass.local(p[,i]) ‖ 获取节点局部坐标指定自由度的响应量		
返回值	f	指定自由度的响应量
参数	p	节点指针
	i	自由度，$i \in \{1,2,3,4,5,6\}$，默认为 1
i = struct.node.maxid ‖ 获取模型中任何结构节点的最大 CID 号，若新建节点，则 CID 加 1		
返回值	i	模型中节点的最大组件 CID 号
p = struct.node.near($\boldsymbol{v}$) ‖ 获得离点$\boldsymbol{v}$最近的节点指针		
返回值	p	点$\boldsymbol{v}$最近的节点指针，若无则返回 null
参数	$\boldsymbol{v}$	空间中的点向量$\boldsymbol{v}$
p_n = struct.node.next(p) ‖ 获得节点表中的下一个节点指针		
返回值	p_n	下一个节点指针，或 null
参数	p	节点指针
i = struct.node.num ‖ 获得模型中节点的总数量		
返回值	i	节点总数量
$\boldsymbol{v}$ = struct.node.pos(p[,i]) ‖ 获得节点当前的位置向量或分量		
返回值	$\boldsymbol{v}$	节点当前位置向量，若指定 i 则返回指定分量（实数）
参数	p	节点指针
	i	指定向量分量，1 ~ 3
f = struct.node.pos.x(p) ‖ 获得节点当前位置向量的 x 分量		
返回值	f	节点位置向量的 x 分量
参数	p	节点指针
f = struct.node.pos.y(p) ‖ 获得节点当前位置向量的 y 分量		
返回值	f	节点位置向量的 y 分量
参数	p	节点指针
f = struct.node.pos.y(p) ‖ 获得节点当前位置向量的 z 分量		
返回值	f	节点位置向量的 z 分量
参数	p	节点指针

（续）

函　数		说　明
v = struct. node. pos. reference (***p***[,***i***]) ‖ 获得节点当前的位置参考向量或分量		
返回值	***v***	节点当前位置参考向量，若指定 ***i*** 则返回指定分量（实数）
参数	***p***	节点指针
	i	指定向量分量，1 ~ 3
f = struct. node. pos. reference. x(***p***) ‖ 获得节点当前位置参考向量的 *x* 分量		
返回值	***f***	节点位置参考向量的 *x* 分量
参数	***p***	节点指针
f = struct. node. pos. reference. y(***p***) ‖ 获得节点当前位置参考向量的 *y* 分量		
返回值	***f***	节点位置参考向量的 *y* 分量
参数	***p***	节点指针
f = struct. node. pos. reference. z(***p***) ‖ 获得节点当前位置参考向量的 *z* 分量		
返回值	***f***	节点位置参考向量的 *z* 分量
参数	***p***	节点指针
f = struct. node. ratio(***p***) ‖ 获得施加到节点力的收敛系数		
返回值	***f***	节点力的收敛系数
参数	***p***	节点指针
f = struct. node. ratio. target(***p***) ‖ 获得节点目标收敛系数 struct. node. ratio. target(***p***) = ***f*** ‖ 设置节点目标收敛系数		
返回值	***f***	节点收敛系数，默认为 10^{-4}
赋值	***f***	设置节点收敛系数
参数	***p***	节点指针
m = struct. node. resultant (***p*** [, i_{res}]) ‖ 获得连接节点结构单元的最终计算的应力结果		
返回值	***m***	一个 1×6 矩阵的力学结果，为$(M_x, M_y, M_{xy}, N_x, N_y, N_{xy})$
参数	***p***	节点指针
	i_{res}	指定力学结果矩阵的序号
m = struct. node. stiff. local(***p***[,***i***]) ‖ 获得局部坐标表达的节点刚度矩阵		
返回值	***m***	若没指定参数 *i* 则返回所有自由度的刚度矩阵，若指定参数 *i* 则返回第 *i* 自由度的刚度矩阵
参数	***p***	节点指针
	i	自由度，$i \in \{1,2,3,4,5,6\}$，默认为 1
b = struct. node. surface. valid(***p***) ‖ 获得面坐标有效性的布尔标志		
返回值	***b***	true 为有效，false 为无效
参数	***p***	节点指针
b = struct. node. surface. xdir(***p***,***v***) ‖ 获得向量***v***投影到面坐标的方位角是否为 *x* 轴方向		
返回值	***b***	true 为成功，false 为失败
参数	***p***	节点指针
	v	向量
m = struct. node. system. local(***p***[,i_1][,i_2]) ‖ 获得节点的局部坐标系		

（续）

函数		说明
返回值	m	3×3 矩阵或向量或一个数
参数	p	节点指针
	i_1	自由度，$i_1 \in \{1,2,3\}$
	i_2	自由度，$i_2 \in \{1,2,3\}$
m = struct.node.system.surface(p[,i_1][,i_2]) ‖ 获得节点的面坐标系		
返回值	m	3×3 矩阵或向量或一个数
参数	p	节点指针
	i_1	自由度，$i_1 \in \{1,2,3\}$
	i_2	自由度，$i_2 \in \{1,2,3\}$
f = struct.node.temp.increment(p) ‖ 获得每个时间步对节点的温度增加值 struct.node.temp.increment(p) = f ‖ 设置每个时间步对节点的温度增加值		
返回值	f	温度增加值
赋值	f	温度增加值
参数	p	节点指针
i = struct.node.typeid ‖ 获得唯一确定对象类型的标识符		
返回值	i	唯一对象类型标识符，结构单元的节点，将总是返回 1283546106
m = struct.node.vel.global(p[,i]) ‖ 获得全局坐标节点的速度		
返回值	m	若不指定参数 i 则是所有自由度的速度，若指定参数 i 则是第 i 个自由度的速度
参数	p	节点指针
	i	自由度，$i \in \{1,2,3,4,5,6\}$，默认为 1
m = struct.node.vel.global(p[,i]) ‖ 获得局部坐标节点的速度		
返回值	m	若不指定参数 i 则为所有自由度的速度，若指定参数 i 则是第 i 个自由度的速度
参数	p	节点指针
	i	自由度，$i \in \{1,2,3,4,5,6\}$，默认为 1

11.2 结构单元连接

11.2.1 基本知识

一个连接是一个对象，它将源节点与目标对象进行连接，目标对象可能是另一个节点或单元体。每个连接利用其源节点局部坐标指定其所有属性参数，实现不同类型结构单元与格点之间的交互。在大多数情况下，不需要创建或修改连接，因为生成结构单元时会自动创建连接及其属性。

若想要完全转动的双开塑性铰链（两边都有不同旋转角度），那么就必须在铰链点上建立两个独立的节点，并在它们之间建立一个节点到节点的连接，为转动自由度指定适当的法向屈服弹簧，以及等同塑性铰链的刚度和屈服强度。

为适应其他更复杂的情况，每个连接提供了 6 个自由度（3 个平动和 3 个转动），每个自由度又有不约束（无力的传递）、固接（刚性连接到目标位置）和变形弹簧（位移与力）三种状态。

变形弹簧又分为线性、剪切屈服、法向屈服和桩屈服四种，创建结构单元时默认连接状态如表 11-5 所示。允许固接的递归连接。特殊情况下，如嵌入式衬砌，可能一个节点有两个连接，但仅允许一个固接的自由度连接其他连接。

在计算循环开始的几何更新时，连接的属性是基于其根/母节点自动指派，除非交互类型不兼容匹配，这将覆盖由命令行或 FISH 函数手动修改的属性，若在大应变模式下，则在循环期间的每个更新间隔开始时覆盖。因此，自定义连接属性的最简单方法是设置其根节点属性，否则，用户必须在每次更新后通过使用 FISH 回调函数来覆盖默认值。

若建立节点到单元体的连接而源节点不在单元体内，它会搜寻距源节点 δ 的非空单元体，δ 值为全局单元体容差乘单元体大小。

表 11-5　默认连接状态

自由度	梁	锚	桩	壳	栅　格	衬　砌
1	固接	切向屈服弹簧	切向屈服弹簧	固接	桩屈服弹簧	桩屈服弹簧
2	固接	固接	桩屈服弹簧	固接	桩依赖屈服弹簧	桩依赖屈服弹簧
3	固接	固接	桩依赖屈服弹簧	固接	固接	法向屈服弹簧
4	自由	自由	自由	自由	自由	自由
5	自由	自由	自由	自由	自由	自由
6	自由	自由	自由	自由	自由	自由

11.2.2　命令及函数

结构连接的关键字及参数见表 11-6，结构连接的 FISH 函数见表 11-7。

表 11-6　**结构连接关键字及参数**

STRUCTURE LINK 关键字	说　明
attach 关键字 [rang...]	设置连接的自由度状态/属性
x [关键字块]	x 平动方向的属性，即自由度 1
y [关键字块]	y 平动方向的属性，即自由度 2
z [关键字块]	z 平动方向的属性，即自由度 3
rotation-x [关键字块]	x 转动方向的属性，即自由度 4
rotation-y [关键字块]	y 转动方向的属性，即自由度 5
rotation-z [关键字块]	z 转动方向的属性，即自由度 6
关键字块：	
free	不约束，没有力的传递
linear	线性变形弹簧
normal-yield	法向屈服变形弹簧
pile-yield	桩屈服变形弹簧，仅用于 x 和 y 自由度的平动
rigid	固接，刚性连接，默认值
shear-yield	剪切屈服变形弹簧，仅用于平动自由度
create 关键字 [rang...]	创建连接，若已有连接则忽略，若无源、目 CID 号，则自动建立

（续）

STRUCTURE LINK 关键字	说　明
on-nodeid *i*	指定源节点组件 CID 号，若指定 target node 关键字，则此关键字必选
offset ***v***	当未指定具体目标时，可以使用偏移向量搜索不位于源节点位置的节点或单元体，选中的位置将是源节点位置加上偏移向量***v***，注意如果使用单元体作为目标，则应使 slide 属性标识为关
side *i*	指定连接绑定到内嵌线性结构单元的哪一侧，默认值是第 1 侧，*i* 必须是 1 或 2
target 关键字	识别目标对象，若不提供目标，则默认目标为单元体
zone [*i*]	指定单元体目标，若不指定 *i*，那么利用源节点 δ 距离内非空单元体。若指定 *i*，目标为非空单元体，且源节点在其边界 δ 距离内
node [*i*]	指定节点目标，若不指定 *i*，那么利用源节点 δ 距离内的节点。若指定 *i*，则两个节点必须相互靠近
group s_1 [slot s_2]	为创建的连接指定组名 s_1，若指定选项，则组 s_1 归属于门类 s_2，默认门类名为 Default
delete [rang...]	删除范围内的所有连接
group s_1 关键字 [rang...]	为范围内连接创建组名 s_1
slot s_2	若指定，则把组 s_1 归属到门类 s_2 中，默认为 default
remove	把范围内节点移除出 s_1 组，若没指定 s_2，则移除出所有门类中的 s_1 组
hide [关键字] [rang...]	隐藏或显示范围内连接
b	若为 on 则隐藏，若为 off 则显示
undo	撤消上次 hide 操作，最多 12 次
history [name *s*] 关键字	采样记录节点位移、力等响应量，若指定 name，则可供以后参考引用，否则，自动分配 ID 号
displacement-x [关键字块]	*x* 方向平动位移（局部坐标）
displacement-y [关键字块]	*y* 方向平动位移（局部坐标）
displacement-z [关键字块]	*z* 方向平动位移（局部坐标）
displacement-rotational-x [关键字块]	
	x 方向转动位移（局部坐标）
displacement-rotational-y [关键字块]	
	y 方向转动位移（局部坐标）
displacement-rotational-z [关键字块]	
	z 方向转动位移（局部坐标）
force-x [关键字块]	*x* 方向的力（局部坐标）
force-y [关键字块]	*y* 方向的力（局部坐标）
force-z [关键字块]	*z* 方向的力（局部坐标）
moment-x [关键字块]	*x* 方向的力矩（局部坐标）
moment-y [关键字块]	*y* 方向的力矩（局部坐标）
moment-z [关键字块]	*z* 方向的力矩（局部坐标）
关键字块：	
component-id *i*	指定节点标识 CID 号，不再指定关键字 position
local	指定节点局部坐标系统，默认为全局坐标系
position ***v***	指定最接近坐标位置点***v***的节点，不再指定关键字 component-id

（续）

STRUCTURE LINK 关键字	说　明
list 关键字 [rang...]	列出范围内连接对象信息或值
attach	列出连接条件
displacement	列出每个自由度的相关位移
force	列出每个自由度的相关力
property [*s*]	列出关联当前模型的连接属性
slide	滑动标志
slide-tolerance	滑动容差
source-node	列出连接的源节点
state	列出关联每个自由度的变形弹簧的屈服状态
target	列出连接类型：节点－单元体、节点－节点和指定 CID
property 关键字 [rang...]	设置变形弹簧指定的连接属性
x [关键字块]	x 向或自由度 1 平动属性
y [关键字块]	y 向或自由度 2 平动属性
z [关键字块]	z 向或自由度 3 平动属性
x-rotation [关键字块]	x 向或自由度 4 转动属性
y-rotation [关键字块]	y 向或自由度 5 转动属性
z-rotation [关键字块]	z 向或自由度 6 转动属性
关键字块：	
线性变形弹簧	linear
area ***f***	面积，默认为 1.0
stiffness ***f***	单位面积刚度，默认为 1.0
法向屈服变形弹簧	normal-yield
area ***f***	面积，默认为 1.0
gap ***b***	缝隙标志，默认为 off
stiffness ***f***	单位面积刚度，默认为 1.0
yield-compression ***f***	压缩屈服强度（力）
yield-tension ***f***	拉伸屈服强度（力）
桩屈服变形弹簧	pile-yield
area ***f***	面积，默认为 1.0
cohesion	黏聚力，默认为 0.0
friction	摩擦角，默认为 0.0
gap ***b***	缝隙标志，默认为 off
stiffness ***f***	单位面积刚度，默认为 1.0
剪切屈服变形弹簧	shear-yield
area ***f***	面积，默认为 1.0
cohesion	单位面积黏聚力，默认为 0.0
cohesion-table ***i***	单位面积黏聚力表号，默认为 0

（续）

STRUCTURE LINK 关键字	说明
confining-flag *b*	激活增加周边应力的标志，默认为 off
confining-table *i*	周边应力系数表号，默认为 0
friction-table *i*	摩擦角表号，默认为 0
friction	摩擦角，默认为 0
stiffness *f*	单位面积刚度，默认为 1.0
perimeter *f*	外圈周长，默认为 0
select [关键字] [rang...]	选择或不选择连接
b	on = 选择，默认；off = 不选择
new	意味 on，选择范围内的连接，自动选择不在范围内的连接
undo	撤销上次操作，默认 12 次
slide *b* [rang...]	大变形滑动标志
tolerance-contact *f*	设置节点－单元体连接的容差，默认为 1×10^{-5}
tolerance-node *f*	设置节点－节点连接的容差，默认为 1×10^{-5}
tolerance-slide *f*	设置节点－单元体连接大变形滑动容差，默认为 1×10^{-5}

表 11-7 结构连接的 FISH 函数

函数		说明
i = struct.link.attach（*p*，i_{dof}）‖获得连接指定自由度的状态属性		
返回值	*i*	返回整型数，1 表示不约束；2 表示固接；3 表示变形弹簧
参数	*p*	连接指针
	i_{dof}	自由度，$i_{dof}=1\sim6$
i = struct.link.delete(*p*) ‖删除连接		
返回值	*i*	返回 0
参数	*p*	连接指针，删除后将无效（并设置为 null）
a = struct.link.extra(*p*[,*i*]) ‖得到连接 *p* 第 *i* 个附加变量数组 struct.link.extra(*p*[,*i*]) = *a* ‖设置连接 *p* 第 *i* 个附加变量数组		
返回值	*a*	连接 *p* 第 *i* 附加变量值
赋值	*a*	赋值给连接 *p* 第 *i* 附加变量值
参数	*p*	连接指针
	i	附加变量索引序号，1～128，若不指定则默认为 1
p = struct.link.find（*i*）‖得到连接 CID 号 *i* 的指针		
返回值	*p*	连接指针
参数	*i*	连接 CID 号
s_g = struct.link.group（*p*［，s_{slot}］）‖获得连接的组名 struct.link.group（*p*［，s_{slot}］）= s_g ‖设置连接的组名		
返回值	s_g	连接 *p* 在门类 s_{slot} 中的组名
赋值	s_g	门类 s_{slot} 中设置组名 s_g
参数	*p*	连接指针
	s_{slot}	门类名，若不指定，则为 default

（续）

函　　数		说　　明
b = struct. link. group. remove(*p*,*s*) ‖ 删除所有门类中的组名 *s*		
返回值	*b*	true 表示已删除连接组名，false 表示没发现组
参数	*p*	连接指针
	s	删除组的名称
p = struct. link. head ‖ 获得全部连接的第一个连接指针（不推荐使用）		
返回值	*p*	连接指针
i = struct. link. id(*p*) ‖ 获得连接 ID 号（指结构单元、节点和连接的集合或整体的编号）		
返回值	*i*	连接 ID 号，不是唯一的。只有组件 CID 是唯一的
i = struct. link. id. component(*p*) ‖ 获得连接唯一 CID 号，不能与 ID 号混淆		
返回值	*i*	连接唯一的 CID 号
参数	*p*	连接指针
b = struct. link. isgroup（*p*，s_g [，s_{slot}]）‖ 检查与连接关联的组名是否是 s_g		
返回值	*b*	true 表示发现匹配，false 表示无
参数	*p*	连接指针
	s_g	检查的组名
	s_{slot}	门类名，若不指定，默认为 default
p = struct. link. list ‖ 获得模型中所有连接的表的指针，主要用于 Loop ForEach 循环语句		
返回值	*p*	所有连接的表的指针
i = struct. link. maxid ‖ 获取模型中任何结构连接的 CID 号，若新建节点，则 CID 加 1		
返回值	*i*	模型中连接的最大组件 CID 号
s = struct. link. model（*p*，i_{dof}）‖ 获取连接自由度变形弹簧的种类名称		
返回值	*s*	变形弹簧的种类名称，若连接为不约束或固接，则为空字符串
参数	*p*	连接指针
	i_{dof}	自由度，$i_{dof}=1\sim6$
m = struct. link. model. area（*p*[,i_{dof}]）‖ 获取变形弹簧相关联的面积 struct. link. model. area（*p*[,i_{dof}]）= *m* ‖ 设置变形弹簧相关联的面积		
返回值	*m*	1×6 矩阵的全部自由度的面积，或指定 i_{dof} 自由度的面积
赋值	*m*	1×6 矩阵的全部自由度的面积，或指定 i_{dof} 自由度的面积，默认值为 1.0
参数	*p*	连接指针
	i_{dof}	自由度，$i_{dof}=1\sim6$
m = struct. link. model. compression（*p*[,i_{dof}]）‖ 获取变形弹簧的抗压强度 struct. link. model. compression（*p*[,i_{dof}]）= *m* ‖ 设置变形弹簧的抗压强度		
返回值	*m*	1×6 矩阵的全部自由度的抗压强度，或指定 i_{dof} 自由度的抗压强度
赋值	*m*	1×6 矩阵的全部自由度的抗压强度，或指定 i_{dof} 自由度的抗压强度
参数	*p*	连接指针
	i_{dof}	自由度，$i_{dof}=1\sim6$
m = struct. link. model. disp（*p*[,i_{dof}]）‖ 获取变形弹簧的位移		

（续）

函数		说明
返回值	m	1×6 矩阵的全部自由度的位移，或指定 i_{dof} 自由度的位移
参数	p	连接指针
	i_{dof}	自由度，$i_{dof}=1\sim6$
m = struct.link.model.force (p[,i_{dof}]) ‖ 获取变形弹簧的当前力		
返回值	m	1×6 矩阵的全部自由度的当前力，或指定 i_{dof} 自由度的当前力
参数	p	连接指针
	i_{dof}	自由度，$i_{dof}=1\sim6$
b = struct.link.model.gap (p，i_{dof}) ‖ 获取缝隙对变形弹簧的影响标志 struct.link.model.gap (p，i_{dof}) = b ‖ 设置缝隙对变形弹簧的影响标志		
返回值	b	若为 true，则已激活缝隙对指定 i_{dof} 自由度的影响
赋值	b	若为 true，则将激活缝隙对指定 i_{dof} 自由度的影响
参数	p	连接指针
	i_{dof}	自由度，$i_{dof}=1\sim6$
m = struct.link.model.gap.neg (p[,i_{dof}]) ‖ 获取变形弹簧的压缝隙分量		
返回值	m	1×6 矩阵的全部自由度的压缝隙分量，或指定 i_{dof} 自由度的压缝隙分量
参数	p	连接指针
	i_{dof}	自由度，$i_{dof}=1\sim6$
m = struct.link.model.gap.pos (p[,i_{dof}]) ‖ 获取变形弹簧的拉缝隙分量		
返回值	m	1×6 矩阵的全部自由度的拉缝隙分量，或指定 i_{dof} 自由度的拉缝隙分量
参数	p	连接指针
	i_{dof}	自由度，$i_{dof}=1\sim6$
m = struct.link.model.stiffness (p[,i_{dof}]) ‖ 获取变形弹簧的刚度 struct.link.model.stiffness (p[,i_{dof}]) = m ‖ 设置变形弹簧的刚度		
返回值	m	1×6 矩阵的全部自由度的刚度，或指定 i_{dof} 自由度的刚度
赋值	m	1×6 矩阵的全部自由度的刚度，或指定 i_{dof} 自由度的刚度
参数	p	连接指针
	i_{dof}	自由度，$i_{dof}=1\sim6$
m = struct.link.model.tension (p[,i_{dof}]) ‖ 获取变形弹簧的抗拉强度 struct.link.model.tension (p[,i_{dof}]) = m ‖ 设置变形弹簧的抗拉强度		
返回值	m	1×6 矩阵的全部自由度的抗拉强度，或指定 i_{dof} 自由度的抗拉强度
赋值	m	1×6 矩阵的全部自由度的抗拉强度，或指定 i_{dof} 自由度的抗拉强度
参数	p	连接指针
	i_{dof}	自由度，$i_{dof}=1\sim6$
i = struct.link.model.yield (p，i_{dof}) ‖ 获取变形弹簧的破坏状态		
返回值	i	指定自由度的破坏状态，0 = 未破坏；1 = 正在破坏中；2 = 已破坏
参数	p	连接指针
	i_{dof}	自由度，$i_{dof}=1\sim6$

（续）

函　数		说　明
p_n = struct. link. next(p) ‖ 获得连接表中的下一个连接指针		
返回值	p_n	下一个连接指针，或 null
参数	p	连接指针
p_{node} = struct. link. node(p) ‖ 获得母节点指针		
返回值	p_{node}	母节点指针
参数	p	连接指针
i = struct. link. num ‖ 获得模型中连接的总数量		
返回值	i	
i = struct. link. side(p) ‖ 获得连接的边数		
返回值	i	连接的边数
参数	p	连接指针
b = struct. link. slide(p) ‖ 获得连接大变形滑动标志，仅用于节点与单元体的连接 struct. link. slide(p) = b ‖ 设置连接大变形滑动标志		
返回值	b	若为 true，则表示已激活大变形滑动
赋值	b	若为 true，则表示要激活大变形滑动
参数	p	连接指针
f = struct. link. slide. tol(p) ‖ 获得连接大变形滑动容差值 struct. link. slide. tol(p) = f ‖ 设置连接大变形滑动容差值		
返回值	f	大变形滑动容差
赋值	f	大变形滑动容差
参数	p	连接指针
i = struct. link. target(p) ‖ 获得连接目标对象的 ID 或 CID 号		
返回值	i	若目标对象是节点则为节点 CID 号；若目标对象是单元体则为单元体 ID 号
参数	p	连接指针
s = struct. link. type(p) ‖ 获得连接目标对象类型		
返回值	s	若是节点则为"Structure Node"，若是单元体则为"Zone"
参数	p	连接指针
i = struct. link. typeid ‖ 获取唯一确定对象类型的标识符		
返回值	i	1283546109，表示一般的结构连接。进一步可以用 type. pointer. id( ) 函数获得连接类型，1283546111 表示节点到节点；1283545600 表示节点到单元体
s = struct. link. used. by(p) ‖ 获取与连接相关联的结构单元类型的名称		
返回值	s	结构单元的名称，$s \in$ {Beam，Cable，Pile，Shell，Geogrid，Liner}，若为空串表示目标对象为节点或已变更得不兼容匹配
参数	p	连接指针

11.3　梁结构单元

11.3.1　力学性能

由几何参数和材料属性参数来定义梁结构单元，梁结构单元由两个节点之间具有相同对称截面的直线段构成，一个整体的任意曲线物理梁则由许多这样的梁结构单元集合而成。默认每个梁结构单元具有各向同性、无屈服的线性弹性材料，但可以指定极限塑性力矩，或者在梁结构单元之间引进塑性铰链，适合于模拟考虑横向剪切变形位移而忽略截面翘曲的结构梁。

像所有的结构单元一样，单个的梁结构单元由组件 CID 号标识，一组梁结构单元则由 ID 号标识，单个的结构节点或连接也由各自的组件 CID 号标识。

每个梁结构单元都有各自独立的局部坐标系统，如图 11-3 所示，用这个系统可以指定截面惯性矩和施加分布荷载。一个简单梁的力和力矩的符号协议如图 11-4 所示。通过两个节点（点 1 和点 2）的位置及向量 $\boldsymbol{Y}$ 来定义梁结构单元的坐标系统，规则如下：x 轴与梁横截面形心轴一致；x 轴的方向为从节点 1 到节点 2；y 轴与向量 $\boldsymbol{Y}$ 在横截面上的投影对齐。

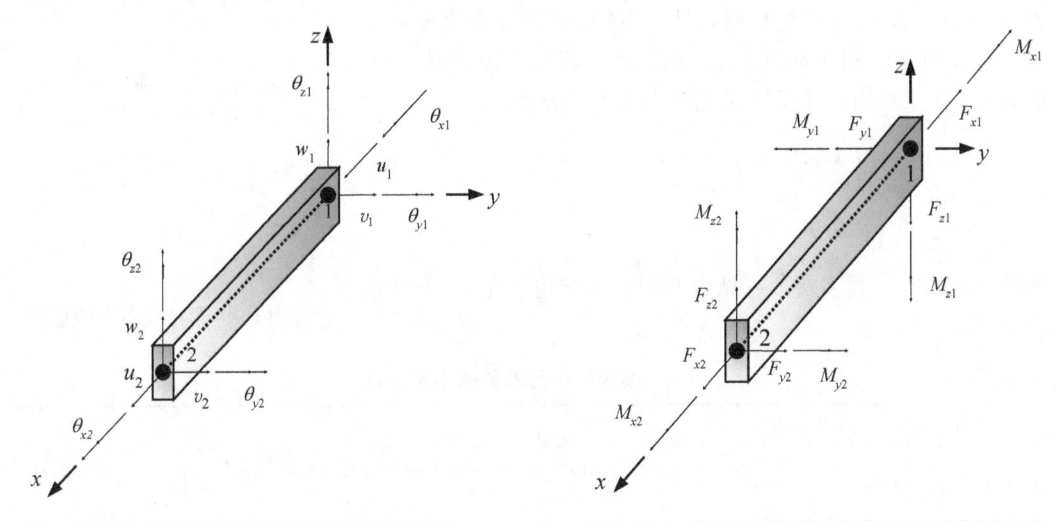

图 11-3　梁结构单元坐标系及自由度　　　图 11-4　梁结构单元端点力和力矩符号协议

梁结构单元的 12 个活动自由度如图 11-3 所示，图中的变形位移（平动或转动）都由相应的力和力矩产生，梁结构单元的刚度矩阵包括所有梁结构中的节点对轴向、剪切和弯曲特性的 6 个自由度。

11.3.2　响应量

梁结构单元响应量就是作用在梁结构单元两端的力和弯矩，这些量可以用全局坐标或局部坐标表示，也可通过 FISH 函数访问、列表显示、采样记录和绘图输出。

11.3.3　参数

每个梁结构单元有表 11-8 中的 10 个属性参数。

表 11-8　梁结构单元属性参数

序号	名　称	说　明
1	Density	密度，ρ（M/L^3），可选项，用于动力学分析和考虑重力荷载
2	Young	弹性模量，$E(F/L^2)$
3	Poisson	泊松比，ν
4	Plastic-moment	塑性力矩，M_p(F. L)，可选项
5	Thermal-expansion	热膨胀系数，α_t，可选项，用于热力分析

（续）

序号	名　称	说　明
6	Cross-sectional-area	横截面积，$A(L^2)$
7	Moi-y	y 轴的二次矩（惯性矩），$I_y(L^4)$
8	Moi-z	z 轴的二次矩（惯性矩），$I_z(L^4)$
9	Moi-polar	极惯性矩，$J(L^4)$
10	Direction-y	向量 $\boldsymbol{Y}$，用来定义投影到横截面的梁单元的 y 轴方向，可选项，默认为全局的 y 轴或 x 轴方向，但不能平行于梁单元件的 x 轴

表 11-8 中参数 1 ~ 5 描述材料特性，参数 6 ~ 10 说明横截面几何特性。一般的梁结构单元横截面如图 11-5 所示，极惯性矩 J、惯性矩 I_y 和 I_z 在梁结构单元坐标系统中由下列积分确定：

$$J = \int_A r^2 \mathrm{d}A ; I_y = \int_A z^2 \mathrm{d}A ; I_z = \int_A y^2 \mathrm{d}A$$

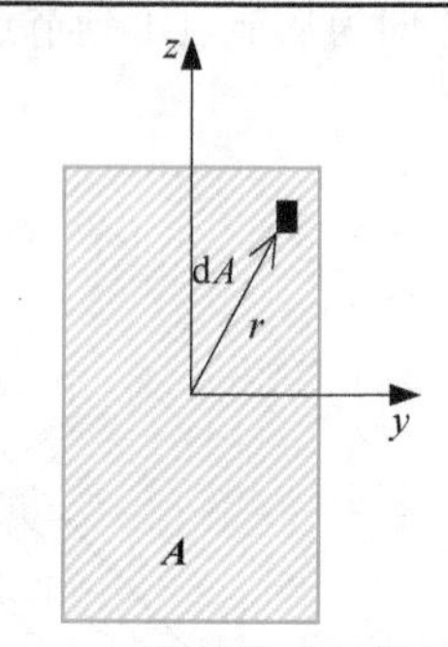

图 11-5　梁结构单元横截面

11.3.4　命令及函数

梁结构单元的关键字及参数见表 11-9，梁结构单元的 FISH 函数见表 11-10。

表 11-9　梁结构单元的关键字及参数

STRUCTURE BEAM 关键字	说　明
apply f_1 f_2 [rang...]	范围内所有梁结构单元施加均匀分布荷载，f_1 表示正 y 向值，f_2 表示正 z 方向值
create 关键字	创建由一个梁结构单元或多个结构单元组成的梁
by-line $\boldsymbol{v}_1$ $\boldsymbol{v}_2$ [关键字块]	创建由 $\boldsymbol{v}_1$ 和 $\boldsymbol{v}_2$ 为端点的一个直线梁结构单元，相应的节点也被创建，并按 $\boldsymbol{v}_1$ 为始点 $\boldsymbol{v}_2$ 为终点方向进行相应排序。若遇到有单元体，则节点的平动自由度以固接模式、转动自由度以不约束模式自动绑定上网格
by-nodeids i_1 i_2 [关键字块]	由组件 CID 号分别为 i_1 和 i_2 的两节点创建梁结构单元。两节点的顺序定义了梁结构单元的坐标系统：沿节点 i_1 直线到节点 i_2 为 x 轴正方向；全局坐标的 y 轴或 x 轴在梁结构单元横截面上的投影即为梁结构单元的 y 轴。注意不能自动绑定到网格
by-ray $\boldsymbol{v}_1$ $\boldsymbol{v}_2$ f [关键字块]	创建从始点 $\boldsymbol{v}_1$、方向 $\boldsymbol{v}_2$、距离 f 为终点的梁结构单元，相应节点也被创建，并按 $\boldsymbol{v}_1$ 为始点到终点方向进行相应排序。若遇到有单元体，则节点的平动自由度以固接模式、转动自由度以不约束模式自动绑定上网格
关键字块：	
distinct	创建单元时，不管是否有相同的空间位置或相同的 ID 号，都强制生成一组新的节点。此选项常用于后面的节点连接命令，以便自定义的单元之间的行为
group s_1 [slot s_2]	为创建的单元指定组名 s_1，若指定选项，则组 s_1 归属于门类 s_2，默认门类名为 Default
id i	为此命令所创建的一个或一组单元指派 ID 号为 i。若无此选项，则将使用下一个可用 ID 号。新建单元两端节点与已经存在的单元节点连接规则如下：在每个端节点位置除非同时满足下列条件：①指定了 ID 号；②新节点位置附近找到一个现有节点；③现有节点的 ID 号与 i 相等。否则将创建一个新节点

（续）

STRUCTURE BEAM 关键字	说明
maximum-length *f*	将单元分割为不大于长度 *f* 的段
segments *i*	将单元分割为 *i* 个相等的段，根据需要创建新节点，默认值为1，表示只创建一个单元。
snap [*b*]	指示所创建的单元的第一个和最后一个位置将试图在单元长度为1/2的半径内捕捉到最近的结构节点（附加到任何元素类型）的位置。如果只有一端以这种方式断开，则所创建的整条线将被原位置和断开位置之间的差异所抵消
delete [rang...]	删除范围内所有的梁结构单元，相应的节点和连接也自动删除
group *s* [关键字]	范围内的梁单元指派组名 *s*
slot s_1	指派组到门类 s_1
remove	指定组 *s* 从指定的门类 s_1 中移除。若无 slot 选项，则该组将从它所在的所有门类中删除
hide [关键字] [rang...]	开关梁结构单元的隐藏与显示
b	布尔值，on = 隐藏；off = 显示
undo	撤销上次操作
history [name *s*] 关键字	采样记录梁的力或力矩的响应量
force [关键字块]	记录梁的总力大小
force-x [关键字块]	记录梁的力的 *x* 分量
force-y [关键字块]	记录梁的力的 *y* 分量
force-z [关键字块]	记录梁的力的 *z* 分量
moment [关键字块]	记录梁的总力矩大小
moment-x [关键字块]	记录梁的力矩的 *x* 分量
moment-y [关键字块]	记录梁的力矩的 *y* 分量
moment-z [关键字块]	记录梁的力矩的 *z* 分量
关键字块：	
component-id *i*	组件 CID 号 *i*，不应指定 position 选项
end *i*	采样单元的节点位置（*i* =1 或2），默认为1
position *v*	离点最近的单元，不应指定 component-id 选项
import 关键字	略
initialize [关键字]	初始化梁结构单元的响应量
coupling	查找任何可变形连接，并尝试初始化力以匹配连接目标的应力状态
list 关键字	列表相关梁结构单元信息
apply	显示施加的分布荷载
force-end	梁结构单元端节点施加的力（局部坐标）
group [slot *s*]	显示梁结构单元属于哪一组
information	列出梁结构单元的一般信息，包括 ID 号和组件 CID 号，连接的节点、形心、面积、体积和隐藏或选择状态
length	显示梁结构单元长度
force-node 关键字	列表节点力，默认为局部坐标

（续）

STRUCTURE BEAM 关键字	说明
local	默认坐标
global	全局坐标表示力
property 关键字	属性参数
density	密度
youngs	弹性模量
poisson	泊松比
plastic-moment	塑性力矩
thermal-expansion	热膨胀系数
cross-sectional-area	横截面积
moi-y	y 轴的惯性矩
moi-z	z 轴的惯性矩
moi-polar	极惯性矩
direction-y	向量 ***Y***
system-local	梁结构单元局部坐标系统
property 关键字	指定梁结构单元属性
density *f*	密度，ρ
youngs *f*	弹性模量，E
poisson *f*	泊松比，$\boldsymbol{\nu}$
plastic-moment *f*	塑性力矩，M_p
thermal-expansion *f*	热膨胀系数，α_t
cross-sectional-area *f*	横截面积，A
moi-y *f*	y 轴的惯性矩
moi-z *f*	z 轴的惯性矩
moi-polar *f*	极惯性矩，J
direction-y $\boldsymbol{v}$	定义 y 轴的向量$\boldsymbol{v}$
refine *i* [rang...]	将指定范围内的梁结构单元重新生成 *i* 个等长尺寸的梁结构单元，并删除原梁结构单元
select [关键字]	
b	on = 选择，默认；off = 不选择
new	意味 on，选择范围内的单元，自动选择不在范围内的单元
undo	撤销上次操作，默认 12 次

表 11-10 梁结构单元的 FISH 函数

函数		说明
f=struct.beam.area(*p*) ‖ 得到梁结构单元横截面积 struct.beam.area(*p*) =*f* ‖ 设置梁结构单元横截面积		
返回值	*f*	梁结构单元横截面积
赋值	*f*	梁结构单元横截面积
参数	*p*	梁结构单元指针

（续）

函数		说明
$\boldsymbol{v}$ = struct. beam. force（$\boldsymbol{p}$，$\boldsymbol{i}_{end}$ [，$\boldsymbol{i}$]）‖获得梁结构单元一端点的力（局部坐标）		
返回值	$\boldsymbol{v}$	梁结构单元指定 $\boldsymbol{i}_{end}$ 端的力向量，若指定了 $\boldsymbol{i}$ 则为实数
参数	$\boldsymbol{p}$	梁结构单元指针
	$\boldsymbol{i}_{end}$	梁结构单元的两端，$\boldsymbol{i}_{end} \in \{1, 2\}$
	$\boldsymbol{i}$	三个分量选项，$\boldsymbol{i}=1\sim3$
$\boldsymbol{f}$ = struct. beam. force. x（$\boldsymbol{p}$，$\boldsymbol{i}_{end}$）‖获得梁结构单元一端点力的 x 方向分量		
返回值	$\boldsymbol{f}$	梁结构单元 $\boldsymbol{i}_{end}$ 端点力的 x 方向分量
参数	$\boldsymbol{p}$	梁结构单元指针
	$\boldsymbol{i}_{end}$	梁结构单元的两端，$\boldsymbol{i}_{end} \in \{1, 2\}$
$\boldsymbol{f}$ = struct. beam. force. y（$\boldsymbol{p}$，$\boldsymbol{i}_{end}$）‖获得梁结构单元一端点力的 y 方向分量		
返回值	$\boldsymbol{f}$	梁结构单元 $\boldsymbol{i}_{end}$ 端点力的 y 方向分量
参数	$\boldsymbol{p}$	梁结构单元指针
	$\boldsymbol{i}_{end}$	梁结构单元的两端，$\boldsymbol{i}_{end} \in \{1, 2\}$
$\boldsymbol{f}$ = struct. beam. force. z（$\boldsymbol{p}$，$\boldsymbol{i}_{end}$）‖获得梁结构单元一端点力的 z 方向分量		
返回值	$\boldsymbol{f}$	梁结构单元 $\boldsymbol{i}_{end}$ 端点力的 z 方向分量
参数	$\boldsymbol{p}$	梁结构单元指针
	$\boldsymbol{i}_{end}$	梁结构单元的两端，$\boldsymbol{i}_{end} \in \{1, 2\}$
$\boldsymbol{m}$ = struct. beam. force. nodal（$\boldsymbol{p}$，$\boldsymbol{i}_{end}$[，$\boldsymbol{i}_{dof}$]）‖获得作用在 $\boldsymbol{i}_{end}$ 端点的节点力（全局坐标）		
返回值	$\boldsymbol{m}$	1×6 矩阵的节点力，若指定 $\boldsymbol{i}_{dof}$ 则返回指定自由度的值
参数	$\boldsymbol{p}$	梁结构单元指针
	$\boldsymbol{i}_{end}$	梁结构单元的两端，$\boldsymbol{i}_{end} \in \{1, 2\}$
	$\boldsymbol{i}_{dof}$	选项自由度，$\boldsymbol{i}_{dof}=1\sim6$
$\boldsymbol{f}$ = struct. beam. length($\boldsymbol{p}$) ‖获得梁结构单元长度		
返回值	$\boldsymbol{f}$	梁结构单元长
参数	$\boldsymbol{p}$	梁结构单元指针
$\boldsymbol{v}$ = struct. beam. load（$\boldsymbol{p}$[，$\boldsymbol{i}_{dof}$]）‖获得梁结构单元的均匀分布荷载 struct. beam. load（$\boldsymbol{p}$[，$\boldsymbol{i}_{dof}$]）= $\boldsymbol{v}$ ‖设置梁结构单元的均匀分布荷载		
返回值	$\boldsymbol{v}$	梁结构单元的均匀分布荷载，y 方向和 z 方向值，x 方向忽略且总等于0
赋值	$\boldsymbol{v}$	梁结构单元的均匀分布荷载
参数	$\boldsymbol{p}$	梁结构单元指针
	$\boldsymbol{i}_{dof}$	自由度选项，$\boldsymbol{i}_{dof}$ 为2或3
$\boldsymbol{v}$ = struct. beam. moi($\boldsymbol{p}$[，$\boldsymbol{i}$]) ‖获得梁结构单元的惯性矩 struct. beam. moi($\boldsymbol{p}$[，$\boldsymbol{i}$]) = $\boldsymbol{v}$ ‖设置梁结构单元的惯性矩		
返回值	$\boldsymbol{v}$	梁结构单元的惯性矩向量，若指定 $\boldsymbol{i}$ 则为一个值
赋值	$\boldsymbol{v}$	梁结构单元的惯性矩向量
参数	$\boldsymbol{p}$	梁结构单元指针
	$\boldsymbol{i}$	向量分量选项，$\boldsymbol{i}=1\sim3$

（续）

函　数		说　明
$\boldsymbol{f}$ = struct.beam.moi.x($\boldsymbol{p}$) ‖ 获得梁结构单元的 x 轴惯性矩 struct.beam.moi.x($\boldsymbol{p}$) = $\boldsymbol{f}$ ‖ 设置梁结构单元的 x 轴惯性矩		
返回值	$\boldsymbol{f}$	梁结构单元的 x 轴惯性矩
赋值	$\boldsymbol{f}$	梁结构单元的 x 轴惯性矩
参数	$\boldsymbol{p}$	梁结构单元指针
$\boldsymbol{f}$ = struct.beam.moi.y($\boldsymbol{p}$) ‖ 获得梁结构单元的 y 轴惯性矩 struct.beam.moi.y($\boldsymbol{p}$) = $\boldsymbol{f}$ ‖ 设置梁结构单元的 y 轴惯性矩		
返回值	$\boldsymbol{f}$	梁结构单元的 y 轴惯性矩
赋值	$\boldsymbol{f}$	梁结构单元的 y 轴惯性矩
参数	$\boldsymbol{p}$	梁结构单元指针
$\boldsymbol{f}$ = struct.beam.moi.z($\boldsymbol{p}$) ‖ 获得梁结构单元的 z 轴惯性矩 struct.beam.moi.z($\boldsymbol{p}$) = $\boldsymbol{f}$ ‖ 设置梁结构单元的 z 轴惯性矩		
返回值	$\boldsymbol{f}$	梁结构单元的 z 轴惯性矩
赋值	$\boldsymbol{f}$	梁结构单元的 z 轴惯性矩
参数	$\boldsymbol{p}$	梁结构单元指针
$\boldsymbol{v}$ = struct.beam.moment（$\boldsymbol{p}$，$\boldsymbol{i}_{\text{end}}$ [，$\boldsymbol{i}$]） ‖ 获得梁结构单元一端的力矩 struct.beam.moment（$\boldsymbol{p}$，$\boldsymbol{i}_{\text{end}}$ [，$\boldsymbol{i}$]） = $\boldsymbol{v}$ ‖ 设置梁结构单元一端的力矩		
返回值	$\boldsymbol{v}$	梁结构单元一端的力矩
赋值	$\boldsymbol{v}$	梁结构单元一端的力矩
参数	$\boldsymbol{p}$	梁结构单元指针
	$\boldsymbol{i}_{\text{end}}$	梁结构单元的两端，$\boldsymbol{i}_{\text{end}} \in \{1, 2\}$
	$\boldsymbol{i}$	向量分量选项，$\boldsymbol{i} = 1 \sim 3$
$\boldsymbol{f}$ = struct.beam.moment.x（$\boldsymbol{p}$，$\boldsymbol{i}_{\text{end}}$） ‖ 获得梁结构单元一端力矩的 x 方向分量 struct.beam.moment.x（$\boldsymbol{p}$，$\boldsymbol{i}_{\text{end}}$） = $\boldsymbol{f}$ ‖ 设置梁结构单元一端力矩的 x 方向分量		
返回值	$\boldsymbol{f}$	梁结构单元 $\boldsymbol{i}_{\text{end}}$ 端力矩的 x 方向分量
赋值	$\boldsymbol{f}$	梁结构单元 $\boldsymbol{i}_{\text{end}}$ 端力矩的 x 方向分量
参数	$\boldsymbol{p}$	梁结构单元指针
	$\boldsymbol{i}_{\text{end}}$	指明梁结构单元的哪一端，$\boldsymbol{i}_{\text{end}}$ 为 1 或 2
$\boldsymbol{f}$ = struct.beam.moment.y（$\boldsymbol{p}$，$\boldsymbol{i}_{\text{end}}$） ‖ 获得梁结构单元一端力矩的 y 方向分量 struct.beam.moment.y（$\boldsymbol{p}$，$\boldsymbol{i}_{\text{end}}$） = $\boldsymbol{f}$ ‖ 设置梁结构单元一端力矩的 y 方向分量		
返回值	$\boldsymbol{f}$	梁结构单元 $\boldsymbol{i}_{\text{end}}$ 端力矩的 y 方向分量
赋值	$\boldsymbol{f}$	梁结构单元 $\boldsymbol{i}_{\text{end}}$ 端力矩的 y 方向分量
参数	$\boldsymbol{p}$	梁结构单元指针
	$\boldsymbol{i}_{\text{end}}$	梁结构单元的两端，$\boldsymbol{i}_{\text{end}} \in \{1, 2\}$
$\boldsymbol{f}$ = struct.beam.moment.z($\boldsymbol{p}$,$\boldsymbol{i}_{\text{end}}$) ‖ 获得梁结构单元一端力矩的 z 方向分量 struct.beam.moment.z($\boldsymbol{p}$,$\boldsymbol{i}_{\text{end}}$) = $\boldsymbol{f}$ ‖ 设置梁结构单元一端力矩的 z 方向分量		
返回值	$\boldsymbol{f}$	梁结构单元 $\boldsymbol{i}_{\text{end}}$ 端力矩的 z 方向分量
赋值	$\boldsymbol{f}$	梁结构单元 $\boldsymbol{i}_{\text{end}}$ 端力矩的 z 方向分量
参数	$\boldsymbol{p}$	梁结构单元指针
	$\boldsymbol{i}_{\text{end}}$	梁结构单元的两端，$\boldsymbol{i}_{\text{end}} \in \{1, 2\}$

(续)

函数		说明
f = struct.beam.moment.plastic(p) ‖ 获得梁结构单元的塑性力矩 struct.beam.moment.plastic(p) = f ‖ 设置梁结构单元的塑性力矩		
返回值	f	梁结构单元的塑性力矩
赋值	f	梁结构单元的塑性力矩
参数	p	梁结构单元指针
f = struct.beam.poisson(p) ‖ 获得梁结构单元的泊松比 struct.beam.poisson(p) = f ‖ 设置梁结构单元的泊松比		
返回值	f	梁结构单元的泊松比
赋值	f	梁结构单元的泊松比
参数	p	梁结构单元指针
f = struct.beam.volume(p) ‖ 获得梁结构单元的体积		
返回值	f	梁结构单元的体积或梁长度的倍数
参数	p	梁结构单元指针
$\boldsymbol{v}$ = struct.beam.ydir(p[,i]) ‖ 获得梁结构单元局部坐标的 y 轴向量或分量		
返回值	$\boldsymbol{v}$	局部坐标的 y 轴向量或分量
参数	p	梁结构单元指针
	i	向量分量选项，$i=1\sim3$
f = struct.beam.ydir.x(p) ‖ 获得梁结构单元局部坐标 y 轴向量的 x 方向分量		
返回值	f	y 轴向量的 x 方向分量
参数	p	梁结构单元指针
f = struct.beam.ydir.y(p) ‖ 获得梁结构单元局部坐标 y 轴向量的 y 方向分量		
返回值	f	y 轴向量的 y 方向分量
参数	p	梁结构单元指针
f = struct.beam.ydir.z(p) ‖ 获得梁结构单元局部坐标 y 轴向量的 z 方向分量		
返回值	f	y 轴向量的 z 方向分量
参数	p	梁结构单元指针
f = struct.beam.young(p) ‖ 获得梁结构单元的弹性模量 struct.beam.young(p) = f ‖ 设置梁结构单元的弹性模量		
返回值	f	梁结构单元的弹性模量
赋值	f	梁结构单元的弹性模量
参数	p	梁结构单元指针

11.3.5 应用实例

1. 简支梁对称作用两个相等点荷载

某简支梁上对称布置两个相等的点荷载 P，如图 11-6 所示。剪力图和弯矩图已画出，剪力 V 等于集中荷载 P，最大弯矩 M_{max} 发生在两荷载之间，等于 Pa，最大挠度 Δ_{max} 发生在中心处，其值为

$$\Delta_{max} = \frac{Pa}{24EI}(3L^2 - 4a^2)$$

式中 E——弹性模量；

I——惯性矩（$I = I_y = I_z$）。

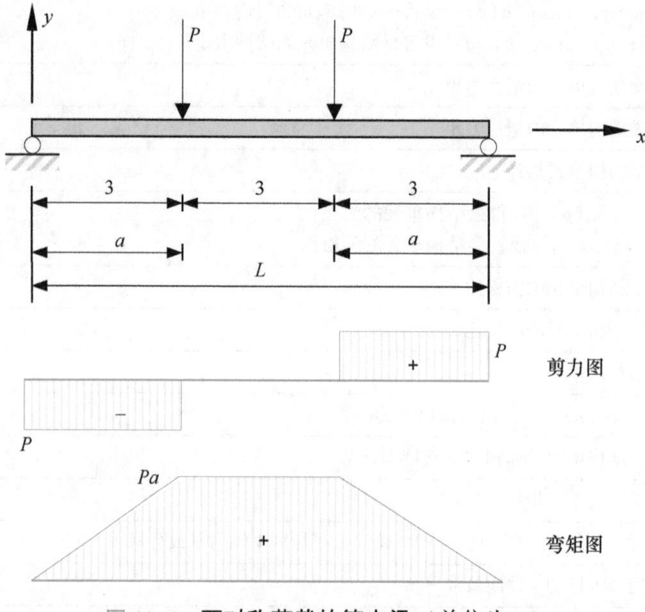

图 11-6 两对称荷载的简支梁（单位为 m）

求解简支梁的 FLAC 3D 命令如例题 11-1 所示。

例题 11-1 两相等点荷载的简支梁。

```
;;文件名:11 -1 . f3dat
model new ;系统重置
;;创建梁,确保梁两端三分之一处存在节点
struct beam create by-line (0,0,0) (3,0,0) id =1 segments =3
struct beam create by-line (3,0,0) (6,0,0) id =1 segments =4
struct beam create by-line (6,0,0) (9,0,0) id =1 segments =3
;指定梁属性参数
Struct beam property young =2e11 poisson =0. 30 c-s-a =6e -3
Str beam property moi-polar =0. 0 moi-y =200e -6 moi-z =200e -6
;指定梁边界条件及荷载
struct node fix velocity-z r-x r-y ;限制非梁的行为
struct node fix velocity-y  range &
        union position-x =0 position-x =9 ;梁端为滚支
struct node apply force = (0. 0, -1e4,0. 0) range &
        union position-x =3 position-x =6 ;施加点荷载
;采样记录:梁结构单元 CID =1 的右端力矩和 CID =2 的左端力矩,实为同一节点
struct beam history name ='mom1' moment-z end 2 c-id 1
struct beam history name ='mom2' moment-z end 1 c-id 2
model solve ratio-local =1e -7 ;求解至平衡状态
;;绘制简支梁图(由交互操作输出而来)
plot create 'Beam Element'
```

```
plot clear
plot item create structure-beam active on...
     label uniform color-list global on clear  ...
     label "Beam" active on color rgb 222 222 255...
     marker node scale automatic target 0.01 value 0.048
plot item create axes active on...
     position (0,0,0) size 0.5
;;绘制梁位移变形图(由交互操作输出而来)
plot create 'Beam Disp'
plot clear
plot view projection perspective magnification 1...
     center (4.25,0,0) eye (4.25,0,8.5) roll 270
plot item create structure-beam active on...
     label uniform color-list global on clear  ...
     label 'Beam' active on color rgb 222 222 255...
     deformation-factor active on value 100...
     marker node scale automatic target 0.01 value 0.048
plot item create structure-vector active on...
     scale target 0.05 value 100
plot item create axes active on...
     position (0,0,0) size 0.5
;;绘制 x =1 处的计算轨迹(由交互操作输出而来)
plot create 'Moment History'
plot clear
plot item create chart-history active on...
   history 'mom1' name 'mom1 Z-Moment of Beam 1'...
     style-line width 2 style solid color rgb 222 222 255...
   history 'mom2' name 'mom2 Z-Moment of Beam 2'...
     style-line width 2 style solid color rgb 128 128 255...
   vs step reversed off...
   axis-y log off minimum auto maximum auto inside on...
     label 'Moment' exponent  show on value 4 auto on
```

该模型由 10 个梁结构单元和 11 个节点组成，如图 11-7 所示，为了确保节点精确地布置在点荷载处，分三次用命令 struct beam create 创建相同 ID 号为 1 的梁，同样，中央的三分之一段创建 4 个梁结构单元是为了整个梁中心处放置 1 个节点，以便该节点的位移与理论最大值 Δ_{max} 相比较。放大倍数为 100 的位移场如图 11-8 所示。$x=1$ 处的弯矩历程如图 11-9 所示。

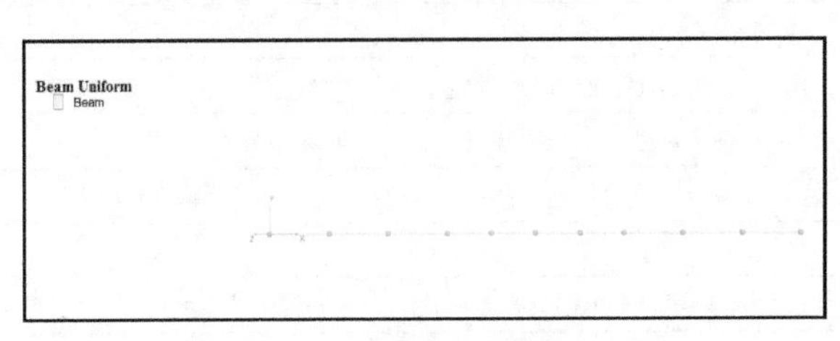

图 11-7　简支梁结构单元

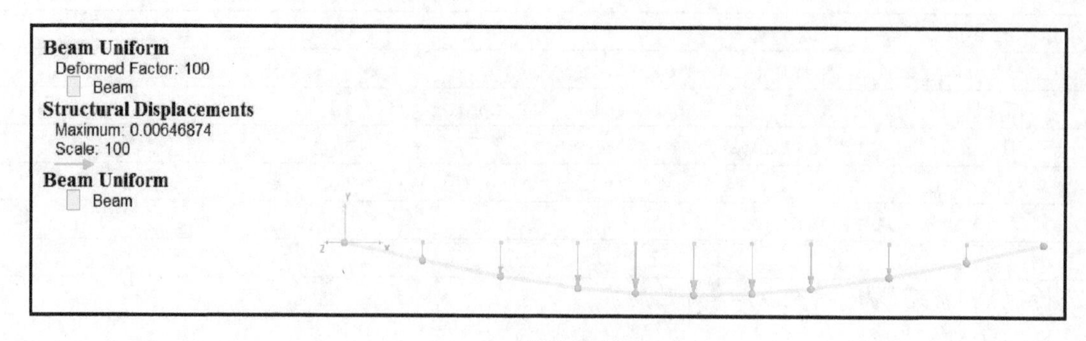

图 11-8　简支梁位移场

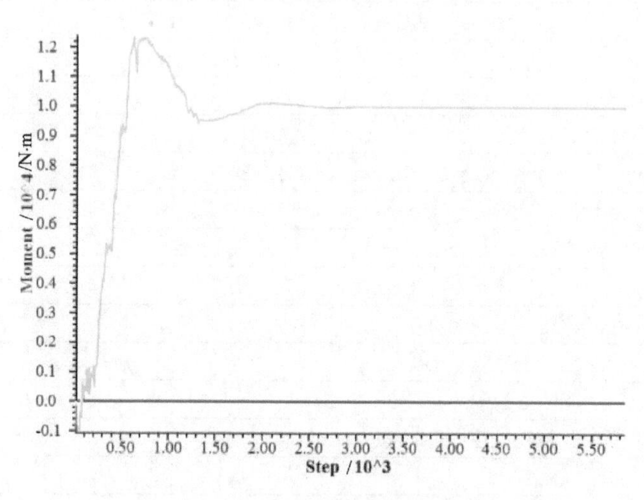

图 11-9　$x=1$ 处的弯矩历程

2. 开挖支撑

在第 2 章曾举例土体开挖沟的例子。本节用一个支柱的两端支撑沟上部的墙壁，FLAC 3D 命令只需简单地在开挖之后立即进行支撑即可，用 struct beam create 命令创建具有两个梁结构单元的简单梁来模拟支柱，要确保梁的端点贴上沟壁网格，因而，梁端的位移受到限制、转动不受制约。命令见例题 11-2，图 11-10 说明梁支撑的位移，图 11-11 显示支撑后的位移及轴向力情况，与图 2-14 比较，位移显著减小。

例题 11-2　梁支撑的开挖。

```
;;文件名:11-2.f3dat
model new ;系统重置
zone create brick size 6 8 8 ;建模
zone face skin ;自动对网格外表面指派组名
;;指定本构模型及材料属性参数
zone cmodel assign mohr-coulomb ;摩尔-库仑模型
zone property bulk 1e8 shear 0.3e8 friction 35
zone property cohesion 1e10 tension 1e10 density 1000
;;边界条件
zone face apply velocity-normal 0 range group 'East' or 'West'
zone face apply velocity-normal 0 range group 'North' or 'South'
```

```
zone face apply velocity-normal 0 range group 'Bottom'
;;初始条件
model gravity 9.81 ;重力加速度默认在 - z 方向
zone initialize-stresses ratio 0.3
model solve ratio-local 1e - 5 ;求解至平衡状态
;;降低单元体强度,进行开挖
zone property cohesion 1.25e3 tension 1e3
zone cmodel assign null range position (2,2,5) (4,6,10)
modellargestrain on ;大变形模式
;;清除开挖之前初始平衡时的位移数据
zone gridpoint initialize displacement (0,0,0)
;;创建梁结构单元
struct beam create by-line ( 2, 4, 8) ( 4, 4, 8) segments =2
;;指定梁属性参数
struct beam prop young =2.0e11 poisson =0.30
struct beam prop cross-sectional-area =6e -3 moi-z =200e -6
struct beam prop moi-y =200e - 6 moi-polar =0.0
model solve ratio-local 1e - 5 ;再次求解至平衡状态
;;绘制梁支撑模型(由交互操作输出而来)
plot create 'Beam-Support'
plot clear
plot view projection perspective magnification 1...
    center (4.86,2.03,3.68) eye ( -3.06, -8.2,11.73) roll 4.97
plot item create zone active on...
    label uniform color-list global on clear  ...
        label 'Zone' color rgb 192 192 255
plot item create structure-beam active on...
    label uniform color-list global on clear  ...
        label 'Beam' active on color rgb 192 192 255  ...
    marker node scale target 0.005 value 0.1 color 'red'
;;绘制位移及轴向力(由交互操作输出而来)
plot create 'Disp-Axial Force'
plot clear
plot view projection perspective magnification 1...
    center (3.83,2.84,3.68) eye ( -4.19, -7.32,11.71) roll 5.24
plot item create zone active on...
    contour displacement component magnitude  ...
    cut active on type plane...
        surface on front on back off...
        origin (3,4.001,4) normal (0,1,0)
plot item create structure-beam active on...
    contour force-axial...
    ramp rainbow interval 0.00125
```

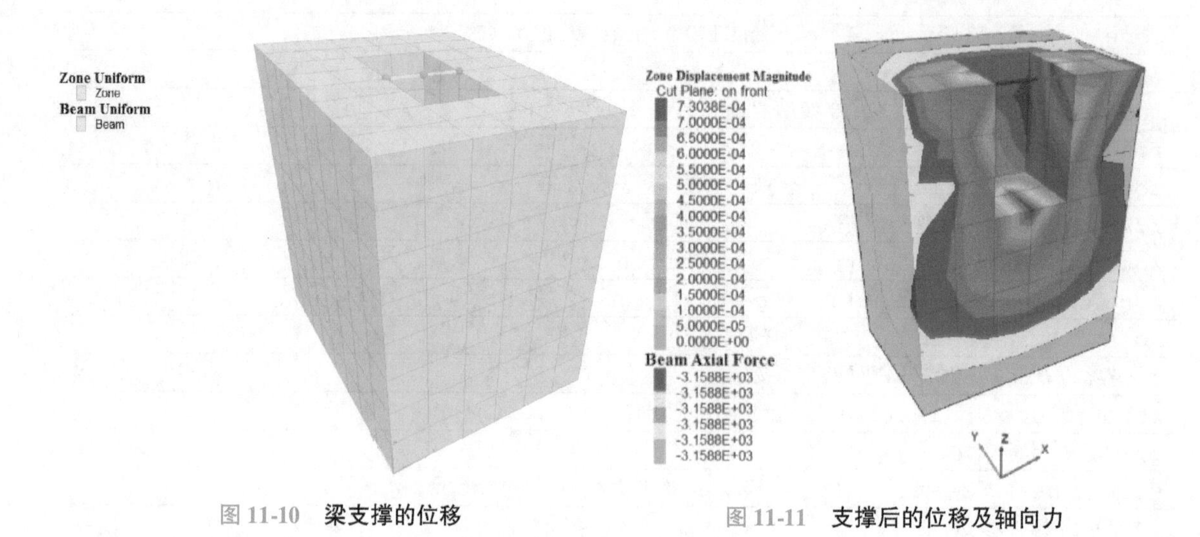

图 11-10　梁支撑的位移　　　图 11-11　支撑后的位移及轴向力

11.4　锚结构单元

在低集中应力的坚硬岩石中，破坏往往是局部的，多为相互楔紧岩块的松动及裂开。锚索或锚杆加固的作用就是提供局部阻力来抵抗岩块的位移。在某种情况下，除了轴向强度以外，抵抗剪切变形是挠度，FLAC 3D 中，这种具有抗弯功能的构件可以用桩结构单元来模拟，若弯曲效应不重要，则用锚结构单元就足够了，因为水泥浆沿其长度提供了抗剪能力。

11.4.1　力学性能

由几何参数、材料属性参数和水泥浆特性来定义锚结构单元。一个锚结构单元假设为两节点之间具有相同的横截面及材料属性参数的直线段，任意曲线的锚则由许多锚结构单元组合而成。锚结构单元是弹、塑性材料，在拉、压中屈服，但不能抵抗弯矩。水泥浆填满的锚索/杆与岩石（网格）发生相对移动时会产生抵抗力。

每个锚结构单元都有自己的局部坐标系统，由两个节点的位置来定义它，如图 11-12 所示。规则如下：x 轴与锚横截面形心轴一致；x 轴的方向为从节点 1 到节点 2；y 轴与不平行局部 x 轴的全局 y 轴或全局 x 轴在横截面上的投影对齐。锚结构单元有两个自由度，对每个轴向位移相应有轴向力，锚单元的刚度矩阵在每个节点对锚的轴向响应仅包含一个自由度。

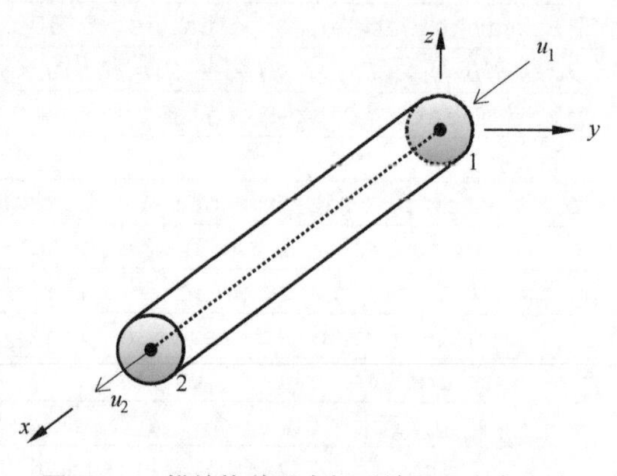

图 11-12　锚结构单元坐标系统及两个自由度

通常认为加固系统的轴向强度完全取决于系统的加固成员自身，加固成员一般是钢筋或钢索，由于比较细，不能提供弯曲抗力（尤其是锚索），仅提供轴向抗拉的一维结构单元。

用一维本构模型来描述锚的轴向特性是适当的，轴向刚度 K 与加固横截面 A、弹性模量 E 及构件长度 L 的关系如下：

$$K=\frac{EA}{L}$$

可指定锚结构单元的抗拉强度 F_t 和抗压强度 F_c，因此，锚力就不能超过这两个极限，如图 11-13 所示，如果没有指定 F_t 或 F_c，则说明相应方向无强度极限。

如图 11-14 所示，通过沿加固轴向节点的位移来计算锚索产生的轴向力。每个节点的不平衡力来源于其轴向力及沿水泥浆环的切向力，轴向位移则通过每个节点的不平衡轴向力所引起的加速度及节点的集中质量来计算。

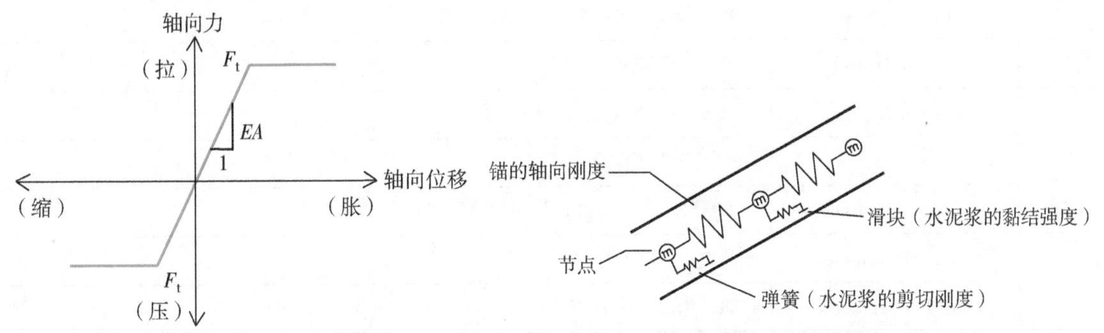

图 11-13 锚结构单元材料性能

图 11-14 全长水泥浆锚索力学模型

锚岩交界面剪切行为的本质是黏结和摩擦，理想情况下（见图 11-15a）在节点轴向上采用弹簧-滑块来描述系统，如图 11-14 所示。锚索与水泥浆环的交界面和水泥浆环与岩石的交界面发生相对位移时（见图 11-15b），其水泥浆加固环的剪切行为由以下参数描述：水泥浆剪切刚度 K_g；水泥浆黏结强度 c_g；水泥浆摩擦角 ϕ_g；水泥浆外圈周长 P_g；有效周边应力 σ_m（见图 11-15c）。

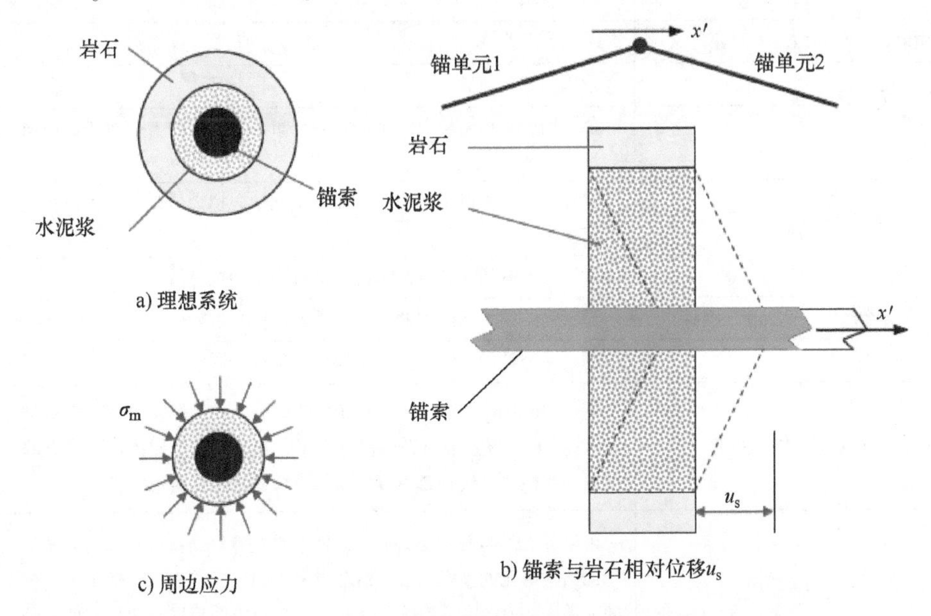

图 11-15 理想水泥浆、锚单元系统

11.4.2 参数

每个锚结构单元有表 11-11 中的 12 个属性参数。

表 11-11　**锚结构单元的属性参数**

序号	名　称	说　明
1	Density	密度，ρ（M/L^3），可选项，用于动力学分析和考虑重力荷载
2	Young	弹性模量，E（F/L^2）
3	Grout-cohesion	单位长度上水泥浆的黏结力，c_g（F/L）
4	Grout-friction	水泥浆的摩擦角，ϕ_g（°）
5	Grout-stiffness	单位长度上水泥浆刚度，k_g（F/L^2）
6	Grout-perimeter	水泥浆外圈周长，P_g（L）
7	Slide	大变形滑动标志，默认为 off
8	Slide-tolerance	大变形滑动容差
9	Thermal-expansion	热膨胀系数，α_t（1/T），可选项，用于热力学分析
10	Cross-sectional-area	横截面积，A（L^2）
11	Yield-compression	抗压强度（力），F_c（F）
12	Yield-tension	抗拉强度（力），F_t（F）

11.4.3　命令及函数

锚结构单元的关键字及参数见表 11-12，锚结构单元的 FISH 函数见表 11-13。

表 11-12　锚结构单元的关键字及参数

STRUCTURE CABLE 关键字	说　明
apply 关键字 [rang...]	范围内施加荷载
f_1 f_2	范围内所有锚结构单元施加均匀分布荷载，正的 f_1 表示正 y 向值，正的 f_2 表示正 z 向值
tension 关键字	在计算周期中对锚结构单元保持施加轴向拉力值，注意该设置将覆盖力 - 位移规则
active *b*	激活或不激活，若激活则使用最近指定的拉力值
value *f*	设置锚结构单元施加的轴向拉力 *f*，并自动激活
create 关键字	创建一个结构单元或多个结构单元组成的锚索
by-line $\boldsymbol{v}_1$ $\boldsymbol{v}_2$ [关键字块]	创建由 $\boldsymbol{v}_1$ 和 $\boldsymbol{v}_2$ 为端点的一个直线锚结构单元，相应的节点也被创建，并按 $\boldsymbol{v}_1$ 为始点 $\boldsymbol{v}_2$ 为终点方向进行相应排序。若遇到有单元体，则节点的平动自由度以固接模式、转动自由度以不约束模式自动绑定上网格
by-nodeids i_1 i_2 [关键字块]	由组件 CID 号分别为 i_1 和 i_2 的两节点创建锚结构单元。两节点的顺序定义了锚结构单元的坐标系统：沿节点 i_1 直线到节点 i_2 为 x 轴正方向；全局坐标的 y 轴或 x 轴在锚结构单元横截面上的投影即为锚结构单元的 y 轴。注意不能自动绑定到网格
by-ray $\boldsymbol{v}_1$ $\boldsymbol{v}_2$ *f* [关键字块]	创建从始点 $\boldsymbol{v}_1$、方向 $\boldsymbol{v}_2$、距离 *f* 为终点的锚结构单元，相应节点也被创建，并按 $\boldsymbol{v}_1$ 为始点到终点方向进行相应排序。若遇到有单元体，则节点的平动自由度以固接模式、转动自由度以不约束模式自动绑定上网格

（续）

STRUCTURE CABLE 关键字	说明
关键字块：	
distinct	创建单元时，不管是否有相同的空间位置或相同的 ID 号，都强制生成一组新的节点。此选项常用于后面的节点连接命令，以便自定义的单元之间的行为
group s_1 [slot s_2]	为创建的单元指定组名 s_1，若指定选项，则组 s_1 归属于门类 s_2，默认门类名为 default
id *i*	为此命令所创建的一个或一组单元指派 ID 号为 *i*。若无此选项，则将使用下一个可用 ID 号。新建单元两端节点与已经存在的单元节点连接规则：在每个端节点位置除非同时满足条件①指定了 ID 号，②新节点位置附近找到一个现有节点，③现有节点的 ID 号与 *i* 相等，否则将创建一个新节点
maximum-length *f*	将单元分割为不大于长度 *f* 的段
segments *i*	将单元分割为 *i* 个相等的段，根据需要创建新节点，默认值为 1，表示只创建一个单元
snap [*b*]	指示所创建的单元的第一个和最后一个位置将试图在单元长度为 1/2 的半径内捕捉到最近的结构节点（附加到任何元素类型）的位置。如果只有一端以这种方式断开，则所创建的整条线将被原位置和断开位置之间的差异所抵消
delete [rang...]	删除范围内所有的锚结构单元，相应的节点和连接也自动删除
group *s* [关键字]	范围内的锚结构单元指派组名 *s*
slot s_1	指派组到门类 s_1
remove	指定组 *s* 从指定的门类 s_1 中移除。若无 slot 选项，则该组将从它所在的所有门类中删除
hide [关键字] [rang...]	开关锚结构单元的隐藏与显示
b	布尔值，on = 隐藏；off = 显示
undo	撤销上次操作
history [name *s*] 关键字	采样记录锚结构单元的响应量，若指定 name，则可供以后参考引用，否则，自动分配 ID 号
force [关键字块]	记录锚结构单元的平均轴向力，正为拉，负为压
stress [关键字块]	记录锚结构单元的平均轴向应力，正为拉，负为压
yield-tension [关键字块]	记录锚结构单元拉伸屈服状态，{0,1,2} 分别表示从未屈服、正在屈服或曾屈服
yield-compression [关键字块]	记录锚结构单元压缩屈服状态，{0,1,2} 分别表示从未屈服、正在屈服或曾屈服
grout-displacement [关键字块]	记录锚结构单元端部在水泥浆中的位移
grout-slip [关键字块]	记录锚结构单元端部在水泥浆中的滑动状态，{0,1,2} 分别表示从未屈服、正在屈服或曾屈服
grout-stress [关键字块]	记录锚结构单元端部在水泥浆中的应力
关键字块：	
component-id *i*	组件 CID 号 *i*，不应指定 position 选项
end *i*	采样单元的节点位置（*i* =1 或 2），默认为 1
position ***v***	离点最近的单元，不应指定 component-id 选项

（续）

STRUCTURE CABLE 关键字	说　明
import 关键字	略
initialize [关键字]	初始化锚结构单元的响应量
coupling	查找任何可变形连接，并尝试初始化力以匹配连接目标的应力状态
force-axial *f*	通过设置内部节点力将单元中的轴向力初始化为*f*，注意，这将覆盖单元中现有的内部节点平动力状态
list 关键字	列表相关锚结构单元信息
apply	显示施加的分布荷载
force-axial	由节点施加在单元上的轴向力
force-node 关键字	列表节点力，是节点施加到单元上的力
local	根据单元局部坐标显示力
global	根据单元全局坐标显示力
group [slot *s*]	显示单元属于哪一组
grout	水泥浆中的剪应力
information	列出单元的一般信息，包括 ID 号和组件 CID 号，连接的节点、形心、面积、体积和隐藏或选择状态
length	显示单元长度
property 关键字 [rang...]	属性参数
density	密度
youngs	弹性模量
poisson	泊松比
grout-cohesion	水泥浆黏结力
grout-friction	水泥浆摩擦角
grout-stiffness	水泥浆刚度
grout-perimeter	水泥浆外圈周长
slide	大变形滑动标志
slide-tolerance	大变形滑动容差
thermal-expansion	热膨胀系数
cross-sectional-area	横截面积
yield-compression	抗压强度
yield-tension	抗拉强度
stress	单元的轴向应力
system-local	单元局部坐标系统
yield	单元本身是否已屈服的指示
property 关键字	指定单元属性
density *f*	密度，ρ
young *f*	弹性模量，E
grout-cohesion *f*	水泥浆黏结力，c_g
grout-friction *f*	水泥浆摩擦角，ϕ_g

（续）

STRUCTURE CABLE 关键字	说　明
grout-stiffness *f*	水泥浆刚度，k_g
grout-perimeter *f*	水泥浆外圈周长，P_g
slide *b*	大变形滑动标志
slide-tolerance *f*	大变形滑动容差
thermal-expansion *f*	热膨胀系数，α_t
cross-sectional-area *f*	横截面积，A
yield-compression *f*	抗压强度（力），F_c
yield-tension *f*	抗拉强度（力），F_t
refine *i* [rang...]	将范围中的现有结构单元重新生成 *i* 等分，删除原有结构单元
select [关键字]	
b	on = 选择，默认；off = 不选择
new	意味 on，选择范围内的单元，自动选择不在范围内的单元
undo	撤销上次操作，默认可撤销 12 次

表 11-13　锚结构单元的 FISH 函数

函　数		说　明
f = struct. cable. area(*p*) ‖ 得到锚结构单元横截面积 struct. cable. area(*p*) = *f* ‖ 设置锚结构单元横截面积		
返回值	*f*	锚结构单元横截面积
赋值	*f*	锚结构单元横截面积
参数	*p*	锚结构单元指针
f = struct. cable. force. axial(*p*) ‖ 得到锚结构单元的平均轴向力，正为拉，负为压 struct. cable. force. axial(*p*) = *f* ‖ 设置锚结构单元的平均轴向力		
返回值	*f*	锚结构单元的平均轴向力
赋值	*f*	锚结构单元的平均轴向力
参数	*p*	锚结构单元指针
m = struct. cable. force. nodal（*p*，i_{end}[，i_{dof}]）‖ 得到锚结构单元一端节点的力		
返回值	*f*	指定锚结构单元 i_{end} 端的一个 1×6 矩阵节点力，或指定 i_{dof} 自由度的力
参数	*p*	锚结构单元指针
	i_{end}	锚结构的两端，i_{end} = 1 或 2
	i_{dof}	选项自由度，i_{dof} = 1 ~ 6
f = struct. cable. grout. cohesion(*p*) ‖ 得到水泥浆黏结力 struct. cable. grout. cohesion(*p*) = *f* ‖ 设置水泥浆黏结力		
返回值	*f*	水泥浆黏结力
赋值	*f*	水泥浆黏结力
参数	*p*	锚结构单元指针
f = struct. cable. grout. confining（*p*，i_{end}）‖ 得到锚结构单元端部水泥浆上的围压，负为压		
返回值	*f*	锚结构单元端部水泥浆围压
参数	*p*	锚结构单元指针
	i_{end}	锚的两端，i_{end} = 1 或 2

（续）

函数	说明

$\boldsymbol{v}$ = struct.cable.grout.dir ($\boldsymbol{p}$, $\boldsymbol{i}_{end}$ [, $\boldsymbol{i}$]) ‖ 得到锚结构单元端部被耦合弹簧加载的方向向量

返回值	$\boldsymbol{v}$	位移向量或分量
参数	$\boldsymbol{p}$	锚结构单元指针
	$\boldsymbol{i}_{end}$	锚的两端，$\boldsymbol{i}_{end}$ = 1 或 2
	$\boldsymbol{i}$	分量，$\boldsymbol{i}$ = 1 ~ 3

$\boldsymbol{f}$ = struct.cable.grout.dir.x ($\boldsymbol{p}$, $\boldsymbol{i}_{end}$) ‖ 得到位移向量 x 方向分量

返回值	$\boldsymbol{f}$	位移向量 x 方向分量
参数	$\boldsymbol{p}$	锚结构单元指针
	$\boldsymbol{i}_{end}$	锚的两端，$\boldsymbol{i}_{end}$ = 1 或 2

$\boldsymbol{f}$ = struct.cable.grout.dir.y ($\boldsymbol{p}$, $\boldsymbol{i}_{end}$) ‖ 得到位移向量 y 方向分量

返回值	$\boldsymbol{f}$	位移向量 y 方向分量
参数	$\boldsymbol{p}$	锚结构单元指针
	$\boldsymbol{i}_{end}$	锚的两端，$\boldsymbol{i}_{end}$ = 1 或 2

$\boldsymbol{f}$ = struct.cable.grout.dir.z ($\boldsymbol{p}$, $\boldsymbol{i}_{end}$) ‖ 得到位移向量 z 方向分量

返回值	$\boldsymbol{f}$	位移向量 z 方向分量
参数	$\boldsymbol{p}$	锚结构单元指针
	$\boldsymbol{i}_{end}$	锚的两端，$\boldsymbol{i}_{end}$ = 1 或 2

$\boldsymbol{f}$ = struct.cable.grout.disp ($\boldsymbol{p}$, $\boldsymbol{i}_{end}$) ‖ 得到锚结构单元端部水泥浆（剪切耦合弹簧）位移

返回值	$\boldsymbol{f}$	水泥浆位移
参数	$\boldsymbol{p}$	锚结构单元指针
	$\boldsymbol{i}_{end}$	锚的两端，$\boldsymbol{i}_{end}$ = 1 或 2

$\boldsymbol{f}$ = struct.cable.grout.friction($\boldsymbol{p}$) ‖ 得到水泥浆摩擦角
struct.cable.grout.friction($\boldsymbol{p}$) = $\boldsymbol{f}$ ‖ 设置水泥浆摩擦角

返回值	$\boldsymbol{f}$	水泥浆摩擦角
赋值	$\boldsymbol{f}$	水泥浆摩擦角
参数	$\boldsymbol{p}$	锚结构单元指针

$\boldsymbol{f}$ = struct.cable.grout.perimeter($\boldsymbol{p}$) ‖ 得到水泥浆外圈周长
struct.cable.grout.perimeter($\boldsymbol{p}$) = $\boldsymbol{f}$ ‖ 设置水泥浆外圈周长

返回值	$\boldsymbol{f}$	水泥浆外圈周长
赋值	$\boldsymbol{f}$	水泥浆外圈周长
参数	$\boldsymbol{p}$	锚结构单元指针

$\boldsymbol{i}$ = struct.cable.grout.slip ($\boldsymbol{p}$, $\boldsymbol{i}_{end}$) ‖ 得到锚结构单元端部水泥浆滑动状态

返回值	$\boldsymbol{i}$	水泥浆滑动状态，{0,1,2}分别表示从未滑动、正在滑动或曾滑动
参数	$\boldsymbol{p}$	锚结构单元指针
	$\boldsymbol{i}_{end}$	锚的两端，$\boldsymbol{i}_{end}$ = 1 或 2

（续）

函数		说明
f = struct.cable.grout.stiffness(p) ‖ 得到水泥浆刚度 struct.cable.grout.stiffness(p) = f ‖ 设置水泥浆刚度		
返回值	f	水泥浆刚度
赋值	f	水泥浆刚度
参数	p	锚结构单元指针
f = struct.cable.grout.stress (p, i_{end}) ‖ 得到锚结构单元端部水泥浆应力		
返回值	f	锚结构单元端部水泥浆应力
参数	p	锚结构单元指针
	i_{end}	锚的两端，$i_{end}=1$ 或 2
f = struct.cable.length(p) ‖ 得到锚结构单元长度		
返回值	f	锚结构单元长度
参数	p	锚结构单元指针
b = struct.cable.slide(p) ‖ 得到大变形滑动标志		
返回值	b	滑动标志，若 true 为开，若 false 则关
参数	p	锚结构单元指针
f = struct.cable.slide.tol(p) ‖ 得到大变形滑动容差 struct.cable.slide.tol(p) = f ‖ 设置大变形滑动容差		
返回值	f	大变形滑动容差
赋值	f	大变形滑动容差
参数	p	锚结构单元指针
i = struct.cable.state.compression(p) ‖ 得到锚结构单元压缩屈服状态		
返回值	i	压缩屈服状态，{0,1,2}分别表示从未屈服、正在屈服或曾屈服
参数	p	锚结构单元指针
i = struct.cable.state.tension(p) ‖ 得到锚结构单元拉伸屈服状态		
返回值	i	拉伸屈服状态，{0,1,2}分别表示从未屈服、正在屈服或曾屈服
参数	p	锚结构单元指针
f = struct.cable.stress.axial(p) ‖ 得到锚结构单元平均轴向应力		
返回值	f	锚结构单元平均轴向应力，正为拉，负为压
参数	p	锚结构单元指针
f = struct.cable.volume(p) ‖ 得到锚结构单元体积，或横截面与长的积		
返回值	f	锚结构单元体积
参数	p	锚结构单元指针
f = struct.cable.yield.compression(p) ‖ 得到锚结构单元压缩屈服状态 struct.cable.yield.compression(p) = f ‖ 设置锚结构单元压缩屈服状态		
返回值	f	压缩屈服状态，{0,1,2}分别表示从未屈服、正在屈服或曾屈服
赋值	f	锚结构单元压缩屈服状态
参数	p	锚结构单元指针

（续）

函　数		说　明
f = struct. cable. yield. tension(*p*) ‖ 得到锚结构单元拉伸屈服状态 struct. cable. yield. tension(*p*) = *f* ‖ 设置锚结构单元拉伸屈服状态		
返回值	*f*	拉伸屈服状态，{0,1,2}分别表示从未屈服、正在屈服或曾屈服
赋值	*f*	锚结构单元拉伸屈服状态
参数	*p*	锚结构单元指针
f = struct. cable. young(*p*) ‖ 得到锚结构单元弹性模量 struct. cable. young(*p*) = *f* ‖ 设置锚结构单元弹性模量		
返回值	*f*	锚结构单元弹性模量
赋值	*f*	锚结构单元弹性模量
参数	*p*	锚结构单元指针

11.4.4　应用实例

1. 锚索加固梁

这个例子说明由锚索连接加固两块自重荷载的梁，创建零强度的分界面使由单元体组成的梁一分为二，具体命令见例题11-3。

例题11-3　锚索加固梁。

```
;;文件名:11 -3 . f3dat
model new ;系统重置
zone create brick size 12 1 3 ;创建由单元体组成的梁
zone face skin ;自动分组
;; 梁中部创建零强度分界面(参见第14 章)
zone interface 1 create by-face separate range position-x 6.0
zone interface 1 node property stiffness-normal...
    1e10 stiffness-shear 1e10 friction 0
zone interface 1 tolerance-contact 1e -2
;;指定本构模型及材料属性参数
zone cmodel assign elastic ;标准弹性模型
zone property bulk 1e9 shear. 3e9
zone initialize density 2400
;;边界条件,左右两端下角铰支
zone gridpoint fix velocity-z 0 range p-z 0 p-x 0
zone gridpoint fix velocity-z 0 range p-z 0 p-x 12
;;设置模型
model gravity 10 ;重力加速度默认在 - z 方向
model largestrain on ;大变形模式
model save 'Start';保存初始模型,便于后期分阶段状态计算
;;无锚索状态计算
zone mechanical damping combined
```

```
model cycle 3000
model save 'NoCable';保存模型状态
;;现在返回到有锚索状态
model restore 'Start';返回初始模型
;;创建锚索及材料属性参数
struct cable create by-line 0.1, 0.5, 0.1 11.9, 0.5, 0.1...
    id =1 segments =13
struct cable property cross-sectional-area =2e -3...
    young =200e9 yield-tension =1e20...
    grout-stiffness =1e10 grout-cohesion =1e20
zone mechanical damping combined
model solve ratio-local 1e -4 ;求解至平衡状态
model save 'Cable';保存有锚索模型
;;现在允许锚索破坏
struct cable property grout-cohesion 1.5e5
model solve ratio-local 1e -4
model save 'CableFail';保存锚索破坏模型
```

无锚索加固时，经过3000步计算后在分界面处往下塌落情况如图11-16所示。

在靠近梁底部用锚索加固后重新运行，则锚索承载梁下部的拉力，模型稳定后锚索最终轴向力分布如图11-17所示。锚索这些拉力是由沿其长度的水泥浆应力产生的，如图11-18所示，最大垂直中心线位移约为10mm。

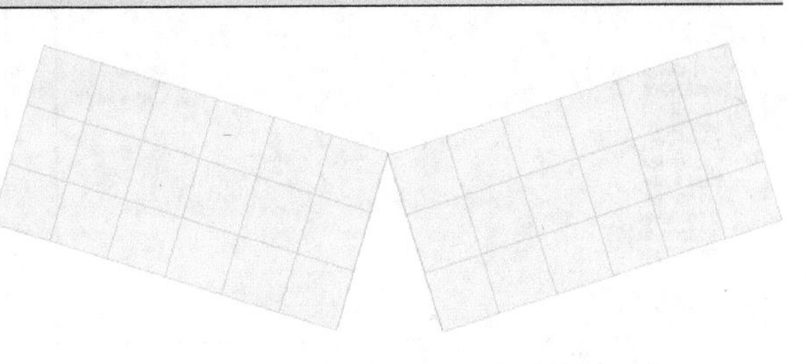

图11-16 无锚索加固3000步后梁的形态

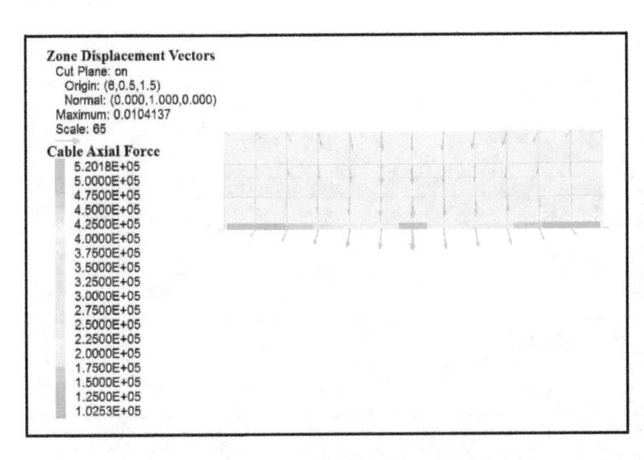

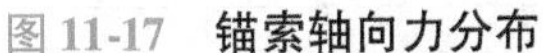

图11-17 锚索轴向力分布

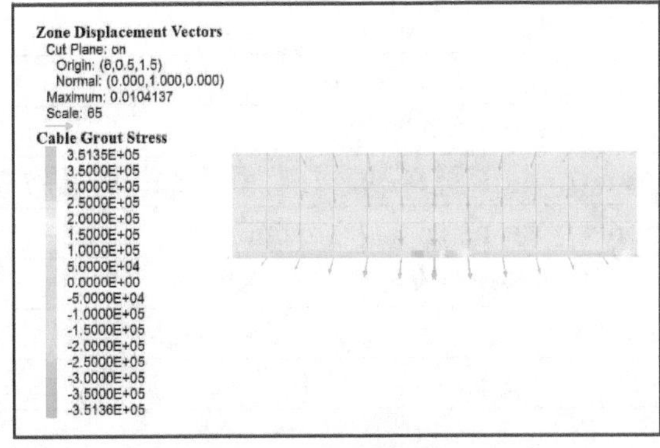

图11-18 水泥浆应力分布

之前的模型中，水泥浆黏结强度值被设置为非常大，以防止水泥浆失效。若将水泥浆黏结强度设为1.5×10^5 N/m，重新计算后，发现该系统仍然稳定，然而在加载过程中，中间区域水泥浆产生屈服（锚索滑移），如图11-19所示。该区域的水泥浆应力等于水泥黏结强度，如图11-20所示。沿锚索轴向拉力也有增加，比较图11-17和图11-21，最大垂直中心线位移从10mm增加到11.8mm。

2. 土钉

这例子说明锚索单元能模拟类似土钉材料来加强坝体，命令如例题 11-4 所示。垂直的坝体中不同高度安装有 3 根土钉，考虑两种情况：①土和钉之间仅有黏结阻力；②土和钉之间既有黏结阻力又有摩擦阻力。

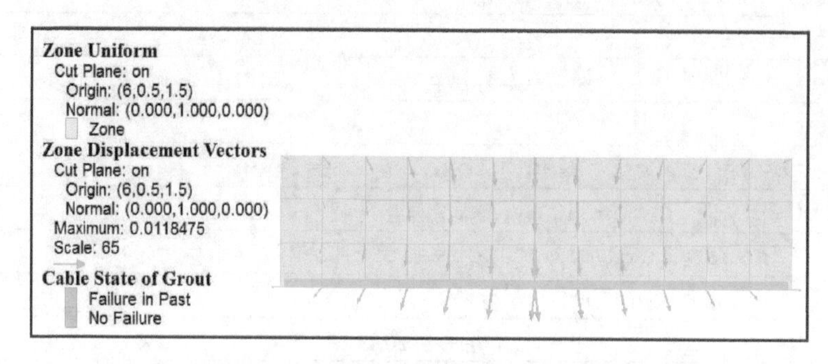

图 11-19　**最终水泥浆滑动状态**（降低黏结力后）

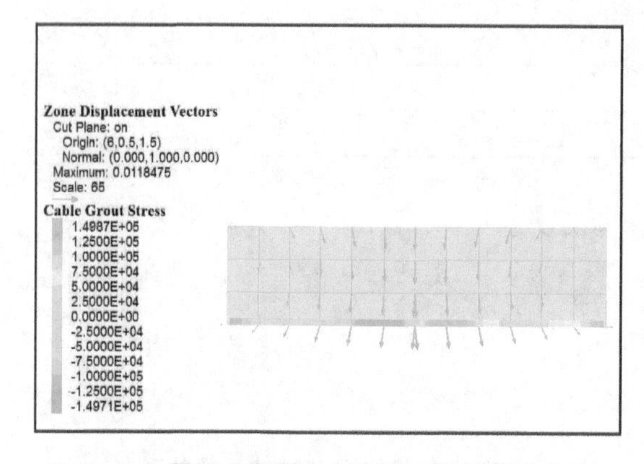

图 11-20　**最终水泥浆应力分布**（降低黏结力后）

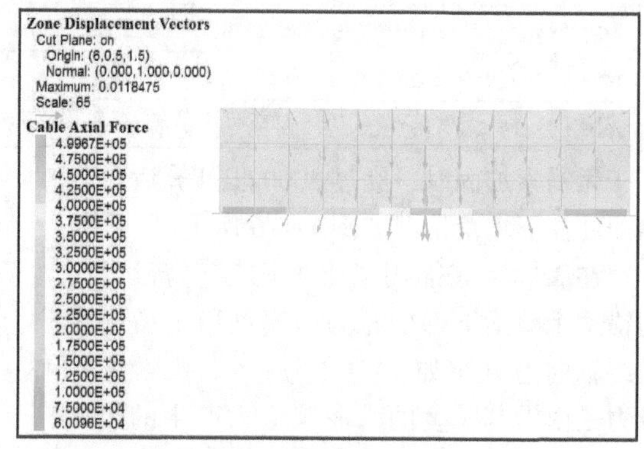

图 11-21　**最终锚索轴向力分布**（降低黏结力后）

例题 11-4　土钉支护。

```
;;文件名:11 -4 . f3dat
model new ;系统重置
zone create brick size 11 1 11 ;创建网格
zone face skin ;自动分组
;;指定本构模型及材料属性参数
zone cmodel assign mohr-coulomb ; 摩尔 -库仑模型
zone property bulk 5e9 shear 1e9 cohesion 4e4...
    friction 30 density 2000
;;边界条件
zone face apply velocity-normal 0 range group 'East' or 'West'
zone face apply velocity-normal 0 range group 'North' or 'South'
zone face apply velocity (0,0,0) range group 'Bottom'
;;初始化条件
model gravity 10 ;重力加速度默认在 - z 方向
```

```
zone initialize-stresses ratio 0.6,0.4
;;此刻应立即平衡
model solve ratio-local 1e-4 ;求解至平衡状态
;;对网格左面解除边界条件
zone face apply-remove range group 'West'
;;创建锚索及材料属性参数
struct cable create by-ray (0,0.5,3.5) (1,0,0) 8 segments=8
struct cable create by-ray (0,0.5,6.5) (1,0,0) 8 segments=8
struct cable create by-ray (0,0.5,9.5) (1,0,0) 8 segments=8
struct cable property cross-sectional-area=5.02e-3...
    young=200e9 yield-tension=1e10...
    grout-stiffness=7e6 grout-cohesion=1e2
model save 'Start';保存初始状态,便于两种情况分开计算
;;求解至平衡,先达到条件停止
model solve ratio-local 1e-4 cycles 5000
model save 'LowFriction'
;;设摩擦阻力参数,重算
model restore 'Start';恢复初始状态
struct cable property grout-perimeter=0.314 grout-friction=25
model solve ratio-local 1e-4
model save 'HighFriction'
;;绘图(由交互操作输出而来)
plot create 'Soid'
plot clear
plot view projection perspective magnification 1...
    center (5.3628,0.5,5.699)...
    eye (5.3628,-14.981,5.699) roll 0.000
plot item create zone active on...
    label uniform color-list global on clear...
        label 'Zone' color rgb 222 222 255...
    cut active on type plane...
        surface on front off back off...
        origin (5.5,0.5,5.5) normal (0,1,0)
plot item create zone-vector active on...
    value displacement...
    color rgb 128 128 255...
    scale target 0.05 value 100
plot item create structure-cable active on...
    label state-grout...
```

```
    map axis xyz translate (0,0,0.25) scale (1,1,1)...
    line width 10 style solid
plot item create structure-cable active on...
    contour force-axial...
    line width 10 style solid
```

第一种情况，土钉不能有效的支护坝体。图 11-22 显示了锚索的轴向力和水泥浆的滑动状态，所有的节点均发生滑动（剪切破坏）。

第二种情况，增加了土钉 25°摩擦角的阻力，图 11-23 绘出了这种情况下的轴向力，由于摩擦力的存在，轴向力显著增加。

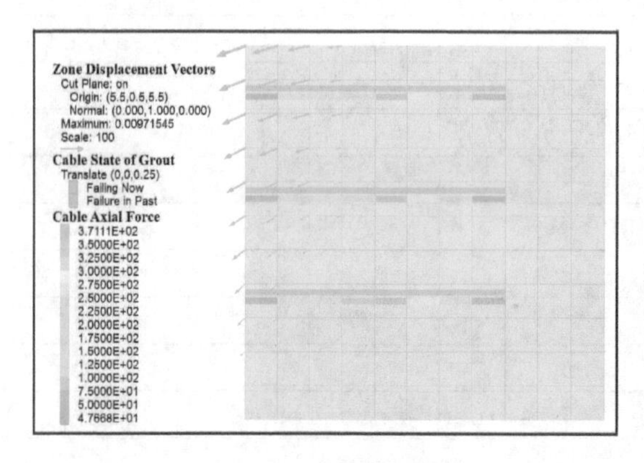

图 11-22　土钉轴向力（仅有黏结阻力，坝体破坏）

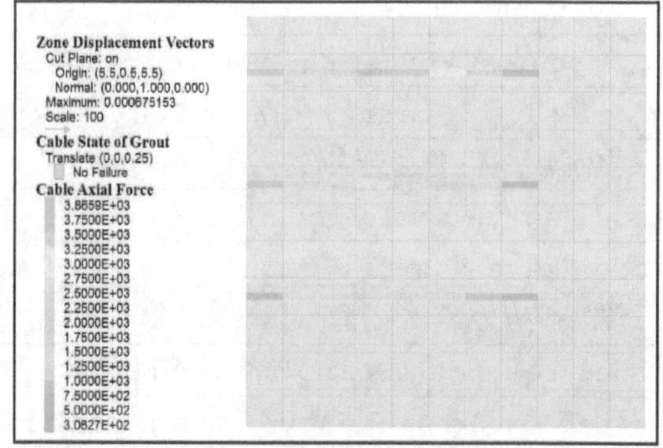

图 11-23　土钉轴向力（既有黏结阻力又有摩擦阻力，坝体稳定）

11.5　桩结构单元

11.5.1　力学性能

由几何参数、材料属性参数和耦合弹簧特性来定义桩结构单元，一个桩结构单元假设为两节点之间具有相同的双对称横截面及材料属性参数的直线段，一个整体的任意曲线的物理桩则由许多这样的桩结构单元组合而成。

桩单元的刚度矩阵与梁单元的刚度矩阵相同，除了提供梁的构造特性外，桩还提供了与网格的法线方向和剪切方向所发生的交互摩擦作用。在这点上，桩实际上是组合了梁和锚索的作用，适合于模拟法向和轴向都有摩擦作用的基桩。

命令 structure pile property rockbolt-flag on 可以激活桩结构单元特殊的扩展功能，用来模拟锚杆支护的特性，可以计算支护四周的约束应力、桩与网格之间的应变软化特性及桩的拉断。

像所有的结构单元一样，单个的桩结构单元由组件 CID 号标识，一组桩结构单元则由 ID 号标识，单个的结构节点或连接也由各自的组件 CID 号标识。

每个桩结构单元都有各自独立的局部坐标系统，如图 11-24 所示，用这个系统可以指定截面惯性矩和施加分布荷载，简单桩的力和力矩的符号协议如图 11-25 所示。通过两个节点（点 1 和点 2）的位置及向量 $\boldsymbol{Y}$ 来定义桩结构单元的坐标系统，规则如下：x 轴与桩横截面形心轴一致；x 轴的方向为从节点 1 到节点 2；y 轴与向量 $\boldsymbol{Y}$ 在横截面上的投影对齐。

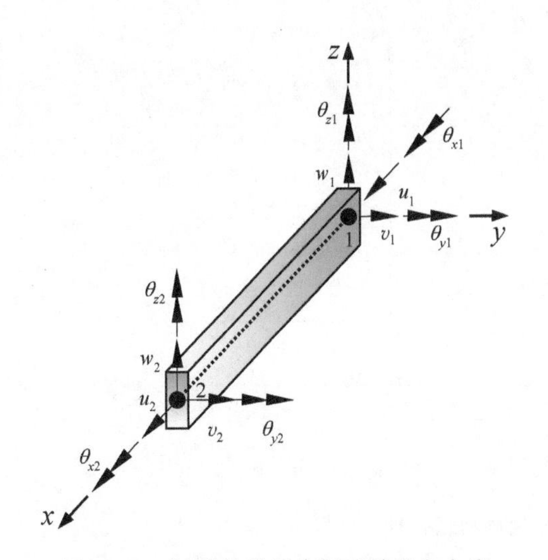

图 11-24 桩结构单元坐标系统及自由度

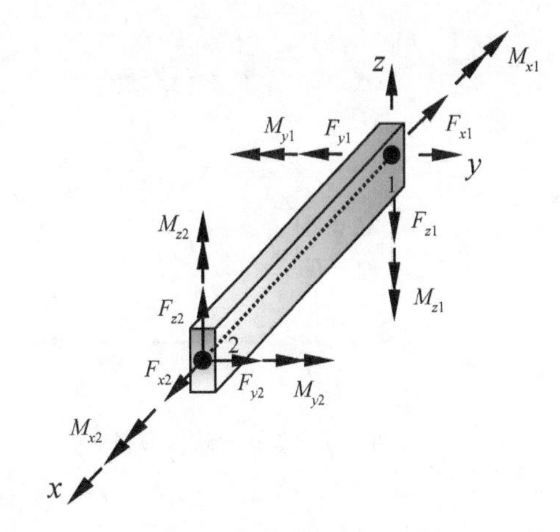

图 11-25 桩结构单元端点力和力矩的符号协议

1. 剪切耦合弹簧特性

桩和网格接触面的剪切特性就是自然黏结和摩擦，实际上是与水泥浆锚索系统一样的方法来模拟的，只不过是用剪切耦合弹簧参数来替代水泥浆参数而已，如刚度 k_s、黏结强度 c_s、摩擦角 ϕ_s、外圈周长 p 及周边应力 σ_m 等，如图 11-26 所示。

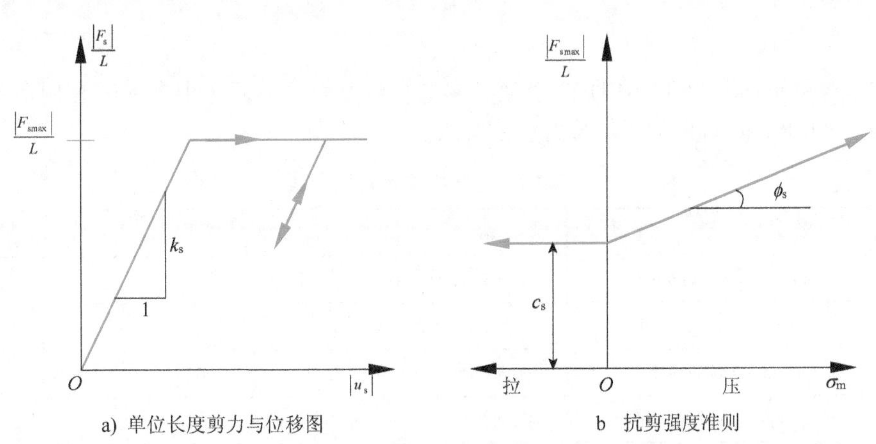

图 11-26 桩结构单元剪切方向材料特性

2. 法向耦合弹簧特性

桩和网格接触面的法向特性也是自然黏结和摩擦，类似于水泥浆锚索系统一样的方法来建模，像图 11-14 所示被表示为沿桩轴节点处的弹簧滑块系统。当桩产生法向位移 u_n时，用刚度 k_n、黏结强度 c_n、摩擦角 ϕ_n外圈周长 p、裂缝使用标志 g 及周边应力 σ_m 等法向耦合弹簧参数来描述，如图 11-27 所示。

3. 锚杆特性

桩结构单元具备模拟锚杆加固特性的扩展能力，只有调用命令 structure pile property rockbolt-flag on，就具备附加的以下特性：

1）桩在轴向方向自己可以屈服，屈服强度通过参数 tensile-yield 指定。

2）根据用户自定义的拉伸破坏变形值 tfstrain 来判断锚杆是否断裂。

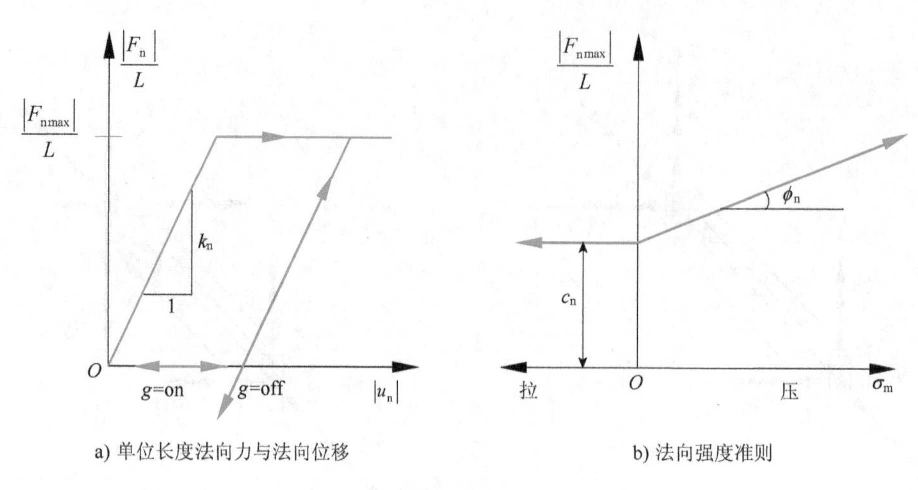

a) 单位长度法向力与法向位移　　b) 法向强度准则

图 11-27　桩结构单元法向材料特性

3）作用在桩上的周边应力是基于自安装以来应力的变化（默认时，是基于桩周围单元体当前的应力）。

4）用户可自定义表 coupling-friction-table 来指定对周边应力的各向异性应力进行修正。

5）通过用户自定义表 coupling-cohesion-table、coupling-friction-table 对剪切耦合弹簧的黏结力和摩擦角进行控制，用以表现为剪切位移的函数。

11.5.2　参数

每个桩结构单元有表 11-14 中的 27 个属性参数。注意表中最后 7 个参数只有用命令 structure pile property rockbolt-flag on 激活了锚杆特性才有效。

表 11-14　桩结构单元属性参数

序号	名　称	说　明
1	Coupling-cohesion-normal	法向耦合弹簧单位长度上的黏结力，c_n（F/L）
2	Coupling-friction-normal	法向耦合弹簧的摩擦角，ϕ_n（°）
3	Coupling-gap-normal	法向耦合弹簧缝隙标志，g（默认为 off）
4	Coupling-stiffness-normal	法向耦合弹簧单位长度上的刚度，k_n（F/L^2）
5	Coupling-cohesion-shear	剪切耦合弹簧单位长度上的黏结力，c_s（F/L）
6	Coupling-friction-shear	剪切耦合弹簧的摩擦角，ϕ_s（°）
7	Coupling-stiffness-shear	剪切耦合弹簧单位长度上的刚度，k_s（F/L^2）
8	Density	密度，ρ（M/L^3），可选项，用于动力学分析和重力荷载
9	Young	弹性模量，E（F/L^2）
10	Poisson	泊松比，ν
11	Perimeter	外圈周长，p（L）
12	Plastic-moment	塑性力矩，M_p（F. L），可选项
13	Slide	大变形滑动标志，默认为 off
14	Slide-tolerance	大变形滑动容差

（续）

序号	名　称	说　明
15	Thermal-expansion	热膨胀系数，α_t（1/T），可选项，用于热力分析
16	Cross-sectional-area	横截面积，A（L^2）
17	Moi-y	y 轴的二次矩（惯性矩），I_y（L^4）
18	Moi-z	z 轴的二次矩（惯性矩），I_z（L^4）
19	Moi-polar	极惯性矩，J（L^4）
20	Direction-y	向量 $\boldsymbol{Y}$，用来定义投影到横截面的桩单元的 y 轴方向，可选项，默认为全局的 y 轴或 x 轴方向，但不能平行于桩单元的 x 轴
21	Coupling-confining-flag	激活增加周边应力的标志（默认为 off）
22	Coupling-confining-table	有效周边应力系数与偏应力的表号
23	Coupling-cohesion-table	剪切耦合弹簧黏结力与剪切位移的表号
24	Coupling-friction-table	剪切耦合弹簧摩擦角与剪切位移的表号
25	Rockbolt-flag	激活锚杆特性标志（默认为 off）
26	Tensile-failure-strain	拉破坏应变（无量纲）
27	Tensile-yield	轴向拉伸屈服强度，（F）

11.5.3 命令及函数

对桩结构单元的关键字及参数见表 11-15，桩结构单元的 FISH 函数见表 11-16。

表 11-15 桩结构单元的关键字及参数

STRUCTURE PILE 关键字	说　明
apply f_1 f_2 [rang...]	范围内所有桩结构单元施加均匀分布荷载，正的 f_1 表示正 y 向值，正的 f_2 表示正 z 向值
create 关键字	
by-line $\boldsymbol{v}_1$ $\boldsymbol{v}_2$ [关键字块]	创建由 $\boldsymbol{v}_1$ 和 $\boldsymbol{v}_2$ 为端点的一个直线桩结构单元，相应的节点也被创建，并按 $\boldsymbol{v}_1$ 为始点 $\boldsymbol{v}_2$ 为终点方向进行相应排序。若遇到有单元体，则节点的平动自由度以固接模式、转动自由度以不约束模式自动绑定上网格
by-nodeids i_1 i_2 [关键字块]	由组件 CID 号分别为 i_1 和 i_2 的两节点创建桩结构单元。两节点的顺序定义了桩结构单元的坐标系统：沿节点 i_1 直线到节点 i_2 为 x 轴正方向；全局坐标的 y 轴或 x 轴在桩单元横截面上的投影即为桩结构单元的 y 轴。注意不能自动绑定到网格
by-ray $\boldsymbol{v}_1$ $\boldsymbol{v}_2$ f [关键字块]	创建从始点 $\boldsymbol{v}_1$、方向 $\boldsymbol{v}_2$、距离 f 为终点的桩结构单元，相应节点也被创建，并按 $\boldsymbol{v}_1$ 为始点到终点方向进行相应排序。若遇到有单元体，则节点的平动自由度以固接模式、转动自由度以不约束模式自动绑定上网格

（续）

STRUCTURE PILE 关键字	说　　明
关键字块：	
distinct	创建单元时，不管是否有相同的空间位置或相同的 ID 号，都强制生成一组新的节点。此选项常用于后面的节点连接命令，以便自定义的单元之间的行为
group s_1 [slot s_2]	为创建的桩结构单元指定组名 s_1，若指定选项，则组 s_1 归属于门类 s_2，默认门类名为 default
id i	为此命令所创建的一个或一组桩结构单元指派 ID 号为 i。若无此选项，则将使用下一个可用 ID 号。新建单元两端节点与已经存在的单元节点连接规则：在每个端节点位置除非同时满足条件①指定了 ID 号，②新节点位置附近找到一个现有节点，③现有节点的 ID 号与 i 相等，否则将创建一个新节点
maximum-length f	将单元分割为不大于长度 f 的段
segments i	将单元分割为 i 个相等的段，根据需要创建新节点，默认值为 1，表示只创建一个单元
snap [b]	指示所创建的单元的第一个和最后一个位置将试图在单元长度为 1/2 的半径内捕捉到最近的结构节点（附加到任何元素类型）的位置。如果只有一端以这种方式断开，则所创建的整条线将被原位置和断开位置之间的差异所抵消
delete [rang...]	删除范围内所有的桩结构单元，相应的节点和连接也自动删除
group s [关键字]	范围内的桩结构单元指派组名 s
slot s_1	指派组到门类 s_1
remove	指定组 s 从指定的门类 s_1 中移除。若无 slot 选项，则该组将从它所在的所有门类中删除
hide [关键字] [rang...]	开关桩结构单元的隐藏与显示
b	布尔值，on = 隐藏；off = 显示
undo	撤销上次操作
history [name s] 关键字	采样记录桩结构单元的响应量，若指定 name，则供以后参考引用，否则，自动分配 ID 号
coupling-displacement-normal [关键字块]	采样单元端部法向耦合弹簧位移，+/-符号表示方向相离和相向
coupling-stress-normal [关键字块]	采样单元端部法向耦合弹簧应力，+/-符号表示方向相离和相向
coupling-yield-normal [关键字块]	采样单元端部法向耦合弹簧的屈服状态，{0,1,2} 分别表示从未屈服、正在屈服或曾屈服
coupling-displacement-shear [关键字块]	采样单元端部剪切耦合弹簧位移，+/-符号表桩的平均轴向方向
coupling-stress-shear [关键字块]	采样单元端部剪切耦合弹簧应力，+/-符号表示平均轴向方向

（续）

STRUCTURE PILE 关键字	说　明
coupling-yield-shear [关键字块]	采样单元端部剪切耦合弹簧的屈服状态，{0,1,2}分别表示从未屈服、正在屈服或曾屈服
force [关键字块]	采样桩结构单元轴向力
force-x [关键字块]	采样桩结构单元的轴向力 x 方向分量
force-y [关键字块]	采样桩结构单元的轴向力 y 方向分量
force-z [关键字块]	采样桩结构单元的轴向力 z 方向分量
momen [关键字块]	采样桩弯矩
moment-x [关键字块]	采样桩弯矩 x 方向分量
moment-y [关键字块]	采样桩弯矩 y 方向分量
moment-z [关键字块]	采样桩弯矩 z 方向分量
关键字块:	
component-id ***i***	组件 CID 号 ***i***，不应指定 position 选项
end ***i***	采样桩结构单元的节点位置（***i*** =1 或 2），默认为 1
position ***v***	离点最近的单元，不应指定 component-id 选项
import 关键字	略
initialize [关键字]	初始化桩结构单元的响应量
coupling	查找任何可变形连接，并尝试初始化力以匹配连接目标的应力状态
force-axial ***f***	通过设置内部节点力将单元中的轴向力初始化为 ***f***，注意，这将覆盖单元中现有的内部节点平动力状态
list 关键字	列表相关桩结构单元信息
apply	显示施加的分布荷载
coupling-confinement	垂直于单元的周边应力，两个主应力值
coupling-normal	法向耦合弹簧的相关值，包括位移、应力和方向
coupling-shear	剪切耦合弹簧的相关值，包括位移、应力和方向
coupling-yield	剪切、法向耦合弹簧的屈服状态和缝隙值
force-end	局部坐标中，节点施加在单元上的力
force-node 关键字	列表节点力，是节点施加到单元上的力
local	根据单元局部坐标显示力
global	根据单元全局坐标显示力
group [slot ***s***]	显示单元属于哪一组
information	列出单元的一般信息，包括 ID 号和组件 CID 号，连接的节点、形心、面积、体积和隐藏或选择状态
length	显示单元长度
property 关键字	属性参数
density	密度
youngs	弹性模量
plastic-moment	塑性弯矩
poisson	泊松比

（续）

STRUCTURE PILE 关键字	说　明
thermal-expansion	热膨胀系数
cross-sectional-area	横截面积
moi-y	y 轴的惯性矩
moi-z	z 轴的惯性矩
moi-polar	极惯性矩
direction-y	向量 ***Y***
slide	滑动标志
slide-tolerance *f*	滑动容差
coupling-confining-flag	激活增加周边应力的标志
coupling-confining-table	周边应力系数与偏应力的表号
coupling-cohesion-normal	法向耦合弹簧黏结力
coupling-cohesion-shear	剪切耦合弹簧黏结力
coupling-cohesion-table	剪切耦合弹簧黏结力与剪切位移的表号
coupling-friction-normal	法向耦合弹簧摩擦角
coupling-friction-shear	剪切耦合弹簧摩擦角
coupling-friction-table	剪切耦合弹簧摩擦角与剪切位移的表号
coupling-gap-normal	法向耦合弹簧缝隙标志
coupling-stiffness-normal	法向耦合弹簧刚度
coupling-stiffness-shear	剪切耦合弹簧刚度
perimeter	外圈周长
rockbolt-flag	激活锚杆特性标志
tensile-failure-strain	拉破坏应变
tensile-yield	轴向抗拉屈服强度
system-local	单元局部坐标系
property 关键字	指定桩单元属性
density *f*	密度，ρ
youngs *f*	弹性模量，E
plastic-moment *f*	塑性弯矩，M_p
poisson *f*	泊松比，$\boldsymbol{v}$
thermal-expansion *f*	热膨胀系数，α_t
cross-sectional-area *f*	横截面积，A
moi-y *f*	y 轴的惯性矩，I_y
moi-z *f*	z 轴的惯性矩，I_z
moi-polar *f*	极惯性矩，J
direction-y ***v***	向量 ***Y***
slide ***b***	滑动标志
slide-tolerance *f*	滑动容差

（续）

STRUCTURE PILE 关键字	说明
coupling-confining-flag ***b***	激活增加周边应力的标志
coupling-confining-table ***i***	周边应力系数与偏应力的表号
coupling-cohesion-normal ***f***	法向耦合弹簧黏结力，c_n
coupling-cohesion-shear ***f***	剪切耦合弹簧黏结力，c_s
coupling-cohesion-table ***i***	剪切耦合弹簧黏结力与剪切位移的表号
coupling-friction-normal ***f***	法向耦合弹簧摩擦角，ϕ_n
coupling-friction-shear ***f***	剪切耦合弹簧摩擦角，ϕ_s
coupling-friction-table ***i***	剪切耦合弹簧摩擦角与剪切位移的表号
coupling-gap-normal ***b***	法向耦合弹簧缝隙标志
coupling-stiffness-normal ***f***	法向耦合弹簧刚度，k_n
coupling-stiffness-shear ***f***	剪切耦合弹簧刚度，k_s
perimeter ***f***	外圈周长，p
rockbolt-flag ***b***	激活锚杆特性标志
tensile-failure-strain ***f***	拉破坏应变
tensile-yield ***f***	轴向抗拉强度
refine ***i*** [rang...]	将指定范围内的桩结构单元重新生成 ***i*** 个等长尺寸的桩结构单元，并删除原桩结构单元
select [关键字]	
b	on = 选择，默认；off = 不选择
new	意味 on，选择范围内的单元，自动选择不在范围内的单元
undo	撤销上次操作，默认可撤销 12 次

表 11-16 **桩结构单元的 FISH 函数**

函数		说明
f = struct.pile.area(***p***) ‖ 得到桩结构单元横截面积 struct.pile.area(***p***) = ***f*** ‖ 设置桩结构单元横截面积		
返回值	***f***	单元横截面积
赋值	***f***	单元横截面积
参数	***p***	桩结构单元指针
f = struct.pile.axial.yield(***p***) ‖ 得到桩结构单元轴向抗拉强度 struct.pile.axial.yield(***p***) = ***f*** ‖ 设置桩结构单元轴向抗拉强度		
返回值	***f***	桩结构单元的轴向抗拉强度
赋值	***f***	桩结构单元的轴向抗拉强度
参数	***p***	桩结构单元指针
v = struct.pile.force (***p***, i_{end} [, ***i***]) ‖ 获得桩结构单元一端点的力（局部坐标）		
返回值	***v***	桩结构单元指定 i_{end} 端的力向量，若指定了 ***i*** 则为实数
参数	***p***	桩结构单元指针
	i_{end}	桩结构单元的两端，$i_{end} \in \{1, 2\}$
	i	三个分量选项，$i = 1 \sim 3$

（续）

函　数		说　明
f = struct.pile.force.x（p，i_{end}）‖获得桩结构单元一端点力的 x 方向分量		
返回值	f	桩结构单元 i_{end} 端点力的 x 方向分量
参数	p	桩结构单元指针
	i_{end}	桩结构单元的两端，$i_{end} \in \{1, 2\}$
f = struct.pile.force.y（p，i_{end}）‖获得桩结构单元一端点力的 y 方向分量		
返回值	f	桩结构单元 i_{end} 端点力的 y 方向分量
参数	p	桩结构单元指针
	i_{end}	桩结构单元的两端，$i_{end} \in \{1, 2\}$
f = struct.pile.force.z（p，i_{end}）‖获得桩结构单元一端点力的 z 方向分量		
返回值	f	桩结构单元 i_{end} 端点力的 z 方向分量
参数	p	桩结构单元指针
	i_{end}	桩结构单元的两端，$i_{end} \in \{1, 2\}$
m = struct.pile.force.nodal（p，i_{end}[，i_{dof}]）‖获得作用在 i_{end} 端点的节点力（全局坐标）		
返回值	m	1×6 矩阵的节点力，若指定 i_{dof} 则返回指定自由度的值
参数	p	桩结构单元指针
	i_{end}	桩结构单元的两端，$i_{end} \in \{1, 2\}$
	i_{dof}	选项自由度，i_{dof} = 1 ~ 6
f = struct.pile.gap（p，i_{end}，i_g]）‖获得桩结构单元端点 i_{end} 的 i_g 缝隙分量		
返回值	f	桩结构单元缝隙分量。缝隙在局部坐标 yz 轴定义的横截面内形成矩形，它由 yz 轴向上正负 4 个值表示其大小，$i_g \in \{1, 2, 3, 4\}$，分别表示 +/-y 方向和 +/-z 方向。4 个缝隙分量总是被跟踪更新，但仅在法向耦合弹簧裂缝标志为 true 时才会发挥效用
参数	p	桩结构单元指针
	i_{end}	桩结构单元的两端，$i_{end} \in \{1, 2\}$
	i_g	$i_g \in \{1,2,3,4\}$
f = struct.pile.length(p)‖获得桩结构单元长度		
返回值	f	桩结构单元长
参数	p	桩结构单元指针
$\boldsymbol{v}$ = struct.pile.load（p[，i_{dof}]）‖获得桩结构单元的均匀分布荷载 struct.pile.load（p[，i_{dof}]）= $\boldsymbol{v}$ ‖设置桩结构单元的均匀分布荷载		
返回值	$\boldsymbol{v}$	桩结构单元的均匀分布荷载，y 方向和 z 方向值，x 方向忽略且总等于 0
赋值	$\boldsymbol{v}$	桩结构单元的均匀分布荷载
参数	p	桩结构单元指针
	i_{dof}	自由度选项，i_{dof} = 2 或 3
$\boldsymbol{v}$ = struct.pile.moi(p[，i])‖获得桩结构单元的惯性矩 struct.pile.moi(p[，i]) = $\boldsymbol{v}$ ‖设置桩结构单元的惯性矩		
返回值	$\boldsymbol{v}$	桩结构单元的惯性矩向量，若指定 i 则为一个值
赋值	$\boldsymbol{v}$	桩结构单元的惯性矩向量
参数	p	桩结构单元指针
	i	向量分量选项，i = 1 ~ 3

（续）

函数		说明
f=struct.pile.moi.x(p) ‖ 获得桩结构单元的 x 轴惯性矩 struct.pile.moi.x(p)=f ‖ 设置桩结构单元的 x 轴惯性矩		
返回值	f	桩结构单元的 x 轴惯性矩
赋值	f	桩结构单元的 x 轴惯性矩
参数	p	桩结构单元指针
f=struct.pile.moi.y(p) ‖ 获得桩结构单元的 y 轴惯性矩 struct.pile.moi.y(p)=f ‖ 设置桩结构单元的 y 轴惯性矩		
返回值	f	桩结构单元的 y 轴惯性矩
赋值	f	桩结构单元的 y 轴惯性矩
参数	p	桩结构单元指针
f=struct.pile.moi.z(p) ‖ 获得桩结构单元的 z 轴惯性矩 struct.pile.moi.z(p)=f ‖ 设置桩结构单元的 z 轴惯性矩		
返回值	f	桩结构单元的 z 轴惯性矩
赋值	f	桩结构单元的 z 轴惯性矩
参数	p	桩结构单元指针
$\boldsymbol{v}$ =struct.pile.moment (p, i_{end} [, i]) ‖ 获得桩结构单元一端的弯矩 struct.pile.moment (p, i_{end} [, i]) =$\boldsymbol{v}$ ‖ 设置桩结构单元一端的弯矩		
返回值	$\boldsymbol{v}$	桩结构单元一端的弯矩
赋值	$\boldsymbol{v}$	桩结构单元一端的弯矩
参数	p	桩结构单元指针
	i_{end}	桩结构单元的两端，$i_{end} \in \{1, 2\}$
	i	向量分量选项，$i=1\sim3$
f=struct.pile.moment.x (p, i_{end}) ‖ 获得桩结构单元一端弯矩的 x 方向分量 struct.pile.moment.x (p, i_{end}) =f ‖ 设置桩结构单元一端弯矩的 x 方向分量		
返回值	f	桩结构单元 i_{end} 端弯矩的 x 方向分量
赋值	f	桩结构单元 i_{end} 端弯矩的 x 方向分量
参数	p	桩结构单元指针
	i_{end}	桩结构单元的两端，$i_{end} \in \{1, 2\}$
f=struct.pile.moment.y (p, i_{end}) ‖ 获得桩结构单元一端弯矩的 y 方向分量 struct.pile.moment.y (p, i_{end}) =f ‖ 设置桩结构单元一端弯矩的 y 方向分量		
返回值	f	桩结构单元 i_{end} 端弯矩的 y 方向分量
赋值	f	桩结构单元 i_{end} 端弯矩的 y 方向分量
参数	p	桩结构单元指针
	i_{end}	桩结构单元的两端，$i_{end} \in \{1, 2\}$
f=struct.pile.moment.z (p, i_{end}) ‖ 获得桩结构单元一端力矩的 z 方向分量 struct.pile.moment.z (p, i_{end}) =f ‖ 设置桩结构单元一端力矩的 z 方向分量		
返回值	f	桩结构单元 i_{end} 端力矩的 z 方向分量
赋值	f	桩结构单元 i_{end} 端力矩的 z 方向分量
参数	p	桩结构单元指针
	i_{end}	桩结构单元的两端，$i_{end} \in \{1, 2\}$

（续）

函　数		说　明
f = struct.pile.moment.plastic(p) ‖ 获得桩结构单元的塑性力矩 struct.pile.moment.plastic(p) = f ‖ 设置桩结构单元的塑性力矩		
返回值	f	桩结构单元的塑性力矩
赋值	f	桩结构单元的塑性力矩
参数	p	桩结构单元指针
f = struct.pile.normal.cohesion(p) ‖ 获得桩结构单元的法向耦合弹簧黏结力 struct.pile.normal.cohesion(p) = f ‖ 设置桩结构单元的法向耦合弹簧黏结力		
返回值	f	桩结构单元的法向耦合弹簧黏结力
赋值	f	桩结构单元的法向耦合弹簧黏结力
参数	p	桩结构单元指针
$\boldsymbol{v}$ = struct.pile.normal.dir (p, i_{end} [, i]) ‖ 获得桩结构单元两端法向耦合弹簧加载方向		
返回值	$\boldsymbol{v}$	方向向量，若指定 i 则为分量（全局）
参数	p	桩结构单元指针
	i_{end}	桩结构单元的两端，$i_{end} \in \{1, 2\}$
	i	分量选项，$i = 1 \sim 3$
f = struct.pile.normal.dir.x (p, i_{end}) ‖ 获得桩结构单元指定端法向耦合弹簧加载方向 x 方向分量		
返回值	f	方向的 x 方向分量
参数	p	桩结构单元指针
	i_{end}	桩结构单元的两端，$i_{end} \in \{1, 2\}$
f = struct.pile.normal.dir.y (p, i_{end}) ‖ 获得桩结构单元指定端法向耦合弹簧加载方向 y 方向分量		
返回值	f	方向的 y 方向分量
参数	p	桩结构单元指针
	i_{end}	桩结构单元的两端，$i_{end} \in \{1, 2\}$
f = struct.pile.normal.dir.z (p, i_{end}) ‖ 获得桩结构单元指定端法向耦合弹簧加载方向 z 方向分量		
返回值	f	方向的 z 方向分量
参数	p	桩结构单元指针
	i_{end}	桩结构单元的两端，$i_{end} \in \{1, 2\}$
f = struct.pile.normal.disp (p, i_{end}) ‖ 获得桩结构单元指定端法向耦合弹簧位移		
返回值	f	桩结构单元指定端法向耦合弹簧位移，+/-符号表示方向相离和相向
参数	p	桩结构单元指针
	i_{end}	桩结构单元的两端，$i_{end} \in \{1, 2\}$
f = struct.pile.normal.friction(p) ‖ 获得桩结构单元的法向耦合弹簧摩擦角 struct.pile.normal.friction(p) = f ‖ 设置桩结构单元的法向耦合弹簧摩擦角		
返回值	f	桩结构单元的法向耦合弹簧摩擦角
赋值	f	桩结构单元的法向耦合弹簧摩擦角
参数	p	桩结构单元指针
b = struct.pile.normal.gap(p) ‖ 获得桩结构单元法向耦合弹簧使用缝隙标志		
返回值	b	法向耦合弹簧缝隙标志
参数	p	桩结构单元指针

（续）

函数		说明
$\boldsymbol{i}$ = struct.pile.normal.state ($\boldsymbol{p}$, $\boldsymbol{i}_{end}$) ‖ 获得桩结构单元指定端法向耦合弹簧屈服状态		
返回值	$\boldsymbol{i}$	法向耦合弹簧屈服状态，$\boldsymbol{i} \in \{0,1,2\}$ 分别表示从未屈服、正在屈服或曾屈服
参数	$\boldsymbol{p}$	桩结构单元指针
	$\boldsymbol{i}_{end}$	桩结构单元的两端，$\boldsymbol{i}_{end} \in \{1, 2\}$
$\boldsymbol{f}$ = struct.pile.normal.stiffness($\boldsymbol{p}$) ‖ 获得桩结构单元法向耦合弹簧刚度 struct.pile.normal.stiffness($\boldsymbol{p}$) = $\boldsymbol{f}$ ‖ 设置桩结构单元法向耦合弹簧刚度		
返回值	$\boldsymbol{f}$	法向耦合弹簧刚度
赋值	$\boldsymbol{f}$	法向耦合弹簧刚度
参数	$\boldsymbol{p}$	桩结构单元指针
$\boldsymbol{f}$ = struct.pile.normal.stress ($\boldsymbol{p}$, $\boldsymbol{i}_{end}$) ‖ 获得桩结构单元指定端法向耦合弹簧应力		
返回值	$\boldsymbol{f}$	法向耦合弹簧应力，+/-符号表示方向相离和相向
参数	$\boldsymbol{p}$	桩结构单元指针
	$\boldsymbol{i}_{end}$	桩结构单元的两端，$\boldsymbol{i}_{end} \in \{1, 2\}$
$\boldsymbol{f}$ = struct.pile.perimeter($\boldsymbol{p}$) ‖ 获得桩结构单元外圈周长 struct.pile.perimeter($\boldsymbol{p}$) = $\boldsymbol{f}$ ‖ 设置桩结构单元外圈周长		
返回值	$\boldsymbol{f}$	桩结构单元外圈周长
赋值	$\boldsymbol{f}$	桩结构单元外圈周长
参数	$\boldsymbol{p}$	桩结构单元指针
$\boldsymbol{f}$ = struct.pile.poisson($\boldsymbol{p}$) ‖ 获得桩结构单元的泊松比 struct.pile.poisson($\boldsymbol{p}$) = $\boldsymbol{f}$ ‖ 设置桩结构单元的泊松比		
返回值	$\boldsymbol{f}$	桩结构单元的泊松比
赋值	$\boldsymbol{f}$	桩结构单元的泊松比
参数	$\boldsymbol{p}$	桩结构单元指针
$\boldsymbol{b}$ = struct.pile.rockbolt ($\boldsymbol{p}$) ‖ 获得桩结构单元激活锚杆特性标志		
返回值	$\boldsymbol{b}$	激活锚杆特性标志，true 为开，false 为关
参数	$\boldsymbol{p}$	桩结构单元指针
$\boldsymbol{f}$ = struct.pile.shear.cohesion($\boldsymbol{p}$) ‖ 获得桩结构单元剪切耦合弹簧黏结力 struct.pile.shear.cohesion($\boldsymbol{p}$) = $\boldsymbol{f}$ ‖ 设置桩结构单元剪切耦合弹簧黏结力		
返回值	$\boldsymbol{f}$	桩结构单元剪切耦合弹簧黏结力
赋值	$\boldsymbol{f}$	桩结构单元剪切耦合弹簧黏结力
参数	$\boldsymbol{p}$	桩结构单元指针
$\boldsymbol{v}$ = struct.pile.shear.dir ($\boldsymbol{p}$, $\boldsymbol{i}_{end}$ [, $\boldsymbol{i}$]) ‖ 获得桩结构单元两端剪切耦合弹簧加载方向		
返回值	$\boldsymbol{v}$	方向向量，若指定 $\boldsymbol{i}$ 则为分量（全局）
参数	$\boldsymbol{p}$	桩结构单元指针
	$\boldsymbol{i}_{end}$	桩结构单元的两端，$\boldsymbol{i}_{end} \in \{1, 2\}$
	$\boldsymbol{i}$	分量选项，$\boldsymbol{i}$ = 1 ~ 3

（续）

函　数		说　明
f = struct. pile. shear. dir. x（p，i_{end}）‖获得桩结构单元指定端剪切耦合弹簧加载方向 x 方向分量		
返回值	f	方向的 x 方向分量
参数	p	桩结构单元指针
	i_{end}	桩结构单元的两端，$i_{end} \in \{1, 2\}$
f = struct. pile. shear. dir. y（p，i_{end}）‖获得桩结构单元指定端剪切耦合弹簧加载方向 y 方向分量		
返回值	f	方向的 y 方向分量
参数	p	桩结构单元指针
	i_{end}	桩结构单元的两端，$i_{end} \in \{1, 2\}$
f = struct. pile. shear. dir. z（p，i_{end}）‖获得桩结构单元指定端剪切耦合弹簧加载方向 z 方向分量		
返回值	f	方向的 z 方向分量
参数	p	桩结构单元指针
	i_{end}	桩结构单元的两端，$i_{end} \in \{1, 2\}$
f = struct. pile. shear. disp（p，i_{end}）‖获得桩结构单元指定端剪切耦合弹簧位移		
返回值	f	桩结构单元指定端剪切耦合弹簧位移，+/-符号表示方向相离和相向
参数	p	桩结构单元指针
	i_{end}	桩结构单元的两端，$i_{end} \in \{1, 2\}$
b = struct. pile. shear. flag（p）‖获得桩结构单元激活增加周边应力的标志		
返回值	b	激活增加周边应力的标志，true 为开，false 为关
参数	p	桩结构单元指针
f = struct. pile. shear. friction(p)‖获得桩结构单元的剪切耦合弹簧摩擦角 struct. pile. shear. friction(p) = f‖设置桩结构单元的剪切耦合弹簧摩擦角		
返回值	f	桩结构单元的剪切耦合弹簧摩擦角
赋值	f	桩结构单元的剪切耦合弹簧摩擦角
参数	p	桩结构单元指针
i = struct. pile. shear. state（p，i_{end}）‖获得桩结构单元指定端剪切耦合弹簧屈服状态		
返回值	i	剪切耦合弹簧屈服状态，$i \in \{0,1,2\}$ 分别表示从未屈服、正在屈服或曾屈服
参数	p	桩结构单元指针
	i_{end}	桩结构单元的两端，$i_{end} \in \{1, 2\}$
f = struct. pile. shear. stiffness(p)‖获得桩结构单元剪切耦合弹簧刚度 struct. pile. shear. stiffness(p) = f‖设置桩结构单元剪切耦合弹簧刚度		
返回值	f	剪切耦合弹簧刚度
赋值	f	剪切耦合弹簧刚度
参数	p	桩结构单元指针
f = struct. pile. shear. stress（p，i_{end}）‖获得桩结构单元指定端剪切耦合弹簧应力		
返回值	f	剪切耦合弹簧应力，+/-符号表示平均轴向方向
参数	p	桩结构单元指针
	i_{end}	桩结构单元的两端，$i_{end} \in \{1, 2\}$

（续）

函数			说明
b = struct.pile.slide(***p***) ‖ 获得桩结构单元滑动标志			
	返回值	***b***	滑动标志，true 为开，false 为关
	参数	***p***	桩结构单元指针
f = struct.pile.slide.tol(***p***) ‖ 获得桩结构单元大应变滑动容差 struct.pile.slide.tol(***p***) = ***f*** ‖ 设置桩结构单元大应变滑动容差			
	返回值	***f***	滑动容差
	赋值	***f***	滑动容差
	参数	***p***	桩结构单元指针
f = struct.pile.strain.failure(***p***) ‖ 获得桩结构单元拉破坏应变 struct.pile.strain.failure(***p***) = ***f*** ‖ 设置桩结构单元拉破坏应变			
	返回值	***f***	拉破坏应变
	赋值	***f***	拉破坏应变
	参数	***p***	桩结构单元指针
f = struct.pile.stress.confining (***p***, i_{end}) ‖ 获得桩结构单元指定端周边应力（围压）			
	返回值	***f***	周边应力，负为压，作用于垂直于桩轴向的平面内，也是该平面的平均主应力
	参数	***p***	桩结构单元指针
		i_{end}	桩结构单元的两端，$i_{end} \in \{1, 2\}$
i = struct.pile.table.cohesion(***p***) ‖ 获得桩结构单元剪切耦合弹簧黏结力表号 struct.pile.table.cohesion(***p***) = ***i*** ‖ 设置桩结构单元剪切耦合弹簧黏结力表号			
	返回值	***i***	表号
	赋值	***i***	表号
	参数	***p***	桩结构单元指针
i = struct.pile.table.factor(***p***) ‖ 获得桩结构单元剪切耦合弹簧有效周边应力系数表号 struct.pile.table.factor (***p***) = ***i*** ‖ 设置桩结构单元剪切耦合弹簧有效周边应力系数表号			
	返回值	***i***	表号
	赋值	***i***	表号
	参数	***p***	桩结构单元指针
i = struct.pile.table.friction(***p***) ‖ 获得桩结构单元剪切耦合弹簧摩擦角表号 struct.pile.table.friction (***p***) = ***i*** ‖ 设置桩结构单元剪切耦合弹簧摩擦角表号			
	返回值	***i***	表号
	赋值	***i***	表号
	参数	***p***	桩结构单元指针
f = struct.pile.volume(***p***) ‖ 得到桩结构单元体积，或横截面与长的积			
	返回值	***f***	单元体积
	参数	***p***	桩结构单元指针
v = struct.pile.ydir(***p***[,***i***]) ‖ 获得桩结构单元局部坐标的 *y* 轴向量或分量			
	返回值	***v***	局部坐标的 *y* 轴向量或分量
	参数	***p***	桩结构单元指针
		i	向量分量选项，$i = 1 \sim 3$

（续）

函数		说明
f = struct.pile.ydir.x(p) ‖ 获得桩结构单元局部坐标 y 轴向量的 x 方向分量		
返回值	f	y 轴向量的 x 方向分量
参数	p	桩结构单元指针
f = struct.pile.ydir.y(p) ‖ 获得桩结构单元局部坐标 y 轴向量的 y 方向分量		
返回值	f	y 轴向量的 y 方向分量
参数	p	桩结构单元指针
f = struct.pile.ydir.z(p) ‖ 获得桩结构单元局部坐标 y 轴向量的 z 方向分量		
返回值	f	y 轴向量的 z 方向分量
参数	p	桩结构单元指针
f = struct.pile.young(p) ‖ 获得桩结构单元的弹性模量 struct.pile.young(p) = f ‖ 设置桩结构单元的弹性模量		
返回值	f	桩结构单元的弹性模量
赋值	f	桩结构单元的弹性模量
参数	p	桩结构单元指针

11.5.4 应用实例

1. 轴向加载桩

桩通过表面摩擦和底端承载两种方式把轴向荷载传递到地下，这两种作用效果见例题11-5。在该例中，无黏聚力土中的一根简单圆柱桩通过顶端匀速位移实施轴向加载，并且同时监控轴向力，桩长8m，深入土中7m，桩直径为1m，土的摩擦角为10°，土与桩接触面的摩擦角为10°，土的密度是2000kg/m^3，桩承受土的线性压力，深入土中的中点值为70000Pa。

例题11-5 轴向加载桩。

```
;;文件名:11 -5 . f3dat
model new ;系统重置
zone create brick size 15 2 15 edge =11 ;建模
zone face skin ;自动对网格外表面指派组名
;;指定本构模型及材料属性参数
zone cmodel assign elastic ;标准弹性模型
zone property bulk =5e9 shear =1e9 density =2000
;;边界条件
zone face apply velocity-normal 0 range group 'East' or 'West'
zone face apply velocity-normal 0 range group 'North' or 'South'
zone face apply velocity-normal 0 range group 'Bottom'
;;初始化条件
model gravity 10 ;重力加速度默认在 - z 方向
zone initialize-stresses ;初始化应力分布
model solve ratio-local 1e - 4 ;应该非常快
;==========================================================
; 在土块的中央创建桩,并设置属性参数
```

```
struct pile create by-line 5.5, 5.5, 12 5.5, 5.5, 4 segments =32
struct pile property young =8.0e10 poisson =0.30...
    cross-sectional-area =0.7854 moi-polar =0.0...
    moi-y =0.0 moi-z =0.0  perimeter =3.14...
    coupling-stiffness-shear =1.3e11...
    coupling-cohesion-shear =0.0...
    coupling-friction-shear =10.0...
    coupling-stiffness-normal =1.3e11...
    coupling-cohesion-normal =0.0...
    coupling-friction-normal =0.0 coupling-gap-normal =off
;================================================================
;;在桩顶端指定速度
struct node fix velocity-x range position-z 12 ;x 向为轴向
struct node initialize velocity-x 0.5e -8 local...
    range position-z 12 ;注意局部坐标的 x 向为桩的轴向
;================================================================
;采样监测桩顶端位移及应力
struct node history name ='disp'  displacement-z...
    position (5.5,5.5,12)
struct pile history name ='force' force-x...
    position (5.5,5.5,12)
;================================================================
struct damping combined-local ;设置联合阻尼,而不是局部阻尼
model save 'Initial' ;保存初始状态,便于两种情况分开计算
;================================================================
;;迭代两万步,使桩总位移(速度×步数) =0.5×10^-8 ×20000m =1.0×10^-4 m
model cycle 20000
model save 'AxiallyLoaded-1'
;================================================================
;桩底端承载效果计算
model restore 'Initial';恢复到初始状态
struct link delete range position-z 4.0 ;删除底端与单元体连接
struct link create target zone group 'End' range position-z 4.0
struct link attach x =normal-yield y =free...
    z =free range group 'End';自定义底端连接状态
struct link attach rotation-x =free rotation-y =free...
    rotation-z =free range group 'End';自定义底端连接状态
struct link property x area =1.0 stiffness =5.4e11...
    yield-compression =2.22e5 range group 'End';定义属性
model cycle 20000 ;总位移 10×10^-5 m
model save 'AxiallyLoaded-2'
```

首先计算桩表面仅有摩擦抵抗情况，coupling-friction-shear（剪切耦合弹簧摩擦角）参数设置成10°，其他参数全部被设置成0，桩顶端轴向力与顶节点垂直位移轨迹图如图11-28所示，限载为280kN。图中也在桩左右两边分别绘出了沿桩节点的垂直分布和沿桩耦合弹簧的剪切应力分布，

表明应力是随深度线性增加的。需要注意的是，由于向下荷载作用，桩存在明显的均匀统一向下方向运动，应该用联合阻尼（structure damping combined-local）而不是用局部阻尼进行分析。

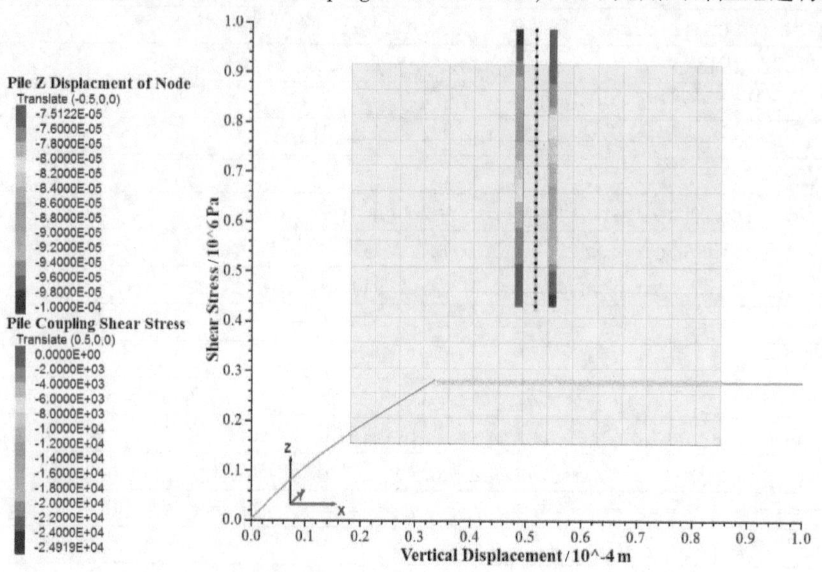

图 11-28 **摩擦桩：力-位移曲线和沿桩剪应力**

桩底端节点的连接仅提供一般的桩与网格的交互作用，并没有深基承载效果，为了包含深基承载效果，必须删除这个连接，取而代之的是轴向包含法向屈服弹簧的新连接，并指定合适的弹簧参数，命令文件中的第 23 行 ~ 27 行 5 行命令就是达到以上目的。首先两行是删除连接，并用组名为“End”的新连接取代它。所有的连接属性都是源节点的局部坐标来响应的，在迭代循环开始时，桩结构单元自动把局部坐标的 x 向对齐桩的轴向。接下来两行指定连接的 6 个自由度方向的状态，除 x 方向为法向屈服变形弹簧外，其他方向均无限制，注意相对于源节点局部坐标来指定的。最后一行设置法向屈服变形弹簧参数，其刚度应至少是原系统源节点的刚度，用命令 structure node list stiffness 获得是 5.4×10^{11} N/m，弹簧面积等于 1.0m^2，弹簧刚度等于 5.4×10^{11} N/m^3，弹簧压缩屈服强度经公式计算是 222kN，模拟计算结果如图 11-29 所示，此时，限载是 490kN。

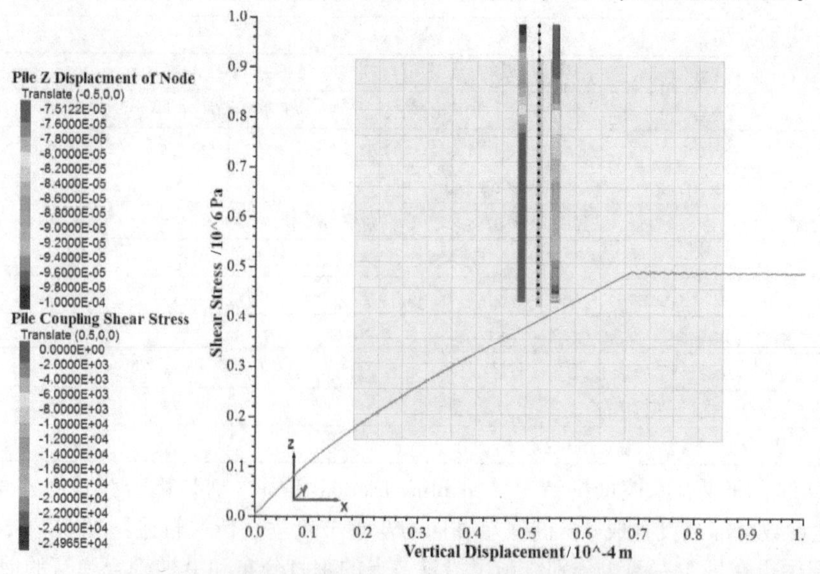

图 11-29 **摩擦及深基承载桩：力-位移曲线和沿桩剪应力**

2. 侧向加载桩

一根垂直桩的顶部被限制于水平位移，先朝一个方向推动而加载，然后反方向推动而加载。先完成无法向缝隙的加载循环，然后完成全部法向缝隙的加载循环，以便了解桩结构单元对有无法向裂隙时横向加载的响应，命令如例题11-6所示。

例题 11-6 侧向加载桩。

```
;;文件名:11-6.f3dat
model new ;系统重置
zone create brick size 8 8 8 edge =11 ;创建模型
zone face skin ;自动对网格外表面指派组名
;;指定本构模型及材料属性参数
zone cmodel assign elastic ;标准弹性模型
zone prop bulk =5e9 shear =1e9 density =2000
;;边界条件
zone face apply velocity-normal 0 range group 'East' or 'West'
zone face apply velocity-normal 0 range group 'North' or 'South'
zone face apply velocity-normal 0 range group 'Bottom'
;;初始化条件
model gravity 10 ;重力加速度默认在 - z 方向
zone initialize-stresses ratio 0.6,0.4 ;初始化应力分布
model solve ratio-local 1e -4 ;应该非常快
;===========================================================
; 在土块的中央创造桩,并设置属性参数
struct pile create by-line 5.5,5.5,12.0,5.5,5.5,4.0 segments =8
struct node group 'Top' range position-z 12 ;指定顶节点组名
struct pile property young =8.0e10 poisson =0.30...
    cross-sectional-area =0.7854 moi-polar =9.82e -2...
    moi-y =4.91e -2 moi-z =4.91e -2 perimeter =3.14...
    coupling-stiffness-shear =1.3e11...
    coupling-cohesion-shear =1.0e10...
    coupling-friction-shear =0.0...
    coupling-stiffness-normal =1.3e09...
    coupling-cohesion-normal =1.0e04...
    coupling-friction-normal =0.0...
    coupling-gap-normal =off...
    direction-y =(1,1,0) ;切向力 Fy对应于对角方向
;===========================================================
; FISH 函数,得到顶节点全局坐标位移
fish define lateralDisp
    global topNode
    if type.name(topNode) = = 'integer' then
        topNode =struct.node.near(5.5,5.5,12)
    endif
```

```
    local disp = struct.node.disp.global(topNode)
    lateralDisp = math.sqrt(disp(1)^2 + disp(2)^2) * math.sgn(disp(1))
end
;==============================================================
struct pile history name = 'force' force-y...
    position (5.5,5.5,12) ;顶部切向力
fish history name = 'disp' @ lateralDisp  ;顶部横向位移
;==============================================================
struct damping combined-local ;设置联合阻尼,而不是局部阻尼
;;水平面上固定速度
struct node fix velocity-y range group 'Top'
struct node fix velocity-z range group 'Top'
;;对角线正向移
struct node initialize velocity (0,0.707e-8,0.707e-8)...
    local range group 'Top'
model save 'Initial'
;==============================================================
;求解无缝状况
;==============================================================
model cycle 40000 ; 正向移 +4×10^-4 m
model save 'NoGap-1'
;;对角线反向移
struct node initialize velocity (0, -0.707e-8, -0.707e-8)...
    local range group 'Top'
model cycle 80000 ; 反向移 -8×10^-4 m
model save 'NoGap-2'
;;对角线正向移
struct node initialize velocity (0,0.707e-8,0.707e-8)...
    local range group 'Top'
model cycle 40000     ; 正向移 +4×10^-4 m
model save 'NoGap-Final'
;==============================================================
;求解全缝状况
;==============================================================
model restore 'Initial'
struct pile property coupling-gap-normal on
model cycle 40000 ; 正向移 +4×10^-4 m
model save 'FullGap-1'
;;对角线反向移
struct node initialize velocity (0, -0.707e-8, -0.707e-8)...
    local range group 'Top'
model cycle 80000 ; 反向移 -8×10^-4 m
```

```
model save 'FullGap-2'
;;对角线正向移
struct node initialize velocity (0,0.707e-8,0.707e-8)...
    local range group 'Top'
model cycle 40000 ;正向移 +4×10^-4 m
model save 'FullGap-Final'
```

本例中，在土块中心创建由8个结构单元组成的桩，顶节点在土块表面上方1m，如图11-30所示。对顶节点施加一个恒定的1×10^{-8}横向位移速度，并使之沿土块水平内对角线运动，方向则由全局坐标系向量（1,1,0）描述，用如下命令完成：

```
struct node initialize velocity (0,-0.707e-8,-0.707e-8)...
    local range group 'Top'
```

注意命令中局部坐标与全局坐标轴的变换。必须用structure node fix命令对顶节点指定合适的、恒定的位移速度，该命令只能用节点的局部坐标。模型中，顶节点局部坐标的x轴与桩轴线对齐，也就是全局坐标的负z轴方向，顶节点局部坐标的y、z轴位于桩横截平面内，其y轴向与全局坐标的正y轴方向相同，其z轴向与全局坐标的正x轴方向相同。在绘图窗格中可通过设置节点的相关属性可视化其局部坐标。

注意，在求解一开始，局部坐标方向就自动设置了。因此，可以用如下命令来固定横向位移以保持恒速：

```
struct node fix velocity-y range group 'Top'
struct node fix velocity-z range group 'Top'
```

为了绘制顶节点荷载与位移曲线图，若以准静态方式施加荷载，那么作用在顶点上的荷载将等于作用在顶部桩结构单元顶端的切向力，有关切向力表达见桩的相关符号约定。为了获得对角线方向上的切向力，必须重新定义局部坐标的y轴方向，用如下命令完成：

```
struct pile property direction-y=(1,1,0)
```

随后用如下命令完成对顶节点切向力的采样记录：

```
struct pile history name='force' force-y position (5.5,5.5,12)
```

本可以用structure node history displacement-x或structure node history displacement-y命令来采样记录位移的x方向分量或y方向分量，然而我们希望监测沿对角线发生的横向位移，为此，自定义了lateralDisp函数。

本例中法向耦合弹簧的黏结力为0.01MN/m，摩擦角为0。通过指定属性参数coupling-gap-normal为off来运行无缝情况，图11-31显示的就是这种顶部法向荷载与位移的曲线图。通过指定属性参数coupling-gap-normal为on来运行全缝情况，图11-32显示的就是这种顶部法向荷载与位移的曲线图。有缝和无缝两种情况的最高法向力是相同的，但是法向荷载对位移的曲线图却是不同的。全缝情况下，在反方向加载之前先要闭合缝隙，返回初始位置时要卸载。

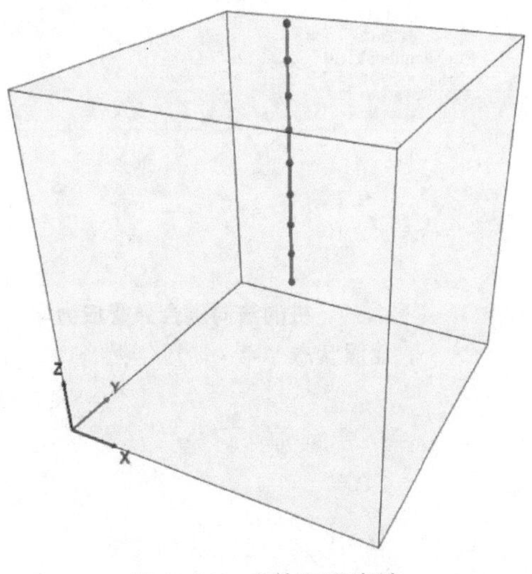

图11-30 土块和垂直桩

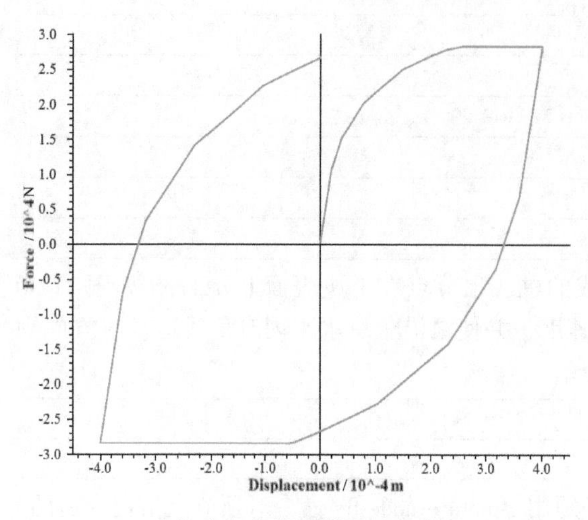

图 11-31　顶部法向荷载与横向位移曲线（无缝）

图 11-32　顶部法向荷载与横向位移曲线（全缝）

当第一加载阶段结束，初始位移为 0.4mm 时，研究一下模型可以获得更多的有关系统特性的信息。在这个阶段，桩的上部压缩了对角线正方向的土块，而桩的下部压缩了对角线负方向上的土块。绘出桩的法向耦合弹簧应力和屈服状态分布，如图 11-33 所示，绘出桩的节点位移和弯矩分布，如图 11-34 所示。两图表明，桩负载反转点的上方和下方，法向耦合弹簧是屈服的。因顶部节点位于土块表面之上，顶部单元的法向应力为零，所有屈服节点处的法向应力等于 3.1847kPa，恰好等于法向黏结力除以周长，其他响应量可通过 FISH 函数访问。

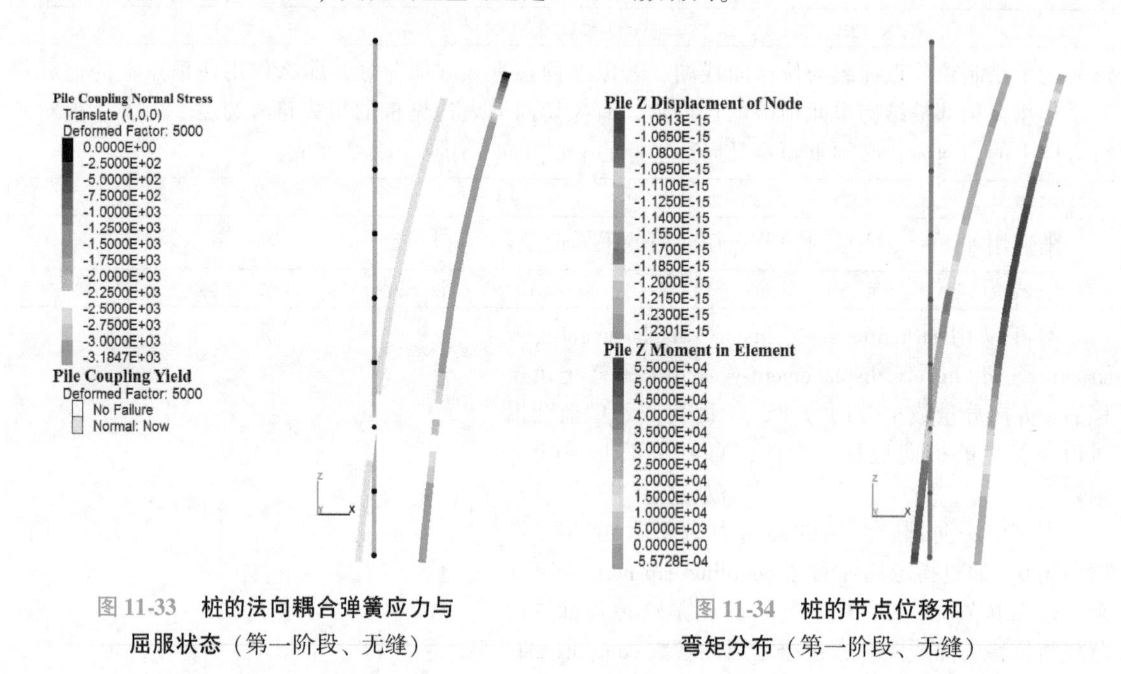

图 11-33　桩的法向耦合弹簧应力与屈服状态（第一阶段、无缝）

图 11-34　桩的节点位移和弯矩分布（第一阶段、无缝）

11.6　壳结构单元

11.6.1　通用壳型结构

壳型结构单元包括壳结构单元、格栅结构单元和衬砌结构单元。这些单元的力学特性分为壳材料结构响应和单元与网格交互的方式。材料结构响应是这些单元共有的，统一放在本节本部分中描述，而每种类型单元的各自特性则放在相应章节中描述。

1. 壳型结构单元力学性能

每种壳型结构单元由其几何与材料特性定义，假定壳型结构单元为三个节点之间组成的均匀厚度三角形，多个壳型结构单元的集合则可构成一个任意形状的壳。每种壳型结构单元都表现为各向同性或各向异性的线性弹性材料，没有失效极限。当然，也可以在壳型结构单元边缘使用塑性铰模型。每种壳型结构单元提供了与网格交互的不同方式，壳体的结构响应由分配给单元的有限元控制，包括两种薄膜有限元、一种板弯曲元和两种壳有限元。由于这些都是薄壳有限元，因此壳型结构单元适合于模拟可以忽略切向变形位移的薄壳结构。

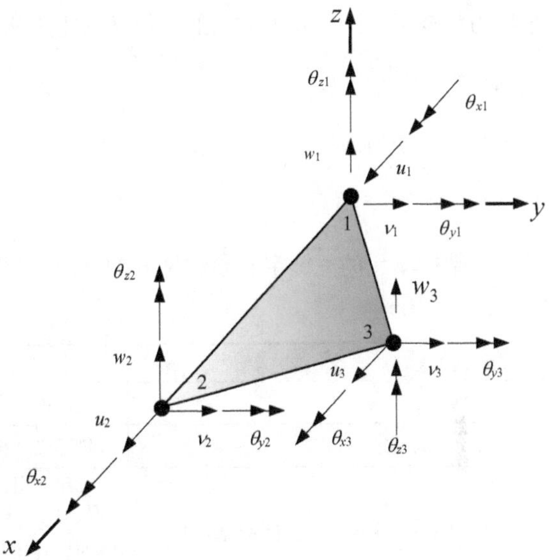

如图 11-35 所示，每种壳型结构单元都有其局部坐标系统，用来指定材料属性参数及施加荷载。使用独立的材料坐标系来指定正交各向异性材料性质，且用面坐标系来还原应力。通过三个节点（点 1、点 2 和点 3）的位置来定义壳型单元坐标系统，规则如下：壳型结构单元位于 xy 平面内；x 轴的方向为从节点 1 到节点 2；z 轴垂直于结构单元平面，且指向朝外。

图 11-35 壳型结构单元坐标系统和 18 个自由度的有限元

不能修改壳型结构单元的局部坐标系统。

2. 壳型结构单元参数

每种壳型结构单元都有表 11-17 中的 4 个共用属性参数。

表 11-17 壳型结构单元的共用属性参数

序号	名称		说明
1	Density		密度，ρ (M/L^3)，可选项，用于动力学分析和考虑重力荷载
2	材料特性参数		只指定，且必须指定 a ~ g 中的一个参数
	a	Isotropic	各向同性，由两个数据组成。弹性模量，E (F/L^2)，泊松比，ν
	b	Orthotropic-membrane	正交各向异性薄膜，由薄膜材料刚度矩阵组成，$\{c'_{11},c'_{12},c'_{22},c'_{33}\}$ (F/L^2)
	c	Orthotropic-bending	正交各向异性板弯曲，由板弯曲材料刚度矩阵组成，$\{c'_{11},c'_{12},c'_{22},c'_{33}\}$ (F/L^2)
	d	Orthotropic-both	正交各向异性薄膜板弯曲，由薄膜板弯曲材料刚度矩阵组成，$\{c'_{11},c'_{12},c'_{22},c'_{33}\}$ (F/L^2)
	e	Anisotropic-membrane	各向异性薄膜，由薄膜材料刚度矩阵组成，$\{c'_{11},c'_{12},c'_{13},c'_{22},c'_{23},c'_{33}\}$ (F/L^2)
	f	Anisotropic-bending	各向异性板弯曲，由板弯曲材料刚度矩阵组成，$\{c'_{11},c'_{12},c'_{13},c'_{22},c'_{23},c'_{33}\}$ (F/L^2)
	g	Anisotropic-both	各向异性薄膜板弯曲，由薄膜板弯曲材料刚度矩阵组成。$\{c'_{11},c'_{12},c'_{13},c'_{22},c'_{23},c'_{33}\}$ (F/L^2)
3	Thermal-expansion		热膨胀系数，α_t ($1/T$)
4	Thickness		厚度，$t[L]$

11.6.2 力学性能

每个壳结构单元的力学性能都可以分成壳材料的结构响应（见 11.6.1 通用壳型结构）和壳结构单元与网格的交互作用方式。壳结构单元与网格是刚性连接的，因而，当网格变形时，壳内产生应力。至于与网格其他方式的连接参见土工格栅结构单元和衬砌结构单元部分内容。

11.6.3 参数

与通用壳型结构参数完全相同。

11.6.4 命令及函数

壳结构单元的关键字及参数见表 11-18，壳结构单元的 FISH 函数见表 11-19。

表 11-18 壳结构单元的关键字及参数

STRUCTURE SHELL 关键字	说明
apply ***f*** [rang...]	范围内所有壳结构单元施加均匀压力 ***f***，正的 ***f*** 表示正 *z* 向值
create 关键字	创建壳结构单元
by-face [关键字块] [rang...]	创建一组壳结构单元，并绑定到范围内具有 3 或 4 条边的单元体面上。默认时，只考虑外表面，internal 选项用于内表面。关联单元的节点按外表面逆时针方向顺序同步创建，使壳结构单元 *z* 轴外向，并按表 11-5 所示默认连接状态与网格绑定
by-nodeids i_1 i_2 i_3 i_4 [关键字块]	由指定的一组已经存在的节点创建一组壳结构单元，需要用相关节点初始化命令才能绑定到网格上
by-quadrilateral $\boldsymbol{v}_1$ $\boldsymbol{v}_2$ $\boldsymbol{v}_3$ $\boldsymbol{v}_4$ [关键字块]	基于 4 点组成的四边形按序创建一组壳结构单元，单元的局部坐标系统指向右手法则的反方向，需要用相关节点初始化命令才能绑定到网格上
by-triangle position $\boldsymbol{v}_1$ $\boldsymbol{v}_2$ $\boldsymbol{v}_3$ [关键字块]	基于 3 点组成的三角形按序创建一组壳结构单元，单元的局部坐标系统指向右手法则的反方向，需要用相关节点初始化命令才能绑定到网格上
关键字块：	
id ***i***	新建的一组壳结构单元指派统一 ID 标识号为 ***i***，若无此选项，则将使用下一个可用 ID 号。除非存在相同 ID 号、新建节点附近已存在节点或已存在节点是相同 ID 号单元所属外，ID 标识号控制与已存在单元的节点连接
group s_1 [slot s_2]	为新建单元指定组名 s_1，若指定选项，则组 s_1 归属于门类 s_2，默认门类名为 default
cross-diagonal [***b***]	若为 true，则建成交叉对角线型的一组壳结构单元网，也就是把 4 边面（形心有一节点）分成 4 个三角形的壳结构单元。否则，建成交叉剖切型的一组壳结构单元网，即把 4 边面分成两个三角形的壳结构单元
distinct	消除共点的节点
element-type 关键字	为结构单元指定有限元格式（不能更改）之一
cst	6 自由度的有限元，薄膜元，抗薄膜荷载而不抗板弯曲荷载
csth	9 自由度的有限元，薄膜元，抗薄膜荷载而不抗板弯曲荷载
dkt	9 自由度的有限元，板弯曲元，抗板弯曲荷载而不抗薄膜荷载
dkt-cst	15 自由度的有限元，薄膜板弯曲元，抗薄膜、抗板弯曲荷载
dkt-csth	18 自由度的有限元，薄膜板弯曲混合元，抗薄膜、抗板弯曲荷载
internal	仅用于 by-face 关键字，指内外表面都新建壳单元

（续）

STRUCTURE SHELL 关键字	说明
maximum-length *f*	将单元分割为不大于长度 *f* 的段，若指定了 segments，则按此长度重置
segments *i*	将单元分割为 *i* 个相等的段，根据需要创建新节点，默认值为1，表示只创建一个单元
size i_1 i_2	仅用于 by-quadrilateral 关键字，将第一条边分割为 i_1 个相等的段，第二条边分割为 i_2 个相等的段，默认时仅一个四元组
delete [rang...]	删除范围内所有的壳结构单元，相应的节点和连接也自动删除
group *s* [关键字]	范围内的壳结构单元指派组名 *s*
slot s_1	指派组到门类 s_1
remove	指定组 *s* 从指定的门类 s_1 中移除。若无 slot 选项，则该组将从它所在的所有门类中删除
hide [关键字] [rang...]	开关壳结构单元的隐藏与显示
b	布尔值，on = 隐藏；off = 显示
undo	撤销上次操作
history [name *s*] 关键字	采样记录壳结构单元响应量，若指定 name，则可供以后参考引用，否则，自动分配 ID 号
force [关键字块]	采样壳结构单元力大小，全局坐标
force-x [关键字块]	采样壳结构单元节点力 *x* 方向分量，全局坐标
force-y [关键字块]	采样壳结构单元节点力 *y* 方向分量，全局坐标
force-z [关键字块]	采样壳结构单元节点力 *z* 方向分量，全局坐标
momen [关键字块]	采样弯矩大小，全局坐标
moment-x [关键字块]	采样壳结构单元节点弯矩 *x* 方向分量，全局坐标
moment-y [关键字块]	采样壳结构单元节点弯矩 *y* 方向分量，全局坐标
moment-z [关键字块]	采样壳结构单元节点弯矩 *z* 方向分量，全局坐标
resultant-mx [关键字块]	合应力 M_x，面坐标，使用 surface-x 关键字
resultant-my [关键字块]	合应力 M_y，面坐标，使用 surface-x 关键字
resultant-mxy [关键字块]	合应力 M_{xy}，面坐标，使用 surface-x 关键字
resultant-nx [关键字块]	合应力 N_x，面坐标，使用 surface-x 关键字
resultant-ny [关键字块]	合应力 N_y，面坐标，使用 surface-x 关键字
resultant-nxy [关键字块]	合应力 N_{xy}，面坐标，使用 surface-x 关键字
resultant-qx [关键字块]	合应力 Q_x，面坐标，使用 surface-x 关键字
resultant-qy [关键字块]	合应力 Q_y，面坐标，使用 surface-x 关键字
principal-intermediate [关键字块]	中间主应力，全局坐标，使用 depth-factor 关键字
principal-maximum [关键字块]	最大主应力，全局坐标，使用 depth-factor 关键字
principal-minimum [关键字块]	最小主应力，全局坐标，使用 depth-factor 关键字
stress-xx [关键字块]	应力 *xx* 方向分量，全局坐标，使用 depth-factor 关键字
stress-xy [关键字块]	应力 *xy* 方向分量，全局坐标，使用 depth-factor 关键字
stress-xz [关键字块]	应力 *xz* 方向分量，全局坐标，使用 depth-factor 关键字
stress-yy [关键字块]	应力 *yy* 方向分量，全局坐标，使用 depth-factor 关键字
stress-yz [关键字块]	应力 *yz* 方向分量，全局坐标，使用 depth-factor 关键字
stress-zz [关键字块]	应力 *zz* 方向分量，全局坐标，使用 depth-factor 关键字

（续）

STRUCTURE SHELL 关键字	说明
关键字块：	
component-id *i*	组件 CID 号 *i*，不应指定 position 选项
depth-factor *f*	确定应力的深度系数，仅用于提示的地方
node *i*	指定节点号，$i \in \{1,2,3\}$，默认为 1
position ***v***	离点最近的单元，不应指定 component-id 选项
surface-x ***v***	指定 x 轴方向，以确定局部面坐标
import 关键字	略
initialize coupling	查找任何可变形连接，并尝试初始化力以匹配连接目标的应力状态
list 关键字	列表相关壳结构单元信息
apply	显示施加的均匀压力
depth-factor	显示使用深度系数
element-type	显示使用的有限元格式
group [slot *s*]	显示单元属于哪一组
information	列出单元的一般信息，包括 ID 号和组件 CID 号，连接的节点、形心、面积、体积和隐藏或选择状态
force-node 关键字	列表节点力，是节点施加到单元上的力
local	根据单元局部坐标显示力，默认
global	根据单元全局坐标显示力
property 关键字	列出属性参数值
density	密度
thickness	壳厚
thermal-expansion	热膨胀系数
anisotropic-membrane	薄膜材料刚度矩阵$\{c'_{11},c'_{12},c'_{13},c'_{22},c'_{23},c'_{33}\}$
anisotropic-bending	板弯曲材料刚度矩阵$\{c'_{11},c'_{12},c'_{13},c'_{22},c'_{23},c'_{33}\}$
anisotropic-both	薄膜板弯曲材料刚度矩阵$\{c'_{11},c'_{12},c'_{13},c'_{22},c'_{23},c'_{33}\}$
material-x	用于确定局部材料坐标的 x 向向量
isotropic	各向同性两参数，杨氏模量 E 和泊松比***v***
orthotropic-membrane	薄膜材料刚度矩阵$\{c'_{11},c'_{12},c'_{22},c'_{33}\}$
orthotropic-bending	板弯曲材料刚度矩阵$\{c'_{11},c'_{12},c'_{22},c'_{33}\}$
orthotropic-both	薄膜板弯曲材料刚度矩阵$\{c'_{11},c'_{12},c'_{22},c'_{33}\}$
resultant [nodes]	列出 8 个合应力量，若指定 nodes，则除列出单元质心处值，还列出单元的各节点的量
stress [nodes]	列出应力状态，若指定 nodes，则除列出单元质心处值，还列出单元的各节点的量
stress-principal [nodes]	列出主应力值，若指定 nodes，则除列出单元质心处值，还列出单元的各节点的量
system-local	单元局部坐标系统

（续）

STRUCTURE SHELL 关键字	说明
property 关键字	指定壳结构单元属性
density *f*	密度，ρ
thickness *f*	壳厚
thermal-expansion *f*	热膨胀系数，α_t
anisotropic-membrane $f_1\ f_2\ f_3\ f_4\ f_5\ f_6$	薄膜材料属性参数，$\{c'_{11},c'_{12},c'_{13},c'_{22},c'_{23},c'_{33}\}$
anisotropic-bending $f_1\ f_2\ f_3\ f_4\ f_5\ f_6$	板弯曲材料属性参数，$\{c'_{11},c'_{12},c'_{13},c'_{22},c'_{23},c'_{33}\}$
anisotropic-both $f_1\ f_2\ f_3\ f_4\ f_5\ f_6$	薄膜板弯曲材料属性参数，$\{c'_{11},c'_{12},c'_{13},c'_{22},c'_{23},c'_{33}\}$
material-x ***v***	指定局部材料坐标壳面上的 x 向向量
isotropic $f_1\ f_2$	各向同性，弹性模量 E 和泊松比***v***
orthotropic-membrane $f_1\ f_2\ f_3\ f_4$	薄膜材料属性参数，$\{c'_{11},c'_{12},c'_{22},c'_{33}\}$
orthotropic-bending $f_1\ f_2\ f_3\ f_4$	板弯曲材料属性参数，$\{c'_{11},c'_{12},c'_{22},c'_{33}\}$
orthotropic-both $f_1\ f_2\ f_3\ f_4$	薄膜板弯曲材料属性参数，$\{c'_{11},c'_{12},c'_{22},c'_{33}\}$
recover [关键字] [rang...]	壳结构单元应力还原
resultants [rang...]	还原壳结构单元8个合成应力，它假定为范围内单元建立了一致的面坐标，并以此表达结果。板弯曲应力和薄膜应力（$M_x,M_y,M_{xy},N_x,N_y,N_{xy}$）在每个单元上是线性变化的，而横向切向力（$Q_x,Q_y$）是恒定的
stress [depth-factor *f*]	在指定范围内的所有单元中还原应力张量（全局坐标）。深度 = ***f*** × $t/2$，t 为壳厚，深度系数 ***f*** 必须在［−1，+1］的范围内，正与负和壳的外与内面相对应，若不指定 ***f***，默认为 +1
surface ***v***	通过向量***v*** 生成面坐标系。表面坐标系具有以下性质：z 轴为面的法向；x 轴是给定向量***v*** 投影到面上；y 轴正交于 x 轴和 z 轴
refine ***i*** [rang...]	按因子 ***i*** 细化范围内的壳单元，若 $i=2$，细化的三角形单元将产生四个三角形单元；若 $i=3$，将产生16个三角形单元，依此类推
select [关键字]	
b	on = 选择，默认；off = 不选择
new	意味 on，选择范围内的单元，自动选择不在范围内的单元
undo	撤销上次操作，默认可撤销12次

表11-19 壳结构单元的FISH函数

函数		说明
f = struct.shell.area(***p***) ‖ 得到壳结构单元表面积		
返回值	***f***	壳结构单元表面积
参数	***p***	壳结构单元指针
f = struct.shell.beta(***p***) ‖ 得到壳结构材料系统 β 角		
返回值	***f***	壳结构材料系统 β 角，定义为单元局部坐标 x 轴与材料坐标 x 轴之间的夹角，从单元局部坐标 x 轴的逆时针方向测量弧度
参数	***p***	壳结构单元指针
f = struct.shell.depth.factor(***p***) ‖ 得到还原应力的深度系数		
返回值	***f***	还原应力的深度系数
参数	***p***	壳结构单元指针

（续）

函　数		说　明
s = struct. shell. element. type(p) ‖ 得到壳结构单元的有限元格式		
返回值	f	壳结构单元的有限元格式，cst、csth、dkt、dkt-cst 和 dkt-csth
参数	p	壳结构单元指针
m = struct. shell. force. nodal （p，i_{node}[,i_{dof}]）‖ 获得壳结构单元指定广义节点力		
返回值	m	指定节点 i_{node} 索引号的 1×6 矩阵广义节点力，若指定 i_{dof} 则为实数
参数	p	壳结构单元指针
	i_{node}	节点索引号，$i_{node} \in \{1,2,3\}$
	i_{dof}	自由度选项，$i_{dof} \in \{1,2,3,4,5,6\}$
f = struct. shell. poisson(p) ‖ 获得壳结构单元的泊松比 struct. shell. poisson(p) = f ‖ 设置壳结构单元的泊松比		
返回值	f	壳结构单元的泊松比
赋值	f	壳结构单元的泊松比
参数	p	壳结构单元指针
f = struct. shell. pressure(p) ‖ 获得作用在壳结构单元上的均匀压力 struct. shell. pressure(p) = f ‖ 设置作用在壳结构单元上的均匀压力		
返回值	f	作用在壳结构单元上的均匀压力
赋值	f	作用在壳结构单元上的均匀压力
参数	p	壳单元指针
f = struct. shell. prop. anis （p，i_{ndex}，i_{type}） ‖ 获得壳结构单元各性异性材料属性参数		
返回值	f	指定 i_{type}、指定序号 i_{ndex} 的值
参数	p	壳结构单元指针
	i_{ndex}	参数序号，$i_{ndex} \in \{1,2,3,4,5,6\}$，与 $\{c'_{11},c'_{12},c'_{13},c'_{22},c'_{23},c'_{33}\}$ 对应
	i_{type}	1 表示薄膜，2 表示板弯曲，$i_{type} \in \{1, 2\}$
f = struct. shell. prop. ortho （p，i_{ndex}，i_{type}） ‖ 获得壳结构单元正交各性异性材料属性参数		
返回值	f	指定材料类型 i_{type}、指定序号 i_{ndex} 的值
参数	p	壳结构单元指针
	i_{ndex}	参数序号，$i_{ndex} \in \{1,2,3,4\}$，与 $\{c'_{11},c'_{12},c'_{22},c'_{33}\}$ 对应
	i_{type}	1 表示薄膜，2 表示板弯曲，$i_{type} \in \{1, 2\}$
i = struct. shell. prop. type(p) ‖ 获得壳结构单元材料属性参数类型		
返回值	i	壳结构单元材料属性参数类型，1 表示各向同性，2 表示正交各向异性，3 表示各向异性
参数	p	壳结构单元指针
m = struct. shell. resultant （p，i_{node} [，i_{res}]） ‖ 获得壳结构单元指定位置的最后计算的合成应力		
返回值	m	1×8 矩阵的合成应力，依次为 $\{M_x,M_y,M_{xy},N_x,N_y,N_{xy},Q_x,Q_y\}$，或者为单个的值
参数	p	壳结构单元指针
	i_{node}	位置序号，$i_{node} \in \{0,1,2,3\}$，0 表示壳单元质心，其余表示节点
	i_{res}	合成应力序号，$i_{res} \in \{1,2,3,4,5,6,7,8\}$

（续）

函数		说明
b = struct. shell. resultant. valid(p) ‖ 获得壳结构单元合成应力有效标志		
返回值	b	壳结构单元合成应力有效标志，若为 false，说明合力并无计算或上次计算以来发生了变化
参数	p	壳结构单元指针
t = struct. shell. stress (p, i_{node} [, i_1 [, i_2]]) ‖ 获得壳结构单元指定位置当前深度因子应力张量		
返回值	t	壳结构应力张量或张量的分量，全局坐标
参数	p	壳结构单元指针
	i_{node}	位置序号，$i_{node} \in \{0,1,2,3\}$，0 表示壳结构单元质心，其余表示节点
	i_1	张量序号，若无 i_2，则 1 ~6 分别访问 xx，yy，zz，xy，xz，yz 张量值
	i_2	i_1、i_2组成行、列标记，如 $i_1=1$，$i_2=3$，则返回 xz 张量值
f = struct. shell. stress. xx(p,i_{node}) ‖ 获得壳结构单元指定位置应力张量 xx 方向分量		
返回值	f	应力张量 xx 分量
参数	p	壳结构单元指针
	i_{node}	位置序号，$i_{node} \in \{0,1,2,3\}$，0 表示壳结构单元质心，其余表示节点
f = struct. shell. stress. yy(p,i_{node}) ‖ 获得壳结构单元指定位置应力张量 yy 分量		
返回值	f	应力张量 yy 分量
参数	p	壳结构单元指针
	i_{node}	位置序号，$i_{node} \in \{0,1,2,3\}$，0 表示壳结构单元质心，其余表示节点
f = struct. shell. stress. zz(p,i_{node}) ‖ 获得壳结构单元指定位置应力张量 zz 分量		
返回值	f	应力张量 zz 分量
参数	p	壳结构单元指针
	i_{node}	位置序号，$i_{node} \in \{0,1,2,3\}$，0 表示壳结构单元质心，其余表示节点
f = struct. shell. stress. xy(p,i_{node}) ‖ 获得壳结构单元指定位置应力张量 xy 分量		
返回值	f	应力张量 xy 分量
参数	p	壳结构单元指针
	i_{node}	位置序号，$i_{node} \in \{0,1,2,3\}$，0 表示壳结构单元质心，其余表示节点
f = struct. shell. stress. xz(p,i_{node}) ‖ 获得壳结构单元指定位置应力张量 xz 分量		
返回值	f	应力张量 xz 分量
参数	p	壳结构单元指针
	i_{node}	位置序号，$i_{node} \in \{0,1,2,3\}$，0 表示壳结构单元质心，其余表示节点
f = struct. shell. stress. yz(p,i_{node}) ‖ 获得壳结构单元指定位置应力张量 yz 分量		
返回值	f	应力张量 yz 分量
参数	p	壳结构单元指针
	i_{node}	位置序号，$i_{node} \in \{0,1,2,3\}$，0 表示壳结构单元质心，其余表示节点
$\boldsymbol{v}$ = struct. shell. stress. prin(p,i_{node}[,i]) ‖ 获得指定位置当前深度因子主应力向量		
返回值	$\boldsymbol{v}$	主应力向量，或分量
参数	p	壳结构单元指针
	i_{node}	位置序号，$i_{node} \in \{0,1,2,3\}$，0 表示壳结构单元质心，其余表示节点
	i	主应力分量序号，$i \in \{1,2,3\}$，表示最小、中间和最大主应力

（续）

函　　数		说　　明
f = struct. shell. stress. prin. x(p , i_{node}) ‖ 获得指定位置主应力 x 方向分量		
返回值	f	主应力 x 方向分量，即最小主应力
参数	p	壳结构单元指针
	i_{node}	位置序号，$i_{node} \in \{0,1,2,3\}$，0 表示壳结构单元质心，其余表示节点
f = struct. shell. stress. prin. y(p , i_{node}) ‖ 获得指定位置主应力 y 方向分量		
返回值	f	主应力 y 方向分量，即中间主应力
参数	p	壳结构单元指针
	i_{node}	位置序号，$i_{node} \in \{0,1,2,3\}$，0 表示壳结构单元质心，其余表示节点
f = struct. shell. stress. prin. z(p , i_{node}) ‖ 获得指定位置主应力 z 方向分量		
返回值	f	主应力 z 方向分量，即最大主应力
参数	p	壳结构单元指针
	i_{node}	位置序号，$i_{node} \in \{0,1,2,3\}$，0 表示壳结构单元质心，其余表示节点
b = struct. shell. stress. valid(p) ‖ 获得壳结构单元应力有效标志		
返回值	b	壳结构单元应力有效标志，若为 false，说明应力并无计算或上次计算以来发生了变化
参数	p	壳结构单元指针
f = struct. shell. thickness(p) ‖ 获得壳结构单元厚度 struct. shell. thickness(p) = f ‖ 设置壳结构单元厚度		
返回值	f	壳结构单元厚度
赋值	f	壳结构单元厚度
参数	p	壳结构单元指针
f = struct. shell. volume(p) ‖ 获得壳结构单元体积		
返回值	f	壳结构单元体积，面积 × 厚度
参数	p	壳结构单元指针
f = struct. shell. young(p) ‖ 获得壳结构单元的弹性模量 struct. shell. young(p) = f ‖ 设置壳结构单元的弹性模量		
返回值	f	壳结构单元的弹性模量
赋值	f	壳结构单元的弹性模量
参数	p	壳结构单元指针

11.6.5　应用实例

1. 简支梁对称作用两个相等点荷载

11.3.5 节我们用梁单元对受两对称相等集中荷载作用的简支梁进行了分析，现在，用壳结构单元来重复计算这个过程，并与 11.3.5 节的结果及解析解比较对照。命令见例题 11-7，首先创建梁长 9m、梁宽 1m 一组壳结构单元的简支梁模型，总计有 144 个壳结构单元及 88 个节点，如图 11-36 所示。由于是一个小变形、板弯曲、非薄膜荷载问题，我们可以利用交叉对角线型壳网和 DKT 有限元格式来得出与例题 11-1 相同的结

图 11-36　壳结构单元简支梁模型

果。设置弹性模量为200GPa，泊松比为0，壳的厚度为0.133887m，以使惯性矩等于$200\times10^{-6}m^4$。梁左端为铰支，右端为滚支，两点荷载均为10000N，各分布在4个节点上，基于节点，中间节点承受荷载的宽度是边节点的两倍。

例题11-7 简支梁（用壳结构单元）。

```
;;文件名:11-7.f3dat
model new ;系统重置
;;创建壳结构单元,并指定材料属性参数
struct shell create by-quadrilateral...
    (0,0,0) (9,0,0) (9,0,1) (0,0,1) size=(12,3)...
    cross-diagonal element-type=dkt
struct shell property isotropic=2e11, 0.0 thickness=0.133887
;;边界条件
struct node fix velocity-x velocity-y  rotation-x...
    rotation-y range position-x 0.0 ;左端铰支
struct node fix velocity-y rotation-x rotation-y...
    range position-x 9.0 ;右端滚支
struct node fix velocity-z rotation-x rotation-y ;非梁变形
;;施加荷载
struct node apply force-edge (0,-1e4,0)...
    range union position-x=3 position-x 6
;;采样记录
history interval 1
struct shell history resultant-qx surface-x (1,0,0)...
    position (1.625,0,0.5)
;;求解至平衡
model solve ratio-local 1e-6
```

位移场分布如图11-37所示，最大位移发生在梁中心，等于$6.469\times10^{-3}m$，与理论值相等。也可以将变形放大100倍来观察，如图11-38所示。

图11-37 节点位移场

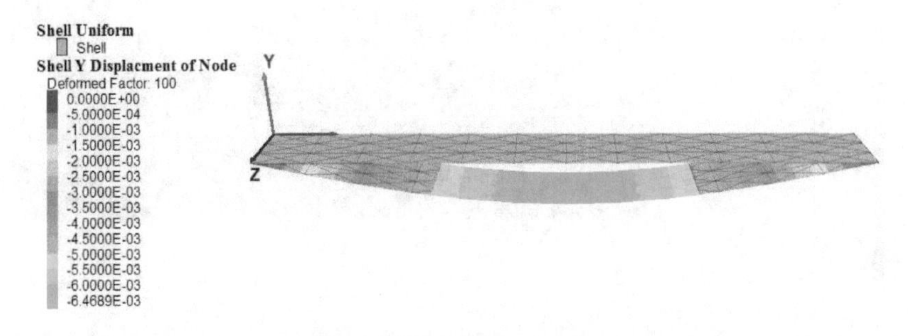

图11-38 变形前与后（放大100倍）的比较

图 11-39 和图 11-40 显示了剪力和弯矩分布图。这些绘图项在面坐标系统中显示这些量，面坐标用“Surf x”属性指定为（1，0，0），使得面坐标 x 轴方向对应于全局 x 轴方向，面坐标 y 轴方向对应于全局 z 轴方向，面坐标 z 轴方向对应于全局负 y 轴方向。

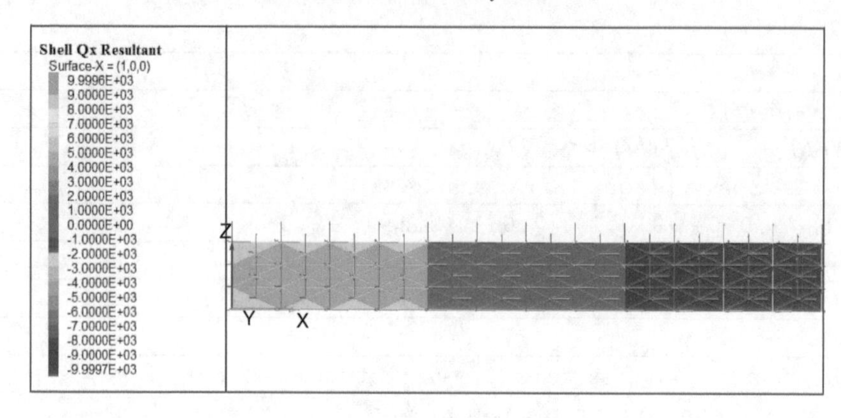

图 11-39　剪力

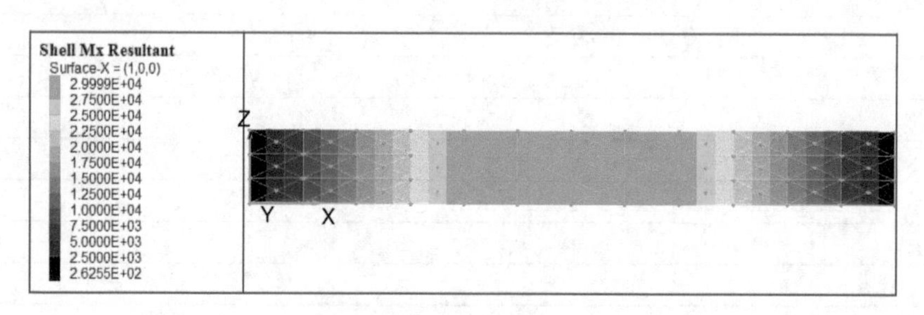

图 11-40　弯矩

在梁左端的三分之一处对剪力和弯矩进行更详细的检查，如图 11-41 和图 11-42 所示。从左端至三分之一处弯矩从零线性变化到 3×10^4N · m，沿宽度方向大小相等，与理论值一致。而剪力沿宽度方向大小不相等，边缘离精确值相差甚远。

在梁左端 $x=1.5$m 处，其宽度中心壳结构单元两节点的剪力和弯矩分别是 1.0×10^4N 和 1.5×10^4N · m，与理论值一致。而边缘壳结构单元两节点的剪力和弯矩分别是 9.25×10^3N 和 1.5×10^4N · m，可见边缘剪力有 7.5% 的误差，这个偏差主要是边缘有非零的 M_{xy} 弯矩造成的，如图 11-43 所示。

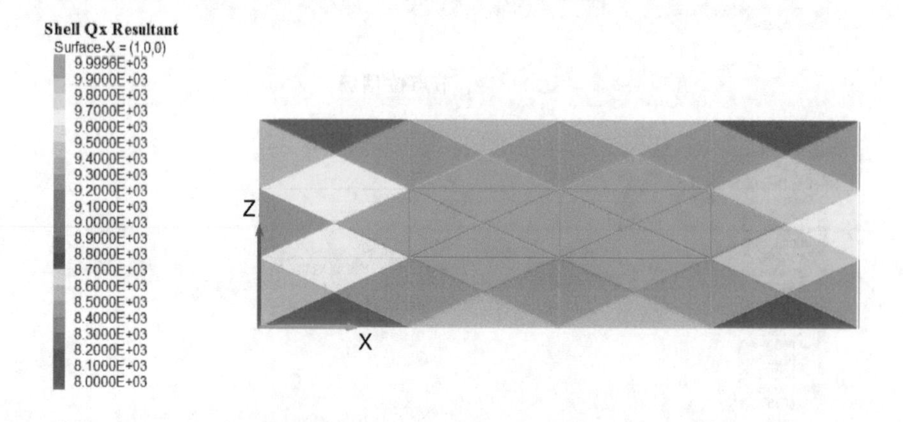

图 11-41　左端详细剪力

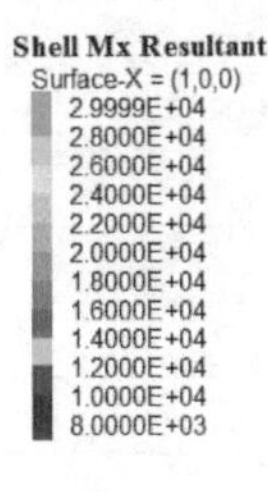

图 11-42　左端详细弯矩

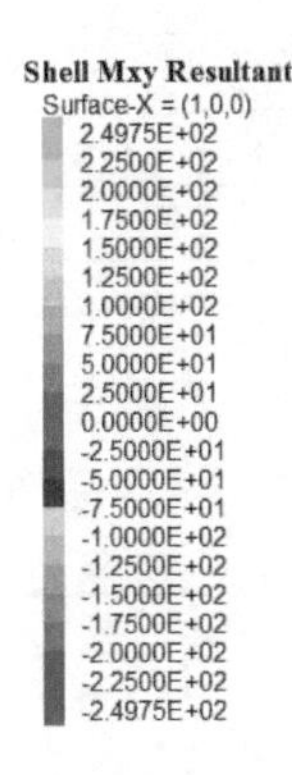

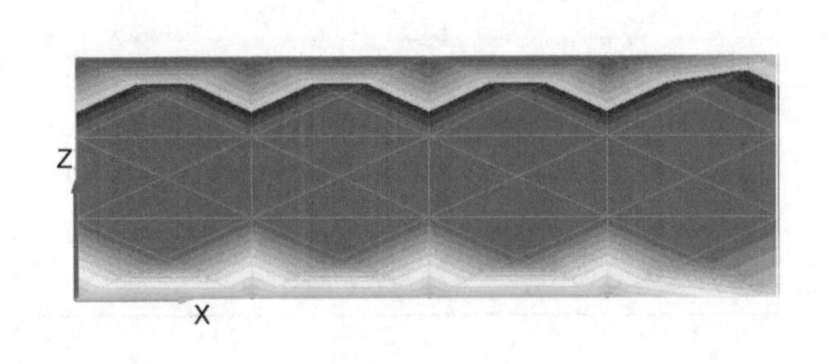

图 11-43　左端扭曲弯矩 M_{xy} 分布

当使用 structure shell recover 命令时，可以获得整个模型中的壳结构单元节点平滑的、连续的合应力。然而，structure shell history resultant-qx 命令只对指定的壳结构单元时，不会发生平滑。该例中，采样记录了一个壳结构单元的 Q_x 的轨迹，图 11-44 的结果是 6.9×10^3N，其值并不等于 1.0×10^4N，因此对于合力值必须要有一个好的平滑过程。

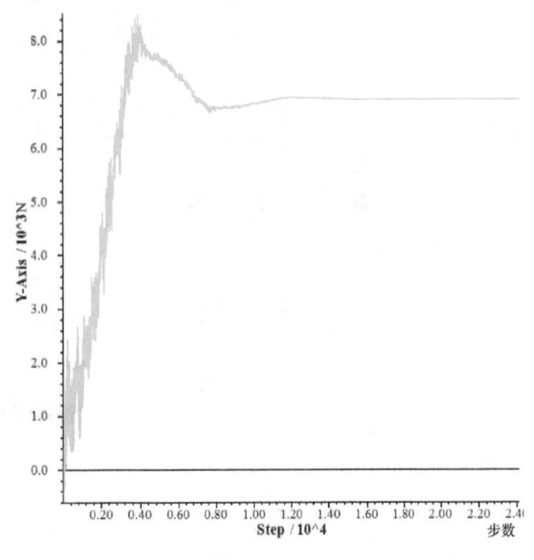

图 11-44　某壳结构单元质心剪力轨迹

2. 悬臂梁的端部力矩

悬臂梁在其端部受到力矩，如图 11-45 所示。用壳结构单元来模拟长 10m、宽 1m 的悬臂梁，利用交叉对角线型壳网格及 DKT-CSTH 有限元格式，设置弹性模量为 200GPa，泊松比为 0，壳的厚度为 0.133887m，以使惯性矩等于 $200\times10^{-6}\text{m}^4$。左端 6 个自由度全部固定，右端施加合计 5MN · m 的力矩平摊于两个节点，命令如例题 11-8 所示。

最终结果如图 11-46 所示，梁右端 y 方向挠度等于 5.471m，与理论值 5.477m 有 0.1% 的偏差。

例题 11-8　悬臂梁（用壳结构单元）。

```
;;文件名:11-8.f3dat
model new ;系统重置
;;创建壳结构单元,并指定材料属性参数
struct shell create by-quad (0,0,0) (10,0,0)...
    (10,0,1) (0,0,1) size (10,1)...
```

```
    cross-diagonal element-type = dkt-csth
struct shell property isotropic = 2e11, 0.0 thickness = 0.133887
;;边界条件
;左端固定 6 个自由度,3 个平动、3 个转动
struct node fix velocity rotation range position-x = 0
;限制非梁变形
struct node fix velocity-z rotation-x rotation-y
;右端节点施加弯矩,共两节点
struct node apply moment = (0,0,2.5e6) range position-x = 10
;;求解至平衡
model largestrain on
model solve ratio-local 1e - 6
```

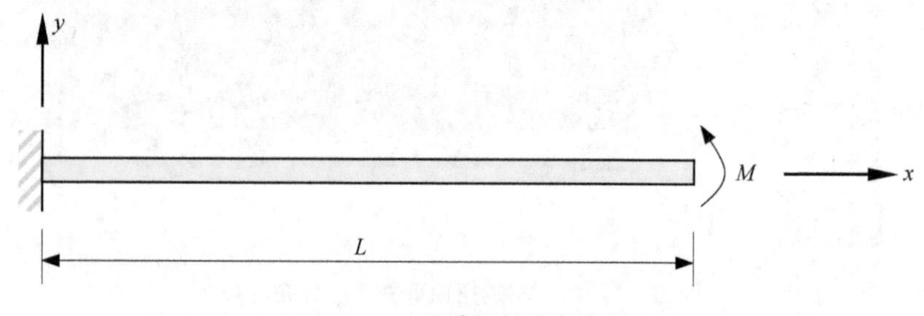

图 11-45　悬臂梁的端部力矩

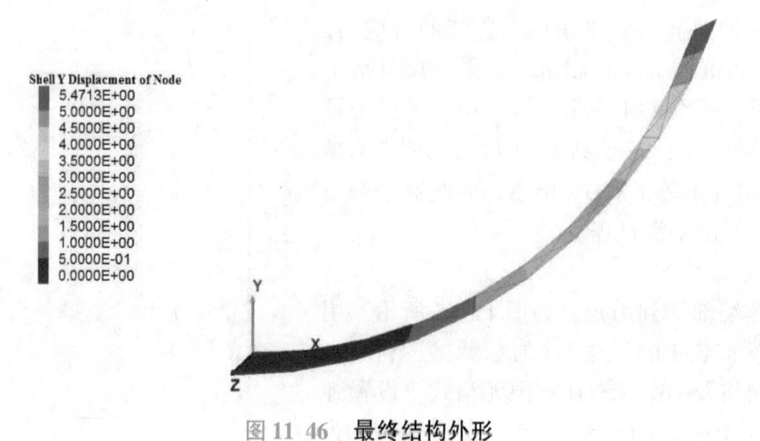

图 11 46　最终结构外形

3. 带压矩形板

一个矩形板（4m × 8m），边缘简单支撑条件，受均布压力 p，根据 Ugural 计算，其中心最大变形 w_{max} 为

$$w_{max} = \frac{\delta_1 p a^4}{D}$$

最大挠曲应力也发生在中心处，分别为

$$M_x = \delta_3 p a^2,\ M_y = \delta_2 p a^2$$

式中　a——短边长；

D——弯曲刚度，等于 $\frac{Et^3}{12(1-\nu^2)}$，E 是弹性模量，ν 是泊松比，t 是板厚；

δ_1、δ_2、δ_3——系数，分别为0.01013、0.1017和0.0464。

壳的弹性模量为30GPa，泊松比为0.3，厚度0.3m，均布压力240kPa，板的短边4m与y轴对齐，板的长边8m与x轴对齐。按公式计算，板的最大变形$w_{max}=8.39$mm，最大弯曲力$M_x=178$kN和$M_y=391$kN。

命令见例题11-9，本例模型共含有64块壳结构单元，如图11-47所示。由于对称性，模型只取长度的一半，对于对称边的边界条件是x方向位移固定，绕y、z轴旋转固定，其他三边只是简单地固定z方向位移。

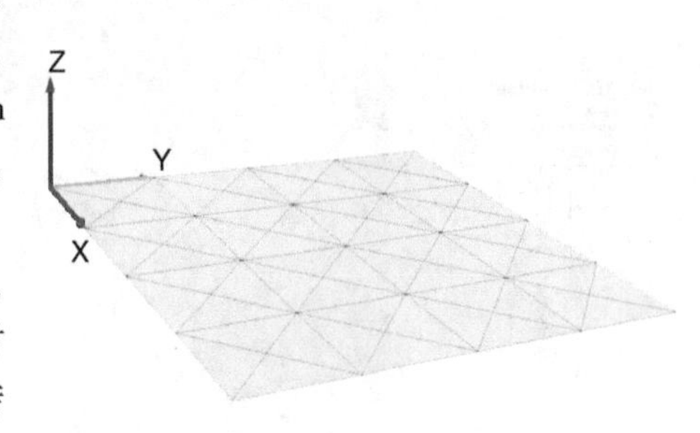

图11-47　矩形板模型

例题11-9　矩形板。

```
;;文件名:11-9.f3dat
model new ;系统重置
;;创建壳结构单元,并指定材料属性参数
struct shell create by-quadrilateral (0,0,0) (4,0,0)...
    (4,4,0) (0,4,0) size (4,4)...
    element-type=dkt cross-diagonal
struct shell property isotropic=(30e9, 0.3) thick=0.3
;;边界条件
struct node fix velocity-z range position-y 4 ;简支
struct node fix velocity-z range position-x 0 ;简支
struct node fix velocity-z range position-y 0 ;简支
struct node fix velocity-x rotation-y rotation-z...
    range position-x 4 ;对称条件
;施加压力
struct shell apply -240e3
model solve ratio-local=1e-6 ;求解至平衡
```

位移场如图11-48和图11-49所示，最大变形在板中心处8.2235mm，与理论值偏差2%。

板弯曲合力分别如图11-50和图11-51所示，可以得到板中心处的M_x为182kN和M_y为396kN，均与理论值相差2.3%内。

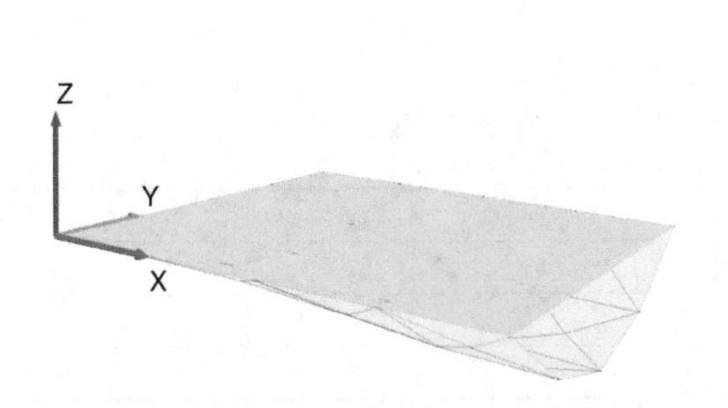

图11-48　矩形板的变形外观（放大100倍）

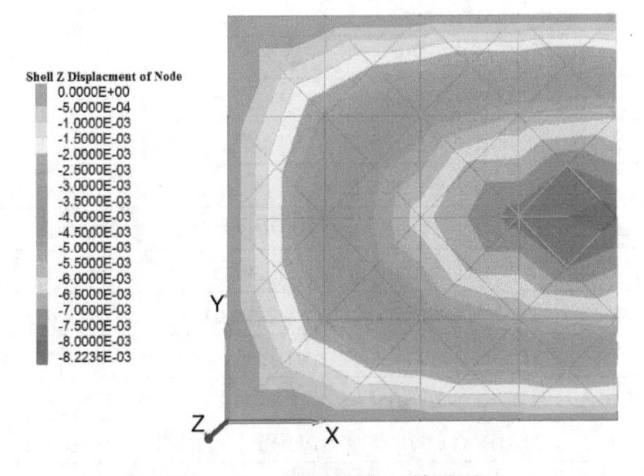

图11-49　矩形板变形等值线

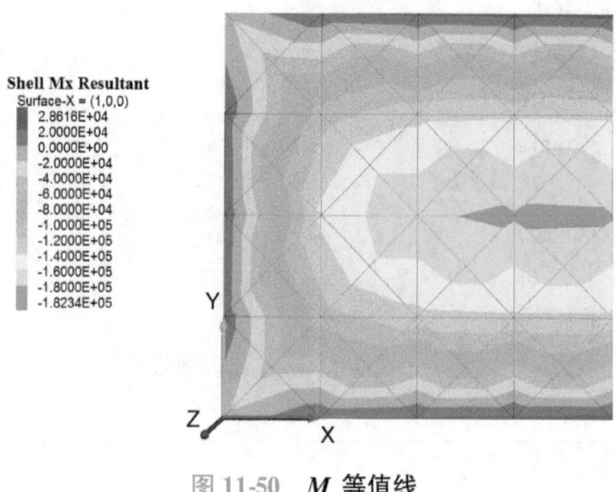

图 11-50 M_x等值线

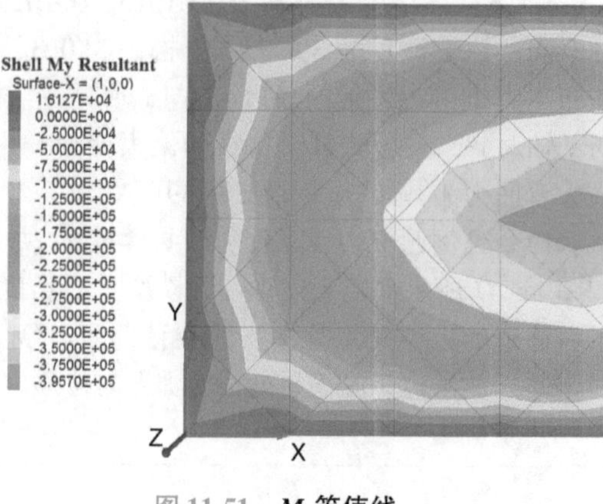

图 11-51 M_y等值线

4. 喷浆隧道（固接）

本例示范如何模拟连续开挖并支护的隧道，圆形隧道开挖在松软弹性土（$E=48.2$GPa，$v=0.34$）5m 深处，各向同性原始应力为 1MPa，喷射 0.2m 厚的混凝土（$E=10.5$GPa，$v=0.25$），混凝土保持弹性且与土刚性连接，如果混凝土与土壤允许拉剪破坏进而产生缝隙和滑移则要用衬砌结构单元（见例题 11-15），命令见例题 11-10。

例题 11-10 隧道。

```
;;文件名:11 -10 . f3dat
model new ;系统重置
;;创建模型,分组及门类
zone create radial-cylinder dim 1.0 point 0 0 0 0  ...
    point 1 5 0 0 point 2 0 2 0 point 3 0 0 5...
    ratio 1.0 1.0 1.0 1.2 size 1 8 4 4...
    group 'rock' slot 'Construction' fill...
    group 'tunnel' slot 'Construction'
zone create radial-cylinder dim 1.0 point 0 0 2 0...
point 1 5 2 0 point 2 0 5 0 point 3 0 2 5...
    ratio 1.0 1.0 1.0 1.2 size 1 3 4 4...
    group 'rock' slot 'Construction' fill  ...
group 'tunnel' slot 'Construction'
;;细分组及门类
zone group 'section1' slot 'Extrusion' range position-y 0 1
zone group 'section2' slot 'Extrusion' range position-y 1 2
zone group 'section3' slot 'Extrusion' range position-y 2 3
zone group 'section4' slot 'Extrusion' range position-y 3 4
zone group 'section5' slot 'Extrusion' range position-y 4 5
zone face group 'shotcrete1' internal...
    range group 'tunnel' group 'section1'
zone face group 'shotcrete2' internal...
    range group 'tunnel' group 'section2'
zone face group 'shotcrete3' internal...
```

```
    range group 'tunnel' group 'section3'
;;指定本构模型及材料属性参数
zone cmodel assign elastic ;标准弹性模型
zone property bulk 50e6 shear 18e6
;;初始化条件
zone initialize stress xx -1e6 yy -1e6 zz -1e6
;;边界条件
zone gridpoint fix velocity-x range position-x 0.0
zone gridpoint fix velocity-y range position-y 0.0
zone gridpoint fix velocity-z range position-z 0.0
zone gridpoint fix velocity range union position-x 5.0...
    position-y 5.0 position-z 5.0
model save 'initial';保存模型原始状态
;;第一阶段:开挖隧道区域 1
zone cmodel assign null range group 'section1' group 'tunnel'
model solve ratio-local 1e-6 ;求解至平衡
model save 'Stage1'
;;重置位移为零,并采样记录顶部(0,1,1)位移
zone gridpoint initialize displacement (0,0,0)
zone history displacement-z position (0,1,1)
;;第二阶段:开挖隧道区域 2
zone cmodel assign null range group 'section2' group 'tunnel'
model save 'Stage2-start'
model solve ratio-local 1e-6 ;求解至平衡
model save 'Stage2-nosupport'
;;尝试增加支护
model restore 'Stage2-start'
;;隧道区域 1 喷射混凝土:壳结构单元
struct shell create by-face id=1 range group 'shotcrete1'
;;指定壳结构单元材料属性参数
struct shell property isotropic=(10.5e9, 0.25) thickness=0.2
;; 壳结构单元边界条件
struct node fix velocity-x rotation-y rotation-z...
    range position-x 0   ; 对称条件
struct node fix velocity-y rotation-x rotation-z...
    range position-y 0
struct node fix velocity-z rotation-x rotation-y...
    range position-z 0
model solve ratio-local 1e-6 ;求解至平衡
model save 'Stage2-support'
;;第三阶段:开挖隧道区域 3
zone cmodel assign null range group 'section3' group 'tunnel'
;;隧道区域 2 喷射混凝土:壳结构单元
```

```
struct shell create by-face id =2 range group 'shotcrete2'
;;指定壳结构单元材料属性参数
struct shell property isotropic = (10.5e9, 0.25) thickness =0.2
;; 壳结构单元边界条件
struct node fix velocity-x rotation-y rotation-z...
    range position-x 0   ; 对称条件
struct node fix velocity-y rotation-x rotation-z...
    range position-y 0
struct node fix velocity-z rotation-x rotation-y...
    range position-z 0
model solve ratio-local 1e - 6 ;求解至平衡
model save 'Stage3-support'
```

本例模型对单元体和单元体面的分组如图 11-52 所示，隧道直径 2m，假定全断面一次同时掘出，则模型可简化成四分之一，只需 3 个对称平面施加对称条件。通过对隧道里的单元体施加 NULL 材料来模拟开挖过程，并允许应力重新分布，先开挖隧道 1m，创建壳结构单元并附到隧道表面上以模拟喷射混凝土，下一段再开挖 1m，再一次允许应力重新分布，阶段情况如图 11-53 所示。重复这个过程直到开挖完整个隧道。

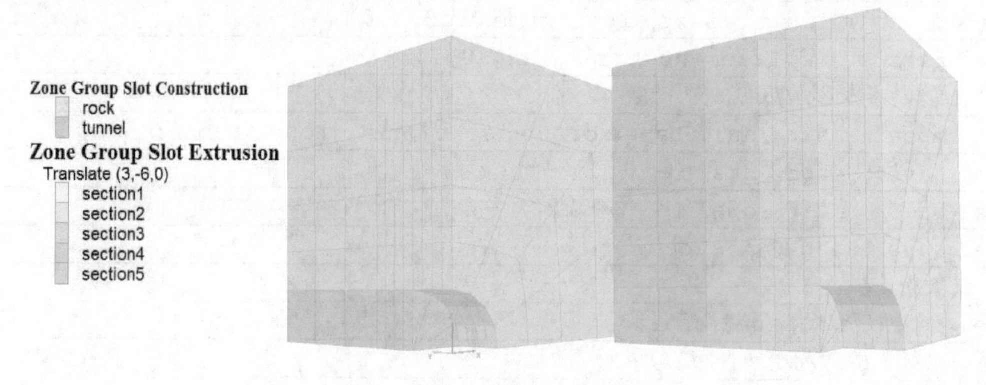

图 11-52　几何模型及面名称

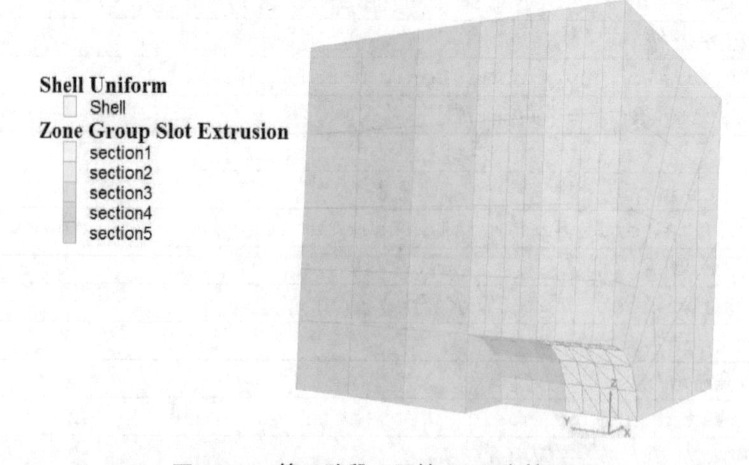

图 11-53　第二阶段：开挖 2m，支护 1m

图 11-54 和图 11-55 显示的是第二阶段无支护和有支护的位移图，从采样记录 z 位移图看出，位移从无支护的 12mm 降低到 1mm。

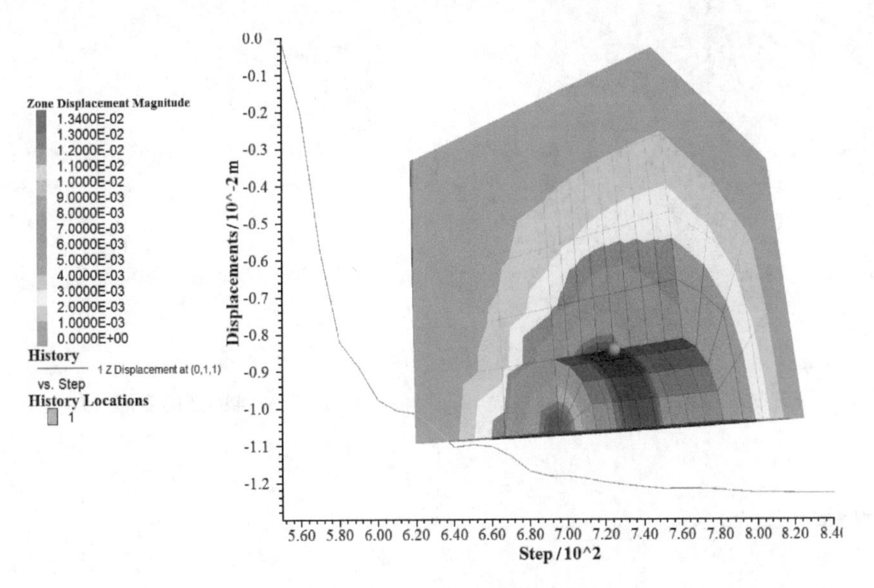

图 11-54 第二阶段：无支护位移

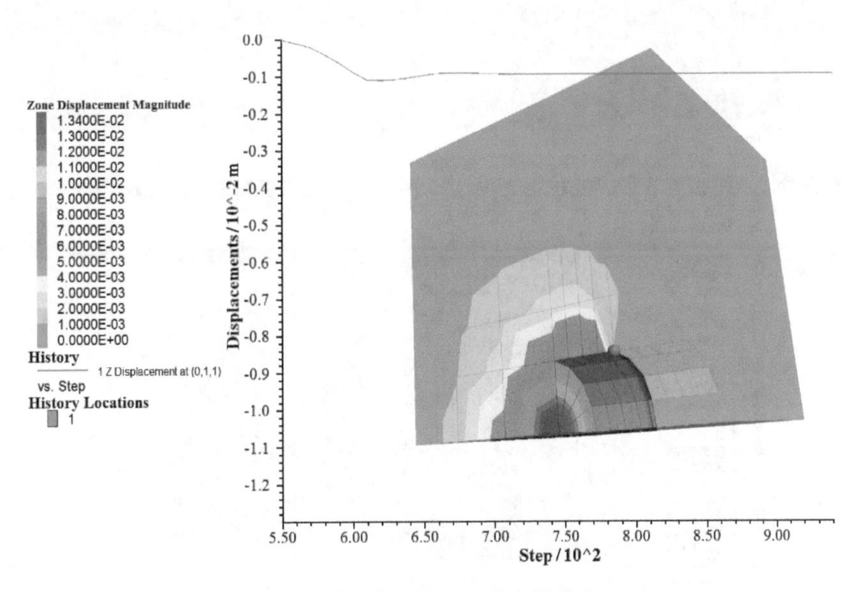

图 11-55 第二阶段：有支护位移

混凝土中的应力由应力还原过程获得，沿面坐标 x 轴（隧道轴）的弯曲应力 M_x 如图 11-56 所示。图 11-57 说明混凝土剧烈弯曲源自大的收缩变形。

第三阶段为再向前挖掘 1m，用壳命令创建喷浆混凝土支护好第 2 段，这个阶段结束时的模型如图 11-58 所示。注意一下，第一段壳单元 ID 号为 1，第二段壳单元 ID 号为 2，如此就在两个混凝土段之间形成了一个“冷接缝”。接缝处，壳单元之间不传递力和弯矩，仅仅只有力传递到周边单元体。两段壳的变形如图 11-59 所示，弯曲应力如图 11-60 所示。注意位移和弯曲应力在接缝处都是不连续的。

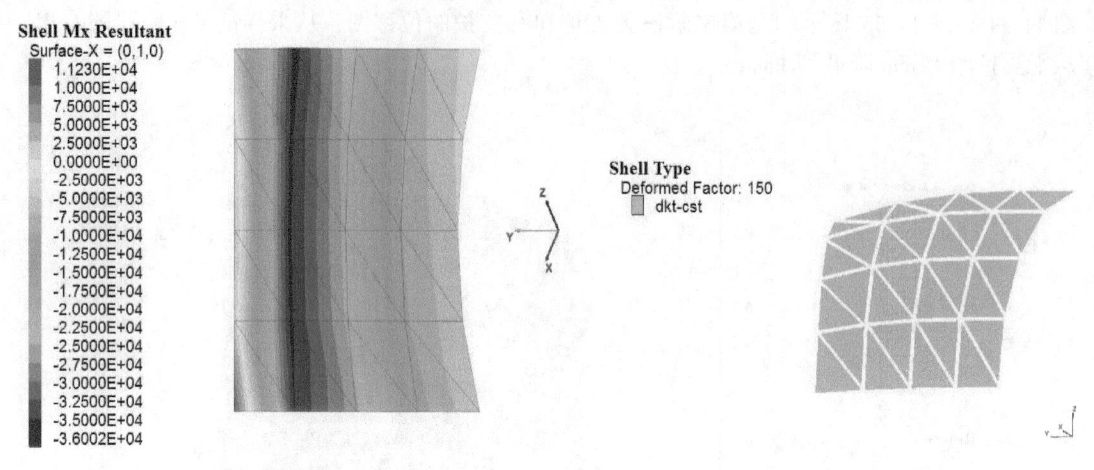

图 11-56 **弯曲应力 M_x**（第二阶段）

图 11-57 **混凝土的变形**（放大 150 倍）

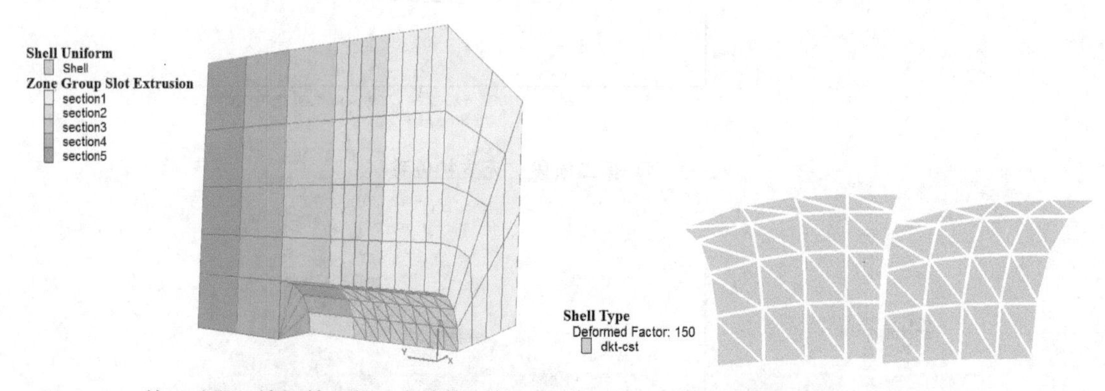

图 11-58 **第三阶段：挖掘第 3 段，支护第 2 段**

图 11-59 **第三阶段后的混凝土变形**（放大 150 倍）

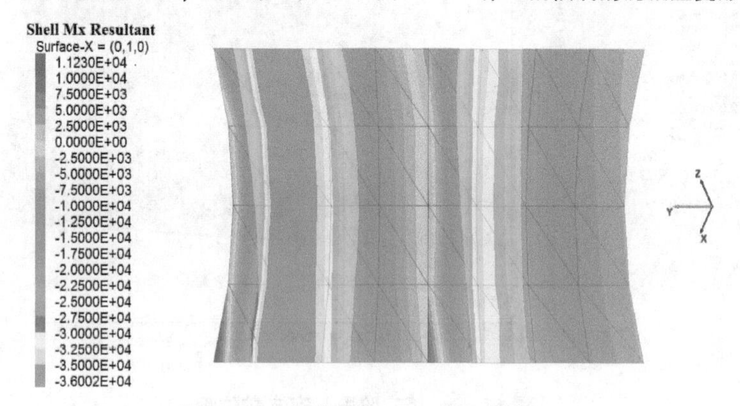

图 11-60 **弯曲应力 M_x**（第三阶段）

11.7 土工格栅结构单元

具有通用壳型结构的材料响应，共享基础方程及性能。

11.7.1 力学性能

每个土工格栅结构单元的力学性能都可以分成格栅材料的结构响应（见 11.6.1 通用壳型结

构）和结构单元与网格的交互作用方式。默认情况下，土工格栅结构单元被分配为 CST 有限元格式，即抵抗薄膜荷载而不抵抗板弯曲荷载，也就是一组土工格栅结构单元被模拟成薄膜元。土工格栅结构单元表现为具有无破坏限制的各向同性或正交各向异性的线弹性材料。土工格栅结构单元与网格发生直接的剪切摩擦作用，法向运动从属于网格。可以把土工格栅想象成是一维索的二维物，常用来模拟看重与土相互剪切作用的柔性薄膜，如土工网织物和格栅。

土工格栅结构单元是内嵌于网格之内的，周边应力 σ_m 和总切向力 τ 与自身的薄膜应力 $\overline{N}$ 相平衡，如图 11-61 所示。每个土工格栅节点法向以固接、切向以弹簧滑块方式响应界面行为，弹簧滑块的方向则随土工格栅结构单元与网格之间的相对切向位移而变化，如图 11-62 所示。在每个节点上只有一个弹簧滑块的事实使得土工格栅的行为类似于粗网格。弹簧滑块承载格栅面两侧的总切向力，同时假定周边应力 σ_m 作用于格栅面的两侧。

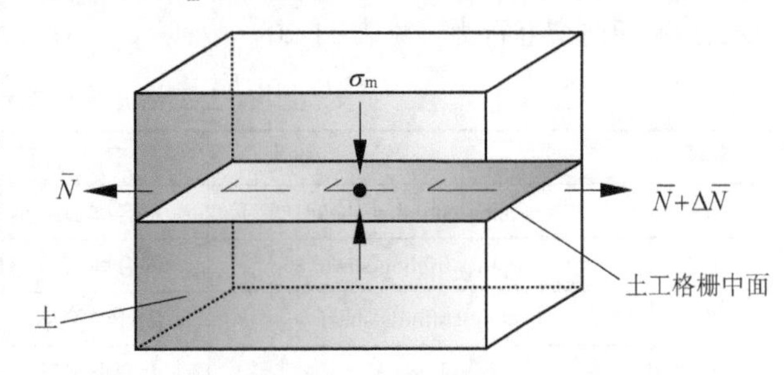

图 11-61 作用于节点周边土工格栅结构单元上的应力

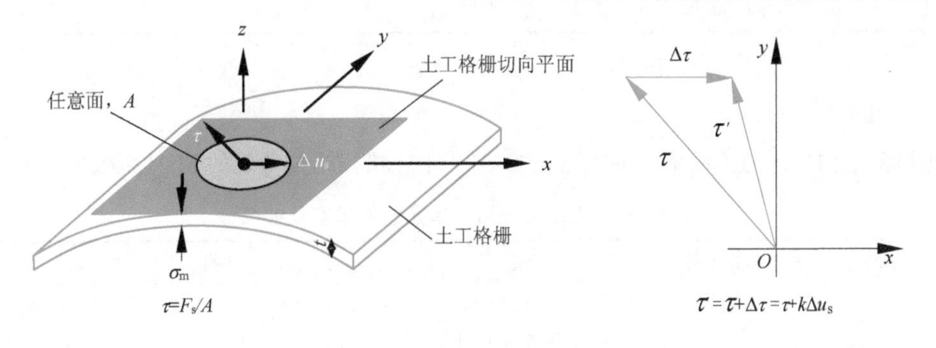

a) 剪应力 τ；切向位移增量 Δu_s；周边应力 σ_m　　b) 剪应力每时步的更新

图 11-62 土工格栅结构单元节点的界面特性

当时间步一开始，土工格栅结构单元所使用的节点局部坐标系统就自动设置，z 轴对齐于所有土工格栅结构单元节点的平均法向，而 x、y 轴则在切向平面内随意定位，如图 11-62a 所示。

土工格栅结构单元与网格交互的剪切特性本质上是黏结和摩擦，由耦合弹簧的单位面积刚度 k、黏结强度 c、摩擦角 ϕ 和周边应力 σ_m 等属性参数所控制。注意，与每个土工格栅结构单元相关联的耦合弹簧的属性参数在土工格栅节点处被平均。如图 11-63 所示。

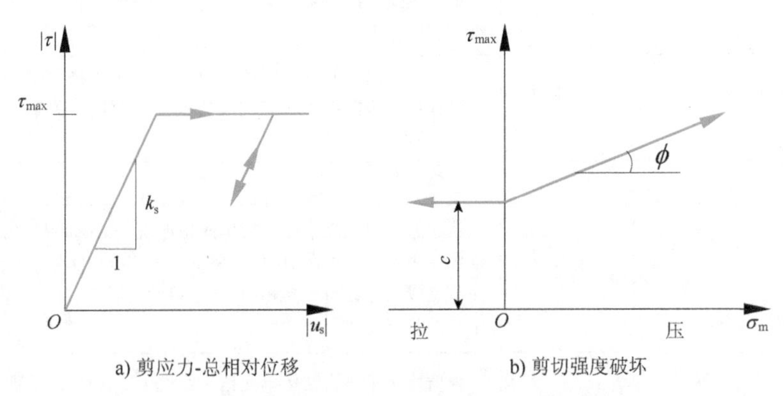

a) 剪应力-总相对位移　　b) 剪切强度破坏

图 11-63 土工格栅结构单元的切向界面特性

每个节点上计算垂直于土工格栅表面的周边应力 σ_m，计算式为

$$\sigma_m = \sigma_{zz} + p$$

式中　p——孔隙压力。

11.7.2　参数

除通用壳型结构4参数（见表11-17）外，每个土工格栅结构单元还另外具有5个参数，这些参数控制切向交互行为，见表11-20。

表11-20　**土工格栅结构单元的其他属性参数**

序号	名　称	说　明
5	coupling-cohesion-shear	耦合弹簧黏结力，c（F/L^2）
6	coupling-friction-shear	耦合弹簧摩擦角，ϕ（°）
7	copling-stiffness-shear	耦合弹簧单位面积刚度，k（F/L^3）
8	slide	大变形滑动标志，默认为off
9	slide-tolerance	大变形滑动容差

11.7.3　命令及函数

土工格栅结构单元的关键字及参数见表11-21，土工格栅结构单元的FISH函数见表11-22。

表11-21　**土工格栅结构单元的关键字及参数**

STRUCTURE GEOGRID关键字	说　明
apply *f* [rang...]	范围内所有土工格栅结构单元施加均匀分布压力 *f*，正的 *f* 表示单元坐标的正 *z* 向值
create 关键字	创建土工格栅结构单元
by-face [关键字块] [rang...]	创建一组土工格栅结构单元，并绑定到范围内具有3或4条边的单元体面上。默认时，只考虑外表面，internal选项用于内表面。关联单元的节点按外表面逆时针方向顺序同步创建，使土工格栅结构单元 *z* 轴外向，并按表11-5所示默认连接状态与网格绑定
by-nodeids i_1 i_2 i_3 i_4 [关键字块]	由指定的一组已经存在的节点创建一组土工格栅结构单元，需要用相关节点初始化命令才能绑定到网格上
by-quadrilateral $\boldsymbol{v}_1$ $\boldsymbol{v}_2$ $\boldsymbol{v}_3$ $\boldsymbol{v}_4$ [关键字块]	基于4点组成的四边形按序创建一组土工格栅结构单元，单元的局部坐标系统指向右手法则的反方向，需要用相关节点初始化命令才能绑定到网格上
by-triangle position $\boldsymbol{v}_1$ $\boldsymbol{v}_2$ $\boldsymbol{v}_3$ [关键字块]	基于3点组成的三角形按序创建一组土工格栅结构单元，单元的局部坐标系统指向右手法则的反方向，需要用相关节点初始化命令才能绑定到网格上
关键字块：	
id *i*	新建的一组土工格栅结构单元指派统一ID标识号为 *i*，若无此选项，则将使用下一个可用ID号。除非存在相同ID号、新建节点附近已存在节点或已存在节点是相同ID号单元所属外，ID标识号控制与已存在单元的节点连接
group s_1 [slot s_2]	为新建土工格栅结构单元指定组名 s_1，若指定选项，则组 s_1 归属于门类 s_2，默认门类名为Default

（续）

STRUCTURE GEOGRID 关键字	说明
cross-diagonal [b]	若为true，则建成交叉对角线型的一组土工格栅结构单元网，也就是把4边面（形心有一节点）分成四个三角形的结构单元。否则，建成交叉剖切型的一组土工格栅结构单元网，即把4边面分成两个三角形的结构单元
distinct	消除共点的节点
element-type 关键字	为土工格栅结构单元指定有限元格式（不能更改）之一
cst	6自由度的有限元，薄膜元，抗薄膜荷载而不抗板弯曲荷载
csth	9自由度的有限元，薄膜元，抗薄膜荷载而不抗板弯曲荷载
dkt	9自由度的有限元，板弯曲元，抗板弯曲荷载而不抗薄膜荷载
dkt-cst	15自由度的有限元，薄膜板弯曲元，抗薄膜、抗板弯曲荷载
dkt-csth	18自由度的有限元，薄膜板弯曲混合元，抗薄膜、抗板弯曲荷载
internal	仅用于by-face关键字，指内外表面都新建单元
maximum-length f	将单元分割为不大于长度f的段，若指定了segments，则按此长度重置
segments i	将单元分割为i个相等的段，根据需要创建新节点，默认值为1，表示只创建一个单元
size i_1 i_2	仅用于by-quadrilateral关键字，将第一条边分割为i_1个相等的段，第二条边分割为i_2个相等的段，默认时仅一个四元组
delete [rang...]	删除范围内所有的土工格栅结构单元，相应的节点和连接也自动删除
group s [关键字]	范围内的土工格栅结构单元指派组名s
slot s_1	指派组到门类s_1
remove	指定组s从指定的门类s_1中移除。若无slot选项，则该组将从它所在的所有门类中删除
hide [关键字] [rang...]	开关土工格栅结构单元的隐藏与显示
b	布尔值，on = 隐藏；off = 显示
undo	撤销上次操作
history [name s] 关键字	采样记录土工格栅结构单元响应量，若指定name，则可供以后参考引用，否则，自动分配ID号
coupling-displacement [关键字块]	采样单元节点耦合弹簧的位移量（总是为正）。使用node关键字
coupling-stress [关键字块]	采样单元节点耦合弹簧的应力量（总是为正）。使用node关键字
coupling-yield [关键字块]	采样单元节点处耦合弹簧的屈服状态，{0,1,2}分别表示从未屈服、正在屈服或曾屈服。使用node关键字
force [关键字块]	采样节点力大小，全局坐标，使用node关键字
force-x [关键字块]	采样单元节点力x分量，全局坐标，使用node关键字
force-y [关键字块]	采样单元节点力y分量，全局坐标，使用node关键字
force-z [关键字块]	采样单元节点力z分量，全局坐标，使用node关键字
momen [关键字块]	采样弯矩大小，全局坐标，使用node关键字
moment-x [关键字块]	采样单元节点弯矩x分量，全局坐标，使用node关键字
moment-y [关键字块]	采样单元节点弯矩y分量，全局坐标，使用node关键字

（续）

STRUCTURE GEOGRID 关键字	说明
moment-z [关键字块]	采样单元节点弯矩 z 分量，全局坐标，使用 node 关键字
resultant-mx [关键字块]	合应力 M_x，面坐标，使用 surface-x 关键字
resultant-my [关键字块]	合应力 M_y，面坐标，使用 surface-x 关键字
resultant-mxy [关键字块]	合应力 M_{xy}，面坐标，使用 surface-x 关键字
resultant-nx [关键字块]	合应力 N_x，面坐标，使用 surface-x 关键字
resultant-ny [关键字块]	合应力 N_y，面坐标，使用 surface-x 关键字
resultant-nxy [关键字块]	合应力 N_{xy}，面坐标，使用 surface-x 关键字
resultant-qx [关键字块]	合应力 Q_x，面坐标，使用 surface-x 关键字
resultant-qy [关键字块]	合应力 Q_y，面坐标，使用 surface-x 关键字
principal-intermediate[关键字块]	中间主应力，全局坐标，使用 depth-factor 关键字
principal-maximum [关键字块]	最大主应力，全局坐标，使用 depth-factor 关键字
principal-minimum [关键字块]	最小主应力，全局坐标，使用 depth-factor 关键字
stress-xx [关键字块]	应力 xx 分量，全局坐标，使用 depth-factor 关键字
stress-xy [关键字块]	应力 xy 分量，全局坐标，使用 depth-factor 关键字
stress-xz [关键字块]	应力 xz 分量，全局坐标，使用 depth-factor 关键字
stress-yy [关键字块]	应力 yy 分量，全局坐标，使用 depth-factor 关键字
stress-yz [关键字块]	应力 yz 分量，全局坐标，使用 depth-factor 关键字
stress-zz [关键字块]	应力 zz 分量，全局坐标，使用 depth-factor 关键字
关键字块：	
component-id ***i***	组件 CID 号 ***i***，不应指定 position 选项
depth-factor ***f***	确定应力的深度系数，仅用于提示的地方
node ***i***	指定节点号，$i \in \{1,2,3\}$，默认为 1
position ***v***	离点最近的单元，不应指定 component-id 选项
surface-x ***v***	指定 x 轴方向，以确定局部面坐标，仅用于提示的地方
import 关键字	略
initialize coupling	查找任何绑定到单元的可变形连接，并尝试初始化力以匹配连接目标的应力状态
list 关键字	列表相关单元信息
apply	显示施加的均匀压力
coupling	列出土工格栅连接单元体的切向耦合弹簧的信息，如周边应力、位移、屈服状态和方向等
depth-factor	显示使用深度系数
element-type	显示使用的有限元格式
group [slot ***s***]	显示单元属于哪一组
information	列出单元的一般信息，包括 ID 号和组件 CID 号，连接的节点、形心、面积、体积和隐藏或选择状态
force-node 关键字	列表节点力，是节点施加到单元上的力

（续）

STRUCTURE GEOGRID 关键字	说明
local	根据单元局部坐标显示力，默认
global	根据单元全局坐标显示力
property 关键字	列出属性参数值
density	密度
thickness	土工格栅的厚度
thermal-expansion	热膨胀系数
anisotropic-membrane	薄膜材料刚度矩阵$\{c'_{11},c'_{12},c'_{13},c'_{22},c'_{23},c'_{33}\}$
anisotropic-bending	板弯曲材料刚度矩阵$\{c'_{11},c'_{12},c'_{13},c'_{22},c'_{23},c'_{33}\}$
anisotropic-both	薄膜板弯曲材料刚度矩阵$\{c'_{11},c'_{12},c'_{13},c'_{22},c'_{23},c'_{33}\}$
orthotropic-membrane	薄膜材料刚度矩阵$\{c'_{11},c'_{12},c'_{22},c'_{33}\}$
orthotropic-bending	板弯曲材料刚度矩阵$\{c'_{11},c'_{12},c'_{22},c'_{33}\}$
orthotropic-both	薄膜板弯曲材料刚度矩阵$\{c'_{11},c'_{12},c'_{22},c'_{33}\}$
coupling-cohesion	耦合弹簧黏结力
coupling-friction	耦合弹簧摩擦角
coupling-stiffness	耦合弹簧单位面积刚度
slide	大变形滑动标志
slide-tolerance	大变形滑动容差
resultant [nodes]	列出8个合应力量，若指定nodes，则除列出单元质心处值，还列出单元的各节点的量
stress [nodes]	列出应力状态，若指定nodes，则除列出单元质心处值，还列出单元的各节点的量
stress-principal [nodes]	列出主应力值，若指定nodes，则除列出单元质心处值，还列出单元的各节点的量
system-local	单元局部坐标系统
property 关键字	指定单元属性
density f	密度，ρ
thickness f	土工格栅的厚度
thermal-expansion f	热膨胀系数，α_t
anisotropic-membrane $f_1\ f_2\ f_3\ f_4\ f_5\ f_6$	薄膜材料属性参数，$\{c'_{11},c'_{12},c'_{13},c'_{22},c'_{23},c'_{33}\}$
anisotropic-bending $f_1\ f_2\ f_3\ f_4\ f_5\ f_6$	板弯曲材料属性参数，$\{c'_{11},c'_{12},c'_{13},c'_{22},c'_{23},c'_{33}\}$
anisotropic-both $f_1\ f_2\ f_3\ f_4\ f_5\ f_6$	薄膜板弯曲材料属性参数，$\{c'_{11},c'_{12},c'_{13},c'_{22},c'_{23},c'_{33}\}$
material-x $\boldsymbol{v}$	向量$\boldsymbol{v}$投影到土工格栅面，以指定局部材料坐标x方向
isotropic $f_1\ f_2$	各向同性，弹性模量E和泊松比$\boldsymbol{v}$
orthotropic-membrane $f_1\ f_2\ f_3\ f_4$	薄膜材料属性参数，$\{c'_{11},c'_{12},c'_{22},c'_{33}\}$
orthotropic-bending $f_1\ f_2\ f_3\ f_4$	板弯曲材料属性参数，$\{c'_{11},c'_{12},c'_{22},c'_{33}\}$
orthotropic-both $f_1\ f_2\ f_3\ f_4$	薄膜板弯曲材料属性参数，$\{c'_{11},c'_{12},c'_{22},c'_{33}\}$
coupling-cohesion-shear f	耦合弹簧黏结力，c
coupling-friction-shear f	耦合弹簧摩擦角，ϕ

（续）

STRUCTURE GEOGRID 关键字		说　明
	coupling-stiffness-shear *f*	耦合弹簧单位面积刚度，*k*
	slide *b*	大变形滑动标志
	slide-tolerance *f*	大变形滑动容差
recover [关键字] [rang...]		土工格栅结构单元应力还原
	resultants [rang...]	还原土工格栅结构单元8个合成应力，它假定为范围内单元建立了一致的面坐标，并以此表达结果。板弯曲应力和薄膜应力（$M_x, M_y, M_{xy}, N_x, N_y, N_{xy}$）在每个单元上是线性变化的，而横向切向力（$Q_x$，$Q_y$）是恒定的
	stress [depth-factor *f*]	在指定范围内的所有单元中还原应力张量（全局坐标）。深度 $=f\times t/2$，t 为土工格栅厚度，深度系数 *f* 必须在［-1，+1］的范围内，正与负和土工格栅的外与内面相对应，若不指定 *f*，默认为 +1
	surface ***v***	通过向量 ***v*** 生成面坐标系。表面坐标系具有以下性质：*z* 轴为面的法向；*x* 轴是给定向量 ***v*** 投影到面上；*y* 轴正交于 *x* 轴和 *z* 轴
refine *i* [rang...]		按因子 *i* 细化范围内的单元，若 $i=2$，细化的三角形单元将产生4个三角形单元；若 $i=3$，将产生16个三角形单元，依此类推
select [关键字]		
	b	on = 选择，默认；off = 不选择
	new	意味 on，选择范围内的单元，自动选择不在范围内的单元
	undo	撤销上次操作，默认可撤销12次

表11-22　土工格栅结构单元的FISH函数

函　数		说　明
f = struct.geogrid.shear.cohesion(*p*) ‖ 获得土工格栅结构单元耦合弹簧黏结强度 struct.geogrid.shear.cohesion(*p*) = *f* ‖ 设置土工格栅结构单元耦合弹簧黏结强度		
返回值	*f*	耦合弹簧黏结强度
赋值	*f*	耦合弹簧黏结强度
参数	*p*	土工格栅结构单元指针
v = struct.geogrid.shear.dir(*p*, i_{node}[,*i*]) ‖ 获得土工格栅结构单元指定节点的方向		
返回值	***v***	指定单元节点 i_{node} 号的方向向量（全局坐标单位向量），若指定 *i* 则为分量
参数	*p*	土工格栅结构单元指针
	i_{node}	节点索引号，$i_{node}\in\{1,2,3\}$
	i	分量选项，1～3
f = struct.geogrid.shear.dir.x(*p*, i_{node}) ‖ 获得土工格栅单元指定节点 i_{node} 的全局坐标 *x* 方向分量		
返回值	*f*	方向向量 *x* 方向分量
参数	*p*	土工格栅结构单元指针
	i_{node}	节点索引号，$i_{node}\in\{1,2,3\}$
f = struct.geogrid.shear.dir.y(*p*, i_{node}) ‖ 获得土工格栅结构单元指定节点 i_{node} 的全局坐标 *y* 方向分量		
返回值	*f*	方向向量 *y* 方向分量
参数	*p*	土工格栅结构单元指针
	i_{node}	节点索引号，$i_{node}\in\{1,2,3\}$

（续）

函　数		说　明
f = struct. geogrid. shear. dir. z(p, i_{node}) ‖ 获得土工格栅结构单元指定节点 i_{node} 的全局坐标 z 方向分量		
返回值	f	方向向量 z 方向分量
参数	p	土工格栅结构单元指针
	i_{node}	节点索引号，$i_{node} \in \{1,2,3\}$
f = struct. geogrid. shear. disp(p, i_{node}) ‖ 获得土工格栅结构单元指定节点 i_{node} 耦合弹簧位移量		
返回值	f	指定节点 i_{node} 耦合弹簧位移量，耦合弹簧位于土工格栅结构单元表面的切平面内，力作用的方向由函数 struct. geogrid. shear. dir( ) 给出
参数	p	土工格栅结构单元指针
	i_{node}	节点索引号，$i_{node} \in \{1,2,3\}$
f = struct. geogrid. shear. friction(p) ‖ 获得土工格栅结构单元耦合弹簧内摩擦角 struct. geogrid. shear. friction(p) = f ‖ 设置土工格栅结构单元耦合弹簧内摩擦角		
返回值	f	土工格栅结构单元耦合弹簧内摩擦角
赋值	f	土工格栅结构单元耦合弹簧内摩擦角
参数	p	土工格栅结构单元指针
i = struct. geogrid. shear. state(p, i_{node}) ‖ 获得土工格栅结构单元指定节点 i_{node} 耦合弹簧屈服状态		
返回值	i	屈服状态，$i \in \{0,1,2\}$ 分别表示从未屈服、正在屈服或曾屈服
参数	p	土工格栅结构单元指针
	i_{node}	节点索引号，$i_{node} \in \{1,2,3\}$
f = struct. geogrid. shear. stiffness(p) ‖ 获得土工格栅结构单元耦合弹簧刚度 struct. geogrid. shear. stiffness(p) = f ‖ 设置土工格栅结构单元耦合弹簧刚度		
返回值	f	土工格栅结构单元耦合弹簧刚度
赋值	f	土工格栅结构单元耦合弹簧刚度
参数	p	土工格栅结构单元指针
f = struct. geogrid. shear. stress(p, i_{node}) ‖ 获得土工格栅结构单元指定节点 i_{node} 耦合弹簧应力值		
返回值	f	耦合弹簧的应力值，耦合弹簧位于格栅结构单元表面的切平面内，力作用的方向由函数 struct. geogrid. shear. dir( ) 给出
参数	p	土工格栅结构单元指针
	i_{node}	节点索引号，$i_{node} \in \{1,2,3\}$
b = struct. geogrid. slide(p) ‖ 获得大变形滑动标志 struct. geogrid. slide(p) = b ‖ 设置大变形滑动标志		
返回值	b	若为 true，则表示已激活大变形滑动
赋值	b	若为 true，则表示要激活大变形滑动
参数	p	土工格栅结构单元指针
f = struct. geogrid. slide. tol(p) ‖ 获得大变形滑动容差值 struct. geogrid. slide. tol(p) = f ‖ 设置大变形滑动容差值		
返回值	f	单元的耦合弹簧大变形滑动容差
赋值	f	单元的耦合弹簧大变形滑动容差
参数	p	土工格栅结构单元指针

（续）

函　数		说　明
f = struct. geogrid. shear. confining(p,i_{node}) ‖ 获得土工格栅结构单元指定节点 i_{node} 周边压力		
返回值	f	在节点 i_{node} 处的，“ - ” 号表示压，周边压力是垂直于土工格栅结构单元表面的应力分量
参数	p	土工格栅结构单元指针
	i_{node}	节点索引号，$i_{node} \in \{1,2,3\}$

11.7.4 应用实例

1. 土工格栅推出试验

在土箱中内嵌一个土工格栅合成材料块，然后从土箱中推出，如图 11-64 所示。假设土（$E = 15\text{MPa}$，$v = 0.3$，$\rho = 1950\text{kg/m}^3$）和土工格栅（$E = 26\text{GPa}$，$v = 0.33$，$t = 5\text{mm}$）保持弹性，只在交界面发生破坏，则界面参数 k、c 和 ϕ 经计算分别为：2.3×10^6 N/m^3、0 和 29.2°。采样推出应力和位移，并绘图。测试不同的周边应力，命令见例题 11-11。本例为选择土工格栅特性提供指导，演示土工格栅-土壤系统的剪切响应。

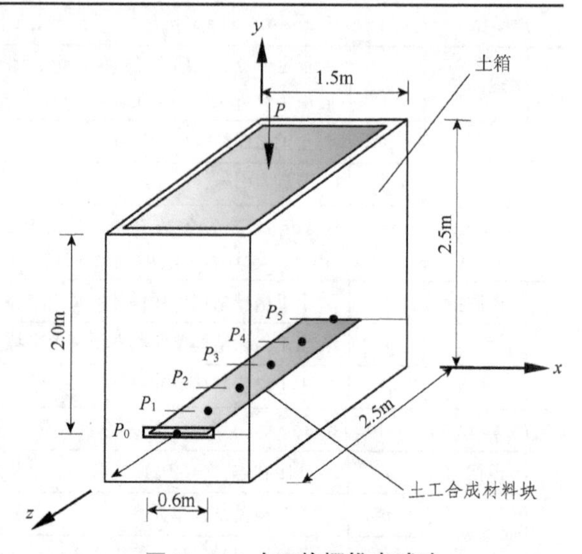

图 11-64　土工格栅推出试验

例题 11-11　格栅推出试验。

```
;;文件名:11 -11 . f3dat
model new ;系统重置
;;创建模型
zone create brick point 0 0,0,0 point 1 2.5,0,0...
    point 2 0,1.5,0 point 3 0,0,2.5 size 10,5,5
;;调节 Y 方向的网格密度
zone gridpoint initialize position-y 0.45 range position-y 0.3
zone gridpoint initialize position-y 0.65 range position-y 0.6
zone gridpoint initialize position-y 0.85 range position-y 0.9
zone gridpoint initialize position-y 1.05 range position-y 1.2
;;调节 z 方向的网格密度
zone gridpoint initialize position-z 0.25 range position-z 0.5
zone gridpoint initialize position-z 0.75 range position-z 1.0
zone face skin ;自动对网格外表面指派组名
;;定义 FISH 函数:通过总计不平衡力除以土工格栅内嵌面积计算推出应力
fish define PullOutStress
    local sum = 0.0
    loop foreach local node struct.node.list
        if struct.node.group(node,'Default') = ='Front' then
```

```
            sum = sum- struct.node.force.unbal.global(node,1)
        end_if
    end_loop
    PullOutStress = sum/1.5 ;内嵌面积是:0.6 ×2.5 =1.5
end
;;指定本构模型及材料属性参数
zone cmodel assign elastic ;标准弹性模型
zone property bulk =12.5e6 shear =5.77e6 density =1950.
;;边界条件
zone face apply velocity-normal 0 range group 'East' or 'West'
zone face apply velocity-normal 0 range group 'North' or 'South'
zone face apply velocity-normal 0 range group 'Bottom'
;;创建土工格栅结构单元,并指定材料属性参数
struct geogrid create by-quadrilateral (0,0.45,0.5)...
    (2.5,0.45,0.5) (2.5,1.05,0.5) (0,1.05,0.5) size (10,3)
struct geogrid property isotropic = (26e9, 0.33)...
    thickness =5e -3 coupling-stiffness =2.3e6...
    coupling-cohesion =0.0 coupling-friction =29
;;对土工格栅前端节点编组
struct node group 'Front' range position-x 2.5
;;初始化条件
model gravity 10 ;重力加速度默认在 -z 方向
zone initialize-stresses ratio 0.3
history interval 1
@ PullOutStress ;计算推力
;;固定土工格栅平面内的速度,局部坐标
struct node fix velocity-x range group 'Front'
struct node fix velocity-y range group 'Front'
;;固定土工格栅前端节点速度,使总位移量达到2 ×10^-6 ×15000m =0 .03m
struct node initialize velocity-x 2e-6 local range group 'Front'
struct node initialize displacement (0,0,0)
struct node initialize displacement-rotational (0,0,0)
;;采样 6 个节点的位移,1 个节点处耦合弹簧的应力量,并推出应力
struct node history name ='dp0' displacement-x position (2.5,0.65,0.5)
struct node history name ='dp1' displacement-x position (2.0,0.65,0.5)
struct node history name ='dp2' displacement-x position (1.5,0.65,0.5)
struct node history name ='dp3' displacement-x position (1.0,0.65,0.5)
struct node history name ='dp4' displacement-x position (0.5,0.65,0.5)
struct node history name ='dp5' displacement-x position (0,0.65,0.5)
```

```
fish history name='stress' @ PullOutStress
struct geogrid history name='cs' coupling-stress component-id 57 node 2
struct damping combined-local ;设置联合阻尼,而不是局部阻尼
model save 'Initial'
;;土箱顶面无压力
model cycle 15000
model save 'Pressure-0k'
;;土箱顶面施加 61kPa 压力
model restore 'Initial'
zone face apply stress-zz -61e3 range group 'Top'
zone initialize-stresses ratio 0.3 overburden -61e3
model cycle 15000
model save 'Pressure-61k'
```

模型由 250 个单元体和 60 个土工格栅结构单元组成，如图 11-65 所示。首先是规则的 10×5×5 的网格，然后在 y 轴方向调整密度使土工格栅宽 0.6m，z 轴方向调整密度使土工格栅是在单元体中心，确保施加在格栅上周边应力等于这个深度的实际值。首先固定箱四周和底部，安装土工格栅，激活重力，在箱体上部施加恒定压力（初始时值为零），使用单元体初始化应力命令达到平衡。此阶段箱的侧面和底部被土压缩，39kPa 的周边压力作用在土工格栅表面上。

推出试验是通过对 $x=2.5$m 处的节点施加固定的水平位移速度来完成的。试验期间，监控施加的位移和力。施加的力就是作用在土工格栅节点上的不平衡力的总和，而推出应力则是总力除以土工格栅内嵌面积。还监测了相隔 0.5m 的 6 个耦合弹簧沿土工格栅中心线的总切向位移，以及前端节点的耦合应力。在没有施加压力到顶表面的情况下，推出应力与位移如图 11-66 所示。该试验中，作用于土工格栅表面的周边压力应等于 39kPa。对于这个限制值，以及指定的土工格栅单元材料属性参数，最大切向力应等于 21.8kPa，试验值为 21.6kPa，与理论值相符。此外，该曲线的斜率等于耦合弹簧刚度。

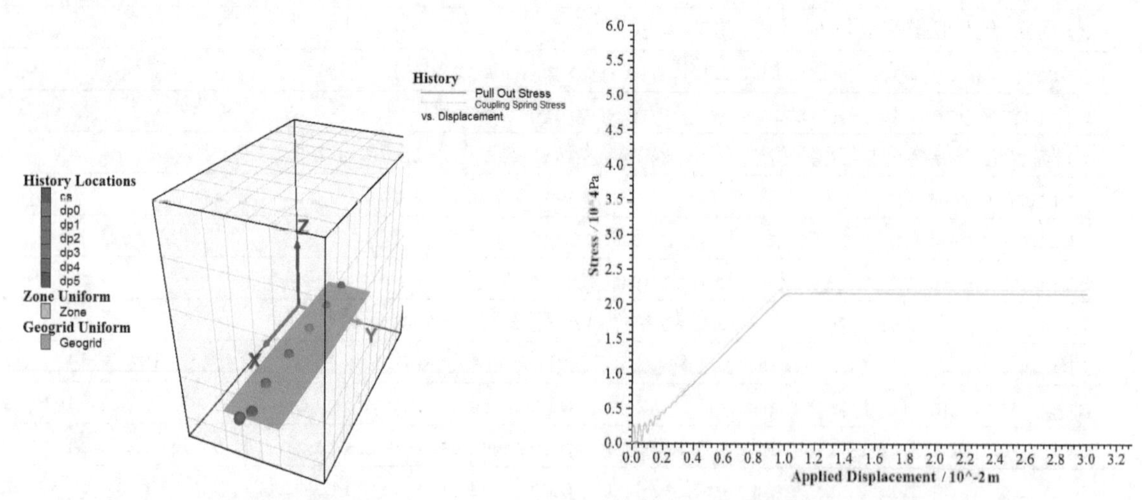

图 11-65　土工格栅推出的试验模型　　图 11-66　P_0处推力、耦合弹簧应力与位移图（无顶压）

在图 11-67 中，画出了点 $P_0 \sim P_5$对应的位移 $U_0 \sim U_5$与施加位移 U_0从 9～12mm 范围对应的图。观察土工格栅在前方区域向内渐进屈服，等斜率表明所有点都与前表面相同的速度移动，偏移量

表明前面的点比后面的点移动得更远，参考图11-68，发生非常小的偏移是因为土工格栅比周围土壤更坚硬，在屈服之前土工格栅本身只产生很小的应变。

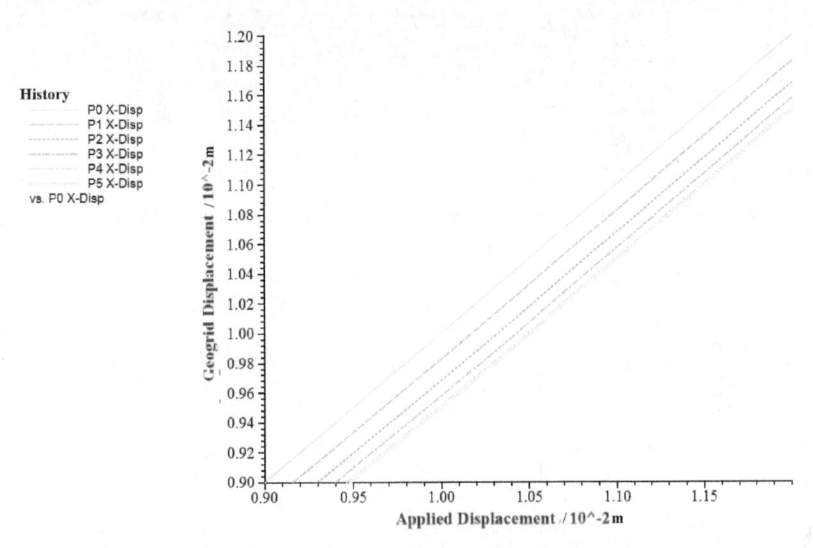

图11-67 沿土工格栅中线位移—施加位移（无顶压）

施加30mm位移时，作用于土工格栅上的切向应力如图11-69所示，在土工格栅内作用的薄膜合应力 N_x（其 x 轴方向与全局 x 轴方向平行）如图11-70所示。在图11-69中，所有的耦合弹簧都是屈服的，作用在土工格栅上的切向应力达到了21.2～22.2kPa，前端最大，在远端稍低。在土工格栅内作用的薄膜应力在前端处最大(53.4kN/m)，随着远离而下降，这是因为更多的荷载被转移到土壤中。薄膜应力在格栅宽度上是恒定的，因此，通过将薄膜应力 N_x 除以土工格栅厚度的值来估算中间表面应力，最大值是10.7MPa，图11-71中发现 xx 应力为10.69MPa，与理论值十分接近。

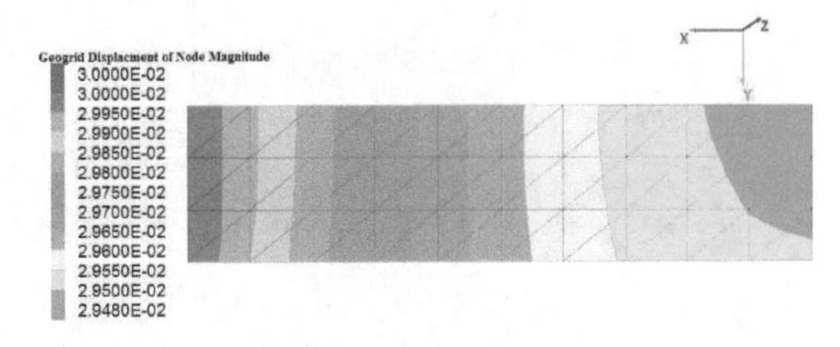

图11-68 土工格栅位移场（U_0 = 12mm，无顶压）

在箱体顶面上施加61kPa的压力重新模拟，使土工格栅周边应力达到100kPa，按公式计算最大推出应力为54kPa。模拟值为55.4kPa，如图11-72所示。

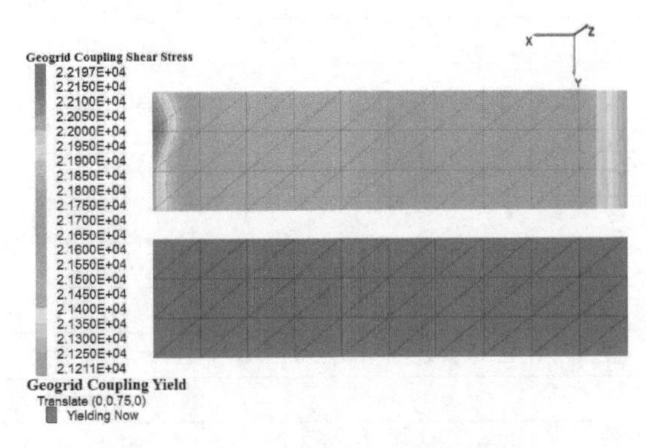

图11-69 作用于土工格栅的切向应力场（U_0 = 12mm，无顶压）

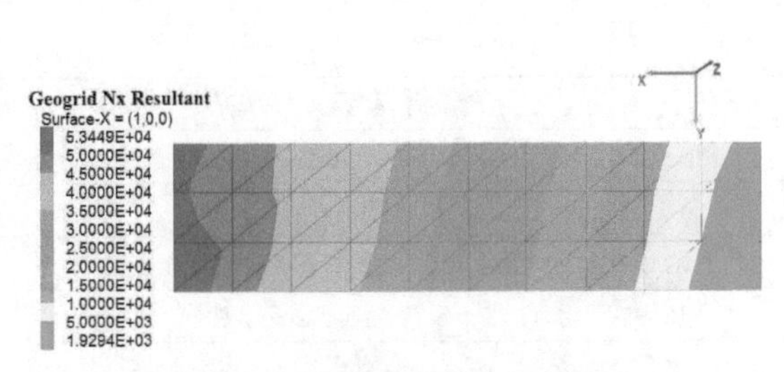

图11-70 作用于土工格栅的薄膜合应力 N_x（U_0 = 12mm，无顶压）

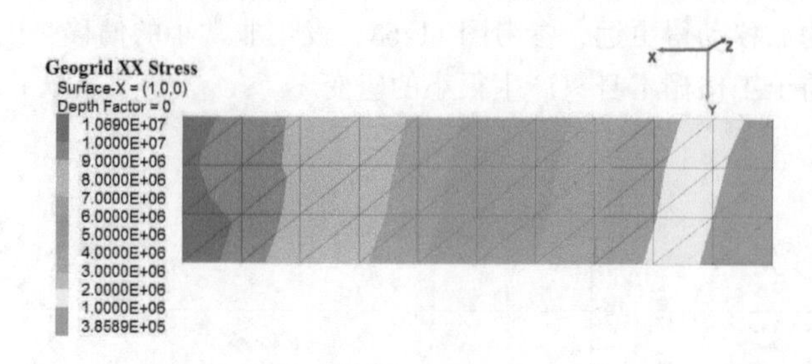

图 11-71　作用于土工格栅的 *xx* 应力（$U_0 = 12\text{mm}$，无顶压）

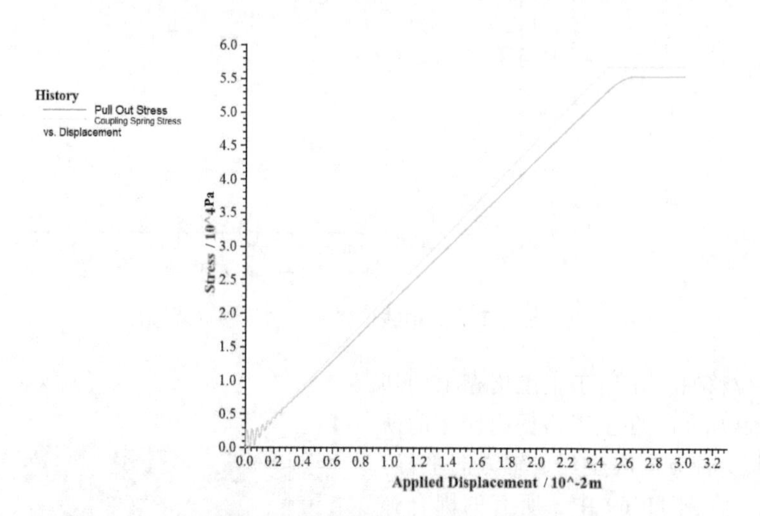

图 11-72　P_0 处推力、耦合弹簧应力与位移图（顶压 61kPa）

2. 土工格栅加强坝

本例示范说明用三层土工格栅来加强土坝的特性，类似于例题 11-4。三个土工格栅安装在坝体垂直不同的层位上，这里土工格栅与土之间无黏结阻力，命令见例题 11-12。

例题 11-12　土工格栅加强坝。

```
;;文件名:11-12.f3dat
model new ;系统重置
;;创建模型
zone create brick size 11 1 11
zone face skin ;自动对网格外表面指派组名
;;指定本构模型及材料属性参数
zone cmodel assign mohr-coulomb ;摩尔-库仑模型
zone property bulk 5e9 shear 1e9 cohesion 4e4 friction 30 density 2000
;;创建三层土工格栅结构单元,并指定材料属性参数
struct geogrid create by-quadrilateral 0,0,9.5 8,0,9.5...
    8,1,9.5 0,1,9.5 size 8,1
struct geogrid create by-quadrilateral 0,0,6.5 8,0,6.5...
    8,1,6.5 0,1,6.5 size 8,1
struct geogrid create by-quadrilateral 0,0,3.5 8,0,3.5...
    8,1,3.5 0,1,3.5 size 8,1
```

```
struct geogrid property isotropic=26e9, 0.33 thick=5e-3...
    coupling-stiffness=2.3e6 coupling-cohesion=0.0...
    coupling-friction=0 ;摩擦角为0°
;;边界条件
zone face apply velocity-normal 0 range group 'East' or 'West'
zone face apply velocity-normal 0 range group 'North' or 'South'
zone face apply velocity 0,0,0 range group 'Bottom'
;;初始化条件
model gravity 10 ;重力加速度默认在-z方向
zone initialize-stresses ratio 0.6,0.4
model solve convergence 1
;;采样记录
zone history name='disp' displacement-x position (0,0,11)
model save 'Initial'
;;场景1:耦合摩擦角=0°
;;移除模型左端的约束条件
zone face apply-remove range group 'West'
;;求解, 5000步后停止,希望屈服破坏
model solve convergence 1 cycles 5000
model save 'Friction-0'
;;场景2:耦合摩擦角=5°
model restore 'Initial'
struct geogrid property coupling-friction=5
model solve convergence 1
;;移除模型左端的约束条件
zone face apply-remove range group 'West'
;;求解
model solve convergence 1
model save 'Friction-5'
```

模型由121个单元体和48个土工格栅结构单元组成，如图11-73所示。模型模拟了1m宽的土体承受平面应变条件。实际土坝施工中，每一个土工格栅层逐渐被填土覆盖。模型简单地将所有3个土工格栅层置于无应力的土体中，然后安装土体重度的原位应力。在这个阶段，每个土工格栅层随着深度增加受到不同的围压（周边应力）。通过移除模型左侧的约束和循环来达到平衡或屈服塌陷。

土坝使用摩尔-库仑材料，并用与例题11-4土钉相同的参数。土工格栅保持弹性，它与土坝的交界面（或土坝单元体）可以破坏。土工格栅的参数为：$E=26\text{GPa}$，$\nu=0.33$，$t=5\text{mm}$，$k=2.3\times10^6\ \text{N/m}^3$，$c=0$，摩擦角则可变。对于土工格栅与土坝交界面的摩擦角为零度的情况，则无法使用土工格栅单元的抗剪能力，土体自己的强度也不足以抵抗大坝的塌陷。图11-74显示土工格栅无荷载，所有土工格栅节点已经达到滑移条件。坝体左上角位移曲线图说明坝体正在塌陷，如图11-75所示。增加土工格栅与坝体的摩擦角到5°，土工格栅就有效地稳定了坝体，如图11-76所示。图11-77绘出的是这种情况下的土工格栅拉应力，顶层土工格栅已经滑移并将荷载转移到下层。土工格栅和坝体的位移场如图11-78所示，随着深度增加，土工格栅的推出变形明显减小。

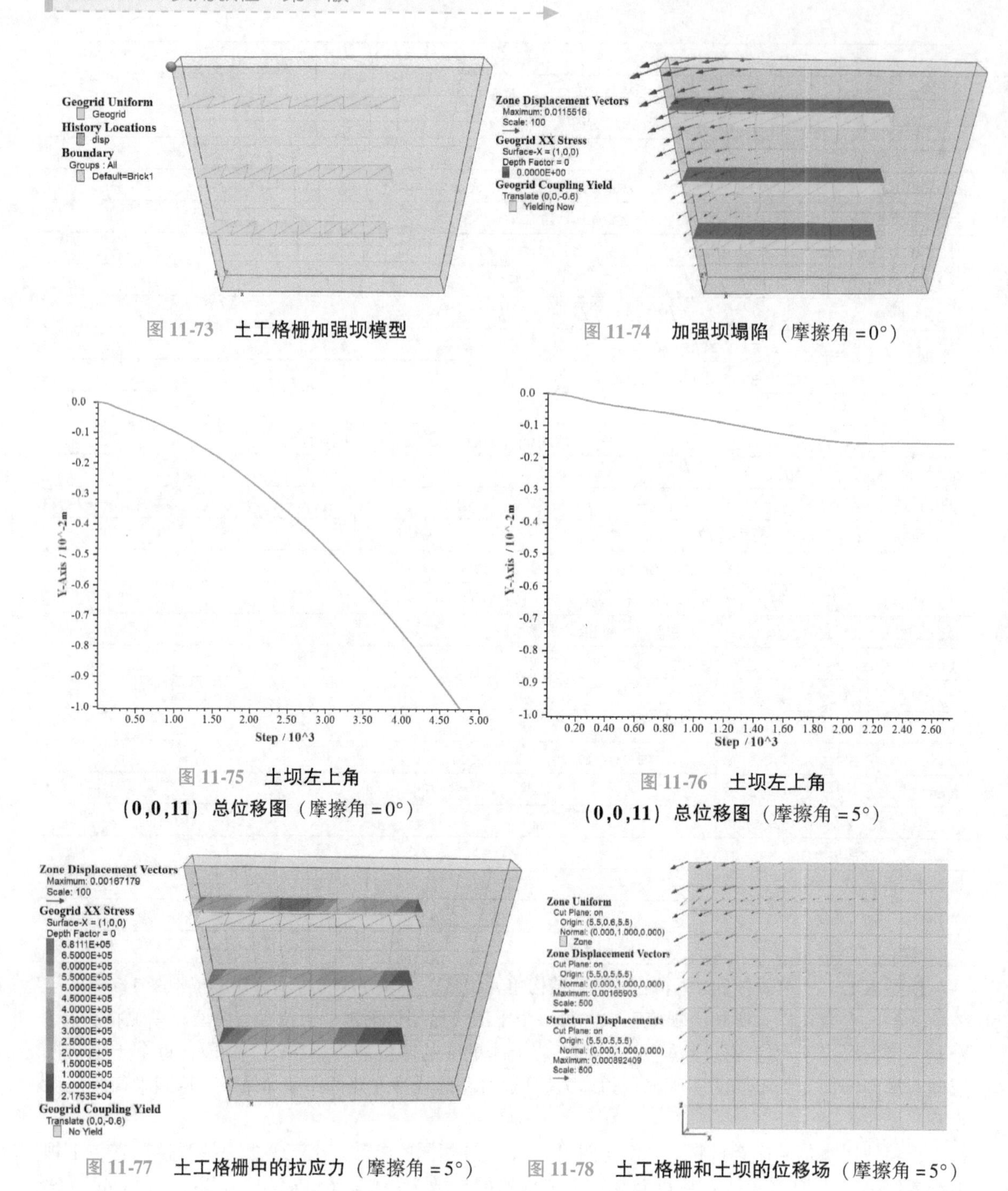

图 11-73　土工格栅加强坝模型

图 11-74　加强坝塌陷（摩擦角 =0°）

图 11-75　土坝左上角（0,0,11）总位移图（摩擦角 =0°）

图 11-76　土坝左上角（0,0,11）总位移图（摩擦角 =5°）

图 11-77　土工格栅中的拉应力（摩擦角 =5°）

图 11-78　土工格栅和土坝的位移场（摩擦角 =5°）

11.8　衬砌结构单元

具有通用壳型结构的材料响应，共享基础方程及性能。

11.8.1　力学性能

每个衬砌结构单元的力学性能可以分成衬砌材料的结构响应（见 11.6.1 通用壳型结构）和

结构单元与网格的交互作用方式。默认情况下，衬砌结构单元被分配为 DKT-CST 有限元格式，既抵抗薄膜荷载又承受板弯曲荷载。物理衬砌就是一组连接到网格面的衬砌结构单元的集合。除了提供壳的结构性能外，衬砌能与网格之间发生切向摩擦交互作用，法向可以承受压力和拉力，能与网格分离和接合。常用来模拟与主体发生摩擦和拉压的薄衬砌，如衬砌混凝土隧道和挡土墙。

当时间步一开始，衬砌结构单元所使用的节点局部坐标系统就自动设置，z 轴对齐于所有衬砌结构单元节点的平均法向，x、y 轴则在切向平面内随意定位，如图 11-80a 所示。

衬砌被绑定在网格的表面上，其交互界面的特性归纳于图 11-79 和图 11-80。作用衬砌上的法向应力 σ_n 和切向力 τ 与衬砌自身产生的应力 $\overline{R}$ 相平衡。由每个节点法向上的有抗拉强度的线性弹簧和切向平面的弹簧滑块为交互界面行为进行数值描述。弹簧滑块的方位随着衬砌和网格的相对切向位移 u_s 而变化。注意一下这两个图中衬砌与单元体上下相互位置的变化。

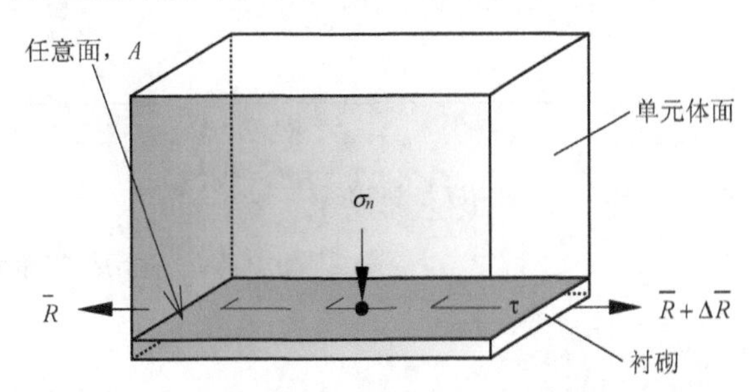

图 11-79 作用于节点周边衬砌结构单元上的应力

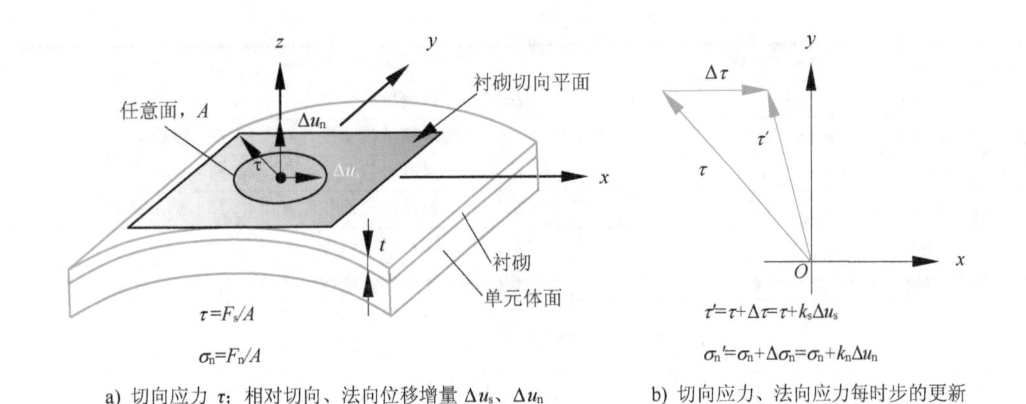

a) 切向应力 τ；相对切向、法向位移增量 Δu_s、Δu_n　　b) 切向应力、法向应力每时步的更新

图 11-80 衬砌节点理想界面特性

衬砌与单元体法向交互界面由法向耦合弹簧的单位面积刚度 k_n 和抗拉强度 f_t 两参数控制，如图 11-81 所示。衬砌与单元体切向交互界面自然是黏结与摩擦，由切向耦合弹簧的单位面积刚度 k_s、黏结强度 c、残余黏结强度 c_r、摩擦角 ϕ 和法向应力 σ_n 等参数控制，如图 11-82 所示。若衬砌拉伸失效，则黏结强度从 c 下降到 c_r，且抗拉强度 $f_t=0$。在缝隙闭合时，压法向应力再次产生，法向相对位移 u_n 继续被跟踪计量。

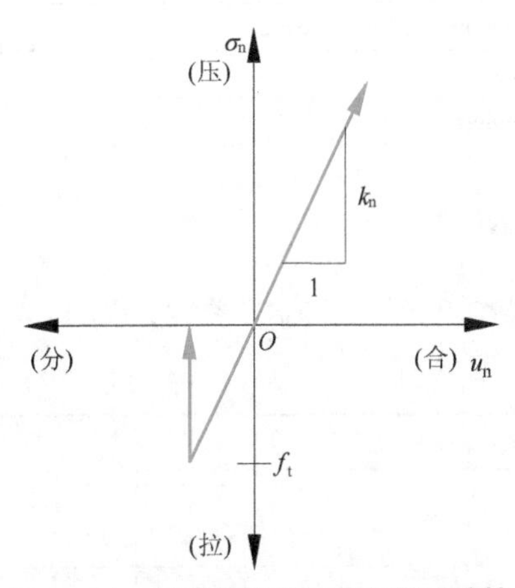

图 11-81 衬砌结构单元法向界面特性

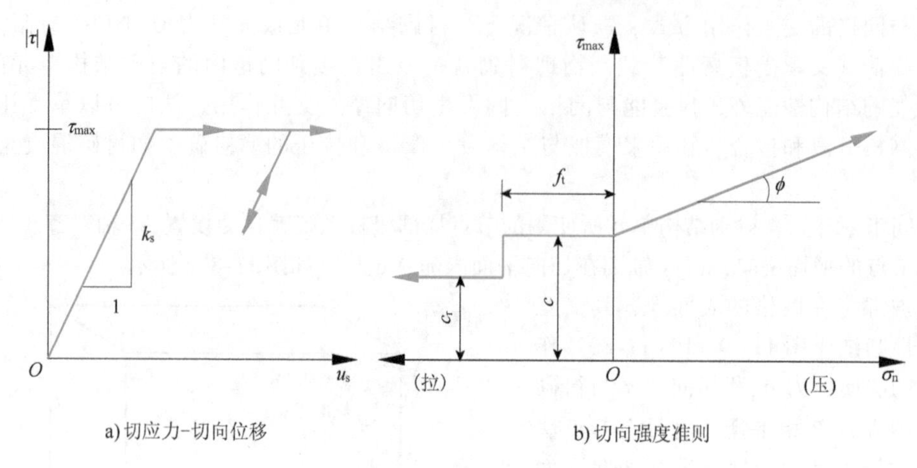

图 11-82 **衬砌结构单元切向界面特性**

11.8.2 参数

除通用壳型结构 4 参数（见表 11-17）外，每个衬砌结构单元另外还具有 8 个参数或 14 参数（若衬砌结构单元内嵌），这些参数控制切向和法向交互行为，见表 11-23。

表 11-23 衬砌结构单元属性参数

序号	名 称	说 明
5	Coupling-yield-normal	法向耦合弹簧抗拉强度，f_t（F/L^2）
6	Coupling-yield-normal-2	法向耦合弹簧抗拉强度（面 2），f_t（F/L^2）
7	Coupling-stiffness-normal	法向耦合弹簧单位面积刚度，k_n（F/L^3）
8	Coupling-stiffness-normal-2	法向耦合弹簧单位面积刚度（面 2），k_n（F/L^3）
9	Coupling-cohesion-shear	切向耦合弹簧黏结强度，c（F/L^2）
10	Coupling-cohesion-shear-2	切向耦合弹簧黏结强度（面 2），c（F/L^2）
11	Coupling-cohesion-shear-residual	切向耦合弹簧残余黏结强度，c_r（F/L^2）
12	Coupling-cohesion-shear-residual-2	切向耦合弹簧残余黏结强度（面 2），c_r（F/L^2）
13	Coupling-friction-shear	切向耦合弹簧摩擦角，ϕ（°）
14	Coupling-friction-shear-2	切向耦合弹簧摩擦角（面 2），ϕ（°）
15	Coupling-stiffness-shear	切向耦合弹簧单位面积刚度，k_s（F/L^3）
16	Coupling-stiffness-shear-2	切向耦合弹簧单位面积刚度（面 2），k_s（F/L^3）
17	Slide	大变形滑动标志，默认为 off
18	Slide-tolerance	大变形滑动容差

11.8.3 命令及函数

衬砌结构单元的关键字及参数见表 11-24，衬砌结构单元的 FISH 函数见表 11-25。

表 11-24 衬砌结构单元的关键字及参数

STRUCTURE LINER 关键字	说 明
apply f [rang...]	范围内所有衬砌结构单元施加均匀压力 f，正的 f 表示单元坐标系的正 z 向值，大变形期间保持方向不变
create 关键字	创建衬砌

（续）

STRUCTURE LINER 关键字	说　明
by-face [关键字块] [rang...]	创建一组衬砌结构单元，并绑定到范围内具有3或4条边的单元体面上。默认时，只考虑外表面，internal 选项用于内表面。关联单元的节点按外表面逆时针方向顺序同步创建，使结构单元 z 轴外向。并按表11-5所示默认连接状态与网格绑定
by-nodeids i_1 i_2 i_3 i_4 [关键字块]	由指定的一组已经存在的节点创建一组衬砌结构单元，需要相关节点初始化命令才能绑定到网格上
by-quadrilateral $\boldsymbol{v}_1$ $\boldsymbol{v}_2$ $\boldsymbol{v}_3$ $\boldsymbol{v}_4$ [关键字块]	基于4点组成的四边形按序创建一组衬砌结构单元，单元的局部坐标系统指向右手法则的反方向，需要用相关节点初始化命令才能绑定到网格上
by-triangle position $\boldsymbol{v}_1$ $\boldsymbol{v}_2$ $\boldsymbol{v}_3$ [关键字块]	基于3点组成的三角形按序创建一组衬砌结构单元，单元的局部坐标系统指向右手法则的反方向，需要用相关节点初始化命令才能绑定到网格上
关键字块：	
id i	新建的一组衬砌结构单元指派统一ID标识号为 i，若无此选项，则将使用下一个可用ID号。除非存在相同ID号、新建节点附近已存在节点或已存在节点是相同ID号单元所属外，ID标识号控制与已存在单元的节点连接
group s_1 [slot s_2]	为新建衬砌结构单元指定组名 s_1，若指定选项，则组 s_1 归属于门类 s_2，默认门类名为 default
cross-diagonal [b]	若为 true，则建成交叉对角线型的一组单元网，也就是把四边面（形心有一节点）分成四个三角形的单元。否则，建成交叉剖切型的一组单元网，即把四边面分成两个三角形的单元
distinct	消除共点的节点
element-type 关键字	为衬砌结构单元指定有限元格式（不能更改）之一
cst	6自由度的有限元，薄膜元，抗薄膜荷载而不抗板弯曲荷载
csth	9自由度的有限元，薄膜元，抗薄膜荷载而不抗板弯曲荷载
dkt	9自由度的有限元，板弯曲元，抗板弯曲荷载而不抗薄膜荷载
dkt-cst	15自由度的有限元，薄膜板弯曲元，抗薄膜、抗板弯曲荷载
dkt-csth	18自由度的有限元，薄膜板弯曲混合元，抗薄膜、抗板弯曲荷载
embedded	指定衬砌结构单元是双面的。若使用此选项，则即使未显式给出也隐含 internal 关键字
internal	仅用于 by-face 关键字，指内外表面都新建单元
maximum-length f	将单元分割为不大于长度 f 的段，若指定了 segments，则按此长度重置
segments i	将单元分割为 i 个相等的段，根据需要创建新节点，默认值为1，表示只创建一个单元
separate 关键字	选择一组内表面，并将它们如同 zone separate 命令一样分离成两表面，并在两个表面之间创建衬砌。此选项隐含 embedded 和 internal 关键字
origin $\boldsymbol{v}$	向量 $\boldsymbol{v}$ 用于确定哪一个为面1或面2。面的法向指向 $\boldsymbol{v}$ 为面1，反之为面2。默认为（0,0,0）
clear-attach	清除边界上的任何绑定条件。默认时，现有的绑定条件会导致错误
size i_1 i_2	仅用于 by-quadrilateral 关键字，将第一条边分割为 i_1 个相等的段，第二条边分割为 i_2 个相等的段，默认时仅一个四元组

（续）

STRUCTURE LINER 关键字	说 明
delete [rang...]	删除范围内所有的衬砌结构单元，相应的节点和连接也自动删除
gap-factor *f*	设置衬砌结构单元大变形滑动时的缝隙系数。大变形滑动期间，若单元的节点与其绑定的单元体之间的缝隙大于 *f* 倍单元体大小（单元体外形尺寸 *x*、*y*、*z* 值最大者），且法向耦合弹簧处于拉伸状态，则模拟停止并显示错误信息。若大缝隙物理上合理，可以通过增加 *f* 或减小衬砌单元抗拉强度使模拟继续，直到法向耦合弹簧断裂。默认为0.1
group *s* [关键字]	范围内的衬砌结构单元指派组名 *s*
slot s_1	指派组到门类 s_1
remove	指定组 *s* 从指定的门类 s_1 中移除。若无 slot 选项，则该组将从它所在的所有门类中删除
hide [关键字] [rang...]	开关衬砌结构单元的隐藏与显示
b	布尔值，on = 隐藏；off = 显示
undo	撤销上次操作
history [name *s*] 关键字	采样记录衬砌结构单元响应量，若指定 name，则可供以后参考引用，否则，自动分配 ID 号
coupling-displacement-normal [关键字块]	采样单元节点法向耦合弹簧的位移量，+/-符号表示分离/闭合，使用 node 和 side 关键字
coupling-displacement-shear [关键字块]	采样单元节点切向耦合弹簧的位移量（总是为正），使用 node 和 side 关键字
coupling-stress-normal [关键字块]	采样单元节点法向耦合弹簧的应力，+/-符号表示分离/闭合，使用 node 和 side 关键字
coupling-stress-shear [关键字块]	采样单元节点切向耦合弹簧的应力，使用 node 和 side 关键字
coupling-yield [关键字块]	采样单元节点处耦合弹簧的屈服状态，{0,1,2} 分别表示从未屈服、正在屈服或曾屈服。使用 node 和 side 关键字
force [关键字块]	采样节点力大小，全局坐标，使用 node 关键字
force-x [关键字块]	采样单元节点力 *x* 方向分量，全局坐标，使用 node 关键字
force-y [关键字块]	采样单元节点力 *y* 方向分量，全局坐标，使用 node 关键字
force-z [关键字块]	采样单元节点力 *z* 方向分量，全局坐标，使用 node 关键字
momen [关键字块]	采样弯矩大小，全局坐标，使用 node 关键字
moment-x [关键字块]	采样单元节点弯矩 *x* 方向分量，全局坐标，使用 node 关键字
moment-y [关键字块]	采样单元节点弯矩 *y* 方向分量，全局坐标，使用 node 关键字
moment-z [关键字块]	采样单元节点弯矩 *z* 方向分量，全局坐标，使用 node 关键字
resultant-mx [关键字块]	合应力 M_x，面坐标，使用 surface-x 关键字
resultant-my [关键字块]	合应力 M_y，面坐标，使用 surface-x 关键字
resultant-mxy [关键字块]	合应力 M_{xy}，面坐标，使用 surface-x 关键字
resultant-nx [关键字块]	合应力 N_x，面坐标，使用 surface-x 关键字
resultant-ny [关键字块]	合应力 N_y，面坐标，使用 surface-x 关键字
resultant-nxy [关键字块]	合应力 N_{xy}，面坐标，使用 surface-x 关键字
resultant-qx [关键字块]	合应力 Q_x，面坐标，使用 surface-x 关键字

（续）

STRUCTURE LINER 关键字	说 明
resultant-qy [关键字块]	合应力 Q_y，面坐标，使用 surface-x 关键字
principal-intermediate [关键字块]	中间主应力，全局坐标，使用 depth-factor 关键字
principal-maximum [关键字块]	最大主应力，全局坐标，使用 depth-factor 关键字
principal-minimum [关键字块]	最小主应力，全局坐标，使用 depth-factor 关键字
stress-xx [关键字块]	应力 *xx* 方向分量，全局坐标，使用 depth-factor 关键字
stress-xy [关键字块]	应力 *xy* 方向分量，全局坐标，使用 depth-factor 关键字
stress-xz [关键字块]	应力 *xz* 方向分量，全局坐标，使用 depth-factor 关键字
stress-yy [关键字块]	应力 *yy* 方向分量，全局坐标，使用 depth-factor 关键字
stress-yz [关键字块]	应力 *yz* 方向分量，全局坐标，使用 depth-factor 关键字
stress-zz [关键字块]	应力 *zz* 方向分量，全局坐标，使用 depth-factor 关键字
关键字块：	
component-id ***i***	组件 CID 号 ***i***，不应指定 position 选项
depth-factor ***f***	确定应力的深度系数，仅用于提示的地方
node ***i***	指定节点号，$i \in \{1,2,3\}$，默认为 1
position ***v***	离点最近的单元，不应指定 component-id 选项
side ***i***	指定内嵌衬砌的一面，默认为面 1
surface-x ***v***	指定 *x* 轴方向，以确定局部面坐标，仅用于提示的地方
import 关键字	略
initialize coupling	查找任何绑定到单元的可变形连接，并尝试初始化力以匹配连接目标的应力状态
list 关键字	列表相关单元信息
apply	显示施加的均匀压力
coupling-normal	列出衬砌连接单元体的法向耦合弹簧的信息，如法向应力、位移和方向等
coupling-shear	列出衬砌连接单元体的切向耦合弹簧的信息，如周边应力、位移、屈服状态和方向等
depth-factor	显示使用深度系数
element-type	显示使用的有限元格式
group [slot ***s***]	显示单元属于哪一组
information	列出单元的一般信息，包括 ID 号和组件 CID 号，连接的节点、质心、面积、体积和隐藏或选择状态
force-node 关键字	列表节点力，是节点施加到单元上的力
local	根据单元局部坐标显示力，默认
global	根据单元全局坐标显示力
property 关键字	列出属性参数值

（续）

STRUCTURE LINER 关键字	说明
density	密度
thickness	衬砌厚
thermal-expansion	热膨胀系数
anisotropic-membrane	薄膜材料刚度矩阵$\{c'_{11},c'_{12},c'_{13},c'_{22},c'_{23},c'_{33}\}$
anisotropic-bending	板弯曲材料刚度矩阵$\{c'_{11},c'_{12},c'_{13},c'_{22},c'_{23},c'_{33}\}$
anisotropic-both	薄膜板弯曲材料刚度矩阵$\{c'_{11},c'_{12},c'_{13},c'_{22},c'_{23},c'_{33}\}$
material-x	确定材料坐标系统 x 方向的向量
isotropic	各向同性的弹性模量和泊松比两参数
orthotropic-membrane	薄膜材料刚度矩阵$\{c'_{11},c'_{12},c'_{22},c'_{33}\}$
orthotropic-bending	板弯曲材料刚度矩阵$\{c'_{11},c'_{12},c'_{22},c'_{33}\}$
orthotropic-both	薄膜板弯曲材料刚度矩阵$\{c'_{11},c'_{12},c'_{22},c'_{33}\}$
coupling-cohesion-shear	切向耦合弹簧黏结强度
coupling-cohesion-shear-2	切向耦合弹簧黏结强度（面2）
coupling-cohesion-shear-residual	切向耦合弹簧残余黏结强度
coupling-cohesion-residual-2	切向耦合弹簧残余黏结强度（面2）
coupling-friction-shear	切向耦合弹簧摩擦角
coupling-friction-shear-2	切向耦合弹簧摩擦角（面2）
coupling-stiffness-normal	法向耦合弹簧刚度
coupling-stiffness-normal-2	法向耦合弹簧刚度（面2）
coupling-stiffness-shear	切向耦合弹簧刚度
coupling-stiffness-shear-2	切向耦合弹簧刚度（面2）
coupling-yield-normal	法向耦合弹簧抗拉强度
coupling-yield-normal-2	法向耦合弹簧抗拉强度（面2）
slide	大变形滑动标志
slide-tolerance	大变形滑动容差
effective	法向应力有效标志
resultant [nodes]	列出八个合应力量，若指定 nodes，则除列出单元质心处值，还列出单元的各节点的量
stress [nodes]	列出应力状态，若指定 nodes，则除列出单元质心处值，还列出单元的各节点的量
stress-principal [nodes]	列出主应力值，若指定 nodes，则除列出单元质心处值，还列出单元的各节点的量
system-local	单元局部坐标系统
property 关键字	指定单元属性
density *f*	密度，ρ
thickness *f*	衬砌厚
thermal-expansion *f*	热膨胀系数，α_t

（续）

STRUCTURE LINER 关键字	说明
anisotropic-membrane $f_1\,f_2\,f_3\,f_4\,f_5\,f_6$	薄膜材料属性参数，$\{c'_{11},c'_{12},c'_{13},c'_{22},c'_{23},c'_{33}\}$
anisotropic-bending $f_1\,f_2\,f_3\,f_4\,f_5\,f_6$	板弯曲材料属性参数，$\{c'_{11},c'_{12},c'_{13},c'_{22},c'_{23},c'_{33}\}$
anisotropic-both $f_1\,f_2\,f_3\,f_4\,f_5\,f_6$	薄膜板弯曲材料属性参数，$\{c'_{11},c'_{12},c'_{13},c'_{22},c'_{23},c'_{33}\}$
material-x ***v***	向量***v***投影到衬砌表面，以指定局部材料坐标 x 方向
isotropic $f_1\,f_2$	各向同性，弹性模量 E 和泊松比***v***
orthotropic-membrane $f_1\,f_2\,f_3\,f_4$	薄膜材料属性参数，$\{c'_{11},c'_{12},c'_{22},c'_{33}\}$
orthotropic-bending $f_1\,f_2\,f_3\,f_4$	板弯曲材料属性参数，$\{c'_{11},c'_{12},c'_{22},c'_{33}\}$
orthotropic-both $f_1\,f_2\,f_3\,f_4$	薄膜板弯曲材料属性参数，$\{c'_{11},c'_{12},c'_{22},c'_{33}\}$
slide ***b***	大变形滑动标志
slide-tolerance ***f***	大变形滑动容差
coupling-yield-normal ***f***	法向耦合弹簧抗拉强度
coupling-yield-normal-2 ***f***	法向耦合弹簧抗拉强度（面2）
coupling-stiffness-normal ***f***	法向耦合弹簧刚度
coupling-stiffness-normal-2 ***f***	法向耦合弹簧刚度（面2）
coupling-stiffness-shear ***f***	切向耦合弹簧刚度
coupling-stiffness-shear-2 ***f***	切向耦合弹簧刚度（面2）
coupling-cohesion-shear ***f***	切向耦合弹簧黏结强度
coupling-cohesion-shear-2 ***f***	切向耦合弹簧黏结强度（面2）
coupling-cohesion-shear-residual ***f***	切向耦合弹簧残余黏结强度
coupling-cohesion-shear-residual-2 ***f***	切向耦合弹簧残余黏结强度（面2）
coupling-friction-shear ***f***	切向耦合弹簧摩擦角
coupling-friction-shear-2 ***f***	切向耦合弹簧摩擦角（面2）
effective ***b***	法向应力有效标志
recover [关键字] [rang...]	衬砌结构单元应力还原
resultants [rang...]	还原单元八个合成应力，它假定为范围内单元建立了一致的面坐标，并以此表达结果。板弯曲应力和薄膜应力（$M_x,M_y,M_{xy},N_x,N_y,N_{xy}$）在每个单元上是线性变化的，而横向切向力（$Q_x,Q_y$）是恒定的
stress [depth-factor ***f***]	在指定范围内的所有单元中还原应力张量（全局坐标）。深度 $=ft/2$，t 为衬砌厚，深度系数***f***必须在［-1，+1］的范围内，正与负和单元的外与内面相对应，若不指定***f***，默认为+1
surface ***v***	通过向量***v***生成面坐标系。表面坐标系 $x\,y\,z$ 具有以下性质：z 轴为面的法向；x 轴是给定向量***v***投影到面上；y 轴正交于 x 轴和 z 轴
refine ***i*** [rang...]	按因子***i***细化范围内的单元，若 $i=2$，细化的三角形单元将产生四个三角形单元；若 $i=3$，将产生16个三角形单元，依此类推
select [关键字]	
b	on=选择，默认；off=不选择
new	意味 on，选择范围内的单元，自动选择不在范围内的单元
undo	撤销上次操作，默认12次

表 11-25 衬砌结构单元的 FISH 函数

<table>
<tr><th colspan="2">函 数</th><th>说 明</th></tr>
<tr><td colspan="3">$\boldsymbol{b}$ = struct.liner.embedded($\boldsymbol{p}$) ‖ 获得内嵌标志</td></tr>
<tr><td>返回值</td><td>$\boldsymbol{b}$</td><td>内嵌标志，若为 true 则说明衬砌是内嵌的</td></tr>
<tr><td>参数</td><td>$\boldsymbol{p}$</td><td>衬砌结构单元指针</td></tr>
<tr><td colspan="3">$\boldsymbol{v}$ = struct.liner.normal.dir($\boldsymbol{p}$,$\boldsymbol{i}_{node}$[,$\boldsymbol{i}$]) ‖ 获得衬砌结构单元法向耦合弹簧指定节点的方向</td></tr>
<tr><td>返回值</td><td>$\boldsymbol{v}$</td><td>指定单元法向耦合弹簧节点 $\boldsymbol{i}_{node}$ 号的方向向量（全局坐标单位向量），若指定 $\boldsymbol{i}$ 则为分量</td></tr>
<tr><td rowspan="3">参数</td><td>$\boldsymbol{p}$</td><td>衬砌结构单元指针</td></tr>
<tr><td>$\boldsymbol{i}_{node}$</td><td>节点索引号，$\boldsymbol{i}_{node} \in \{1,2,3\}$</td></tr>
<tr><td>$\boldsymbol{i}$</td><td>分量选项，$\boldsymbol{i} = 1 \sim 3$</td></tr>
<tr><td colspan="3">$\boldsymbol{f}$ = struct.liner.normal.dir.x($\boldsymbol{p}$,$\boldsymbol{i}_{node}$) ‖ 获得衬砌结构单元指定节点 $\boldsymbol{i}_{node}$ 的全局坐标 x 方向分量</td></tr>
<tr><td>返回值</td><td>$\boldsymbol{f}$</td><td>方向向量 x 方向分量</td></tr>
<tr><td rowspan="2">参数</td><td>$\boldsymbol{p}$</td><td>衬砌结构单元指针</td></tr>
<tr><td>$\boldsymbol{i}_{node}$</td><td>节点索引号，$\boldsymbol{i}_{node} \in \{1,2,3\}$</td></tr>
<tr><td colspan="3">$\boldsymbol{f}$ = struct.liner.normal.dir.y($\boldsymbol{p}$,$\boldsymbol{i}_{node}$) ‖ 获得衬砌结构单元指定节点 $\boldsymbol{i}_{node}$ 的全局坐标 y 方向分量</td></tr>
<tr><td>返回值</td><td>$\boldsymbol{f}$</td><td>方向向量 y 方向分量</td></tr>
<tr><td rowspan="2">参数</td><td>$\boldsymbol{p}$</td><td>衬砌结构单元指针</td></tr>
<tr><td>$\boldsymbol{i}_{node}$</td><td>节点索引号，$\boldsymbol{i}_{node} \in \{1,2,3\}$</td></tr>
<tr><td colspan="3">$\boldsymbol{f}$ = struct.liner.normal.dir.z($\boldsymbol{p}$,$\boldsymbol{i}_{node}$) ‖ 获得衬砌结构单元指定节点 $\boldsymbol{i}_{node}$ 的全局坐标 z 方向分量</td></tr>
<tr><td>返回值</td><td>$\boldsymbol{f}$</td><td>方向向量 z 方向分量</td></tr>
<tr><td rowspan="2">参数</td><td>$\boldsymbol{p}$</td><td>衬砌结构单元指针</td></tr>
<tr><td>$\boldsymbol{i}_{node}$</td><td>节点索引号，$\boldsymbol{i}_{node} \in \{1,2,3\}$</td></tr>
<tr><td colspan="3">$\boldsymbol{f}$ = struct.liner.normal.disp($\boldsymbol{p}$,$\boldsymbol{i}_{node}$) ‖ 获得衬砌结构单元指定节点 $\boldsymbol{i}_{node}$ 法向耦合弹簧位移量</td></tr>
<tr><td>返回值</td><td>$\boldsymbol{f}$</td><td>指定节点 $\boldsymbol{i}_{node}$ 法向耦合弹簧位移量，力作用的方向由函数 struct.liner.normal.dir（ ）给出</td></tr>
<tr><td rowspan="2">参数</td><td>$\boldsymbol{p}$</td><td>衬砌结构单元指针</td></tr>
<tr><td>$\boldsymbol{i}_{node}$</td><td>节点索引号，$\boldsymbol{i}_{node} \in \{1,2,3\}$</td></tr>
<tr><td colspan="3">$\boldsymbol{f}$ = struct.liner.normal.stiffness($\boldsymbol{p}$) ‖ 获得衬砌结构单元法向耦合弹簧刚度
struct.liner.normal.stiffness($\boldsymbol{p}$) = $\boldsymbol{f}$ ‖ 设置衬砌结构单元法向耦合弹簧刚度</td></tr>
<tr><td>返回值</td><td>$\boldsymbol{f}$</td><td>衬砌结构单元法向耦合弹簧刚度</td></tr>
<tr><td>赋值</td><td>$\boldsymbol{f}$</td><td>衬砌结构单元法向耦合弹簧刚度</td></tr>
<tr><td>参数</td><td>$\boldsymbol{p}$</td><td>衬砌结构单元指针</td></tr>
<tr><td colspan="3">$\boldsymbol{f}$ = struct.liner.normal.strength($\boldsymbol{p}$) ‖ 获得衬砌结构单元法向耦合弹簧抗拉强度
struct.liner.normal.strength($\boldsymbol{p}$) = $\boldsymbol{f}$ ‖ 设置衬砌结构单元法向耦合弹簧抗拉强度</td></tr>
<tr><td>返回值</td><td>$\boldsymbol{f}$</td><td>衬砌结构单元法向耦合弹簧抗拉强度</td></tr>
<tr><td>赋值</td><td>$\boldsymbol{f}$</td><td>衬砌结构单元法向耦合弹簧抗拉强度</td></tr>
<tr><td>参数</td><td>$\boldsymbol{p}$</td><td>衬砌结构单元指针</td></tr>
<tr><td colspan="3">$\boldsymbol{f}$ = struct.liner.normal.stress($\boldsymbol{p}$,$\boldsymbol{i}_{node}$) ‖ 获得衬砌结构单元节点 $\boldsymbol{i}_{node}$ 法向耦合弹簧应力值</td></tr>
<tr><td>返回值</td><td>$\boldsymbol{f}$</td><td>指定节点 $\boldsymbol{i}_{node}$ 法向耦合弹簧的应力值，力作用的方向由函数 struct.liner.normal.dir（ ）给出</td></tr>
<tr><td rowspan="2">参数</td><td>$\boldsymbol{p}$</td><td>衬砌结构单元指针</td></tr>
<tr><td>$\boldsymbol{i}_{node}$</td><td>节点索引号，$\boldsymbol{i}_{node} \in \{1,2,3\}$</td></tr>
</table>

（续）

函数		说明
f = struct.liner.shear.cohesion(p) ‖ 获得衬砌结构单元切向耦合弹簧黏结强度 struct.liner.shear.cohesion(p) = f ‖ 设置衬砌结构单元切向耦合弹簧黏结强度		
返回值	f	衬砌结构单元切向耦合弹簧黏结强度
赋值	f	衬砌结构单元切向耦合弹簧黏结强度
参数	p	衬砌结构单元指针
$\boldsymbol{v}$ = struct.liner.shear.dir(p, i_{node}[, i]) ‖ 获得衬砌结构单元切向耦合弹簧指定节点的方向		
返回值	$\boldsymbol{v}$	指定单元切向耦合弹簧节点 i_{node} 号的方向向量（全局坐标单位向量），若指定 i 则为分量
参数	p	衬砌结构单元指针
	i_{node}	节点索引号，$i_{node} \in \{1,2,3\}$
	i	分量选项，$i = 1 \sim 3$
f = struct.liner.shear.dir.x(p, i_{node}) ‖ 获得衬砌结构单元指定节点 i_{node} 的全局坐标 x 方向分量		
返回值	f	方向向量 x 方向分量
参数	p	衬砌结构单元指针
	i_{node}	节点索引号，$i_{node} \in \{1,2,3\}$
f = struct.liner.shear.dir.y(p, i_{node}) ‖ 获得衬砌结构单元指定节点 i_{node} 的全局坐标 y 方向分量		
返回值	f	方向向量 y 方向分量
参数	p	衬砌结构单元指针
	i_{node}	节点索引号，$i_{node} \in \{1,2,3\}$
f = struct.liner.shear.dir.z(p, i_{node}) ‖ 获得衬砌结构单元指定节点 i_{node} 的全局坐标 z 方向分量		
返回值	f	方向向量 z 方向分量
参数	p	衬砌结构单元指针
	i_{node}	节点索引号，$i_{node} \in \{1,2,3\}$
f = struct.liner.shear.disp(p, i_{node}) ‖ 获得衬砌结构单元指定节点 i_{node} 切向耦合弹簧位移量		
返回值	f	指定节点 i_{node} 切向耦合弹簧位移量，耦合弹簧位于衬砌单元的切平面内，力作用的方向由函数 struct.liner.shear.dir（ ）给出
参数	p	衬砌结构单元指针
	i_{node}	节点索引号，$i_{node} \in \{1,2,3\}$
f = struct.liner.shear.friction(p) ‖ 获得衬砌结构单元切向耦合弹簧内摩擦角 struct.liner.shear.friction(p) = f ‖ 设置衬砌结构单元切向耦合弹簧内摩擦角		
返回值	f	衬砌结构单元切向耦合弹簧内摩擦角
赋值	f	衬砌结构单元切向耦合弹簧内摩擦角
参数	p	衬砌结构单元指针
f = struct.liner.shear.residual(p) ‖ 获得衬砌结构单元切向耦合弹簧残余黏结强度 struct.liner.shear.residual(p) = f ‖ 设置衬砌结构单元切向耦合弹簧残余黏结强度		
返回值	f	衬砌结构单元切向耦合弹簧残余黏结强度
赋值	f	衬砌结构单元切向耦合弹簧残余黏结强度
参数	p	衬砌结构单元指针

（续）

函数		说明
$\boldsymbol{i}$ = struct. liner. shear. state($\boldsymbol{p}$,$\boldsymbol{i}_{\text{node}}$) ‖ 获得衬砌结构单元指定节点 $\boldsymbol{i}_{\text{node}}$ 耦合弹簧屈服状态		
返回值	$\boldsymbol{i}$	屈服状态，$\boldsymbol{i}=\{0,1,2\}$，分别表示从未屈服、正在屈服或曾屈服
参数	$\boldsymbol{p}$	衬砌结构单元指针
	$\boldsymbol{i}_{\text{node}}$	节点索引号，$\boldsymbol{i}_{\text{node}} \in \{1,2,3\}$
$\boldsymbol{f}$ = struct. liner. shear. stiffness($\boldsymbol{p}$) ‖ 获得衬砌结构单元切向耦合弹簧刚度 struct. liner. shear. stiffness($\boldsymbol{p}$) = $\boldsymbol{f}$ ‖ 设置衬砌结构单元切向耦合弹簧刚度		
返回值	$\boldsymbol{f}$	衬砌结构单元切向耦合弹簧刚度
赋值	$\boldsymbol{f}$	衬砌结构单元切向耦合弹簧刚度
参数	$\boldsymbol{p}$	衬砌结构单元指针
$\boldsymbol{f}$ = struct. liner. shear. stress($\boldsymbol{p}$,$\boldsymbol{i}_{\text{node}}$) ‖ 获得衬砌结构单元节点 $\boldsymbol{i}_{\text{node}}$ 切向耦合弹簧应力值		
返回值	$\boldsymbol{f}$	指定节点 $\boldsymbol{i}_{\text{node}}$ 切向耦合弹簧的应力值，耦合弹簧位于衬砌单元的切平面内，力作用的方向由函数 struct. liner. shear. dir（ ）给出
参数	$\boldsymbol{p}$	衬砌结构单元指针
	$\boldsymbol{i}_{\text{node}}$	节点索引号，$\boldsymbol{i}_{\text{node}} \in \{1,2,3\}$
$\boldsymbol{b}$ = struct. geogrid. slide($\boldsymbol{p}$) ‖ 获得大变形滑动标志 struct. geogrid. slide($\boldsymbol{p}$) = $\boldsymbol{b}$ ‖ 设置大变形滑动标志		
返回值	$\boldsymbol{b}$	若为 true，则表示已激活大变形滑动
赋值	$\boldsymbol{b}$	若为 true，则表示要激活大变形滑动
参数	$\boldsymbol{p}$	衬砌结构单元指针
$\boldsymbol{f}$ = struct. liner. slide. tol($\boldsymbol{p}$) ‖ 获得大变形滑动容差值 struct. liner. slide. tol($\boldsymbol{p}$) = $\boldsymbol{f}$ ‖ 设置大变形滑动容差值		
返回值	$\boldsymbol{f}$	单元的切向耦合弹簧大变形滑动容差
赋值	$\boldsymbol{f}$	单元的切向耦合弹簧大变形滑动容差
参数	$\boldsymbol{p}$	衬砌结构单元指针

11.8.4　应用实例

1. 衬砌交互特性简单试验

衬砌被放在土块顶部，以不同的方向进行移动，监控衬砌耦合弹簧法向和切向应力及位移，以说明衬砌参数的响应效果。

模型为 1m^3 的土块，由 144 个单元体组成，其顶部中心放有边长为 0.33m 正方形由 8 个结构单元组成的混凝土衬砌，如图 11-83 所示。土为弹性体（$E=15\text{MPa}$，$\nu=0.3$），混凝土衬砌（$E=25\text{GPa}$，$\nu=0.15$，$t=0.1\text{m}$）与单元体界面参数设定如下：界面刚度 $k_n=k_s=8\times10^8\text{N/m}^3$，以确保小变形；抗拉强度 $f_t=4\text{MPa}$；黏结强度 $c=4\text{MPa}$；残余黏结强度 $c_r=2\text{MPa}$；摩擦角 $\phi=20°$。命令见例题 11-13 所示。

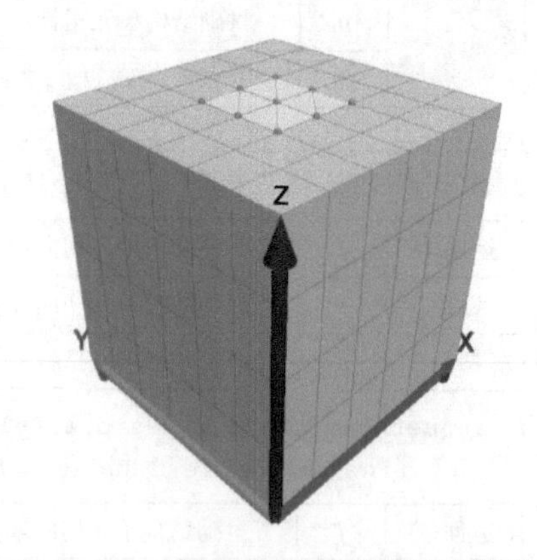

图 11-83　衬砌交互特性简单试验模型

为示范衬砌交互特性，利用了以下条件：固定了所有网格格点和衬砌节点速度。相同的速度被施加到所有节点，使得衬砌作为刚性体移动，避免在单元体和衬砌中产生应力，而仅仅只测验两者之间的耦合弹簧。对中心耦合弹簧的法向、切向应力和位移进行监测和绘制。法向应力与法向位移图中的分/合符号约定、切向应力与切向位移图的相关知识参阅11.8.1。

试验分6阶段完成，每一个阶段衬砌被施加了法向或切向位移，其位移量见表11-26所示。法向位移的+/-符号表示分/合，切向位移则沿方向（1,1,0）为正。试验结果如图11-84~图11-89所示。

例题11-13 衬砌交互特性简单试验。

```
;;文件名:11 -13 . f3dat
model new ;系统重置
;;创建模型
zone create brick size 6,6,4 point 0 (0,0,0)...
    point 1 (1.0,0,0) point 2 (0,1.0,0) point 3 (0,0,1.0)
;;指定本构模型及材料属性参数
zone cmodel assign elastic ;标准弹性模型
zone property bulk =12.5e6 shear =5.77e6 ;土性参数
;;创建混凝土衬砌结构单元,并指定材料属性参数
struct liner create by-face range position 0.33,0.33,1 0.66,0.66,1
struct liner property isotropic = ( 25e9, 0.15) thickness =0.1
struct liner property coupling-stiffness-normal =8e8...
    coupling-stiffness-shear =8e8 coupling-yield-normal =4e6...
    coupling-cohesion-shear =4e6...
    coupling-cohesion-shear-residual =2e6...
    coupling-friction-shear =20.0
;;边界条件
zone gridpoint fix velocity ;固定所有单元体
struct node fix velocity ;固定衬砌所有节点
;;监控CID号为3的单元第3节点的法向、切向应力/位移
struct liner history name ='nstr'...
    coupling-stress-normal node 3 component-id 3
struct liner history name ='ndis'...
    coupling-displacement-normal node 3 component-id 3
struct liner history name ='sstr'...
    coupling-stress-shear node 3 component-id 3
struct liner history name ='sdis'...
    coupling-displacement-shear  node 3 component-id 3
;;6次对衬砌施加法向或切向(对角)位移
struct damping combined-local ;设置联合阻尼,而不是局部阻尼
;第1阶段
struct node initialize velocity (0.707e -5,0.707e -5,0) local
    ;东北方向切向位移,速度为1.0×10^-5
model cycle 1500;切向位移量:1500×1.0×10^-5m =0.015m =15mm
Struct node initialize velocity ( -0.707e -5, -0.707e -5,0) local
    ;反方向移动(西南),速度为 -1.0×10^-5
model cycle 500 ;切向位移量:500×(-1.0)×10^-5m = -0.005m = -5mm
model save 'stage1'
```

```
;第 2 阶段
struct node initialize velocity (0,0,-1e-5) local
    ;法向位移,速度为 -1.0×10^-5
model cycle 1000 ;法向位移量:1000×(-1.0)×10^-5 m = -0.01m = -10mm
model save 'stage2'
;第 3 阶段
struct node initialize velocity (0.707e-5,0.707e-5,0) local
    ;东北方向切向位移,速度为 1.0×10^-5
model cycle 1000 ;切向位移量:1000×1.0×10^-5 m =0.01m =10mm
model save 'stage3'
;第 4 阶段
struct node initialize velocity (0,0,1e-5) local
    ;法向位移,速度为 1.0×10^-5
model cycle 2000 ;法向位移量:2000×1.0×10^-5 m =0.02m =20mm
model save 'stage4'
;第 5 阶段
struct node initialize velocity (0.707e-5,0.707e-5,0) local
;东北方向切向位移,速度为 1.0×10^-5
model cycle 200 ;切向位移量:200×1.0×10^-5 m =0.002m =2mm
model save 'stage5'
;第 6 阶段
struct node initialize velocity (0,0,-1e-5) local
    ;法向位移,速度为 -1.0×10^-5
model cycle 2000;法向位移量:2000×(-1.0)×10^-5 m = -0.02m = -20mm
struct node initialize velocity (0.707e-5,0.707e-5,0) local
    ;东北方向切向位移,速度为 1.0×10^-5
model cycle 600 ;切向位移量:600×1.0×10^-5 m =0.006m =6mm
model save 'stage6'
```

表 11-26　衬砌位移表

阶段	法向位移量/mm	切向位移量/mm	阶段	法向位移量/mm	切向位移量/mm
1	0	+15	4	+20	0
	0	−5	5	0	+2
2	−10	0	6	−20	0
3	0	+10		0	+6

第 1 阶段期间，先切向移动 15mm，随后反方向移动 5mm，试验结果如图 11-84 所示。可以与图 11-82 切向界面特性进行比较对照，该曲线的斜率等于切向耦合弹簧单位面积的刚度 k_s，最大值等于黏结力 c（此阶段法向应力为 0），卸载与加载的斜率相同。

第 2 阶段期间，衬砌向下移动 10mm，响应结果如图 11-85 所示。可以与图 11-81 法向界面特性进行比较对照。这个曲线的斜率等于法向耦合弹簧单位面积的刚度 k_n，此时，法向应力 $\sigma_n = 8\text{MPa}$。

第 3 阶段期间，追加 10mm 切向位移，响应结果如图 11-86 所示。切向应力增加到最大值 $\tau_{max} = c + \sigma_n \tan\phi = 6.91\text{MPa}$。

第 4 阶段期间，衬砌向上移动 20mm，响应结果如图 11-87 所示。当法向应力达到抗拉强度 f_t =

4MPa 时，耦合弹簧断裂，法向应力跌落至 0。当衬砌在拉伸达到破坏屈服时，则抗拉强度为零，有效黏结力变成为残余黏结强度 c_r。法向位移继续被跟踪，一旦缝隙闭合则压法向应力就能生成。

第 5 阶段期间，追加 2mm 切向位移，响应结果如图 11-88 所示。由于现在法向应力为 0，且使用残余黏结力，所以切向应力从峰值 6.91MPa 下降到了 2MPa。

第 6 阶段期间，衬砌向下移动 20mm，然后追加 6mm 切向位移，响应结果如图 11-89 所示。缝隙已经闭合，法向应力又为 8MPa，按残余黏结力计算，此时峰值切向应力为 4.91MPa。

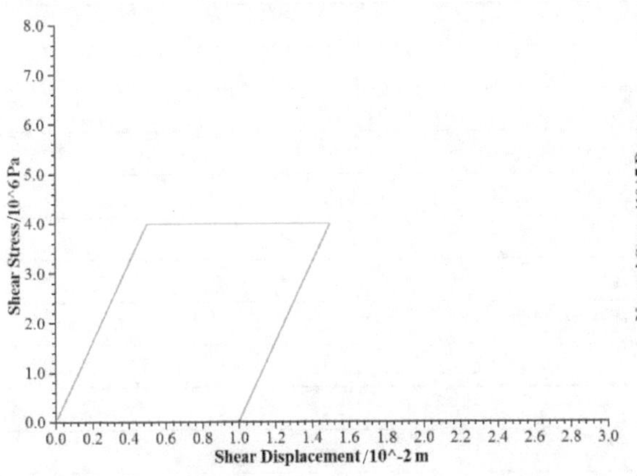

图 11-84 切向应力与切向位移（第 1 阶段后）

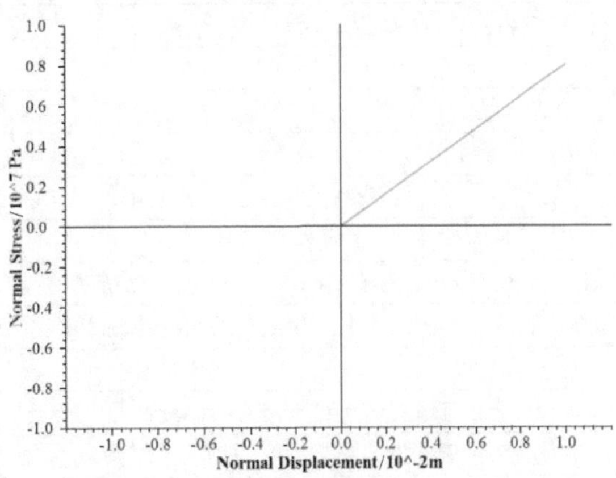

图 11-85 法向应力与法向位移（第 2 阶段后）

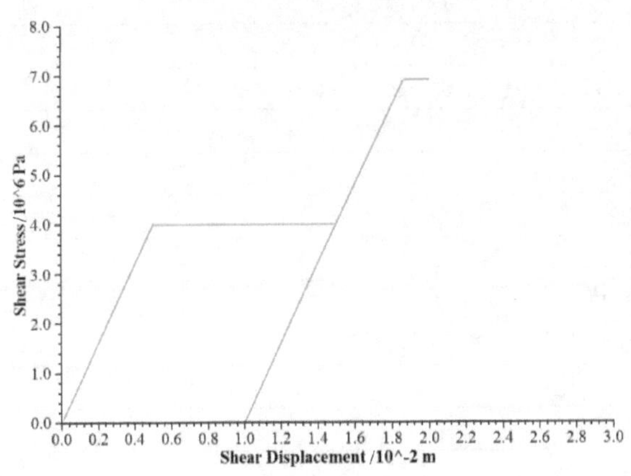

图 11-86 切向应力与切向位移（第 3 阶段后）

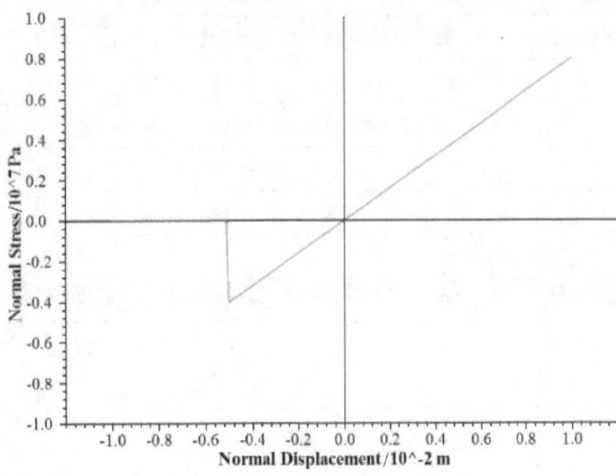

图 11-87 法向应力与法向位移（第 4 阶段后）

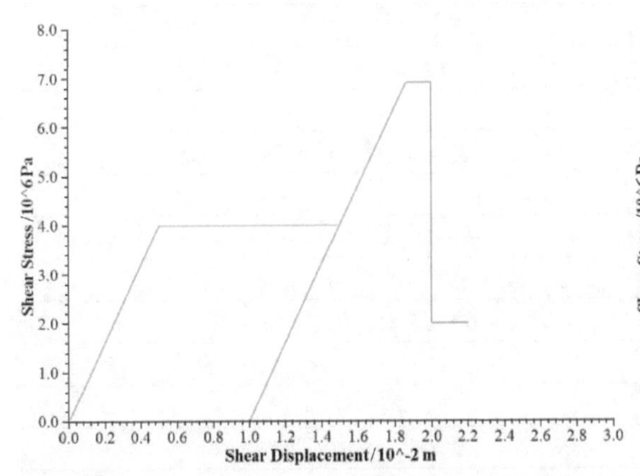

图 11-88 切向应力与切向位移（第 5 阶段后）

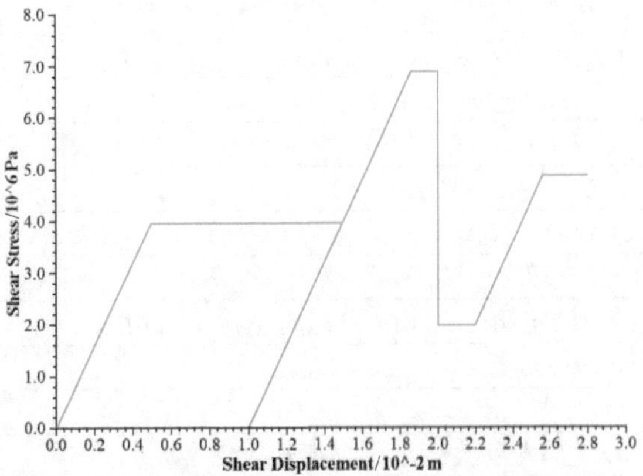

图 11-89 切向应力与切向位移（第 6 阶段后）

2. 大变形滑动试验

模型为 $1m^3$ 的土块由 144 个单元体组成，其顶部中心放有边长为 0.33m 正方形的含有 8 个结构单元的混凝土衬砌，如图 11-90 所示。土为弹性体（$E=15MPa$，$v=0.3$），混凝土衬砌（$E=25GPa$，$v=0.15$，$t=0.1m$）与单元体界面参数设定如下：界面刚度 $k_n=k_s=8\times10^8 N/m^3$；抗拉强度 $f_t=0MPa$；黏结力 $c=0MPa$；残余黏结力 $c_r=0MPa$；摩擦角 $\phi=0°$，命令见例题 11-14。

例题 11-14　大变形滑动试验。

```
;;文件名:11 -14 . f3dat
model new ;系统重置
;;创建模型
zone create brick size 6,6,4 point 0 (0,0,0)...
    point 1 (1.0,0,0) point 2 (0,1.0,0) point 3 (0,0,1.0)
;;指定本构模型及材料属性参数
zone cmodel assign elastic ;标准弹性模型
zone prop bulk =12.5e6 shear =5.77e6 ;土性参数
  ;固定底面
zone face apply velocity-normal 0 range position-z 0
;;创建混凝土衬砌结构单元,并指定材料属性参数
struct liner create by-face range position 0.33,0.33,1 0.66,0.66,1
struct liner property isotropic = (25e9,0.15) thickness =0.1
struct liner property coupling-stiffness-normal =8e8...
    coupling-stiffness-shear =8e8   coupling-yield-normal =0.0...
    coupling-cohesion-shear =0.0...
    coupling-cohesion-shear-residual =0.0...
    coupling-friction-shear =0.0
;;边界条件
struct node fix velocity ;固定衬砌所有节点
struct damping combined-local ;设置联合阻尼,而不是局部阻尼
modellargestrain on ;大变形模式
  ;监控土体顶中心 zz 应力
zone history name ='szz' stress-zz position (0.5,0.5,1)
model save 'slide0'
;;施加衬砌位移,但衬砌大变形滑动标志为 off
struct node initialize velocity (0,0, -1e -4) local
    ;法向位移,速度为 -1 .0 ×10^-4
model cycle 1000 ;法向位移量:1000 × ( -1 .0) ×10^-4 m = -0 .1m = -100mm
model save 'slide1-off'
struct node initialize velocity (3.3e -4, -3.3e -4,0.0) local
    ;切向位移,速度 = ((3 .3 ×10^-4 )^2 + ( -3 .3 ×10^-4 )^2 )^1/2 =4 .24 ×10^-4
model cycle 1000 ;切向位移量:1000 ×4 .24 ×10^-4 m =0 .424m =424mm
model save 'slide2-off'
model restore 'slide0'
;;激活衬砌大变形滑动模式
struct liner property slide on
```

```
struct node initialize velocity (0,0,-1e-4) local
    ;法向位移,速度为-1.0×10^-4
model cycle 1000 ;法向位移量:1000×(-1.0)×10^-4m=-0.1m=-100mm
model save 'slide1'
struct node initialize velocity (3.3e-4,-3.3e-4,0.0) local
    ;切向位移,速度=[(3.3×10^-4)^2+(-3.3×10^-4)^2]^1/2=4.67×10^-4
model cycle 1000 ;切向位移量:1000×4.67×10^-4m=467mm
model save 'slide2'
model cycle 1200 ;再切向位移量:1200×4.67×10^-4m=560mm
model save 'slide3'
struct node initialize velocity (0,0,1e-3) local
    ;法向位移,速度为1.0×10^-3
model cycle 120 ;法向位移量:120×1.0×10^-3m=120mm
struct node initialize velocity (-3.3e-3,3.3e-3,0.0)
    ;切向位移,速度=[(-3.3×10^-3)^2+(3.3×10^-3)^2]^1/2=4.67×10^-3
model cycle 315 ;反向切向位移量:315×4.67×10^-3m=1470mm
struct node initialize velocity (0,0,-1e-4) local
    ;法向位移,速度为-1.0×10^-4
model cycle 1200 ;法向位移量:1200×(-1.0)×10^-4m=-120mm
model save 'slide4'
```

放在土块顶部中心的衬砌向下移动10cm，如此大的相对移动，肯定在大应变模式下运行，单元体 *zz* 方向的应力如图11-91所示。然后衬砌按东南方向水平移动至对角线拐角，此时，土块垂直方向的应力如图11-92所示，对照图11-91可以发现，尽管衬砌水平移动了46.7cm，但是，垂直应力几乎无变化，变形场也不再与衬砌的位置协调一致，很显然是不正确的结果。原来，衬砌通过节点与单元体的连接才能与网格交互，而这些连接存储单元体和单元体内的嵌入位置，以允许节点和单元体之间传递力和速度。默认时，即使在大应变模式下运行，这些嵌入位置信息也不会改变更新。因此，连接没有改变嵌入位置信息，网格仍然保持在土块顶部中心作用有压力。

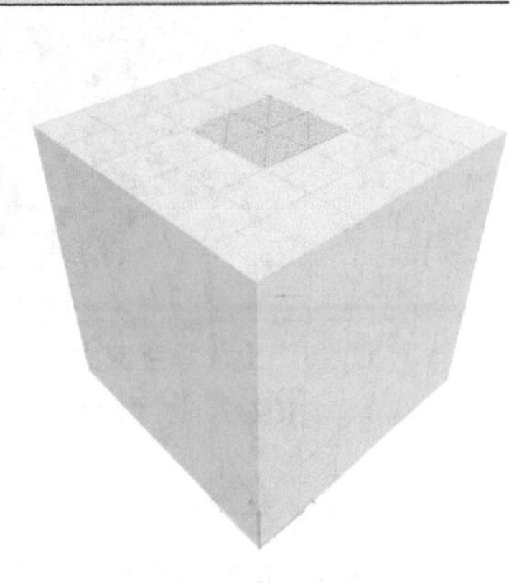

图11-90 **大变形滑动试验模型**

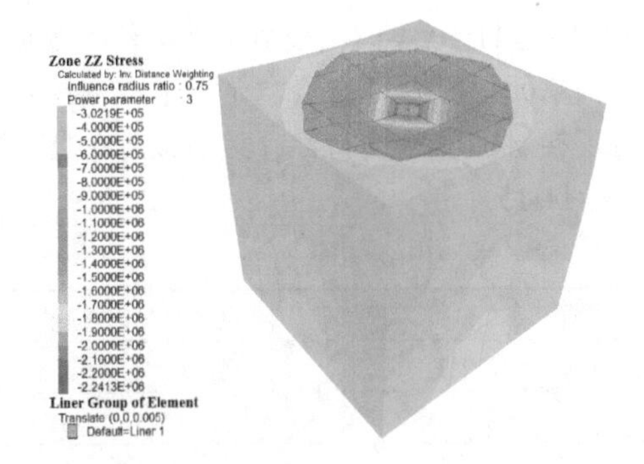

图11-91 **土块垂直应力**（向下位移10cm，滑动标志off）

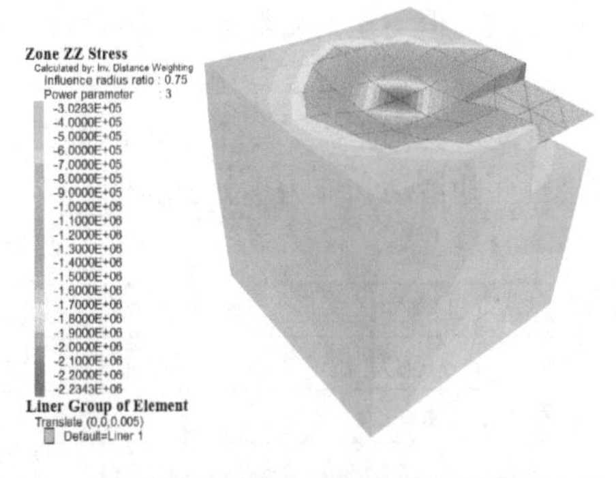

图11-92 **土块垂直应力**（东南水平位移46.7cm，滑动标志off）

对于衬砌与单元体之间较大的相对运动，需要将衬砌的大应变滑动标志设置为开，才允许嵌入位置在网格内移动。设置参数 slide 为 on 后，重复上面的一次垂直移动和一次水平移动，得到单元体 zz 应力是正确的，分别如图 11-93 和图 11-94 所示。事实上，衬砌完全脱离网格后也能正确响应，如图 11-95 所示，一旦回到单元体面中又能重建响应，如图 11-96 所示。

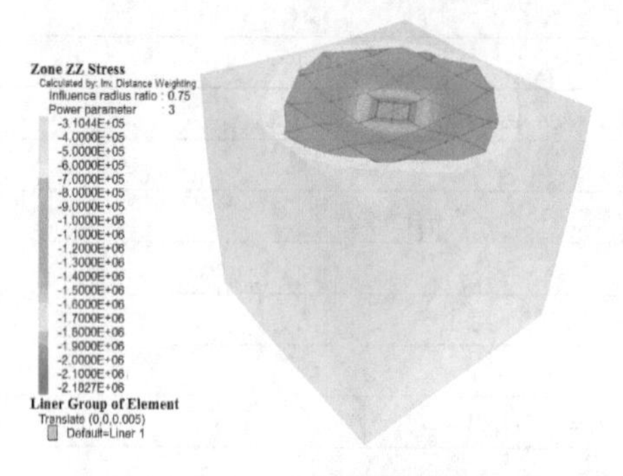

图 11-93 **土块垂直应力**
（向下位移 10cm，滑动标志 on）

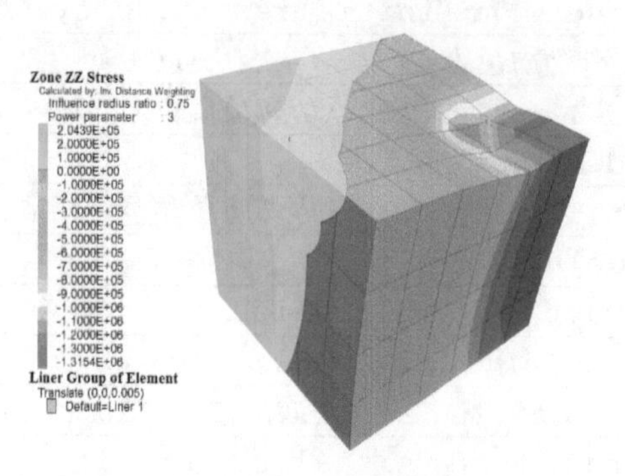

图 11-94 **土块垂直应力**
（东南水平位移 46.7cm，滑动标志 on）

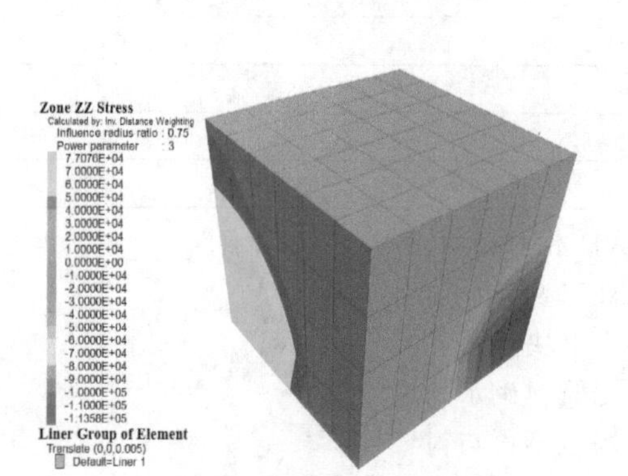

图 11-95 **土块垂直应力**（东南水平位移 102.7cm，滑动标志 on）

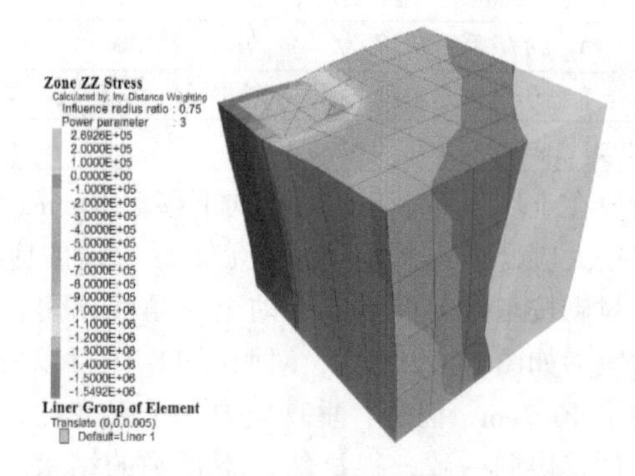

图 11-96 **土块垂直应力**（西北水平位移 44.3cm，滑动标志 on）

3. 喷浆隧道（接触面可以滑动）

本例示范如何模拟连续开挖并支护的隧道，圆形隧道开挖在松软弹性土（$E=48.2$GPa，$v=0.34$）5m 深处，各向同性原始应力为 1MPa，喷射 0.2m 厚的混凝土（$E=10.5$GPa，$v=0.25$），混凝土保持弹性，但与土的接触面可以分离和滑动。本例与例题 11-10 不同仅是由壳结构单元改成了衬砌结构单元。壳结构单元与土为刚性连接，而衬砌结构单元提供弹性连接，允许形成缝隙和发生滑移。首先对衬砌指派了一个很大的黏结强度，以再现接触面的刚性特性，然后设置为零，用来观察接触面的滑动和应力重新分布的结果，命令见例题 11-15。

例题 **11-15** 隧道。

```
;;文件名:11-15.f3dat
model new ;系统重置
;;创建模型,分组
zone create radial-cylinder dim 1.0 point 0 0 0 0...
    point 1 5 0 0 point 2 0 2 0 point 3 0 0 5...
    ratio 1.0 1.0 1.0 1.2 size 1 8 4 4...
```

```
    group 'rock' fill group 'tunnel'
zone create radial-cylinder dim 1.0 point 0 0 2 0...
    point 1 5 2 0 point 2 0 5 0 point 3 0 2 5...
    ratio 1.0 1.0 1.0 1.2 size 1 3 4 4...
    group 'rock' fill group 'tunnel'
;;细分组
zone group 'section1' range position-y 0 1 group 'tunnel'
zone group 'section2' range position-y 1 2 group 'tunnel'
zone group 'section3' range position-y 2 3 group 'tunnel'
zone group 'section4' range position-y 3 4 group 'tunnel'
zone group 'section5' range position-y 4 5 group 'tunnel'
zone face group 'shotcrete1' internal...
    range group 'rock' group 'section1'
zone face group 'shotcrete2' internal...
    range group 'rock' group 'section2'
zone face group 'shotcrete3' internal...
    range group 'rock' group 'section3'
;;指定本构模型及材料属性参数
zone cmodel assign elastic ;标准弹性模型
zone property bulk 50e6 shear 18e6
;;初始化条件
zone initialize stress xx -1e6 yy -1e6 zz -1e6
;;边界条件
zone gridpoint fix velocity-x range position-x 0.0
zone gridpoint fix velocity-y range position-y 0.0
zone gridpoint fix velocity-z range position-z 0.0
zone gridpoint fix velocity range union...
    position-x 5.0 position-y 5.0 position-z 5.0
;;第一阶段:开挖隧道区域 1
zone cmodel assign null range group 'section1'
model solve convergence 1 ;求解至收敛
model save 'tun1'
;;第二阶段:开挖隧道区域 2
zone gridpoint initialize displacement (0,0,0);重置位移为零
;采样记录隧道顶部(0,1,1)位移与速度
zone history name 'zdisp' displacement-z position (0,1,1)
zone history name 'zvel' velocity-z position (0,1,1)
zone cmodel assign null range group 'section2';开挖
model save 'tun2-initial'
;不支护求解
model solve convergence 1 ;求解至收敛
model save 'tun2-nosupport'
```

```
;对区域 1 喷浆支护求解
model restore 'tun2-initial'
struct liner create by-face id =1 range group 'shotcrete1'
struct liner property isotropic = (10.5e9, 0.25) thickness =0.2
struct liner property coupling-stiffness-normal =7.4e10...
    coupling-stiffness-shear =7.4e10...
    coupling-cohesion-shear =1e20
model cycle 0 ;自动初始化结构单元局部坐标,便于后面观察与纠正
model save 'tun2-temp1'
;对 3 个对称平面内的结构节点指定对称条件,对节点局部坐标 x,y 轴定向
struct node system-local x 1,0,0 y 0, -1,0 range position-x 0
struct node fix system-local range position-x 0
struct node fix velocity-x rotation-y rotation-z...
    range position-x 0
struct node system-local x 0,0, -1 y 0, -1,0 range position-z 0
struct node fix system-local range position-z 0
struct node fix velocity-x rotation-y rotation-z...
    range position-z 0
struct node fix velocity-y rotation-x rotation-z...
    range position-y 0
struct node history name 'znode'...
    displacement-z component-id =25
struct liner history name 'ndis'...
    coupling-displacement-normal node 2 component-id =32
model cycle 0 ;初始化结构单元节点局部坐标,便于出图对比
model save 'tun2-temp2'
model solve convergence 1 ;求解至收敛
model save 'tun2a'
;重复开掘,用低刚度(降至 1/100)
model restore 'tun2-temp2';恢复模型状态
struct liner property coupling-stiffness-normal =7.4e8...
    coupling-stiffness-shear =7.4e8...
    coupling-cohesion-shear =1e20
model solve convergence 1 ;求解至收敛
model save 'tun2a-lowstiff'
;继续开掘,恢复大刚度,减小黏结力
model restore 'tun2a'
struct node initialize displacement (0,0,0)
struct liner property coupling-cohesion-shear =0.0
model solve convergence 1 ;求解至收敛
model save 'tun2b'
;;第三阶段:开挖隧道区域 3
```

```
zone cmodel assign null range group 'section3'
struct liner create by-face id=2 range group 'shotcrete2'
;对3个对称平面内的结构节点指定对称条件,对节点局部坐标x,y轴定向
struct node system-local x 1,0,0 y 0, -1,0 range position-x 0
struct node fix system-local range position-x 0
struct node fix velocity-x rotation-y rotation-z...
    range position-x 0
struct node system-local x 0,0, -1 y 0, -1,0 range position-z 0
struct node fix system-local range position-z 0
struct node fix velocity-x rotation-y rotation-z...
    range position-z 0
struct node fix velocity-y rotation-x rotation-z...
    range position-y 0
struct liner property isotropic=(10.5e9, 0.25)...
    thickness=0.2 range id 2
struct liner property coupling-stiffness-normal=7.4e10...
    coupling-stiffness-shear=7.4e10...
    coupling-cohesion-shear=0.0 range id 2
model solve convergence 1 ;求解至收敛
model save 'tun3'
```

隧道直径2m，假定全断面一次同时掘出，则模型可简化成四分之一，只需在三个对称平面施加对称条件。通过对隧道里的单元体施加null材料来模拟开挖过程，并允许应力重新分布。开挖第一段1m深时的情况如图11-97所示。第二段1m隧道被挖掘，对第一段1m隧道通过安装衬砌结构单元进行喷浆支护，并再次允许应力重新分布，这阶段的模型如图11-98所示。

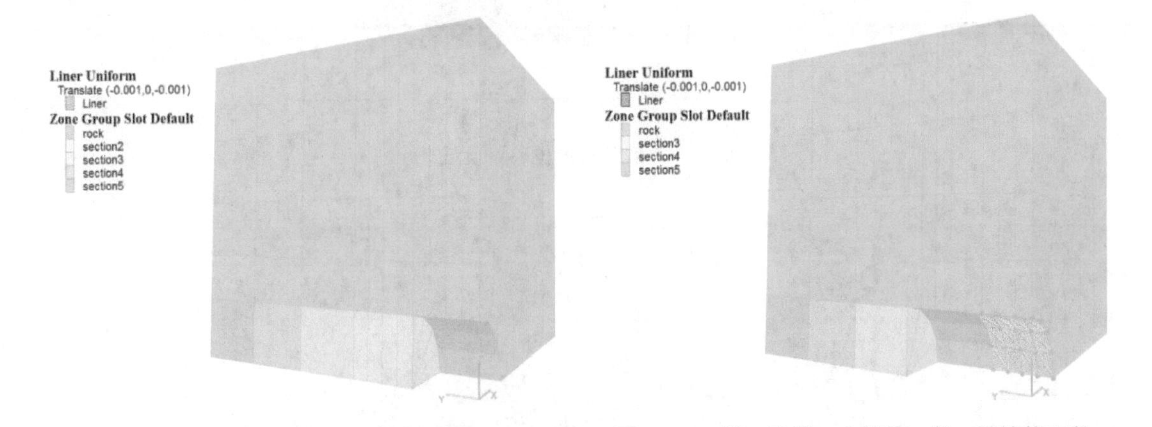

图11-97 第一阶段：开挖第一段

图11-98 第二阶段：支护第一段，开挖第二段

这个模型有三个对称平面，需要通过structure node fix命令才能指定平面内节点的对称边界条件，该命令是用节点局部坐标来操作相关联的自由度的，模型求解开始时零循环的所有节点的局部坐标则自动设置。例题中用model cycle 0命令再现节点局部坐标自动设置的状态，结果如图11-99所示。原来，一个节点的z轴方向为几个共用该节点的衬砌结构单元面的平均法向，其切向平面内的x、y轴方向也是随意的。这样位于$x=0$平面和$y=0$平面内的所有节点都不符合边界对称条件，必须重新定位，由例题中7个相关命令完成，其结果如图11-100所示。

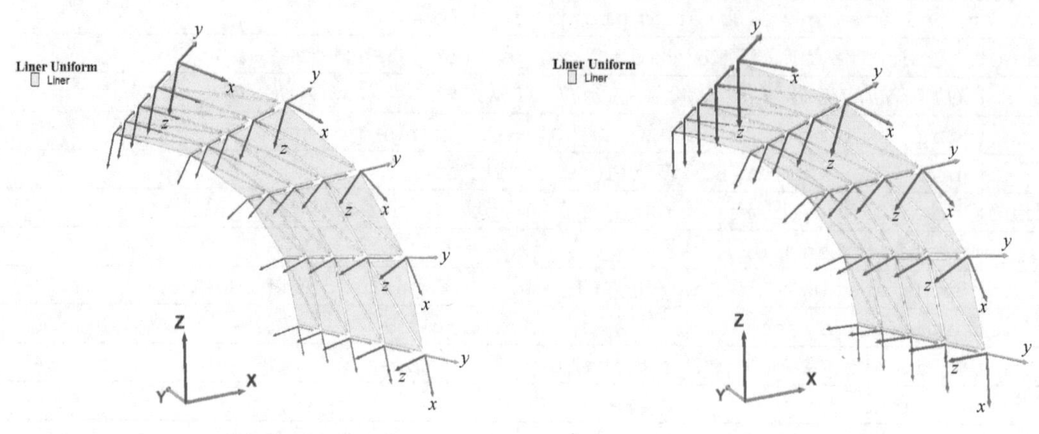

图 11-99 **默认时节点局部坐标方向**　　图 11-100 **对齐后节点局部坐标方向**

界面刚度 $k_{\mathrm{n}}=k_{\mathrm{s}}=7.4\times10^{10}\mathrm{N/m^3}$。首先运行时，大的黏结强度（$c=1\times10^{20}$MPa，大 100 倍）指派给衬砌交互界面，使系统处于固接状态。第二阶段无支护时位移场及隧道顶点（0,1,1）的 z 方向位移轨迹如图 11-101 所示，第二阶段有支护时位移场及隧道顶点（0,1,1）的 z 方向位移轨迹如图 11-102 所示。对比图 11-101 和图 11-102 发现，支护后，隧道顶点垂直位移从原来的 12mm 减小到 1mm。

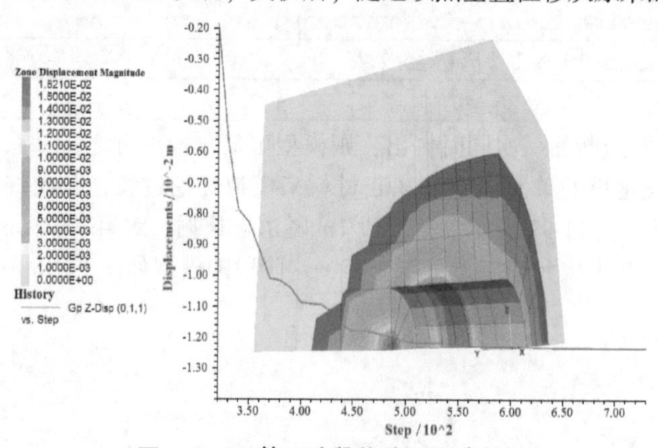

图 11-101 **第二阶段位移**（无支护）

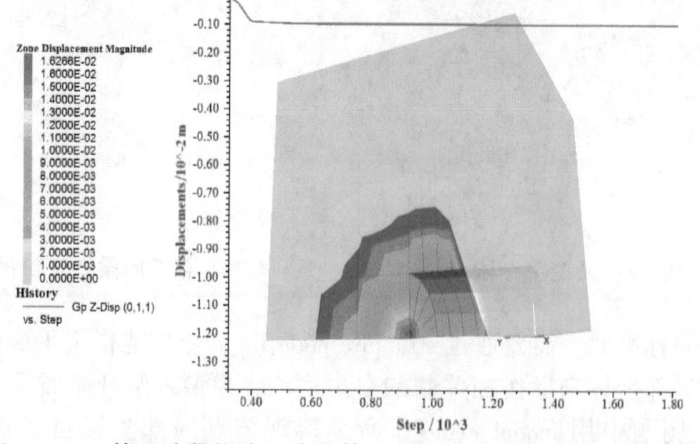

图 11-102 **第二阶段位移**（支护第一段；黏结强度 $=1\times10^{20}$MPa）

从图 11-103 绘出的隧道轴线上的弯曲合应力 M_x 看出，弯曲力最集中的是隧道面的前端。图 11-104 衬砌变形形状表明这种强的弯曲力引起大的收缩变形。与壳结构单元相关例题的对应图形进行比较，两者极为相似，表明当前阶段系统的行为类似刚性连接状况。

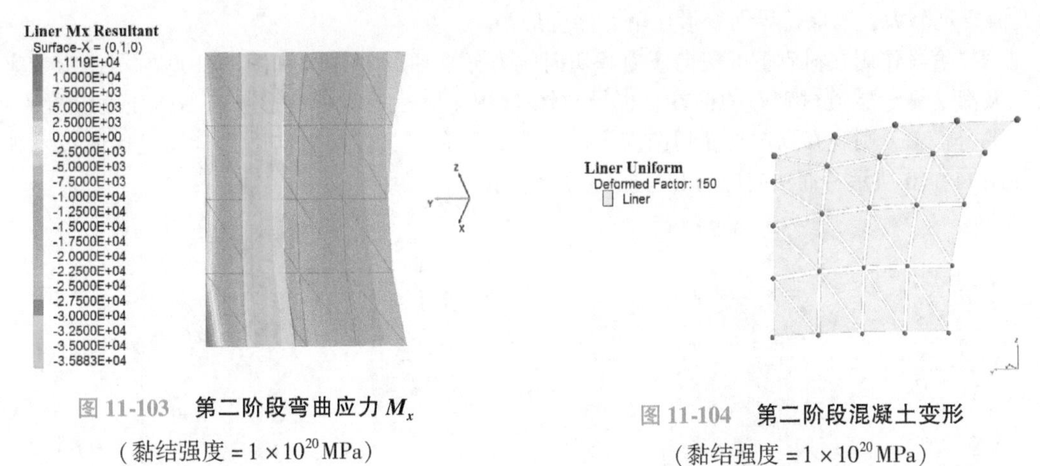

图 11-103 **第二阶段弯曲应力 M_x**
（黏结强度 = 1×10^{20} MPa）

图 11-104 **第二阶段混凝土变形**
（黏结强度 = 1×10^{20} MPa）

通过绘制在隧道顶部（0,1,1）处网格点、节点和耦合弹簧的垂直/法向位移，证实衬砌交互界面变形比单元体变形要小，如图 11-105 所示，从而说明当前 k_n 和 k_s 的值足够大。若将 k_n 和 k_s 值减小至1/100，重新运行，则发现界面变形不再比单元体变形小，如图 11-106 所示。这样导致衬砌

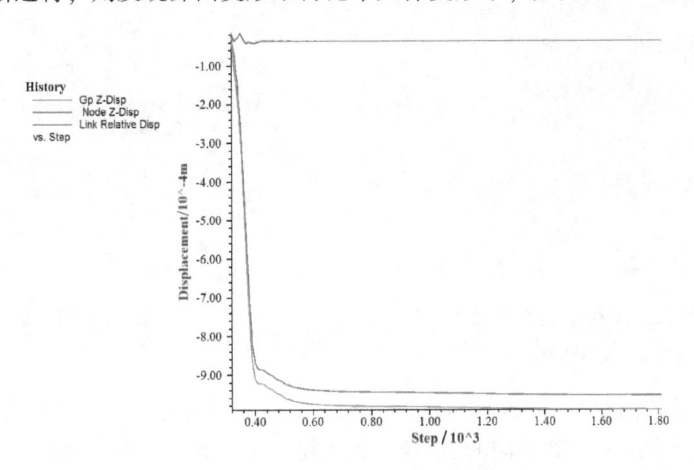

图 11-105 **第二阶段隧道顶处格点、节点和耦合弹簧垂直位移轨迹**（黏结强度 = 1×10^{20} MPa）

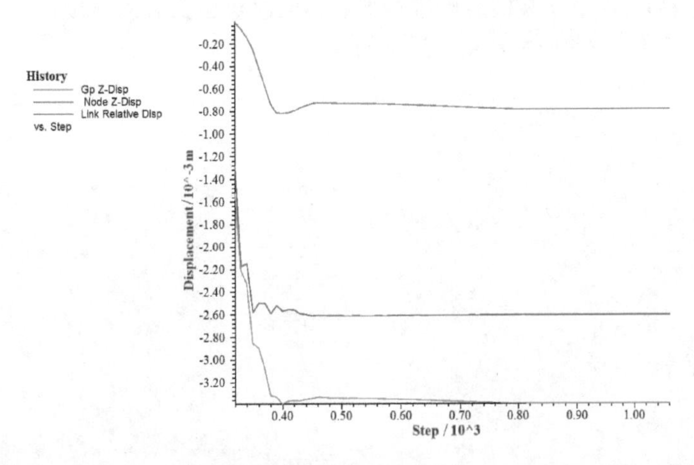

图 11-106 **第二阶段隧道顶处格点、节点和耦合弹簧垂直位移轨迹**（k_n、k_s减小 100 倍，黏结强度 = 1×10^{20} MPa）

携带荷载较低，如图 11-107 所示，与图 11-103 比较，其值小了 44%。为了获得合适的系统响应，k_n 和 k_s 值要足够大，以保持界面变形比单元体变形小。

在第二阶段作用在衬砌上的法向应力和切向应力分别如图 11-108 和图 11-109 所示，两个应力最大区域都是靠近隧道衬砌面的前端，也导致图 11-104 所示的收缩变形。若黏结强度设置为零，求解到平衡状态，则观察到衬砌面切向应力趋于零，耦合弹簧位移方向回弹全局坐标的负 y 轴方向，如图 11-110 所示，而法向应力和弯曲应力影响很小。

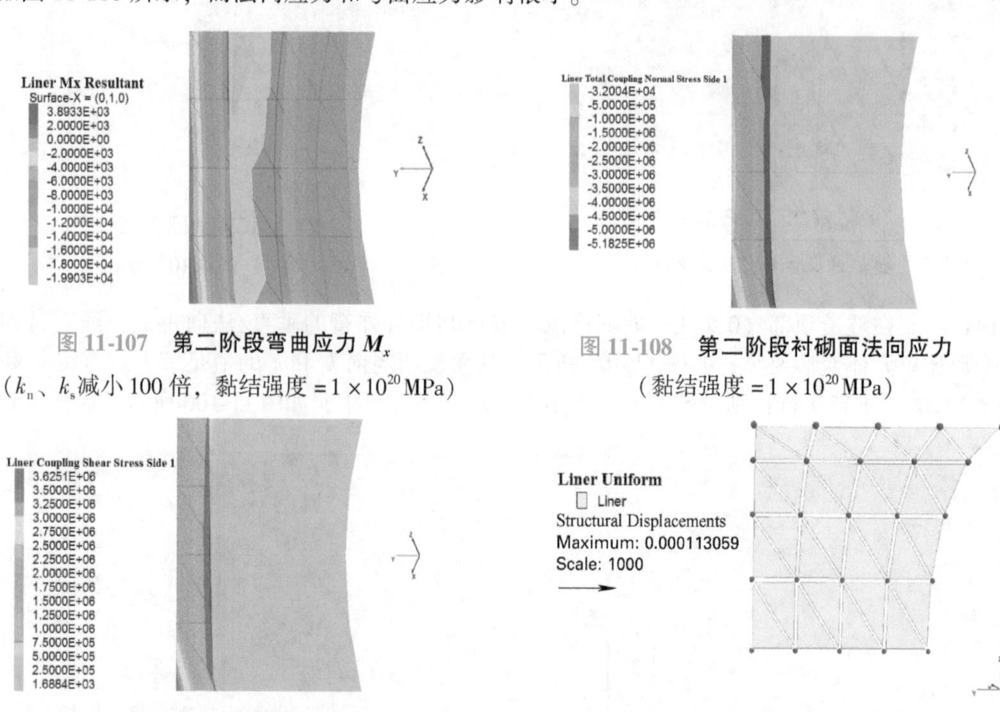

图 11-107　**第二阶段弯曲应力 M_x**
（k_n、k_s 减小 100 倍，黏结强度 $=1\times10^{20}$ MPa）

图 11-108　**第二阶段衬砌面法向应力**
（黏结强度 $=1\times10^{20}$ MPa）

图 11-109　**第二阶段衬砌面切向应力**
（黏结强度 $=1\times10^{20}$ MPa）

图 11-110　**耦合弹簧位移**（黏结强度 $=0$）

第三阶段结束时的模型如图 11-111 所示。对第二段 1m 隧道通过安装衬砌结构单元进行喷浆支护，注意与第一段衬砌结构单元不同的 ID 号，如此就在两个混凝土段之间形成了一个“冷接缝”。接缝处，结构单元之间不传递力和弯矩，仅仅只有力传递到周边单元体，好比彼此相邻而独立的衬砌段。开挖第三段后，对新安装的衬砌进行加载，同时对已安装的衬砌进行加载，弯曲应力场如图 11-112 所示，接缝处弯曲应力场是不连续的。

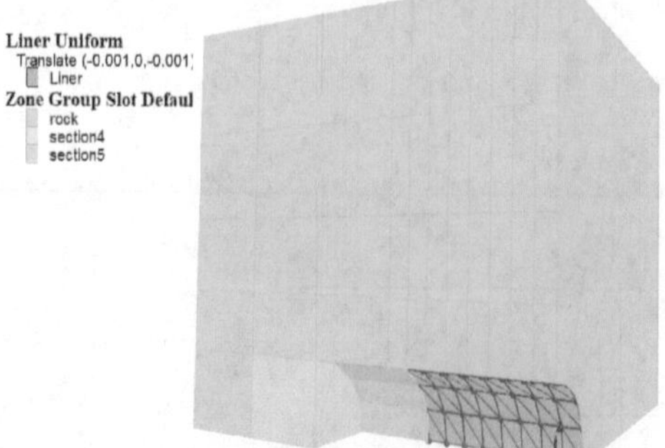

图 11-111　**第三阶段：支护第二段，开挖第三段**

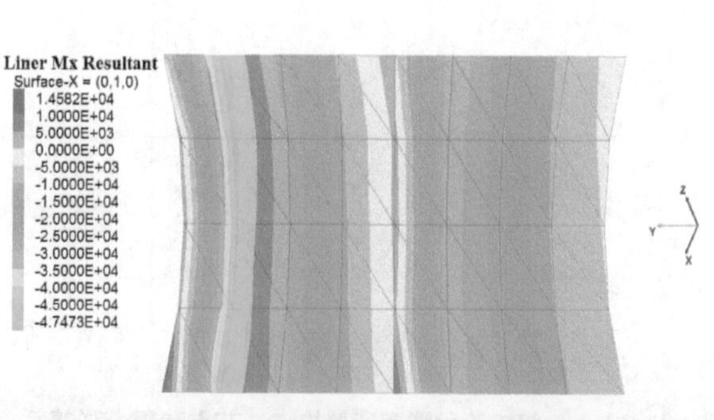

图 11-112　**第三阶段弯曲应力 M_x**（黏结强度 $=0$）

求解 第12章

学习目的

了解 FLAC 3D 的计算模式、模型参数设置、采样记录、求解等命令及关键字。

12.1 计算模式

1. 格式

MODEL CONFIGURE 关键字...

此命令允许用户指定额外的、可选的计算模式。可选模式为：动力分析、热力分析、蠕变分析、流体分析和 C ++ 插件，需另外购买或受许可限制。该命令可以在分析的任何阶段给出，但必须在求解命令（model solve 或 model cycle）调用之前。

2. 关键字

计算模式命令的关键字及参数见表 12-1。

表 12-1 计算模式命令的关键字及参数

MODEL CONFIGURE 关键字	说明
creep	蠕变分析（另购）
dynamic	动力分析（另购）
fluid	流体分析
imass	先进应变软化（另购）
plugin	C ++ 插件，用户自定义材料本构模型或 FISH 新内部函数（另购）
thermal	热力分析（另购）

12.2 求解

1. 格式

MODEL SOLVE 关键字...

MODEL CYCLE *值1* [CALM *值2*]

MODEL STEP *值1* [CALM *值2*]

以上三个命令都是求解当前模型。前一个命令通常在某种程度上达到平衡的模型，后两个命令对模型求解指定循环数或时间步数。

2. 关键字

求解命令的关键字及参数见表 12-2。

表 12-2　求解命令的关键字及参数

MODEL SOLVE 关键字	说　明
and	指示给定多个求解限值时，必须满足所有限值才停止求解。默认时，只要满足任何一个限值就停止求解
calm *i*	指定每 *i* 个迭代循环，所有没固定的平动和转动速度都被清零
clock *f*	求解时间限制在 *f* 分钟内，默认为不限值
convergence *f*	指定模型中所有格点和单元体的最大收敛值，*f* =1 被认为是收敛的，>1 或<1 的值就是更严或放松
creep 关键字	指定蠕变过程的求解限值
cycles *i*	本次求解循环数限值
cycles-total *i*	自建模以来循环总数限值
cycles-total-zone *i*	单元体模块蠕变活动循环总数限值
time *f*	本次求解累积时间限值
time-total *f*	自建模以来求解总累积时间限值
time-total-zone *f*	单元体模块总累积时间限值
cycles-total *i*	累积循环总数限值
dynamic 关键字	指定动力过程的求解限值
cycles *i*	本次求解循环数限值
cycles-total *i*	自建模以来求解总循环数限值
cycles-total-zone *i*	单元体模块动力活动总循环数限值
time *f*	本次求解累积时间限值
time-total *f*	自建模以来求解总累积时间限值
time-total-zone *f*	单元体模块总累积时间限值
elastic [only]	两步法静力求解。第一步，把所有材料的黏结强度和抗拉强度设定为高值，人为假设弹性行为进行求解。第二步，把所有材料的黏结强度和抗拉强度重置为实际值再求解。若指定可选项 only 则只进行第一步（限于静力分析）
fish-call *f s* [关键字]	将 FISH 函数 *s* 作为回调函数安装到时步点 *f* 处
interval *i*	每 *i* 个时步数调用一次
grocess 关键字	指定的过程激活才调用回调函数
creep	若蠕变和静力过程是活动的，则执行回调函数
dynamic	若动力和静力过程是活动的，则执行回调函数
fluid	若流力过程是活动的，则执行回调函数
mechanical	若静力过程是活动的，则执行回调函数
thermal	若热力过程是活动的，则执行回调函数
fish-halt *s*	在每个循环中调用 FISH 函数 *s*，若 *s* 返回 false，则循环继续，否则循环终止
fluid 关键字	指定流力过程的求解限值

（续）

MODEL SOLVE 关键字		说 明
	cycles *i*	本次求解循环数限值
	cycles-total *i*	自建模以来求解循环总数限值
	cycles-total-zone *i*	单元体模块流力活动总循环数限值
	ratio-flow *f*	由流力定义的收敛比
	time *f*	本次求解累积时间限值
	time-total *f*	自建模以来求解总累积时间限值
	time-total-zone *f*	单元体模块总累积时间限值
mechanical 关键字		指定静力过程的求解限值
	convergence *f*	指定模型中所有格点和单元体的最大收敛值，$f=1$ 被认为是收敛的，>1 或 <1 的值就是更严或放松
	cycles *i*	本次求解循环数限值
	cycles-total *i*	自建模以来循环总数限值
	time-total-zone *f*	单元体模块静力活动循环总数限值
	ratio *f*	指定收敛比限值，默认时与 ratio-average 相同
	ratio-average *f*	指定平均收敛比限值
	ratio-local *f*	指定局部收敛比限值，默认为 1.0×10^{-5}
	ratio-maximum *f*	指定最大收敛比限值
	time *f*	本次求解累积时间限值
	time-total *f*	自建模以来求解总累积时间限值
	time-total-zone *f*	单元体模块总累积时间限值
	unbalanced-average *f*	平均不平衡力限值
	unbalanced-maximum *f*	最大不平衡力限值
or		指示给定多个求解限值时，只要满足任何一个限值就停止求解，默认
ratio *f*		指定收敛比限值
ratio-average *f*		指定平均收敛比限值
ratio-local *f*		指定局部收敛比限值
ratio- maximum *f*		指定最大收敛比限值
thermal 关键字		指定热力过程的求解限值
	cycles *i*	本次求解循环数限值
	cycles-total *i*	自建模以来循环总数限值
	cycles-total-zone *i*	单元体模块热力活动循环总数限值
	ratio *f*	指定收敛比限值
	ratio-local *f*	指定平均收敛比限值
	time *f*	本次求解累积时间限值
	time-total *f*	自建模以来求解总累积时间限值
	time-total-zone *f*	单元体模块总累积时间限值
time *f*		求解累积时间限值

（续）

MODEL SOLVE 关键字		说　明
	time-total *f*	求解总年龄限值
	time-total-zone *f*	单元体模块总年龄限值
	unbalanced-average *f*	平均不平衡力限值
	unbalanced-maximum *f*	最大不平衡力限值
model cycle i_1 [calm i_2]		求解 i_1 次时间步，按〈Shift + Esc〉停止求解返回控制，若指定选项，则静力过程中每 i_2 次循环平动和转动速度复位到零。同义词命令为 model step，或 model solve mechanical cycles
model step i_1 [calm i_2]		求解 i_1 次时间步，按〈Shift + Esc〉停止求解返回控制，若指定选项，则静力过程中每 i_2 次循环平动和转动速度复位到零。同义词命令为 model cycles，或 model solve mechanical cycles

12.3　选项配置

12.3.1　重置

格式：

MODEL　NEW　[FORCE]

命令清除模型空间的所有对象和状态信息与设置，包括自定义的 FISH 函数、变量、采样记录变量和表等。

若模型空间状态自上次保存后发生了变化，则弹出确认对话框。

选项 force 表示不管模型空间状态是否变化，都弹出确认对话框由用户确认操作。

12.3.2　状态保存与复原

1. 模型状态保存

格式：

MODEL　SAVE　*文件名*　[关键字]

命令保存模型空间的所有状态信息到指定文件名中，若文件无扩展名则自动设置为“.f3sav”。信息包括自定义的 FISH 函数、变量、采样记录变量、表等。

2. 模型状态复原

格式：

MODEL　RESTORE　*文件名*

命令恢复模型状态。当前模型的状态信息全部丢失，由文件名中所保存的状态信息所替换，包括自定义的 FISH 函数、变量、采样记录变量、表等。

项目状态和程序状态不受影响。

12.3.3　其他选项配置

模型状态其他选项设置的命令见表 12-3。

表 12-3 模型状态其他选项配置

MODEL 关键字				说明
	calm			使模型静下来，对静力过程，则平动和转动速度归零
	clean			清除
	configure 关键字			略，见表 12-1
	creep 关键字			设置蠕变分析材料属性参数
		active ***b***		给出计算模式命令 model configure creep 时则默认为 on，若指定为 off 则主动关闭以抑制蠕变计算
		time-total ***f***		累积蠕变时间。可重置为任何值，并继续累积
		list		显示蠕变计算模式信息
		slave ***b***		指定蠕变模式将被视为从属，并在每个主循环之后被循环到平衡。这个特定的选项是为了完整性而提供的，但在蠕变计算中很少有用
		substep ***i***		当 slave on 时，指定蠕变过程从属求解所需的最大时步长
		timestep		蠕变时步长控制
			automatic ***b***	若为 on，则时步长由伺服机构自动确定；若为 off，则用 fix 关键字手动设置时步长
			fix ***f***	指定时步长固定为***f***，慎用
			increment ***f***	当 automatic on 时，设置循环之间允许时步长增量为***f***，默认***f***=1.05
			latency ***i***	延迟数。当伺服控制时步长时，在时步长改变之前必须经过最小循环数为***i***。隐含设置 automatic 为 on。默认为 1
			lower-bound ***f***	下界值，若当前收敛比低于***f***，则用 lower-multiplier 值（>1）应用于时步长以增加它。隐含设置 automatic 为 on。默认为 1.0×10^{-3}
			lower-multiplier ***f***	当收敛比低于 lower-bound 时，应用于当前时步长的值。这个值应该 > 1，默认为 1.0
			maximum ***f***	允许的最大时步长值，伺服控制不超过此值
			minimum ***f***	允许的最小时步长值，伺服控制不低于此值
			servo ***b***	时步伺服控制开关，若 automatic 为 on 而 servo 为 off，则最后的伺服值继续使用
			starting ***f***	当时步伺服控制时，指定蠕变计算起始时步长
			unbalanced ***b***	若为 on，表示时步伺服控制使用最大不平衡力，而不是收敛比，lower-bound 和 upper-bound 是与最大不平衡力比较
			upper-bound ***f***	上界值，若当前收敛比超过***f***，则用 upper-multiplier 值（<1）应用于时步长以降低它。隐含设置 automatic 为 on。默认为 5.0×10^{-3}
			upper-multiplier ***f***	当收敛比超过 upper-bound 时，应用于当前时步长的值。这个值应该 < 1，默认为 0.9
	cycle i_1 [calm i_2]			略
	deterministic [default] ***b***			确定性模式开关。当多个 CPU 或内核并行计算时，计算顺序可以发生改变，可能导致不同的累积误差，对于大多数模型，是不会影响最终结果的，但是对于大、多、广的模型，这些误差被放大，导致每次运行会有不同的结果，当然这些结果有效，且在指定的误差范围内
	display 关键字			求解期间每循环显示某些附加信息

（续）

MODEL 关键字			说　明
		active ***b***	显示开关
		fish ***s***	显示 FISH 符号的 ***s*** 值，可选符号“@”
		history ***i***	显示 ID = ***i*** 的采样记录，仅一条记录
	domain 关键字		指定域边界和条件，其他略
	dynamic 关键字		设置动力分析材料属性参数
		active ***b***	给出计算模式命令 model configure dynamic 时则默认为 on，若指定为 off 则主动关闭以抑制动力计算
		list	显示动力计算模式信息
		time-total ***f***	累积动力时间。可重置为任何值，并继续累积
		slave ***b***	指定动力模式将被视为从属，并在每个主循环之后被循环到平衡。这个特定的选项是为了完整性而提供的，但在动力计算中很少有用
		substep ***i***	当 slave on 时，指定动力过程从属求解所需的最大时步长
		timestep	动力时步长控制
		automatic	基于所有对象当前刚度和质量计算稳定时步长
		fix ***f***	指定时步长固定为 ***f***
		increment ***f***	设置循环之间允许时步长增量为 ***f***，默认 ***f*** = 1.05
		maximum ***f***	设置最大时步长值
		safety-factor ***f***	设置时步长安全系数，默认 ***f*** = 1.0
	factor-of-safety 关键字...		设置安全系数参数
		associated	应用关联流规则。膨胀角与摩擦角相等，由安全系数修正。默认为非关联流规则
		bracket f_1 f_2	设置两起始值，若安全系数落在指定起始值外，则安全系数计算停止，发出警告信息。若 $f_1 = f_2$，测试一个稳定值
		characteristic-steps ***i***	设置特征响应步。若不指定，用扰动方法测试
		convergence ***f***	指定平衡收敛值
		filename ***s***	设置文件名前缀字符串 ***s***，用于保存序列文件
		interface 关键字	指定在分析过程中要更改哪些接口属性。若如此，则不支持大应变模式下的安全系数计算。默认的包括属性为 friction 和 dilation
		include ***s***	包括属性 ***s*** 匹配，当目标安全系数变化，在本构模型中对它们的值进行调整
		exclude ***s***	排除属性 ***s*** 匹配，当目标安全系数变化，在本构模型中对它们的值保持不变
		list	显示最终结果的安全系数
		perturbation ***f***	设置应力扰动因子。通过调整应力场（不允许屈服）调整模型平衡状态，从而确定特征响应步。默认 ***f*** = 2.0
		ratio ***f***	指定不平衡力比，若没显式给出，则用上次求解的当前值，默认为 1.0×10^{-5}
		ratio-average ***f***	用平均力比来指定不平衡力
		ratio-local ***f***	用局部力比来指定不平衡力

（续）

MODEL 关键字	说 明
ratio-maximum *f*	用最大力比来指定不平衡力
resolution *f*	设置精度，默认0.005
step-limit *i*	设置允许的特征步数的限制，默认为200000
zone 关键字	指定在分析过程中要更改哪些接口属性。默认的包括属性为friction、dilation、joint-cohesion 和 joint-friction
include *s*	包括属性*s*匹配，当目标安全系数变化，在本构模型中对它们的值进行调整
exclude *s*	排除属性*s*匹配，当目标安全系数变化，在本构模型中对它们的值保持不变
fluid 关键字	设置流力分析材料属性参数
active *b*	给出计算模式命令 model configure fluid 时则默认为 on，若指定为 off 则主动关闭以抑制流力计算
list	显示流力计算模式信息
time-total *f*	累积流力时间。可重置为任何值，并继续累积
slave *b*	指定流力模式将被视为从属，并在每个主循环之后被循环到平衡
substep *i*	当 slave on 时，指定流力过程从属求解所需的最大时步长
timestep	流力时步长控制
automatic	自动计算稳定时步长，默认
fix *f*	指定时步长固定为*f*
increment *f*	设置循环之间允许时步长增量为*f*，默认$f=1.05$
maximum *f*	设置最大时步长值
safety-factor *f*	设置时步长安全系数，默认$f=1.0$
gravity *v*/*f*	设置重力，若用标量*f*给出则表示（0,0,−*f*），即负*z*轴方向
history [name *s*] 关键字	创建采样记录变量，若指定 name，则可供以后参考引用，否则，自动分配 ID 号
creep 关键字	蠕变计算
cycles-total	自本过程激活以来的循环总数
time-total	累积蠕变时间
dynamic 关键字	动力计算
cycles-total	自本过程激活以来的循环总数
time-total	累积动力时间
fluid 关键字	流力计算
cycles-total	自本过程激活以来的循环总数
time-total	累积流力时间
mechanical 关键字	静力计算
cycles-total	自本过程激活以来的循环总数
ratio	力比值
ratio-average	平均力比值

（续）

MODEL 关键字	说 明
ratio-local	局部力比值
ratio-maximum	最大力比值
time-total	累积静力时间
unbalanced-maximum	最大不平衡力
unbalanced-average	平均不平衡力
thermal 关键字	热力计算
cycles-total	自本过程激活以来的循环总数
time-total	累积热力时间
timestep	时步
largestrain ***b***	大变形开关，默认 off
list 关键字	显示模型相关量
domain	列出域范围和条件
information	列表当前模型状态相关信息
range [*s*]	列出所有命名范围，或匹配 *s* 命名范围的内容
record 关键字	列出当前模型记录的信息
commands	列出交互式给出的所有命令，包括交互工具发出的命令
files	所有输入文件的列表
information	显示命令行数和存储在记录中的文件条目数，默认
requirements	当前模型状态的安全要求的完整列表
mechanical 关键字	设置静力分析材料属性参数
active ***b***	默认 on，若指定为 off 则主动关闭以抑制静力计算
list	显示静力计算模式信息
time-total ***f***	累积静力时间。可重置为任何值，并继续累积
slave ***b***	指定静力模式将被视为从属，并在每个主循环之后被循环到平衡
substep ***i***	当 slave on 时，指定静力过程从属求解所需的最大时步长
timestep 关键字	
automatic	基于所有对象当前刚度和质量计算稳定时步长
fix ***f***	指定时步长固定为 ***f***
increment ***f***	设置循环之间允许时步长增量为 ***f***，默认 ***f*** = 1.05
maximum ***f***	设置最大时步长值
safety-factor ***f***	设置时步长安全系数，默认 ***f*** = 1.0
scale ***f***	不用
update ***i***	不用
new [force]	清除模型状态信息，允许一个新问题开始
precision ***i***	设置列表精度，1≤***i***≤15，默认 ***i*** =6
random ***i***	为随机数生成器设置种子 ***i***，默认 ***i*** = 10000
range 关键字	创建或删除范围名

（续）

MODEL 关键字	说 明
create *s* range...	为 range 范围元素创建名称 *s*
delete *s*	删除范围名
restore *s*	复原模型状态文件 *s*
results 关键字	对结果文件执行文件操作
clear-map	清除当前列表
export *s*	将结果文件导出到文件 *s*
import *s* or *i* [skip-fish]	导入结果文件 *s* 的内容，假定文件的扩展名为 *. f3result，若指定选项 skip-fish，则不导入存储在结果文件中的任何 FISH 变量
Index *i*	指定要导出的下一个结果文件名称的索引值
interval 关键字	指定导出结果文件的时间间隔
active *b*	自动导出开关，默认为 off
clock *f* 关键字	时间间隔为 *f*，单位由后面关键字确定
hour	小时
minutes	分钟
seconds	秒
creep *f*	每间隔累积蠕变时间 *f* 单位导出一个结果文件
dynamic *f*	每间隔累积动力时间 *f* 单位导出一个结果文件
fluid *f*	每间隔累积流力时间 *f* 单位导出一个结果文件
mechanical *f*	每间隔累积静力时间 *f* 单位导出一个结果文件
step *i*	每间隔 *f* 求解步导出一个结果文件
thermal *f*	每间隔累积热力时间 *f* 单位导出一个结果文件
list	列表当前结果文件设置
map *s/sym*	将列表结果放入 FISH 变量 *s* 中
prefix *s*	指定用于自动导出结果文件的前缀
warn *b*	当从控制台启动求解时，若重写现有结果文件，是否将通知用户开关
save *s* 关键字	保存当前模型状态信息到文件 *s*，若文件无扩展名则自动设置为“. f3sav”。信息包括自定义的 FISH 函数、变量、采样记录变量、表等
readonly	标记为只读，若复原，模型将受到限制
text	以 JSON 格式输出的单一码文本
solve 关键字...	略（见表 12-2）
step i_1 [calm i_2]	略（见表 12-2）
thermal 关键字	设置热力分析材料属性参数
active *b*	给出计算模式命令 model configure thermal 时则默认为 on，若指定为 off 则主动关闭以抑制热力计算
list	显示热力计算模式信息
slave *b*	指定热力模式将被视为从属，并在每个主循环之后被循环到平衡
substep *i*	当 slave on 时，指定热力过程从属求解所需的最大时步长
time-total *f*	累积热力时间。可重置为任何值，并继续累积
timestep	热力时步长控制

（续）

MODEL 关键字	说 明
automatic	自动计算稳定时步长，默认
fix *f*	指定时步长固定为 *f*
increment *f*	设置循环之间允许时步长增量为 *f*，默认 *f* = 1.05
maximum *f*	设置最大时步长值
safety-factor *f*	设置时步长安全系数，默认 *f* = 1.0
update *i*	不用
title [*s*]	设置模型标题，标题可在绘图视图中显示或保存到文件；若不指定 *s* 则在控制台窗格提示“Job Title:”要求输入标题
update-interval *i*	设置更新绘图窗格的循环数 *i*，默认为 100

12.4 采样记录

在模型求解过程中，单元体、格点、结构单元和 FISH 变量等有关对象及变量，每一个时间步都是发生变化的，如何跟踪这些变量随时间步的变化？FLAC 3D 提供了 history 这个命令或关键字，以此创建采样记录变量对目标对象进行采样和存储，或对采样记录变量进行管理操作，然后输出采样记录变量 - 时间步/其他采样记录变量图。

由于 FLAC 3D 6.0 命令句法结构的改变，使得采样记录功能不能由一个命令完成。分为两个大部分，第一部分为创建采样记录变量，第二部分为管理采样记录变量或选项设置。

在一个采样间隔内对所有采样记录变量进行采样，默认情况下，历史机制的采样间隔是 10 个时步，可以用命令改变采样间隔，但不同的采样记录变量不能分配不同的采样间隔。

12.4.1 创建

创建采样记录变量功能分散在各主对象的子关键字中，命令概览见表 12-4。详细命令见各主对象的关键字。

表 12-4 创建采样记录变量命令概览

命 令	说 明
fish history [name *s*] *sym*	参见表 6-5
model history [name *s*] 关键字	参见表 12-3
structure node history [name *s*] 关键字	参见表 11-3
structure beam history [name *s*] 关键字	参见表 11-9
structure cable history [name *s*] 关键字	参见表 11-12
structure pile history [name *s*] 关键字	参见表 11-15
structure shell history [name *s*] 关键字	参见表 11-18
structure geogrid history [name *s*] 关键字	参见表 11-21
structure liner history [name *s*] 关键字	参见表 11-24
zone history [name *s*] 关键字	参见附录 A

12.4.2 管理与设置

对采样记录变量的管理及选项设置命令见表12-5。

表12-5 管理采样记录变量及选项设置命令

HISTORY 关键字				说 明
delete				删除所有变量
export [关键字]				将采样记录的内容写入屏幕、文件或表。若采样记录ID加负号，则反转其值
	s [reverse]			将采样记录名*s*增加到输出列表。若给出选项则输出记录值的负值
	begin *i*			记录值从*i*循环步开始
	end *i*			记录值止于*i*循环步结束
	file *s* [truncate] [append]			采样记录值输出到文本文件*s*。若无扩展名则使用“.his”。truncate表示文件已有内容被替换，append表示追加记录值到文件的末尾，是默认选项
	skip *i*			每*i*个采样记录仅输出一组值
	table *s*			将采样记录内容添加到表*s*内容中。注意，一次只能输出一个记录到表
	vs 关键字			指定用于输出*x*轴的数据源
		s [reverse]		*x*轴的数据源为采样记录变量*s*，reverse为负值
		step		*x*轴的数据源为求解步数
interval *i*				采样记录间隔为*i*步
list 关键字				显示记录信息
	all			列出所有采样记录信息，包括ID，名称和位置
	labels			列出所有采样记录标签
	limit			列出采样记录限值，如最小间隔、最大间隔、最小值和最大值等
	series 关键字			列出控制台所选采样记录的内容
		s [reverse]		将采样记录*s*增加到输出列表，reverse表示输出负值
		begin *i*		记录值从*i*循环步开始
		end *i*		记录值止于*i*循环步结束
		skip *i*		每*i*个采样记录仅输出一组值
		vs 关键字		指定用于输出*x*轴的数据源
			s [reverse]	*x*轴的数据源为采样记录变量*s*，reverse为负值
			step	*x*轴的数据源为求解步数
name s_n label				为采样记录s_n指派一个标签s_1
purge				把采样记录的内容清空，变量还是存在
results active *b*				指示结果文件中是否采样记录，默认为off

第13章 绘图输出

学习目的

了解计算数据的分析方法，掌握图形输出命令关键字及参数。

模型求解完成后，一般要对结果进行分析处理，面对海量数据绝大多数情况下首先要进行绘图输出。

FLAC 3D 提供了强大的绘图功能，可全部用一个 PLOT 命令（或对象）完成，也可通过视图窗格和控制面板中的绘图条目控件集交互可视化完成。强烈建议读者交互式绘图，事实上也无文档详细说明绘图条目的属性参数及开关，但提供了从绘图视图窗格中导出绘图命令的能力，并据此进行修改。

PLOT 命令包含有视图管理、视图设置和图形条目管理等三类关键字。

13.1 基本知识

进入用户界面，FLAC 3D 就在视图窗格中初始化了一个默认的绘图视图，视图名为“Plot01”，可在此基础上增加绘图条目。参阅第 4 章的 4.7 节相关内容。

13.1.1 颜色

1. 颜色

绘图中常与颜色打交道，必定用到 color 关键字，有多种方式指定颜色。

(1) RGB 整数方式。红、绿、蓝三色按指定强度进行配色，每种颜色的范围整数从 0 ~ 255。如：

```
color rgb 210 180 140
```

(2) RGB 十六进制数方式。红、绿、蓝三色按指定强度配色，每种颜色的范围十六进制数从 0 ~ FF。如：

```
color "colD2B400"
```

(3) HSV 方式。色调、饱和度、值按指定整数值进行配色，色调范围从 0 ~ 359，饱和度、值范围从 0 ~ 255，如：

```
color hsv 300 100 200
```

(4) 名称方式。有 176 种命名颜色，见表 13-1。如：

```
color "darkgold"
```

表13-1 颜色名称、RGB值及效果表

名称	RGB值			名称	RGB值		
Aliceblue	240	248	255	Darkslateblue	72	61	139
Antiquewhite	250	235	215	Darkslategray	47	79	79
Aqua	0	255	255	Darkslategrey	47	79	79
Aquamarine	127	255	212	Darkturquoise	0	206	209
Azure	240	255	255	Darkviolet	148	0	211
Beige	245	245	220	Darkyellow	153	153	0
Bisque	255	228	196	Deeppink	255	20	147
Black	0	0	0	Deepskyblue	0	191	255
Blanchedalmond	255	235	205	Dimgray	105	105	105
Blue	0	0	255	Dimgrey	105	105	105
Blueviolet	138	43	226	Dodgerblue	30	144	255
Brown	165	42	42	Firebrick	178	34	34
Burlywood	222	184	135	Floralwhite	255	250	240
Cadetblue	95	158	160	Forestgreen	34	139	34
Cardinal	164	0	39	Fuchsia	255	0	255
Chartreuse	127	255	0	Gainsboro	220	220	220
Chocolate	210	105	30	Ghostwhite	248	248	255
Coral	255	127	80	Gold	255	215	0
Cornflowerblue	100	149	237	Goldenrod	218	165	32
Cornsilk	255	248	220	Gray	128	128	128
Crimson	220	20	60	Grey	128	128	128
Cyan	0	255	255	Green	0	128	0
Darkblue	0	0	139	Greenyellow	173	255	47
Darkbrown	64	32	32	Honeydew	240	255	240
Darkcardinal	115	0	19	Hotpink	255	105	180
Darkcyan	0	139	139	Indianred	205	92	92
Darkgold	153	115	0	Indigo	75	0	130
Darkgoldenrod	184	134	11	Ivory	255	255	240
Darkgray	169	169	169	Khaki	240	230	140
Darkgreen	0	100	0	Lavender	230	230	250
Darkgrey	169	169	169	Lavenderblush	255	240	245
Darkkhaki	189	183	107	Lawngreen	124	252	0
Darkmagenta	139	0	139	Lemonchiffon	255	250	205
Darkolivegreen	85	107	47	Lightblue	173	216	230
Darkorange	255	140	0	Lightbrown	166	83	83
Darkorchid	153	50	204	Lightcardinal	255	102	128
Darkolive	51	64	29	Lightcoral	240	128	128
Darkpeach	153	77	0	Lightcyan	224	255	255
Darkpink	153	0	128	Lightgold	255	217	102
Darkpurple	51	0	153	Lightgoldenrodyellow	250	250	210
Darkred	139	0	0	Lightgray	211	211	211
Darksalmon	233	150	122	Lightgreen	144	238	144
Darkseagreen	143	188	143	Lightgrey	211	211	211
Darkskyblue	0	77	153	Lightolive	189	184	107

（续）

名　称	RGB 值			名　称	RGB 值		
Lightorange	255	140	102	Peach	255	128	0
Lightpink	255	182	193	Peachpuff	255	218	185
Lightpurple	253	102	255	Peru	205	133	63
Lightred	255	102	102	Pink	255	192	203
Lightsalmon	255	160	122	Plum	221	160	221
Lightseagreen	32	178	170	Powderblue	176	224	230
Lightskyblue	135	206	250	Purple	128	0	128
Lightslategray	119	136	153	Red	255	0	0
Lightslategrey	119	136	153	Rosybrown	188	143	143
Lightsteelblue	176	196	222	Royalblue	65	105	225
Lightteal	126	184	148	Saddlebrown	139	69	19
Lightviolet	212	127	255	Salmon	250	128	114
Lightyellow	255	255	224	Sandybrown	244	164	96
Lime	0	255	0	Seagreen	46	139	87
Limegreen	50	205	50	Seashell	255	245	238
Linen	250	240	230	Sienna	160	82	45
Magenta	255	0	255	Silver	192	192	192
Maroon	128	0	0	Skyblue	135	206	235
Mediumaquamarine	102	205	170	Slateblue	106	90	205
Mediumblue	0	0	205	Slategray	112	128	144
Mediumorchid	186	85	211	Slategrey	112	128	144
Mediumpurple	147	112	219	Snow	255	250	250
Mediumseagreen	60	179	113	Springgreen	0	255	127
Mediumslateblue	123	104	238	Steelblue	70	130	180
Mediumspringgreen	0	250	154	Tan	210	180	140
Mediumturquoise	72	209	204	Teal	0	128	128
Mediumvioletred	199	21	133	Thistle	216	191	216
Midnightblue	25	25	112	Tomato	255	99	71
Mintcream	245	255	250	Transparent	255	255	255
Mistyrose	255	228	225	Turquoise	64	224	208
Moccasin	255	228	181	Violet	238	130	238
Navajowhite	255	222	173	Wheat	245	222	179
Navy	0	0	128	White	255	255	255
Oldlace	253	245	230	Whitesmoke	245	245	245
Olive	128	128	0	Xlightgold	255	242	204
Olivedrab	107	142	35	Xlightgreen	217	255	204
Orange	255	165	0	Xlightolive	252	245	151
Orangered	255	69	0	Xlightpink	255	217	249
Orchid	218	112	214	Xlightpurple	221	204	255
Palegoldenrod	238	232	170	Xlightred	255	204	204
Palegreen	152	251	152	Xlightskyblue	217	236	255
Paleturquoise	175	238	238	Xlightyellow	255	255	204
Palevioletred	219	112	147	Yellow	255	255	0
Papayawhip	255	239	213	Yellowgreen	154	205	50

2. 颜色渐变

有时在某区域内绘图需要颜色渐变，预定义了5种颜色渐变，关键字为rainbow、greyscale、bwr、bcwyr、gwr。用法如下：

ramp rainbow

13.1.2 线

绘图中的线条有以下4种属性需要设置：

1. 颜色

color 关键字

颜色关键字见表13-1。

2. 可见性

active 关键字

可见性关键字为on/off。

3. 线型

style 关键字

线型关键字有none（元）、solid（实线）、dash（虚线）、dot（点线）、dashdot（点画线）、dashdotdot（双点画线）。

4. 线宽

width 关键字

线宽关键字见表13-2。

表13-2 线宽选项

关键字	效果	关键字	效果
1		6	
2		7	
3		8	
4		9	
5		10	

13.1.3 文本

绘图中的文本有6种属性需要设置。

1. 颜色

color 关键字

颜色关键字见表13-1。

2. 可见性

active 关键字

可见性关键字为开关：on/off。

3. 字体名

family 关键字

字体名关键字为字符串：" Times New Roman"。

4. 字号

size 关键字

文本尺寸为整数。

5. 字形

style 关键字

文本字形关键字有 normal、bold、italic、bolditalic。

6. 文本内容

text 字符串

13.2 视图设置与管理

视图设置与管理的关键字及参数见表 13-3。

表 13-3 视图设置与管理关键字及参数

PLOT 关键字	说　明
[s] active *b*	绘图视图激活开关，若不指定 *s* 则为当前绘图视图
[s] background color...	指定背景颜色，color 用法参见 13.1.1。若不指定 *s* 则为当前绘图视图
[s] clear	清除视图中所有绘图条目，但不改变视图设置，若不指定 *s* 则为当前绘图视图
[s] copy [s_{Dest}] [关键字]	复制绘图视图 *s* 为新的绘图视图 s_{Dest}，并切换为当前视图，若不指定 *s* 则为当前视图，若不指定 s_{Dest} 则系统自动分配默认名称
both	绘图条目和视图设置都复制到目的地，默认
items	仅复制绘图条目
settings	仅复制视图设置
create [s]	创建一新的绘图视图 *s*，并切换为当前视图，若不指定 *s* 则自动分配默认名称
[s] current	把绘图视图 *s* 切换为当前视图
[s] delete	删除绘图视图 *s*，若不指定 *s* 则为当前视图
[s] export 关键字	导出绘图视图 *s* 到文件中，若不指定 *s* 则为当前视图，这是把绘图视图导出成不同格式图像的硬拷贝，或导出命令文件，以重现绘图图像；若没显式指定导出文件名，则将默认为"flac3d_ ×××"，其中"×××"是导出绘图视图的名，根据文件种类确定扩展名
bitmap [关键字]	位图文件
filename *s*	指定导出命令文件名为 *s*，默认扩展名为：*.png，还支持 *.bmp、*.ppm、*.xbm、*.xpm 等文件格式
size i_x i_y	图像长宽尺寸大小（像素单位），默认为 1024×768
csv [filename *s*]	csv 格式的文本文件，包含绘图条目的数据，可以很容易地导入到 Excel 电子表格程序中，以便进一步处理
datafile [filename *s*]	命令格式文件，若用 program call 调用文件，将重建绘图内容
dxf [filename *s*]	dxf 文件，注意并不完全匹配绘图图像
pdf [关键字]	pdf 文件

（续）

PLOT 关键字	说　明
filename *s*	目标文件名
landscape	指定使用的景观布局，默认为肖像
margin f_{x1} f_{x2} f_{y1} f_{y2} [inches, millimeters]	指定页边距，根据给定的 inches 或 millimeters 单位为英寸或毫米，默认为 0.25、0.25、0.25、0.25in
paper f_x f_y [inches, millimeters]	指定纸张大小，根据给定的 inches 或 millimeters 单位为英寸或毫米，默认为 11.0、8.5in
size i_x i_y	确定用于渲染 3D 图像的位图的大小，默认使用当前的打印图像大小设置
postscript [关键字]	eps 文件
filename *s*	目标文件名，默认扩展名为：*.ps
landscape	指定使用的景观布局，默认为肖像
margin f_{x1} f_{x2} f_{y1} f_{y2} [inches, millimeters]	指定页边距，根据给定的 inches 或 millimeters 单位为英寸或毫米，默认为 0.25、0.25、0.25、0.25in
paper f_x f_y [inches, millimeters]	指定纸张大小，根据给定的 inches 或 millimeters 单位为英寸或毫米，默认为 11.0、8.5in
size i_x i_y	确定用于渲染 3D 图像的位图的大小，默认使用当前的打印图像大小设置
print	打印出图
svg [关键字]	svg 格式文件
filename *s*	目标文件名，默认扩展名为：*.svg
size i_x i_y	图像长宽尺寸大小（像素单位），默认使用当前的打印图像大小设置
vrml [关键字]	vrml 格式文件
compress *b*	压缩开关，默认为 false
filename *s*	目标文件名，默认扩展名为：*.vrl
[*s*] item 关键字	创建、删除或修改绘图条目。若没指定绘图视图 *s* 则假定当前视图
create 关键字	创建新绘图条目，并增加到条目关联列表中，所有关键字见表 13-4，与构建条目对话框中的条目相匹配，至于这些绘图条目的属性参数暂无文档说明，不过由交互操作绘图结果通过导出命令文件来获得语法。任何时候都可以由插件向视图添加新绘图条目
delete *i*	删除关联表中的第 *i* 个绘图条目，关联表重新排序
modify *i* 关键字	修改关联表中的第 *i* 个绘图条目的相关属性参数
[*s*] legend 关键字	设置图例属性，若不指定 *s* 则假定当前视图
active *b*	图例开关，若不指定 *s* 则假定当前视图
copyright color...	版权文字颜色
heading 文本属性...	标题文本属性参数，仅可修改颜色
placement 关键字	图例位置
floating	浮动
left	左侧
right	右侧
position i_x i_y	若图例浮动则左下角坐标，坐标值用百分比表示

（续）

PLOT 关键字			说　明
		size i_w i_h	图例大小，用百分比表示，若固定左侧或右侧，则 i_w 为 5～50，i_h 为 5～100
		step 文本属性...	步数文本属性参数
		time-model 文本属性...	总步数文本属性参数
		time-teal 文本属性...	日期与时间文本属性参数
		title-customer 文本属性...	自定义标题文本属性参数
		view-dip *b*	若为 on，则输出视图状态信息，默认为 off
		view-info 文本属性...	视图状态信息文本属性参数
	load　关键字		尝试加载一个或多个用户自定义的绘图条目动态链接库 *dll 文件
		automatic	自动加载安装目录 exe64 \ plugins \ plotitem3d 下的所有 *. dll 文件
		s	指定路径和文件名加载
	[*s*] movie 关键字		控制视图是否参与生成电影位图序列，若不指定 *s* 则假定当前视图，除 active 和 index 外，其他对所有视图有效；可参阅通用菜单栏："Tools"→"Option..." 弹出对话框 "Movie" 选项卡内容
		active *b*	电影位图序列生成开关，默认为 off
		extension	位图序列文件扩展名，默认为 *. png
		index *i*	位图序列文件开始序号
		interval *i*	每 *i* 个求解循环步为一个电影帧，安装时此值为 1000
		prefix *s*	位图序列文件名前缀，安装时注册为 "movie_ "
		size i_w i_h	位图宽高尺寸，安装时注册为 1024×768 像素
	[*s*] outline 线属性...		设置视图外轮廓线属性参数，若不指定 *s* 则假定当前视图，如 plot outline active on width 1 color 'red'
	print-size i_x i_y		打印位图大小，安装时注册为 1650×1238 像素
	[*s*] rename s_{New}		把视图名 *s* 重命名为 s_{New}，若不指定 *s* 则假定当前视图
	[*s*] reset		重置视图设置为默认值，若不指定 *s* 则假定当前视图
	[*s*] show		与 current 相同，视图重新更新，若不指定 *s* 则假定当前视图
	[*s*] title 文本属性...		设置图形顶部标题的文本属性参数，若不指定 *s* 则假定当前视图
	[*s*] title-job 文本属性...		设置图形顶部作业标题的文本属性参数，若不指定 *s* 则假定当前视图
	[*s*] update *b*		自动更新开关，若为 off，则模型更改时不会自动更新该视图，默认为 on，若不指定 *s* 则假定当前视图
	[*s*] view 关键字...		控制视图的相机参数
		center ***v***	视图中心点坐标，换而言之，把模型空间的点 ***v*** 移动到屏幕二维视图的中心，视图旋转时，眼睛围绕视图中心旋转
		clip-back *f*	设置到后裁剪平面的限制距离，默认为 1.0×10^{10}，其实并无约束
		clip-front *f*	设置到前裁剪平面的限制距离，默认为 -1.0×10^{10}，其实并无约束
		dip *f*	设置视图平面倾角（°）
		dip-direction *f*	设置视图平面倾向（°）
		distance *f*	设置眼睛到视图中心的距离
		eye ***v***	设置当前眼睛位置，观察方向总是从眼睛位置到视图中心

(续)

PLOT 关键字			说　明
	magnification *f*		设置当前视图缩放系数，默认值为1，视场角为45°，若增大缩放系数则减小视场角
	projection 关键字		设置视图投影方式
		parallel	正交或平行投影
		perspective	透视投影
	roll *f*		滚动角（°），屏幕视图二维平面内旋转

13.3 绘图条目管理

13.3.1 命令方式

1. 增加条目

PLOT [*视图名*] ITEM CREATE 关键字　[属性1 [*值1*]] [属性2 [*值2*]] ...

该命令在当前视图或指定名视图中创建指定的绘图条目，绘图条目关键字见表13-4。如果要在当前视图创建一个笛卡儿坐标轴，可以用如下命令：

```
plot item create axes
```

由于软件文档对此无相应说明，对于绘图条目的属性参数/选项/开关的设置不得而知，但通过交互方式设置以后，再导出命令格式文件，还是可见其详的。例如，对上面坐标轴条目的active、position和size三种属性参数设置的命令修改如下：

```
plot item create axes active on position (0,0,0) size 1
```

2. 修改属性参数

PLOT [*视图名*]　ITEM　MODIFY　条目序号　[属性1　[*值1*]]　[属性2　[*值2*]]...

该命令对当前视图或指定名视图中已经存在的绘图条目的属性参数进行修改。需要注意的是，对于绘图条目要用顺序号来指定，一般按创建顺序排列，用户界面也可从控制面板的条目区观测到，移除条目的话，后面的条目顺序上移。如果对上面坐标轴的长短修改为两个单位长的话（假设序号为1），可用如下命令：

```
plot item modify 1  size 2
```

3. 移除条目

PLOT [*视图名*]　ITEM　DELETE　条目序号

该命令把当前视图或指定名视图中的指定序号的绘图条目删除，后面的绘图条目顺序上移。

13.3.2 交互方式

1. 构建条目对话框

控制面板中，单击大加号（✚▾），在弹出的构建条目对话框中选择要在当前视图中增加的绘图条目标签，单击OK按钮后就在条目区尾部、legend之前增加了一新绘图条目。有关控制面板请参阅本书4.9.4节的内容，构建条目对话框如图13-1所示，默认按条目范围分6个区域，也可按字母顺序或自定义排列。构建条目对话框标签与绘图条目关键字对照请参阅表13-4。

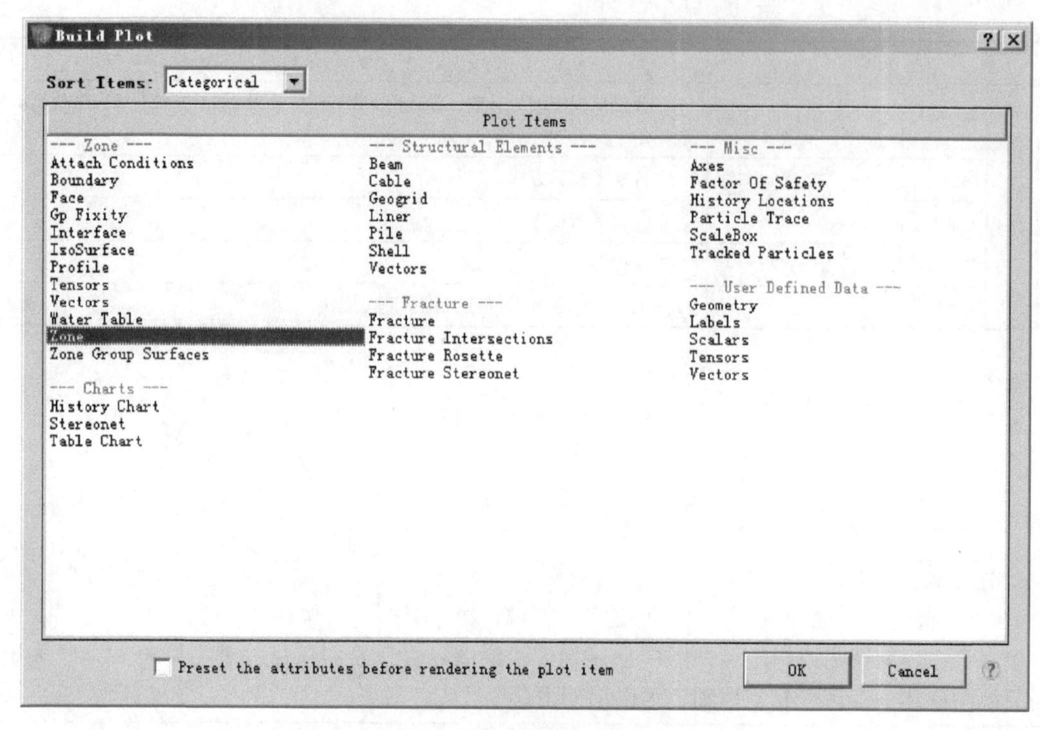

图 13-1　构建条目对话框

表 13-4　绘图条目关键字与构建条目对话框标签

关　键　字	构建条目对话框标签	说　　明
axes	Axes	笛卡儿坐标轴，用以识别视图的方向和位置
chart-history	HistoryChart	采样记录轨迹图
chart-table	Table Chart	图表
data-disk	—	用户自定义数据盘
data-label	Labels	数据标签
data-scalar	Scalars	标量数据
data-tensor	Tensors	张量数据
data-vector	Vectors	向量数据
fos	Factor of Safety	最后计算的安全系数，仅图例中
fracture	Fracture	随机裂隙网络（DFN）
geometry	Geometry	几何集
gridpoint-fix	Gp Fixity	直线颜色与方位指示格点固定条件与方向
history-locations	History Locations	采样位置点
particle-trace	Particle Trace	粒子轨迹
scalebox	Scalebox	三维参考标量箱，用以识别模型中对象大小
structure-beam	Beam	梁
structure-cable	Cable	锚
structure-geogrid	Geogrid	格栅

（续）

关 键 字	构建条目对话框标签	说 明
structure-liner	Liner	衬砌
structure-pile	Pile	桩
structure-shell	Shell	壳
structure-vector	Vectors	结构单元节点向量
zone	Zone	单元体面
zone-attach	Attach Conditions	绑定点、边和面条件
zone-boundary	Boundary	模型的边界线
zone-face	Face	单元体面，以面
zone-group	Zone Group Surfaces	单元体面，以组
zone-interface	Interface	分界面与节点
zone-isosurface	IsoSurface	单元体等值面
zone-profile	Profile	沿空间直线单元体字段变量值的轮廓
zone-stereonet	Stereonet	定向值赤平投影
zone-tensor	Tensors	单元体张量值
zone-track	Tracked Particles	流体粒子路径跟踪
zone-vector	Vectors	基于单元体的矢量
zone-water	Water Table	地下水位

2. 条目属性

目前，总共有37个绘图条目，每一个条目的属性参数的个数并不固定，会根据选项不同有多个不同的属性参数，软件公司暂无文档说明这些属性参数，只能在屏幕图形界面上进行交互操作，用户可根据实际效果来理会其含义。本书由于篇幅限制不再描述。

第14章 分界面*

学习目的

了解分界面概念，基本能使用分界面。

14.1 基本知识

14.1.1 理论

在岩石力学中许多情况需要描述可以滑动和分离的平面。例如：①岩土介质中的解理面、层理面和断层面（断裂带）；②地基与土的分界面；③矿仓或溜槽与其内物料的接触面；④相互碰撞物体之间的接触面；⑤空间中不变形固定的平面屏障等。

FLAC 3D 提供了无厚度的分界面单元，采用库仑剪切本构模型。尽管对分界面数量上或交叉复杂度上没有什么限制，但通常对多个简单的分界面进行建模是不合理的，因为指定复杂的分界面几何形状是很困难的。如果确实需要处理复杂的分界面请使用 ITASCA 公司的 3DEC 软件。

分界面由一组分界面单元集合而成，每个分界面单元则由 3 个分界面节点组成有三角形所定义，可以在空间的任何位置创建分界面单元。通常，分界面单元被绑定到单元体的面上，对于四边形单元体的面需要定义两个分界面单元，分界面节点在其顶点自动创建。当另一网格表面与分界面单元接触时，在分界面节点处会检测到接触，并具有法向、切向刚度及滑动特性。

每个分界面单元将其面积以加权方式分配给其 3 个节点，每个分界面节点则有关联的代表面积，因此，分界面全部节点所代表面积的总和就是分界面的总面积。图 14-1 示出了分界面单元和分界面节点之间的关系，以及与单个分界面节点相关联的代表面积。

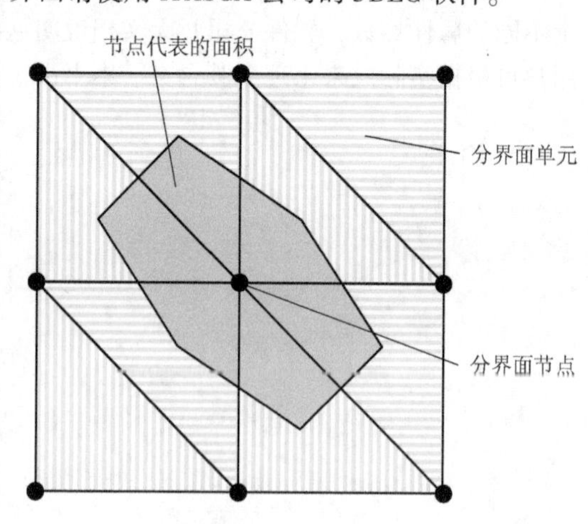

图 14-1 **分界面单元、节点及其关联的代表面积**

14.1.2 力学性能

这里强调的是，分界面在 FLAC 3D 中是单面的，假想分界面为“收缩薄膜包装”将有助力于理解，它被拉伸在指定的表面上，使任何其他表面接触渗透变得敏感。

分界面需要通过其节点来与目标面建立基本接触关系，分界面的法向力由目标面的方位决定。

在每个时间步中，首先得到每个分界面节点及接触目标面的法向绝对位移量和切向相对速度，然后根据分界面本构模型计算法向力和切向力大小。本构模型采用线性库仑抗剪强度准则来限制作用在分界面节点上的切向力，达到切向强度极限后，法向和切向刚度、抗拉和抗剪强度、膨胀角都能引起目标面上有效法向力的增加。分界面节点的本构模型组成如图 14-2 所示。

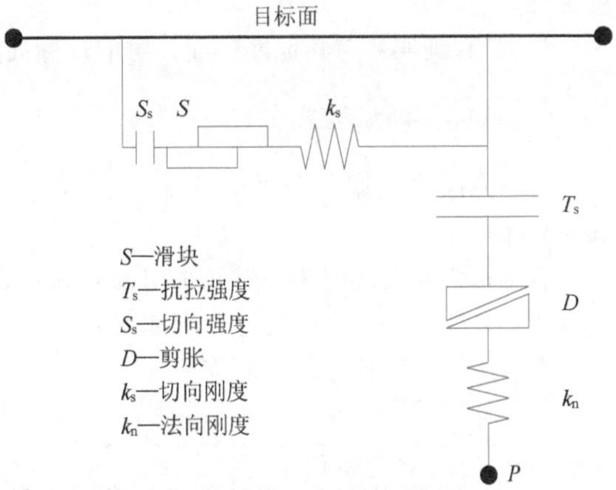

S—滑块
T_s—抗拉强度
S_s—切向强度
D—剪胀
k_s—切向刚度
k_n—法向刚度

图 14-2 **分界面节点的本构模型组成**

1. 弹性阶段

采用下式计算分界面弹性阶段在时间 $t+\Delta t$ 上的响应：

$$F_{\mathrm{n}}^{(t+\Delta t)} = k_{\mathrm{n}} u_{\mathrm{n}} A + \sigma_{\mathrm{n}} A$$

$$F_{si}^{(t+\Delta t)} = F_{si}^{(t)} + k_{\mathrm{s}} \Delta u_{si}^{[t+(1/2)\Delta t]} A + \sigma_{si} A$$

式中 $F_{\mathrm{n}}^{(t+\Delta t)}$——法向力；

$F_{si}^{(t+\Delta t)}$——切向力；

u_{n}——与目标面的绝对法向位移；

Δu_{si}——切向位移增量；

σ_{n}——因分界面节点初始化而增加的法向应力；

k_{n}——法向刚度；

k_{s}——切向刚度；

σ_{si}——因分界面节点初始化而增加的切向应力；

A——分界面节点关联的代表面积。

2. 非弹性阶段

（1）黏结分界面。若分界面应力低于抗剪、抗拉黏结强度，则仍处于弹性阶段，默认时把切向抗剪黏结强度设置成法向抗拉黏结强度的 100 倍。当切向应力超过切向强度或有效法向张应力超过法向强度时，黏结就会因失效而断裂。需要注意的是仅仅设置分界面节点属性参数 shear-bond-ratio 是不够的，还要设置属性参数 tension。

（2）黏结滑移。分界面黏结默认是不允许分离和滑移屈服的，但当属性参数 bonded-slip 设置成 on 时，就允许发生切向屈服而滑移。

（3）库仑滑动。分界面要么黏结要么断裂，断裂部分的特性则由摩擦角和黏结力来决定。默认时，不设置节点抗拉及抗剪强度（即为零）。断裂的黏结段不能承受有效张力，如果有效法向力为拉伸或零，则剪切力为零（即非黏结段）。

14.2 创建几何分界面

14.2.1 创建原则

由 zone interface create 命令创建分界面。使用分界面单元应遵守以下原则：

1）若一个小网格面接触大网格面，则分界面的目标面应为小网格面。

2）若相邻网格的单元体密度不同，则分界面的目标面应为单元体密度大的网格（相同网格面积单元体数更多）。

3）分界面单元的大小应总是等于或小于接触的目标面，否则分界面单元必须重新细分成更小的单元。

4）只有确实会与其他网格面接触的目标面才会创建分界面。

14.2.2 命令及参数

对分界面的操作命令都放在 zone 对象中，总共涉及 7 个命令，他们的选项参见附录 A 中 interface部分。

有网格表面就能创建分界面，用 zone interface create by-face 命令即可，见例题 14-1。注意指定范围相对复杂一些，生成的分界面如图 14-3 所示。

例题 14-1 直接生成分界面。

```
;;文件名:14 -1 . f3dat
model new ;系统重置
;;建模,一个四方体,一个楔体
zone create brick size 4 4 4 point 0 (0,0,0)...
    point 1 (4,0,0) point 2 (0,4,0) point 3 (0,0,2)...
    group 'Bottom'
zone create brick size 3 3 3...
    point 0 (5,0,0) point 1 (8,0,0) point 2 (5,3,0) ...
    point 3 (5,0,1.5) point 4 (8,3,0) point 5 (5,3,1.5) ...
    point 6 (8,0,4.5) point 7 (8,3,4.5) group 'Base'
model save 'init-14-1'
;;创建 ID =1 的分界面,范围为 Bottom 组的顶面
zone interface 1 create by-face...
    range position-z 2 group 'Bottom'
;;创建 ID =2 的分界面,范围为 Base 组的上部斜面
zone interface2 create by-face ...
    range plane normal (1,0, -1) origin (6.5,1.5,3)...
    dist 0.1 group 'Base'
model save 'interface-14-1'
```

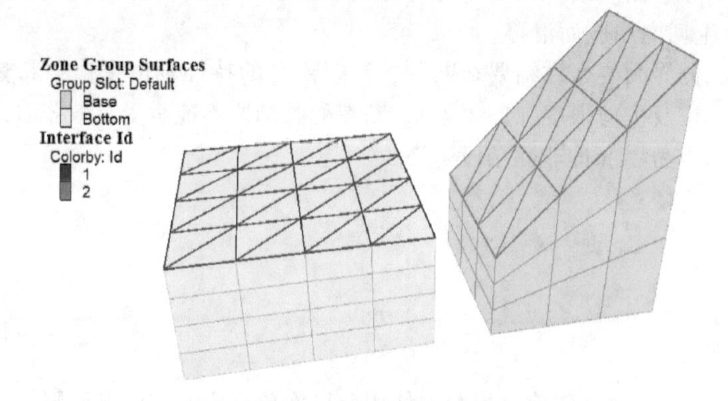

图 14-3 直接生成分界面

网格内部的平面或交面是不能直接生成分界面的，因为根本没有网格面。此时有两种方法来生成界面，一种是分两步走，先用 zone separate 命令分离出网格内部平面或交面，再用 zone interface create by-face 命令；一种是一步到位，即用带 separate 选项的 zone interface create by-face 命

令。这两种方式使用方法见例题14-2，结果如图14-4所示。

例题14-2 间接生成分界面。

```
;;文件名:14 -2 . f3dat
model new ;系统重置
zone create brick size 4 4 4 point 0 (0,0,0)...
    point 1 (4,0,0) point 2 (0,4,0) point 3 (0,0,2)...
    group 'Bottom' ;建模,一个四方体
zone create brick size 3 3 3...
;;建模,一个下楔体
    point 0 (5,0,0) point 1 (8,0,0) point 2 (5,3,0) ...
    point 3 (5,0,1.5) point 4 (8,3,0) point 5 (5,3,1.5) ...
    point 6 (8,0,4.5) point 7 (8,3,4.5) group 'Base'
;;建模,一个上楔体
zone create brick size 3 3 3...
    point 0 (5,0,1.5) point 1 (8,0,4.5) point 2 (5,3,1.5)...
    point 3 (5,0,6) point 4 (8,3,4.5) point 5 (5,3,6) ...
    point 6 (8,0,6) point 7 (8,3,6) group 'Top'
model save 'init-14-2'
;;创建 ID =1 的分界面,范围为 Bottom 组的 z =1 .5
zone interface 1 create by-face separate ...
    range position-z 1.5 group 'Bottom'
;;创建 ID =2 的分界面,范围为 Base 和 Top 组的交面
zone interface 2 create by-face separate...
    range group 'Base' group 'Top'
;;创建名为 Two -step 的分界面,范围为 Bottom 组的 z =0 .5
zone separate by-face new-side group 'surface'...
    range position-z 0.5 group 'Bottom' ;分离出内部面
zone interface 'Two-step' create by-face range group 'surface'
model save 'interface-14-2'
```

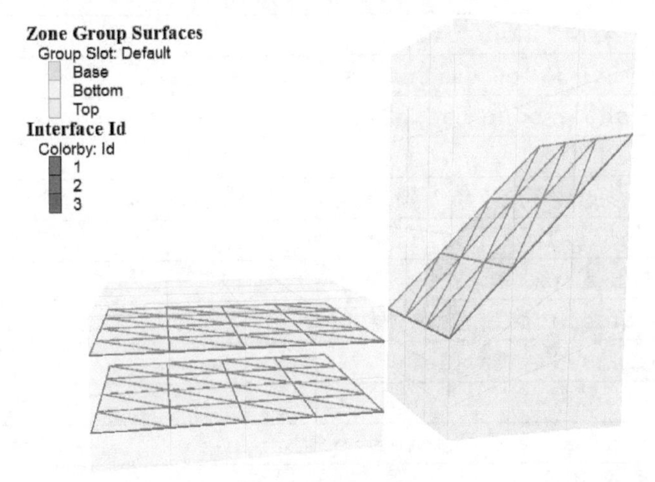

图14-4 间接生成分界面

14.3　分界面材料属性参数的选择

根据使用分界面的方式来指定其材料属性参数（尤其是刚度），使用分界面的情形不外乎以下三种情况：

1）将两个子网格连接在一起的人工装置。

2）相对周围材料来说分界面是刚性的，但对预期荷载时会滑动和分离（如矿仓摩擦材料的流动）。

3）分界面对系统的影响足够柔和（如填满黏土的节理或材料已断裂的堤坝）。

14.3.1　连接两个子网格

应尽可能用 zone attach 而不是 zone interface 命令来连接两个子网格，因为 zone attach 计算效率更高，然而在某些情况下可能需要用分界面来连接子网格。此时，就要用高强度参数的分界面，以避免滑动和分离。推荐分界面的法向刚度和剪切刚度 10 倍于周边单元体的大等效刚度，即周边单元体的法向刚度。等效刚度用$\left(K+\frac{4}{3}G\right)/\Delta z_{min}$计算，式中，$K$ 为体积模量；G 为剪切模量；Δz_{min} 为周边单元体法向最小宽度。

例题 14-3 示范了用分界面把两个不同密度单元体网格的连接方法。

例题 14-3　连接两网格。

```
;;文件名:14 -3 . f3dat
model new ;系统重置
;;建模,长方体 1,尺寸 4 ×4 ×2,网格 4 ×4 ×4
zone create brick size 4 4 4 point 0 (0,0,0) ...
   point 1 (4,0,0) point 2 (0,4,0) point 3 (0,0,2)
;;建模,长方体 2,尺寸 4 ×4 ×2,网格 8 ×8 ×4,位于长方体 1 之上 1m
zone create brick size 8 8 4 point 0 (0,0,3)...
   point 1 (4,0,3) point 2 (0,4,3) point 3 (0,0,5)
;;创建分界面、设置分界面属性参数
zone interface 'joint' create by-face range position-z 3
zone interface 'joint' node property...
   stiffness-normal 300e9 stiffness-shear 300e9...
   tension 1e10 shear-bond-ratio =1
model save 'init-14-3'
;;长方体 2 整体往下移 1m,与长方体 1 融合,实际上还是间接生成分界面
zone gridpoint initialize position-z  -1.0 add ...
   range position-z 3 5
zone cmodel assign elastic ;标准弹性模型
zone property bulk 8e9 shear 5e9
;;初始化条件
zone gridpoint fix velocity-z range position-z 0
zone gridpoint fix velocity-x ...
   range union position-x 0 position-x 4
```

```
zone gridpoint fix velocity-y ...
    range union position-y 0 position-y 4
;;边界条件
zone face apply stress-zz -1e6...
    range position-z 4 position-x 0,2 position-y 0,2
model solve ;求解到平衡
model save 'join-face-14-3'
```

首先，建立两个外形尺寸相同、但单元密度不同的子网格，且人为分开1m，对上部网格的底面直接创建分界面，如图14-5所示。然后，把上部网格及分界面往下移动1m，与下部网格融合成一个整体网格，如图14-6所示。

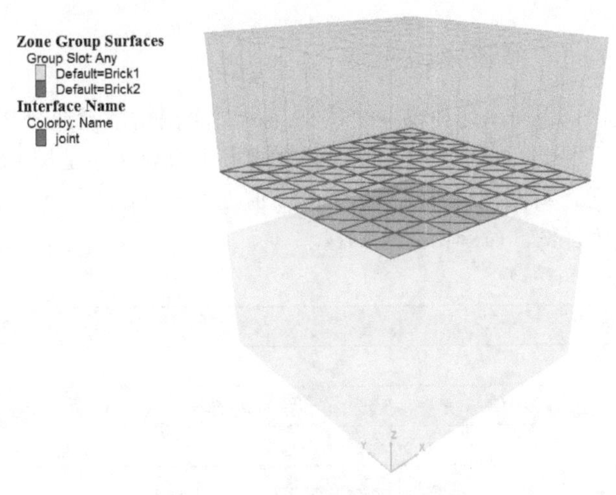

图14-5 不同密度单元体网格

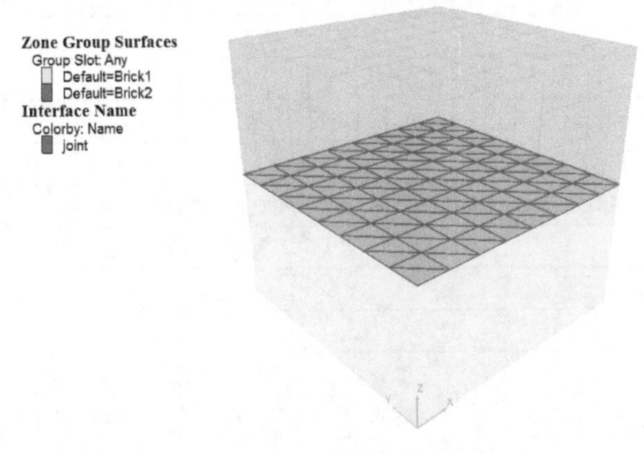

图14-6 分界面连接的子网格

（$K+4G/3$）是15GPa，分界面周边单元体最小宽度是0.5m，因此，分界面的切向刚度和法向刚度：$k_n = k_s = 10\times15\times10^9/0.5\text{Pa/m} = 3\times10^{11}\text{Pa/m}$。在顶表面左角部分压力加载后，$z$方向位移等值线图如图14-7所示，与图5-21比较可知，两个图几乎是相同的，这表明分界面很大程度上并不影响行为。

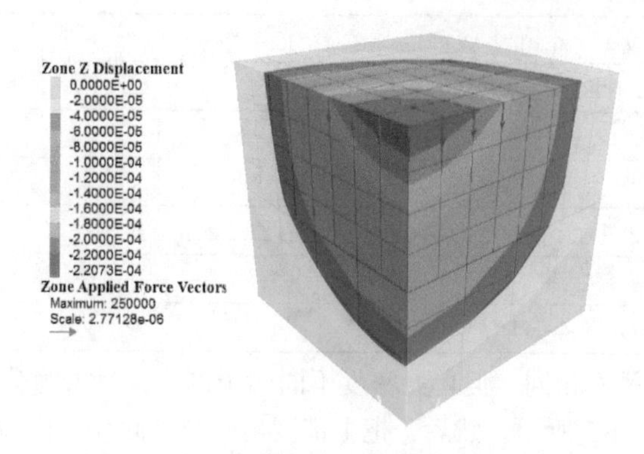

图 14-7 **分界面连接的两网格垂直位移等值线**

14.3.2 真实分界面—滑移和分离

在这种情况下，我们只需简单地提供一个网格与另一个网格滑动或分离的方式。摩擦是重要的，黏结、膨胀、抗拉强度也可能是重要的，但弹性刚度不重要，还是按10倍于周边单元体的最大等效刚度来设置 k_s 和 k_n，其他材料属性被赋予真实值。

以一个仓储滑动作为样例，命令见例题14-4。

例题 14-4 仓储滑动问题。

```
;;文件名:14 -4 . f3dat
model new ;系统重置
;;建模,物料单元体,上部正方体 5 ×5 ×5m³,下部 6 面楔体,3 ×3 到 5 ×5
zone create brick size 5 5 5  point 0 (0,0,0) point 1 ...
    (3,0,0) point 2 (0,3,0) point 3 (0,0,5)  point 4...
    (3,3,0) point 5 (0,5,5) point 6 (5,0,5) point 7 (5,5,5)
zone create brick size 5 5 5 point 0 (0,0,5) edge 5.0
zone group 'Material'
;;建模,仓储单元体,上部 1m 厚,下部渐变粗
zone create brick size 1 5 5 ...
    point 0 (3,0,0) point 1 add (3,0,0) point 2 add (0,3,0) ...
    point 3 add (2,0,5) point 4 add (3,6,0) point 5 add (2,5,5) ...
    point 6 add (3,0,5) point 7 add (3,6,5) group 'Bin1'
zone create brick size 1 5 5 ...
    point 0 (5,0,5) point 1 add (1,0,0) point 2 add (0,5,0) ...
    point 3 add (0,0,5) point 4 add (1,6,0) point 5 add (0,5,5) ...
    point 6 add (1,0,5) point 7 add (1,6,5) group 'Bin1'
zone create brick size 5 1 5 ...
    point 0 (0,3,0) point 1 add (3,0,0) point 2 add (0,3,0) ...
    point 3 add (0,2,5) point 4 add (6,3,0) point 5 add (0,3,5) ...
    point 6 add (5,2,5) point 7 add (6,3,5) group 'Bin2'
zone create brick size 5 1 5 ...
    point 0 (0,5,5) point 1 add (5,0,0) point 2 add (0,1,0) ...
```

```
    point 3 add (0,0,5) point 4 add (6,1,0) point 5 add (0,1,5) ...
    point 6 add (5,0,5) point 7 add (6,1,5) group 'Bin2'
;;物料单元体为摩尔-库仑模型,仓储单元体为标准弹性模型
zone cmodel assign mohr-coulomb range group 'Material'
zone cmodel assign elastic range group 'Bin1' or 'Bin2'
;;分离出仓与物内部交面,并分开创建两个分界面
zone separate by-face new-side group 'Interface'...
    range group 'Material' group 'Bin1' or 'Bin2'
zone interface 1 create by-face...
    range group 'Interface' group 'Bin1'
zone interface 2 create by-face...
    range group 'Interface' group 'Bin2'
model save 'init-14-4'
;;细分分界面单元
zone interface 1 element maximum-edge 0.75
zone interface 2 element maximum-edge 0.75
model save 'init-div-14-4'
;;指定材料属性参数
zone property shear 1e8 bulk 2e8 fric 30 range group 'Material'
zone property shear 1e8 bulk 2e8 range group 'Bin1' or 'Bin2'
zone property density 2000
zone interface 1 node property stiffness-shear 2e9...
    stiffness-normal 2e9 friction 15
zone interface 2 node property stiffness-shear 2e9...
    stiffness-normal 2e9 friction 15
;;边界条件
zone gridpoint fix velocity-x ...
    range union position-x 0 position-x 6
zone gridpoint fix velocity-y ...
    range union position-y 0 position-y 6
zone gridpoint fix velocity-z ...
    range position-z 0 group 'Bin1' or 'Bin2'
;;采样记录三个点 z 位移轨迹
zone history displacement-z position (6,6,10)
zone history displacement-z position (0,0,10)
zone history displacement-z position (0,0,0)
;;模型设置
model largestrain on
model gravity 10 ;重力加速度默认在 -z 方向
model step 3000 ;求解 3000 步
model save 'bin'
```

仓体原形长宽高为 12m × 12m × 10m，上半部净空为 10m × 10m，从半高位移开始渐变到下部出口为 6m × 6m，因对称性，建模只取四分之一，如图 14-8 所示。

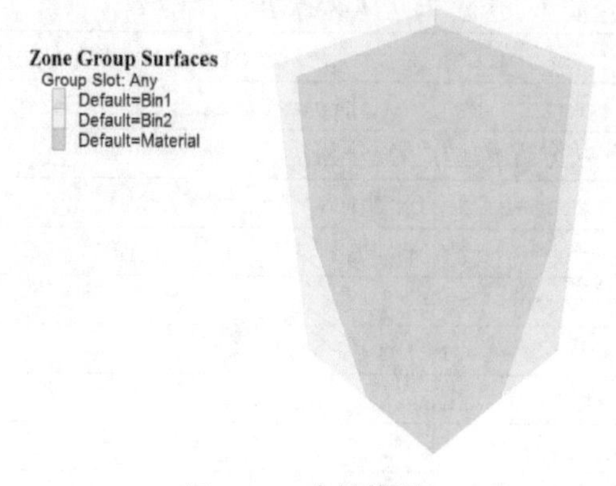

图 14-8　仓储模型

用间接方法生成两个分界面，并进行细分，如图 14-9 所示。对分界面节点只设置了摩擦角、切向和法向刚度等三个属性参数，按自重求解 3000 步后，物料 z 方向的位移如图 14-10 所示。

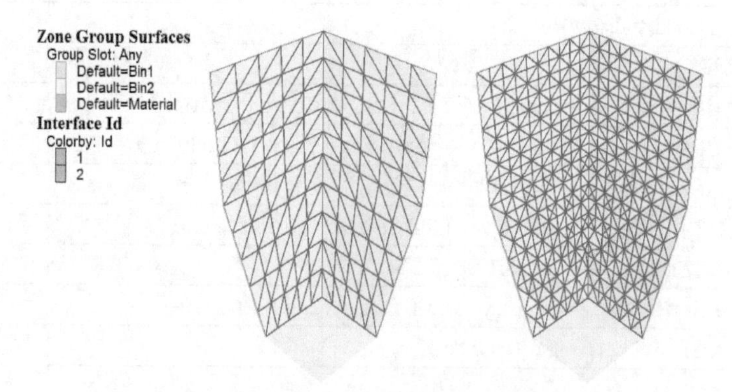

图 14-9　分界面细分

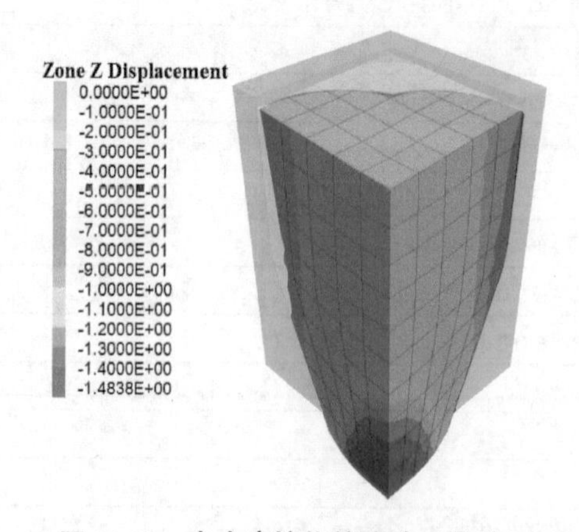

图 14-10　仓中摩擦物的流动（位移）

应用实例 第15章

学习目的

通过几个应用实例的介绍，了解FLAC 3D工程应用实例的操作过程，以使读者掌握实际工程模拟分析计算的能力。

15.1 边坡曲率的稳定性分析

15.1.1 问题的提出

真实的边坡在水平和垂直方向上都是弯曲的，并非是又长又直的。这种边坡曲率的影响最适合于用三维模型分析。

霍克（Hoek）和布雷（Bray）于1981年观测到边坡越凹，破坏的可能性越大。他们建议：当边坡曲率半径小于边坡高度时，边坡的角度可以是10°，这比常规的二维稳定性分析所建议的角度要大；当边坡曲率半径大于两倍边坡高度时，最大的边坡角度应由二维模型计算给出。

图15-1所示模型表现的是一个露天矿的四分之一，边坡的高度是25m，坡度是2∶1（约63°）。轴对称的垂直面是在 $y=-40$ 的 xz 平面和 $x=0$ 处的 yz 平面，分别如图15-2和图15-3所示。

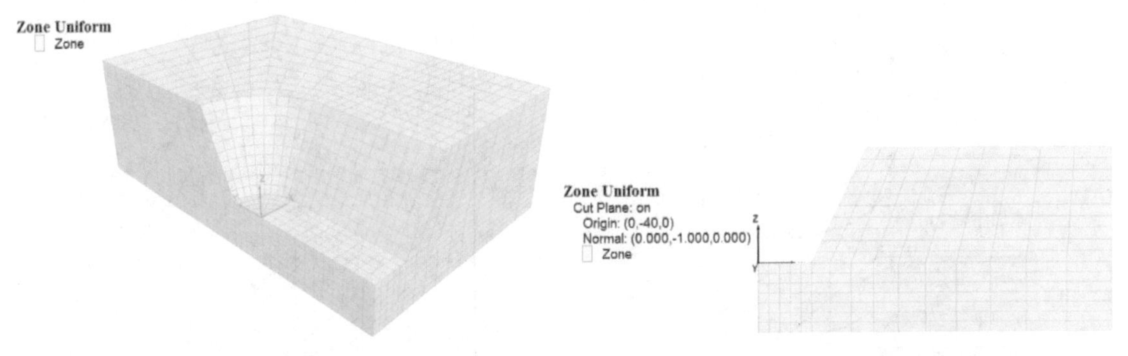

图15-1 评价边坡曲率的“浴缸”模型　　图15-2 $y=-40$ 的垂直剖面

本例施加的自由水面如图15-4所示，这个水面相交于边坡脚后面50m处模型顶部，边坡面下半部有渗漏，在稳态条件下，这个地下水位将导致的孔隙压力分布如图15-5所示。

这个模型所选择的强度参数参照1981年霍克（Hoek）和布雷（Bray）发表的扇形破坏图进行。图15-6所示为地下水流条件与所使用的图号，这里使用图号4，如图15-7所示。假设摩擦角45°（$\tan\varphi=1$），安全系数 $F=1$，则我们可以从 $\tan\varphi/F$ 轴画一条水平线，直到与边坡角度63°相交为止，然后往下画垂直线相交于 $c/(\gamma HF)$ 轴的0.06，本例的重度 $\gamma=25000\text{N/m}^3$，高度 $H=25\text{m}$，

则黏聚力 $c=37.5\text{kPa}$。

为稳定边坡，选择黏聚力 $c=100\text{kPa}$，$c/\gamma H\tan\varphi=0.16$，利用图 15-7，$c/\gamma HF$ 的值是 0.1，于是 $F=1.61$。

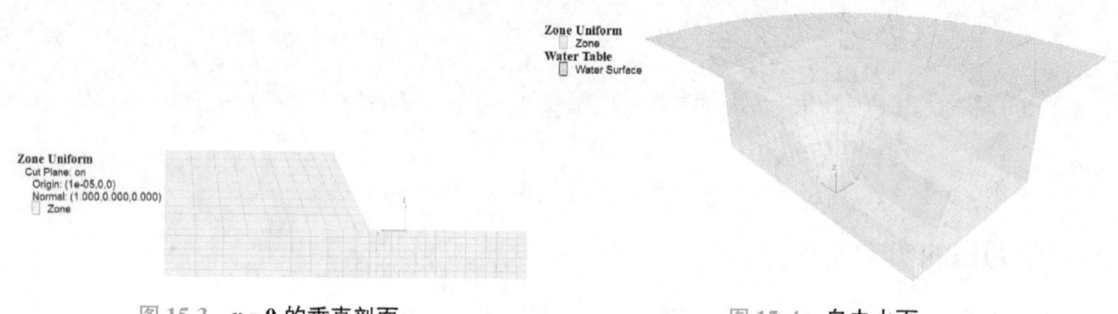

图 15-3 $x=0$ 的垂直剖面　　图 15-4 自由水面

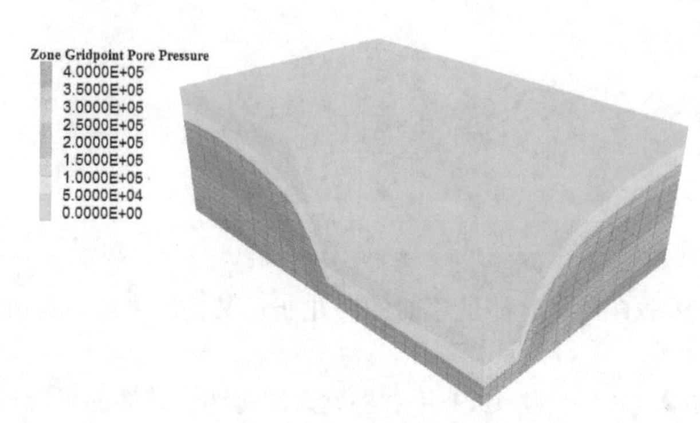

图 15-5 孔隙压力等值线

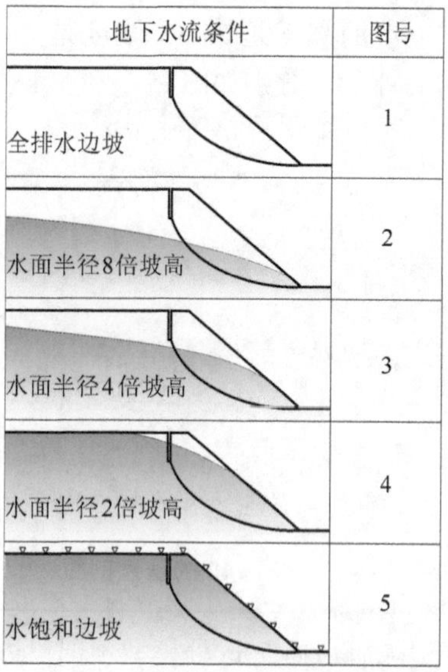

地下水流条件	图号
全排水边坡	1
水面半径8倍坡高	2
水面半径4倍坡高	3
水面半径2倍坡高	4
水饱和边坡	5

图 15-6 地下水流条件与所使用的图号
（改编自：Hoek 和 Bray，1981）

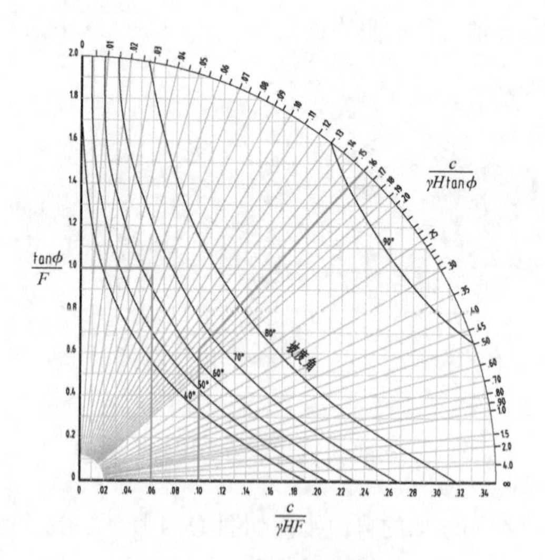

图 15-7 扇形破坏图号 4
（改编自：Hoek 和 Bray，1981）

15.1.2 建模过程

通过 2 个内嵌圆柱径向渐变体和 3 个砖形体建立的模型如图 15-1 所示，注意第一个内嵌圆柱两端半径的不同，以获得有角度的边坡，命令如例题15-1所示。通过aux1、aux2两个FISH函数定义地下水位面。边坡材料采用摩尔-库仑模型，设置体积模量为200MPa、剪切模量为100MPa、摩擦角为45°、黏结力为100kPa和抗拉强度为100 kPa。地下水位面之上的材料密度为2500kg/m³，水位面之下的密度材料为2600kg/m³。模型的四边为滚动支承，底部固定。

使用model factor-of-safety命令自动进行安全系数的计算，local-ratio参数设置为1.0×10^{-3}，比默认更严格一些。安全系数结果值$F=1.7$，比扇形破坏图号得出的结果稍高一点，表明边坡曲率对稳定性有轻微影响。根据自动保存的边坡不稳定文件“FOS-Unstable.f3sav”绘制位移等高线，如图15-8所示。图15-8表明，一个“铲形”破坏面在坑中部边坡面（$y=-40$）发展，但端部还是稳定的。

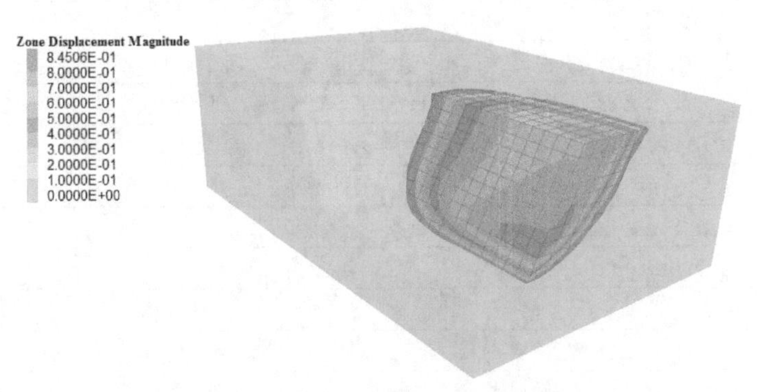

图15-8 破坏状态时的位移等值线

例题15-1 边坡曲率的稳定性分析。

```
;;文件名:15-1.f3dat
model new ;系统重置
;;创建采矿场(组合矩形网格和内嵌圆柱径向渐变矩形网格)
zone create radial-cylinder point 0 (0 0 25) ...
    point 1 add (80 0 0) point 2 add (0 0 -25) ...
    point 3 add (0 80 0) dimension 24.5 24.5 12 12 ...
    ratio 1 1 1 1.1
zone create radial-cylinder point 0 (0 0 0) ...
    point 1 add (80 0 0) point 2 add (0 0 -15) ...
    point 3 add (0 80 0) dimension 12 12 12 12 ...
    ratio 1 1 1 1.1 fill size 5 7 10 10
zone create brick point 0 (0 -40 -15) ...
    point 1 add (12 0 0) point 2 add (0 40 0) ...
    point 3 add (0 0 15) size 5 12 7
zone create brick point 0 (12 -40 -15) ...
    point 1 add (68 0 0) point 2 add (0 40 0) ...
    point 3 add (0 0 15) size 10 12 7 ratio 1.1 1 1
zone create brick point 0 (12 -40 0) ...
    point 1 add (68 0 0) point 2 add (0 40 0) ...
    point 3 add (12.5 0 25) point 4 add (68 40 0) ...
    point 5 add (12.5 40 25) point 6 add (68 0 25) ...
```

```
    point 7 add (68 40 25) size 10 12 10 ratio 1.1 1 1
;;定义 FISH 函数:aux1 、aux2,创建地下水位面
table 1 add (-1e-6,0) (12,0) (18.25,12.5) (25,17) ...
    (35,21) (50,24) (75,25) (150,25)
fish define aux1(nptab1,nprof)
    loop local n (1,nptab1)
        local rr = table.x(1,n)
        local zz = table.y(1,n)
        loop local k (1,nprof)
            case_of k
                local alfa = 0.5* (math.pi +.1)* float(k-2)/float(nprof-2)
                table.x(n+10,k) = rr* math.cos(alfa)
                table.y(n+10,k) = rr* math.sin(alfa)
            case 1
                table.x(n+10,k) = rr
                table.y(n+10,k) = -40.0
            case 2
                table.x(n+10,k) = rr
                table.y(n+10,k) = 0.0
            end_case
        end_loop
    end_loop
end
fish define aux2(nptab1,nprof)
    local set = geom.set.create('Water Table')
    loop local n (1,nptab1-1)
        loop local k (1,nprof-1)
            local xx1 = table.x(n+10,k)
            local yy1 = table.y(n+10,k)
            local zz1 = table.y(1,n)
            local xx2 = table.x(n+10,k+1)
            local yy2 = table.y(n+10,k+1)
            local zz2 = zz1
            local xx3 = table.x(n+11,k+1)
            local yy3 = table.y(n+11,k+1)
            local zz3 = table.y(1,n+1)
            local xx4 = table.x(n+11,k)
            local yy4 = table.y(n+11,k)
            local zz4 = zz3
            local pol = geom.poly.create(set)
            geom.poly.add.node(set,pol,xx1,yy1,zz1)
            geom.poly.add.node(set,pol,xx3,yy3,zz3)
```

```
            geom.poly.add.node(set,pol,xx4,yy4,zz4)
            geom.poly.close(set,pol)
            if (k<2) | (n>1) then
                pol=geom.poly.create(set)
                geom.poly.add.node(set,pol,xx1,yy1,zz1)
                geom.poly.add.node(set,pol,xx2,yy2,zz2)
                geom.poly.add.node(set,pol,xx3,yy3,zz3)
                geom.poly.close(set,pol)
            endif
        end_loop
    end_loop
end
@ aux1(8,10)
@ aux2(8,10)
;;初始化重力加速度,水密度
model gravity 10 ;重力加速度默认在-z方向
zone water density 1000
;;设置本构模型及材料属性参数
zone cmodel assign mohr-coulomb
zone property bulk 2e8 shear 1e8 friction 45...
    cohesion 1e5 tension 1e5
;;边界条件
zone gridpoint fix velocity-x ...
    range union position-x  0 position-x 80
zone gridpoint fix velocity-y ...
    range union position-y -40 position-y 80
zone gridpoint fix velocity  range position-z -15
;;初始化不饱和密度,水位面之上2500
zone initialize density 2500
;;初始化饱和密度,水位面之下2600
zone initialize density 2600 range...
    geometry-space 'Water Table' count 1 direction (0,0,1)
;;初始化应力
zone initialize-stresses total
;;采样记录
history interval 10
model history mechanical ratio-local
zone history displacement-x position (24.5,-40,25)
zone history displacement-z position (24.5,-40,25)
zone history displacement-x position (24.5, 0,25)
zone history displacement-y position (24.5, 0,25)
zone history displacement-z position (24.5, 0,25)
```

```
zone history displacement-y position ( 0,24.5,25)
zone history displacement-z position ( 0,24.5,25)
;;计算安全系数
model factor-of-safety ratio-local 1e-3
```

15.2 交叉巷道的支承荷载

15.2.1 问题的提出

崩落法采矿的开采布置如图 15-9 所示，采矿巷道的前方处于原应力状态，随着开采的进行，矿柱遭受逐渐增加的垂直应力。

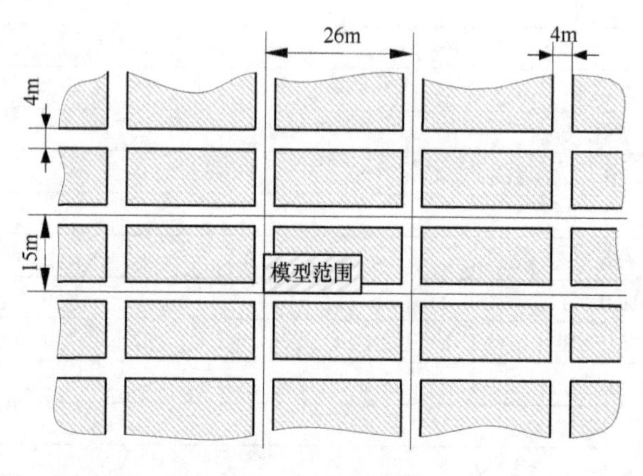

图 15-9 开采布置

这里首先研究开挖时的最初响应，然后确定矿柱可承受的最大荷载，最后比较这个矿柱最大垂直平均应力之前和之后的 29MPa 时的情况。

初始应力及岩石材料属性参数见表 15-1，岩石材料表现为每 2% 切向变形时，黏聚力下降，摩擦角变化为 5°。

表 15-1 初始应力及岩石材料属性参数

项　目	值	项　目	值
σ_{xx}	25MPa	切向模量	8.9GPa
σ_{yy}	30MPa	摩擦角	35°（最大）
σ_{zz}	17MPa	黏聚力	4MPa（最大）
体积模量	14.1GPa	抗拉强度	0.5MPa

15.2.2 建模过程

由于对称性，建模只需如图 15-9 中所示的四分之一即可。网格由砌块工具命令生成，最后导入模型空间，最终模型网格如图 15-10 所示。

模型四边和底部为滚动支承边界条件，初始顶部垂直应力为 17MPa。为了确定矿柱可支撑的最大荷载，模型顶部以 -4×10^{-6}m/步的恒定速度垂直下移。模型基座上的反作用力的总和是通过自定义 FISH 函数 load 获得的，命令见例题 15-2。

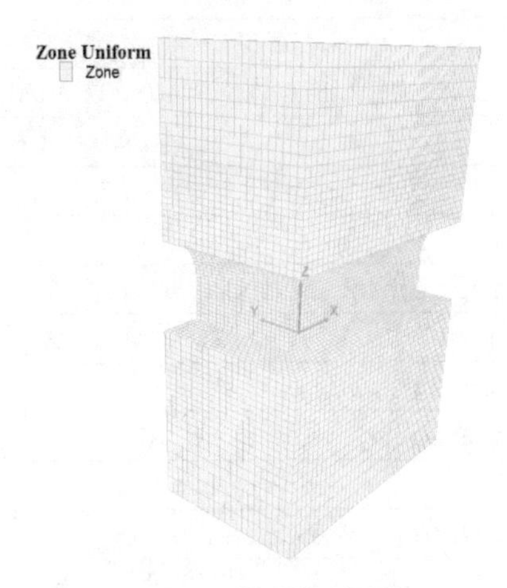

图 15-10 最终模型网格

例题 15-2 矿柱建模与计算。

```
;;文件名:15 -2 . f3dat
model new ;系统重置
;;自定义基座反作用力函数 load
fish define setgp
    global gps =map
    loop foreach local gp gp. list
        if gp. isgroup(gp,'Bottom1') |...
            gp. isgroup(gp,'Bottom') then
            gps(gp. id(gp)) =gp
        endif
    end_loop
end
fish define load
    local sum =0
    loop foreach local gp gps
        sum = sum -gp. force. unbal. z(gp)
    end_loop
    load = sum/(dim1 * dim2)
end
;;用砌块工具 building-blocks 建模
building-blocks set create 'geometry'
building-blocks block create hexahedron
building-blocks face transform translate (12,0,0)...
    range id-list 6
building-blocks face transform translate (0,1,0)...
    range id-list 4
building-blocks face transform translate (0,0,9.0)...
```

```
    range id-list 2
building-blocks face transform translate (0,0,-10.0)...
    range id-list 1
building-blocks edge transform translate (2,0,0)...
    range id-list 10
building-blocks block create hexahedron...
    by-points (13,2,-10) (13,2,10) (2,2,10) (2,2,-10) ...
    (13,4,-10) (13,4,10) (2,4,10) (2,4,-10)
building-blocks face transform translate (0,3.5,0)...
    range id-list  7
building-blocks block create hexahedron
    by-points (2,7.5,-10) (2,7.5,10) (2,2,10) (2,2,-10)...
    (0,7.5,-10) (0,7.5,10) (0,2,10) (0,2,-10) ...
building-blocks point merge 5 15
building-blocks point merge 1 16
building-blocks block id 1 split face-id 2 (7.5,2,10) (7.5,0,10)
building-blocks block id 5 split face-id  25 (0,0,5) (7.5,0,5)
building-blocks block id 9 split face-id  38 (0,0,2) (7.5,0,2)
building-blocks block id 19 split face-id 71 (0,0,0) (7.5,0,0)
building-blocks block id 29 split face-id 104 (0,0,-2) (7.5,0,-2)
building-blocks block id 39 split face-id 137 (0,0,-5) (7.5,0,-5)
building-blocks block delete range id-list 38 40
building-blocks block delete range id-list 43
building-blocks block delete range id-list 28 30
building-blocks block delete range id-list 33
building-blocks edge id 88 control-point add (1,1,2)
building-blocks edge id 89 control-point add (7.5,1,2)
building-blocks edge id 102 control-point add (13,1,2)
building-blocks edge id 95 control-point add (1,7.5,2)
building-blocks edge id 130 control-point add (2,7.5,1)
building-blocks edge id 119 control-point add (2,2,1)
building-blocks edge id 121 control-point add (7.5,2,1)
building-blocks edge id 141 control-point add (13,2,1)
building-blocks  edge transform translate...
    (0,[math.sqrt(2.0)-2.0],[math.sqrt(2.0)-2.0]) ...
    range id-list  86 105
building-blocks point transform translate...
    ([math.sqrt(2.0)-2.0], 0,[math.sqrt(2.0)-2.0]) ...
    range id-list 38
building-blocks point move-to x [math.sqrt(2.0)] ...
    range id-list 35
[global t1 =2.0 * math.sin(22.5 * math.degrad)]
```

```
[global t2 = 2.0 * math.cos(22.5 * math.degrad)]
building-blocks edge id 102 control-point...
    move (13., @ t1, @ t2) index 1
building-blocks edge id  89 control-point...
    move (7.5, @ t1, @ t2) index 1
building-blocks edge id  88 control-point...
    move (@ t1, @ t1, @ t2) index 1
building-blocks edge id 141 control-point...
    move (13., @ t2, @ t1) index 1
building-blocks edge id 121 control-point...
    move (7.5, @ t2, @ t1) index 1
building-blocks edge id 119 control-point...
    move (@ t2, @ t2, @ t1) index 1
building-blocks edge id  95 control-point...
    move (@ t1, 7.5, @ t2) index 1
building-blocks edge id 130 control-point...
    move (@ t2, 7.5, @ t1) index 1
building-blocks edge type arc...
    range id-list  88 89 95 102 119 121 130 141
building-blocks set automatic-zone length 0.25
building-blocks edge size 22 range id-list 165
building-blocks edge size 22 range id-list 151
building-blocks edge size  8 range id-list 156
building-blocks edge size  8 range id-list 147
building-blocks edge size 10 range id-list 201
building-blocks edge size 10 range id-list 208
building-blocks edge size 11 range id-list 106
building-blocks edge size 10 range id-list 175
building-blocks edge ratio [1/0.9] range id-list 201
building-blocks edge size 10 range id-list 60
building-blocks edge ratio 0.9 range id-list 60
zone generate from-building-blocks
zone face skin ;自动对网格外表面指派组名
;;指定本构模型及材料属性参数
zone cmodel assign strain-softening ;应变软化/硬化弹塑性模型
zone property bulk 14.1e9 shear 8.87e9 tension 5e5...
    friction 35 cohesion 4e6 dilation 5...
    table-friction 'fric' table-cohesion 'coh'
table 'fric' add (0, 35) (0.0045, 35) (0.018,30) (1,30)
table 'coh'  add (0,4e6) (0.0045,4e6) (0.018, 0) (1, 0)
;;初始化条件
zone initialize stress xx -25e6 yy -30e6 zz -17e6
```

```
;;边界条件
zone face apply velocity-normal 0 range group 'West1'...
    or 'West2' or 'East'
zone face apply velocity-normal 0 range group 'South1'...
    or 'South2' or 'North'
zone face apply velocity-normal 0 range group 'Bottom'
zone face apply stress-normal -17e6 range group 'Top2'
;;求解初始开挖
model solve ratio-local 1e-3
model save 'pillar1';保存模型
;;对模型顶面施加恒定速度
zone face apply velocity-normal -4e-6 range group 'Top2'
[global dim1 =13.0];设置FISH全局变量
[global dim2 =7.5]
@ setgp ;调用FISH函数
history interval 50 ;采样记录间隔
fish history name 'load' @ load ;以FISH函数load值为采样记录
model step 4000 ;顶面产生的z向位移为-4×10^-6×4000m=-1.6×10^-2m
model save 'pillar2' ;保存模型
model step 3600 ;顶面再次产生的z向位移为-4×10^-6×3600m=-1.44×10^-2m
model save 'pillar3';保存模型
```

15.2.3　结果

图15-11显示的是开挖后矿柱巷道的整体位移等值线，如所期待的那样，巷道交叉中心点的底板位移约5.4mm，而顶板约9mm。图15-12所示为开挖巷道后腰部矿柱水平面塑性状态，塑性区从0.75m深到交叉点柱角处1.76m深。图15-13所示为矿柱垂直应力等值线，这个平面的垂直应力接近于最小主应力，因此这个最大的压应力是在矿柱角的塑性区域内。图15-14所示为矿柱内最小主应力等值线，此时，矿柱内中心不是重点，而是围绕巷道的应力集中。

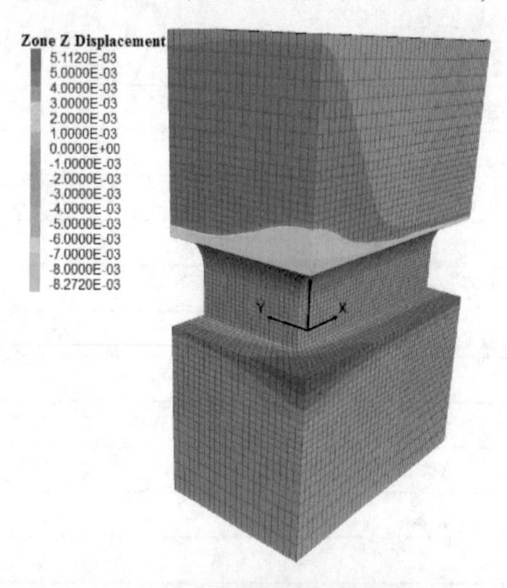

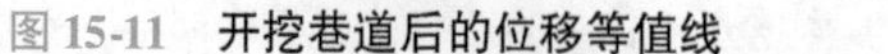
图15-11　开挖巷道后的位移等值线

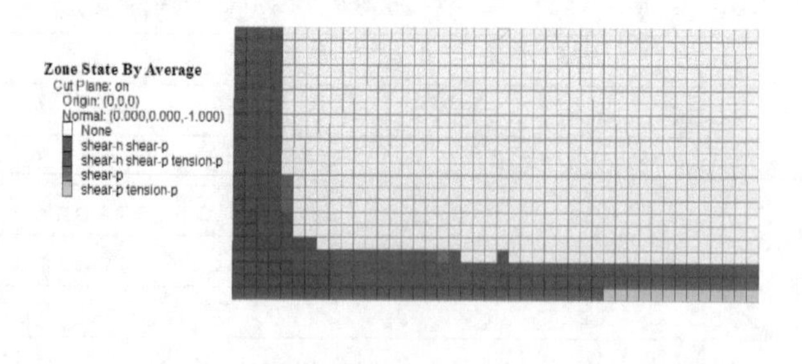

图15-12　开挖巷道后腰部矿柱水平面塑性状态

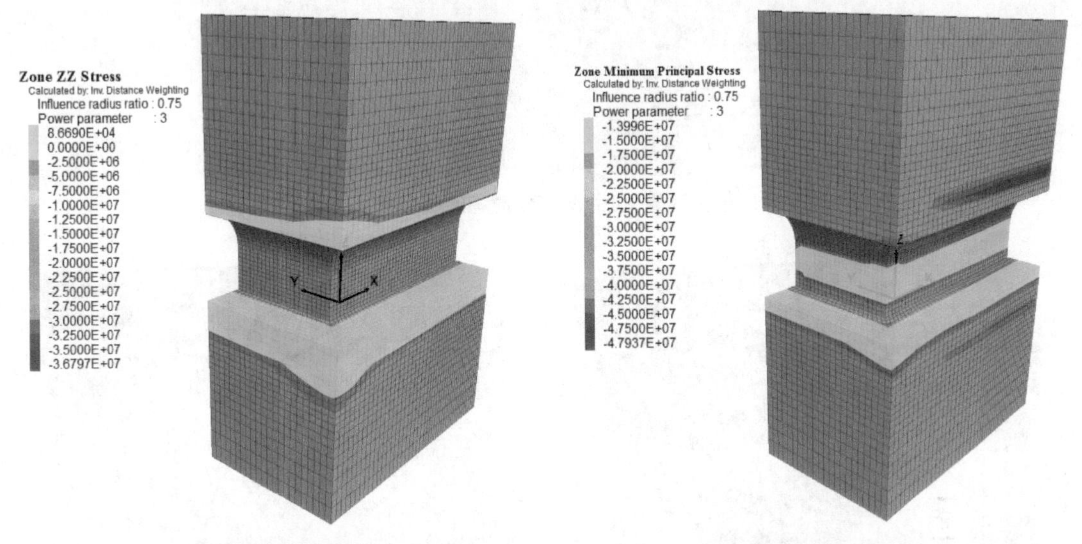

图 15-13 开挖巷道后矿柱垂直应力等值线

图 15-14 开挖巷道后矿柱最小主应力等值线

接下来在模型顶部用速度边界条件替代原应力边界条件，图 15-15 所示为矿柱基座垂直平均应力轨迹，所谓垂直平均应力是这样计算出来的：模型矿柱基座的垂直反作用力的总和除以基座面积（13m×7.5m）。注意，巷道矿柱平面的面积要比基座平面面积要小，其比例系数为 13×7.5/(11×5.5) = 1.61，矿柱基座的最大垂直应力是 31.9MPa，因而巷道矿柱平面的最大应力是 51.4MPa。

比较一下最大垂直平均应力之前和之后的 29MPa 时的情况。图 15-16 和图 15-17 显示的是前、后的破坏范围，在峰值过后大概只有 30% 的区域保持弹性，这也与 1980 年瓦格纳（Wagner）所观察到的一致。图 15-18 和图 15-19 显示的是前、后的应力等值线，尽管平均应力值相等，但峰值后的最大应力要大。

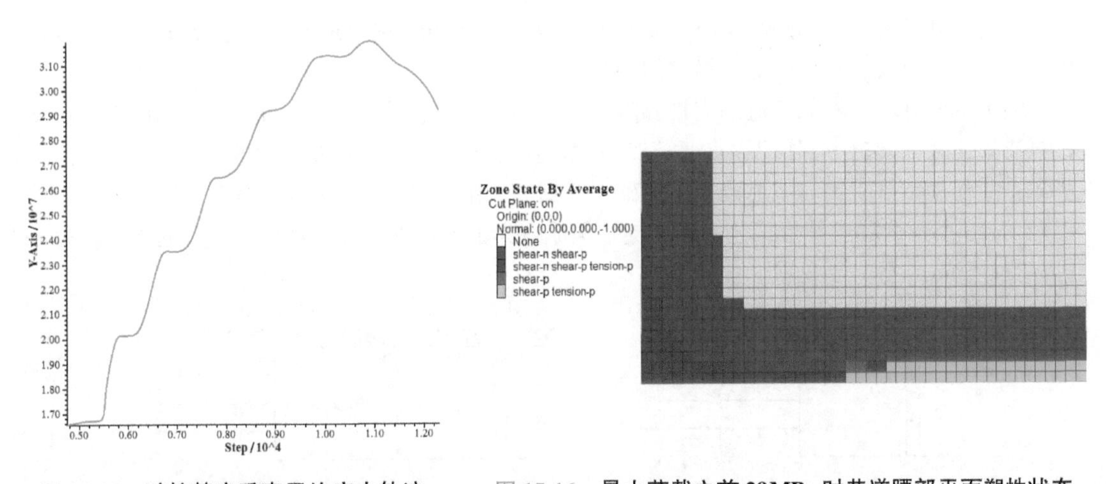

图 15-15 矿柱基座垂直平均应力轨迹

图 15-16 最大荷载之前 29MPa 时巷道腰部平面塑性状态

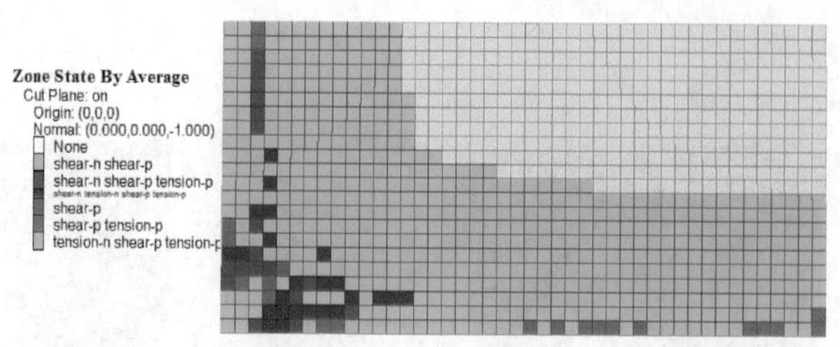

图 15-17　最大荷载之后 29MPa 时巷道腰部平面塑性状态

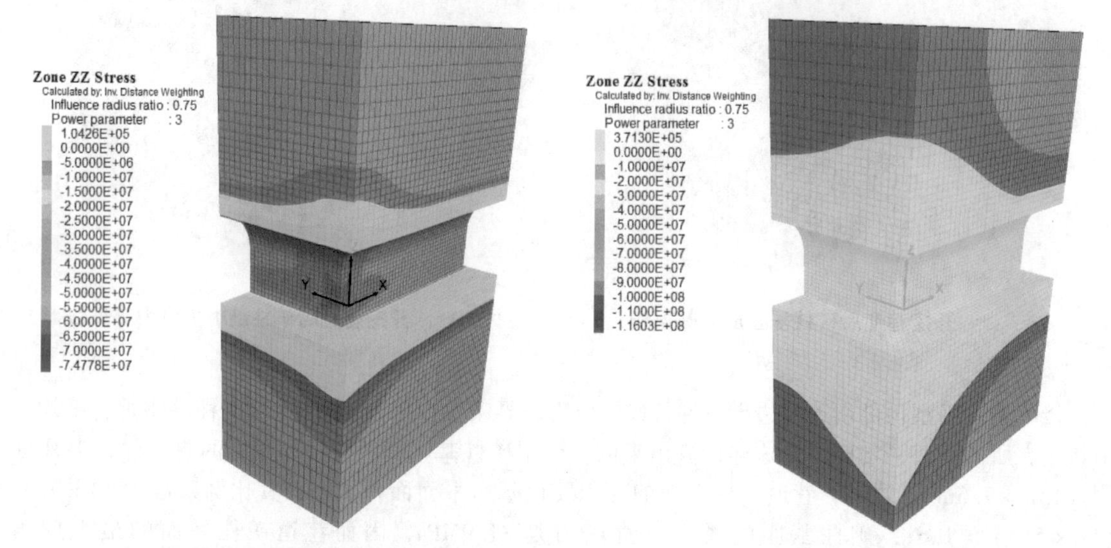

图 15-18　最大荷载之前 29MPa 时垂直应力等值线　　图 15-19　最大荷载之后 29MPa 时垂直应力等值线

15.3　开挖与支护浅埋隧道

15.3.1　问题的提出

浅埋隧道开挖于市区内的软土下，要求对既有建筑物的影响要最小。地表下沉取决于隧道的开挖方法和支护方式，是典型的三维空间的问题。

地表下沉的计算要考虑隧道的支护和隧道掘进面的加固，隧道工艺过程是：①开挖 3m；②安装钢拱支护；③在隧道上部挖掘 4m 长、22cm 厚的倾斜槽（孔），浇注水泥浆，以形成超前（预）支护罩；④在两钢拱支护间喷射混凝土衬砌；⑤掘进工作面前方安装水平锚索。

图 15-20 所示为隧道开挖工艺过程与支护构成，为了评价支护方法对地表下沉的影响，每一个开挖与支护构成均要数字模拟。

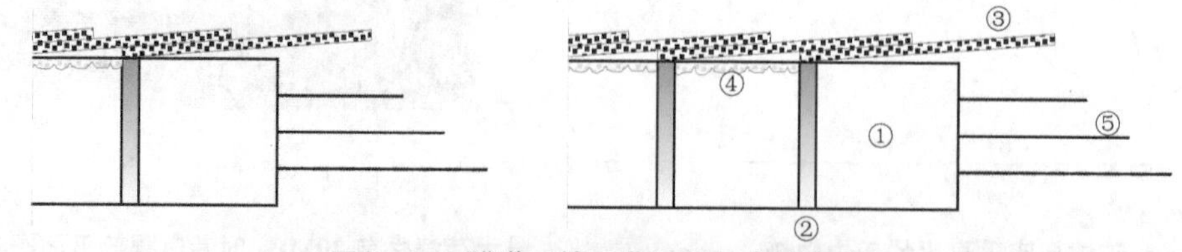

图 15-20　隧道开挖工艺过程与支护构成

15.3.2 建模过程

隧道的中心垂直剖面为其对称面，只有一半隧道被建模，隧道50m长，隧道底板距地表39.5m。坐标原点定义在隧道上部拱形圆心，z轴向上，y轴沿隧道方向。FLAC 3D网格如图15-21所示，总计大约15600个单元体，隧道上部拱形横断面50个单元体，隧道下部矩形横断面21个单元体。

考虑隧道材料为摩尔-库仑模型、黏聚力为50kPa、摩擦角为20°，材料质量密度为2200kg/m^3。初始应力取决于重力荷载，水平应力与垂直应力的关系为$\sigma_{zz}=\sigma_{xx}=2\sigma_{yy}$。

超前支护用壳结构单元模拟，混凝土衬砌用带衬砌参数的单元体模拟，FLAC 3D单元体具有提供厚衬砌的抗弯能力，因为一个单元体隐含有2组4面体的子单元体。图15-22表示模拟超前支护的壳结构单元（开挖30m之后），混凝土衬砌单元如图15-23所示。超前支护（壳结构单元）、衬砌（单元体替代）和锚结构单元的材料属性参数如表15-2所示。

表15-2 材料属性参数

名称	参数	值	名称	参数	值
壳	弹性模量E	10.5GPa	锚	弹性模量E	45GPa
	泊松比ν	0.25		横截面积A	1.57×10^{-3} m^2
衬砌	体积模量K	20.7GPa		抗拉强度F_t	250kN
	剪切模量G	12.6GPa		单位长度上水泥浆刚度k_g	1.75×10^7 N/m^2
				单位长度上水泥浆黏结力c_g	2×10^5 N/m

隧道掘进面前方交替安装9m、12m、15m长度的锚索。全断面分两阶段掘进，首先掘进隧道上部拱形部分，并支护，然后掘进隧道下部矩形部分，并支护。本实例仅分析计算第一阶段，至于第二阶段则是一个相似的过程。

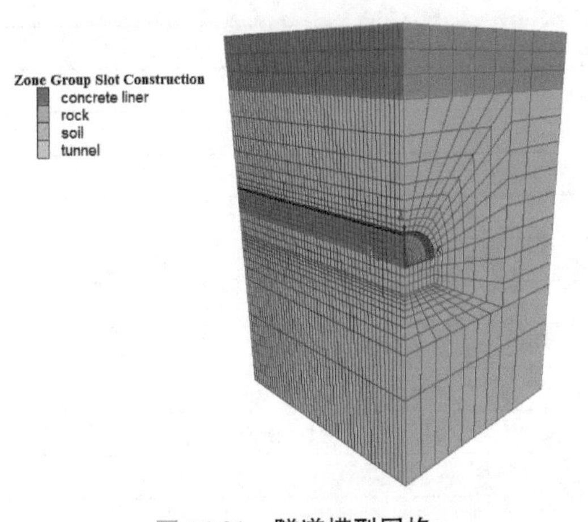

图15-21 隧道模型网格

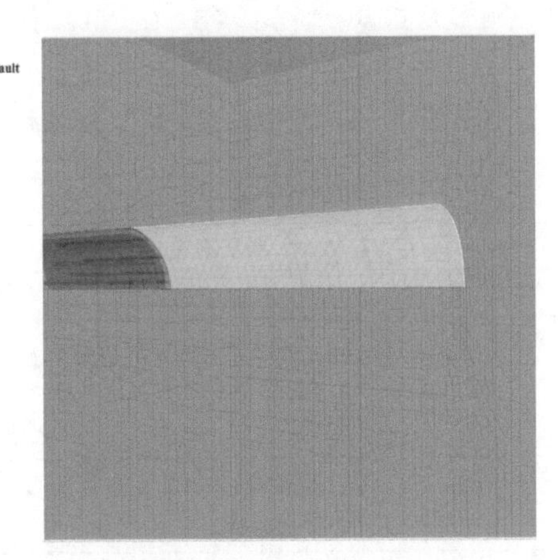

图15-22 开挖30m后的壳、锚结构单元

FISH函数excavate用来控制开挖和支护过程，需要开挖3m隧道、超前支护、与掘进面有一定距离的厚混凝土衬砌及喷浆。

为安装连续的超前支护的壳结构单元，新的壳结构单元的ID号与先前生成的壳结构单元的ID号相同，这样，新壳结构单元会利用连接处旧壳结构单元的已存在节进行连接，而新壳结构单元初始为零应力。

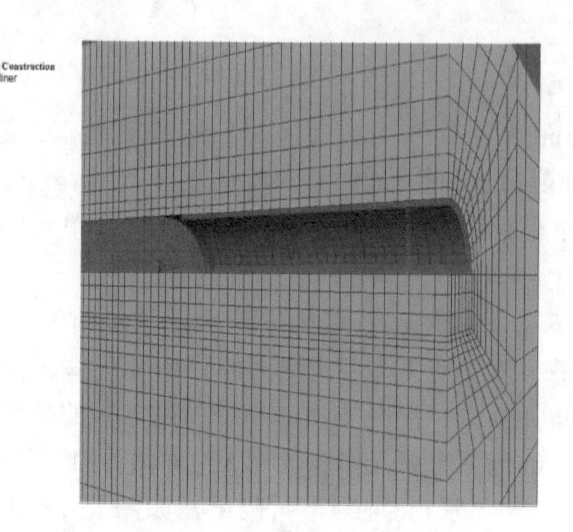

图 15-23　**开挖 30m 后的混凝土衬砌单元**

地表下沉和隧道始终被监测，它们的值记录在几个表中。总共完成了 16 次开挖与支护过程，每次按局部收敛比 1.0×10^{-3} 限值达到平衡为止，命令文件如例题 15-3 所示。

例题 15-3　隧道开挖与支护。

```
;;文件名:15-3.f3dat
model new ;系统重置
;;通过网格原型库创建隧道
;模拟衬砌的单元体
zone create cylindrical-shell size 2 51 10 dim 5 5 5 5 ...
    point 0 (0 0 0) point 1 (7 0 0) point 2 (0 51 0) ...
    point 3 (0 0 5.5) group 'concrete liner' slot 'Construction'
;隧道上部拱形单元体
zone create cylinder point 0 (0 0 0) point 1 (5 0 0) ...
    point 2 (0 51 0) point 3 (0 0 5) size 5 51 10 ...
    group 'tunnel' slot 'Construction'
;隧道下部矩形单元体
zone create brick  size 7 51 3 point 0 0 0 -4.5 ...
    point 1 add 7 0 0 point 2 add 0 51 0 ...
    point 3 add 0 0 4.5 group 'rock' slot 'Construction'
;岩石单元体
zone create radial-cylinder point 0 0 0 0 point 1 27 0 0 ...
    point 2 0 51 0 point 3 0 0 25 dimension 7 5.5 7 5.5 ...
    size 5 51 10 8 ratio 1 1 1 1.3 group 'rock' slot 'Construction'
zone create brick point 0 7 0 -4.5 point 1 27 0 -15 ...
    point 2 add 0 51 0 point 3 7 0 0 point 4 27 51 -15 ...
    point 5 7 51 0 point 6 27 0 0 point 7 27 51 0 ...
    size 8 51 3 ratio 1.3 1 1 group 'rock' slot 'Construction'
zone create brick point 0 0 0 -15  point 1 add 27 0 0 ...
    point 2 add 0 51 0 point 3 0 0 -4.5 point 4 27 51 -15 ...
    point 5 0 51 -4.5 point 6 7 0 -4.5 point 7 7 51 -4.5  ...
    size 7 51 8 ratio 1 1 [1/1.3] group 'rock' slot 'Construction'
```

```
;地表土层单元体
zone create brick point 0 0 0 25 point 1 add 27 0 0 ...
    point 2 add 0 51 0 point 3 add 0 0 10 size 5 51 3 ...
    group 'soil' slot 'Construction'
zone create brick point 0 27 0 25 point 1 add 17 0 0 ...
    point 2 add 0 51 0 point 3 add 0 0 10 size 2 51 3 ...
    ratio 2 1 1 group 'soil' slot 'Construction'
;岩石单元体
zone create brick point 0 27 0  -15 point 1 add 17 0 0...
    point 2 add 0 51 0 ...point 3 add 0 0 40...
    size 2 51 8 ratio 2 1 1 group 'rock' slot 'Construction'
zone create brick point 0 27 0  -40 point 1 add 17 0 0 ...
    point 2 add 0 51 0 point 3 add 0 0 25 size 2 51 2 ...
    ratio 2 1 0.5 group 'rock' slot 'Construction'
zone create brick point 0 0 0  -40 point 1 add 27 0 0 ...
    point 2 add 0 51 0 point 3 add 0 0 25 size 7 51 2 ...
    ratio 1 1 0.5 group 'rock' slot 'Construction'
;;为衬砌与岩石的交面指派组名
zone face group 'shell' slot 'Construction' internal ...
    range group 'rock' group 'concrete liner' position -z 0.001 5.5
zone face skin ;自动对网格外表面指派组名
;;指定本构模型及材料属性参数
zone cmodel assign mohr-coulomb ;摩尔-库仑模型
zone property bulk 4e8  shear 1.5e8 friction 20 ...
    cohesion 50e3 tension 5e3 dilation 3 density 2200
zone property bulk 50e6 shear 18e6  friction 20 ...
    cohesion 25e3 tension 0 dilation 0 density 2200 ...
    range group 'soil' ;土材料属性参数不同于岩石
;;边界条件
zone face apply velocity-normal 0 range group 'East' or 'West'
zone face apply velocity-normal 0 range group 'North' or 'South'
zone face apply velocity-normal 0 range group 'Bottom'
;;初始化条件
model gravity 10 ;重力加速度默认在 -z 方向
zone initialize-stresses ratio 1.0 0.5 ;重力引起的应力场
;;采样记录力比值及几个关键位置点位移轨迹
model history mechanical ratio-local
zone history displacement-z position (0,0,5.)
zone history displacement-x position (7,0,0)
zone history displacement-z position (0,0,0)
zone history displacement-z position (0,0,35)
model save 'geometry' ;保存初始网格
;;用几何对象来定义锚索的3个布置样式
```

```
geometry select 'cables'
geometry edge create by-ray base (0.8,0,5.5)...
    length 15 direction (0,1,0) group '1'
geometry edge create by-ray base (2.1,0,0.6)...
    length 15 direction (0,1,0) group '1'
geometry edge create by-ray base (3.5,0,4.7)...
    length 15 direction (0,1,0) group '1'
geometry edge create by-ray base (5.5,0,1.5)...
    length 15 direction (0,1,0) group '1'
geometry edge create by-ray base (0.8,0,0.6)...
    length 15 direction (0,1,0) group '2'
geometry edge create by-ray base (0.8,0,4.0)...
    length 15 direction (0,1,0) group '2'
geometry edge create by-ray base (3.5,0,2.4)...
    length 15 direction (0,1,0) group '2'
geometry edge create by-ray base (5.5,0,0.6)...
    length 15 direction (0,1,0) group '2'
geometry edge create by-ray base (0.8,0,2.4)...
    length 15 direction (0,1,0) group '3'
geometry edge create by-ray base (2.6,0,4.0)...
    length 15 direction (0,1,0) group '3'
geometry edge create by-ray base (5.0,0,3.0)...
    length 15 direction (0,1,0) group '3'
geometry edge create by-ray base (3.5,0,0.6)...
    length 15 direction (0,1,0) group '3'
;;安装初始锚索,3 组在原位置,2 组沿 y 退 3m,1 组沿 y 退 6m
struct cable import from-geometry 'cables' segments 15...
    id 1 offset (0,-6,0) range group '1'
struct cable import from-geometry 'cables' segments 15...
    id 2 offset (0,-3,0) range group '2'
struct cable import from-geometry 'cables' segments 15...
    id 3 range group '3'
;;截除超出模型范围外的锚索
struct cable delete range position-y -100 0
;;设置锚索属性参数
struct cable property young 45e9  grout-perimeter 1.0 ...
    cross-sectional-area 1.57e-3 yield-tension 25e4 ...
    grout-stiffness 17.5e6 grout-cohesion 20e4 range id 1 3
;;安装超前支护,以壳结构单元模拟混凝土罩
struct shell create by-face internal id 10...
    range group 'shell' position-y 0 1
struct shell property isotropic 10.5e9,0.25 ...
    thickness 0.3 density 2500 range id 10
```

```
;;定义三个位置点变量:隧道 30m 处的中心线地表、隧道顶部和拱脚
[global surface_gp = gp.near(0,30,35)]
[global crown_gp = gp.near(0,30,5.5)]
[global spring_gp = gp.near(7,30,0)]
;;定义三个表标签
table 'surface'  label 'ground surface at tunnel center line'
table 'crown'    label 'tunnel crown'
table 'sidewall' label 'tunnel sidewall'
model save 'initial' ;保存模型状态文件
zone results model-mechanical on ;结果文件保存所有模型状态信息
;;定义 excavate FISH 函数:完成实际开挖与支护的顺序工序过程
fish define excavate
    ;;16 次开挖与支护
    loop global cut (1,16);cut 是全局变量
        local y0 =3 * (cut-1);开始
        local y1 = y0 +3 ;开挖 3m
        local id =10 ;壳 ID 号

        ;id =10 * (cut +1)   ; 用在不连在一起的壳
        local idx = ((cut-1)%3) +1 ;锚索三种样式索引
        io.out(' EXCAVATION STEP ' +
            string(cut) +' CABLE PATTERN ' +string(idx))
        command
            ;安装超前支护
            struct shell create by-face internal id @ id...
                range group 'shell' position-y [y0 +1] [y1 +1]
            struct shell property isotropic 10.5e9,0.25 ...
                thickness 0.3 density 2500 ...
                range position-y [y0 +1] [y1 +1]
            ;开挖下一个 3m 隧道
            zone cmodel assign null range group 'tunnel' ...
                or 'concrete liner' position-y @ y0 @ y1
            ;截除开挖部分的锚索
            struct cable delete range position-y @ y0 @ y1
            ;安装新锚索
            struct cable delete range id @ idx
            struct cable import from-geometry 'cables'...
                segments 15 id @ idx offset (0,@ y1,0) ...
                range group [string(idx)]
            struct cable property young 45e9...
                cross-sectional-area 1.57e-3 ...
                grout-perimeter 1.0 yield-tension 25e4 ...
                grout-stiffness 17.5e6 grout-cohesion 20e4
```

```
            ;增加壳厚度以模拟喷浆
            struct shell property isotropic 10.5e9,0.25 ...
                thickness 0.5 density 2500 ...
                range position-y [y0-2] [y1-2]
        end_command
        ;;若超过 51m,截除超过部分锚索
        if y1 +15 > 51 then
            command
                struct cable delete range position-y 51 100
            end_command
        end_if
        ;混凝土衬砌单元
        if cut > 1 then
            command
                zone cmodel assign elastic range ...
                    group 'concrete liner' ...
                    position-y [y0-3] [y1-3]
                zone property bulk 20.7e9 shear 12.6e9...
                    range group 'concrete liner' ...
                    position-y [y0-3] [y1-3]
            end_command
        end_if
        ;求解至平衡
        command
            model solve ratio-local 1e-3
        end_command
        ;存储位移至表中
        table('surface',3 * cut) =gp.disp.z(surface_gp)
        table('crown',3 * cut) =gp.disp.z(crown_gp)
        table('sidewall',3 * cut) =gp.disp.z(spring_gp)
        ;输出结果文件
        command
            model results export ['excavation-' +string(cut * 3)]
        end_command
    end_loop
end
@ excavate
model save 'excavation' ;保存模型状态文件
```

15.3.3　结果

选取一些求解结果，如图 15-24 ~ 图 15-38 所示。隧道 30m 处被监测的三个点的位移记录如图 15-24 所示。开挖 30m 后，隧道周围的塑性区域如图 15-25 所示，用不同颜色来区分剪切破坏和拉伸破坏，字母“n”表示现在正在破坏，字母“p”表示过去曾破坏。开挖 30m 后，垂直位移的等值线图如图 15-26 所示。开挖 15m 和 27m 后，超前支护的弯曲应力 M_{xx} 分别如图 15-27 和图 15-28 所示，注意结果是局部坐标 x 轴，其实与全局坐标系统 y 轴是一致的。同样，可以给出开挖 15m 和 27m 后，掘进面锚索的轴向应力，略。

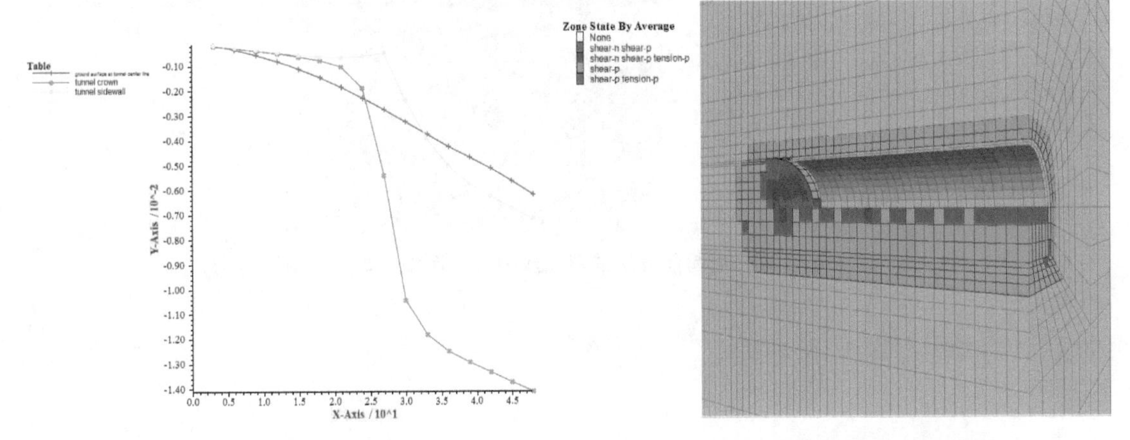

图 15-24 位移监测记录

图 15-25 开挖 30m 后的塑性区域

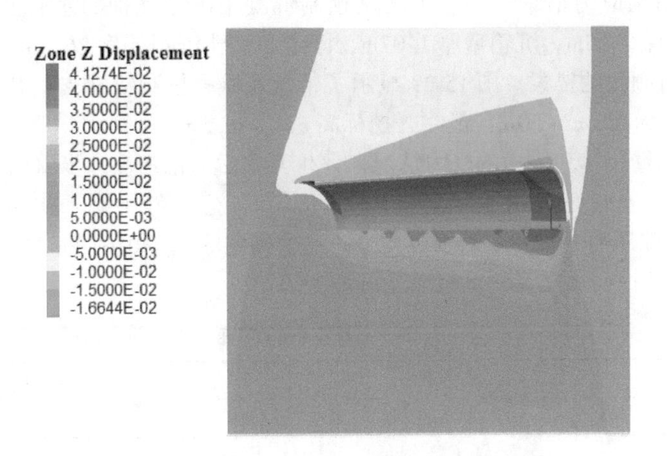

图 15-26 开挖 30m 后垂直位移等值线

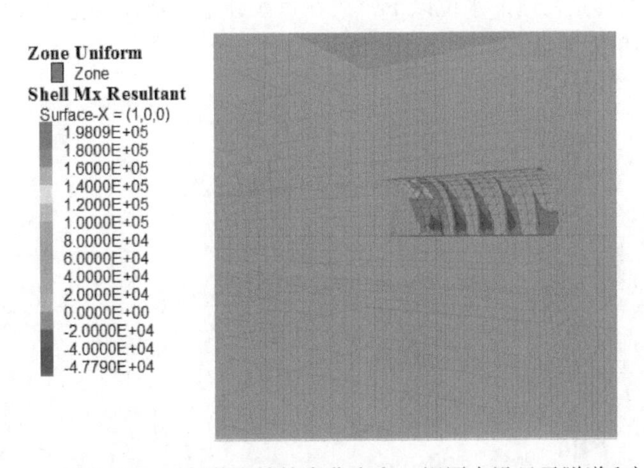

图 15-27 开挖 15m 后超前支护的弯曲应力（视图中没显示隧道和衬砌）

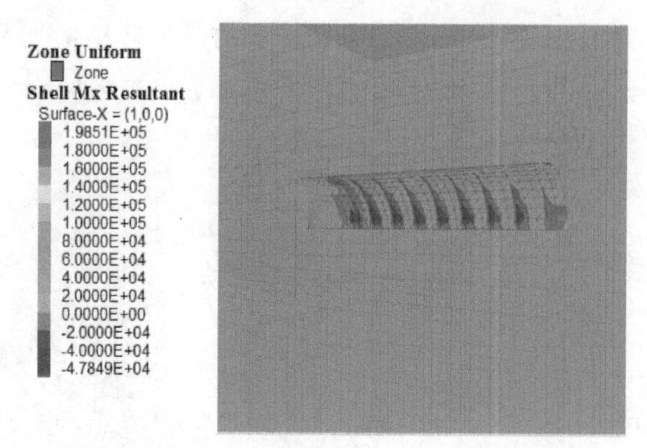

图 15-28 **开挖 27m 后超前支护的弯曲应力**（视图中没显示隧道和衬砌）

15.4 预应力锚索防渗混凝土沉箱

15.4.1 问题陈述

本例模拟计算由预应力锚索锚固、不透水预制混凝土沉箱支护的垂直开挖过程。开挖长约84m，宽约36.5m，深23.5m。沉箱壁厚1.07m，固定和锁住沉箱深度26.5m，每隔2.25m安装沿壁竖桩、带预应力有倾角的锚索。图15-29显示了带沉箱壁、桩和锚索支护开挖模型的四分之一。坐标 z 轴向上，地面标高 $z=+50$m，最终开挖标高 $z=+26.5$m。

目的是根据沉箱壁位移和锚索的受力情况来评价开挖后的稳定性。步骤如下：

1）在开挖之前，安装好沉箱壁和竖桩至26.5m深，建立好平衡。初始状态包括地下水位（$z=+39.5$m）的孔隙压力分布和不透水沉箱壁。这个问题的 $K_0=0.6$。

2）分5次完成开挖，每次开挖沉箱深度见表15-3。

表 15-3 **开挖沉箱深度**

次　序	1	2	3	4	5
深度/m	3.5	8.0	13.0	17.5	23.5

3）除第5次外，每次开挖后，安装一排锚索，且在下次开挖前加上预应力。

4）第3～5次开挖均是在地下水位以下，故在每次开挖之前需要把水排干到本次开挖高度以下1m，与排水相关的单元体组名如图15-30所示。

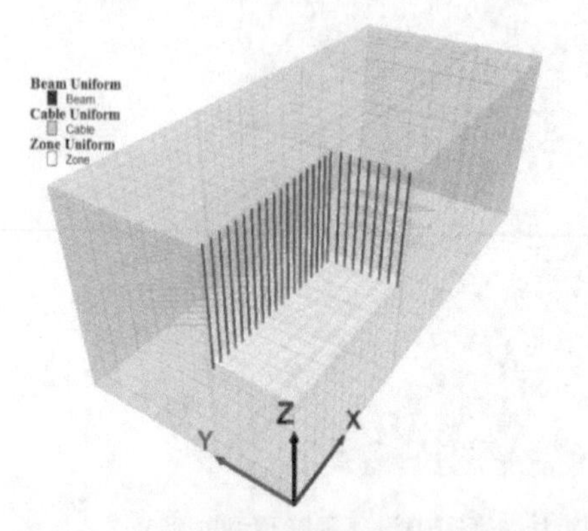

图 15-29 **带竖柱、倾斜锚索混凝土沉箱开挖**（四分之一）

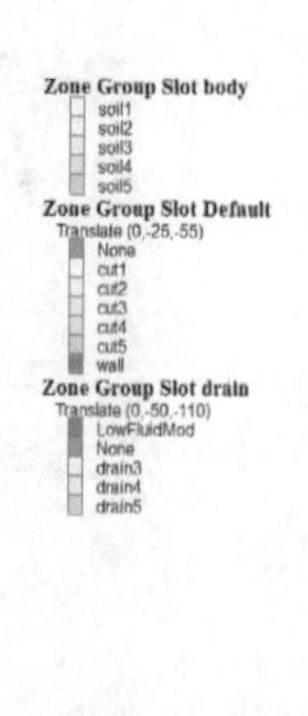

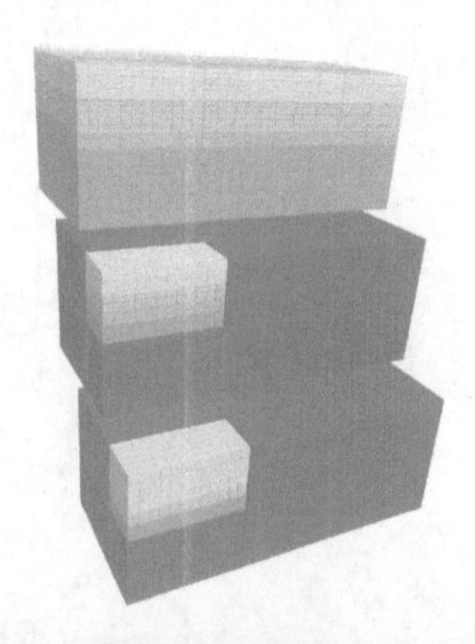

图 15-30 **三大门类中分组情况**

本例有两个显著的特点：第一，锚索的预应力用 structure cable apply tension 命令实现，在模型循环至平衡时与未灌浆锚索结构单元提供轴向力。第二，为与排水后所施加的边界条件一致，使用流体流动计算孔隙压力的分布来排水，这个方法提供的开挖周围的孔隙压力场比用 zone water 命令要好，zone water 命令对沉箱壁不能提供像流体计算那样精确的孔隙压力。

地层由 5 层不同厚度的水平土层组成，如图 15-30 所示，土层参数见表 15-4。

表 15-4 土层参数

参 数	第 1 层土	第 2 层土	第 3 层土	第 4 层土	第 5 层土
厚度/m	3.0	7.0	10.0	5.0	25.0
干密度/(kg/m^3)	1830	2000	2050	2100	2250
体积模量/MPa	25.0	81.9	147.0	333.0	833.0
切向模量/MPa	11.6	37.8	68.0	154.0	625.0
黏聚力/MPa	0.025	0.0	0.0	0.35	15.0
摩擦角/(°)	26	34	38	42	45
剪胀角/(°)	0	2	5	5	0
流度系数/(m^2/Pa·s)	10^{-7}	10^{-7}	10^{-7}	10^{-7}	10^{-7}
孔隙率	0.18	0.18	0.13	0.15	0.15

地下水位离地表 10.5m（$z=+39.5$m），靠近第 3 层土顶部。

混凝土沉箱壁、竖桩和锚索的参数见表 15-5 和表 15-6。竖桩的间隔为 2.25m，共安装 4 排锚索，与竖桩连接，倾角约为 25°，且安装表 15-6 中的预拉应力。

表 15-5 沉箱壁、竖桩参数

对象	参 数	数 据	对象	参 数	数 据
沉箱壁	厚度/m	1.07	竖桩	面积/m^2	0.0144
	密度/(kg/m^3)	2500		间隔/m	2.25
	弹性模量/GPa	25.0		弹性模量/GPa	205.0
	泊松比	0.4		泊松比	0.3
	黏结力/MPa	4.0		惯性矩/m^4	8.75×10^{-4}
	摩擦角/(°)	45			
	抗拉强度/MPa	2.0			

表 15-6 锚索参数

参 数	第 1 排	第 2 排	第 3 排	第 4 排
面积/m^2	0.00554	0.00554	0.00554	0.00554
总长度/m	21.897	19.691	17.187	14.398
黏结长度/m	12.0	12.0	12.0	12.0
预应力/MPa	0.8	0.9	1.15	1.15
弹性模量/GPa	205.0	205.0	205.0	205.0
抗拉强度/MN	1.534	1.534	1.534	1.534
黏结刚度/(MN/m/m)	560.0	560.0	560.0	560.0
黏结强度/(MN/m)	0.15	0.15	0.15	0.15
黏摩擦角（°）	25	25	25	25

15.4.2　建模过程

使用砌块工具创建开挖的四分之一模型如图 15-30 所示。该模型包含有疏密不同的网格，砌块窗格中分组土层，模型窗格中命名开挖序列和排水序列。

为了模拟开挖的排水过程，采用流体计算模式，在土的材料属性参数中给出的是“干”密度，湿饱和属性由流体模型自动计算完成。孔隙压力是使用 zone water 命令初始化的，分配单元体密度、饱和度和孔隙率后，用 zone initialize-stresses 命令获得原始应力状态。

初始阶段沉箱壁采用表 15-5 中的参数，为了模拟其不渗透性，壁单元体采用流体空模型（zone fluid cmodel assign null），且孔隙率和孔隙压力均为零。注意这些要两步才能完成，首先使壁不渗透，并平衡模型；然后修改壁单元体的力学参数，再次平衡模型。这样，总应力仅仅表现由于壁的重量而变化的应力，孔隙应力则保留壁四周的静力水压。壁的初始孔隙压力分布如图 15-31 所示。

在“struct-geometry. f3dat”命令文件中，先创建“structure”几何对象，再定义“createStructure”FISH 函数，以此生成竖桩和锚索群对象。

用梁结构单元 structure beam import from-geometry 命令导入安装间隔 2. 25m 的竖桩群，通过梁结构单元节点，刚性连接到壁单元体。竖桩和锚索如图 15-32 所示。

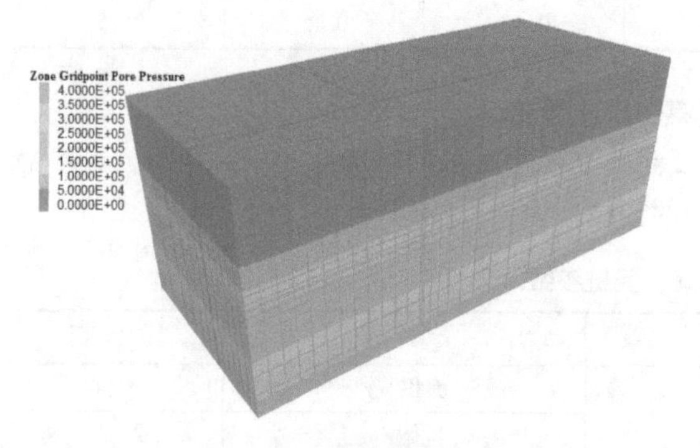

图 15-31　初始孔隙压力分布

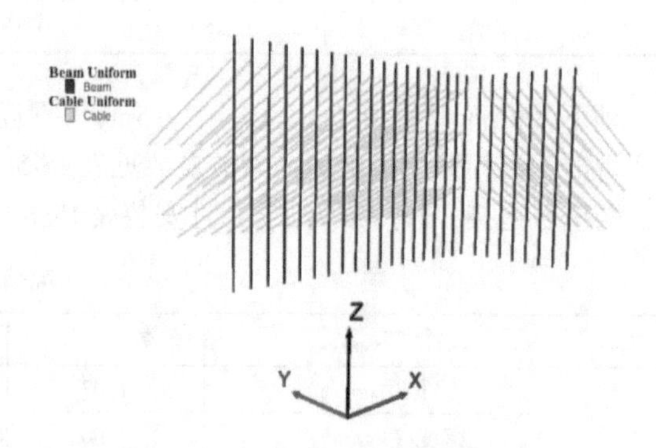

图 15-32　竖桩（垂直线）和锚索（倾斜线）

开挖是通过把单元体本构模型设置成空模型（null）完成的，为使模型瞬态响应影响最小化，开挖分 5 个阶段进行，单元体数也逐步递增。

每次开挖后，使用 structure cable import from-geometry 命令从几何导入创建一排锚索，每根锚索人为划分两段，一段灌水泥浆，一段不灌浆。注意 snap 捕捉关键字的使用，这确保创建每段锚索首尾端节点与已存在的相邻竖桩或锚索节点固接。几何对象中的锚索如图 15-32 所示。

创建锚索后，分配表 15-6 所示属性参数，注意与竖桩连接的锚索段是不黏结的（structure cable property grout-cohesion 0. 0）。用 structure cable apply tension 命令对未灌浆段施加预拉应力，求解至平衡后，使施加预拉应力失效，以便结构单元对变化做出正常响应，如图 15-33 所示。

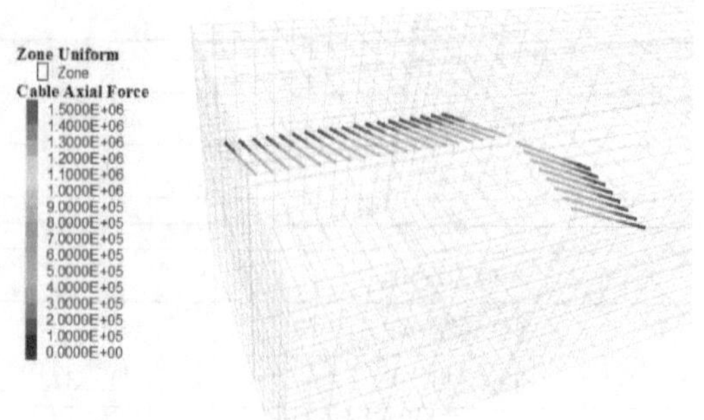

图 15-33　第一排预拉应力锚索的轴向力

通过设置孔隙压力等于零来实现对第 3、4 和 5 次开挖进行排水，排水至每次开挖深度以下 1m。为此，模型计算分两步进行：首先仅计算流体流动，使模型在改变的孔隙压力条件下进入稳定的流动状态；然后进行静力分析，注意设置流体体积模量为零，以防止产生额外孔隙压力。图15-34、图15-35和图15-36分别为第3、4和5次开挖而排水后的孔隙压力分布。

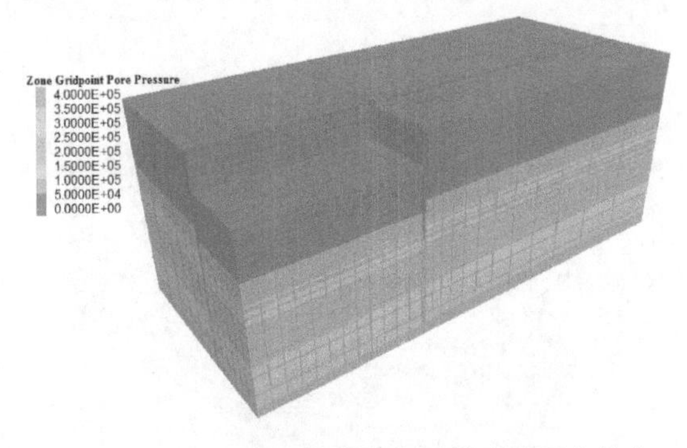

图15-34 第3次开挖而排水后的孔隙压力分布

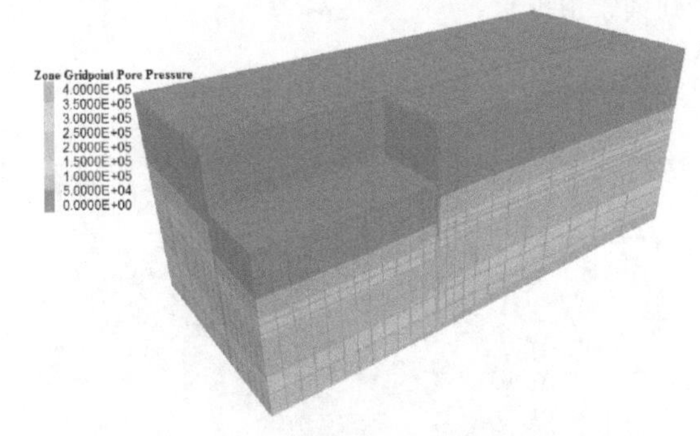

图15-35 第4次开挖而排水后的孔隙压力分布

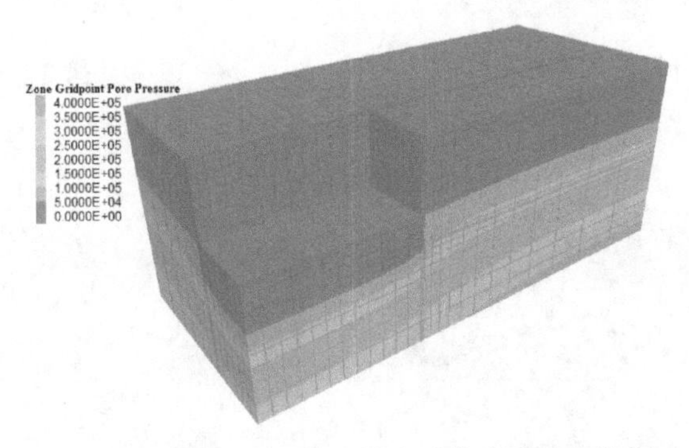

图15-36 第5次开挖而排水后的孔隙压力分布

15.4.3 结果

通过绘制分次开挖后锚索的轴向力图仅到第5次开挖后的，见（图15-37）发现，锚索中的最大轴向力位于沿x轴靠近沉箱壁的第三排锚索中。在第4、5次开挖后，轴向力最大值约为1.3MN。

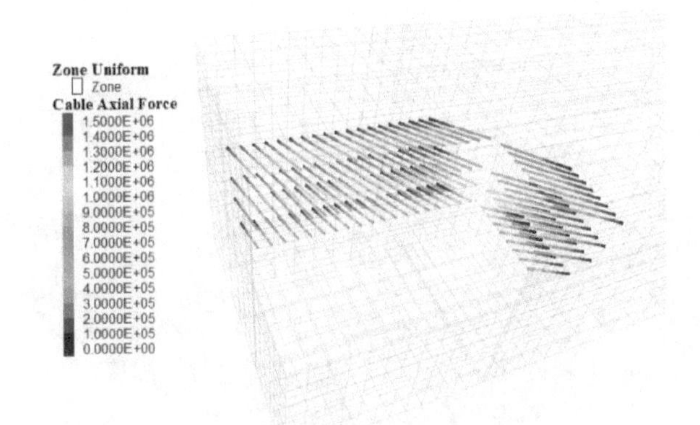

图15-37 第5次开挖后锚索的轴向力

图15-38～图15-42所示为5次开挖后的位移分布图，最大的位移发生在第5次后沿x轴沉箱

壁的中部，大约8.1mm。这与第3排最大拉伸力情况大体一致。图15-43所示为整个模拟中两位置的位移采样记录的轨迹，两个位置与最大位移位置一致，图中下部两条线对应于垂直位移，上部两条线对应于水平位移，排水阶段表现为水平线段。由上部两条线的短上升趋势说明，随后开挖直到锚索预拉紧。

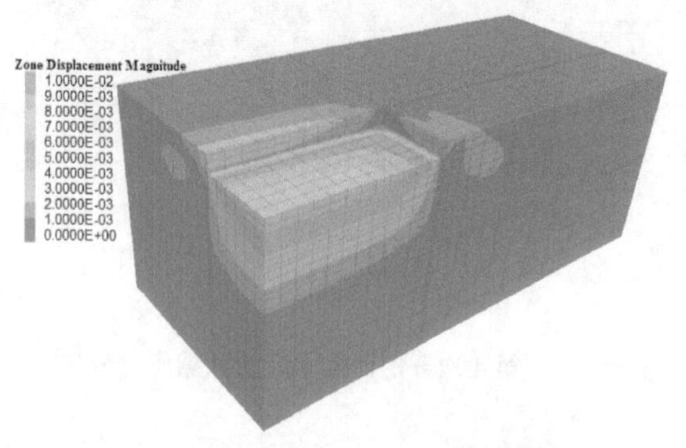

图15-38　第1次开挖后位移分布

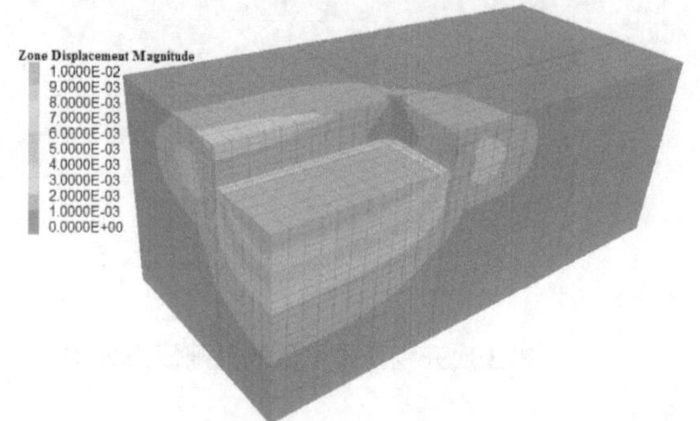

图15-39　第2次开挖后位移分布

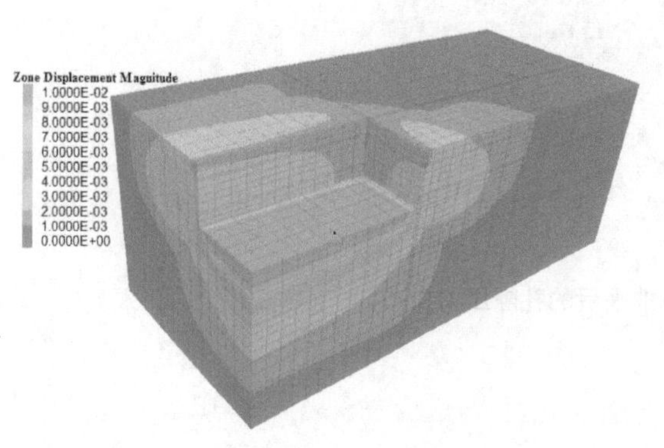

图15-40　第3次开挖后位移分布

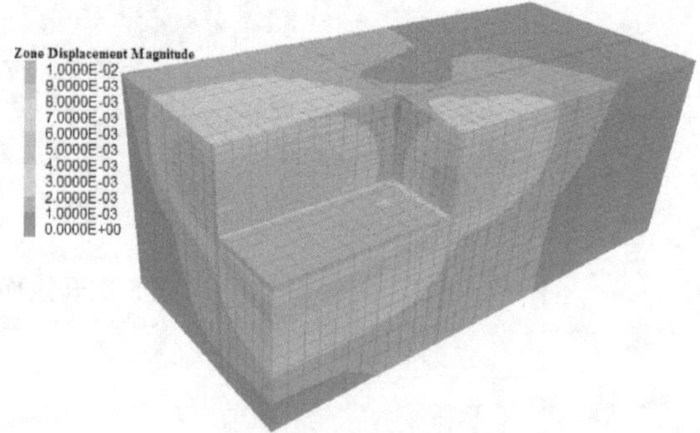

图15-41　第4次开挖后位移分布

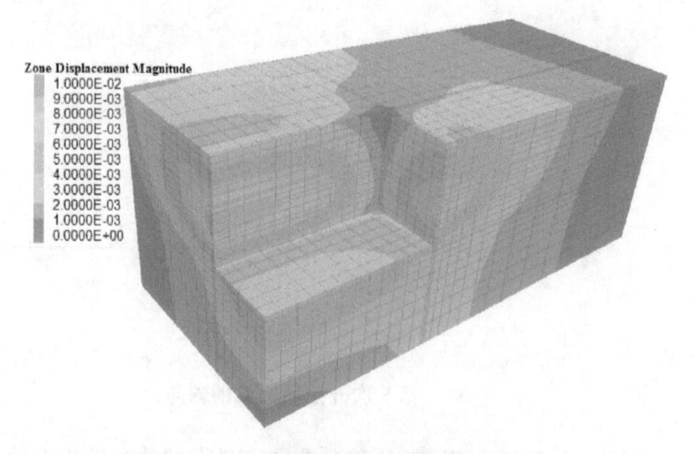

图15-42　第5次开挖后位移分布

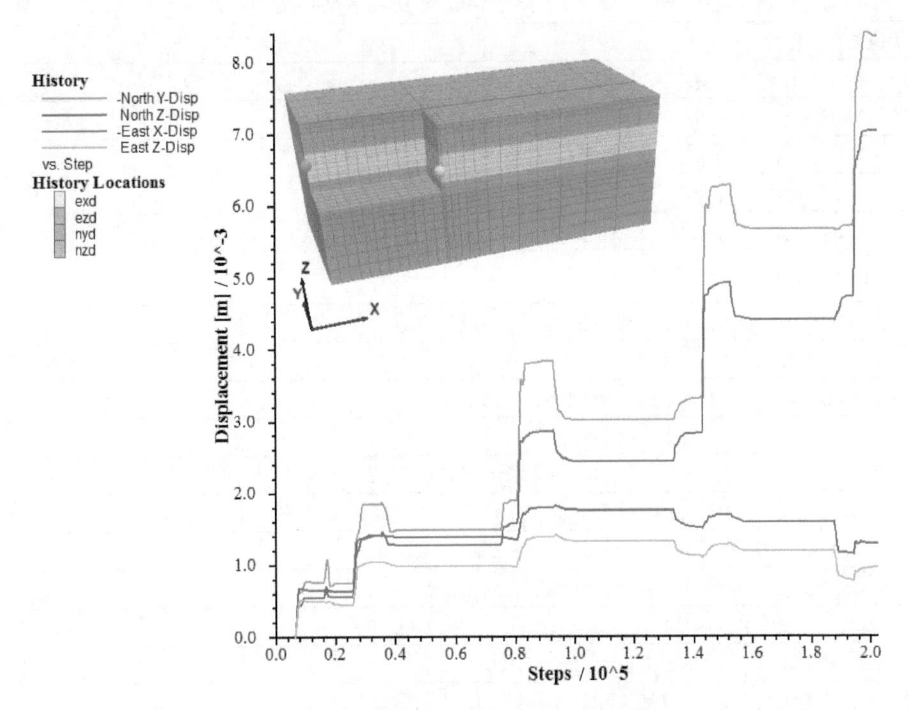

图 15-43 最大位移附近的采样记录轨迹

15.4.4 命令文件

根据功能与作用，本实例由 12 个命令或数据文件组成，其中 15-4. f3dat 为主程序文件，所有命令见例题 15-4。15-4-Geom-Name. f3dat 命令文件是用网格原型库命令创建模型及命名组的程序文件，不熟悉砌块工具的读者可以用此文件替换（参考例题中说明）。

例题 15-4 混凝土沉箱。

```
;;文件名:15 -4 . f3dat
model new ;系统重置
fish automatic-create off ;必须先申明变量,才能使用
model configure fluid ;设置流体分析计算模式
;;使用砌块工具交互创建模型,也可以用网格原型库命令创建模型
;;用 call 15 -4 -Geom-Name. f3dat 替代下面三行即可
call '15-4-geometry' suppress ;静默调用命令文件砌块工具建模
zone generate from-building-blocks ;从砌块工具中导入模型
call '15-4-names' suppress ;静默调用命令文件对单元体分组
zone face skin ;自动对网格外表面指派组名
;;静默调用命令文件创建竖桩和锚索的几何对象,这里用 FISH 函数
call '15-4-struct-geometry' suppress
model save '15-4-grid' ;保存模型状态
;;调用命令文件初始化模型,包括边界条件、应力和孔隙压力,
call '15-4-initialize'
call '15-4-install-wall' ;调用命令文件安装沉箱壁
```

```
call '15-4-install-beam' ;调用命令文件安装梁结构单元的竖桩
;;调用开挖命令文件
call '15-4-stage1' ;第1次开挖
call '15-4-stage2' ;第2次开挖
call '15-4-stage3' ;第3次开挖
call '15-4-stage4' ;第4次开挖
call '15-4-stage5' ;第5次开挖
```

15-4-geometry. f3dat 命令文件：

```
;;文件名:15 -4-geometry . f3dat
building-blocks set create 'geometry'
building-blocks block create hexahedron
building-blocks face transform...
    translate (126.2845, 0, 0) range id-list  6
building-blocks face transform...
    translate (0,54.919,0)  range id-list 4
building-blocks face transform...
    translate (0, 0, 49)       range id-list  2
building-blocks block id  1 split...
    face-id  3 (0,0,47.0) (127.2845,0,47.0)
building-blocks block id  3 split...
    face-id  12 (0,0,46.5) (127.2845,0,46.5)
building-blocks block id  5 split...
    face-id  21 (0,0,42.0) (127.2845,0,42.0)
building-blocks block id  7 split...
    face-id  30 (0,0,40.0) (127.2845,0,40.0)
building-blocks block id  9 split...
    face-id  39 (0,0,39.5) (127.2845,0,39.5)
building-blocks block id 11 split...
    face-id  48 (0,0,37.0) (127.2845,0,37.0)
building-blocks block id 13 split...
    face-id  57 (0,0,36.0) (127.2845,0,36.0)
building-blocks block id 15 split...
    face-id  66 (0,0,32.5) (127.2845,0,32.5)
building-blocks block id 17 split...
    face-id  75 (0,0,31.5) (127.2845,0,31.5)
building-blocks block id 19 split...
    face-id  84 (0,0,30.0) (127.2845,0,30.0)
building-blocks block id 21 split...
    face-id  93 (0,0,26.5) (127.2845,0,26.5)
building-blocks block id 23 split...
    face-id 102 (0,0,25.5) (127.2845,0,25.5)
building-blocks block id 25 split...
    face-id 111 (0,0,25.0) (127.2845,0,25.0)
```

```
building-blocks block id 27 split...
    face-id 120 (0,0,23.5) (127.2845,0,23.5)
building-blocks block id  2 split...
    face-id  2 (42.0715,18.283,50) (42.0715,18.283,50)
building-blocks block id 30 split...
    face-id 133 (43.1415,19.353,50) (43.1415,19.353,50)
building-blocks set automatic-zone length 3.5
building-blocks edge size 5 range id-list  484
building-blocks edge ratio 0.8 range id-list  484
building-blocks edge size 12 range id-list  482
building-blocks edge ratio 1.2 range id-list  482
building-blocks edge size 2 range id-list  13
building-blocks edge size 3 range id-list  37
building-blocks edge size 2 range id-list  73
building-blocks edge size 2 range id-list  477
building-blocks edge size 2 range id-list  489
building-blocks edge size 2 range id-list  97
building-blocks edge size 2 range id-list  133
building-blocks edge size 6 range id-list  201
building-blocks edge size 6 range id-list  484
building-blocks edge ratio 1.2 range id-list  177
building-blocks block group 'soil1'...
    slot 'body' range id-list 32 90 91 92 93 94 95 96 97
building-blocks block hide true...
    range id-list 32 90 91 92 93 94 95 96 97
building-blocks block group 'soil2' slot 'body'...
    range id-list 36 40 44 98 99 100 101 102 103 104 105 106 ...
    107 108 109 110 111 112 113 114 115 116 117 118 119 120 121
building-blocks block hide true range id-list 36 40 44 98 ...
    99 100 101 102 103 104 105 106 107 108 109 110 111 ...
    112 113 114 115 116 117 118 119 120 121
building-blocks block group 'soil3' slot 'body' ...
    range id-list 48 52 56 60 64 68 122 123 124 125 126 127 ...
    128 129 130 131 132 133 134 135 136 137 138 139 140 141 ...
    142 143 144 145 146 147 148 149 150 151 152 153 154 155 ...
    156 157 158 159 160 161 162 163 164 165 166 167 168 169
building-blocks block hide true range id-list 48 52 56 60 ...
    64 68 122 123 124 125 126 127 128 129 130 131 132 133 ...
    134 135 136 137 138 139 140 141 142 143 144 145 146 147 ...
    148 149 150 151 152 153 154 155 156 157 158 159 160 161 ...
    162 163 164 165 166 167 168 169
building-blocks block group 'soil4' slot 'body' range ...
    id-list 72 76 80 170 171 172 173 174 175 176 177 178 179 ...
```

```
    180 181 182 183 184 185 186 187 188 189 190 191 192 193
building-blocks block hide true range id-list 72 76 80...
    170 171 172 173 174 175 176 177 178 179 180 181 182 183 ...
    184 185 186 187 188 189 190 191 192 193
building-blocks block group 'soil5' slot 'body' ...
    range id-list 84 88 194 195 196 197 198 199 200 201...
    202 203 204 205 206 207 208 209
building-blocks block hide false
```

15-4-names. f3dat 命令文件：

```
;;文件名:15 -4 -names . f3dat
;;为单元体指派组名
;排水单元体组名 drain3 = cut3:13 +1 =14m。Z 区间为:(36,50)
zone group 'drain = drain3' range position-x 0 [84.143/2.0] ...
    position-y 0 [36.566/2.0]  position-z 36 50
;排水单元体组名 drain4 = cut4:17.5 +1 =18.5m。Z 区间为:(31.5,36)
zone group 'drain = drain4' range position-x 0 [84.143/2.0] ...
    position-y 0 [36.566/2.0]  position-z 31.5 36
;排水单元体组名 drain5 = cut5:23.5 +1 =25.5m,z 区间为:(25.5,31.5)
zone group 'drain = drain5' range position-x 0 [84.143/2.0]...
    position-y 0 [36.566/2.0]  position-z 25.5 31.5

;分次开挖组名
zone group 'Default = cut1' range position-x 0 [84.143/2.0]...
    position-y 0 [36.566/2.0]  position-z 46.5 50
zone group 'Default = cut2' range position-x 0 [84.143/2.0]...
    position-y 0 [36.566/2.0]  position-z 42 46.5
zone group 'Default = cut3' range position-x 0 [84.143/2.0]...
    position-y 0 [36.566/2.0]  position-z 37 42
zone group 'Default = cut4' range position-x 0 [84.143/2.0]...
    position-y 0 [36.566/2.0]  position-z 32.5 37
zone group 'Default = cut5' range position-x 0 [84.143/2.0]...
    position-y 0 [36.566/2.0]  position-z 26.5 32.5

zone group 'Default = wall' range position-x 0 [84.143/2.0]...
    position-y [36.566/2.0] [36.566/2.0 +1.07] position-z 23.5 50
zone group 'drain = LowFluidMod' range ...
    position-x 0 [84.143/2.0] position-y...
    [36.566/2.0] [36.566/2.0 +1.07] position-z 0 50

zone group 'Default = wall' range position-x [84.143/2.0]...
    [84.143/2.0 +1.07] position-y 0 [36.566/2.0 +1.07]...
    position-z 23.5 50
```

```
zone group 'drain=LowFluidMod' range...
    position-x [84.143/2.0] [84.143/2.0+1.7]...
    position-y 0 [36.566* 1.5+1.07] position-z 0 50
zone group 'drain=LowFluidMod' range position-x...
    [84.143/2.0+1.07]  [84.143* 1.5+1.07] position-y...
    [36.566/2] [36.566/2+1.07] position-z 0 50
```

15-4-struct-geometry. f3dat 命令文件：

```
;;文件名:15-4-struct-geometry.f3dat
;;为竖桩和锚索创建几何集
geometry select 'structure' ;选择或创建几何集
fish definecreateStructure ;定义 FISH 函数
    ;为 4 排锚索定义参数
    local slope=map(1,-0.466,2,-0.465,3,-0.464,4,-0.471) ;坡度长
    local length=map(1,21.897,2,19.961,3,17.817,4,13.398)
    ;不灌浆段长
    local freelen=map(1,9.674,2,7.468,3,4.964,4,2.174)
    local seg=26.5/13.0 ;竖桩长 26.5m 分成 13 段,计算段长
    Local height=map(1,50-seg,2,50...
        -seg*4,3,50-seg*6,4,50-seg*8) ;4 排锚索起点标高
; 创建东面竖桩和锚索
    loop local y (1.125,16.876,2.25) ;循环语句,间隔为 2.25m
        ;创建东面一排竖桩,在沉箱壁中心位置 x=84.143/2+1.07/2
        system.command('geometry edge create by-ray base...
            (42.6065,@ y,23.5) direction (0,0,1)...
            length 26.5 group 'beam'') ;FISH 保留函数
        ; 创建东面竖桩下的 4 排锚索
        loop local layer (1,4)
            local base=vector(42.6065,y,height(layer))
            local dir=math.unit(vector(1,0,slope(layer)))
            local group1=string('cable'+...
                string(layer)+'-1')
            local group2=string('cable'+...
                string(layer)+'-2')
            ;不灌浆段
            system.command('geometry edge create by-ray base...
                @ base direction @ dir length...
                [freelen(layer)] group @ group1');
            ;灌浆段
            system.command('geometry edge create by-ray base...
                [base+dir*freelen(layer)] direction @ dir length...
                [length(layer)-freelen(layer)] group @ group2')
        end_loop
    end_loop
    ; 创建北面竖桩和锚索
```

```
    loop local x (1.125,41.626,2.25)
        ;创建北面一排竖桩,在沉箱壁中心位置 y=36.566/2+1.07/2
        system.command('geometry edge create by-ray base...
            (@ x,18.818,23.5) direction (0,0,1)...
            length 26.5 group 'beam'')
        ; 创建北面竖桩下的 4 排锚索
        loop layer (1,4)
            base=vector(x,18.818,height(layer))
            dir=math.unit(vector(0,1,slope(layer)))
            group1=string('cable'+string(layer)+'-1')
            group2=string('cable'+string(layer)+'-2')
            ;不灌浆段
            system.command('geometry edge create by-ray...
                base @ base direction @ dir length...
                [freelen(layer)] group @ group1')
            ;灌浆段
            system.command('geometry edge create by-ray...
                base [base+dir*freelen(layer)] direction...
                @ dir length [length(layer)-...
                freelen(layer)] group @ group2')
        end_loop
    end_loop
end
@ createStructure ;调用函数
```

15-4-initialize. f3dat 命令文件：

```
;;文件名:15-4-initialize.f3dat
;;对模型进行初始化
model restore '15-4-grid' ;恢复模型状态文件
model gravity 9.81 ;重力加速度默认在-z方向
;;边界条件,滚支
zone face apply velocity-normal 0 range group 'Bottom'
zone face apply velocity-normal 0 range group 'East' or 'West'
zone face apply velocity-normal 0 range group 'North' or 'South'
;;指定本构模型及材料属性参数
zone cmodel assign mohr-coulomb ;摩尔-库仑模型
zone property bulk 2.50e7 shear 1.16e7 friction 26...
    cohesion 2.5e4 dilation 0 tension 1e10 density 1830...
    range group 'soil1'
zone property bulk 8.19e7 shear 3.78e7 friction 34...
    cohesion 0    dilation 2 tension 1e10 density 2000...
    range group 'soil2'
zone property bulk 1.47e8 shear 6.80e7 friction 38...
    cohesion 0    dilation 5 tension 1e10 density 2050...
```

```
   range group 'soil3'
zone property bulk 3.33e8 shear 1.54e8 friction 42...
   cohesion 3.5e5 dilation 5 tension 1e10 density 2100...
   range group 'soil4'
zone property bulk 8.33e8 shear 6.25e8 friction 45...
   cohesion 1.5e7 dilation 0 tension 1e10 density 2250...
   range group 'soil5'
;;流体模型及材料属性参数
zone fluid cmodel assign isotropic ;横向同性流体模型
zone initialize fluid-density 1000 ;流体密度
zone gridpoint initialize fluid-modulus 0 ;流体体积模量
zone gridpoint initialize fluid-tension -1e-3 ;流体抗拉强度
zone fluid property permeability 1e-7 ;流体渗透系数
;各土层流体孔隙率
zone fluid property porosity 0.18 range group 'soil1' or 'soil2'
zone fluid property porosity 0.13 range group 'soil3'
zone fluid property porosity 0.15 range group 'soil4'
zone fluid property porosity 0.05 range group 'soil5'
;;初始孔隙压力、饱和水位标高+39.5m
zone water density 1000
zone water plane normal (0,0,1) origin (0,0,39.5)
zone gridpoint initialize saturation 0 range position-z 39.5 50
zone gridpoint fix pore-pressure 0 range position-z 39.5 tol 0.1
zone initialize-stress ratio 0.6 ;根据重力初始应力状态
model fluid active off ;关闭流体计算
model solve elastic ratio-local 1e-3 ;求解至平衡
model save '15-4-initial' ;保存模型状态文件
```

15-4-install-wall. f3dat 命令文件：

```
;;文件名:15-4-install-wall.f3dat
;;安装沉箱壁材料属性参数
model restore '15-4-initial' ;恢复模型文件
;;重置位移和速度
zone gridpoint initialize displacement (0,0,0)
zone gridpoint initialize velocity (0,0,0)
;;安装防渗沉箱壁
;首先修改流体材料属性参数为防渗
zone fluid property porosity 0 range group 'wall'
zone gridpoint initialize pore-pressure 0 range group 'wall'
zone fluid cmodel assign null range group 'wall'
model solve ratio-local 1e-3 ;求解至平衡
;;再次修改材料属性参数
zone property tension 0.0
zone property density 2500 young 2.5e10 poisson 0.4 ...
```

```
    friction 45 cohesion 4e6 tension 2e6 range group 'wall'
model solve ratio-local 1e-3 ;求解至平衡
model save '15-4-wall' ;保存至模型文件
```

15-4-install-beam. f3dat 命令文件：

```
;;文件名:15-4-install-beam.f3dat
;;安装竖桩群—梁结构单元实现
model restore '15-4-wall' ;恢复模型文件
;;再次重置位移和速度
zone gridpoint initialize displacement (0,0,0)
zone gridpoint initialize velocity (0,0,0)
;;从几何集导入对象创建梁结构单元,
struct beam import from-geometry 'structure'...
    segments 13 range group 'beam'
;;设置梁结构单元属性参数
structure beam property young 2.05e11 poisson 0.3
structure beam property cross-sectional-area 1.44e-2...
    moi-z 875e-6 moi-y 875e-6 moi-polar 0.0
model solve ratio-local 1e-3 ;求解至平衡
model save '15-4-beam' ;保存模型文件
```

15-4-stage1. f3dat 命令文件：

```
;;文件名:15-4-stage1.f3dat
;;第一次开挖
model restore '15-4-beam' ;恢复模型文件
;;再次重置位移和速度
zone gridpoint initialize displacement (0,0,0)
zone gridpoint initialize velocity (0,0,0)
;;采样记录
;开挖北面左端中部偏下 y,z 位移
zone history name 'nyd' displacement-y position (0, 18.283, 36)
zone history name 'nzd' displacement-z position (0, 18.283, 36)
;开挖东面南端中部偏下 x,z 位移
zone history name 'exd' displacement-x ...
    position (42.0715, 0, 34.25)
zone history name 'ezd' displacement-z ...
    position (42.0715, 0, 34.25)
; -------------------------
; -          第1次开挖          -
; -------------------------
; ---地下水位之上不需排水 ---
zone cmodel assign null range group 'cut1' ;开挖
model solve ratio-local 1e-3 ;求解至平衡
```

```
model save '15-4-excavation-1' ;保存模型文件
;安装第1排锚索,从几何集中导入
struct cable import from-geometry 'structure' segments 5 ...
    snap group 'cable1-1' range group 'cable1-1' ;不灌浆段
struct cable import from-geometry 'structure' segments 10 ...
    snap group 'cable1-2' range group 'cable1-2' ;灌浆段
;锚索不灌浆与灌浆段相邻节点连接,不灌浆段端节点与竖桩第2节点连接
struct node join range group 'cable1-1'
;设置锚索属性参数
struct cable property young 2.05e11 yield-compression 1.0e5 ...
    yield-tension 15.34e5 cross-sectional-area 5.54e-3
;设置不灌浆段锚索属性参数
struct cable property grout-cohesion 0.0 grout-friction ...
    0.0 grout-stiffness  0.0 range group 'cable1-1'
;设置灌浆段锚索属性参数
struct cable property grout-cohesion 1.5e5 grout-friction ...
    25.0 grout-stiffness 0.56e9 grout-perimeter 0.264...
    range group 'cable1-2'
;设置不灌浆段锚索预拉应力
struct cable apply tension value 8e5 range group 'cable1-1'
model solve ratio-local 1e-3 ;求解至平衡
struct cable apply tension active off ;卸载预拉应力
model save '15-4-stage-1' ;保存模型文件
```

15-4-stage2. f3dat 命令文件：

```
;;文件名:15-4-stage2.f3dat
;;第二次开挖
model restore '15-4-stage-1' ;恢复模型文件
; --------------------------
; -          第2次开挖          -
; --------------------------
; -地下水位之上不需排水   -
zone cmodel assign null range group 'cut2' ;开挖
model solve ratio-local 1e-3 ;求解至平衡
model save '15-4-excavation-2' ;保存模型文件
;安装第2排锚索,从几何集中导入
struct cable import from-geometry 'structure' segments 5 ...
    snap group 'cable2-1' range group 'cable2-1' ;不灌浆段
struct cable import from-geometry 'structure' segments 10 ...
    snap group 'cable2-2' range group 'cable2-2' ;灌浆段
;锚索不灌浆与灌浆段相邻节点连接,不灌浆段端节点与竖桩第5节点连接
struct node join range group 'cable2-1'
```

```
;设置锚索属性参数
struct cable property young 2.05e11 yield-compression 1.0e5 ...
    yield-tension 15.34e5 cross-sectional-area 5.54e-3
;设置不灌浆段锚索属性参数
struct cable property grout-cohesion 0.0 grout-friction ...
    0.0 grout-stiffness 0.0 range group 'cable2-1'
;设置灌浆段锚索属性参数
struct cable property grout-cohesion 1.5e5 grout-friction ...
    25.0 grout-stiffness 0.56e9 grout-perimeter 0.264 ...
    range group 'cable2-2'
;设置不灌浆段锚索预拉应力
struct cable apply tension value9e5 range group 'cable2-1'
model solve ratio-local 1e-3 ;求解至平衡
struct cable apply tension active off ;卸载预拉应力
model save'15-4-stage-2' ;保存模型文件
```

15-4-stage3. f3dat 命令文件：

```
;;文件名:15-4-stage3.f3dat
;;第三次开挖
model restore '15-4-stage-2' ;恢复模型文件
; -------------------------
; -          第 3 次开挖                -
; -------------------------
; --排水至开挖底面标高以下 1m --
;;首先设置流体
model fluid active on ;激活流体计算模式
model mechanical active off ;关闭静力计算模式
zone gridpoint fix pore-pressure 0 range group 'drain3'
zone fluid cmodel assign null range group 'drain3'
zone gridpoint initialize fluid-modulus 20 ;流体体积模量
zone gridpoint initialize fluid-modulus 2 ...
    range group 'LowFluidMod' ;流体体积模量
model solve fluid ratio-flow 1e-4 ;流体求解至平衡
model save '15-4-drain-fluid-3' ;保存流体模型文件
;;其次设置静力
model fluid active off ;关闭流体计算模式
model mechanical active on ;激活静力计算模式
zone gridpoint initialize fluid-modulus 0
model solve ratio-local 1e-3 ;求解至平衡
model save '15-4-drain-mech-3' ;保存模型文件
zone cmodel assign null range group 'cut3' ;开挖
model fluid active off ;关闭流体计算模式
model mechanical active on ;激活静力计算模式
```

```
model solve ratio-local 1e -3 ;求解至平衡
model save '15-4-excavation-3' ;保存模型文件
;安装第3排锚索,从几何集中导入
struct cable import from-geometry 'structure' segments 5 ...
    snap group 'cable3-1' range group 'cable3-1' ;不灌浆段
struct cable import from-geometry 'structure' segments 10 ...
    snap group 'cable3-2' range group 'cable3-2' ;灌浆段
;锚索不灌浆与灌浆段相邻节点连接,不灌浆段端节点与竖桩第7节点连接
struct node join range group 'cable3-1'
;设置锚索属性参数
struct cable property young 2.05e11 yield-compression 1.0e5 ...
    yield-tension 15.34e5 cross-sectional-area 5.54e -3
;设置不灌浆段锚索属性参数
struct cable property grout-cohesion 0.0 grout-friction ...
    0.0 grout-stiffness 0.0 range group 'cable3-1'
;设置灌浆段锚索属性参数
struct cable property grout-cohesion 1.5e5 grout-friction ...
    25.0 grout-stiffness 0.56e9 grout-perimeter 0.264 ...
    range group 'cable3-2'
;设置不灌浆段锚索预拉应力
struct cable apply tension value11.5e5 range group 'cable3-1'
model solve ratio-local 1e -3 ;求解至平衡
struct cable apply tension active off ;卸载预拉应力
model save'15-4-stage-3' ;保存模型文件
```

15-4-stage4. f3dat 命令文件：

```
;;文件名:15 -4-stage4 . f3dat
;;第四次开挖
model restore '15-4-stage-3' ;恢复模型文件
; -------------------------
; -          第4次开挖            -
; -------------------------
; --排水至开挖底面标高以下1m --
;;首先设置流体
model fluid active on ;激活流体计算模式
model mechanical active off ;关闭静力计算模式
zone gridpoint fix pore-pressure 0 range group 'drain4'
zone fluid cmodel assign null range group 'drain4'
zone gridpoint initialize fluid-modulus 20 ;流体体积模量
zone gridpoint initialize fluid-modulus 2 ...
    range group 'LowFluidMod' ;流体体积模量
model solve fluid ratio-flow 1e -4 ;流体求解至平衡
model save '15-4-drain-fluid-4' ;保存流体模型文件
```

```
;;其次设置静力
model fluid active off ;关闭流体计算模式
model mechanical active on ;激活静力计算模式
zone gridpoint initialize fluid-modulus 0
model solve ratio-local 1e -3 ;求解至平衡
model save '15-4-drain-mech-4' ;保存模型文件
zone cmodel assign null range group 'cut4' ;开挖
model fluid active off ;关闭流体计算模式
model mechanical active on ;激活静力计算模式
model solve ratio-local 1e -3 ;求解至平衡
model save '15-4-excavation-4' ;保存模型文件
;安装第 4 排锚索,从几何集中导入
struct cable import from-geometry 'structure' segments 5 ...
    snap group 'cable3-1' range group 'cable4-1' ;不灌浆段
struct cable import from-geometry 'structure' segments 10 ...
    snap group 'cable3-2' range group 'cable4-2' ;灌浆段
;锚索不灌浆与灌浆段相邻节点连接,不灌浆段端节点与竖桩第 9 节点连接
struct node join range group 'cable4-1'
;设置锚索属性参数
struct cable property young 2.05e11 yield-compression 1.0e5 ...
    yield-tension 15.34e5 cross-sectional-area 5.54e -3
;设置不灌浆段锚索属性参数
struct cable property grout-cohesion 0.0 grout-friction ...
    0.0 grout-stiffness 0.0 range group 'cable4-1'
;设置灌浆段锚索属性参数
struct cable property grout-cohesion 1.5e5 grout-friction ...
    25.0 grout-stiffness 0.56e9 grout-perimeter 0.264 ...
    range group 'cable4-2'
;设置不灌浆段锚索预拉应力
struct cable apply tension value11.5e5 range group 'cable4-1'
model solve ratio-local 1e -3 ;求解至平衡
struct cable apply tension active off ;卸载预拉应力
model save'15-4-stage-4' ;保存模型文件
```

15-4-stage5. f3dat 命令文件：

```
;;文件名:15 -4-stage5 . f3dat
;;第五次开挖
model restore '15-4-stage-4' ;恢复模型文件
; -------------------------
; -          第 5 次开挖          -
; -------------------------
; --排水至开挖底面标高以下 1m -
;;首先设置流体
model fluid active on ;激活流体计算模式
```

```
model mechanical active off ;关闭静力计算模式
zone gridpoint fix pore-pressure 0 range group 'drain5'
zone fluid cmodel assign null range group 'drain5'
zone gridpoint initialize fluid-modulus 20 ;流体体积模量
zone gridpoint initialize fluid-modulus 2 ...
    range group 'LowFluidMod' ;流体体积模量
model solve fluid ratio-flow 1e-4 ;流体求解至平衡
model save '15-4-drain-fluid-5' ;保存流体模型文件
;;其次设置静力
model fluid active off ;关闭流体计算模式
model mechanical active on ;激活静力计算模式
zone gridpoint initialize fluid-modulus 0
model solve ratio-local 1e-3 ;求解至平衡
model save '15-4-drain-mech-5' ;保存模型文件
zone cmodel assign null range group 'cut5' ;开挖
model fluid active off ;关闭流体计算模式
model mechanical active on ;激活静力计算模式
model solve ratio-local 1e-3 ;求解至平衡
model save'15-4-stage-4' ;保存模型文件
```

附　录

附录 A　ZONE 命令详细参数

ZONE 关键字	说　明
apply 关键字 [rang...]	创建或修改单元体边界条件
force ***v*** [关键字块]	施加单位体积力***v***（所有分量）至范围内的每个单元体
force-x ***f*** [关键字块]	施加单位体积力 *x* 分量***f***至范围内的每个单元体
force-y ***f*** [关键字块]	施加单位体积力 *y* 分量***f***至范围内的每个单元体
force-z ***f*** [关键字块]	施加单位体积力 *z* 分量***f***至范围内的每个单元体
source ***f*** [关键字块]	施加发热源***f***（体积源 W/m^3）至范围内的每个单元体（仅热力可选）
well ***f*** [关键字块]	施加体积流量***f***至范围内的每个单元体（仅流体可选）
关键字块:	
fish ***s***	指定 FISH 函数名***s***的返回值作乘数，每个时间步都会调用函数***s***，若函数***s***返回值为 1 则相当于原值，若函数***s***返回值为 0 则相当于移除原值，若条件是向量则函数***s***也返回向量，若条件要求两个数则函数***s***返回向量且忽略 *z* 分量
fish-local ***s***	指定 FISH 函数名***s***的返回值作乘数，这个条件施加到每个单元体或格点。函数需两个参数，若条件是直接施加到面，则第一个参数为指向面的指针，第二个参数为指向面的 1～6 整数；若条件是直接施加到格点，则第一个参数为指向格点的指针，第二个参数不用；每个时间步都会调用函数***s***，意味着允许应用条件随时间和空间而变化。若函数***s***返回值为 1 则相当于原值，若函数***s***返回值为 0 则相当于移除原值，若条件是向量则函数***s***也返回向量，若条件要求两个数则函数***s***返回向量且忽略 *z* 分量
gradient ***v***	对提供的标量值进行梯度渐变***v***，仅用于一个数的条件
servo 关键字	使用收敛率伺服控制所施加条件的大小。包括准静态响应保持不变、逐步上升或逐步减少所施加条件。就是控制一个系数乘以所提供的基本值。默认时，当收敛率跌落至 2×10^{-3}，系数将从 0.001 开始，逐步增加到 1.0，如果高于 1×10^{-2} 则减少
latency ***i***	从上一次伺服调整到下次伺服调整开始之间必须经过的最少步数，默认为 1
lower-bound ***f***	指定收敛率下限***f***，若低于它，系数将乘以 lower-multiplier 值，默认为 2×10^{-3}
lower-multiplier ***f***	若当前收敛率低于 lower-bound 值，则系数乘以数***f***，默认为 1.01
maximum ***f***	允许最大值，默认为 1.0
minimum ***f***	允许最小值，默认为 0.001

（续）

ZONE 关键字	说　明
ramp	设置伺服为斜升模式，意味着收敛率只增不减，有助于逐步施加条件的全值
ratio 关键字	将收敛率与上限和下限比较，默认就是由 zone ratio 命令指定的值
average	平均力比
maximum	最大力比
local	局部力比
reduce	设置伺服为下降模式，意味着收敛率只减不增，起始值为 1.0，最小值设置为 0.0，有助于逐渐减少施加条件到 0.0
upper-bound *f*	指定收敛率上限 *f*，若高于它，系数将乘以 upper-multiplier 值，默认为 1×10^{-2}
upper-multiplier *f*	若当前收敛率高于 upper-bound 值，则系数乘以数 *f*，默认为 0.975
table *s* [time 关键字]	由表 *s* 指定一个乘数，默认为 x 轴值，即当前的计算步数。可选的时间关键字可用于指定哪些进程累积时间作为 *x* 轴值
creep	累积蠕变时间
dynamic	累积动力学时间
fluid	累积流体流动时间
mechanical	累积力学时间
step	累积迭代时间
thermal	累积热力时间
vary *v*	指定终值渐变 *v* 到提供的标量值，仅适用于一个数的施加条件
apply-remove [关键字] [rang...]	移除 zone apply 命令所施加的条件，若没指定关键字，则移除范围内每个单元体的全部边界条件，若没指定范围，则移除全部单元体所指定的条件
force	移除范围内单位体积力
force-x	移除范围内单位体积力 *x* 分量
force-y	移除范围内单位体积力 *y* 分量
force-z	移除范围内单位体积力 *z* 分量
source	移除范围内发热源
well	移除范围内体积流量
attach 关键字	绑定不同密度单元体的网格
delete [rang...]	移除网格之间的绑定
by-face 关键字 [rang...]	搜索网格所有的表面
snap *b*	若设置为 on，则从属格点位置被移动到相对应的主格点位置；若设置为 off，从属格点将与主格点一起移动，但两者位置可能不同。默认为 on
tolerance-absolute *f*	指定从属格点与目标面的最大绝对距离，默认为 0.0
tolerance-angle *f*	小于容差角度 *f* 时才绑定，默认为 5°
tolerance-relative *f*	格点与面质心距离小于 *f* 时才绑定，默认为 1×10^{-5}
gridpointid i_{ds}	直接指定格点 ID 号绑定到格点、边、面

（续）

ZONE 关键字	说　明
to-gridpointid i_{dm} [snap b]	指定格点 i_{ds} 绑定目标格点 i_{dm} 上
to-edgeids i_{d1} i_{d2} 关键字...	指定格点 i_{ds} 绑定由两格点 i_{d1} 和 i_{d2} 定义的边上位置
weight f	指定格点 i_{ds} 在由格点 i_{d1} 和 i_{d2} 定义边上的位置权重，若 f=0.0，则格点 i_{ds} 与格点 i_{d1} 绑定；若 f=1.0，则格点 i_{ds} 与格点 i_{d2} 绑定；若不指定，则自动计算
snap b	默认为 on，从属格点位置移动到 i_{d1} 和 i_{d2} 之间权重位置
to-faceid i_{dz} i_{side} 关键字...	指定格点 i_{ds} 绑定目标单元体 i_{dz} 的边 i_{side} 的面上
weight f_1 f_2 f_3 f_4	指定格点 i_{ds} 在单元体面上的位置权重，每个值介于 0.0~1.0，4 个值总和等于 1.0。例如，若 f_1 =1.0、f_2 =0.0、f_3 =0.0 和 f_4 =0.0，则指面的第 1 个顶点位置；若 f_1 =f_2 =f_3 =f_4 =0.25，则指面的形心位置
snap b	默认为 on，从属格点位置移动到指定单元体面权重位置
group s [关键字] [rang...]	指派绑定格点组名
slot s_1	指定组的门类名 s_1
remove	删除组名 s，若不指定 s_1，则删除所有门类的组 s
list [rang...]	列表显示范围内的绑定条件，包括从属格点、目标对象及权重系数
cmodel 关键字	指定、加载或列出单元体本构模型
assign 关键字 [overlay i] [rang...]	指定所有单元体一个力学材料模型。若给定 rang，则在指定范围内；若指定 overlay i，则单元体细分成一组子单元（i=1）还是两组子单元（i=2，默认值）
anisotropic	横向同性弹性模型
burgers	经典黏弹性模型，由开尔文模型和麦斯威尔模型组成（蠕变可选）
burgers-mohr	结合 Burgers 模型和摩尔-库仑模型的黏塑性模型（蠕变可选）
cap-yield	C-Y 弹塑性模型，也称 CYsoil 模型
cap-yield-simplified	简化 C-Y 弹塑性模型，也称 CHsoil 模型
double-yield	D-Y 弹塑性模型
drucker-prager	D-P 弹塑性模型
elastic	各向同性弹性模型
finn	动态力学模型（动力可选）
hoek-brown	霍克-布朗弹塑性模型
hoek-brown-pac	霍克-布朗-PAC 弹塑性模型
hydration-drucker-prager	水化修正的 D-Y 弹塑性模型（热力可选）
maxwell	经典黏弹性模型，也称麦斯威尔模型（蠕变可选）
modified-cam-clay	修正剑桥弹塑性模型
mohr-coulomb	摩尔-库仑弹塑性模型
mohr-coulomb-tension	摩尔-库仑拉裂弹塑性模型，也称 MohrT 模型
null	空模型。大多数情况下忽略 null 模型，与之相邻的单元体视为表面
orthotropic	正交各向异性弹性模型
plastic-hardening	剪切和体积硬化的弹塑性模型，也称 PH 模型
power	幂律模型（蠕变可选）

（续）

ZONE 关键字	说　明
power-mohr	结合幂律模型和摩尔-库仑模型的黏塑性模型（蠕变可选）
power-ubiquitous	结合幂律模型和节理模型的黏塑性模型（蠕变可选）
softening-ubiquitous	双线性应变软化/硬化节理弹塑性模型，也称 SUBI 模型
strain-softening	应变软化/硬化弹塑性模型
swell	考虑润湿性膨胀的摩尔-库仑弹塑性模型
ubiquitous-joint	带节理的摩尔-库仑弹塑性模型，也称 UBI 模型
ubiquitous-anisotropic	结合横向同性模型和节理模型的弹塑性模型
wipp	蠕变模型（蠕变可选）
wipp-drucker	结合 WIPP 模型和 D-P 模型的黏弹性模型（蠕变可选）
wipp-salt	结合盐修正的 WIPP 黏塑性模型
list 关键字	
names [*s*]	列出可用的本构模型关键字、名称和版本号。若指定 *s*，则输出仅限于名为 *s* 的模型
properties [*s*]	列出每个本构模型的属性。若指定 *s*，则输出仅限于名为 *s* 的模型
states [*s*]	列出每个本构模型状态标志。若指定 *s*，则输出仅限于名为 *s* 的模型
load [*s*]	试图动态地加载一个自定义本构模型的 *. DLL 文件，*s* 为文件名
copy ***v*** [merge ***b***] [rang...]	复制单元体。通过位置偏移***v*** 重新创建/复制给定范围的所有单元体及格点。若 merge 设置为 off，则新建的单元体外网格点与已存在的格点不进行融合合并，默认 merge 设置为 on。新建单元体保留原来组信息
create 关键字	用预定义网格图案填充原始形状（共 13 种）。创建单个格点可用 zone gridpoint create 命令，创建单个单元体可用该命令把 size 设置成（1，1，1）即可
brick [关键字块]	8 顶点 6 面体矩形网格
cylinder [关键字块]	圆柱形网格
cylindrical-intersection [关键字块]	内嵌交叉圆柱矩形网格
cylindrical-shell [关键字块]	内嵌圆柱环形网格
degenerate-brick [关键字块]	退化矩形网格
pyramid [关键字块]	锥形网格
radial-brick [关键字块]	内嵌矩形径向渐变矩形网格
radial-cylinder [关键字块]	内嵌圆柱径向渐变矩形网格
radial-tunnel [关键字块]	内嵌矩形巷道径向渐变矩形网格
tetrahedron [关键字块]	四面形网格
tunnel-intersection [关键字块]	内嵌交叉巷道矩形网格
uniform-wedge [关键字块]	均匀楔形网格
wedge [关键字块]	楔形网格

（续）

ZONE 关键字	说 明
关键字块：	
[dimension f_1 [f_2] [f_3] [f_4] [f_5] [f_6] [f_7]]	定义那些网格内嵌巷道的维度边尺寸。表5-1中内嵌维数非零者说明可定义此关键字，最多有7个维度边尺寸，图5-1～图5-13中的d_1～d_7标注了维度边的具体位置。如果不给出此关键字，各维度边默认为其相邻两参考点长度的20%
[edge *f*]	定义网格基准边的边长，如果 point 1、point 2 和 point 3 没给出，则由 edge 与 point 0 确定
[fill [group s_1 [slot s_2]]]	用单元体填满网格的内嵌巷道，如果无此关键字，则内嵌巷道没有单元体。若给出 group 关键字，则内嵌巷道内的单元体划归（或创建）默认门类下名称为s_1的组，若给出 slot 关键字，则划归s_2门类下的s_1组
[group s_1 [slot s_2]]	为创建网格分配名称为s_1的组，若给出 slot 关键字，则组s_1在门类s_2下，默认门类名为 default
[merge *b*]	如果 *b* 为 true，则检查创建的网格外边界面上的格点是否存在。若两格点在容差1×10^{-7}范围之内，则认为是相同点，并用老格点替代新格点，起到融合作用
[point *i* 关键字]	通过 point 0、point 2、…、point 16 来定义网格形状参考（角）点的坐标值，point 0 默认值为（0,0,0），point 1、point 2、point 3 默认时为关键字 size 的相应值。向量 point 0 ⟶point 1、point 0 ⟶point 2、point 0 ⟶point 3 组成右手坐标系统
[add] *v*	指定 point *i* 点位置坐标，若有 add 关键字，则表示该点与 point 0 点的相对坐标
gridpoint *s*	已创建、并单独命名为 *s* 的格点
[ratio f_1 [f_2] [f_3] [f_4] [f_5]]	网格中单元体尺寸大小的几何变化率，默认为1.0，个数及方向见图5-1～图5-13中标注的r_1～r_5
[size i_1 [i_2] [i_3] [i_4] [i_5]]	定义网格基准边的单元体数，基准边数见表5-1，每个基准边的位置见图5-1～图5-13中n_1～n_5，默认值为10
[sweep-axis]	（经操作这个参数不成功）
creep 关键字	设置蠕变材料属性参数，仅对单元体有效
active *b*	默认随从 model configure creep 命令，一般不指定
list	显示蠕变分析模式信息
time-total *f*	累积蠕变时间
delete [rang...]	删除单元体
densify 关键字 [rang...]	把单元体细分成更小的相同体积的单元体，保留原组名信息，在求解之前，必须用 zone attach by-face 命令进行绑定
global	设置最接近全局坐标轴分段顺序致密单元体
gradient-limit	致密后，相邻单元体大小实现渐变，意味着致密单元体范围的扩大
local	设置以局部坐标轴分段顺序致密单元体，默认
maximum-length f_1 [f_2 [f_3]]	指定致密单元体后的 *x*、*y*、*z* 轴方向最大边长，若没指定f_2和f_3，则与f_1相同
segments f_1 [f_2 [f_3]]	指定致密单元体 *x*、*y*、*z* 轴方向每边的分段数，若没指定f_2和f_3，则与f_1相同
repeat [*i*]	重复致密单元体 *i* 次，引起嵌套递归调用，若不指定 *i*，表示递归嵌套致密直到不大于 maximum-length 值

（续）

ZONE 关键字	说　明
dynamic 关键字	设置动力分析模式参数，仅对单元体有效
active *b*	默认随从 model configure dynamic 命令，常不指定
damping 关键字 [rang...]	设置动力分析的阻尼类型
artificial-viscosity f_1 f_2	人工黏性常量，一般为 1.0，仅用于主网格
acombined *f* [gradient ***v***]	联合阻尼，默认为 0.8，若指定 gradient，则按***v***三方向值梯度渐变
local *f* [gradient ***v***]	局部阻尼，默认为 0.8，若指定 gradient，则按***v***三方向值梯度渐变
hysteretic 关键字	滞后阻尼
default f_1 f_2	设置默认模型三次方程表示的两个参数
hardin f_1	设置哈丁方程的一个参数
off	去除滞后阻尼
sig3 f_1 f_2 f_3	设置三参数 S 形函数
sig4 f_1 f_2 f_3 f_4	设置四参数 S 形函数
rayleigh [f_1 [gradient ***v***] f_2 [gradient ***v***] [mass] [stiffness]]	设置瑞利阻尼的 f_{min} 系数、ξ_{min} 系数、质量常数和刚度常数
free-field 关键字	设置自由场边界条件
b	若为 on，创建自由场边界单元体；若为 off，则消除自由场边界单元体及相关联的其余应用条件
plane-x	仅垂直于 *x* 轴的平面上创建自由场单元体
plane-y	仅垂直于 *y* 轴的平面上创建自由场单元体
list	显示动力分析模式信息
multi-step *b*	多步开关
time-total *f*	指定累积单元体动力分析时间
export *s* 关键字 [rang...]	将网格以 ASCⅡ文本格式导出到文件中，若没指定文件扩展名，则默认扩展名为“.f3grid”
binary	将网格以二进制格式导出到文件中
face apply 关键字 [rang...]	对模型网格外表面施加边界条件
acceleration ***v*** [关键字块]	施加全局坐标加速度向量***v***，属格点基础条件（仅动力可选）
acceleration-dip *f* [关键字块]	施加格点局部坐标倾向加速度分量 *f*，属格点基础条件（仅动力可选）
acceleration-local ***v*** [关键字块]	施加格点局部坐标加速度向量***v***，属格点基础条件（仅动力可选）
acceleration-normal *f* [关键字块]	施加格点局部坐标法向加速度分量 *f*，属格点基础条件（仅动力可选）
acceleration-strike *f* [关键字块]	施加格点局部坐标走向加速度分量 *f*，属格点基础条件（仅动力可选）
acceleration-x *f* [关键字块]	施加格点加速度 *x* 方向分量 *f*，属格点基础条件（仅动力可选）
acceleration-y *f* [关键字块]	施加格点加速度 *y* 方向分量 *f*，属格点基础条件（仅动力可选）
acceleration-z *f* [关键字块]	施加格点加速度 *z* 方向分量 *f*，属格点基础条件（仅动力可选）
convection f_1 f_2 [关键字块]	指定范围内的面的热对流边界条件。f_1 是对流发生的温度 *Te*。f_2 是对流换热系数 *h*（仅热力可选）

（续）

ZONE 关键字	说明
discharge *f* [关键字块]	施加于法向边界的流量 *f*（m/s）（仅流体可选）
flux *f* [关键字块]	指定面上的初始能量 *f*（W/m^2）（仅热力可选）
leakage f_1 f_2 [关键字块]	f_1 为渗漏层的孔隙压力，f_2 为渗漏系数（$m^3/N \cdot s$）（仅流体可选）
pore-pressure *f* [关键字块]	施加孔隙压力 *f*，属格点基础条件，（仅流体可选）
quiet-dip *f* [关键字块]	施加格点局部坐标倾向静态边界（仅动力可选）
quiet-normal [关键字块]	施加格点局部坐标法向静态边界（仅动力可选）
quiet-strike [关键字块]	施加格点局部坐标走向静态边界（仅动力可选）
reaction [关键字块]	模型平衡后，用格点反作用力替代原固定边界方向，属格点基础条件
reaction-dip [关键字块]	模型平衡后，用格点局部坐标倾向反作用力替代原固定边界方向，属格点基础条件
reaction-local [关键字块]	模型平衡后，用格点局部坐标反作用力替代原固定边界方向，属格点基础条件
reaction-normal [关键字块]	模型平衡后，用格点局部坐标法向反作用力替代原固定边界方向，属格点基础条件
reaction-strike [关键字块]	模型平衡后，用格点局部坐标走向反作用力替代原固定边界方向，属格点基础条件
reaction-x [关键字块]	模型平衡后，用格点反作用力 *x* 方向分量替代原固定边界方向，属格点基础条件
reaction-y [关键字块]	模型平衡后，用格点反作用力 *y* 方向分量替代原固定边界方向，属格点基础条件
reaction-z [关键字块]	模型平衡后，用格点反作用力 *z* 方向分量替代原固定边界方向，属格点基础条件
stress-dip *f* [关键字块]	施加局部面坐标倾向应力分量 *f*
stress-normal *f* [关键字块]	施加局部面坐标法向应力分量 *f*
stress-strike *f* [关键字块]	施加局部面坐标走向应力分量 *f*
stress-xx *f* [关键字块]	施加面应力张量的 *xx* 分量 *f*
stress-xy *f* [关键字块]	施加面应力张量的 *xy* 或 *yx* 分量 *f*
stress-xz *f* [关键字块]	施加面应力张量的 *xz* 或 *zx* 分量 *f*
stress-yy *f* [关键字块]	施加面应力张量的 *yy* 分量 *f*
stress-yz *f* [关键字块]	施加面应力张量的 *yz* 或 *zy* 分量 *f*
stress-zz *f* [关键字块]	施加面应力张量的 *zz* 分量 *f*
temperature *f* [关键字块]	固定施加温度到格点，属格点基础条件（仅热力可选）
velocity ***v*** [关键字块]	施加全局坐标速度向量 ***v***，属格点基础条件
velocity-dip *f* [关键字块]	施加格点局部坐标倾向速度分量 *f*，属格点基础条件
velocity-local ***v*** [关键字块]	施加格点局部坐标速度向量 ***v***，属格点基础条件
velocity-normal *f* [关键字块]	施加格点局部坐标法向速度分量 *f*，属格点基础条件
velocity-strike *f* [关键字块]	施加格点局部坐标走向速度分量 *f*，属格点基础条件
velocity-x *f* [关键字块]	施加格点速度 *x* 分量 *f*，属格点基础条件
velocity-y *f* [关键字块]	施加格点速度 *y* 分量 *f*，属格点基础条件
velocity-z *f* [关键字块]	施加格点速度 *z* 分量 *f*，属格点基础条件

（续）

ZONE 关键字	说　明
关键字块：	
fish *s*	指定 FISH 函数名 *s* 的返回值作乘数，每个时间步都会调用函数 *s*，若函数 *s* 返回值为 1 则相当于原值，若函数 *s* 返回值为 0 则相当于移除原值，若条件是向量则函数 *s* 也返回向量，若条件要求两个数则函数 *s* 返回向量且忽略 *z* 分量
fish-local *s*	指定 FISH 函数名 *s* 的返回值作乘数，这个条件施加到每个单元体或格点。函数需两个参数，若条件是直接施加到面，则第一个参数为指向面的指针，第二个参数为指向面的 1~6 整数；若条件是直接施加到格点，则第一个参数为指向格点的指针，第二个参数不用；每个时间步都会调用函数 *s*，意味着允许应用条件随时间和空间而变化。若函数 *s* 返回值为 1 则相当于原值，若函数 *s* 返回值为 0 则相当于移除原值，若条件是向量则函数 *s* 也返回向量，若条件要求两个数则函数 *s* 返回向量且忽略 *z* 分量
gradient ***v***	对提供的标量值进行梯度渐变***v***，仅适用于一个数的条件
servo 关键字	使用收敛率伺服控制所施加条件的大小。包括准静态响应保持不变、逐步上升或逐步减少所施加条件。就是控制一个系数乘以所提供的基本值。默认时，当收敛率跌落至 2×10^{-3}，系数将从 0.001 开始，逐步增加到 1.0，如果高于 1×10^{-2} 则减少
latency *i*	从上一次伺服调整到下次伺服调整开始之间必须经过的最少步数，默认为 1
lower-bound *f*	指定收敛率下限 *f*，若低于它，系数将乘以 lower-multiplier 值，默认为 2×10^{-3}
lower-multiplier *f*	若当前收敛率低于 lower-bound 值，则系数乘以数 *f*，默认为 1.01
maximum *f*	允许最大值，默认为 1.0
minimum *f*	允许最小值，默认为 0.001
ramp	设置伺服为斜升模式，意味着收敛率只增不减，有助于逐步施加条件的全值
ratio 关键字	将收敛率与上限和下限比较，默认就是由 zone ratio 命令指定的值
average	平均力比
maximum	最大力比
local	局部力比
reduce	设置伺服为下降模式，意味着收敛率只减不增，起始值为 1.0，最小值设置为 0.0，有助于逐渐减少施加条件到 0.0。
upper-bound *f*	指定收敛率上限 *f*，若高于它，系数将乘以 upper-multiplier 值，默认为 1×10^{-2}
upper-multiplier *f*	若当前收敛率高于 upper-bound 值，则系数乘以数 *f*，默认为 0.975
system 关键字	显式指定局部坐标系统。默认是由系统自动确定的，对于面由其法线方向确定；对于格点由其相连的所有面的平均法向量来确定
normal ***v***	平面的单元法向量
dip *f*	倾角，以全局 *xy* 平面为起点，负 *z* 轴方向计量
dip-direction *f*	倾向，在全局 *xy* 平面内，以正 *y* 轴为起点顺时针方向计量

（续）

ZONE 关键字	说　明
table *s* [time 关键字]	由表 *s* 指定一个乘数，默认为 *x* 轴值，即当前的计算步数。可选的时间关键字可用于指定哪些进程累积时间作为 *x* 轴值
creep	累积蠕变时间
dynamic	累积动力学时间
fluid	累积流体流动时间
mechanical	累积力学时间
step	累积迭代时间
thermal	累积热力时间
vary *v*	指定终值渐变 *v* 到提供的标量值，仅适用于一个数的施加条件
face apply-remove [关键字] [rang...]	移除 zone face apply 命令所施加的条件，若指定了范围，则仅移除范围内面的条件，若没指定关键字，则移除指定面的所有条件
acceleration	移除加速度
acceleration-dip	移除倾向加速度分量
acceleration-local	移除局部坐标加速度
acceleration-normal	移除法向加速度分量
acceleration-strike	移除走向加速度分量
acceleration-x	移除加速度 *x* 方向分量
acceleration-y	移除加速度 *y* 方向分量
acceleration-z	移除加速度 *z* 方向分量
convection	移除热对流边界条件
discharge	移除法向边界的流量
flux	移除初始能量
leakage	移除孔隙压力和渗漏系数
pore-pressure	移除孔隙压力
quiet-dip	移除倾向静态边界
quiet-normal	移除法向静态边界
quiet-strike	移除走向静态边界
reaction	移除反作用力
reaction-dip	移除倾向反作用力
reaction-local	移除局部坐标反作用力
reaction-normal	移除法向反作用力
reaction-strike	移除走向反作用力
reaction-x	移除反作用力 *x* 方向分量
reaction-y	移除反作用力 *y* 方向分量
reaction-z	移除反作用力 *z* 方向分量
stress-dip	移除倾向应力分量
stress-normal	移除法向应力分量
stress-strike	移除走向应力分量

（续）

ZONE 关键字	说 明
stress-xx	移除应力张量 *xx* 分量
stress-xy	移除应力张量 *xy* 分量
stress-xz	移除应力张量 *xz* 分量
stress-yy	移除应力张量 *yy* 分量
stress-yz	移除应力张量 *yz* 分量
stress-zz	移除应力张量 *zz* 分量
velocity	移除速度向量
velocity-dip	移除倾向速度分量
velocity-local	移除局部坐标速度向量
velocity-normal	移除法向速度分量
velocity-strike	移除走向速度分量
velocity-x	移除速度 *x* 方向分量
velocity-y	移除速度 *y* 方向分量
velocity-z	移除速度 *z* 方向分量
face group *s* 关键字 [rang...]	为单元体面指定组名 *s*，此处可用“门类名 = 组名”
	仅非 null 流体模型的网格表面，不能与 internal 同时用
internal	若指定，则包括网格内表面
mechanical	仅非 null 力学模型的网格表面，不能与 internal 同时用
or	当有 mechanical、thermal 和 fluid 等多个关键字同时存在时，指定选项 or 后，才将这些条件中的任何一个具有非空模型的表面考虑在内。不能与 internal 同时用
remove	把范围内节点移除出 *s* 组，若没指定 s_1，则移除出所有门类中的 *s* 组
slot s_1	若指定，则把组 *s* 归属到门类 s_1 中，默认为 Default
thermal	仅非 null 热力模型的网格表面，不能与 internal 同时用
face hide 关键字 [rang...]	隐藏或不隐藏单元体面
b	隐藏开关，默认为 on
group *s* 关键字	作用范围为面组名 *s* 中的单元体面。不能与 id、skin 和 range 关键字同时用
and s_1	作用范围为同时在面组名 *s* 和 s_1 中的单元体面（交集），可以并联多个 and。不能与 or、slot 关键字同时用
or s_1	作用范围为面组名 *s* 中或在 s_1 中的单元体面（或集），可以并联多个 or。不能与 and 关键字同时用
only	选择仅只属于指定组名表的单元体面
by 关键字	搜索指定组名表中指定的对象，位于 group 关键字的最后位置
zone-face	作用范围组名表的所有单元体面
zone	作用范围组名表的所有单元体
matches *i*	指定对象参与的层次
slot s_1	选择门类 s_1 中的组名 *s* 中的单元体面。默认为所有类中含组名 *s* 的单元体面

（续）

ZONE 关键字	说明
id i_z side i_s	直接指定单个面，由单元体 ID 号 i_z 及边序号 i_s 来确定面，不能与 group、skin 及 range 关键字联用
internal	包括内部面
only-grouped s [slot s_1]	仅指定组名 s，若指定 slot，则仅是门类 s_1 的组 s
skin 关键字	指定一组与路径相交的面
start v	指定路径始点坐标，默认为（0,0,0）
direction v	指定路径方向，默认为（0,0,1）
break-angle f	折角
undo	撤销上次隐藏命令
use-hidden-zones	包括在指定范围内但也隐藏的单元体面。若无此关键字，则不包括隐藏的单元体面
face list 关键字 [rang...]	列表单元体面信息
apply [关键字]	列表显示施加单元体面条件的类型及数值
conditions	列出对面施加的条件
items	显示每个面的条件
items-gridpoints	显示每个因面而关联的格点条件
groups	显示面组、格点和边信息
information	列表显示每个面的格点及两面的组、隐藏状态和选择状态信息
face select [关键字] [rang...]	选择或不选择单元体面
b	选择开关，默认为 on
group s 关键字	作用范围为面组名 s 中的单元体面。不能与 id、skin 和 range 关键字同时用
and s_1	作用范围为同时在面组名 s 和 s_1 中的单元体面（交集），可以并联多个 and。不能与 or、slot 关键字同时用
or s_1	作用范围为面组名 s 中或在 s_1 中的单元体面（或集），可以并联多个 or。不能与 and 关键字同时用
only	选择仅只属于指定组名表的单元体面
by 关键字	搜索指定组名表中指定的对象，位于 group 关键字的最后位置
zone-face	作用范围组名表的所有单元体面
zone	作用范围组名表的所有单元体
matches i	指定对象参与的层次
slot s_1	选择门类 s_1 中的组名 s 中的单元体面。默认为所有类中含组名 s 的单元体面
id i_z side i_s	直接指定单个面，由单元体 ID 号 i_z 及边序号 i_s 来确定面，不能与 group、skin 及 range 关键字联用
internal	包括内部面
only-grouped s [slot s_1]	仅指定组名 s，若指定 slot，则仅是门类 s_1 的组 s
skin 关键字	指定一组与路径相交的面
start v	指定路径始点坐标，默认为（0,0,0）
direction v	指定路径方向，默认为（0,0,1）
break-angle f	折角

（续）

ZONE 关键字	说　明
undo	撤销上次隐藏命令
use-hidden-zones	包括在指定范围内但也隐藏的单元体面。若无此关键字，则不包括隐藏的单元体面
face westergaard [关键字] [rang...]	应用 Westergaard 法计算水对面的动态响应。只有在用 model configure 命令指定了 dynamic 计算模式时才能使用此命令
direction *f*	对面施加水压的法线方向
height *f*	水位高
base *f*	基高
density-water *f*	水密度
factor *f*	系数，默认为 0.743
face westergaard-remove [rang...]	移除对面施加的 westergaard 条件
fluid 关键字	设置流力分析参数。用命令 model configure 设置 fluid 计算模式后方可用
active *b*	默认随 model configure fluid 命令设置为 on，一般不需指定。若为停止单元体流力计算，设置为 off
biot *b*	Biot 开关，默认为 off，若为 on，则用 Biot 系数及模量
cmodel 关键字	设置流力本构模型
assign 关键字 [rang...]	指定本构模型到单元体，用命令 model configure 设置 fluid 计算模式后方可用
anisotropic	各向异性流力本构模型
isotropic	各向同性流力本构模型
null	空流力本构模型
list	显示现有流力本构模型及属性参数
fastflow *b*	饱和快速流动开关
fastflow-relaxation *f*	饱和快速流动时的松弛系数
implicit *b*	隐式解开关
list	
information	显示当前流力配置及状态信息
property *s* [rang...]	显示指定属性参数的 *s* 值
property *s* [rang...]	材料属性参数
biot *f*	Biot 系数，α，默认为 1.0
porosity *f*	孔隙率，n，默认为 0.5
undrained-thermal-coefficient *f*	导热系数，β
permeability *f*	渗透率，若 zone fluid active 为 on，此值必定不为 0.0，仅用于 isotropic 本构模型
dip *f*	主渗透率平面倾角（°），仅用于 anisotropic 本构模型
dip-direction *f*	主渗透率平面倾向（°），仅用于 anisotropic 本构模型
permeability-1 *f*	主渗透率 1 值，仅用于 anisotropic 本构模型

（续）

ZONE 关键字	说 明
permeability-2 *f*	主渗透率2值，仅用于 anisotropic 本构模型
permeability-3 *f*	主渗透率3值，仅用于 anisotropic 本构模型
permeability-xx *f*	渗透率 *xx* 分量，仅用于 anisotropic 本构模型
permeability-xy *f*	渗透率 *xy* 分量，仅用于 anisotropic 本构模型
permeability-xz *f*	渗透率 *xz* 分量，仅用于 anisotropic 本构模型
permeability-yy *f*	渗透率 *yy* 分量，仅用于 anisotropic 本构模型
permeability-yz *f*	渗透率 *yz* 分量，仅用于 anisotropic 本构模型
permeability-zz *f*	渗透率 *zz* 分量，仅用于 anisotropic 本构模型
rotation f	渗透率平面旋转角（°），仅用于 anisotropic 本构模型
property-distribution ***s a*** 关键字 [rang...]	指定单一的属性参数值，***s*** 为属性参数名，***a*** 为任何类型值。下面选项可能使值在空间上发生变化
add	原属性参数值增加 ***a***，仅用于浮点类型值
deviation-gaussian *f*	高斯随机分布分配值，平均值为 ***a***，标准偏差为 *f*，仅用于浮点类型值
deviation-uniform *f*	均匀随机分布分配值，平均值为 ***a***，标准偏差为 *f*，仅用于浮点类型值
gradient ***v*** [origin $\boldsymbol{v}_0$]	以指定值 ***a*** 为基数，以 $\boldsymbol{v}_0$ 为参照点 ***v*** 为梯度渐变，仅用于浮点类型值
multiply	原属性参数值乘以 ***a***
vary ***v***	渐变到终值 ***v***，仅用于浮点类型值
saturation-tolerance *f*	饱和度容差，默认为 1×10^{-3}
time-total *f*	累积流力时间。可重置为任何值，并继续累积
track 关键字	轨迹命令。在网格的指定位置放置一粒子，随流体流动，并记录其轨迹。需用命令 model configure 设置 fluid 计算模式、非空单元体模型后，粒子才存在于单元体中。若位置没有映射到单元体中而没有创建粒子是不会输出错误信息的。粒子没有质量，不会以任何方式影响流力或静力行为，只是由流体携带并记录其运动轨迹。若需要，可在不时间给出多个轨迹命令
active *b*	粒子轨迹开关，默认为 off
create 关键字	创建一个或多个粒子
point ***v*** [关键字块]	指定网格中创建粒子的位置坐标 ***v***，给出几个坐标就创建几个粒子
line 关键字 [关键字块]	沿直线创建粒子
begin ***v***	直线始点坐标，默认为（0,0,0）
end ***v***	直线终点坐标，默认为（0,0,0）
segment *i*	指定直线分为 ***i*** +1 段，创建 ***i*** 个粒子置入其中，默认为2
plane 关键字 [关键字块]	在由两直线定义的平面内创建粒子
begin ***v***	两直线始点坐标，默认为（0,0,0）
end-1 ***v***	第一直线终点标，默认为（0,0,0）
end-2 ***v***	第二直线终点标，默认为（0,0,0）
segment i_1 i_2	指定第一直线分为 i_1+1 段、第二直线分为 i_2+1 段，创建 $i_1\times i_2$ 个粒子置入平面中，默认时 $i_1=i_2=2$

（续）

ZONE 关键字	说　明
关键字块：	
group s_1 [slot s_2]	为创建的粒子分配名称为 s_1 的组，若给出 slot 关键字，则组 s_1 在门类 s_2 下，默认门类名为 Default
tail *b*	跟踪开关，默认为 on，将自动存储粒子沿路径的坐标列表，若为 off，只跟踪粒子的当前位置
tortuosity *f*	弯曲系数，被定义为直线路径与实际流体路径之比，默认为 1.0
delete [rang...]	删除粒子
group *s* [关键字] [rang...]	指派或移除组名到范围内的粒子
remove	删除组名 *s*，若不指定 s_1，则删除所有门类的组 *s*
slot s_1	指定组 *s* 的门类名 s_1，默认门类名为 default
list [path]	列出跟踪粒子的摘要信息。若无 path，则输出当前粒子位置信息，若包含 path，则输出粒子路径信息
trace [name s] *i*	创建 ID 号为 *i* 的位置轨迹
zone-based-pp *b*	孔隙压力方式开关，若为 on，则应从单元体直接取回，而不是取格点平均值
generate 关键字	基于其他数据结构，由算法生成单元体
from-building-blocks [set *s*]	由砌块窗格中当前集生成单元体，若指定 set，则由 *s* 集生成，而不是当前集
from-extruder [set *s*]	由拉伸窗格中当前集生成单元体，若指定 set，则由 *s* 集生成，而不是当前集
from-topography [关键字] [rang...]	由拉伸现有网格表面到具有地形特征几何集而生成网格
geometry-set *s*	指定定义地形的几何集，默认为当前几何集
segment *i*	指定拉伸路径的分段数或单元体层数 *i*，默认为 1
direction ***v***	指定拉伸方向向量***v***，默认为（0,0,1），若单元体面外法线向量与拉伸方向的交角大于 89.427°，即使在这个范围内也将被忽略
ratio *f*	指定下段长度与上段长度之比，默认为 1.0
group s_1 [slot s_2]	为拉伸的单元体指定组名 s_1，若指定 slot，则组 s_1 归属于门类 s_2，默认门类名为 default
face-group s_1 [slot s_2]	为拉伸的地形面指定面组名 s_1，若指定 slot，则组 s_1 归属于门类 s_2，默认门类名为 default，无默认
from-geometry [关键字...]	由封闭空间的几何集生成四面单元体
set *s*	指定生成四面单元体的原形几何集 *s*，默认为当前几何集
maximum-edge *f*	指定四面单元体最大边长
gradation *f*	指定三角面大小变化率
offset *f*	指定偏移距
cut-angle *f*	交角，默认为 45°。若平滑表面、去除粗糙特征，则用较大的交角；若单元体化有相交重叠的表面，则用较小的交角
verbose *f*	额外信息开关，默认为 off，若为 on，则向控制台发送生成信息和诊断信息
hexahedron	用六面单元体替代四面单元体
bring-to-building-blocks	生成后的结果同时发送到砌块窗格的块集
grid-file *s*	生成后的结果同时发送 grid 文件 *s*

（续）

ZONE 关键字	说　明
geometry-test [rang...]	评估生成单元体后的完整性，如不完全映射、退化、正交性、纵横比和表面平坦性等
geometry-tolerance *f*	指定因单元体变形而发出非法几何信息的容差，大应变模式时，建议 $0<f<0.2$
geometry-update *i*	指定更新几何及属性参数的时步数为 *i*，默认为10
gridpoint create ***v*** [关键字]	在坐标***v***处创建单个格点
group s_1 [slot s_2]	为创建的格点指定组名 s_1，若指定选项 slot，则组 s_1 归属于门类 s_2，默认门类名为 default
name *s*	为创建的格点命名为 *s*，以便以后引用，如 zone create 命令 point 关键字一起使用，注意与组名不同
gridpoint fix 关键字 [rang...]	范围内格点固定材料属性参数不变
acceleration [***v***]	固定加速度，若指定***v***，则固定其向量上。均是局部坐标的值（仅动力分析可选）
acceleration-x [*f*]	固定 *x* 方向加速度，若指定 *f*，则固定其值上。均是局部坐标的值（仅动力分析可选）
acceleration-y [*f*]	固定 *y* 方向加速度，若指定 *f*，则固定其值上。均是局部坐标的值（仅动力分析可选）
acceleration-z [*f*]	固定 *z* 方向加速度，若指定 *f*，则固定其值上。均是局部坐标的值（仅动力分析可选）
force-applied [***v***]	固定所施加的力，若指定***v***，则固定其向量值上。均是局部坐标的值
force-applied-x [*f*]	固定 *x* 方向所施加的力，若指定 *f*，则固定其值上。均是局部坐标的值
force-applied-y [*f*]	固定 *y* 方向所施加的力，若指定 *f*，则固定其值上。均是局部坐标的值
force-applied-z [*f*]	固定 *z* 方向所施加的力，若指定 *f*，则固定其值上。均是局部坐标的值
pore-pressure [*f*]	固定孔隙压力不变，若指定 *f*，则固定其值上
source [*f*]	固定热源不变，若指定 *f*，则固定其值上
temperature [*f*]	固定温度不变，若指定 *f*，则固定其值上（仅热力可选）
velocity [***v***]	固定速度不变，若指定***v***，则固定其向量值上，均是局部坐标的值
velocity-x [*f*]	固定 *x* 方向速度不变，若指定 *f*，则固定其值上，均是局部坐标的值
velocity-y [*f*]	固定 *y* 方向速度不变，若指定 *f*，则固定其值上，均是局部坐标的值
velocity-z [*f*]	固定 *z* 方向速度不变，若指定 *f*，则固定其值上，均是局部坐标的值
well [*f*]	固定流量不变，若指定 *f*，则固定其值上（仅流体可选）
gridpoint force-reaction [关键字] [rang...]	检查范围内的每个格点每个方向是否有固定条件，若有，则移除约束，但施加与现有作用力相等的反作用力，以求与原平衡等效
all	所有方向施加反作用力，默认值
x	*x* 方向施加反作用力
y	*y* 方向施加反作用力
z	*z* 方向施加反作用力
gridpoint free 关键字 [rang...]	移除 zone gridpoint fix 命令对格点的约束

（续）

ZONE 关键字	说　明
acceleration	移除格点加速度约束
acceleration-x	移除格点 x 方向加速度约束
acceleration-y	移除格点 y 方向加速度约束
acceleration-z	移除格点 z 方向加速度约束
force-applied	移除格点施加力约束
force-applied-x	移除格点施加的 x 方向力约束
force-applied-y	移除格点施加的 y 方向力约束
force-applied-z	移除格点施加的 z 方向力约束
pore-pressure	移除孔隙压力约束
source	移除热源约束
temperature	移除温度约束
velocity	移除速度约束
velocity-x	移除 x 方向速度约束
velocity-y	移除 y 方向速度约束
velocity-z	移除 z 方向速度约束
well	移除流量约束
gridpoint group s_1 [关键字] [rang...]	为范围内格点创建组名 s_1
remove	把范围内格点移除出 s_1 组，若没指定 s_2，则移除出所有门类中的 s_1 组
slot s_2	若指定，则把组 s_1 归属到门类 s_2 中，默认为 default
gridpoint initialize 关键字 [rang...]	赋值或初始化范围内的所有格点，可以选择一个或多个关键字
biot-modulus f [关键字块]	毕奥系数（流体可选）
displacement $\boldsymbol{v}$ [关键字块]	格点位移$\boldsymbol{v}$
displacement-x f [关键字块]	格点 x 方向位移
displacement-y f [关键字块]	格点 y 方向位移
displacement-z f [关键字块]	格点 z 方向位移
displacement-small $\boldsymbol{v}$ [关键字块]	格点累积小位移（用于分界面计算）
displacement-small-x f [关键字块]	格点 x 方向累积小位移（用于分界面计算）
displacement-small-y f [关键字块]	格点 y 方向累积小位移（用于分界面计算）
displacement-small-z f [关键字块]	格点 z 方向累积小位移（用于分界面计算）
extra i a [关键字块]	对附加格点变量数组索引号 i 赋值 a
fluid-modulus f [关键字块]	流体体积模量（流体可选）
fluid-tension f [关键字块]	流体抗拉强度（流体可选）
position ν [关键字块]	格点泊松比

（续）

ZONE 关键字	说明
position-x *f* [关键字块]	格点 x 方向泊松比
position-y *f* [关键字块]	格点 y 方向泊松比
position-z *f* [关键字块]	格点 z 方向泊松比
pore-pressure *f* [关键字块]	孔隙压力
ratio-target *f* [关键字块]	计算收敛的力比
saturation *f* [关键字块]	格点饱和度（流体可选）
temperature *f* [关键字块]	格点温度（热力可选）
velocity ***v*** [关键字块]	格点速度
velocity-x *f* [关键字块]	格点 x 方向速度
velocity-y *f* [关键字块]	格点 y 方向速度
velocity-z *f* [关键字块]	格点 z 方向速度
关键字块：	
add	原值加上指定值
gradient ***v*** [origin $\boldsymbol{v}_0$]	以指定值为基数，以$\boldsymbol{v}_0$为参照点***v***为梯度渐变
local	指定值为局部坐标系统，不能与 extra 同时使用
multiply	原值乘以指定值
vary ***v***	渐变到终值***v***
gridpoint list 关键字	列表格点信息
acceleration [local]	格点加速度，若指定 local，则用格点局部坐标
apply [local]	格点力，若指定 local，则用格点局部坐标
biot-modulus	比奥特系数
damping	格点局部阻尼系数
displacement [local]	格点位移，若指定 local，则用格点局部坐标
dynamic	格点动力阻尼系数
extra ***i***	附加格点变量数组索引号 i
fluid-modulus	流体体积模量
force [local]	格点不平衡力，若指定 local，则用格点局部坐标
fluid-tension	流体抗拉强度
group [slot ***s***]	格点组名，若指定 slot，则仅门类 ***s*** 的组
information	格点信息：位置、质量、约束及速度
position	格点位置坐标
pore-pressure	孔隙压力
saturation	格点饱和度
temperature	格点温度
velocity [local]	格点速度
zone	与格点相连的单元体

（续）

ZONE 关键字	说 明
gridpoint merge [关键字] [rang...]	尝试融合容差内的格点
relative-tolerance *f*	指定相对容差，由他与相连单元体最小边长相乘转换为绝对容差。默认值0.01。若同时指定了绝对容差，取大值
absolute-tolerance *f*	指定绝对容差，默认值0.0。若同时指定了相对容差，取大值
gridpoint system 关键字	设置格点的坐标系统
global	设置格点为全局坐标系统，默认
local 关键字 [...]	设置格点为局部坐标系统，若仅指定一个方向，则其余两方向自动确定；若指定两个方向，则调整第二方向确保正交，并自动确定第三方向；若指定三个方向，则调整第二、三方向，以确保三方向正交
direction-x ***v***	设置局部坐标 x 方向
direction-y ***v***	设置局部坐标 y 方向
direction-z ***v***	设置局部坐标 z 方向
group *s* [关键字] [rang...]	为范围内单元体指派或移除组名，若 *s* 格式写成“门类名 = 组名”格式，则同时指定了组名和门类名，中间的等号会自动识别与忽略
remove	删除组名 *s*，若不指定 s_1，则删除所有门类的组 *s*
slot s_1	指定组 *s* 的门类名 s_1，默认门类名为 default
hide [关键字] [rang...]	隐藏或不隐藏单元体
b	隐藏开关，默认为 on
undo	撤消上次操作，最多可撤消 12 次
history [name *s*] 关键字	创建单元体采样记录变量，若指定 name，则可供以后参考引用，否则，自动分配 ID 号。可以通过选择具有特定 ID 号的单元体质心或格点来采样记录指定的空间位置。若值是基于格点，则由单元体内加权平均计算；若值是基于单元体，但位置并不对应其质心，则通过曲线拟合算法确定
acceleration [关键字块]	格点加速度（仅动力分析）
acceleration-x [关键字块]	格点 x 方向加速度（仅动力分析）
acceleration-y [关键字块]	格点 y 方向加速度（仅动力分析）
acceleration-z [关键字块]	格点 z 方向加速度（仅动力分析）
condition [关键字块]	单元体开关好坏评估
density [关键字块]	单元体密度
displacement [关键字块]	格点位移
displacement-x [关键字块]	格点 x 方向位移
displacement-y [关键字块]	格点 y 方向位移
displacement-z [关键字块]	格点 z 方向位移
extra [关键字块]	附加变量值
pore-pressure [关键字块]	单元体平均孔隙压力，若要格点压力，则用 source 指定
property [关键字块]	由 name 指定的一个静力模型材料属性参数值
property-fluid [关键字块]	由 name 指定的一个流力模型材料属性参数值
property-thermal [关键字块]	由 name 指定的一个热力模型材料属性参数值

(续)

ZONE 关键字	说明
ratio-local [关键字块]	格点局部不平衡力比
saturation [关键字块]	格点饱和度
strain-increment [关键字块]	单元体应变增量张量，由当前位移场决定，可以用 quantity 指定具体标量值
strain-rate [关键字块]	单元体应变率张量，由当前速度场决定，可以用 quantity 指定具体标量值
stress [关键字块]	单元体应力张量，由加权平均子单元体应力确定，可以用 quantity 指定具体标量值
stress-strength-ratio [关键字块]	当前应力与破坏面之比，由当前单元体本构模型确定，不是所有的本构模型都支持这种计算，若不支持，则返回值是 10，通常返回值最大为 10
stress-effective [关键字块]	单元体有效应力张量，由加权平均子单元体应力减去单元体平均孔隙压力确定，可以用 quantity 指定具体标量值
temperature [关键字块]	格点温度，可用 source 指定单元体替代
timestep-dynamic [关键字块]	特定格点局部临界动力时步
unbalanced-force [关键字块]	格点不平衡力
unbalanced-force-x [关键字块]	格点 x 方向不平衡力
unbalanced-force-y [关键字块]	格点 y 方向不平衡力
unbalanced-force-z [关键字块]	格点 z 方向不平衡力
velocity [关键字块]	格点速度
velocity-x [关键字块]	格点 x 方向速度
velocity-y [关键字块]	格点 y 方向速度
velocity-z [关键字块]	格点 z 方向速度
关键字块:	
component 关键字	检索向量类型值的分量，若不是向量类型，则忽略
x	x 方向分量
y	y 方向分量
z	z 方向分量
magnitude	向量大小
index *i*	指定索引位置，默认为 1
gravity *b*	若为 on，则重力被包含在返回的施加力中，默认为 off
gridpointid *i*	通过格点 ID 号来指定采样记录的位置
label *s*	为采样记录指定一个字符串标记，便于打印和绘图
log *b*	指定返回值为源值的以 10 为底的对数值，默认为 off
method 关键字	指定基于单元体空间任意的计算方法
constant	假定单元体内全部一样，为常数，默认项。若为格点或单元体的边，则选择相邻单元体
average	取格点周边相连单元体的体积加权平均值
inverse-distance-weight 关键字	距离幂次反比法（克里金法），位置点附近最多 32 个单元体的加权平均值
power *f*	设置距离幂指数值，默认为 3.0
radius-ratio *f*	指定考虑附近单元体范围的半径比，一般取 0 ~ 1.0，默认为 0.75
polynomial [tolerance *f*]	基于位置点的多项式函数拟合曲线，检测并移除退化的自由度，选项 tolerance 设置退化值，默认为 1×10^{-7}

（续）

ZONE 关键字	说　明
name *s*	指定材料属性参数名称
null [关键字]	指定忽略的空材料的单元体
fluid *b*	若为 on，则忽略空流力材料模型
mechanical *b*	默认为 on，忽略空静力材料模型
thermal *b*	若为 on，则忽略空热力材料模型
position *v*	指定空间位置，必须是在单元体内
quantity 关键字	指定从相应张量中检索的标量值，若不是张量则忽略
intermediate	中间主应力
maximum	最大主应力，拉为正
mean	平均压力，轨迹张量则除以 3
minimum	最小主应力，压为负
norm	应变率范数
octahedral	八面体应力
shear-maximum	最大切应力
total-measure	主空间中张量点与原点的距离
volumetric	体积的变化轨迹
von-mises	Von. Mises 准则
xx	*xx* 方向分量
xy	*xy* 方向分量
xz	*xz* 方向分量
yy	yy 方向分量
yz	*yz* 方向分量
zz	*zz* 方向分量
source [关键字]	指定采样记录对象，默认为格点
gridpoint	格点，默认
zone	单元体
stress *b*	若为 on，则传入 quantity 的张量认为是应力
type 关键字	假定值的类型。某些情况下值的类型（标量、向量或张量）不一定提前确定，如附加变量就可保存这三种类型的值，允许假定值类型，若原值不匹配，返回 0.0
scalar	浮点标量类型，默认
vector	向量类型
tensor	张量类型
zoneid *i*	指定单元体 ID 号
import *s* [s_2] 关键字	从文件 *s* 导入网格，路径可以是文件的一部分，若文件无扩展名，侧假定为“＊. f3grid”。目前，支持三种文件格式：FLAC 3D 原生文件（＊. f3grid）、ANYSIS 文件（＊. lib）和 ABAQUS 文件（＊. inp）

（续）

ZONE 关键字	说　明
use-given-ids	强制生成与原文件相同的格点 ID 和单元体 ID
format 关键字	指定导入文件的格式
flac3d	指定原生的 FLAC 3D 网格文件，可以是 ASCⅡ码或二进制文件
ansys	指定 ANSYS 兼容的网格文件，ANSYS 格式一般需要两个不同的文件，都具有相同的扩展名。假定第一个文件包含网格点信息，第二个文件包含单元体信息。在 ANSYS 中，用"nlist"命令将节点（格点）输出到文件，用"elist"命令将单元（单元体）输出到文件，不支持任何超过 8 个节点的 ANSYS 单元
abaqus	指定 ABAQUS 兼容的网格文件，只接受"c3d4""c3d5""c3d6"和"c3d8"等四种 ABAQUS 单元
initialize 关键字 [rang...]	范围内，初始化单元体的一个变量
density ***f*** [关键字块]	单元体密度
extra ***i a*** [关键字块]	对附加变量数组索引号 *i* 赋值 ***a***
fluid-density ***f*** [关键字块]	流体密度（流体可选）
state ***i*** [关键字块]	对四面体的塑性标志设置为 ***i***，通常复位为 0
stress [关键字]	初始化全应力的分量，没指定的分量为 0.0
xx ***f***	*xx* 方向应力分量
xy ***f***	*xy* 方向应力分量
xz ***f***	*xz* 方向应力分量
yy ***f***	*yy* 方向应力分量
yz ***f***	*yz* 方向应力分量
zz ***f***	*zz* 方向应力分量
stress-principal [关键字]	初始主应力大小与方向，必须指定至少两个方向，若没指定则大小为 0.0，它们可以独立变化的空间
direction-intermediate ***v*** [关键字块]	中间主应力方向
direction-maximum ***v*** [关键字块]	最大主应力方向
direction-minimum ***v*** [关键字块]	最小主应力方向
intermediate ***f*** [关键字块]	中间主应力值
maximum ***f*** [关键字块]	最大（正）主应力值
minimum ***f*** [关键字块]	最小（负）主应力值
stress-xx ***f*** [关键字块]	*xx* 方向应力分量
stress-xy ***f*** [关键字块]	*xy* 方向应力分量
stress-xz ***f*** [关键字块]	*xz* 方向应力分量
stress-yy ***f*** [关键字块]	*yy* 方向应力分量
stress-yz ***f*** [关键字块]	*yz* 方向应力分量
stress-zz ***f*** [关键字块]	*zz* 方向应力分量

（续）

ZONE 关键字	说　明
关键字块：	
add	原值加上指定值
gradient **v** [origin $\boldsymbol{v}_0$]	以指定值为基数，以 $\boldsymbol{v}_0$ 为参照点 **v** 为梯度渐变
multiply	原值乘以指定值
vary **v**	渐变到终值 **v**
initialize-stresses 关键字 [rang...]	基于单元体密度或重力初始化其单元体应力
direction-x **v**	若 ratio 关键字指定了两个参数，则该关键字指定局部坐标的 *x* 的方向，*y* 轴则根据 *x* 轴和重力方向进行正交确定，也许会调节 *x* 方向使其法向与重力方向一致，默认值为（1,0,0）
overburden ***f***	假定模型的上部为人工边界，则指定计算中增加覆土应力。默认值为 0.0。记住压应力是负的
total	通常情况下，水平与垂直应力比施加于有效应力。使用此关键字使其施加于总应力。除非产生一个非零的孔隙压力场，否则没有效果
ratio ***f*** [f_y]	确定水平与垂直应力比。若指定 f_y，则局部 *x* 和 *y* 方向有不同的应力比
interface ***s*** create 关键字	创建分界面 ***s***，及其节点和单元，据示例知，也可用整型数替代 ***s***。有两种用于创建分界面的技术。第一种是导出分界面或使用 by-face 关键字从单元体面范围内导出分界面；第二种是指定三个点定义一个三角形的分界面单元
by-face [separate [关键字]] [rang...]	指定范围内的所有单元体表面上创建分界面单元，若表面上已存在分界面单元则会发生错误；若指定范围内只有单元体的公共面，但无真正的实体网格表面，则要么用 zone separate 命令分离出内部实体网格面，要么指定可选项 Separate 来自动生成内部网格面，并把分界面单元放置其一侧
new-side-origin **v**	指定分界面放置在分离出内部网格面的哪一侧，选择 **v** 方向一侧
clear-attach	清除任何绑定条件。默认时，存在绑定条件会导致错误
element point ***i*** 关键字	通过指定三个点来创建三角形分界面单元
node ***i***	分界面节点 ID 号
position **v**	位置 **v** 创建新分界面节点
node **v**	在位置 **v** 创建一独立的分界面节点
interface ***s*** effective ***b***	有效应力用于分界面计算开关，默认时为 on
interface ***s*** element 关键字 [rang...]	管理分界面单元
delete	删除分界面 ***s*** 在范围内所有的分界面单元
extra ***i*** ***a*** [关键字块]	为分界面附加变量数组索引 ***i*** 设置变量值 ***a***
list 关键字	列表信息
extra ***i***	显示附加变量数组索引 ***i*** 的变量值
information	显示范围内所有分界面单元的节点、面积和法向
maximum-edge ***f***	设置范围内所有分界面单元的边长最大值为 ***f***，分界面被细分成小于 ***f*** 值，默认时，4 边形单元体面构成两个三角形分界面单元
关键字块：	

（续）

ZONE 关键字	说　明
add	原值加上指定值
gradient **v** [origin $\boldsymbol{v}_0$]	以指定值为基数，以$\boldsymbol{v}_0$为参照点**v**为梯度渐变
multiply	原值乘以指定值
vary **v**	渐变到终值**v**
interface *s* list information	分界面信息总览
interface *s* node 关键字 [rang...]	设置分界面节点
displacement-shear **v**	重置节点的切向位移向量为**v**
displacement-small *f*	特定的分界面*s*存储位移可能乘以系数*f*，通常该系数为0，从而恢复包括分界面接口主机虚拟位置到它们的原始位置，然而，有可能给*f*非零值，以模拟两个接触对象之间的初始缺乏配合
extra *i a* [关键字块]	为分界面附加变量数组索引*i*设置变量值*a*
history [name s_n] 关键字	创建分界面*s*采样记录变量，若指定name，则可供以后参考引用，否则，自动分配ID号
displacement-normal	法向位移
displacement-shear	切向位移
stress-normal	法向应力（压为正）
stress-shear	切向应力
initialize-stresses	初始化范围内的所有分界面节点的法向、切向力，并与表面接触。力的大小由节点的目标面上的牵引力决定。意味着，单元体应力初始化时，分界面力可以被初始化为大致兼容，从而减少循环量以达到初始平衡
list 关键字	显示范围内节点信息
displacement	节点的累积位移、切向位移和小应变位移
extra *i*	附加变量数组索引*i*的值
host	主单元体面和加权值
information	位置、法向、有效面积和接触容差信息
property	显示节点属性
bonded-slip	允许滑移开关，默认为off
cohesion	黏结力强度
cohesion-residual	残余黏结强度，若其≥0，则为摩擦切向屈服后
dilation	剪胀角
friction	内摩擦角
friction-residual	残余内摩擦角，若其≥0，则为摩擦切向屈服后
shear-bond-ratio	切向黏结强度与法向抗拉强度之比
stiffness-normal	法向刚度
stiffness-shear	切向刚度
tension	法向抗拉强度
tension-residual	法向残余抗拉强度，若其≥0，则为摩擦切向屈服后

（续）

ZONE 关键字	说　明
state	分界面节点状态
stress	切向、法向应力及切向、法向应力方向
target	目标面信息
velocity	节点速度
stress-shear ***v*** [关键字块]	设置范围内所有分界面节点的切向应力增量***v***
stress-normal-increment ***f*** [关键字块]	设置范围内所有分界面节点的法向应力增量***f***
property 关键字...	设置节点属性
cohesion ***f*** [关键字块]	黏结力强度
friction ***f*** [关键字块]	内摩擦角
stiffness-normal ***f*** [关键字块]	法向刚度
stiffness- shear ***f*** [关键字块]	切向刚度
cohesion-residual ***f*** [关键字块]	残余黏结强度
friction-residual ***f*** [关键字块]	残余内摩擦角
tension-residual ***f*** [关键字块]	法向残余抗拉强度
tension ***f*** [关键字块]	法向抗拉强度
bonded-slip ***b***	允许滑移开关，默认为 off
shear-bond-ratio ***f*** [关键字块]	切向黏结强度与法向抗拉强度之比，默认为 100
update ***b*** [rang...]	分界面移动后搜索新接触开关，不管位移的大小如何，都保持相同的接触。谨慎使用，因为如果位移大，会导致身体不现实的物理行为。默认为 on，允许法向搜索新的和中断的接触
关键字块：	
add	原值加上指定值
gradient ***v*** [origin $\boldsymbol{v}_0$]	以指定值为基数，以$\boldsymbol{v}_0$为参照点***v*** 为梯度渐变
multiply	原值乘以指定值
vary ***v***	渐变到终值***v***
interface ***s*** permeability ***b***	分界面渗透性开关，默认为 on，若使用了 element maximum-edge 命令，则分界面变得不可渗透，且不能被渗透
interface ***s*** tolerance-contact ***f*** 关键字 [rang...]	设置接触容差为***f***，检测最大渗透深度。若两个主体之间存在较大的初始重叠，则可以使用该参数来强制接触检测，谨慎使用，因为大的几何重叠可能是物理上不现实的。用 list information 命令显示接触公差信息
add	原值加上指定值
gradient ***v*** [origin $\boldsymbol{v}_0$]	以指定值为基数，以$\boldsymbol{v}_0$为参照点***v*** 为梯度渐变
multiply	原值乘以指定值
vary ***v***	渐变到终值***v***

（续）

ZONE 关键字	说 明
list [关键字] [rang...]	显示单元体数据信息
density	单元体密度
extra *i*	单元体附加变量数组索引号 *i* 值
fluid-density	流体密度
gridpoint	关联单元体的格点 ID 号
group [slot *s*]	格点组名，若指定 slot，则仅门类 *s* 的组
hysteretic	指定的滞后阻尼及参数值
information	单元体信息：类型、本构模型、密度、体积、质心等
join	单元体连接
mechanical	静力计算常规信息
pore-pressure	单元体孔隙压力（格点平均）
principal 关键字	列出各主应力张量
effective	有效主应力
total	总主应力
profile 关键字	显示单元体字段变量空间直线点值
acceleration [关键字块]	格点加速度（仅动力分析）
acceleration-x [关键字块]	格点 *x* 方向加速度（仅动力分析）
acceleration-y [关键字块]	格点 *y* 方向加速度（仅动力分析）
acceleration-z [关键字块]	格点 *z* 方向加速度（仅动力分析）
condition [关键字块]	单元体开关好坏评估
deensity [关键字块]	单元体密度
displacement [关键字块]	格点位移
displacement-x [关键字块]	格点 *x* 方向位移
displacement-y [关键字块]	格点 *y* 方向位移
displacement-z [关键字块]	格点 *z* 方向位移
extra [关键字块]	附加变量值
pore-pressure [关键字块]	单元体平均孔隙压力，若要格点压力，则用 source 指定
property [关键字块]	由 name 指定的一个静力模型材料属性参数值
property-fluid [关键字块]	由 name 指定的一个流力模型材料属性参数值
property-thermal [关键字块]	由 name 指定的一个热力模型材料属性参数值
ratio-local [关键字块]	格点局部不平衡力比
saturation [关键字块]	格点饱和度
strain-increment [关键字块]	单元体应变增量张量，由当前位移场决定，可以用 quantity 指定具体标量值
strain-rate [关键字块]	单元体应变率张量，由当前速度场决定，可以用 quantity 指定具体标量值
stress [关键字块]	单元体应力张量，由加权平均子单元体应力确定，可以用 quantity 指定具体标量值
stress-effective [关键字块]	单元体有效应力张量，由加权平均子单元体应力减去单元体平均孔隙压力确定，可以用 quantity 指定具体标量值

（续）

ZONE 关键字	说 明
stress-strength-ratio [关键字块]	当前应力与破坏面之比，由当前单元体本构模型确定，不是所有的本构模型都支持这种计算，若不支持，则返回值是 10，通常返回值最大为 10
temperature [关键字块]	格点温度，可用 source 指定单元体替代
timestep-dynamic [关键字块]	特定格点局部临界动力时步
unbalanced-force [关键字块]	格点不平衡力
unbalanced-force-x [关键字块]	格点 x 方向不平衡力
unbalanced-force-y [关键字块]	格点 y 方向不平衡力
unbalanced-force-z [关键字块]	格点 z 方向不平衡力
velocity [关键字块]	格点速度
velocity-x [关键字块]	格点 x 方向速度
velocity-y [关键字块]	格点 y 方向速度
velocity-z [关键字块]	格点 z 方向速度
property ***s***	单元体模型材料属性参数名 ***s*** 的值
state 关键字	塑性状态
any	列出任何四面体子带中所有可塑状态标志的并集
average	列出 50% 的四面体子区域处于可塑状态标志的并集
strain	列出切应变率、切应变增量、体积应变率和体积应变增量
strain-increment	单元体应变增量张量，由当前位移场决定
strain-rate	单元体应变率张量，由当前速度场决定
stress	单元体应力张量
stress-effective	单元体有效应力张量
summary	模型空间状态摘要
tetrahedra 关键字	列出每个单元体子四面体值
gridpoint	每子四面体 4 格点
information	每子四面体体积和质心
principal	每子四面体当前主应力及方向
principal-effective	每子四面体当前有效应力及方向
stress	每子四面体当前应力张量
stress-effective	每子四面体当前有效应力张量
关键字块：	
begin ***v***	指定轮廓线的始点坐标
component 关键字	检索向量类型值的分量，若不是向量类型，则忽略
x	x 方向分量
y	y 方向分量
z	z 方向分量
magnitude	向量大小
end ***v***	指定轮廓线的终点坐标
index ***i***	指定索引位置，默认为 1

（续）

ZONE 关键字	说　明
gravity *b*	若为 on，则重力被包含在返回的施加力中，默认为 off
gridpointid *i*	通过格点 ID 号来指定采样记录的位置
log *b*	指定返回值为源值的以 10 为底的对数值，默认为 off
method 关键字	指定基于单元体空间任意的计算方法
constant	假定单元体内全部一样，为常数，默认项。若为格点或单元体的边，则选择相邻单元体
average	取格点周边相连单元体的体积加权平均值
inverse-distance-weight 关键字	距离幂次反比法（克里金法），位置点附近最多 32 个单元体的加权平均值
power *f*	设置距离幂指数值，默认为 3.0
radius-ratio *f*	指定考虑附近单元体范围的半径比，一般 0 ~ 1.0，默认为 0.75
polynomial [tolerance *f*]	基于位置点的多项式函数拟合曲线，检测并移除退化的自由度，选项 tolerance 设置退化值，默认为 1×10^{-7}
name *s*	指定材料属性参数名称
null [关键字]	指定忽略的空材料的单元体
fluid *b*	若为 on，则忽略空流力材料模型
mechanical *b*	默认为 on，忽略空静力材料模型
thermal *b*	若为 on，则忽略空热力材料模型
position *v*	指定空间位置，必须是在单元体内
quantity 关键字	指定从相应张量中检索的标量值，若不是张量则忽略
intermediate	中间主应力
maximum	最大主应力，拉为正
mean	平均压力，轨迹张量则除以 3
minimum	最小主应力，压为负
norm	应变率范数
octahedral	八面体应力
shear-maximum	最大切应力
total-measure	主空间中张量点与原点的距离
volumetric	体积的变化轨迹
von-mises	Von. Mises 准则
xx	*xx* 方向分量
xy	*xy* 方向分量
xz	*xz* 方向分量
yy	*yy* 方向分量
yz	*yz* 方向分量
zz	*zz* 方向分量
segments *i*	指定轮廓直线从始点到终点的点数为 *i*
source [关键字]	指定查询对象，默认为格点

（续）

ZONE 关键字	说　明
gridpoint	格点，默认
zone	单元体
stress *b*	若为 on，则传入 quantity 的张量认为是应力
type 关键字	假定值的类型。某些情况下值的类型（标量、向量或张量）不一定提前确定，如附加变量就可保存这三种类型的值，允许假定值类型，若原值不匹配，返回 0.0
scalar	浮点标量类型，默认
vector	向量类型
tensor	张量类型
zoneid *i*	指定单元体 ID 号
mechanical 关键字	对特定单元体设置静力分析参数
active *b*	设置静力计算开关，默认为 on，若仅热力计算或流体计算时，则可 off
damping 关键字 [rang...]	设置阻尼方案，默认为 local
combined [*f*]	联合阻尼方案，默认为 0.8
local [*f*] [alternate]	局部阻尼方案，默认为 0.8，若指定 alternate，则对小变化不敏感
energy 关键字	允许计算弹性应变能和塑性耗能
active *b*	计算开关
clear [rang...]	对能量值清零
nodal-mixed-discretization *b*	激活格点混合离散特色开关，若为 on，则计算四面体应力计算将采用格点混合离散算法，若为 off，则用普通混合离散方法
property s_1 a_1 [s_2 a_2 ...] [rang...]	设置本构模型材料属性参数值，指定属性参数名 s_1 的值为 a_1，可同时设置多个属性参数的值。有关材料属性参数名及数据类型可参见表 8-1 ~ 表 8-29
property-distribution *s* f_{value} 关键字 [rang...]	修改本构模型指定材料属性参数名 *s* 的值为 f_{value}，只能修改一个浮点数据类型属性参数值
deviation-gaussian *f*	以 *f* 为均方差、f_{value} 为平均数高斯正态分布材料属性参数 *s*
deviation-uniform *f*	以 *f* 为均方差、f_{value} 为平均数均匀分布材料属性参数 *s*
gradient $\boldsymbol{v}_1$ [origin $\boldsymbol{v}_2$]	赋值材料属性参数 *s* 值 = f_{value} + 梯度 $\boldsymbol{v}_1$ 渐变值，参见 3.3.3 节
add	在材料属性参数 *s* 的原有值上再加 f_{value} 值，参见 3.3.3 节
multiply	在材料属性参数 *s* 的原有值上乘以 f_{value} 值，参见 3.3.3 节
vary $\boldsymbol{v}$	赋值材料属性参数 *s* 值 = f_{value} + 渐变到 $\boldsymbol{v}$ 终值，参见 3.3.3 节
ratio 关键字	指定求解时力比的计算方式
average	平均力比，所有格点不平衡力的总量与施加到格点静力的总量之比，确保大部分单元体保持平衡，默认
local	局部力比，总的不平衡力与施加到格点静力的总量之比，确保每个局部不平衡力小于每一个格点局部力的平均值
maximum	最大力比，最大不平衡力与所有格点的平均总力之比，确保所有不平衡力低于一特定值
reflect 关键字 [rang...]	创建范围内的单元体以指定平面的镜像副本

（续）

ZONE 关键字	说 明
dip-direction *f*	指定镜像平面倾向为*f*。定义为全局 *xy* 平面内从正 *y* 轴开始与镜像平面法向量的投影顺时针夹角，默认为0.0°
dip *f*	指定镜像平面倾角为*f*。定义为全局 *xy* 平面在负 *z* 轴方向上测量的镜像平面倾角，默认为0.0°
normal *v*	指定镜像平面的法向量*v*
origin *v*	指定镜像平面的任一点坐标为*v*
merge *b*	融合开关，若为off，则新创建单元体副本格点不会自动与新位置已有现存单元体格点融合。默认为on
relax 关键字	创建或修改范围内单元体专门的开挖条件。它是通过逐渐减小单元体的刚度、应力和密度来开挖材料的，以替代因直接null材料在求解过程中的虚假惯性效应对被挖周边单元体造成不切实际的破坏。这些量是通过随时间从1.0变化到0.0的折减系数而系统地减少，当折减系数为0.0时，则认为已移除了单元体或已开挖。随时间变化的折减系数曲线由用户控制，默认由当前的静力力比ratio伺服控制
delete *s*	查找先前创建折减系数条件的标识名*s*，并移除他
excavate [关键字] [rang...]	创建和初始化渐变开挖条件
fish *s*	指定一个FISH函数*s*作为渐变开挖过程中输出的折减系数，函数*s*始时返回1.0，终时返回0.0。若指定此项，则停止使用默认的伺服控制值
fish-local *s*	指定一个FISH函数*s*作为渐变开挖过程中输出的折减系数，对每个渐变开挖的单元体单独调用此函数。若指定此项，则停止使用默认的伺服控制值。函数假定带两参数调用，第一个参数指向单元体指针，第二个参数暂未用
minimum *f*	允许指定最小折减系数，介于0.0~1.0，默认为0.0
name *s*	对渐变开挖条件分配标识名为*s*，若不指定，则根据内部顺序自动创建ID号
servo-bound *f*	指定伺服阀值，若当前的静力力比ratio小于*f*值，则按伺服增量减小折减系数，默认为1×10^{-3}
servo-increment *f*	指定伺服增量值，若当前的静力力比ratio小于伺服阀值，则用*f*值减小折减系数，一般为1.0~0.0，默认为0.005
step *i*	若为正值，则忽略任何FISH函数、表或伺服参数，折减系数通过*i*次时步直接从1.0线性地减少到0.0
table *s* [time 关键字]	若指定，则折减系数由表*s*给出，每步都执行1次查找。默认时，表*s*中的*x*值是累积的静力时间，对于纯静力分析，静力时间与时步数相同
step	用总循环计数
mechanical	用累积静力时间，默认
fluid	用累积流动时间
thermal	用累积热力时间
creep	用累积蠕变时间
dynamic	用累积动力时间
list	显示渐变开挖条件，包括标识名和各项设置
modify *s* 关键字	查找渐变开挖条件标识名*s*，修改其设置

（续）

ZONE 关键字	说 明
fish *s*	修改或指定一个 FISH 函数 *s* 作为渐变开挖过程中输出的折减系数，函数 *s* 始时返回 1.0，终时返回 0.0。若指定此项，则停止使用默认的伺服控制值
fish-local *s*	修改或指定一个 FISH 函数 *s* 作为渐变开挖过程中输出的折减系数，对每个渐变开挖的单元体单独调用此函数。若指定此项，则停止使用默认的伺服控制值。函数假定带两参数调用，第一个参数指向单元体指针，第二个参数暂未用
name *s*	修改标识名为 *s*
servo-bound *f*	修改伺服阀值
servo-increment *f*	修改伺服增量值
step *i*	折减系数通过 *i* 次时步直接从 1.0 线性地减少到 0.0
table *s* [time 关键字]	若指定，则折减系数由表 *s* 给出，每步都执行 1 次查找。默认时，表 *s* 中的 *x* 值是累积的静力时间，对于纯静力分析，静力时间与时步数相同
step	用总循环计数
mechanical	用累积静力时间，默认
fluid	用累积流动时间
thermal	用累积热力时间
creep	用累积蠕变时间
dynamic	用累积动力时间
results	控制导出的结果文件中是否保存单元体或单元体何值保存
active *b*	单元体任意值开关
attach *b*	单元体绑定信息导出开关
displacements *b*	格点位移向量导出开关
extra *b*	所有单元体、格点的附加变量导出开关
forces *b*	格点不平衡力（含最终局部力比）导出开关
groups *b*	单元体、面和格点分组信息导出开关
interfaces *b*	所有交界面信息导出开关
model-fluid *b*	所有流体本构模型信息导出开关
model-mechanical *b*	所有静力本构模型信息导出开关
model-thermal *b*	所有热力本构模型信息导出开关
pore-pressure *b*	格点孔隙力值导出开关
saturation *b*	格点饱和值导出开关
stresses *b*	单元体平均应力导出开关
temperatures *b*	格点温度导出开关
velocities *b*	格点速度向量导出开关
water *b*	所有地下水位信息导出开关
select [关键字] [rang...]	选或不选范围内单元体
b	on = 选择，默认；off = 不选择
new	意味 on，选择范围内的单元体，自动取消不在范围内的单元体
undo	撤销上次操作，默认可撤销 12 次

（续）

ZONE 关键字	说　明
separate 关键字 [rang...]	从指定的范围内分离出内部面，并拷贝而创建对应面和格点
by-face 关键字...	试图分离范围内的所有内部面
clear-attach	默认，删除受影响的绑定条件
new-side 关键字	
origin ***v***	指定一空间位置***v***用于确定内部面的哪边分配组名。方法从点指向内部面开心的反向边。默认为（0,0,0）
group s_1 [slot s_2]	为新建内部面分配名称为s_1的组，若给出 slot，则组s_1在门类s_2下，默认门类名为 default
split [关键字] [rang...]	拆分范围内单元体为多个六面单元体。四面单元体将拆分成 4 个六面单元体，五面单元体将拆分成 6 个六面单元体，六面单元体将拆分成 8 个较小的六面单元体
exclude-quadrilateral	排除六面单元体拆分，导致五面单元体拆分成 3 个六面单元体
merge ***b***	融合开关，默认为 on
thermal 关键字	设置热力分析参数
active ***b***	热力计算开关，默认随 model configure thermal 命令而 on，一般不需指定
cmodel 关键字 [rang...]	将热力本构模型指定范围内的单元体，可查询本构模型的属性和状态
assign 关键字	指定热力本构模型。只要在模型配置为热力计算后，才能给出此关键字（参见 model configure thermal 命令）
advection-conduction	指定对流传导模型
anisotropic	指定热力横向同性模型
hydration	指定热力水合物模型
isotropic	指定热力各向同性模型
null	指定热力空模型
list	列出可用热力本构模型及属性参数
implicit ***b***	隐式解开关，默认为 off
list 关键字	
information	列出热力设置一般信息
property ***s*** [rang...]	列出匹配材料属性参数名 ***s*** 的所有值
property s_1 a_1 [s_2 a_2 ...] [rang...]	设置热力本构模型材料属性参数值，指定属性参数名s_1的值为a_1，可同时设置多个属性参数的值。有关材料属性参数名及数据类型可参见 FLAC 3D 用户手册的热力分析部分
property-distribution ***s*** ***a*** 关键字 [rang...]	指定或修改单一的属性参数值，***s*** 为属性参数名，***a*** 为任何类型值。下面选项可能使值在空间上发生变化
add	原属性参数值增加 ***a***，仅用于浮点类型值
deviation-gaussian ***f***	高斯随机分布分配值，平均值为 ***a***，标准偏差为 ***f***，仅用于浮点类型值
deviation-uniform ***f***	均匀随机分布分配值，平均值为 ***a***，标准偏差为 ***f***，仅用于浮点类型值
gradient ***v*** [origin v_0]	以指定值 ***a*** 为基数，以v_0为参照点***v***为梯度渐变，仅用于浮点类型值
multiply	原属性参数值乘以 ***a***
vary ***v***	渐变到终值***v***，仅用于浮点类型值

（续）

ZONE 关键字	说 明
time-total *f*	累积热力时间。可重置为任何值，并继续累积
zone-based-temperature *b*	基于单元体的温度开关。通常，计算格点温度且存储于格点，单元体温度是格点的平均值。若此选项为 on，则单元体温度存储于单元体中，但忽略格点温度
track 关键字	单元体位置和速度轨迹，可以在模型运行期间对单元体位置和速度进行采样和存储，并可视化路径，一次只能创建一个轨迹
zoneid *i*	增加单元体 ID 号为 *i* 的质心轨迹
gridpointid *i*	增加格点 ID 号为 *i* 的位置轨迹
position *i*	增加空间位置***v***的位置轨迹
validate 关键字	对模型设置中常见错误或遗漏进行校验
group s_1 [slot s_2]	为无约束格点的表面指定组名 s_1，默认组名为 unconstrained，若指定选项 slot，则组 s_1 归属于门类 s_2，默认门类名为 validate
vector *b*	向量删除开关，若为 on，将删除所有用户定义的向量数据，并用格点的位置与方向填充它。默认为 off
surface *b*	面移除开关，若为 on，将通过查看无约束方向上是否存在单元体来确定该方向是否表示内部开挖或外部开挖，如果没有发现单元体，则假定无约束方向表示故意的自由表面，且被移除。默认为 on
water 关键字	初始化孔隙压力，改变有效应力
density *f* 关键字 [rang...]	指定水密度 *f*，将重新计算范围内所有格点的初始化孔隙压力
effective	若指定此关键字，则将调整范围内单元体的总应力，以保持有效应力恒定。有效应力 = 总应力 + 孔隙压力
skip-assignment	若指定此关键字，则计算孔隙压力值，并不分配到格点上，保留更改值直到下次 zone water 命令
list	列出当前地下水位设置。包括假定水密度、使用的几何集及上次指定的地下水位面
set *s* 关键字 [rang...]	指定用于确定地下水位面的几何集 *s*
effective	若指定此关键字，则将调整范围内单元体的总应力，以保持有效应力恒定。有效应力 = 总应力 + 孔隙压力
skip-assignment	若指定此关键字，则计算孔隙压力值，并不分配到格点上，保留更改值直到下次 zone water 命令
plane 关键字 [rang...]	指定地下水位平面
effective	若指定此关键字，则将调整范围内单元体的总应力，以保持有效应力恒定。有效应力 = 总应力 + 孔隙压力
normal ***v***	指定地下水位平面的法向量***v***
originl ***v***	指定地下水位平面的任一点坐标为***v***
skip-assignment	若指定此关键字，则计算孔隙压力值，并不分配到格点上，保留更改值直到下次 zone water 命令

附录 B　FISH 内建函数

函　数	说　明

数组实用函数（Array Utilities）

$\boldsymbol{v}$ = array.command($\boldsymbol{a}$) ‖ 得到一维数组元数、转换成字符串，按 FLAC 3D 命令执行

返回值	$\boldsymbol{v}$	无返回值
参数	$\boldsymbol{a}$	数组指针

$\boldsymbol{a}$ = array.convert（$\boldsymbol{v}$） ‖ 将矩阵或张量转换成数组

返回值	$\boldsymbol{a}$	数组指针
参数	$\boldsymbol{v}$	矩阵或张量指针

$\boldsymbol{a}_r$ = array.copy($\boldsymbol{a}$) ‖ 复制数组

返回值	$\boldsymbol{a}_r$	新数组指针
参数	$\boldsymbol{a}$	被复制数组指针

$\boldsymbol{a}$ = array.create（$\boldsymbol{i}$ [, ...]） ‖ 创建数组

返回值	$\boldsymbol{a}$	数组指针
参数	$\boldsymbol{i}$	几个 $\boldsymbol{i}$ 就是几维数组，具体的 $\boldsymbol{i}$ 值表示那维的元数数量，如（3,4）表示二维数组，第一维 3 个元数，第二维 4 个元数

$\boldsymbol{v}$ = array.delete($\boldsymbol{a}$) ‖ 删除数组

返回值	$\boldsymbol{v}$	无返回值
参数	$\boldsymbol{a}$	数组指针

$\boldsymbol{i}$ = array.dim($\boldsymbol{a}$) ‖ 获得数组维数

返回值	$\boldsymbol{i}$	数组维数
参数	$\boldsymbol{a}$	数组指针

$\boldsymbol{i}_r$ = array.size（$\boldsymbol{a}$, $\boldsymbol{i}$） ‖ 获得数组指定维的元数个数

返回值	$\boldsymbol{i}_r$	数组指定维的元数个数
参数	$\boldsymbol{a}$	数组指针
	$\boldsymbol{i}$	指定数组维，如（3，4），若 $\boldsymbol{i}$ =1，则返回 3，若 $\boldsymbol{i}$ =2，则返回 4

文件实用函数（File Utilities）

$\boldsymbol{v}$ = file.close（[$\boldsymbol{f}$]） ‖ 关闭文件。若没有提供参数，则关闭最近打开的文件

返回值	$\boldsymbol{v}$	无返回值
参数	$\boldsymbol{f}$	文件指针

$\boldsymbol{i}$ = file.open($\boldsymbol{s}$, $\boldsymbol{i}_{rw}$, $\boldsymbol{i}_m$) ‖ 打开一个文件用于读/写

返回值	$\boldsymbol{i}$	打开文件状态。0—文件成功打开；1—$\boldsymbol{s}$ 不是字符串；2—$\boldsymbol{s}$ 是一个空字符串；3—$\boldsymbol{i}_{rw}$ 或 $\boldsymbol{i}_m$ 不是整数；4—坏 $\boldsymbol{i}_m$（不是 0 或 1）；5—坏 $\boldsymbol{i}_{rw}$（不是 0 或 1）；6—无法打开文件阅读；7—文件已经打开；8—不是 FISH 模式文件
参数	$\boldsymbol{s}$	文件名
	$\boldsymbol{i}_{rw}$	0—读访问，文件必须存在；1—写访问，文件将覆盖写；2—写访问，文件将被追加
	$\boldsymbol{i}_m$	0—FISH 模式，读取/写入 FISH 变量。1—ASCⅡ模式；2—二进制模式

（续）

函　数		说　明
f = file. open(s, i_{rw}, i_m) ‖ 打开一个文件用于读/写		
返回值	f	文件指针
参数	s	文件名
	i_{rw}	0—读访问，文件必须存在；1—写访问，文件将覆盖写；2—写访问，文件将被追加
	i_m	0—FISH 模式，读取/写入 FISH 变量；1—ASCⅡ模式；2—二进制模式
i = file. pos （[f]） ‖ 获取文件当前位置 file. pos([f]) = i ‖ 设置文件当前位置		
返回值	i	文件当前位置
赋值	i	文件当前位置
参数	f	文件指针，若不指定，则使用最近打开的文件
i = file. read （a, i_1 [, f] [, i_2] [, i_3]） ‖ 读取文件内容		
返回值	i	读取状态。0—无错误；-1—读取错误；n—若是正值，则表示读取 n 行后遇到文件末尾
参数	a	数组指针或字符串。若只给出 2 或 3 个参数，则为数组指针，数组由读取内容填充；若给出 4 或 5 个参数，则为指定读取文件名的字符串
	i_1	若只给出 2 或 3 个参数，则此 i 指定读取的记录数；若给出 4 或 5 个参数，则此 i 指定读取模式（0—FISH，1—ASCⅡ，2—二进制）
	f	文件指针或数组指针。若只给出 3 个参数，则必定是被读文件指针；若给出 4 或 5 个参数，则为数组指针，数组由读取内容填充
	i_2	指定要读取的记录数
	i_3	从文件开始读取数据的起始位置，以字节为单位
i = file. write(a, i_1 [, f] [, i_2] [, i_3]) ‖ 将数据写入文件		
返回值	i	写入状态。0—无错误；-1—写入错误；n—表示写入第 n 个元素不是字符串，仅 n-1 行写入
参数	a	数组指针或字符串。若只给出 2 或 3 个参数，则为数组指针，数组内容写入到文件；若给出 4 或 5 个参数，则为指定写入文件名的字符串
	i_1	若只给出 2 或 3 个参数，则此 i 指定写入的记录数；若给出 4 或 5 个参数，则此 i 指定写入模式（0—FISH，1—ASCⅡ，2—二进制）
	f	文件指针或数组指针。若只给出 3 个参数，则必定是被写入文件指针；若给出 4 或 5 个参数，则为数组指针，数组有写入的数据
	i_2	指定要写入的记录数
	i_3	从文件开始写入数据的位置，以字节为单位
全局实用函数（Global Utilities）		
i = global. cycle ‖ 获得总循环/时步数		
返回值	i	总循环/时步数，与 global. step 相同
b = global. deterministic ‖ 获得确定性模式 global. deterministic = b ‖ 设置确定性模式		
返回值	b	确定性模式。若为 true，每次均能得到相同值的解，但性能降低 20%；若为 false，每次求解的值不同，但都满足指定的精度
赋值	b	确定性模式
i = global. dim ‖ 获得程序的维度数		

（续）

函　数		说　明
返回值	*i*	程序的维度数
f = global.fos ‖ 获得全局安全系数		
返回值	*f*	全局安全系数
v = global.gravity（[*i*]）‖ 获得重力加速度 global.gravity（[*i*]）= ***v*** ‖ 设置重力加速度		
返回值	***v***	重力加速度向量或分量
赋值	***v***	重力加速度向量或分量
参数	*i*	指定分量，$i \in \{1,2,3\}$
f = global.gravity.x( ) ‖ 获得重力加速度 *x* 方向分量 global.gravity.x( ) = *f* ‖ 设置重力加速度 *x* 方向分量		
返回值	*f*	重力加速度 *x* 方向分量
赋值	*f*	重力加速度 *x* 方向分量
f = global.gravity.y( ) ‖ 获得重力加速度 *y* 方向分量 global.gravity.y( ) = *f* ‖ 设置重力加速度 *y* 方向分量		
返回值	*f*	重力加速度 *y* 方向分量
赋值	*f*	重力加速度 *y* 方向分量
f = global.gravity.z( ) ‖ 获得重力加速度 *z* 方向分量 global.gravity.z( ) = *f* ‖ 设置重力加速度 *z* 方向分量		
返回值	*f*	重力加速度 *z* 方向分量
赋值	*f*	重力加速度 *z* 方向分量
i = global.step ‖ 获得总循环/时步数		
返回值	*i*	总循环/时步数，与 global.cycle 相同
i = global.threads ‖ 获得计算过程中使用的线程数 global.threads = *i* ‖ 得到计算过程中使用的线程数		
返回值	*i*	线程数
赋值	*i*	线程数
f = global.timestep ‖ 获得时步长，所有进程最小时步长		
返回值	*f*	所有进程最小时步长
输入输出实用函数（IO Utilities）		
s = io.dialog.in(s_1[, s_2]) ‖ 在弹出对话框中输入字符串		
返回值	***s***	用户响应的字符串
参数	s_1	对话框中提示信息
	s_2	默认响应的字符串
i = io.dialog.message(s_1, s_2, i_t) ‖ 弹出定制消息对话框		
返回值	*i*	选择的按钮，据按钮设置顺序，依次为 0，1，2
参数	s_1	对话框标题
	s_2	对话框消息
	i_t	按钮设置。0—Abort，Retry，Ignore；1—OK；2—OK，Cancel；3—Retry，Cancel；4—Yes，No；5—Yes，No，Cancel

（续）

函数			说明
a = io.in (s) ‖ 从控制台获取输入			
	返回值	a	整数、浮点数或字符串，根据用户输入，首先解释整数，若不行，则解释浮点数，还不行，则以用户输入为字符串
	参数	s	提示字符
a = io.input (s) ‖ 从当前输入源获取输入			
	返回值	a	整数、浮点数或字符串，类似于 io.in( )函数，若当前输入源为数据文件，则读取文件的下一行文本，根据输入，首先解释整数，若不行，则解释浮点数，还不行，则以用户输入为字符串
	参数	s	提示字符
v = io.out(a) ‖ 输出字符串			
	返回值	v	无返回值
	参数	a	输出文本，若不是字符串，则转换后输出
Map 实用函数（Map Utilities）			
m = map(k,a[,...]) ‖ 创建集合			
	返回值	m	集合，可用循环语句 loop foreach 遍历整个集合
	参数	k	键数字或字符串
		a	键 k 的关联值
b = map.add(m,k,a) ‖ 增加键值到集合			
	返回值	b	成功布尔值
	参数	k	键数字或字符串，若与原有键重复，则替代
		a	键 k 的关联值
b = map.has(m,k) ‖ 查询指定键的关联值			
	返回值	b	成功布尔值
	参数	m	集合
		k	查询键，数字或字符串
m_r = map.keys(m) ‖ 获得指定集合的键集			
	返回值	m_r	m 的键集合
	参数	m	指定集合
a = map.remove(m,k) ‖ 从集合中移除指定的键及关联值			
	返回值	a	移除键 k 的关联值
	参数	m	指定集合
		k	指定键
a = map.size(m) ‖ 获得集合大小			
	返回值	a	集合大小，集合中键与关联值的成对的数量
	参数	m	指定集合
a = map.value(m,k) ‖ 获得指定键的关联值			
	返回值	a	键 k 的关联值
	参数	m	指定集合
		k	指定键

（续）

函　数			说　明
数学实用函数（Math Utilities）			
$\boldsymbol{v}_r$ = math.angle.to.euler（$\boldsymbol{v}$）‖轴-角度转换欧拉角			
	返回值	$\boldsymbol{v}_r$	弧度表示欧拉角向量
	参数	$\boldsymbol{v}$	轴-角度向量
$\boldsymbol{n}_r$ = math.abs($\boldsymbol{n}$)‖绝对值			
	返回值	$\boldsymbol{n}_r$	$\boldsymbol{n}$绝对值
	参数	$\boldsymbol{n}$	数
f = math.acos($\boldsymbol{n}$)‖反余弦			
	返回值	f	$\boldsymbol{n}$反余弦值，弧度
	参数	$\boldsymbol{n}$	数
i_r = math.and(i_1,i_2)‖按位逻辑和			
	返回值	i_r	两整数按位逻辑和值
	参数	i_1	整数
		i_2	整数
f = math.asin($\boldsymbol{n}$)‖反正弦			
	返回值	f	$\boldsymbol{n}$反正弦值，弧度
	参数	$\boldsymbol{n}$	数
f = math.atan($\boldsymbol{n}$)‖反正切			
	返回值	f	$\boldsymbol{n}$反正切值，弧度
	参数	$\boldsymbol{n}$	数
f = math.atan2($\boldsymbol{n}_1$,$\boldsymbol{n}_2$)‖反正切2			
	返回值	f	$\boldsymbol{n}_1/\boldsymbol{n}_2$反正切值，弧度
	参数	$\boldsymbol{n}_1$	分子
		$\boldsymbol{n}_2$	分母
i = math.ceiling($\boldsymbol{n}$)‖向上取整			
	返回值	i	$\boldsymbol{n}$向上取整值
	参数	$\boldsymbol{n}$	数
$\boldsymbol{v}$ = math.closest.segment.point($\boldsymbol{v}_1$,$\boldsymbol{v}_2$,$\boldsymbol{v}_3$)‖点到线段上的最近点			
	返回值	$\boldsymbol{v}$	最近点坐标
	参数	$\boldsymbol{v}_1$	线段的第一端点坐标
		$\boldsymbol{v}_2$	线段的第二端点坐标
		$\boldsymbol{v}_3$	点坐标
$\boldsymbol{v}$ = math.closest.triangle.point($\boldsymbol{v}_1$,$\boldsymbol{v}_2$,$\boldsymbol{v}_3$,$\boldsymbol{v}_4$)‖点到三角形边上的最近点			
	返回值	$\boldsymbol{v}$	最近点坐标
	参数	$\boldsymbol{v}_1$	三角形第一顶点坐标
		$\boldsymbol{v}_2$	三角形第二顶点坐标
		$\boldsymbol{v}_3$	三角形第三顶点坐标
		$\boldsymbol{v}_4$	点坐标

（续）

函数		说明
f=math.cos（n）‖余弦		
返回值	f	n 的余弦值
参数	n	角度数，弧度
f=math.cosh(n)‖双曲余弦		
返回值	f	n 的双曲余弦值
参数	n	角度数，弧度
$\boldsymbol{v}$ =math.cross($\boldsymbol{v}_1$,$\boldsymbol{v}_2$)‖向量叉积		
返回值	$\boldsymbol{v}$	叉积
参数	$\boldsymbol{v}_1$	向量，与$\boldsymbol{v}_2$同维
	$\boldsymbol{v}_2$	向量，与$\boldsymbol{v}_1$同维
f=math.ddir.from.normal($\boldsymbol{v}$)‖平面的倾向		
返回值	f	法向量为$\boldsymbol{v}$平面的倾向（其实就是$\boldsymbol{v}$的方位角），弧度
参数	$\boldsymbol{v}$	平面法向量
f=math.dist.segment.point($\boldsymbol{v}_1$,$\boldsymbol{v}_2$,$\boldsymbol{v}_3$)‖点到线段的距离		
返回值	f	距离
参数	$\boldsymbol{v}_1$	线段的第一端点坐标
	$\boldsymbol{v}_2$	线段的第二端点坐标
	$\boldsymbol{v}_3$	点坐标
f=math.dist.segment.segment($\boldsymbol{v}_1$,$\boldsymbol{v}_2$,$\boldsymbol{v}_3$,$\boldsymbol{v}_4$)‖两线段的距离		
返回值	f	距离
参数	$\boldsymbol{v}_1$	第一线段的第一端点坐标
	$\boldsymbol{v}_2$	第一线段的第二端点坐标
	$\boldsymbol{v}_3$	第二线段的第一端点坐标
	$\boldsymbol{v}_4$	第二线段的第二端点坐标
f=math.dist.triangle.segment($\boldsymbol{v}_1$,$\boldsymbol{v}_2$,$\boldsymbol{v}_3$,$\boldsymbol{v}_4$,$\boldsymbol{v}_5$)‖三角形与线段之间的最短距离		
返回值	f	距离
参数	$\boldsymbol{v}_1$	三角形第一顶点坐标
	$\boldsymbol{v}_2$	三角形第二顶点坐标
	$\boldsymbol{v}_3$	三角形第三顶点坐标
	$\boldsymbol{v}_4$	线段第一端点坐标
	$\boldsymbol{v}_5$	线段第二端点坐标
f=math.dot($\boldsymbol{v}_1$,$\boldsymbol{v}_2$)‖向量点积		
返回值	f	点积
参数	$\boldsymbol{v}_1$	向量
	$\boldsymbol{v}_2$	向量
$\boldsymbol{v}_r$=math.euler.to.angle（$\boldsymbol{v}$）‖欧拉角转换轴-角度		
返回值	$\boldsymbol{v}_r$	轴-角度
参数	$\boldsymbol{v}$	欧拉角向量，弧度

（续）

函　数		说　明
f=math.exp(n) ‖ 自然指数		
返回值	f	自然指数值
参数	n	数
i=math.floor(n) ‖ 向下取整		
返回值	i	n 向下取整值
参数	n	数
f=math.ln(n) ‖ 自然对数		
返回值	f	自然对数，以欧拉数 e 为底
参数	n	数
f=math.log(n) ‖ 常用对数		
返回值	f	常用对数，以 10 为底
参数	n	数
i=math.lshift(i_1,i_2) ‖ 位左移		
返回值	i	位左移值
参数	i_1	被移数
	i_2	移的位数
f=math.mag($\boldsymbol{v}$) ‖ 向量大小		
返回值	f	向量大小或模
参数	$\boldsymbol{v}$	向量
f=math.mag2($\boldsymbol{v}$) ‖ 向量大小的平方		
返回值	f	向量大小或模的平方
参数	$\boldsymbol{v}$	向量
n_r=math.max（n_1，n_2 [，...]） ‖ 最大值		
返回值	n_r	最大值
参数	n_1	数
	n_2	数
n_r=math.min（n_1，n_2 [，...]） ‖ 最小值		
返回值	n_r	最小值
参数	n_1	数
	n_2	数
$\boldsymbol{v}$ =math.normal.from.dip(f) ‖ 从倾角获得二维平面法向量		
返回值	$\boldsymbol{v}$	二维平面法向量
参数	f	倾角，弧度
$\boldsymbol{v}$ =math.normal.from.dip.ddir(f_1,f_2) ‖ 从倾角、倾向获得三维平面法向量		
返回值	$\boldsymbol{v}$	平面法向量
参数	f_1	平面倾角
	f_2	平面倾向

（续）

函数		说明
i_r = math.not（i_1，i_2）‖位非运算		
返回值	i_r	位非值
参数	i_1	数
	i_2	数
i_r = math.or（i_1，i_2）‖位或运算		
返回值	i_r	位或值
参数	i_1	数
	i_2	数
$\boldsymbol{v}_r$ = math.outer.product（$\boldsymbol{v}_1$，$\boldsymbol{v}_2$）‖矩阵或向量的外积（叉积）		
返回值	$\boldsymbol{v}_r$	矩阵
参数	$\boldsymbol{v}_1$	矩阵或向量，若是矩阵，则列数与$\boldsymbol{v}_2$的行数相同；若是向量，则与$\boldsymbol{v}_2$同维
	$\boldsymbol{v}_2$	矩阵或向量，若是矩阵，则行数与$\boldsymbol{v}_1$的列数相同；若是向量，则与$\boldsymbol{v}_1$同维
f = math.pi‖圆周率		
返回值	f	π数
f = math.random.gauss‖高斯随机数		
返回值	f	高斯随机数，均值为0，方差为1
f = math.random.uniform‖高斯随机数		
返回值	f	高斯随机数，范围从0.0~1.0
i = math.round(n)‖四舍五入取整		
返回值	i	取整值
参数	n	数
i = math.rshift(i_1,i_2)‖位右移		
返回值	i	位右移值
参数	i_1	被移数
	i_2	移的位数
n_r = math.sign（n）‖符号		
返回值	n_r	-1或1
参数	n	数
f = math.sin(n)‖正弦		
返回值	f	n的正弦
参数	n	角度数，弧度
f = math.sinh(n)‖双曲正弦		
返回值	f	n的双曲正弦值
参数	n	角度数，弧度
f = math.sqrt(n)‖开平方		
返回值	f	n开平方值
参数	n	数

（续）

函　　数			说　　明
f = math.tan(n) ‖ 正切			
	返回值	f	n 的正切
	参数	n	角度数，弧度
f = math.tanh(n) ‖ 双曲正切			
	返回值	f	n 的双曲正切值
	参数	n	角度数，弧度
$\boldsymbol{v}_r$ = math.unit（$\boldsymbol{v}$） ‖ 单位向量			
	返回值	$\boldsymbol{v}_r$	$\boldsymbol{v}$ 的单位向量
	参数	$\boldsymbol{v}$	向量
矩阵实用函数（Matrix Utilities）			
m = matrix(a[,i]) ‖ 创建矩阵			
	返回值	m	新矩阵指针
	参数	a	数组、向量、张量和整数。若为整数，则指定矩阵的行数
		i	若 a 为整数，则此选项指定矩阵的列数，所有元素初始值为 0
i = matrix.cols(m) ‖ 矩阵列数			
	返回值	i	列数
	参数	m	矩阵指针
f = matrix.det($\boldsymbol{v}$) ‖ 矩阵或张量的行列式值			
	返回值	f	行列式值
	参数	$\boldsymbol{v}$	矩阵/张量，必须是方阵，或能转换成方阵的张量
m = matrix.from.aangle($\boldsymbol{v}$) ‖ 轴-角度转换旋转矩阵			
	返回值	m	旋转矩阵指针
	参数	$\boldsymbol{v}$	轴-角度向量，角度用弧度表示
m = matrix.from.euler($\boldsymbol{v}$) ‖ 欧拉角转换旋转矩阵			
	返回值	m	旋转矩阵指针
	参数	$\boldsymbol{v}$	欧拉角向量，弧度
m = matrix.identity(i) ‖ 新建单位矩阵			
	返回值	m	单位矩阵指针
	参数	i	单位矩阵维数
$\boldsymbol{v}_r$ = matrix.inverse（$\boldsymbol{v}$） ‖ 逆矩阵			
	返回值	$\boldsymbol{v}_r$	根据 $\boldsymbol{v}$ 是张量、矩阵/数组类型，分别返回张量指针和矩阵指针
	参数	$\boldsymbol{v}$	张量、矩阵和数组指针，它们必须是方阵或相应方阵
m = matrix.lubksb($\boldsymbol{v}$,a,a_1) ‖ LU 解（用户手册说明不详）			
	返回值	m	通过反向替换获得 LU 矩阵，L 为下三角矩阵，U 为上三角矩阵
	参数	$\boldsymbol{v}$	张量、矩阵和数组指针，它们必须是方阵或相应方阵
		a	一维数组，其元素数个数与方阵阶数相等，表示行交换
		a_1	一维数组

（续）

函　数			说　明
m = matrix. ludcmp (v, a) ‖ LU 解（用户手册说明不详）			
	返回值	m	LU 矩阵，L 为下三角矩阵，U 为上三角矩阵
	参数	v	张量、矩阵和数组指针，它们必须是方阵或相应方阵
		a	一维数组，其元素数个数与方阵阶数相等，表示行交换
i = matrix. rows(m) ‖ 矩阵行数			
	返回值	i	行数
	参数	m	矩阵指针
v = matrix. to. angle(m) ‖ 轴-角度			
	返回值	v	轴-角度向量，角度用弧度
	参数	m	3×3 旋转矩阵指针
v = matrix. to. euler(m) ‖ 欧拉角			
	返回值	v	欧拉角，角度用弧度
	参数	m	3×3 旋转矩阵指针
m_r = matrix. transpose (m) ‖ 转置矩阵			
	返回值	m_r	转置矩阵
	参数	m	矩阵指针
字符串实用函数（String Utilities）			
s_r = string. build (a [, i_1] [, s_1] [, i_2] [, s_2]) ‖ 创建字符串			
	返回值	s_r	字符串
	参数	a	可以是浮点数、整数、向量、指针（ID 号）和布尔值（true 或 false）
		i_1	选项，指定字符串宽度或字符数（右对齐）
		s_1	选项，用 s_1 填充不够 i_1 宽度的位置（填充在字符串左边）
		i_2	选项，若是数字字符串，则可指定小数位数
		s_2	选项，对数字字符串指定表达格式： e— [-] 9.9e [+ | -] 999　　E— [-] 9.9E [+ | -] 999 f— [-] 9.9　　F— [-] 9.9 g—以最简洁输出，或 e 格式或 f 格式　　G—以最简洁输出，或 E 格式或 F 格式
s_r = string (s [, a_1] [, a_2] ...) ‖ 级联字符串			
	返回值	s_r	字符串
	参数	s	指定级联字符串样式，如 “$a(1,1)$ = %1, $a(1,2)$ = %2”, %1 指示此处换后面 a_1 变量值字符，依次类推
		a_1	%1 处置换变量
		a_2	%2 处置换变量
s_r = string. char (s, i) ‖ 字符串中获取字符			
	返回值	s_r	字符
	参数	s	字符串
		i	字符位置

（续）

函数		说明
i = string.len(s) ‖ 字符串长度		
返回值	i	长度
参数	s	字符串
s_r = string.lower (s) ‖ 小写字符串		
返回值	s_r	小写字符串
参数	s	字符串
s_r = string.char (s, i_1 [, i_2]) ‖ 子字符串		
返回值	s_r	子字符串
参数	s	字符串
	i_1	起始位置
	i_2	选项，子串长度，若不指定，则其余字符
s_r = string.token (s, i) ‖ 条目子字符串		
返回值	s_r	子字符串
参数	s	字符串
	i	指定条目子串顺序号，以分隔符（空格、逗号、等号、括号和制表符）隔开的字符串称条目子串
i_r = string.token.type (s, i) ‖ 字符类型		
返回值	i_r	指定位置字符类型，返回值：0—无；1—整数；2—浮点数；3—字符
参数	s	字符串
	i	指定位置
s_r = string.upper (s) ‖ 大写字符串		
返回值	s_r	大写字符串
参数	s	字符串
张量实用函数（Tensor Utilities）		
t = tensor(a[,n_2][,n_3][,n_4][,n_5][,n_6]) ‖ 创建张量		
返回值	t	张量指针
参数	a	矩阵、数组、三维向量或数。要求如下：①若是矩阵指针，则必须是3×3对称矩阵；②若是数组指针，则数组必须具有两维，且每维至少两个元素，其对角分量分配给张量的对角分量。如果数组可以直接映射成3×3矩阵，那么数组元素（1,2）和（2,1）的平均值为张量 xy 分量，数组元素（1,3）和（3,1）的平均值为张量 xz 分量，数组元素（2,3）和（3,2）的平均值为张量 yz 分量。如果数组可以直接映射成2×2矩阵，那么数组元素（1,2）和（2,1）的平均值为张量 xy 分量；③若为三维向量，则其 x、y、z 分别分配给张量的对角分量；④若为整数或浮点数，则分配给张量的 xx 分量
	n_2	选项，当 a 是一个数时，n_2 分配给张量 yy 分量
	n_3	选项，当 a 是一个数时，n_3 分配给张量 zz 分量
	n_4	选项，当 a 是一个数时，n_4 分配给张量 xy 分量
	n_5	选项，当 a 是一个数时，n_5 分配给张量 xz 分量
	n_6	选项，当 a 是一个数时，n_6 分配给张量 yz 分量
f = tensor.i2(t) ‖ 第二应力不变量		
返回值	f	第二应力不变量，计算式参阅表3-5
参数	t	张量指针

（续）

函　数		说　明
f=tensor.j2(*t*) ‖ 第二偏应力不变量		
返回值	*f*	第二偏应力不变量，计算式参阅表3-5
参数	*t*	张量指针
f=tensor.prin(*t*[,*a*]) ‖ 主应力		
返回值	*f*	主应力值
参数	*t*	张量指针
	a	选项，数组指针，用于填充主应力轴系统
t=tensor.prin.from(*v*,*a*) ‖ 从主轴获得张量		
返回值	*t*	张量指针
参数	*v*	三维向量
	a	数组指针，主轴系统
f=tensor.total(*t*) ‖ 张量大小		
返回值	*f*	张量大小值
参数	*t*	张量指针
f=tensor.trace(*t*) ‖ 张量迹		
返回值	*f*	张量迹（对角元素之和）
参数	*t*	张量指针
变量类型实用函数（Type Utilities）		
i=type(*a*) ‖ 变量类型		
返回值	*i*	类型编号：1—整数；2—浮点数；3—字符串；4—指针；5—数组；6—两维向量；7—三维向量；8—Index型；9—布尔；10—plug-in（集合、矩阵和张量）；11—结构
参数	*a*	任意变量
i=type.index(*p*) ‖ 指针类型索引		
返回值	*i*	类型索引。每个指针类型的唯一整数，可以用来区分不同指针
参数	*p*	指针
s=type.name(*a*) ‖ 变量类型名		
返回值	*s*	类型名，如“integer”“boolean”等
参数	*a*	任意变量
s=type.pointer(*p*) ‖ 指针类型名		
返回值	*s*	指针类型名
参数	*p*	指针
i=type.pointer.id(*p*) ‖ 指针唯一ID号		
返回值	*i*	指针ID号
参数	*p*	指针
s=type.pointer.name(*p*) ‖ 指针类型名		
返回值	*s*	指针类型名
参数	*p*	指针

参考文献

[1] 刘波，韩彦辉. FLAC 原理实例与应用指南 [M]. 北京：人民交通出版社，2005.

[2] 肖红飞，何月秋，冯涛，等. 基于 FLAC 3D 模拟的矿山巷道掘进煤岩变形破裂电耦合规律的研究 [J]. 岩石力学与工程学报，2005 (5)：85-90.

[3] 沈金瑞，林杭. 多组节理边坡稳定性 FLAC 3D 数值分析 [J]. 中国安全科学学报，2007. 17 (1)：29-33.

[4] 彭文斌. FLAC 3D 实用教程 [M]. 北京：机械工业出版社，2007.